全国高等中医药院校教材

医用生物化学

供中医学·中西医临床医学·中药学等专业用

主　编

龚张斌　王　勇

副主编

杨长福　陈美娟　张学礼
张捷平　赵丹玉　赵筱萍

主　审

金国琴

上海科学技术出版社

图书在版编目（CIP）数据

医用生物化学 / 龚张斌，王勇主编. -- 上海：上海科学技术出版社，2025.7. --（全国高等中医药院校教材）. -- ISBN 978-7-5478-7252-9

I. Q5

中国国家版本馆CIP数据核字第2025XC3267号

医用生物化学
主编 龚张斌 王 勇

上海世纪出版（集团）有限公司 出版、发行
上海科学技术出版社
（上海市闵行区号景路159弄A座9F-10F）
邮政编码 201101   www.sstp.cn
常熟市兴达印刷有限公司印刷
开本 787×1092 1/16 印张 24.25
字数 600 千字
2025 年 7 月第 1 版   2025 年 7 月第 1 次印刷
ISBN 978-7-5478-7252-9/R·3317
定价：98.00 元

本书如有缺页、错装或坏损等严重质量问题，请向印刷厂联系调换

编委会名单

―――― 主 编

龚张斌（上海中医药大学）　　　王　勇（北京中医药大学）

―――― 副主编（以姓氏笔画为序）

杨长福（贵州中医药大学）　　　张学礼（上海中医药大学）
张捷平（福建中医药大学）　　　陈美娟（南京中医药大学）
赵丹玉（辽宁中医药大学）　　　赵筱萍（浙江中医药大学）

―――― 主 审

金国琴（上海中医药大学）

―――― 编 委（以姓氏笔画为序）

王　超（广西中医药大学）　　　许言午（上海中医药大学）
李桂兰（山西中医药大学）　　　杨高山（河北中医药大学）
郑　纺（天津中医药大学）　　　郑　静（上海中医药大学）
胡海燕（上海中医药大学）　　　姜　颖（黑龙江中医药大学）
姚　政（云南中医药大学）　　　姚领爱（上海中医药大学）
夏循礼（江西中医药大学）　　　黄　婧（湖北中医药大学）
黄映红（成都中医药大学）　　　康湘萍（上海中医药大学）
谭宇蕙（广州中医药大学）

―――― 秘书（兼）

姚领爱（上海中医药大学）

编写说明

习近平总书记在党的二十大报告中强调,要"加强基础学科、新兴学科、交叉学科建设,加快建设中国特色、世界一流的大学和优势学科"。进入新时代,面对中华民族伟大复兴战略全局和世界百年未有之大变局,深化认识学科内涵,在夯实基础、促进交叉中,加速新兴学科建设,建立系统、整体的知识体系是医学教育的必然发展趋势。根据高层次中医药专业人才的培养目标,本教材有机整合医用化学、生物化学和分子生物学的核心内容,立足核心素养,以"三基""五性"为原则,遵循"两性一度"标准,培根铸魂、启智润心,突显育人价值,注重培养学生的爱国情感和科学精神,力求编写出一本具有中医药特色、拥有适宜容量与深度的高质量教材。主要有以下几方面的特色。

1. 立足传统,优化整合　整合传统的医用化学、生物化学和分子生物学课程,形成一门融合基础、临床、科研应用的新课程。

2. 重视思政,全面育人　教材尤其突出中国科学家在中西医结合领域的创举,体现中国经验、中国方案与中国智慧,加强医学人文教育。

3. 中西汇聚,交叉融合　应用生物化学的语言去诠释中医药的科学内核,促进学生更好地理解中医药的博大精深。

4. 守正创新,与时俱进　医用化学、生物化学、分子生物学学科领域新理论、新技术进展飞速,并迅速得以应用。一部分已被实践证实的新进展在教材中得到充分体现。

5. 科学规范,命名统一　教材中有机化合物命名按照中国化学会有机化合物命名审定委员会主编的《有机化合物命名原则 2017》原则进行修订。专业名词基本上按照 2024 年第二版《生物化学与分子生物学名词》进行规范化处理。

来自全国 17 所中医药院校的 23 位作者通力合作完成了教材的编撰工作。教材编写过程中,自始至终得到了上海科学技术出版社的指导以及上海中医药大学教务处、中西医结合学院和北京中医药大学的关心、帮助,也得到老一代专家的大力指导,主审金国琴教授对教材的整体格局进行指导,柳春、李爱英、张晓薇、王和生、谢圣高、赵京生等教授提出宝贵意见。生物化学与分子生物学名词审定编写委员会主任、北京大学李刚教授对教材的名词进行审核,保证教材的质量。在此一并表示衷心的感谢!

《医用生物化学》力求成为一本整体优化、简明精要、重点突出,体现知识的新颖性和学科的交叉性,适应中医药人才培养要求的现代医学基础教材,为构建自主知识体系、培养拔尖创新人才、构建高质量人才自主培养体系提供坚实支撑。本教材面向中医药类本科各专业学生，各校可以根据专业培养目标选择教学版块。同时也适合研究生入学考试、职业医师资格考试、成人教育和中本贯通生、进修生等相关专业学生自学，其他专业教师教学参考使用。

鉴于学科内容丰富，发展日新月异，本教材难免存在遗漏、差错之处，谨请各位读者给予诚恳帮助，提出宝贵意见，使之不断完善，特致谢意！

《医用生物化学》编委会
2025 年 3 月

目 录

— 绪 论 / 1

　　第一节　生命与化学 / 1

　　第二节　医学与化学 / 1

　　第三节　化学与生物化学发展沿革 / 3

　　　　一、化学学科的发展 / 3

　　　　二、生物化学学科的发展 / 3

　　第四节　医用生物化学的主要内容 / 4

　　　　一、基础化学 / 4

　　　　二、生物大分子的结构与功能 / 5

　　　　三、生物体的新陈代谢与调控 / 5

　　　　四、生物遗传信息的传递与调控 / 5

　　　　五、临床生物化学 / 5

　　　　六、专题医药生物化学 / 5

　　第五节　医用生物化学在中医药学中的应用 / 5

第一部分　基础化学

— 第一章　无机化学基础 / 9

　　第一节　化学键 / 9

　　　　一、离子键 / 9

　　　　二、共价键 / 10

　　　　三、金属键 / 11

　　　　四、分子间作用力和氢键 / 11

　　第二节　氧化还原反应 / 12

一、氧化与还原 / 12

二、氧化性和还原性 / 12

三、氧化还原电势 / 12

第三节　分散系 / 13

一、粗分散系 / 13

二、胶体分散系 / 13

三、分子(或离子)分散系 / 14

第四节　医学中溶液的组成量度 / 15

一、质量分数、体积分数及质量浓度 / 15

二、物质的量浓度 / 15

第五节　电解质的电离与溶液酸碱性 / 16

一、电解质 / 16

二、强电解质和弱电解质 / 16

三、弱电解质的电离平衡 / 16

四、电离度 / 16

五、电离常数 / 17

六、水的离子积和溶液的 pH / 17

第六节　溶液的渗透压 / 17

一、渗透现象 / 17

二、渗透浓度 / 18

三、渗透压的生理意义 / 18

第七节　同离子效应和缓冲溶液 / 19

一、同离子效应 / 19

二、缓冲溶液 / 19

第二章　有机化学基础 / 21

第一节　有机化合物的特点 / 21

第二节　有机化合物的分类 / 22

一、按碳架分类 / 22

二、按元素组成分类 / 22

三、按官能团分类 / 22

第三节 有机化合物的命名 / 23
一、习惯命名法 / 23
二、系统命名法 / 24

第四节 烃 / 30
一、甲烷 / 30
二、烷烃及其同系物 / 31
三、乙烯和烯烃 / 31
四、乙炔和炔烃 / 34
五、脂环烃（C_nH_{2n}） / 34
六、苯和芳香烃 / 36

第五节 卤代烃 / 38
一、卤代烃的结构及诱导效应 / 38
二、卤代烃的化学性质 / 38
三、重要的卤代烃 / 38

第六节 醇和酚 / 39
一、醇 / 39
二、酚 / 40

第七节 醛和酮 / 42
一、醛和酮的化学性质 / 42
二、重要的醛和酮 / 43

第八节 羧酸及其取代酸 / 44
一、羧酸 / 44
二、羟基酸 / 46
三、酮酸 / 47
四、酯 / 47

第九节 对映异构 / 47
一、旋光性物质和物质的旋光性 / 47
二、旋光度和比旋光度 / 48
三、化合物的旋光性与结构的关系 / 48
四、对映异构体的构型 / 49
五、光学活性物质在医学上的意义 / 50

第十节　胺与酰胺 / 50

一、胺类 / 50

二、酰胺 / 52

第二部分　结构生物化学

第三章　蛋白质化学 / 57

第一节　蛋白质的组成 / 57

一、蛋白质的元素组成 / 57

二、蛋白质的基本组成单位——氨基酸 / 57

三、蛋白质的辅基 / 60

第二节　蛋白质的分子结构 / 61

一、肽 / 61

二、一级结构 / 63

三、蛋白质的空间结构 / 63

四、维持蛋白质分子空间结构的主要化学键 / 67

五、蛋白质结构与功能的关系 / 67

第三节　蛋白质的理化性质 / 69

一、蛋白质的紫外吸收特征 / 69

二、蛋白质的两性电离和等电点 / 70

三、蛋白质的胶体性质 / 70

四、蛋白质的沉淀 / 70

五、蛋白质的变性与复性 / 71

六、蛋白质的呈色反应 / 72

第四章　核酸化学 / 73

第一节　核酸的分子组成 / 73

一、核酸的元素组成 / 73

二、核酸的基本组成单位——核苷酸 / 73

三、3′,5′-磷酸二酯键与多聚核苷酸链 / 76

第二节 核酸的分子结构 / 77
　　一、DNA 的分子结构 / 77
　　二、RNA 的分子结构 / 80
第三节 核酸的理化性质 / 83
　　一、核酸的紫外吸收 / 84
　　二、核酸的变性与复性 / 84

第三部分　代谢生物化学

第五章　酶 / 89

第一节 酶的分子组成与活性 / 89
　　一、酶的分子组成 / 89
　　二、酶的存在形式 / 90
　　三、酶的活性中心 / 90
　　四、同工酶 / 91
第二节 酶促反应特点与机制 / 92
　　一、酶促反应的特点 / 92
　　二、酶促反应的机制 / 93
第三节 酶促反应动力学 / 93
　　一、酶浓度对酶促反应速度的影响 / 94
　　二、底物浓度对酶促反应速度的影响 / 94
　　三、温度对酶促反应速度的影响 / 96
　　四、pH 对酶促反应速度的影响 / 96
　　五、激活剂对酶促反应速度的影响 / 96
　　六、抑制剂对酶促反应速度的影响 / 97
　　七、酶活性测定与酶活性单位 / 101
第四节 酶的调节 / 101
　　一、酶结构的调节 / 102
　　二、酶含量的调节 / 104
第五节 酶的命名与分类 / 104

一、酶的命名 / 104

　　二、酶的分类 / 105

第六节　酶与医学的关系 / 105

　　一、酶与疾病的发生 / 106

　　二、酶与疾病的诊断 / 106

　　三、酶与疾病的治疗 / 107

第六章　维生素和微量元素 / 108

第一节　维生素概述 / 108

　　一、维生素的概念和特点 / 108

　　二、维生素的命名与分类 / 108

　　三、维生素缺乏的原因 / 109

　　四、过量补充维生素的副作用 / 109

第二节　水溶性维生素 / 109

　　一、B族维生素 / 110

　　二、维生素C / 116

第三节　脂溶性维生素 / 117

　　一、维生素A / 118

　　二、维生素D / 119

　　三、维生素E / 120

　　四、维生素K / 121

第四节　微量元素 / 122

　　一、铁 / 122

　　二、锌 / 123

　　三、碘 / 123

　　四、硒 / 123

　　五、铜 / 124

　　六、钴 / 124

第七章　生物氧化 / 125

第一节　概述 / 125
一、生物氧化的概念 / 125
二、生物氧化的特点 / 125
三、生物氧化的方式 / 126

第二节　线粒体氧化体系 / 126
一、呼吸链 / 126
二、体内重要的呼吸链 / 129
三、胞质溶胶中 $NADH+H^+$ 的氧化 / 130

第三节　生物氧化与能量代谢 / 131
一、高能化合物的种类 / 131
二、ATP 的生成 / 132
三、氧化磷酸化的机制 / 132
四、氧化磷酸化的调节 / 134
五、ATP 的利用、转移与储存 / 135

第八章　糖代谢 / 137

第一节　概述 / 137
一、糖的概念 / 137
二、糖的分类 / 137
三、糖的生理功能 / 137

第二节　重要的单糖 / 138
一、葡萄糖 / 138
二、其他单糖 / 139
三、单糖的主要化学性质 / 140

第三节　重要的寡糖 / 142
一、麦芽糖 / 142
二、蔗糖 / 142
三、乳糖 / 143

第四节　重要的多糖 / 143
一、同多糖 / 143

二、杂多糖 / 144

三、糖复合物 / 144

第五节　糖的消化与吸收 / 145

一、糖的消化 / 145

二、糖的吸收 / 146

第六节　糖的分解代谢 / 146

一、糖酵解 / 146

二、糖的有氧氧化 / 151

三、戊糖磷酸途径 / 155

第七节　糖原的合成与分解 / 156

一、糖原的合成 / 157

二、糖原的分解 / 158

三、糖原合成与分解的调节 / 159

四、糖原合成与分解的生理意义 / 160

第八节　糖异生 / 160

一、糖异生的途径 / 160

二、糖异生的调节 / 161

三、糖异生的生理意义 / 162

第九节　血糖及其调节 / 162

一、血糖的来源和去路 / 162

二、血糖浓度的调节 / 163

第九章　脂质代谢 / 164

第一节　脂质的分类、组成与功能 / 164

一、甘油三酯 / 164

二、类脂 / 167

三、脂质的功能 / 168

四、脂质的两亲性 / 169

第二节　脂质的消化与吸收 / 169

一、脂质的消化 / 169

二、脂质的吸收 / 170

第三节 血脂与血浆脂蛋白 / 170
一、血脂 / 170
二、血浆脂蛋白 / 170

第四节 甘油三酯的代谢 / 174
一、甘油三酯的分解代谢 / 174
二、甘油三酯的合成代谢 / 178
三、激素对甘油三酯代谢的调节 / 180

第五节 类脂的代谢 / 181
一、甘油磷脂的代谢 / 181
二、胆固醇的代谢 / 182

第十章 氨基酸代谢 / 186

第一节 蛋白质的营养作用 / 186
一、蛋白质营养的重要性 / 186
二、蛋白质的生理需要量 / 186
三、蛋白质的营养价值与互补作用 / 187

第二节 蛋白质的消化、吸收和腐败 / 188
一、蛋白质的消化 / 188
二、氨基酸的吸收和转运 / 188
三、食物蛋白质的腐败作用 / 189

第三节 氨基酸的一般代谢 / 189
一、氨基酸代谢概况 / 189
二、氨基酸的脱氨基作用 / 190
三、氨的代谢 / 192
四、α-酮酸的代谢 / 196

第五节 氨基酸的特殊代谢 / 196
一、氨基酸的脱羧基作用 / 196
二、一碳单位的代谢 / 197
三、含硫氨基酸的代谢 / 199
四、芳香族氨基酸的代谢 / 200
五、支链氨基酸的代谢 / 202

第十一章　核苷酸代谢 / 204

第一节　核苷酸的分解代谢 / 204
一、嘌呤核苷酸的分解 / 204
二、嘧啶核苷酸的分解 / 205

第二节　核苷酸的合成代谢 / 206
一、嘌呤核苷酸的合成 / 206
二、嘧啶核苷酸的合成 / 208
三、脱氧核苷酸的合成 / 210

第三节　核苷酸的抗代谢物 / 210
一、嘌呤类似物 / 211
二、氨基酸类似物 / 211
三、嘧啶类似物 / 211
四、叶酸类似物 / 211

第十二章　信号转导 / 213

第一节　信号转导的分子基础 / 213
一、细胞外信号分子 / 213
二、受体 / 214
三、第二信使 / 216

第二节　细胞信号转导的基本途径 / 216
一、膜受体介导的信号转导 / 216
二、细胞内受体介导的信号转导 / 223

第十三章　代谢调节 / 225

第一节　新陈代谢 / 225
一、同化作用与异化作用 / 225
二、合成代谢与分解代谢 / 225
三、中间代谢 / 226

第二节　营养物质在代谢上的相互联系与协调平衡 / 226
一、糖与脂质在代谢上的联系 / 226

二、糖与蛋白质在代谢上的联系 / 226

三、脂质与蛋白质在代谢上的联系 / 227

第三节 代谢的调节 / 228

一、细胞水平的代谢调节 / 228

二、激素水平的代谢调节 / 228

三、整体水平的代谢调节 / 228

第四节 代谢综合征 / 228

第五节 糖代谢紊乱 / 229

一、低血糖 / 229

二、高血糖 / 229

三、糖尿病 / 230

四、糖原累积病 / 230

五、糖耐量试验 / 230

第六节 脂质代谢紊乱 / 231

一、高脂蛋白血症 / 231

二、动脉粥样硬化 / 232

第七节 高尿酸血症 / 232

第四部分 遗传信息的传递与调控

第十四章 DNA 的生物合成 / 235

第一节 基因与基因组 / 235

第二节 DNA 的生物合成(复制) / 236

一、DNA 复制的特征 / 236

二、参与 DNA 复制的主要酶类 / 238

三、DNA 复制的过程 / 240

四、真核生物 DNA 复制的特点 / 242

五、端粒与端粒酶 / 242

第三节 逆转录 / 243

一、逆转录酶 / 243

二、逆转录酶与病毒 / 244

第四节　DNA 的损伤与修复 / 245

一、DNA 的损伤 / 245

二、DNA 损伤的类型 / 245

三、DNA 损伤的修复 / 246

第十五章　RNA 的生物合成 / 248

第一节　参与转录的主要物质及其作用 / 248

一、模板 / 248

二、原料 / 248

三、RNA 聚合酶 / 248

四、启动序列 / 249

五、终止因子 / 250

第二节　转录的过程 / 250

一、起始阶段 / 250

二、延伸阶段 / 251

三、终止阶段 / 251

第三节　转录后加工 / 252

一、mRNA 前体的加工 / 252

二、tRNA 前体的加工 / 253

三、rRNA 前体的加工 / 253

第十六章　蛋白质的生物合成 / 255

第一节　蛋白质生物合成体系 / 255

一、遗传密码 / 255

二、tRNA 和氨基酸转运 / 257

三、rRNA 和核糖体 / 258

第二节　蛋白质生物合成的过程 / 259

一、原核生物的肽链合成过程 / 259

二、真核生物的肽链合成过程 / 263

第三节　翻译后加工和蛋白质靶向输送 / 265

一、肽链的折叠 / 265

二、一级结构的修饰 / 266

三、空间结构的修饰 / 266

四、蛋白质靶向输送 / 267

第四节　影响蛋白质生物合成的物质 / 268

一、抗生素 / 268

二、毒素 / 269

三、干扰素 / 270

第十七章　基因表达调控 / 271

第一节　基因表达 / 271

一、基因表达的基本方式 / 271

二、基因表达的特点 / 272

第二节　原核生物基因表达调控 / 272

一、转录水平的调控 / 273

二、翻译水平的调控 / 276

三、原核生物基因表达调控的特点 / 276

第三节　真核生物基因表达调控 / 277

一、转录起始水平的调控 / 277

二、转录后的调控 / 281

三、翻译水平的调控 / 282

四、表观遗传修饰的调控 / 283

五、真核生物基因表达调控的特点 / 283

第五部分　临床生物化学

第十八章　肝胆生化 / 287

第一节　肝脏在物质代谢中的作用 / 287

一、在蛋白质合成中的作用 / 287

二、在维生素代谢中的作用 / 288

三、在激素代谢中的作用 / 289

四、在水盐代谢中的作用 / 289

五、在肝脏再生中的作用 / 289

第二节 胆汁酸代谢 / 289

一、胆汁酸的种类 / 289

二、胆汁酸的代谢 / 290

三、胆汁酸的功能 / 291

第三节 胆色素代谢 / 292

一、胆红素的正常代谢 / 292

二、胆红素的异常代谢 / 296

第四节 临床肝功能生化检查指标 / 297

一、蛋白质代谢功能试验 / 298

二、血清(浆)酶活性检测 / 298

三、胆色素代谢功能 / 298

四、排泄功能 / 298

五、肝病的免疫学试验 / 298

第十九章 水盐代谢 / 300

第一节 水和无机盐在体内的生理功能 / 300

一、水的生理功能 / 300

二、无机盐的生理功能 / 300

第二节 体液的含量和分布 / 301

一、人体水的含量与分布 / 301

二、体液电解质的含量与分布特点 / 302

第三节 体液平衡及其调节 / 302

一、水代谢 / 302

二、无机盐代谢 / 304

三、体液平衡的调节 / 308

第四节 水盐代谢紊乱 / 309

一、水、钠代谢紊乱 / 309

二、钾代谢紊乱 / 310

第二十章 酸碱平衡 / 312

第一节 体内酸碱物质的来源 / 312
一、酸的来源 / 312
二、碱的来源 / 313

第二节 酸碱平衡的调节 / 313
一、血液缓冲系统的调节 / 313
二、肺脏对酸碱平衡的调节作用 / 315
三、肾脏对酸碱平衡的调节作用 / 315

第三节 酸碱平衡紊乱 / 318
一、酸碱平衡紊乱的基本类型 / 318
二、酸碱平衡失调的生化指标 / 320

第二十一章 癌基因与抑癌基因 / 322

第一节 癌基因 / 322
一、癌基因的发现 / 322
二、原癌基因的功能及其表达产物 / 323

第二节 抑癌基因 / 324
一、抑癌基因的功能及其表达产物 / 324
二、Rb 基因在肿瘤发生发展中的作用 / 325
三、TP53 基因在肿瘤发生发展中的作用 / 325

第六部分 专题生物化学

第二十二章 药物代谢 / 329

第一节 非线粒体氧化体系 / 330
一、微粒体氧化酶系 / 330
二、过氧化物酶体氧化酶类 / 330

三、超氧化物歧化酶 / 331

第二节 药物的生物转化 / 331

一、生物转化与肝药酶 / 331

二、生物转化的主要化学反应类型 / 333

三、生物转化的特点 / 336

第三节 影响药物生物转化的因素 / 337

一、药物诱导 / 337

二、药物抑制 / 337

三、年龄 / 337

四、性别 / 337

五、种属 / 337

六、疾病 / 338

七、给药途径 / 338

八、其他 / 338

第四节 药物代谢的意义 / 338

一、清除外来异物 / 338

二、改变药物的活性和毒性 / 338

三、灭活和消除体内活性物质 / 338

第二十三章 现代生物化学与分子生物学技术 / 339

第一节 生物大分子的分离技术 / 339

一、离心技术 / 339

二、透析技术 / 340

三、层析技术 / 340

四、电泳技术 / 340

五、质谱技术 / 342

第二节 印迹杂交技术 / 342

一、基本原理 / 342

二、常用的印迹杂交技术 / 344

第三节 聚合酶链反应技术 / 346

一、PCR技术的基本原理 / 346

二、PCR 的基本反应过程 / 346

三、PCR 的主要应用 / 347

四、PCR 技术的衍生 / 347

第四节　DNA 测序技术 / 347

一、第一代测序技术 / 347

二、第二代测序技术 / 348

三、第三代测序技术 / 348

第五节　组学技术 / 348

一、基因组学 / 349

二、转录物组学 / 349

三、蛋白质组学 / 350

四、代谢物组学 / 350

第六节　基因重组技术 / 350

一、工具酶 / 351

二、目的基因与基因载体 / 353

三、基本原理与基本过程 / 354

四、基因重组技术的意义 / 358

第七节　基因编辑技术 / 359

一、CRISPR-Cas 系统的结构和分类 / 359

二、CRISPR-Cas9 系统的组成 / 360

三、CRISPR-Cas9 系统的作用机制 / 360

第八节　生物大分子相互作用分析技术 / 361

一、蛋白质相互作用分析技术 / 361

二、DNA-蛋白质相互作用分析技术 / 362

主要参考文献 / 364

绪 论

第一节 生命与化学

　　《列子·天瑞》云："有生不生，有化不化。不生者能生生，不化者能化化。生者不能不生，化者不能不化，故常生常化。常生常化者，无时不生，无时不化，阴阳尔，四时尔。"列子所讲的变化之学，是我国古代的自然科学。一种事物消失，转化为另一种事物，是一种化学的变化。

　　生命的本质究竟是什么？这是一个哲学问题，也是一个科学问题。从某种意义上讲，化学反应是生命的基础。

　　首先，化学起源说是人们普遍接受的生命起源假说。化学反应的本质特征之一是有新物质生成。经过漫长的化学演化，大气中的氢、碳、氮、氧等元素合成有机分子。有机分子合成生物单体，如氨基酸、糖、核苷酸等。这些生物单体进一步聚合变成生物聚合物，如蛋白质、多糖、核酸等。生物大分子经过复杂的演变，诞生了生命。没有化学反应，地球不会出现生命。

　　其次，化学反应的另一个本质特征是伴有能量的交换。生命依托于新陈代谢的一系列化学反应。植物通过光合作用，将太阳中的能量以糖的形式储存下来，供给地球上的生命共享。无论是消耗能量以合成生物大分子，还是分解生物大分子释放出能量，旧的分子消亡，新的分子产生，伴随着能量的转化，推动生命的生长壮老已。

　　生物的思维记忆也与化学反应息息相关。感觉器官在接收到刺激之后，通过化学反应，转导信号，这些信号通过大脑呈现具象。脑组织发生系列化学反应，改变沟壑的结构，储存信息，形成记忆。

　　为了维持生物的所有生命特征，生命无时无刻不在进行复杂的化学反应，生命就是一个化学反应的大集合。

第二节 医学与化学

　　医学（Medicine）以预防与治疗疾病、促进与维持人体健康为目的。基于心身医学与"社会—心理—生物医学模式"，系统医学开始成熟。随着中西医实践的深入，经验的积累和理论的交融，将发展出新的医学领域。

　　医学以人体为研究本体。当生命体系某一部分或多部分的平衡被打破，人体即处于亚健康甚至疾病状态。医学则努力重塑平衡，使机体恢复到健康的状态，这与化学有共通之处。化学反应的平衡以及对平衡的控制是化学的重要研究内容，反应物与生成物之间的相互转化是一个动态的过程。当机体自身不能自行重塑平衡，则需借助外力来达成化学层面的平衡。

最晚在新石器时代，人类就已经开始有目的使用植物、动物、矿物药物来缓解病痛。而华佗创制的"麻沸散"，使得无痛外科手术成为可能。从感性的经验慢慢发展到理性的认识，人们认识到这些药物中所含的化学物质能够有效防治疾病。16世纪，化学家们开始致力于研究治疗疾病的药物，极大地推动了医学与化学的共同发展。1800年，英国化学家Davy发现并应用一氧化二氮的麻醉作用。1897年，德国化学家Hoffmann通过化学合成生产阿司匹林（aspirin），沿用至今，在解热镇痛抗炎和防治心脑血管疾病中发挥重要作用。1928年，英国科学家Feming在实验中发现了青霉素（penicillin），随后英国病理学家Florey与生物化学家Chain完善了分离与纯化青霉素的生产工艺，现今，以青霉素结构为骨架的各种抗生素的相继问世，挽救了无数人由于感染而可能丧失的生命。

随着社会的发展和进步，心理健康问题日益受到关注。心理直接或间接影响神经系统、内分泌系统等各个系统及组织的生理功能。远溯上古时代，即有重视心理问题的记载。在心理治疗之外，人们开始探索应用化学方法来治疗各类心理问题和精神疾病（mental disease）。宋代《太平惠民和剂局方》所载的逍遥散，被称为中医药"抗抑郁药"的代表方。20世纪50年代，第一代抗精神病药氟哌啶醇、氯丙嗪等问世，有效治疗了精神分裂症。此后，围绕着5-羟色胺受体、D2受体、毒蕈碱型乙酰胆碱受体等多种神经递质受体研发的化学药物，更好地解决了耐药性和安全性的问题。随着分子生物学、基因工程技术和人工智能的发展，新一代多靶点、环境友好型抗精神病药成为研发的新方向。

机体状态的诊断离不开化学方法。宋慈的《洗冤集录》中就提到用醋和酒让血液显现的方法，具有高度的超前性，直到现代，法医还在应用这个原理来还原案发现场的血迹。19世纪以前，化学家和临床医生已经开始研究人体在健康与疾病时的血液及尿中蛋白质、糖及无机物等化学组分的变化。19世纪以来，发表了一系列关于健康与疾病时体液生物化学组成的研究。1830年，德国化学家Liebig和荷兰学者Mulder分析了"白蛋白"。1838年，瑞典化学家Berzelius首次使用"蛋白质"（来源于希腊词"proteios"）的名词。1842年，德国化学家Liebig应用化学原理建立了第一个"临床化学实验室"。1848年，Liebig的学生Fehling发表葡萄糖的化学检测法。1870年，法国学者Duboseq设计目测比色法，并在临床实验室广泛使用。1924年，吴宪教授在协和医学院建立生物化学系，开设了血尿分析法和酶学、血液分析等进修课程，在血液分析、血滤液制备以及改建和发展新的比色分析法等方面做了一系列工作，并报告了我国正常成人血液化学成分的正常参考值。20世纪50年代后，包括酶活性、分光光度法、电泳与免疫测定等检测技术相继得到应用，超微量的仪器分析、免疫学、分子生物学、放射性同位素等技术也在生物化学实验室中的应用，这些新技术的应用使临床生物化学工作内容有可能日益扩大和深入。近年来，对于体内一些微量蛋白质、多肽等生物活性物质的测定，基因的分析，微量元素的分析，以及它们在多种疾病中的变化，为临床医学提供了极有价值的数据。分析仪器的机械化和自动化，使临床化学工作大大改进了分析的质和量，提供了检测大批标本的工作程序，改进了对结果的处理和作用，设计出各种组合报告（profile reporting）。这些化学研究有利于阐述有关疾病的生物化学基础和疾病发生、发展过程中的生物化学变化，开发应用临床化学检验方法和技术，对检验结果及其临床意义做出评价，用以帮助临床做出诊断和采取正确的治疗措施，大大地增加了诊断的特异性和灵敏度。

第三节　化学与生物化学发展沿革

一、化学学科的发展

化学萌芽于远古时代，人类掌握了火的使用，摸索出冶金、酿酒和染色等化学工艺。约从公元前1500年到公元1650年，进入医药化学时期。炼丹家和炼金术士成为早期的化学家，积累了化学变化的规律和经验。

近代化学时期以冶金工业为标记。科学家开始进行了化学变化的理论研究，化学成为自然科学的一个分支。这个时期涌现出大量的化学家，如英国化学家Boyle和Dalton分别提出化学元素的概念和近代原子学说，意大利化学家Avogadro提出了分子的概念，俄国化学家Mendeleev发现了元素周期律，无机化学理论和体系开始建立并完善。Liebig和同样来自德国的Wohler建立了有机结构理论，使有机化学得以迅猛发展。化学在发展中逐渐形成了无机化学、有机化学、分析化学、物理化学四大分支，走上了系统发展之路。

20世纪，化学与其他学科相互渗透，既高度分化又高度综合，迈入现代化学时期。随着数学、物理等理论和技术的发展，尤其是量子理论的发展，帮助解决化学领域中以前无法解释的问题，物理化学、结构化学等理论得以完善。一方面，化学产生了新的学科分支，如量子化学、高分子化学、合成化学、生物化学等；另一方面，化学与其他学科发生了交叉和渗透，形成了药物化学、材料化学、医学化学、环境化学、计算化学等多种边缘学科。

二、生物化学学科的发展

生物化学(Biochemistry)即生命的化学(Chemistry of life)，是运用化学的理论、方法研究生物体内化学成分和生命活动中的化学变化及过程的一门交叉学科。这是一门既古老又年轻的学科，其发展历程是一部人类认识生命化学本质的发展史。

3 000年前的西周时代，中国已有将淀粉水解制糖的记载。在4 000多年前开始利用酒曲使淀粉发酵酿酒，在世界上是生物化学方面的一项重大发明。直至19世纪，法国"微生物之父"Pasteur从中国的酒曲中得出一种主要毛霉，从此建立起淀粉发酵制乙醇法。

18世纪后期到19世纪，生物学和化学已形成比较完整的体系。学者们尝试着把生物问题与化学结合起来，开始研究生物体的化学组成和代谢过程，用化学的基本原理阐述植物、动物和人体的生理现象，先后发现一些生物体中的重要化学物质。1903年，德国化学家Neuberg再次强调"生物化学"的概念，自此明确为一门独立的学科。

19世纪中叶至20世纪初是生物化学发展的初级阶段。科学家对生命的化学本质的认识有了许多重大进展。其中，德国化学家Fischer揭示了糖的结构和构型，合成了糖、部分氨基酸等天然化合物，提出"锁钥学说"。这些研究工作使得人们对有机化合物在生命活动中的重要作用有了更深的认识。

20世纪初开始，生物化学研究进入蓬勃发展阶段。科学家借助当时先进的色谱化学分析与同位素示踪标记技术等研究方法，开展了生物体内功能物质的化学成分、结构和动态合成等方面研究，如提出脂肪酸β氧化、三羧酸循环和尿素循环等学说并开展机制研究，证实了氧化磷酸化的偶联过程，都是这一时期的标志性成果。

20世纪中叶以来，生物化学发展的显著特征是分子生物学的发展与崛起。1953年，美国生物学家 Watson 和 Crick 利用 X 射线衍射方法提出了 DNA 的双螺旋结构模型,使生物化学的研究从过去的整体、组织器官及细胞等宏观水平进入亚细胞和分子微观水平,不仅是生物化学发展进入分子生物学时期的重要标志,也是人类历史上一个重要的里程碑。1972 年,美国科学家 Berg 团队在世界上第一次成功地实现了 DNA 体外重组,使得主动改造生物体成为可能。英国生化学家 Sanger 在中国生物化学家吴瑞所建立的位置特异性引物延伸的测序方法的基础上,于 1977 年创立了双脱氧链终止法,与美国学者 Gilbert 创立的化学降解法并称为第一代核酸分子测序技术,开始遗传本质的探索之路。1985 年,美国学者 Mullis 发明了聚合酶链式反应(polymerase chain reaction,PCR)技术,人类由此可以在体外高效扩增 DNA。1990 年,基因治疗临床试验获得成功。随着分子生物学、遗传学和生物信息学的快速发展,生物化学的研究领域进一步扩大,从"日益微观"到"逐步整体",确立了现代生物化学的基本框架。1990 年开始实施的人类基因组计划(human genome project)由美国、英国、法国、德国、日本和中国等数千位生物科学家通力合作,旨在描述人类基因组特征,包括绘制物理图谱、遗传图谱和测定基因组 DNA 序列。2003 年 4 月绘制完成覆盖人常染色体基因组 99% 序列的人类基因组图,是人类生命科学史上的一个重大里程碑,标志人类生命科学研究进入了"组学"的崭新阶段。近年来,随着高通量测序技术、大数据分析平台以及基因编辑技术(如 CRISPR - Cas 系统)等的发展与完善,科学家针对体内一系列复杂生命事件开展蛋白质组学(proteomics)、转录物组学(transcriptomics)、代谢物组学(metabolomics)、糖组学(glycomics)、单细胞组学(single-cell omics)等组学(omics)研究。当前生物化学、分子生物学理论与技术已渗透到医学各个领域,应用生物化学、分子生物学理论与技术从分子水平解决医学各学科存在的问题,从而产生了诸如分子遗传学、分子免疫学、分子药理学等一系列交叉或分支学科,这将加快促进生命科学研究的发展,也为人类的健康和疾病研究带来根本性的变革。

我国科技工作者在生物化学和分子生物学领域做出了卓著的贡献。1929 年,吴宪在国际上首次提出蛋白质变性学说。1965 年,王应睐等来自中国科学院上海生物化学研究所、北京大学的科学家们通力合作,率先人工合成了具有生物活性的蛋白质——结晶牛胰岛素。1981 年,王德宝等历时 13 年,在世界上首次人工合成酵母丙氨酸 tRNA,标志着人类在探索生命奥秘的征途上又迈出重要的一步。中国科学团队加入人类基因组计划更是使我国的生物化学与分子生物学研究跃入国际领先行列。

第四节 医用生物化学的主要内容

从分子水平阐明整个生物界所共同具有的基本特征,即生命现象的化学本质和化学变化规律,已经成为医学、药学和生物学等专业的核心基础。本教材着重于人体与医学相关的生物化学内容,称医用生物化学,主要介绍的内容包括以下版块。

一、基础化学

生命与医学离不开物质与物质之间的紧密联系。无机化学主要介绍化学键、氧化还原反应、分散系、电解质等基础内容,与后续水盐代谢、酸碱平衡相呼应。有机化学部分则介绍与医学密切相关的重要官能团的结构、化学性质,帮助学生了解生化反应的内在逻辑与原理。

二、生物大分子的结构与功能

静态生物化学版块主要介绍生物大分子,尤其是蛋白质、核酸的结构和功能。生物大分子的结构是功能的基础,功能是结构的体现。蛋白质的结构与功能是生物化学的基础,而核酸是遗传信息的携带者和基因表达的调控者,是生命存在、延续的主要物质基础。

三、生物体的新陈代谢与调控

动态生物化学版块主要介绍构成生物体的基本物质在生命活动过程中进行的化学反应过程,以及它们在代谢过程中能量的转换和调节规律。通过代谢实现组织成分更新和为生命活动提供能量是生命现象的基本特征,物质代谢紊乱或代谢调节失衡可引起代谢性疾病。

四、生物遗传信息的传递与调控

基因是生命延续的基石,赋予生命的多样性。从生长、分化到遗传、变异,乃至衰老与死亡,这些纷繁多样的生命现象通过生物大分子间的复杂相互作用(如蛋白质-蛋白质、蛋白质-核酸、核酸-核酸间的相互作用)进行精细调控,确保了基因表达的精准性与时效性。深入探究基因表达调控的奥秘,有助于我们更全面地理解生物大分子的功能,为揭示疾病发生发展的分子机制,疾病的精准诊断、个性化治疗及有效预防开辟新路径。

五、临床生物化学

肝脏是"物质代谢的中枢器官",与糖、脂、蛋白质、维生素、激素、水盐、药物代谢密切相关。肝损伤、水盐代谢紊乱、酸碱平衡失调、肿瘤发生发展是临床上重要的疾病类型,用生物化学与分子生物学知识指导相关疾病的诊断、分析、治疗,有着很强的实践应用意义,可为后续的临床课程奠定基础。

六、专题医药生物化学

根据不同专业的培养目标,介绍药物代谢、现代生物化学与分子生物学技术等专题生物化学。

为了配合中医药院校生物化学教学方法的改革,本书二维码中附有各章节相关知识拓展、知识链接、案例分析、思政之窗的内容,将基础理论知识与临床、科研实践应用有机结合,培根铸魂,启智润心,引导学生运用生物化学与分子生物学的理论与技术去诠释与解决中医药研究中存在的问题,强化生物化学与分子生物学研究为中医药研究与发展服务的理念。

第五节 医用生物化学在中医药学中的应用

医学是"人学",立足于人本身的各种变化与需求。医学是用以维护人、人群、人类的生理、心理健康与生命的学术与技术体系,无论是基础医学还是临床医学,传统医学还是现代医学,整合医学还是精准医学,物质层面还是精神层面,生物化学与分子生物学的理论和技术体系已成为理解机体健康与疾病机制的重要研究手段。

"中医药学凝聚着深邃的哲学智慧和中华民族几千年的健康养生理念及其实践经验",在维护人类健康方面发挥着重要作用。但传统中医药学在发展过程中也面临着诸多困境，如中医药作用机制相对模糊、有效成分不清、药材生产效率低等问题，难以满足现代人们对于健康的需求。2021年5月12日至13日，习近平总书记在河南南阳考察时指出："要做好守正创新、传承发展工作，积极推进中医药科研和创新，注重用现代科学解读中医药学原理，推动传统中医药和现代科学相结合、相促进，推动中西医药相互补充、协调发展，为人民群众提供更加优质的健康服务。"中医药学必须与时俱进，借鉴现代研究成果是必然的发展路径，与生物化学理论与技术的深度融合是现代中医药学发展的主流方向。

基于生物化学理论与技术探讨中医药的科学内涵，在分子等微粒层面阐释中医药防治疾病的内在机制，解决中医药应用中存在的问题，能促进中医药的可持续发展。陈竺团队揭示传统中药砒霜（三氧化二砷）诱导白血病细胞分化和凋亡的分子机制，极大丰富了中医"以毒攻毒"的理论内涵，为中医学理论现代化发展树立了典范。"天人合一"是中医学的基础理论之一，由此衍生出子午流注学说，自然界的周期变化，影响着人类的生理、病理变化。2017年诺贝尔生理学或医学奖颁给Jeffrey C. Hall、Michael Rosbash和Michael W. Young三位美国科学家，他们发现了周期基因、时钟基因，阐明调控昼夜节律的分子机制，有助于揭示"天人合一"理论的科学内涵。屠呦呦从东晋葛洪《肘后备急方》中获得灵感，研制成功青蒿素，为全世界饱受疟疾困扰的患者带来福音。但青蒿素在植物黄花蒿中的含量很低，中国科学家进一步阐明青蒿素生物合成途径中的关键酶、过表达关键酶基因，或通过基因启动子上的作用元件调控基因的表达，有效提高了青蒿素的合成。

多组学技术的不断深入发展，使得微观与宏观的对话成为可能，通过整合不同层次的信息来研究生物过程中基因、蛋白质和代谢物的相互作用及系统机制，对生命体系进行定量和系统化研究，有助于全面深入理解生命系统的复杂性和相互作用，也为中医药学的创新研究提供了全新的方向。

不断发展的生物化学、分子生物学理论和技术创新性融合与应用于中医药研究中，阐明了中医药防治疾病的基本规律，界定了中医药发挥效应的有效化学成分，诠释了中医药作用的分子机制，切实推动了中医药学的现代化和高质量发展。

第一部分

基础化学

第一章
无机化学基础

学习目标

1. 掌握化学键的类型,氧化还原反应的概念,分散系、缓冲溶液的特点,溶液组成量度的计算及其在医学中的意义。
2. 熟悉电解质、同离子效应的定义,溶液酸碱性的含义,渗透压的计算及生理意义。
3. 了解无机化学领域的最新研究进展及其在医学中的应用前景。

第一节 化学键

世界由物质构成,物质由分子构成,分子由原子构成。各种原子是怎样互相结合成分子,进一步构成物质的呢?

分子形成过程中相邻的两个或多个原子之间强烈的相互作用,称化学键。根据原子内相互作用方式不同,化学键主要有离子键、共价键和金属键三种类型。

一、离子键

以 NaCl 为例,由于 Na 原子的 3s 电子的电离能很小,故易失去电子使最外层达到 8 个电子的稳定结构,形成 Na^+。Cl 原子电子亲和能较大,易结合电子使最外层也达到 8 个电子的稳定结构形成 Cl^-。

在 Na 与 Cl 反应之中,Na 原子中 3s 轨道上一个电子转移到氯原子 3p 轨道上,而使 Na^+、Cl^- 产生静电吸引作用,从而形成离子化合物。

由阴、阳离子间通过静电作用形成的化学键,称离子键(ionic bond),亦称离子相互作用(ionic interaction)。

离子键的形成往往发生在活泼的金属元素的原子(周期表ⅠA、ⅡA)与活泼的非金属元素的原子(周期表ⅥA、ⅦA)之间,两者相互形成化合物时,都会发生电子得失。

以离子键结合的化合物称离子化合物。离子化合物具有如下性质:① 离子化合物在室温下以离子型晶体(阴、阳离子通过离子键所形成的有规则排列的晶体)形式存在,如 Na^+、Cl^-。② 在离子型晶体中,正负离子之间有很强的静电吸引力,故离子型晶体最显著的特点是具有较高的熔点和沸点。③ 离子化合物是电解质,在水溶液或熔融状态时都能导电。

二、共价键

1. 共价键的形成　以 H 原子为例,其核外有一个 1s 电子,1s 电子围绕着核做高速运动。当两个 H 原子充分靠近时,每一个 H 原子除了吸引本身核外的 1s 电子外,还吸引另一个 H 原子核外的 1s 电子,两核间电子云不仅发生了重叠,而且自旋方向相反,从而使原来分属于各个 H 原子的 1s 电子成为两个 H 原子核共有,形成共有电子对,使得每一 H 原子的 1s 轨道都被充满,都具有 H 原子的稳定结构,从而形成 H 分子。

原子内通过共用电子对(电子云重叠)所形成的化学键,称共价键(covalent bond)。电子云重叠程度越大,形成的分子越稳定。

通过共价键所形成的化合物,称共价化合物。许多非金属元素构成的化合物,如 H_2、Cl_2、H_2O、NH_3、H_2S 和绝大部分有机化合物都属于共价化合物。共价化合物可以由相同元素的原子构成,也可以由不同元素的原子构成。

2. 键能和键长　某一共价键的形成往往要释出一定的能量,而破坏此共价键时则要吸收同样多的能量。

原子内构成某一化学键时所放出的能量或破坏某一化学键时所需要吸收的能量称键能,键能的大小可以衡量化学键的强弱程度。键能越高,共价键越牢固,所形成的分子就越稳定。

在分子中,两个成键原子的核间平均距离称键长,键长也可衡量化学键的牢固程度。键长越短,键就越牢固。

3. 共价键的饱和性和方向性

(1) 饱和性:共价键形成的先决条件是具有自旋方向相反的未成对的电子。① 有 n 个未成对电子,就可与 n 个自旋方向相反的电子配对成键。② 成键电子已经配对,就不能再与另外的电子配对成键。因此具有饱和性。

这符合每个轨道最多只能容纳两个自旋方向相反的电子的保里不相容原理。

(2) 方向性:由于每一亚层电子云形状不一样。s 电子为球形对称,只有一种伸展方向(1 个轨道);p 电子为纺锤形,有三种伸展方向(3 个轨道);d 电子云为梅花形,有 5 种伸展方向(5 个轨道)。在成键过程中,为了达到电子云最大程度的重叠,电子云必须沿着原子轨道伸展方向发生重叠。这样,可使电子云重叠程度最高,形成的共价键最稳定。

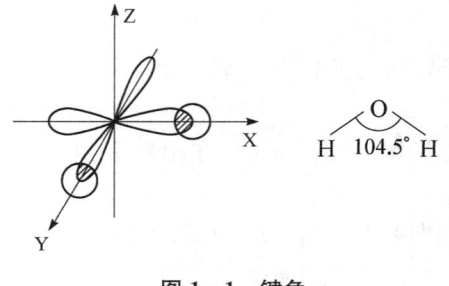

图 1-1　键角

在分子中,键与键之间的夹角称键角(图 1-1)。键角是共价键的又一重要性质,根据键角的大小,可以推测分子的立体构型。例如,H_2O 分子中两个 O—H 键间的夹角为 104.5°,其构型为折线型;CO_2 分子中两个 C=O 键间的夹角为 180°,其构型为直线型;NH_3 分子中三个 N—H 键间的夹角为 107.18°,其构型为锥体型;CH_4 分子中四个 C—H 键间的夹角为 109.28°,其构型为正四面体型。

4. 极性分子和非极性分子　共价键形成过程中,没有电子得失,共用电子对的电子云在两个成键原子内的分布有两种情况。

(1) 同种原子形成的共价键:由于相同原子吸引电子能力相同,故成键电子将均等地围绕两核运动,即共用电子对不偏向任何一方,两个成键原子都不显电性,这样的共价键称非极性键(非极性共价键)。以非极性键结合而形成的分子都是非极性分子,即整个分子不显极性。

(2) 不同原子之间形成的共价键：由于不同原子吸引电子能力不同，共用电子对偏向于吸引电子能力较强的一方。此时，电荷的分布不对称，使吸引电子能力较强的原子带部分负电荷，吸引电子能力较弱的原子带部分正电荷，这样的共价键称极性（共价）键。以极性键结合而形成的分子是极性分子。

如何判断键的极性？可从成键原子的电负性大小来看。电负性是指原子在分子中吸引电子的能力，电负性大，表示原子对电子吸引能力强，一般为活泼的非金属元素；电负性小，表示原子对电子吸引能力弱，一般为活泼的金属元素。根据电负性大小可推测键的类型及共价键的极性。

以极性键形成的双原子分子，都是极性分子，如 HBr；以极性键形成的多原子分子，是否是极性分子，还要考虑分子的几何构型，即分子的对称性如何。

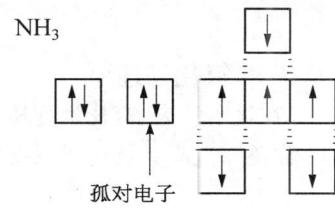

5. 配位键（coordination bond） 为一类特殊的共价键，其共用电子对是由一个原子单独提供而被两个原子共用。

配位键形成条件：① 电子对供给体必须具有孤对电子。② 电子对接受体必须具有空轨道。

三、金属键

金属键（metallic bond）存在于金属晶体中。通常情况下，金属单质除了汞之外，一般均为金属晶体。

金属晶体是具有一定几何形状的金属固体，其结构实际上是由许多金属原子释放出电子后形成的金属离子按一定的规律堆积而成，释放出的电子在整个晶体中自由地运动，成为各原子共有，这些电子称自由电子。由于自由电子的作用使金属离子之间形成的化学键，称金属键，实际上是指金属离子和自由电子之间的相互作用。

四、分子间作用力和氢键

对于呈聚集体状态的物质来说，单从原子与原子之间的相互作用（化学键的性质）还不能完全说明整个物质的性质。

1. 分子间作用力　又称范德瓦尔斯相互作用（van der Waals interaction），可以归纳为取向力、诱导力和色散力的总和。分子间作用力越大，物质熔点、沸点越高。

2. 氢键（hydrogen bond）　实验发现，有些氢化物沸点异常高。例如，H_2O 沸点估计值为 $-70℃$，而实际值却高达 $100℃$。这是由于这些分子内产生了一种称氢键的相互作用，从而增加了分子间的结合力。

以 HF 分子为例，在 HF 分子中，F 原子的电负性较大（4.0），H 的电负性小（2.1），通过共用电子对形成 HF 分子时，共用电子对强烈地偏向 F 原子。"H—F"使分子极性增强，H 原子几乎成为"裸露"的质子，H—F 中这个原子半径很小，带部分正电荷的 H 核，允许另一个带部分负电荷的 F 原子充分靠近它，而产生静电吸引作用，形成氢键。

氢键的表示法：X—H⋯Y；式中 X、Y 代表电负性较强的原子。

氢键形成条件：① 有一个电负性很强的原子（一般含孤对电子），如 F、O、N（均有 $2S^2$ 孤对电子）。② 有一个与电负性很强的原子形成共价键的氢原子，如 H_2O、HF、NH_3。

氢键也有饱和性和方向性：一个 H 原子只能与一个 Y 原子结合（只能形成一个氢键）；X—H 键轴方向尽可能与 Y 原子上的孤对电子方向一致。因此，X—H…Y，三个原子在同一直线上，形成氢键最牢固。

氢键键能比共价键小，比分子间作用力稍大些。分子内通过氢键的形成，可使分子发生缔合现象，增强了分子间作用力，可使物质的熔点、沸点升高，氢键和分子间作用力在高分子化合物（核酸、蛋白质）空间构象的维系中具有十分重要的作用。

第二节　氧化还原反应

一、氧化与还原

在化学反应中，凡是物质跟氧发生反应，称氧化反应。凡是含氧物质里的氧被夺去的反应，称还原反应。氧化还原反应的实质是发生了电子得失（转移）及化合价的变化。

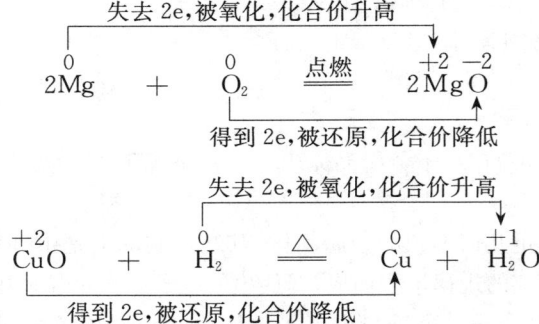

由此得出结论：物质失去电子，化合价升高的反应，是氧化反应；物质得到电子，化合价下降的反应，是还原反应。氧化和还原必然同时发生。凡是有电子得失、化合价变化的反应，都称氧化还原反应。失去电子的物质称还原剂，得到电子的物质称氧化剂。

二、氧化性和还原性

氧化剂有获得电子的性质，具有氧化性。如果物质中的原子获得电子能力越强，其氧化性就越强。

还原剂有失去电子的性质，具有还原性。如果物质中失去原子的能力越强，其还原性就越强。

三、氧化还原电势

氧化还原电势（redox potential）用来反映水溶液中所有物质表现出来的宏观氧化还原性。在标准条件下，每一个氧化还原电对都有一个标准的氧化还原电势。

德国化学家 Nernst 提出了双电层理论（electrical double layers theory）来解释电势差及原电池产生电流的机制。通常把产生在金属和盐溶液之间的双电层间的电势差称金属的平衡电极电势，简称电极电势，以符号 $E(M^{n+}/M)$ 表示，单位为 V（伏），以此描述电极得失电子能力的相对强弱。如锌的电极电势用 $E(Zn^{2+}/Zn)$ 表示。

一个溶液体系中往往存在多种氧化还原电对，其氧化还原电位是多种氧化物质与还原物质发生氧化还原反应的综合结果，将它与标准氢电极组合所测得的电位即为该体系的氧化还原电势。

氧化还原电势可以用于比较氧化剂或还原剂的相对强弱。电极电势高，对应电对中的氧化型物质是强氧化剂，还原型物质是弱还原剂；电极电势低，对应电对中的还原型物质是强还原剂，氧化型物质是弱氧化剂。氧化还原电势还可以计算原电池的标准电动势 E^0 和电动势 E，并可以判断氧化还原反应进行的程度。

对于大多数生物学体系，如果不加酶和电子传递体，很难自动发生反应。一般生物体内的电子传递是从氧化还原电位低的方向朝高的方向。例如，有以 $NAD^+ \rightarrow$ 黄素酶 $\rightarrow$ 细胞色素 c 系 $\rightarrow 1/2O_2$ 方式进行的倾向，但也可能因为酶的特异性或加入不同的抑制剂而不按此方向进行。

第三节　分　散　系

一种或多种物质以微粒形式分散到另一种物质中所形成的体系称分散系（dispersed system）。分散系中分散成微粒的一种或多种物质称分散相（dispersed phase），如泥土、油、分子、离子。分散相所处的介质称分散介质（dispersed medium），如水。从组成上看，分散系等于分散相加分散介质。分散相如果以单个分子或离子分散在分散介质中，称均相或单相分散系；分散相是多个分子或离子等的聚集体，则为非均相或多相分散系。

按照分散相粒子的大小（直径）不同可将分散系分为粗分散系、胶体分散系、分子（或离子）分散系三类。

一、粗分散系

粗分散系的分散相粒子直径＞100 nm，由许多分子或离子聚集而成，用肉眼或普通显微镜即能看到分散相颗粒，属于非均相分散系。由于分散相颗粒较大，足以阻止光线通过，故分散系是浑浊的、不透明的；同时易受重力的作用而沉降，因此不稳定。属于这一类分散系的有悬浊液和乳浊液。

悬浊液（turbid liquid）是分散相为固体，而分散介质为液体的粗分散系。如临床上用的普鲁卡因青霉素、醋酸可的松均属悬浊液。

乳浊液（emulsion）是分散相和分散介质均为液体的粗分散系。如乳白鱼肝油、松节油搽剂等，是油分散在水中形成的乳状混浊液体。

二、胶体分散系

胶体分散系的分散相粒子直径在 1～100 nm。胶体分散系可以是均相的，也可以是非均相的。

分散相离子直径在 1～100 nm，但是以单个分子分散在分散介质中所形成的均相体系，称高分子化合物溶液，简称高分子溶液（polymer solution）。如蛋白质、核酸或可溶性淀粉所构成的溶液。

1. 溶胶　以固体为分散相、液体为分散介质的胶体分散系称胶体溶液(colloidal solution)，简称溶胶(collosol)。溶胶的分散相粒子即胶体粒子(简称胶粒)是由许多分子或原子聚集而成的，分散相与分散介质之间存在着界面，因此属非均相分散系。例如，Fe(OH)$_3$溶胶中的胶粒是由$10^3 \sim 10^6$个Fe(OH)$_3$分子组成。溶胶具有以下特殊性质。

(1) 胶粒对滤器的透过性：半透膜(semi-permeable membrane)的孔径很小，如羊皮纸、肠衣、膀胱膜、微血管壁等，胶粒不能透过，但小分子和离子可自由透过。

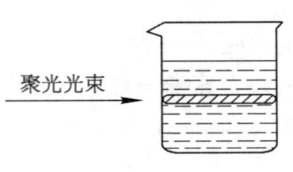

图1-2　丁达尔效应

(2) 光学性质：当聚光光束通过放在暗处的溶胶时，从侧面可以看到一条明亮的光柱，称丁达尔效应(Tyndall effect)(图1-2)。其实质是由于胶粒大到使一部分光线向各方面散射的结果，如果胶粒直径<1 nm时，则大部分光线能直接穿透过去，光的散射就减弱；如果胶粒过大(大于光波的波长时)，大部分光线发生反射而显混浊。因此，利用该效应常可以区别真溶液、悬浊液和溶胶。

(3) 动力学性质：胶粒在溶胶中做不规则运动，称布朗运动。产生布朗运动的原因是周围分散介质粒子不断从各个方向撞击胶粒，而在每一瞬间胶粒受到的撞击力在各个方向上是不同的，因而胶粒处于不断无秩序的运动状态。胶粒越小，则布朗运动越显著。

布朗运动使胶粒有扩散现象，它抵抗在重力的作用下胶粒的下沉，这是溶胶能保持相对稳定的原因之一，当扩散和沉降这两个相反的作用速度相等时，即达到平衡状态，称沉降平衡。使用超速离心机，可以加速溶胶达到沉降平衡。

(4) 电学性质：胶粒带有电荷是由于胶粒有较大的总表面积，吸附力较强，能从溶胶中选择吸附与它组成类似的某种离子，使其表面带有电荷。例如，明矾净水就是利用了Al(OH)$_3$胶粒的吸附作用。

由于胶粒带有相同电荷，彼此互相排斥，一方面这种斥力阻止了胶粒互相接近聚集成较大粒子；另一方面吸附在胶粒表面上的离子对水分子有吸引力，能将一些水分子吸引到胶粒表面上，在胶粒表面形成一层水化膜，也能阻止胶粒的聚集。因此，胶粒带相同电荷和水化膜的形成是溶胶稳定的主要因素。减弱这些因素就可以使胶粒聚集成大的颗粒而沉淀，这个过程称凝聚(coacervation)。例如，医药上用FeCl$_3$止血就是利用电解质促使血液胶体的凝聚。

2. 高分子溶液　高分子溶液的溶质分子如蛋白质、核酸直径与溶胶粒子大小相近，因而在性质上它们有相似之处，如不能透过半透膜、扩散速度较慢等。但高分子溶液属单分子(或离子)的均相分散体系，故也具有自己的特征。例如，它比一般的溶胶更稳定，具有较大的黏性。同时，高分子溶液经蒸发或冷却后，往往可凝成一种弹性的半固体物质，称凝胶。但高分子溶液的丁达尔效应不明显，原因是其分散相与分散介质的折射率差别不大，对光的散射作用较弱。

三、分子(或离子)分散系

分散相粒子的直径<1 nm的分散系，称分子或离子分散系。这类分散系的分散相是以分子(或离子)分散在分散介质中的，分散相和分散介质之间无界面，属均相分散系。通常所指的溶液就属于这类分散系，也称真溶液，如葡萄糖溶液、氯化钠溶液等。其中，分散相称溶质(solute)，分散介质称溶剂(solvent)。由于这些溶质的粒子是单个小分子或离子，故一般能透过半透膜、扩散速度较快，并具有高度稳定性。

人体的血液、淋巴液等都含有蛋白质等高分子化合物,同时还含有氯化钠、葡萄糖等低分子化合物。因此,体液是一种比较复杂的溶液。

第四节 医学中溶液的组成量度

当组成混合物的各组分在体系中所占的比例发生变化时,可能会导致混合物的性质发生明显改变。因此,对于混合物应当在确定其组成成分的同时,还需要指明各组分的相对含量,即组成量度(composition measurement)。溶液的组成量度在以前称溶液的浓度,亦即一定量的溶液中含有溶质的量。医学上常见的表示法有以下几种。

一、质量分数、体积分数及质量浓度

1. 质量分数 对于溶液而言,质量分数(mass fraction)定义为溶质的质量(m_B)除以溶液的质量(m),符号为ω_B,即$\omega_B=m_B/m$。

ω_B无单位,用小数或百分数表示,以表示溶液的组成量度,方法简单方便,是常用的溶液组成标度表示方法之一。例如,市售硫酸如98%硫酸(H_2SO_4)是指100克溶液中含98 g H_2SO_4。盐酸、硝酸、氨水等试剂也常用这种方法表示其相对含量。

2. 体积分数(volume fraction) 指在相同温度和压力下,物质B的体积(V_B)除以混合物混合前各组分体积之和(V),符号为φ_B,即$\varphi_B=V_B/V$。

φ_B无单位,可以用小数或百分数表示。当溶质为液体或气体时,常用此法表示。例如,38℃时,动脉血氧气含量为19.6%,是指100 mL动脉血中含氧气19.6 mL;消毒用的75%浓度的乙醇溶液指100 mL乙醇溶液中含乙醇75 mL。

3. 质量浓度(mass concentration) 指单位体积(V)溶液中所含溶质的质量(m_B),符号为ρ_B,即$\rho_B=m_B/V$。ρ_B的国际单位为kg/m^3,常用单位为g/L或mg/L等。

质量浓度计算简便、明确,因而成为医学上经常使用的浓度表示方法之一,如生理盐水的质量浓度为9.0 g/L。

二、物质的量浓度

1. 摩尔 国际上规定,把12克碳$^{-12}$(原子核中含有6个质子、6个中子的碳原子)所含的碳原子数——$6.02×10^{23}$个微粒称为1摩尔(mol)。这是一个微粒集体,不考虑颗粒大小,可以指原子、分子、离子、电子、中子,质子等各种粒子。

2. 物质的量浓度(amount-of-substance concentration) 定义为B溶质的物质的量n_B除以混合物的体积,用c_B表示,即$c_B=n_B/V$。物质的量浓度的国际单位是mol/m^3,常用单位为mol/L。医学和药学上也常以mmol/L、μmol/L等为单位。

世界卫生组织(WHO)提议凡是已知分子量的物质在体液内的含量均应该用物质的量浓度表示。如人体血液葡萄糖含量正常值,按法定计量单位应表示为38.9~6.11 mmol/L。未知其分子量的物质B则可用质量浓度表示。

第五节 电解质的电离与溶液酸碱性

一、电解质

电解质是指在水溶液中或在熔化状态下能够导电的化合物,如酸(HCl、HAc)、碱(NaOH、$NH_3·H_2O$)、盐(NaCl)等。

在水溶液中不能导电的化合物则称非电解质,如蔗糖、甘油、乙醇等。

电解质之所以能够导电,是因为它们在水溶液中发生了电离,产生了带不同电荷的、能自由移动的离子。一般而言,在单位体积内离子越多,导电能力就越强;在单位体积内离子越少,导电能力就越弱。

二、强电解质和弱电解质

1. **强电解质**　通常大部分盐类($NaCl$、$CaCl_2$)及强极性化合物[强酸:HCl、H_2SO_4;强碱:$NaOH$、KOH、$Ba(OH)_2$等]在水溶液中几乎全部电离成离子,其导电能力强,称强电解质。

2. **弱电解质**　具有弱极性的化合物,如弱碱:$NH_3·H_2O$,弱酸:HCN、$CH_3COOH(HAc)$等,在溶液中仅部分电离成离子,导电性较弱,称弱电解质。

三、弱电解质的电离平衡

以 $NH_3·H_2O$ 为例,当 $NH_3·H_2O$ 溶于水时,一部分 $NH_3·H_2O$ 电离成 NH_4^+ 和 OH^-;同时,由于离子的运动,在水中 NH_4^+ 和 OH^- 互相碰撞而彼此吸引,重新结合成分子。当 $NH_3·H_2O$ 电离成离子的速度(正反应)与离子重新结合成分子的速度(逆反应)相等时,即电离达到动态平衡,称电离平衡。

$$NH_3·H_2O \rightleftharpoons NH_4^+ + OH^-$$

此平衡是动态的、有条件的,当条件改变,如改变反应物或生成物的浓度、改变温度等,可使电离平衡移动,直至建立新的平衡。例如,当加入 NaOH 时,溶液中$[OH^-]$增高,平衡向逆反应方向移动,直至建立新的平衡;当加入 HCl 时,溶液中$[OH^-]$下降,平衡向正反应方向移动。

四、电离度

各种弱电解质在溶液中电离程度各不一样,有大有小,通常可用电离度(α)来表示弱电解质在溶液中的电离程度。

平衡状态下,已电离的弱电解质分子数与原来分子总数的百分比称电离度。例如,25℃,0.1 mol/L 的 HAc 溶液中,每 10 000 个 HAc 分子里有 132 个分子电离成离子。它的电离度是 $\alpha = 132/10\,000 \times 100\% = 1.32\%$。

弱电解质的电离度常受浓度、温度的影响。当弱电解质溶液浓度越稀,电离生成的离子相互间碰撞合成分子的机会越少,其电离度就越大;当温度升高时,平衡向吸热方向移动,而多数电解质电离时都要吸收热量,因此电离度增大。在表示各种电解质电离度大小时,应注明浓度和温度。

五、电离常数

K_i 为弱电解质的电离常数,它表示平衡时离子浓度的乘积与未电离分子浓度的比值(K_a 表示弱酸电离常数,K_b 表示弱碱电离常数)。K_i 不受浓度影响,而与温度有关。

其电离是分步进行的。例如:

$$H_3PO_4 \rightleftharpoons H^+ + H_2PO_4^- \quad K_{a1}$$

$$H_2PO_4^- \rightleftharpoons H^+ + HPO_4^{2-} \quad K_{a2}$$

$$HPO_4^{2-} \rightleftharpoons H^+ + PO_4^{3-} \quad K_{a3}$$

通常 $K_{a1} > K_{a2} > K_{a3}$,一般以 K_{a1} 作为多元弱酸的电离常数。

电离度和电离常数都表示弱电解质的电离程度,它们之间存在一定的关系:

$$K_i = c \cdot \alpha^2$$

六、水的离子积和溶液的 pH

水的极性和形成氢键的能力是水成为独特溶剂的基础。如 NaCl 溶于水是因为:① Na^+ 与水带负电荷的氧原子相互作用。② Cl^- 与水带正电荷的氢原子相互作用力远大于 Na^+ 与 Cl^- 间的静电引力,这样在阴阳离子周围形成一层水化膜。诸多水分子对 Na^+ 和 Cl^- 的吸引力远远大于两种离子间的结合力,导致这两种离子不能结合。许多含有弱电荷基团的有机分子也可溶于水,因为这些分子群能吸引水分子,如糖和乙醇易溶于水。对于含有极性基团和非极性基团的两性分子(amphipathic molecular)复合物,如果水分子对它的引力大于其分子内的疏水作用,那它就能溶于水。脂类等疏水性强的分子,在水中不像单个的分子那样容易分散开来,而是与其他的疏水分子相互作用以排除极性的水分子,故不溶于水。

1. 水的离子积　精密仪器测定发现,水也有微弱的导电能力,说明水也是一种微弱的电解质,存在电离平衡。

在一定温度下,$[H^+][OH^-] = K_i \cdot [H_2O] =$ 常数,此常数称水的离子积(K_w)。经测定,25℃,1 L水只有 1×10^{-7} M 的 H_2O 发生电离,$K_w \approx 1.0 \times 10^{-14}$。当 $[H^+]$ 上升,则 $[OH^-]$ 下降,两者乘积始终为一常数(25℃时等于 1.0×10^{-14})。

2. 水的离子积应用　25℃条件下,如果在纯水中加入少量酸或碱,则可使水的电离平衡发生移动,从而改变 $[H^+]$ 和 $[OH^-]$,使 $[H^+] \neq [OH^-]$,但两者乘积仍等于 1.0×10^{-14}。因此,当知道 $[H^+]$,就可以计算出 $[OH^-]$,反之亦然。

3. 溶液的 pH　$[H^+]$ 用以表示溶液酸碱度。为方便计算,往往用 pH 表示溶液酸碱度,$pH = -\lg[H^+]$。若用 pH 表示溶液酸碱度,其范围在 0~14。

溶液 pH 一般可用 pH 试纸来测定。如需精确测定 pH,则可选用 pH 计。

第六节　溶液的渗透压

一、渗透现象

渗透(osmosis)总是由溶剂分子从纯溶剂向溶液或从稀溶液向浓溶液迁移,直至进出两边的水分子数相等,达到渗透平衡。半透膜两边的水位差所表示的静压就称溶液的渗透压(osmotic pressure)。显然,溶液浓度越大,其渗透压越大。渗透压是溶液的一种性质,半透膜的存在和膜两侧单位体积内溶质粒子数不相等是产生渗透现象的两个必要条件(图1-3)。

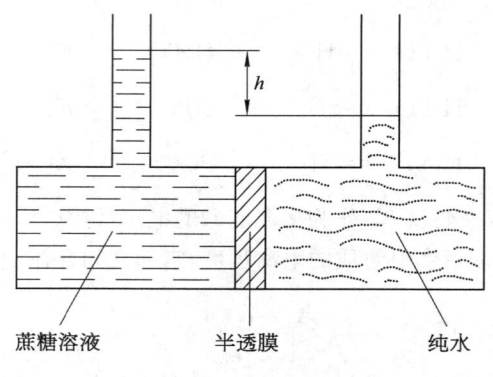

图1-3 渗透现象

二、渗透浓度

医学上常用渗透浓度(osmolarity)来比较溶液渗透性的大小,定义为溶液中产生渗透效应的溶质粒子的物质的量除以溶液的体积,可用符号 C_{os} 表示,单位为 mol/L 或 mmol/L。

对于任何非电解质溶液,在相同温度下,只要物质的量浓度相等,它们的渗透压也相等。但对于电解质溶液,单位体积溶液中的溶质颗粒数目要比相同浓度的非电解质溶液多,故渗透压更大。

三、渗透压的生理意义

医学上,正常人血浆的渗透浓度为 303.7 mmol/L,临床上以血浆渗透压为标准,规定浓度在 280～320 mmol/L 的溶液为等渗溶液(isotonic solution),如生理盐水(9 g/L NaCl 溶液)、50 g/L 的葡萄糖溶液等都是等渗溶液。高于血浆渗透压范围的称高渗溶液(hypertonic solution),低于血浆渗透压范围的称低渗溶液(hypotonic solution)。

对于大量失水的患者,往往需要输液以补充水分,静脉输入液体必须与血液的渗透压相等,否则会导致机体内水代谢紊乱及细胞变形甚至破裂。若大量输入高渗溶液,使红细胞内的水分渗出膜外,造成红细胞皱缩,皱缩的红细胞互相凝结成团,在小血管内将产生"栓塞"。若大量输入低渗溶液,血浆中的水分将向红细胞渗透,使红细胞胀裂,医学上称溶血现象(图1-4)。

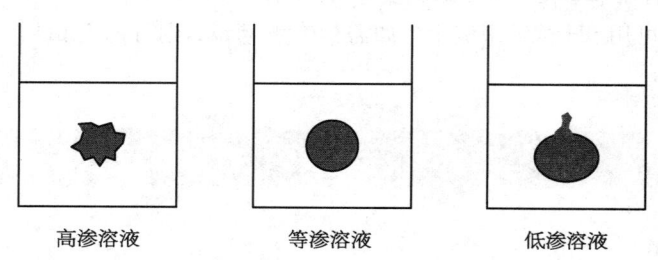

图1-4 红细胞在不同渗透压溶液中的形态变化

正常人体中,体液能够维持恒定的渗透压,这对水盐的代谢过程起着极为重要的作用。体液是由电解质(如 KCl、$NaHCO_3$ 等)、小分子物质(如葡萄糖、尿素等)和高分子物质(如蛋白质)溶解于水而成的复杂混合物。在医学上,把电解质、小分子物质所产生的渗透压称晶体渗透压,而把蛋白质等大分子物质产生的渗透压称胶体渗透压。晶体渗透压决定了细胞内外水分的流动方向,胶体渗透压决定了血管内外水分的流动方向。

反渗透(reverse osmosis)是指在溶液的一方所加的静液压超过渗透压,使溶剂分子反向流动,可用于生物高分子浓缩、海水淡化及工业废水处理等领域。

第七节 同离子效应和缓冲溶液

一、同离子效应

在弱电解质溶液中加入该电解质具有的同名离子的强电解质,会使该电解质的电离度下降,这种现象称同离子效应。

例如,HAc 为弱电解质,只能部分电离出 H^+ 和 Ac^-。当加入 NaAc 时,NaAc 为强电解质,在溶液中电离生成 Ac^-,使溶液中[Ac^-]增大。Ac^- 与溶液中原有的 H^+ 结合生成 HAc,使平衡向生成 HAc 方向移动,以建立新的动态平衡,因而 HAc 的电离度下降。

二、缓冲溶液

能够抵抗外加少量强酸或强碱而使溶液 pH 几乎不变的作用,称缓冲作用。具有缓冲作用的溶液称缓冲溶液。

1. **缓冲溶液的组成** 缓冲溶液一般由下列成分构成。① 弱酸和弱酸盐,如 CH_3COOH~CH_3COONa(HAc~NaAc),H_2CO_3~$NaHCO_3$。② 弱碱和弱碱盐,如 $NH_3 \cdot H_2O$~NH_4Cl。③ 酸式盐和碱式盐,如 NaH_2PO_4~K_2HPO_4。

2. **缓冲作用机制** 以 HAc~NaAc 为例,由于在 HAc 溶液中加入强电解质 NaAc,使溶液中[Ac^-]大大增多,产生同离子效应促使 Ac^- 与 H^+ 结合生成 HAc,使电离平衡向 HAc 生产方向移动。此时溶液中有大量的 Ac^-、大量的 HAc 和极少量 H^+。

当外加少量 HCl 时,大量的 Ac^- 与 H^+ 结合为 HAc,溶液 pH 几乎不变,故 Ac^-(主要来自 NaAc)为抗酸成分。当外加少量 NaOH 时,大量 HAc 电离出 H^+,H^+ 与 OH^- 结合为 H_2O,溶液 pH 几乎不变,故 HAc 为抗碱成分。

人体体液 pH 在 7.35~7.45,主要是因为 H_2CO_3~$NaHCO_3$ 等缓冲作用。科研工作中,酶促反应需要恒定 pH 环境,往往需在缓冲溶液中进行。

3. **缓冲溶液 pH 计算** 以弱酸 HAc 及其盐 NaAc 组成的缓冲溶液为例,在此缓冲液中,HAc 为弱酸,电离度很小,由于同离子效应而使 HAc 电离度变得更小。因此,可以认为 HAc 分子接近于没有电离,故[HAc]可以看作为弱酸的总浓度。同时,溶液中的盐 NaAc 全部电离,因此溶液中 Ac^- 可以认为就等于 NaAc 的总浓度。因此有

$$K_a = \frac{[H^+][Ac^-]}{[HAc]} = \frac{[H^+][盐]}{[酸]}$$

$$[H^+] = K_a \times \frac{[酸]}{[盐]}$$

两边取负对数,得

$$pH = -\lg K_a - \lg\left(\frac{[酸]}{[盐]}\right)$$，将 $-\lg K_a$ 记作 pK_a，有

$$pH = pK_a + \lg\left(\frac{[盐]}{[酸]}\right)$$

此方程式为 Henderson-Hasselbalch 方程式,简称韩-哈方程式。

第二章

有机化学基础

> **学习目标**
> 1. 掌握有机化合物的分类和命名规则，重要官能团的结构、性质及其化学反应。
> 2. 熟悉有机化合物的特点，对映异构的概念，重要的有机化合物。
> 3. 了解旋光性、旋光度的概念，有机化学领域的最新研究进展及其在医学中的应用前景。

在日常生活和工农业生产中，往往将从矿物中得到的化合物称无机化合物（inorganic compounds），简称无机物；而将从动、植物体内得到的糖类、脂类、蛋白质类和核酸类等含碳的化合物称有机化合物（organic compounds），简称有机物。

第一节 有机化合物的特点

1828年，德国化学家Wohler在无机实验中意外得到有机物尿素，此后陆续合成了酸、脂等有机物。大量实验证明，并不是只有从生物体中才能得到有机物，有机物和无机物之间也没有绝对的界限。例如，无机物CO_2与NH_3在特定条件下反应生成有机物尿素。

目前，有机物是指含碳的化合物，绝大多数含氢，此外还有氧、氮、硫、磷等元素。有机化学（organic chemistry）就是研究有机化合物的组成、结构、性质、合成、应用及其变化规律的科学。与无机化合物相比较，有机物的种类繁多，有着自己的特点。

1. 难溶于水　大多数有机物易溶于汽油、乙醇、苯、氯仿、丙酮、乙醚等有机溶剂中而不溶于水，无机物则相反。

2. 熔点低　有机物的熔点较低，一般在40~300℃，受热易分解，易燃烧、碳化。无机物熔点都比较高，大多在1 000℃以上，大多无机物不能燃烧。

3. 不导电　绝大多数有机物属共价化合物，不易电离，故一般不能导电。而无机物一般为离子化合物，有较好导电性。

4. 反应速度慢　常需要加热、加压或需用催化剂来加快化学反应的进行。

5. 反应复杂　除了主产物外，往往有副产物，常用"→"表示反应方向。

第二节 有机化合物的分类

有机物种类繁多,结构复杂,需要进行统一的分类,常见有以下分类方法。

一、按碳架分类
按照碳原子构成的骨架不同,有机物可分为以下三大类。

1. 开链化合物 碳原子相互连接成链状,由于最初是在脂肪中发现的,故又称脂肪族化合物。例如,$CH_3-CH_2-CH_2-CH_2-CH_3$(正戊烷),CH_3CH_2COOH(丙酸)。

2. 碳环化合物 这类化合物分子中的环完全由碳原子连接而成,故称碳环化合物,可分为以下两类。

(1) 脂环族化合物:是一类性质和脂肪族化合物相似的碳环化合物。

(2) 芳香族化合物:是指苯及化学性质类似于苯的一类化合物。

3. 杂环化合物 环内有杂原子(非碳原子)的环状化合物。

环戊烷　　苯　　嘧啶

二、按元素组成分类
由碳氢两种元素组成的有机物称为碳氢化合物,简称烃(hydrocarbons)。烃少掉一个或若干个氢原子后剩余的基团,称烃基(alkyl group),简写为 R-。

烃分子中的氢原子被其他原子或原子团取代而衍生的一系列有机物,称烃的衍生物。烃的衍生物分子内除了碳(大部分仍有氢)之外还有其他元素,这些取代氢原子的其他原子或原子团称官能团(functional group)。

三、按官能团分类
官能团的种类和数量决定某一类有机物的特殊性质,常见官能团的名称和相应有机化合物的类别见表 2-1。

表 2-1 常见的官能团

官能团名称	结构简式	有机化合物类别	例子
饱和碳原子	—C—	烷烃(alkanes)、环烷烃(cycloalkanes)	CH_4
双键	(C—C)	烯烃(aldenes)	$CH_2=CH_2$

(续表)

官能团名称	结构简式	有机化合物类别	例　子
叁键	(—C≡C—)	炔烃(alkynes)	CH≡CH
芳基	(—Ar)	芳香烃(arenes)	 C₆H₅— (苯环)
卤素	(—X)	卤代烃(halohydrocarbons)	CH_3CH_2Cl
醇羟基	(—OH)	醇(alcohols)	CH_3CH_2OH
酚羟基	(—OH)	酚(phenols)	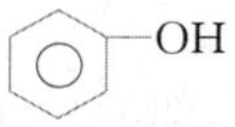 C₆H₅—OH
甲酰基(醛羰基)	(—CHO)	醛(aldehydes)	CH_3CHO
羰基(酮羰基)	(—CO—)	酮(ketones)	CH_3COCH_3
羧基	(—COOH)	羧酸(carboxylic acid)	CH_3COOH
氨基	(—NH_2)	胺(amines)	$CH_3CH_2—NH_2$
硝基	(—NO_2)	硝基化合物(nitro compounds)	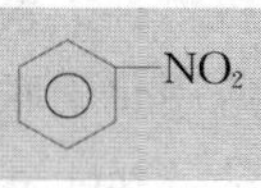 C₆H₅—NO₂
巯基	(—SH)	硫醇(thiols)	$CH_3CH_2—SH$

第三节　有机化合物的命名

一般而言,有机物有习惯命名和系统命名。此外,很多有机物还有俗称。

一、习惯命名法

1. **结构相对简单有机物的命名**　对于10个碳原子及以内的有机物,中文可以用天干"甲、乙、丙、丁、戊、己、庚、辛、壬、癸"来表示。从 C_{11} 开始以汉字数字"十一、十二……"表示。

2. **同分异构体的命名**　分子式相同但分子结构不同的化合物称同分异构体(isomer),从而呈现不同的理化性质。例如,具有相同分子式的 C_4H_{10},有两种不同的结构,有不同的熔点、沸点和密度。

$$CH_3CH_2CH_2CH_3 \qquad CH_3CHCH_3$$
$$\qquad\qquad\qquad\qquad\quad |$$
$$\qquad\qquad\qquad\qquad CH_3$$

正丁烷　　　　　　　　异丁烷

"正"(normal 或 n-)表示直链化合物,通常可省略。"异"(iso-或 i-)表示碳链的一段具有(CH₃)₂CH—的结构,且链的其他部位无支链。"新"(neo)表示碳链的一段具有(CH₃)₃C—的结构,且链的其他部位无支链。

3. 伯、仲、叔、季碳原子的命名 在烷烃分子中,按碳原子与碳原子之间的结合方式不同,分为伯碳原子、仲碳原子、叔碳原子、季碳原子等四种类型的碳原子。

$$\underset{1}{CH_3}-\underset{\underset{\underset{CH_3}{|}}{\overset{\overset{CH_3}{|}}{C}}}{2}-\underset{3}{CH}-\underset{4}{CH_2}-\underset{5}{CH_3}$$

(1) 如果 C 原子四个价键中,只有一个价键与另外一个 C 原子直接相连,称伯碳原子或一级(1°)碳原子,如 C_1、C_5、C_6、C_7、C_8。

(2) 有两个价键与另外两个 C 原子相连,称仲碳原子或二级(2°)碳原子,如 C_4。

(3) 有三个价键与另外三个 C 原子相连,称叔碳原子或三级(3°)碳原子,如 C_3。

(4) 有四个价键与另外四个 C 原子相连,称季碳原子或四级(4°)碳原子,如 C_2。

在上述四类碳原子中,除了季碳原子没有氢原子外,其他碳原子均连有氢原子,分别成为伯、仲、叔氢原子。

二、系统命名法

有机物种类繁多,客观上需要遵守一定的命名规则。系统命名法(IUPAC 命名法)由国际纯粹与应用化学联合会(International Union of Pure and Applied Chemistry,IUPAC)确定,中国化学会(Chinese Chemical Society)在 IUPAC 命名法的基础上,结合我国习惯命名法,历经数次修订,目前使用的是《有机化合物命名原则 2017》。

(一) 官能团优先次序

当有机物中含有多个官能团时,应选择其中之一为主官能团,以确定化合物类别,其他官能团作为取代基。官能团优先次序如下。

—COOH > —SO₃H > —C(=O)—O—C(=O)— > —C(=O)—O— > —C(=O)—X > —C(=O)—NH₂ > —CN > —C(=O)H > —C(=O)— > —OH > —SH > —NH₂ > =NH

其他常见的官能团如 —OR、—SR、—X、—NO₂、—NO 等,在 IUPAC 命名法中一般作为取代基。

系统命名法的关键在于如何确定主链和取代基(表 2-2)的位置。

(二) 开链化合物的命名

1. 烷烃 以烷烃作为有机物命名的基准,需遵循以下要点。

表 2-2 常见的取代基

取代基	中文名	英文名	取代基	中文名	英文名
—CH$_3$	甲基	methyl(Me)	—Cl	氯	chloro
—CH$_2$CH$_3$	乙基	ethyl(Et)	—Br	溴	bromo
—CH$_2$CH$_2$CH$_3$	丙基	propyl(Pr, n-Pr)	—I	碘	iodo
—CH(CH$_3$)$_2$	异丙基	isopropyl(i-Pr)	—OH	羟基	hydroxy
—(CH$_2$)$_3$CH$_3$	丁基	butyl(Bu, n-Bu)	—SH	氢硫基(巯基)	sulfanyl
—CH=CH$_2$	乙烯基	vinyl	—OCH$_3$	甲氧基	methoxy
=CH$_2$	甲亚基	methylene	—CHO	甲酰基	formyl
—C≡CH	乙炔基	ethynyl	—COCH$_3$	乙酰基	acetyl(Ac)
环己基结构	环己基	cyclohexyl	=O	氧亚基	oxo
苯基结构	苯基	phenyl(Ph)	—COOH	羧基	carboxy
—H$_2$C—苯环	苯甲基(苄基)	benzyl(Bn)	—SO$_3$H	磺酸基	sulfo
—NH$_2$	氨基	amino	—CN	氰基	cyano
=NH	氨亚基	imino	—NO$_2$	硝基	nitro
—F	氟	fluoro			

(1) 选择最长的链为主链。如：

$$CH_3-CH_2-\underset{\underset{CH_3}{|}}{CH}-CH_2-CH_3$$

3-甲基戊烷

$$CH_3-CH_2-CH-CH_2-CH_2-CH_2-CH_3$$
$$\overset{|}{CH_2}$$
$$\overset{|}{CH_2}$$
$$\overset{|}{CH_3}$$

4-乙基辛烷

(2) 给主链编号，其原则是保持取代基位次最小。如：

$$\overset{1}{CH_3}-\overset{2}{CH_2}-\overset{3}{\underset{\underset{CH_3}{|}}{CH}}-\overset{4}{CH_2}-\overset{5}{CH_2}-\overset{6}{CH_3}$$

（3）按主链碳原子数用天干命名为"某烷"，取代基写在某烷之前，并用阿拉伯数字在其前面标出位次，且用"-"短线相连。如：

$$CH_3-CH_2-\underset{\underset{CH_3}{|}}{CH}-CH_2-CH_2-CH_3 \qquad CH_3-\underset{\underset{CH_3}{|}}{\overset{\overset{CH_3}{|}}{C}}-CH_2-CH_2-CH_3$$

3-甲基己烷　　　　　　　　　　2,2-二甲基戊烷

（4）如有两个以上的取代基，按取代基英文名称的字母表顺序依次排列。需要注意的是，除了与取代基连为一体的"iso、neo"参与排序外，其他的前缀如"*sec*-、di"等通常不参与字母排序。阿拉伯数字与汉字之间用"-"隔开。如：

$$CH_3-CH_2-\underset{\underset{\underset{\underset{CH_3}{|}}{CH_2}}{|}}{\overset{\overset{CH_3}{|}}{C}}-CH_2-CH_2-CH_2-CH_3$$

3-乙基-3-甲基庚烷

（5）如果主链上有相同的取代基时，可以将取代基合并，用中文数字"二、三、四……"(di,tri,tetra)表示数目，但各取代基的位次仍须标出，且用","隔开。如：

$$CH_3-\underset{\underset{CH_3}{|}}{CH}-\underset{\underset{CH_3}{|}}{CH}-\underset{\underset{CH_3}{|}}{CH}-CH_2-CH_3$$

2,3,4-三甲基己烷

（6）当同时有几个等长的主链时，则选择含取代基最多的碳链为主链。如：

$$\overset{7}{CH_3}-\overset{6}{CH_2}-\overset{5}{\underset{\underset{CH_3}{|}}{CH}}-\overset{4}{\underset{\underset{\underset{\underset{CH_3}{|}}{CH_2}}{|}}{CH}}-\overset{3}{\underset{\underset{CH_3}{|}}{CH}}-\overset{2}{\underset{\underset{CH_3}{|}}{CH}}-\overset{1}{CH_3}$$

2,3,5-三甲基-4-丙基庚烷

（7）若在主链的等距离两端同时遇到取代基且多于两个时，则要比较第二个取代基的位次大小，依次类推。如：

$$\overset{6}{CH_3}-\overset{5}{\underset{\underset{CH_3}{|}}{CH}}-\overset{4}{CH_2}-\overset{3}{\underset{\underset{CH_3}{|}}{CH}}-\overset{2}{\underset{\underset{CH_3}{|}}{CH}}-\overset{1}{CH_3}$$

2,3,5-三甲基己烷

2. 不饱和烃 以烷烃的命名规则为基础,遵循以下要点。

(1) 选择含有双键(叁键)的最长碳链为主链。

(2) 从靠近双键(叁键)的一端开始编号,保持其位次最小,再确定取代基的位次;根据主链碳原子数称"某- x -烯(炔)",x 表示双键(叁键)的位次;当两个碳碳双键(叁键)含在主链中时,尽量使两个双键(叁键)具有最小编号,根据主链碳原子数称"某 x,y -二烯(炔)",x、y 分别表示两个双键(叁键)的位次。如:

$$CH_3CH=CHCH_3 \qquad 丁-2-烯$$
$$CH_2=CH-CH=CH_2 \qquad 丁-1,3-二烯$$

(3) 主链中同时含有双键和叁键时,称"某- x -烯- y 炔",x、y 分别表示双键、叁键的位次。编号时应首先考虑使双键、叁键的位次和最小;若双键和叁键处于相同的位次时,保持双键位次最小。如:

$$HC\equiv CCH_2CH=CH_2 \qquad 戊-1-烯-4-炔$$

3. 卤代烃、醇、醚、胺 以烷烃的命名规则为基础,遵循以下要点。

(1) 卤代烃以烃为母体,按烃的命名原则对主链进行编号,卤素作为取代基,然后按取代基英文名称的字母顺序排列,将取代基的位次和名称写在母体主链的名称之前。如:

$$\begin{array}{c} CH_3 \quad Br \\ | \quad\quad | \\ CH_3CHCH_2CHCH_3 \end{array} \qquad \begin{array}{c} CH_3 \ CH_3 \\ | \quad\quad | \\ CH_3CCH_2CHCH=CH_2 \\ | \\ Cl \end{array}$$

$$2-溴-4-甲基戊烷 \qquad\qquad 5-氯-3,5-二甲基己-1-烯$$

(2) 醇的命名原则:① 选择连有羟基的最长碳链作为母体,保持羟基位次最小,称"某- x -醇",x 表示羟基的位次。② 二元醇以连有两个羟基的最长碳链作为母体,称"某 x -,y -二醇",x、y 分别代表两个羟基的位次。③ 若主链上既连有羟基又含有不饱和键时,保持羟基位次最小,称"某- x -烯(炔)- y -醇",x、y 分别代表不饱和键和羟基的位次。如:

$$\begin{array}{c} CH_3 \\ | \\ CH_3CHCH_2CH_2OH \end{array} \qquad \begin{array}{c} OH \\ | \\ H_2C=CHCH_2CHCH_3 \end{array}$$

$$3-甲基丁-1-醇 \qquad\qquad 戊-4-烯-2-醇$$

(3) 胺和醇的命名原则类似,选择连有氨基的最长碳链作为母体,尽量使氨基具有最小编号,称"某- x -胺",x 表示氨基的位次。若氮原子上有其他取代基,以"N -某基"的形式写在母体名称前面。如:

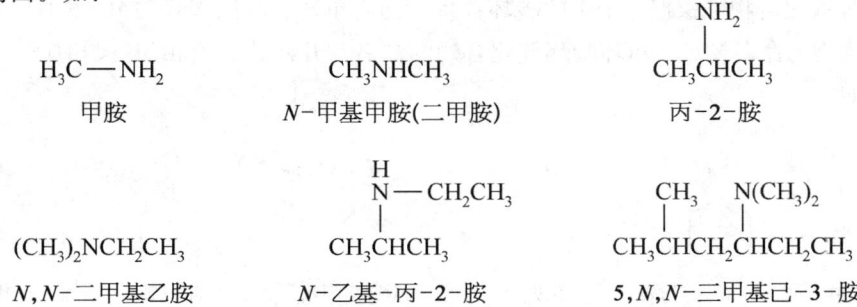

4. 醛、酮 其命名需遵循以下要点。

（1）选择含有羰基的最长碳链作为母体，醛类从醛羰基（甲酰基）碳原子开始编号，酮类则从靠近酮羰基的一端开始编号，称"某醛"或"某-x-酮"，x表示酮羰基的位次。支链的位次还可以用希腊字母表示，将直接与羰基碳相连的碳原子称 α-C，以此类推称为 β-C、γ-C 等。如：

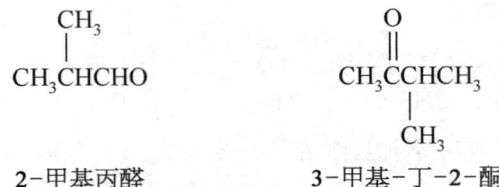

$\quad\quad\quad$ 2-甲基丙醛 $\quad\quad\quad\quad\quad\quad$ 3-甲基-丁-2-酮

（2）当母体主链中含有一个不饱和键及一个羰基时，保持羰基位次最小，称"某-x-烯（炔）醛"或"某-x-烯（炔）-y-酮"，x、y 分别表示不饱和键及酮羰基的位次。如：

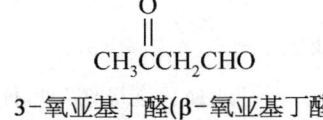

$\quad\quad\quad$ 丁-2-烯醛 $\quad\quad\quad\quad\quad\quad$ 丁-3-烯-2-酮

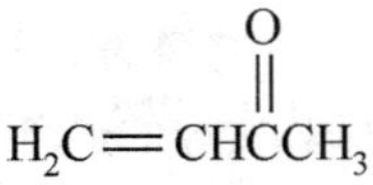

（3）当母体主链中含有一个醛羰基和一个酮羰基时，按照主官能团优先次序，从醛羰基端开始编号，称"x-氧亚基某醛"，x 表示酮羰基的位次。如：

$$CH_3CCH_2CHO$$

3-氧亚基丁醛（β-氧亚基丁醛）

5. 羧酸和羧酸衍生物 羧酸与醛的命名原则相类似，选择含有羧基的最长碳链作为主链，保持羧基位次最小，称"某酸"。主链中含有一个不饱和键及一个羧基时，称"某-x-烯（炔）酸"，x 表示不饱和键的位次。羧酸衍生物中取代基的命名规则同开链化合物，如：

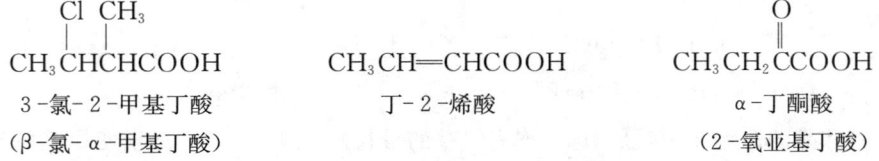

3-氯-2-甲基丁酸 $\quad\quad\quad$ 丁-2-烯酸 $\quad\quad\quad$ α-丁酮酸
（β-氯-α-甲基丁酸） $\quad\quad\quad\quad\quad\quad\quad\quad$ （2-氧亚基丁酸）

（三）环状化合物的命名

1. 脂环族化合物 根据分子中的碳环数目不同有单环、双环、多环之分，本书仅介绍单环脂环族化合物的命名要点。单环脂环族化合物的命名与开链化合物相似，在相应的名称前加"环"字。如：

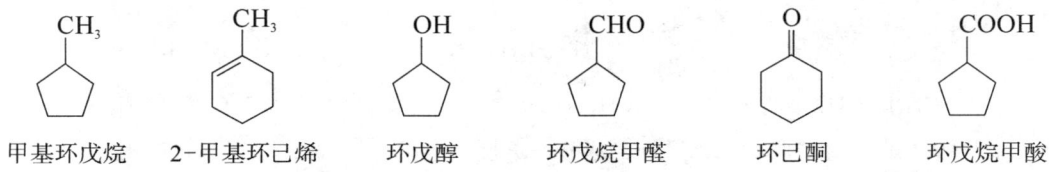

甲基环戊烷 $\quad$ 2-甲基环己烯 $\quad$ 环戊醇 $\quad$ 环戊烷甲醛 $\quad$ 环己酮 $\quad$ 环戊烷甲酸

2. 芳香族化合物

(1) 当苯环与一个简单烃基相连时,通常将苯环作为母体,称"某烃基苯"("基"字通常可略去)。取代基在苯环上的位置可用阿拉伯数字或者"邻"(ortho, o-)、"间"(meta, m-)、"对"(para, p-)来表示。如:

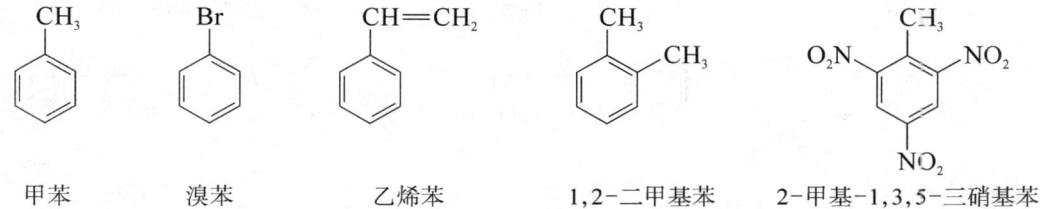

甲苯　　　　　溴苯　　　　　乙烯苯　　　　1,2-二甲基苯　　2-甲基-1,3,5-三硝基苯

(2) 当芳环直接与羟基相连时,命名为"酚"。当芳环直接与醛羰基、氨基、羧基等相连时,芳环作为取代基。如:

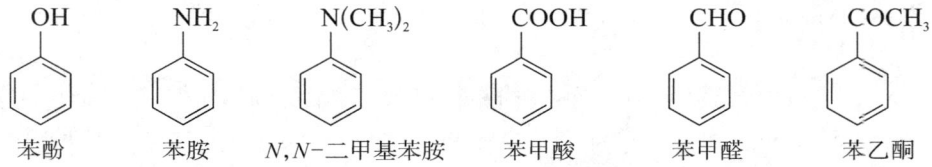

苯酚　　　苯胺　　N,N-二甲基苯胺　　苯甲酸　　苯甲醛　　苯乙酮

(3) 稠环芳香烃是两个及以上苯环共有两个邻位碳原子的化合物,有着特定的名称和固定编号。如:

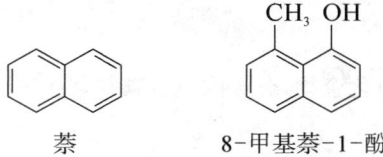

萘　　　　8-甲基萘-1-酚

(4) 当苯环上连有两个或多个官能团时,按照优先次序选择母体官能团,编号从母体官能团开始。如:

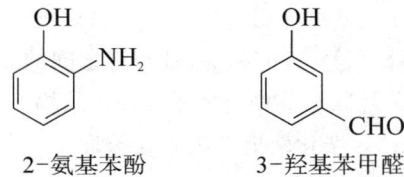

2-氨基苯酚　　　3-羟基苯甲醛

3. 杂环化合物　本书主要介绍具有特定名称的杂环化合物。

(1) 目前我国主要采用音译法,在同音汉字基础上加上"口"字偏旁。

(2) 环上只有一个杂原子,杂原子的位次为1号,或采用希腊字母 α、β、γ 的次序,从杂原子的邻位进行编号。

(3) 当环上有两个相同的杂原子,连有取代基或者氢的杂原子编为1号,尽可能保证其他杂原子处于最小位次。如果环上有两个及以上不同杂原子,按照 O、S、N 的顺序进行编号。

(4) 稠杂环一般按相应芳环的编号方式进行,嘌呤等稠杂环有特殊编号顺序。

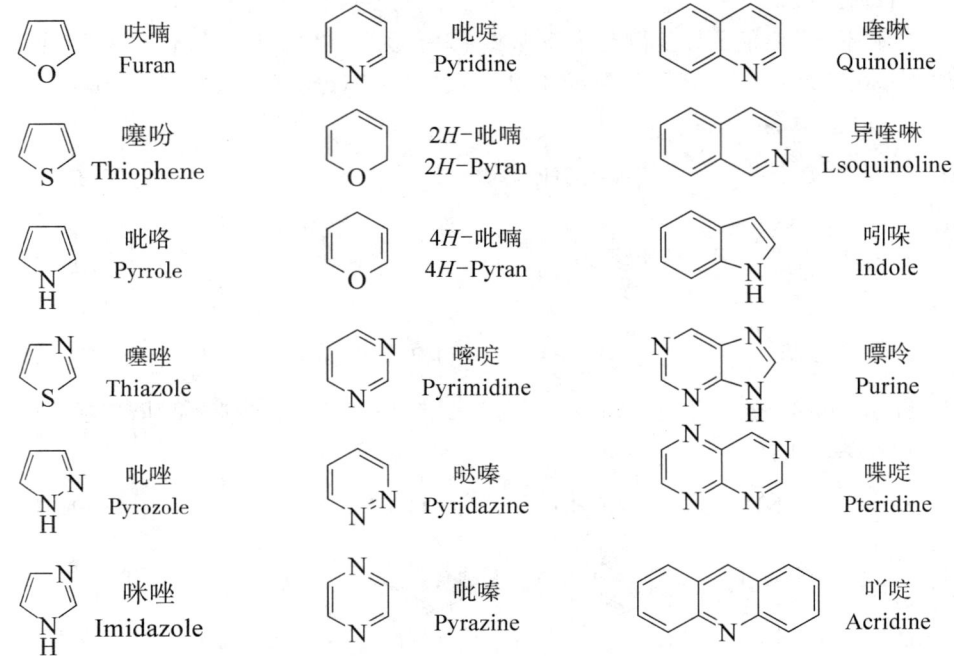

第四节 烃

烃(hydrocarbons)也称碳氢化合物,分子内只有碳和氢两种元素。

一、甲烷

最简单的烃是甲烷。甲烷是无色、无味、难溶于水、易燃烧的气体,也称沼气或坑气。

(一) 结构

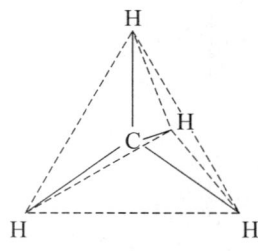

图 2-1 甲烷中各原子的空间排列

1. 正四面体结构(图 2-1) 经实验证明,CH_4 分子有 4 个 C—H 键,键长相等,键能相等,键与键之间的 4 个键角相等,为 109.28°。提示 CH_4 是以 C 为中心的正四面体结构。

2. sp^3 杂化轨道理论 在碳原子与氢原子形成 CH_4 分子过程中,首先 C 原子外层 1 个 2s 电子吸收一部分能量被激发到 2p 轨道上,然后由 1 个 2s 电子和 3 个 2p 电子混合起来,重新组合成 4 个能量等同的新轨道。这种组合成新轨道的过程称"杂化"。由 1 个 s 轨道和 3 个 p 轨道杂化形成的 4 个新轨道成为 sp^3 杂化轨道。

sp^3 杂化轨道电子云呈一头大一头小的葫芦形电子云状态:"∞"。在 CH_4 形成过程中,由 sp^3 杂化轨道电子云的大头与氢原子的 1s 球形轨道电子云发生重叠:"∞◯",这样,重叠程度最大,形成的键最稳定。

3. σ键 在这里,成键电子沿着两个原子的电子轨道对称轴方向重叠所形成的键,称 σ 键(即:两核连线,头碰头)(图 2-2)。σ 键具有如下特点:① 成键电子呈轴对称分布,即沿键轴呈圆柱形对称分布。②σ键可围绕对称轴自由旋转,而不影响键的强度和键与键之间的角度。③σ键较牢固,不易断裂,能单独存在于分子中。④σ键性质较稳定,不易起化学反应。

（二）化学性质

CH_4分子稳定,一般不易与强酸、强碱或强氧化剂进行反应,但在特殊条件下,可进行光照取代反应。

1. 光照取代反应　有机分子中某些原子或原子团被其他原子或原子团代替的反应称取代反应。

四种甲烷卤代物,可根据他们的沸点不同而分离开。在所有的烷烃类化合物中,均能发生以上光照取代反应。

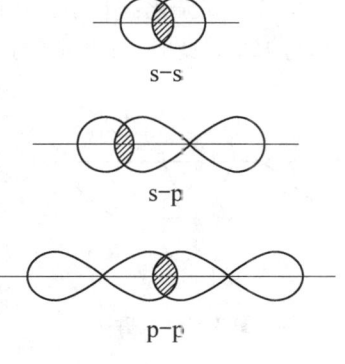

图 2-2　σ键

[反应式：CH_4 经光照与 Cl_2 均裂，逐步取代生成 CH_3Cl、CH_2Cl_2、$CHCl_3$、CCl_4，每步释放 HCl]

烷烃除了可进行光照氯代反应外,还可进行光照溴代反应,统称光照卤代反应。光照卤代反应历程为游离基反应,即参与反应的试剂（如Cl_2）,首先共价键发生均裂,使原来共用电子对平均分给两个原子,形成 2 Cl·,此 Cl·能量高,很活泼,易引起连锁反应。

2. 氧化反应（在空气中燃烧）　甲烷与氧气或空气混合,遇火易发生爆炸。因此,地下矿井需要通风,当空气中的甲烷达到 5‰～15‰,遇火即发生爆炸。

$$CH_4 + 2O_2 \xrightarrow{\text{点燃}} CO_2 + 2H_2O + \text{热量}$$

二、烷烃及其同系物

含有≥两个碳原子的烃分子中,碳原子之间都以单键相连构成链状,碳原子的剩余价键都与氢结合被饱和,称饱和链烃或烷烃（alkanes）,其分子通式C_nH_{2n+2}。

各种烃与其前后相邻的两个烃之间均相差一个原子团"—CH_2—",这种结构相似而分子组成上相差一个或若干个CH_2原子团的物质,互称为同系物。烷烃分子随着碳原子的增多,分子组成呈规律性递增,物理性质随之变化,同分异构体数量增加。

烷烃的化学性质类似于甲烷,较稳定。在光照条件下,可发生卤代反应（F、Cl、Br、I）。

三、乙烯和烯烃

如果链烃分子中 C 原子化学键没有全部被 H 饱和,分子中出现 C=C 双键的不饱和烃称烯烃（alkenes）,其分子通式C_nH_{2n}。乙烯（C_2H_4）是最简单的烯烃。

（一）乙烯

1. 分子结构　实验测出 C=C 键长为 1.33×10^{-10} m,短于 C—C 单键键长;键能为 147 kcal/mol,比 C—C 单键键能 83.1 kcal/mol 的两倍略少,即一个键键能为 83.1 kcal/mol,另一个键键能为 63.9 kcal/mol,故只需外加少量能量就可使此键断裂,显示其较不稳定,易起化学反应。键角为 120°,推测乙烯为一个平面分子。

(1) sp² 杂化：sp² 杂化轨道对称轴在同一平面上，分子中 5 个 σ 键都处在同一平面上，键角均为 120°。此时，每个碳原子还剩一个未参与杂化的 p 轨道，垂直于分子平面，以侧面相互平行重叠成键。

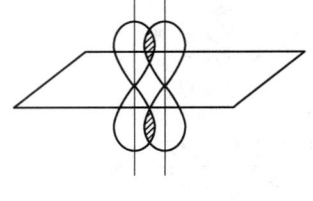

图 2-3 π 键

(2) π 键：两个 p 轨道，从侧面重叠成键，这样形成的键称 π 键。它垂直于 5 个 σ 键所处的平面(图 2-3)。π 键具有如下特点：① 由 p 轨道侧面重叠而成，重叠程度比 σ 键小。② π 键不如 σ 键牢固，π 键易断裂，易起化学反应。③ π 键电子云分布在分子平面上下，受核束缚力小，具有较大流动性，易受外界影响而发生极化。④ π 键不能单独存在于分子中，只能与 σ 键共存。

2. 化学性质

(1) 氧化反应：可使高锰酸钾的紫色很快褪去，可用于鉴定烯烃。所有烯烃均具有此性质。

$$CH_2=CH_2 \xrightarrow[KMnO_4]{[O]} \underset{OH\ \ OH}{CH_2-CH_2} \xrightarrow{[O]} 2HCOOH \xrightarrow{[O]} CO_2+H_2O$$

(2) 加成反应

$$CH_2=CH_2+Br_2 \longrightarrow \underset{Br\ \ \ Br}{CH_2-CH_2}$$

这种有机分子里不饱和的碳原子与其他原子或原子团直接结合生成别的物质的反应，称加成反应。烯烃发生的加成反应属于离子型亲电加成反应：

1) $Br_2 \xrightarrow{异裂} Br^+ + Br^-$

2) $CH_2=CH_2 \xrightarrow{极化} \overset{\delta^+}{CH_2}=\overset{\delta^-}{CH_2}$

3) $\overset{\delta^+}{CH_2}=\overset{\delta^-}{CH_2} \xrightarrow{+Br^+} [\underset{Br}{\overset{+}{CH_2}-CH_2}] \xrightarrow{+Br^-} \underset{Br\ \ \ Br}{CH_2-CH_2}$

(3) 聚合反应

$$nCH_2=CH_2 \xrightarrow{催化剂} -[\cdot CH_2-CH_2-]_n-$$

（二）烯烃（C_nH_{2n}）

(1) 分子中含有 C=C 双键的不饱和烃称烯烃。彼此间均相差一个或 n 个 "-CH_2-"。

(2) 烯烃的化学性质类同于乙烯，易发生加成反应，使溴水和高锰酸钾褪色。

$$CH_2=CH-CH=CH_2 \xrightarrow{Br_2} \begin{array}{l} \overset{80℃}{\nearrow} \underset{Br\ \ \ \ Br}{CH_2-CH-CH=CH_2} \quad 3,4-二溴丁-1-烯 \\ \\ \underset{40℃}{\searrow} \underset{Br\ \ \ \ \ \ \ \ \ \ Br}{CH_2-CH=CH-CH_2} \quad 1,4-二溴丁-2-烯 \end{array}$$

(3) 二烯烃(C_nH_{2n-2})的分子中含有两个C=C双键的链烃。如：

$CH_2=CH—CH=CH_2$　　　　　丁-1,3-二烯

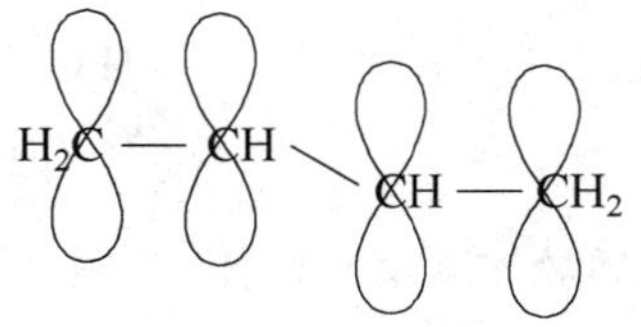

此二烯烃分子中，单、双键交叉排列，故又称共轭二烯烃。分子中C原子均以sp^2杂化形成3个C—Cσ键、6个C—Hσ键。除此以外，每个碳原子还剩一个未参与杂化的p轨道，以侧面相互重叠，构成一个大π键，称共轭π键。这里由于四个C原子靠得很近，使电子云发生了公共化、平均化，从而将键平均化，使核体系趋于稳定，故其化学性质较烯烃稳定，这种出现于分子内的相互影响称共轭效应。若共轭效应发生于两个π键之间就称π-π共轭。

若干个异戊二烯单位以不同的方式相连而成萜类化合物，广泛分布于动植物、微生物中，具有一定的生物活性，与药物关系密切，如维生素A就是一种二萜，即由四个异戊二烯单位组成的化合物。

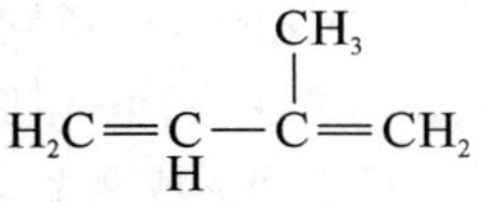

异戊二烯 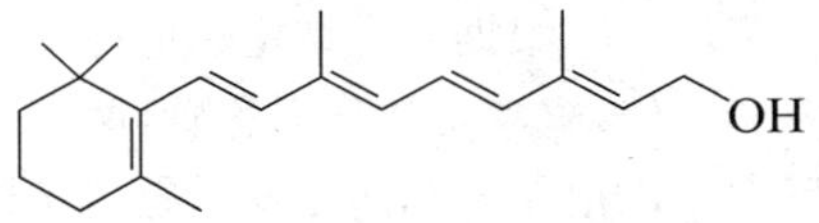　　　　　维生素A

(4) 顺反异构：在双键上两个碳原子或脂环上所连接的原子或原子团不同时，会产生两种不同的排列方式。如：

$CH_3—CH=CH—CH_3$　　　顺(cis)-丁-2-烯 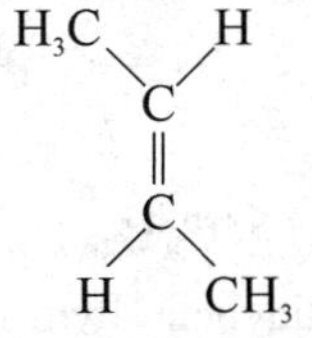　　反(trans)-丁-2-烯

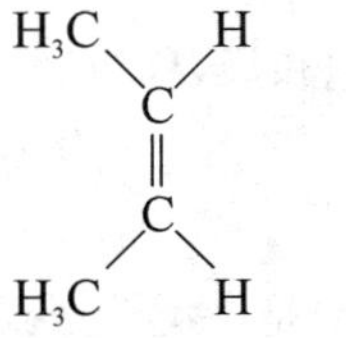

由于分子中双键不能自由旋转，使连接在双键碳上的原子或原子团在空间排列不同而产生的同分异构现象，称顺反异构。

1) 如果双键碳上连有两个相同的原子或原子团时，则无顺反异构现象，脂环化合物环的结构和双键一样，限制着碳原子的自由旋转，只要两个碳原子连接的原子或原子团不相同才具有顺反异构体。

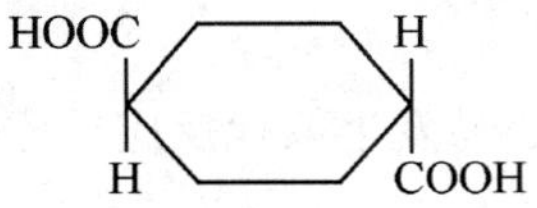

反式 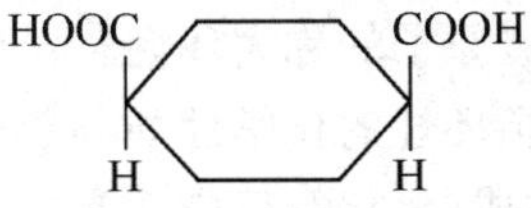　　　　　顺式

2) 当双键碳原子上分别连接了四个不同的原子或基团时，采用 Z 或 E 标记。按照顺序规则对每个双键碳上的原子或基团进行排序，如果两个优先原子(基团)在双键的同侧时用"Z"表

示,在双键的异侧时用"E"表示。

(Z)3-溴-戊-2-烯　　　　　　　　(E)3-溴-戊-2-烯

Z/E 标记法可用于表示所有烯烃的顺反异构体,与顺/反标记法的规则不同,它们之间没有必然联系。

顺反异构体具有不同的理化性质,在生理活性也有很大差别,这是由于分子和受体契合程度以及作用强弱的差异。如己烯雌酚有顺和反两种异构体,但只有反式异构体具有雌激素活性,临床上用的是反-己烯雌酚。

四、乙炔和炔烃

(一) 乙炔

1. 分子结构　实验测出 CH≡CH 键能比 C—C 或 C=C 要小,键长比 C—C 或 C=C 要短,键角 C≡C—H 为 180°,因此 CH≡CH 为直线分子。

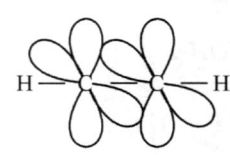

根据分子杂化轨道理论,两个未参与杂化的 p 轨道它们互相垂直于 C—C 单键轨道对称轴,两个 sp 杂化轨道对称轴在同一直线上,同时它们的电子云侧面相互重叠。这样,就在 C—C 之间形成两个 π 键。

在 CH≡CH 分子中,由一个 σ 键和两个相互垂直的 π 键相连接,π 键易断裂。故炔烃像烯烃一样,易发生氧化、加成等反应。

2. 化学性质　乙炔的化学性质与乙烯相似。

(二) 炔烃(C_nH_{2n-2})

凡分子中含有 C≡C 键的不饱和烃,称炔烃。彼此间相差一个或 n 个 "-CH_2-" 基团。

五、脂环烃(C_nH_{2n})

脂环烃(alicyhclic hydro carbon)是一类分子结构呈环状的烃类。其分子结构以头尾连接呈环,分子通式比相应的脂肪烃少两个 H。常见的有环烷烃、环烯烃、环炔烃等。

△　　　□　　　⬠　　　⬡

环丙烷　　环丁烷　　环戊烷　　环己烷

(一) 分类与化学性质

在单环脂环烃里,成环碳原子为 3~4 个的称小环烃,5~6 个的称普通环烃,7~12 个的称中环烃,多于 12 个碳原子的称大环烃。

普通、中、大环脂环烃的化学性质与链烃相似,容易发生取代反应。环烯烃与烯烃的化学性质相似,易发生加成、氧化等反应。

(二) 构象与结构稳定性

在有机分子中,由于单键的旋转或扭曲(不把键断开),致使分子中各原子或原子团在空间产生不同的排列方式,称构象(conformation)。

共价键的成键轨道重叠程度越大,形成的共价键越稳定。环丙烷为平面结构,碳原子核之间夹角为60°,sp^3杂化轨道只能偏离一定的角度在连线外侧重叠,形成弯曲的键,杂化轨道重叠程度低,导致键的稳定性差。同时,由于环丙烷相邻碳原子上的C—H键在空间中存在扭转张力,因此环丙烷结构高度不稳定(图2-4)。

环丁烷杂化轨道的重叠度有所增大,且环丁烷并非平面结构,整个分子发生折叠,扭转张力减弱,因此环丁烷较环丙烷结构稳定。

环戊烷分子也发生折叠,形成信封式构象,扭转张力大大降低。例如,天然的含5个碳的糖类化合物常以信封式构象存在。

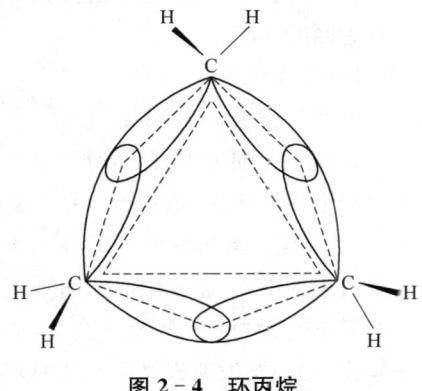

图2-4 环丙烷

环己烷通过分子折叠通常形成船式和椅式两种构象。椅式构象中每个碳原子的键角都保持105.5°,原子轨道达到最大重叠,形成稳定的共价键。由于碳原子上的氢原子相距较远,扭转张力很低,故环己烷的椅式构象是一种稳定性很高的优势构象,广泛存在于自然界中。例如,含6个碳的糖类化合物常呈现六元环的椅式构象(图2-5)。

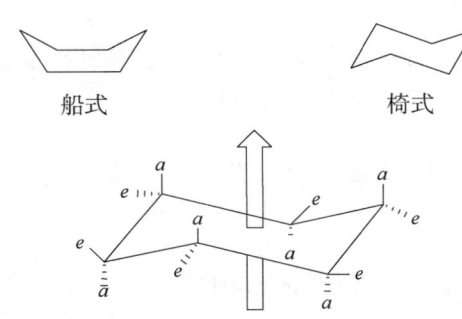

① a 键(竖键)与对称轴平行
② e 键(横键)与分子平面呈一定角度
③ 取代基处于 e 键时较稳定

图2-5 环己烷的构象

(三)小环烃开环反应与药物作用的关系

由于小环烃不稳定,故药物分子的小环烃结构很大可能是药物的活性中心。例如,青霉素类药物、头孢菌素类药物,分子中均含有一个由四个原子组成的β-内酰胺环,于是将此类抗生素统称为β-内酰胺类抗生素。由于β-内酰胺环的分子张力大,结构不稳定,容易开环。进入体内后,合成细菌的细胞壁的黏肽转肽酶作用于β-内酰胺类抗生素,致β-内酰胺环开环,并使黏肽转肽酶发生酰化反应,酶失活,抑制细菌细胞壁的正常合成。但人体细胞没有细胞壁,因此β-内酰胺类抗生素对人体的毒性较小。

在过酸、过碱环境下,β-内酰胺环极易水解,结构破坏,失去抗菌活性。因此临床上青霉素不宜口服给药。

青霉素易发生过敏反应,一是由于合成时残留的蛋白质多肽类杂质,二是由于β-内酰胺环易因为生产、存储各环节的不当,发生开环,进而诱发聚合反应。聚合程度越大,过敏反应越强,故临床使用时一定要先进行皮试。

细菌在长期面对β-内酰胺类抗生素后可合成β-内酰胺酶,在药物与黏肽转肽酶作用前使β-内酰胺环开环,失去抗菌活性,这是细菌耐药性的原因之一。

六、苯和芳香烃

一类含有苯环结构的化合物,由于常有芳香味,故称芳香烃。但也有很多含苯环的化合物有着难闻的气味。

(一) 苯

苯的分子通式:C_6H_6。

1. 结构 研究发现,苯分子具有平面正六边形结构,分子的键角、键能、键长均相等。分子杂化轨道理论认为,苯分子中6个碳原子均为sp^2杂化电子,相互重叠,形成6个C—Cσ键和6个C—Hσ键。键角均为120°,是个环平面分子。每个碳原子还剩一个未参与杂化的p轨道,它们垂直于环平面,相互间以侧面垂直,形成一个闭合的大π键,均匀分布在环平面上下。苯的大π键电子云为6个碳原子共有,从而致键长、键能平均化,使苯环结构较稳定,不易被高锰酸钾氧化,也不发生加成反应。这种共轭体系即π-π共轭。

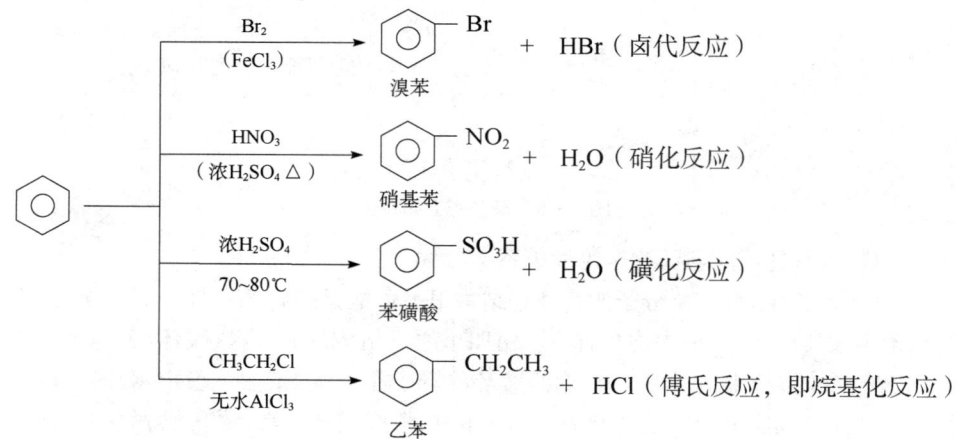

2. 化学性质 苯的化学结构较稳定,不易发生加成反应,不易被高锰酸钾氧化。但在一定条件下,易发生取代反应,如卤代、磺化、硝化、傅氏反应(即烷基反应)。

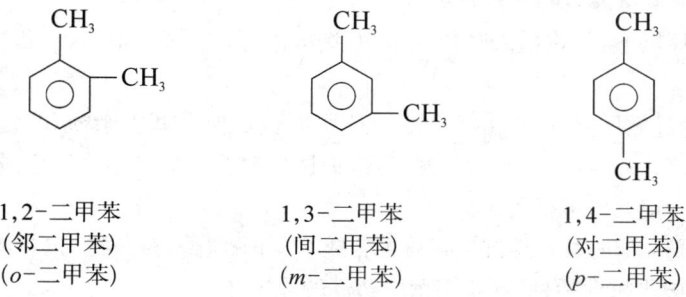

3. 苯的同系物 苯的同系物彼此间也相差一个"-CH_2-"基团,分子式为C_nH_{2n-6}。

1,2,3-三甲苯　　　　1,2,4-三甲苯　　　　1,3,5-三甲苯
（连三甲苯）　　　　（偏三甲苯）　　　　（均三甲苯）

苯的同系物的化学性质：① 与苯类似，能起亲电取代反应。② 特殊性质，如：

（使KMnO₄紫色消褪）

（二）多环芳香烃

含两个或两个以上苯环结构的芳香烃称多环芳香烃，多见的是稠环芳香烃，有萘、蒽、菲等，此外还有联苯等结构。

1. 萘　萘分子中碳原子可以分为两类：C_1、C_4、C_5、C_8 电子云密度最高，为 α 碳原子；C_2、C_3、C_6、C_7 电子云密度最低，为 β 碳原子。易在 α 碳原子上发生亲电取代反应。萘分子中每个碳原子均为 sp^2 杂化，未参与杂化的 p 轨道，侧面重叠，构成 π 电子云为共轭体。其分子为平面结构。

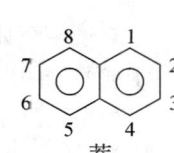
萘

2. 蒽　蒽分子中碳原子可以分为三类：C_1、C_4、C_5、C_8 为 α 碳原子；C_2、C_3、C_6、C_7 为 β 碳原子；C_9、C_{10} 为 γ 碳原子，γ 碳原子电子云密度最高，亲电取代反应易发生在 γ 碳原子上，在一定条件下，可被氧化成 9,10-蒽醌。

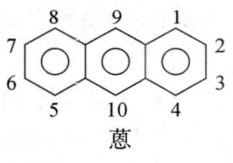
蒽

3. 菲　菲和蒽的分子式均为 $C_{14}H_{10}$，互为异构体。对于菲取代反应易发生在 C_9、C_{10} 位。

4. 环戊烷多氢菲　为甾类化合物的母体结构，构成胆固醇、胆酸、肾上腺皮质激素、维生素 D 等。

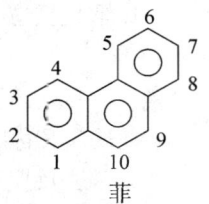
菲

由 5~6 个苯环稠合而成的多环芳香烃，大多为致癌烃。

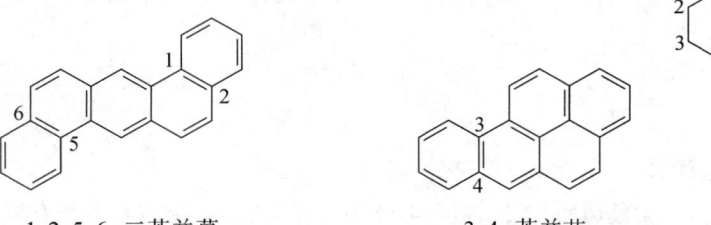

1,2,5,6-二苯并蒽　　　　3,4-苯并芘

环戊烷多氢菲

（三）非苯芳烃

有些分子中不含苯环，但具有芳香族化合物的共同特点。如：

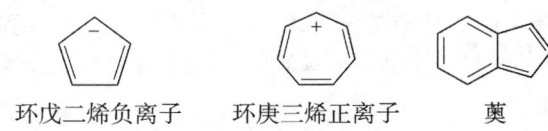

环戊二烯负离子　　环庚三烯正离子　　䓬

第五节 卤代烃

一、卤代烃的结构及诱导效应

烃分子中的氢原子被卤素（F、Cl、Br、I）取代而生成的化合物，称卤代烃。

在氯丙烷分子中，由于 Cl 原子电负性较强，有强烈的吸电子性，使 C_1—Cl 共用电子对的电子云偏向 Cl 原子方向，于是 Cl 带 δ^-，C_1 带 δ^+，形成极性共价键。这种吸电子性并不到此为止，C_1 的正电性又可吸引 $C_2 \rightarrow C_1$ 之间的共用电子对发生偏移，使部分电子云偏向 C_1，从而使 C_2 电子云密度下降。

这种由于烃分子中存在有电负性较强的原子或基团，使电子云沿着分子链向某一方向偏移（向电负性强的一侧偏移），称诱导效应。诱导效应一般沿分子链传递 3 个碳原子以后忽略不计。

对于一个具体的分子，其诱导方向一般选择 C—H 为标准，比较电负性大小而定。如果某原子或原子团电负性大于 C—H 中的 H 原子，常为吸电基或亲电基，如 F、Cl、Br、I、—OH、苯基。如果某原子或原子团的电负性小于 C—H 中的 H 原子，则为斥电子基或供电基，如 $-CH_3$、$-C_2H_5$、$-CH(CH_3)_2$ 等。由吸电基引起的诱导反应，称吸电效应或亲电效应，用"$-I$"表示；由斥电基引起的诱导反应，称斥电子效应或供电诱导效应，用"$+I$"表示。

二、卤代烃的化学性质

卤代烃分子中，由于受卤素原子的吸电效应的影响，使卤代烃易发生下列反应。

1. **取代反应** 卤代烃分子中的卤素原子，可被其他原子或原子团取代。

$$CH_3CH_2CH_3 + H-OH \xrightarrow{NaOH} CH_3CH_2OH + HCl$$

此反应又称水解反应，反应中加入 NaOH，可与 HCl 发生中和反应，使取代反应更趋完全。

2. **消去反应** 从有机化合物分子中，相邻两个碳上脱去一个小分子（如 H_2O，HX 等）生成不饱和烃，称消去反应。

$$\underset{\underset{H}{|}}{CH_3CH}-\underset{\underset{Br}{|}}{CH_2} \xrightarrow[\triangle]{NaOH/醇} CH_3CH=CH_2 + HBr \quad \text{丙烯}$$

三、重要的卤代烃

1. **氯仿（$CHCl_3$）** 无色透明、挥发性液体，不溶于水，易溶于脂肪和多种有机物质，被广泛用作溶剂。光照下，氯仿可被氧气氧化为剧毒的光气，因此需密闭保存在棕色瓶中。

2. **四氯化碳（CCl_4）** 不溶于水，易挥发，是一种常用的有机溶剂。其蒸汽有毒，腹腔注射可以诱导动物肝损伤。

3. **二氟二氯甲烷（CF_2Cl_2）** 沸点为 $-29.8℃$，是常用的制冷剂，商品名为氟利昂（freon）。近年来研究发现，氟利昂的大量使用会破坏臭氧层，严重影响生态，还会引起温室效应，世界各国已限制或禁用氟利昂。

第六节 醇和酚

一、醇

当链烃分子中含有—OH基时，此类化合物称醇。

（一）分子结构与诱导效应

$$R \overset{\delta\delta+}{-}\underset{|}{\overset{H}{C}} \overset{\delta+}{-} \underset{|}{\overset{H}{C}} \overset{\delta-}{-} O \leftarrow H$$

（与主官能团直接连接的碳原子，称 α-碳原子）

在醇分子中：① 由于氧原子电负性较强，因此使—O—H之间共用电子对偏向氧原子，从而使—O←H键极性增强，而易发生断裂，因而H原子易被取代。② 由于氧原子电负性增强，还可使—C—O之间共用电子对偏向氧原子，使—C→O键极性增强，而易发生断裂，从而使—OH易被取代。③ α-碳原子也由于受氧原子的吸电子影响，而易被氧化。

（二）化学性质

由于醇分子中有电负性较强的氧原子存在，从而决定醇容易发生以下化学反应。

1. 氧化反应

$$CH_3-\underset{|}{\overset{H}{C}}-O-H \xrightarrow[H_2O]{[O]} CH_3-\underset{}{\overset{O}{C}}-H \xrightarrow{[O]} CH_3-\underset{}{\overset{O}{C}}-OH$$

乙醇（伯醇）　　　　乙醛　　　　乙酸

$$CH_3-\underset{|}{\overset{CH_3}{C}}-O-H \xrightarrow[H_2O]{[O]} CH_3-\underset{}{\overset{O}{C}}-CH_3$$

2-丙醇（仲醇）　　　　丙酮

2. 脱水反应　在不同条件下，可发生分子内脱水反应（消去反应）、分子间脱水反应。

$$\underset{H\ \ \ OH}{CH_2-CH_2} \xrightarrow[170\ ℃]{浓H_2SO_4} CH_2=CH_2 + H_2O$$

$$C_2H_5-OH + H-OC_2H_5 \xrightarrow[140\ ℃]{浓H_2SO_4} C_2H_5-O-C_2H_5 + H_2O$$

3. 酯化反应

（1）与有机酸的酯化反应

$$R'O-H + HO-\underset{}{\overset{O}{C}}-R \underset{}{\overset{H^+}{\rightleftharpoons}} R-\underset{}{\overset{O}{C}}-OR' + H_2O$$

(2) 与无机酸的酯化反应

$$RCH_2CH_2-OH + HO-PO_3H_2 \longrightarrow RCH_2CH_2-O-PO_3H_2 + H_2O$$

R—OH 被—SH（巯基）取代，生成 R—CH$_2$—SH，称硫醇。硫醇可以与一些重金属如 Hg、As、Pb 等及其氧化物结合成硫醇盐，常作为重金属中毒的解毒剂。如第二次世界大战曾丧心病狂地使用过毒气——路易斯毒气（氯乙烯氯砷），采用的解毒剂为二巯基乙醇，能与路易斯毒气结合生成稳定的无毒化合物。

（三）重要的醇

1. 甲醇（CH_3OH） 1661 年首次通过蒸馏黄杨木分离得到纯甲醇，又称木精，是结构最为简单的饱和一元醇。甲醇和乙醇气味非常相似，工业酒精中大约含有 4% 的甲醇，但甲醇毒性大，不可以饮用，致命剂量大约是 70 mL。通常用作溶剂、防冻剂、燃料，也可用于生产生物柴油。

2. 乙醇（CH_3CH_2OH） 俗称酒精，在有机合成中应用广泛。医疗上常用体积分数为 70%～75% 的乙醇作消毒剂。此外，也是常用的燃料、溶剂等。

3. 丙三醇 为一种无色无臭有甜味的黏性液体，俗称甘油，无毒。甘油具有抗菌和抗病毒特性，因此广泛用于 FDA 批准的伤口和烧伤治疗。还用作食品工业中的甜味剂。由于结构中具有三个羟基，甘油与水混溶并具有吸湿性，也可作为药物配方中的保湿剂。

$$\begin{array}{ccc} CH_2 - CH - CH_2 \\ | \quad\quad | \quad\quad | \\ OH \quad OH \quad OH \end{array}$$
丙三醇

二、酚

—OH 跟苯环直接相连的化合物，称酚，通式："Ar—OH"。

酚的结构简式：⌬—OH 或 C_6H_5OH

（一）结构与 p-π 共轭体系

氧原子的孤对 p 电子可与苯环的 π 电子形成 p-π 共轭体系。共轭体系的形成，使电子云发生平均化，故氧原子的电子云向苯环转移，从而使氧原子的电子云密度相对降低，使—O←H 共用电子对的电子云移向氧原子，也使—O—H 极性增强，易电离出 H$^+$，呈现一定酸性。

（二）化学性质

1. 苯酚的弱酸性 苯酚俗称"石炭酸"，具有弱酸性，其酸性比 H_2CO_3 弱，故只能与强碱进行反应。

2. 跟强碱反应

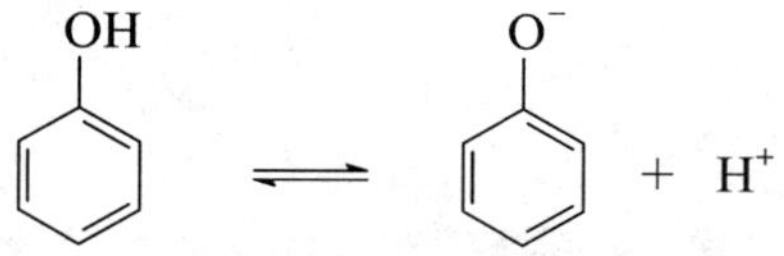

$$\text{C}_6\text{H}_5\text{OH} \rightleftharpoons \text{C}_6\text{H}_5\text{O}^- + \text{H}^+$$

苯氧基负离子

$$\text{C}_6\text{H}_5\text{OH} + \text{NaOH} \longrightarrow \text{C}_6\text{H}_5\text{ONa} \xrightarrow{\text{CO}_2 + \text{H}_2\text{O}} \text{C}_6\text{H}_5\text{OH} + \text{NaHCO}_3$$

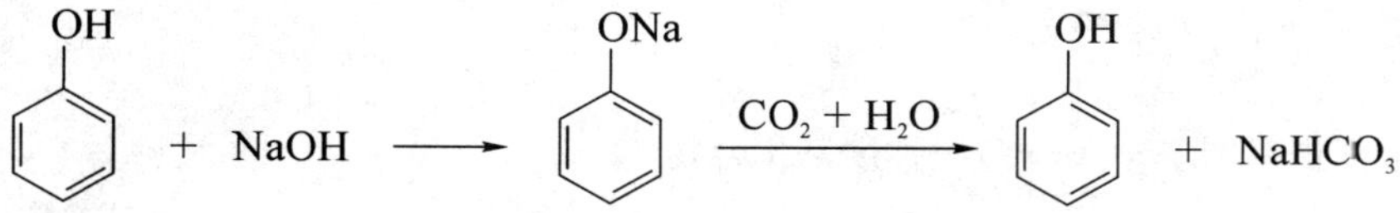

混浊   澄清   又混浊

3. 苯环上的 H 被取代（卤素、硝酸、硫酸）

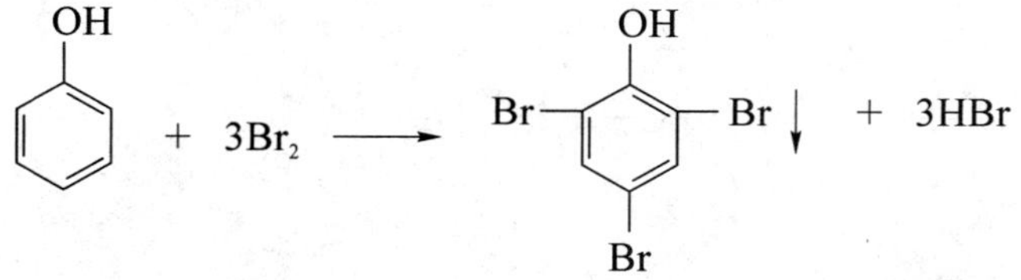

$$\text{C}_6\text{H}_5\text{OH} + 3\text{Br}_2 \longrightarrow \text{C}_6\text{H}_2\text{Br}_3\text{OH} \downarrow + 3\text{HBr}$$

三溴苯酚（白色沉淀，可用于鉴定）

4. 与 $FeCl_3$ 的显色反应　生成紫色络合物，可用于鉴别酚和醇。凡具有 $\text{C}=\text{C}-\text{OH}$ 结构（烯醇式）的化合物均有此显色反应。

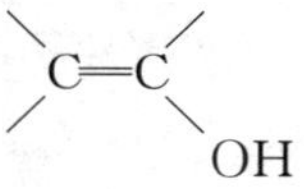

5. 氧化反应

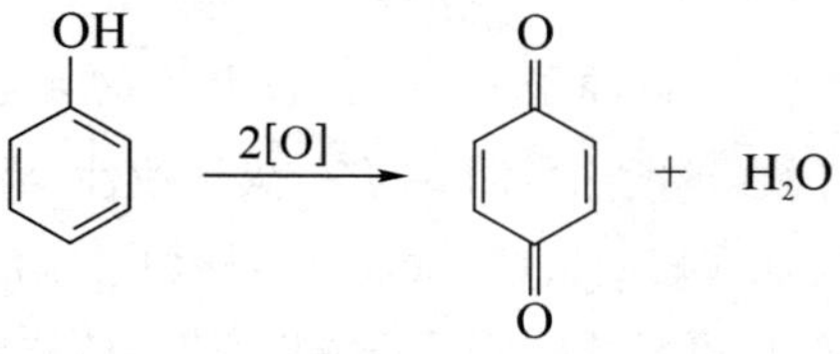

$$\text{C}_6\text{H}_5\text{OH} \xrightarrow{2[\text{O}]} \text{对苯醌} + \text{H}_2\text{O}$$

黄色对苯酸

对苯醌

（三）重要的酚

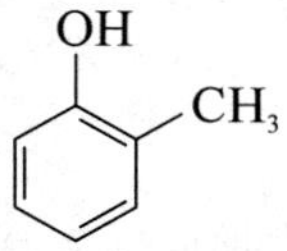

2-甲酚
(邻甲酚)

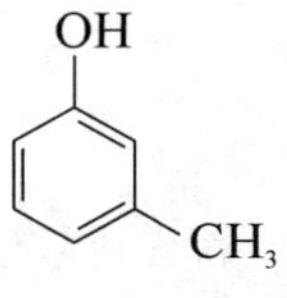

3-甲酚
(间甲酚)

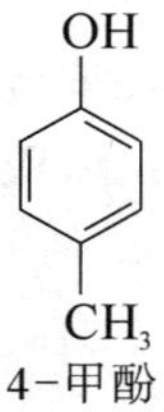

4-甲酚
(对甲酚)

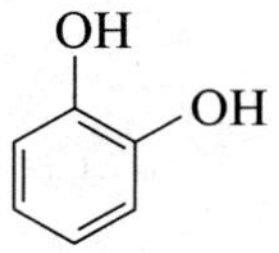

邻苯二酚
(儿茶酚)

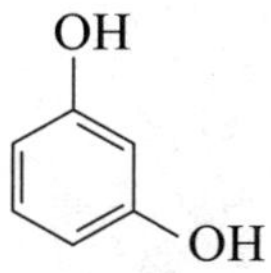

间苯二酚

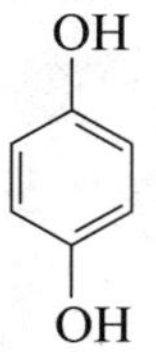

对苯二酚

上述三种甲酚异构体不易分离,难溶于 H_2O,其混合物常配成 50% 的肥皂溶液,又称煤酚皂溶液(俗称来苏尔)。

第七节 醛 和 酮

醛和酮都含有羰基 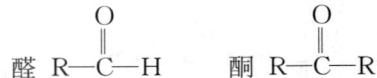,统称羰基化合物。

一、醛和酮的化学性质

$$醛\ R-\overset{\overset{O}{\|}}{C}-H \quad\quad 酮\ R-\overset{\overset{O}{\|}}{C}-R'$$

(一)羰基结构

(1) 在羰基中,碳原子是以 sp^2 杂化的。

(2) 碳原子有 3 个 sp^2 杂化轨道,在羰基中形成 3 个 σ 键,并处于同一平面上,键角均为 120°。

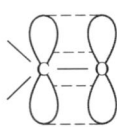

(3) 碳原子中还有 1 个未参与杂化 p 轨道与氧原子的 p 轨道形成一个 π 键(p 电子云,具有较大流动性)。因此,羰基中的碳氧键,一个是 σ 键,一个是 π 键,但是它与 C═C 双键不同。

(4) 由于 O 原子电负性比碳原子大,因此,羰基中的 π 电子云偏向氧原子,使氧原子带 $δ^-$,碳原子带 $δ^+$(称碳正离子),此碳正离子具有较大活泼性,易受带负电荷的试剂攻击,而发生加成反应,此类反应称亲核加成反应,这类试剂称亲核加成试剂。

(5) 当羰基碳连接斥电子的烷基时,可降低碳原子正电性,使亲核加成不易进行;如果羰基碳两侧连接两个大的烷基时,可产生空间阻碍作用,使亲核加成不易进行,故只有甲基酮才能起亲核加成反应。

(6) 醛的亲核加成活性大于酮。

(二) 醛、酮的亲核加成

1. **亲核加成** 试剂中带负电荷部分首先进攻碳正离子,发生加成反应。然后,试剂中的正电荷部分与氧原子相连。这类试剂称亲核试剂。

2. **亲核加成反应**

(1) 与 $NaHSO_3$ 的加成反应

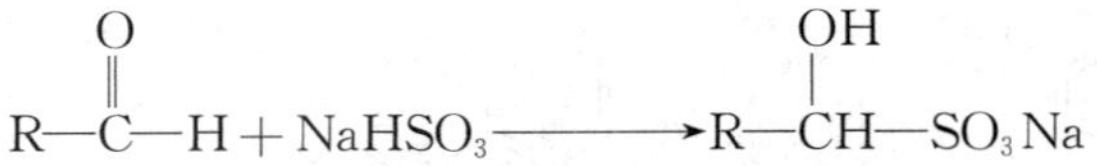

$$R-\overset{\overset{O}{\|}}{C}-H + NaHSO_3 \longrightarrow R-\overset{\overset{OH}{|}}{C}H-SO_3Na$$

羟基磺酸钠(白色结晶析出,可用于鉴定醛或甲基酮)

(2) 与含氮亲核试剂的加成反应

$$\begin{matrix}\diagdown\\ \diagup\end{matrix}C=O + \begin{cases} H_2N-OH \text{ 羟胺} \\ H_2N-NH_2 \text{ 肼} \\ H_2N-NH-\underset{NO_2}{\underset{|}{C_6H_3}}-NO_2 \text{ 2,4-二硝基苯肼} \end{cases} \xrightarrow{-H_2O} \begin{cases} \diagdown C=N-OH \text{ 肟} \\ \diagdown C=N-NH_2 \text{ 腙} \\ \diagdown C=N-NH-\underset{NO_2}{\underset{|}{C_6H_3}}-NO_2 \text{ 2,4-二硝基苯腙} \end{cases}$$

例如,丙酮酸与 2,4-二硝基苯肼的加成反应

$$CH_3\overset{O}{\underset{\|}{C}}-COOH + H_2NHN-C_6H_3(NO_2)_2 \longrightarrow CH_3-\underset{COOH}{\underset{|}{\overset{[OH\ H]}{\underset{|}{C}}}}-N-NH-C_6H_3(NO_2)_2$$

$$\xrightarrow[-H_2O]{NaOH} CH_3-\underset{COOH}{\underset{|}{C}}=N-NH-C_6H_3(NO_2)_2$$

丙酮酸-2,4-二硝基苯腙(红棕色)

(3) 醇醛缩合反应

$$CH_3-\overset{O}{\underset{\|}{C}}-H + CH_2\overset{O}{\underset{\|}{-}}C-H \xrightarrow[5℃]{\text{稀碱}(10\%\ NaOH)} CH_3-\underset{H}{\underset{|}{\overset{OH}{\underset{|}{C}}}}-CH_2-\overset{O}{\underset{\|}{C}}-H$$

β-羟基丁醛

(三) 醛的氧化反应 (醛的特殊性质)

醛可被弱氧化剂氧化为相应的酸,而酮不能,这可用于区别醛和酮。

$$R-\overset{O}{\underset{\|}{C}}-H \begin{cases} \xrightarrow{AgNO_3+NH_3·H_2O} Ag\downarrow + RCOOH \text{ (银镜反应)} \\ \xrightarrow{CuSO_4+NaOH} Cu_2O\downarrow \text{ (常用班氏试剂鉴别醛基) 砖红色沉淀} \\ \xrightarrow{O_2} R-COOH \end{cases}$$

班氏试剂是一种弱氧化剂,它由 $CuSO_4$、Na_2CO_3 和柠檬酸钠组成。

二、重要的醛和酮

1. 甲醛(HCHO) 又称蚁醛,为无色而有刺激性气味的气体。35%~40%的甲醛水溶液,

称福尔马林,可用来浸制生物标本。

2. 乙醛(CH_3CHO)　常温下是无色而具有刺激性气味的气体,易被空气氧化为乙酸(CH_3COOH)。

3. 丙酮(CH_3COCH_3)　为无色具有特殊气味的气体,常用做有机溶剂。糖尿病患者可产生过多的丙酮,使呼气呈现烂苹果味,也可随尿排出。

第八节　羧酸及其取代酸

一、羧酸

分子中烃基跟羧基相连而构成的化合物,称羧酸。例如,乙酸是一种重要的羧酸,它是食醋的主要成分,含3‰～5‰,又称醋酸。乙酸是有强烈刺激性气味的无色液体,熔点较低(16.6℃),当室温低于16℃时乙酸凝结成冰,故又称冰醋酸。

乙酸：分子式：$C_2H_4O_2$　　结构式：

$$CH_3-\overset{\overset{O}{\|}}{C}-OH$$

（一）结构特点

(1) 羧基具有羰基类似的结构,碳原子以sp^2杂化,与两个氧原子和一个碳原子形成σ键,键角互为120℃,呈平面结构。

(2) 碳原子上剩下的p轨道与羰基氧原子p轨道,互相平行重叠,形成π键。

(3) 羟基氧原子含有孤对电子,与羰基中碳氧双键的π电子形成p-π共轭体系。

(4) 由于p-π共轭效应,使羟基氧原子电子云偏向羰基碳,产生两种影响。① 使氢氧之间电子云更偏向氧原子,而使氢原子能够电离,使羧酸呈酸性。② 由于p-π共轭,使羰基碳原子电子云密度增高,正电性降低,故羧基虽有羰基,但不能进行亲核加成反应。

（二）化学性质

(1) 具有酸性。

(2) 酯化反应：酸与醇起作用,生成酯和水的反应,称酯化反应。

(3) 脱羧,产生CO_2。

$$R-COOH \xrightarrow{\text{脱羧酶}} R-H + CO_2$$

$$CH_3\overset{O}{\overset{\|}{C}}CH_2COOH \xrightarrow{\text{酶}} CH_3\overset{O}{\overset{\|}{C}}CH_3 + CO_2$$

$$\begin{array}{c} \text{COOH} \\ | \\ \text{C}=\text{O} \\ | \\ \text{CH}_2 \\ | \\ \text{COOH} \end{array} \xrightarrow{\text{酶}} \begin{array}{c} \text{COOH} \\ | \\ \text{C}=\text{O} \\ | \\ \text{CH}_3 \end{array} + \text{CO}_2$$

（三）重要的羧酸

1. 甲酸（HCOOH）　又称蚁酸。甲酸既具有羧基结构和酸的通性，又具有醛基结构，使银氨络离子还原为金属银而本身氧化为 CO_2 和 H_2O。

2. 长链脂肪酸　生物体内脂肪酸种类繁多，结构各异。① 脂肪酸碳链长度以链碳原子数计，一般在 $C_4 \sim C_{26}$ 之间（尤以 C_{16} 和 C_{18} 为最多），可分为短链脂肪酸（$<C_6$）、中链脂肪酸（$C_6 \sim C_{12}$）、长链脂肪酸（$C_{14} \sim C_{20}$）和极长链脂肪酸（$\geqslant C_{22}$）。② 脂肪酸可以根据其是否含有碳—碳双键分为饱和脂肪酸（saturated fatty acid）与不饱和脂肪酸（unsaturated fatty acid），不饱和脂肪酸根据所含碳—碳双键数目分为单不饱和脂肪酸及多不饱和脂肪酸。③ 对维持机体功能不可或缺，但机体不能合成，必须由食物提供的脂肪酸称为必需脂肪酸，如亚油酸和 α-亚麻酸。此外，花生四烯酸虽然是用亚油酸合成的，但会因亚油酸缺乏而缺乏，故有时称相对必需脂肪酸。亚油酸、亚麻酸、花生四烯酸均属于多不饱和脂肪酸。

生物体内脂肪酸的碳原子数大多是偶数，极少数为奇数碳原子，尤其是在高等动植物体内主要存在 12 碳以上的长链脂肪酸，一般在 14～24 个碳。常见的长链脂肪酸见表 2-3。

表 2-3　常见的长链脂肪酸

结　构　式	中　文　名
$CH_3-(CH_2)_{14}-COOH$	十六（烷）酸（软脂酸，棕榈酸）
$CH_3-(CH_2)_{16}-COOH$	十八（烷）酸（硬脂酸）
$CH_3(CH_2)_7CH=CH(CH_2)_7COOH$	9-十八碳烯酸（油酸） Δ^9-十八碳烯酸
$CH_3(CH_2)_4CH=CHCH_2CH=CH(CH_2)_7COOH$	9,12-十八碳二烯酸（亚油酸） $\Delta^{9,12}$-十八碳二烯酸
$CH_3CH_2CH=CHCH_2CH=CHCH_2CH=CH(CH_2)_7COOH$	9,12,15-十八碳三烯酸（亚麻酸） $\Delta^{9,12,15}$-十八碳三烯酸
$CH_3(CH_2)_4CH=CHCH_2CH=CHCH_2CH=CHCH_2CH=CH(CH_2)_3COOH$	5,8,11,14-二十碳四烯酸（花生四烯酸） $\Delta^{5,8,11,14}$-二十碳四烯酸

不饱和脂肪酸之中有双键，限制分子旋转，有顺反异构现象。体内长链不饱和脂肪酸，均为顺式结构。不饱和脂肪酸双键可以加氢饱和成为饱和脂肪酸。

3. **苯甲酸** 俗名安息香酸,其酸性比乙酸稍强。有抑制真菌生长和防腐作用,其钠盐常作为食品和药品的防腐剂。

4. **乙二酸** 俗名草酸,可用做还原剂。

5. **丁二酸** 俗名琥珀酸,体内糖、脂、蛋白质分解代谢过程中的中间物。

二、羟基酸

分子中同时含有羟基和羧基两种官能团的化合物,称羟基酸,如乳酸(含醇性羟基)、水杨酸(含酚性羟基)。

羟基酸既具有羧酸性质(酸性、成盐等),又具有醇的典型性质(氧化、脱羧等),同时还具有一些特殊性质。

1. **酸性** 羟基酸的酸性比相应羧酸的酸性要强。

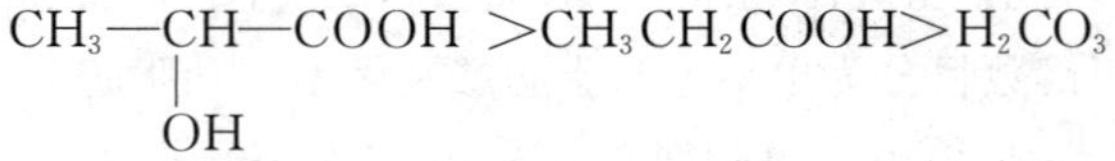

$$CH_3-CH(OH)-COOH > CH_3CH_2COOH > H_2CO_3$$

2. **氧化反应** α-羟基酸中的—OH 比醇中—OH 易被氧化。

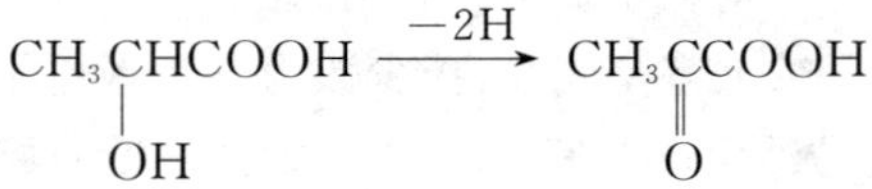

$$CH_3CH(OH)COOH \xrightarrow{-2H} CH_3C(O)COOH$$

3. **脱水反应**

(1) α 醇酸脱水,产物为交酯。如:

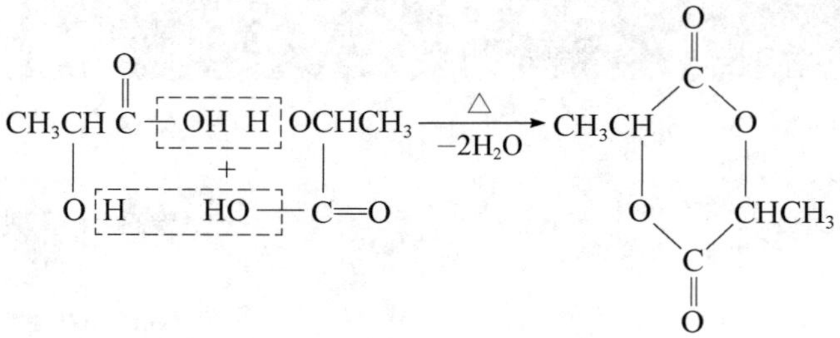

$$2\ CH_3CH(OH)COOH \xrightarrow[-2H_2O]{\triangle} \text{丙交酯}$$

(2) β 醇酸脱水,产物为烯酸。如:

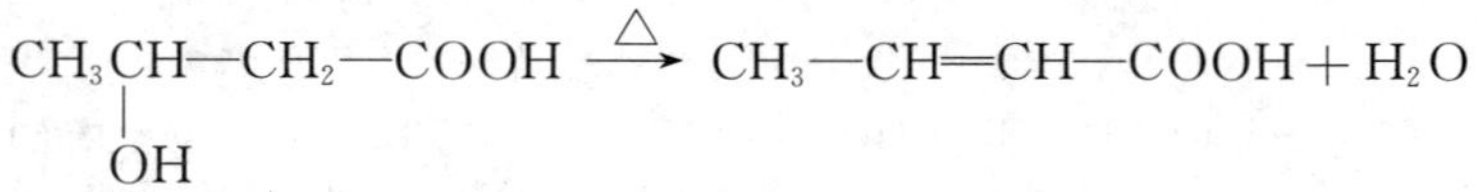

$$CH_3CH(OH)-CH_2-COOH \xrightarrow{\triangle} CH_3-CH=CH-COOH + H_2O$$

(3) γ、δ 醇酸脱水,产物为内酯。如:

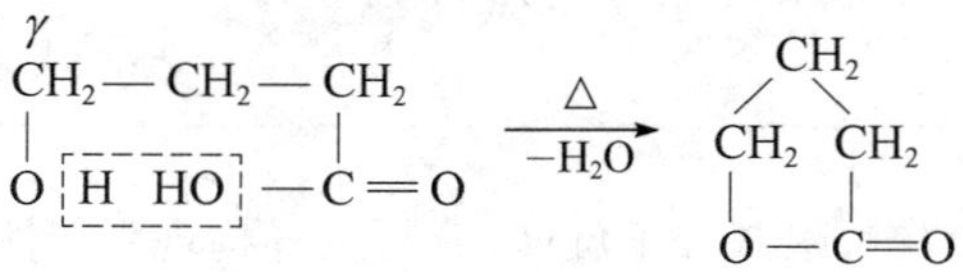

$$\underset{\gamma}{CH_2}-CH_2-CH_2-C(=O) \text{(OH)} \xrightarrow{\triangle}_{-H_2O} \text{γ-丁内酯}$$

$$\underset{\text{OH HO}}{\overset{\delta}{CH_2}}-CH_2-CH_2 \atop \underset{O}{\overset{}{\underset{\|}{C}}}-CH_2 \quad \xrightarrow[-H_2O]{\Delta} \quad \text{δ-戊内酯}$$

三、酮酸

分子中同时含有羰基和羧基两种官能团的化合物,称酮酸。

$$\underset{\text{丙酮酸}}{CH_3\overset{O}{\underset{\|}{C}}COOH} \qquad \underset{\text{β-丁酮酸}}{CH_3\overset{O}{\underset{\|}{C}}CH_2COOH} \qquad \underset{\text{α-酮戊二酸}}{\overset{CH_2COOH}{\underset{O=C-COOH}{\overset{|}{CH_2}}}}$$

四、酯

由酸和醇脱水,生成的化合物称酯,具有芳香味。酯跟碳原子相同的饱和一元羧酸互为同分异构体。

1. **命名** 是根据生成酯的酸和醇的名称来命名的。如:

$$\underset{\text{乙酸乙酯}}{CH_3\overset{O}{\underset{\|}{C}}-OC_2H_5} \qquad \underset{\text{甲酸异丙酯}}{H\overset{O}{\underset{\|}{C}}-O\overset{CH_3}{\underset{}{\overset{|}{C}H}}-CH_3} \qquad \underset{\text{硝酸乙酯}}{C_2H_5ONO_2}$$

2. **化学性质**

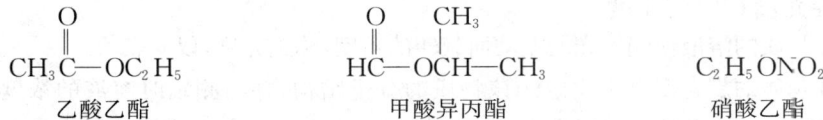

$$CH_3\overset{O}{\underset{\|}{C}}-OC_2H_5 + H_2O \xrightarrow[\triangle]{\text{浓硫酸}} CH_3COOH + C_2H_5OH \qquad \text{酸式水解}$$

$$CH_3\overset{O}{\underset{\|}{C}}OC_2H_5 + NaOH \longrightarrow CH_3COONa + C_2H_5OH \qquad \text{碱式水解}$$

第九节 对映异构

对映异构是立体异构中的一类,分子中的原子在空间的排列方式不同,表现在各个对映异构体对平面偏振光的作用不同。

一、旋光性物质和物质的旋光性

自然界中有许多物质对偏振光(图 2-6)的振动面不发生影响,如水、乙醇等;而另外一些物质却能使偏振光的振动面发生偏转,如某种乳酸及葡萄糖的溶液。能使偏振光的振动面发生偏转的物质具有旋光性,称旋光性物质;不能使偏振光的振动面发生偏转的物质称非旋光性物质,没有旋光性。

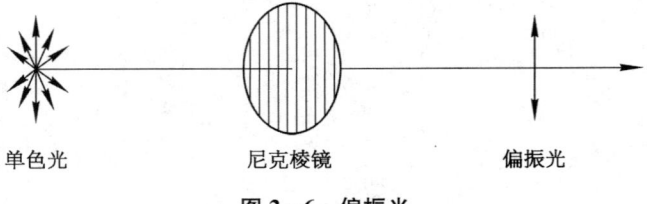

图 2-6 偏振光

当偏振光通过旋光性物质的溶液时,可以观察到有些物质能使偏振光的振动面发生旋转(图 2-7),如果向左旋转(逆时针方向)一定的角度,该物质称左旋体,具有左旋性,以"-"表示;如果使偏振光的振动面向右旋转(顺时针方向)一定的角度,该物质称右旋体,具有右旋性,以"+"表示。

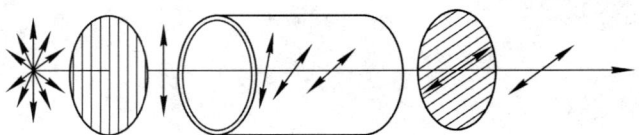

图 2-7 旋光性物质使偏振光的振动面发生旋转

二、旋光度和比旋光度

旋光性物质的溶液使偏振光的振动面旋转的角度,称旋光度,以 α 表示。

旋光性物质的旋光度大小决定于该物质的分子结构,并与测定时溶液的浓度、盛液的长度、测定温度、所用光源波长等因素有关。一般以比旋光度来表示物质的旋光性,比旋光度与从旋光仪中读到的旋光度关系如下:

$$[\alpha]_\lambda^t = \frac{\alpha}{l \cdot c}$$

式中:λ—测定时所用单色光的波长,通常用钠光的 D 线($\lambda = 589$ nm);t—测定时的温度;c—溶液浓度(g/mL);l—盛液管的长度(dm)。

当 c 和 l 都等于 1 时,则 $[\alpha] = \alpha$。因此,物质的比旋光度就是浓度为 1 g/mL 的溶液,放在 1 dm 长的管中测得的旋光度。所用溶剂须写在比旋光度值后面的括号中,因为即使在其他条件都相同时,改变溶剂也会使 $[\alpha]$ 值发生变化。

比旋光度是旋光性物质的一种物理常数。如像每种物质都有一定的熔点、沸点、折射率、密度一样,各种旋光性物质都有其比旋光度。

三、化合物的旋光性与结构的关系

自然界中有许多种旋光性物质。例如,人体中肌肉剧烈运动时可产生乳酸,其 $[\alpha]_D^{20}$ 为 $+3.82°$(水);由左旋乳酸杆菌使乳酸发酵得另一种乳酸,$[\alpha]_D^{20}$ 是 $-3.82°$(水)。这两种乳酸除了旋光性不同(旋光方向相反,旋光度的绝对值相同)外,其他物理、化学性质都一样。分子结构见下:

$$\begin{array}{c|c}
\text{COOH} & \text{COOH} \\
\text{HO}—\text{C}—\text{H} & \text{H}—\text{C}—\text{OH} \\
\text{CH}_3 & \text{CH}_3
\end{array}$$

这两个构型异构体互成物体与其镜像关系,能对映而不能重合,故把他们称对映异构体(enantiomer)。两种分子结构之间的关系又好比人的左手与右手的关系,因此把这种分子称手性分子,它们具有手性,凡是手性分子都有旋光性。如果一个分子与其镜像等同,即能重合,则称非手性分子,非手性分子没有旋光性。

一个物质的分子是否具有手性是由它的分子结构决定的,最常见的手性分子是含手性碳原子的分子。所谓手性碳原子(chiral carbon atom)是指连有四个不同的原子或原子团的碳原子,即不对称碳原子,这种碳原子常以星号"*"标示。例如,乳酸分子中有三个碳,但只有 C-2 才是手性碳原子。

$$\begin{array}{c}
^1\text{COOH} \\
\text{H}—^2\text{C}^*—\text{OH} \\
^3\text{CH}_3
\end{array}$$

含手性碳原子的分子不一定是手性分子,没有对称因素(对称中心、对称轴、对称面等)的分子才可能是手性分子。

四、对映异构体的构型

1. **费歇尔投影式** 为了方便起见,对映异构体的构型通常采用费歇尔(Fischer)投影式来表示,即把手性碳原子所连的四个原子或原子团按规定的方法投影到纸上。这种方法包括:① 先将主链垂直(竖向)排列,并把命名时编号最小的碳原子放在上端。② 手性碳原子写在纸平面上,或用一个"十"字形的交叉点代表这个手性碳,四端分别连四个不同的原子或原子团。③ 以垂直线(竖键)与手性碳相连的是伸向纸平面后方的两个原子或原子团,以水平线(横键)与手性碳相连的是伸向纸平面前方的两个原子或原子团。费歇尔投影式是以二维式来表示含手性碳原子的分子的三维结构。

2. **相对构型与绝对构型** 物质分子中各原子或原子团在空间的实际排布称这种分子的绝对构型,现在已用 X 射线衍射等方法测定了许多化合物分子的绝对构型。1906 年,美国化学家 Rosanoff 建议把(+)—甘油醛及(-)—甘油醛作为其他旋光性异构体物质的构型的参比标准,并人为地规定,在 Fischer 投影式中,手性碳上的—OH 排在右边的为右旋甘油醛,作为 D 型,手性碳上的—OH 排在左边的为左旋甘油醛,作为 L 型。

镜子

$$\begin{array}{c|c}
\text{CHO} & \text{CHO} \\
\text{H}—\text{C}—\text{OH} & \text{HO}—\text{C}—\text{H} \\
\text{CH}_2\text{OH} & \text{CH}_2\text{OH} \\
\text{D-(+)-甘油醛} & \text{L-(+)-甘油醛}
\end{array}$$

现在认为,构型与旋光性之间没有必然的联系,物质的旋光性仍须通过实验测定。IUPAC 根据物质分子的绝对构型(R/S)来命名。含一个手性碳的分子命名时,首先把手性碳所连的四个原子或原子团按优先顺序从大到小排列,如 a>b>c>d。其次,将此排列次序中排在最后的原子或原子团(即 d)放在距观察者最远的地方,这时,其他三个原子或原子团向着观察者(图 2-8)。然后,再观察从最优先原子团 a 开始到 b 再到 c 的次序,如果是顺时针方向排列的(图 2-8 左),这个分子的构型即用"R"标示(R 取自拉丁语 Rectus,右);如果 a→b→c 是逆时针方向排列的(图 2-8 右),则此分子的构型用"S"标示(S 取自拉丁语 Sinister,左)。

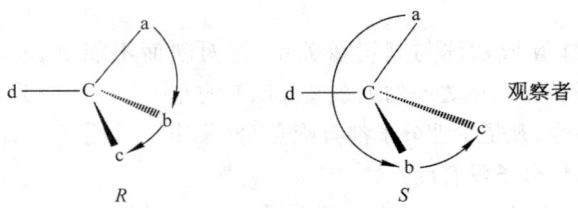

图 2-8　R 及 S 构型

这里要注意把 R/S 构型与 D/L 构型分开,不能认为 D 型的分子即 R 型的,或 L 型的分子即 S 型的。

对于含两个不同的手性碳原子的分子,有四种具有旋光性的异构体,即两对对映体。含两个相同的手性碳原子的分子,若分子内存在对称结构,则不具旋光性,这种异构体称内消旋体。若把两个对映体等量混合则混合物的比旋光度为零,这种混合物称外消旋体。

五、光学活性物质在医学上的意义

在生物体中存在的许多化合物都是手性的。例如,从天然产物中得到的单糖多为 D 型,在生物体中普遍存在的 α-氨基酸主要是 L 型。生物体对某一物质的要求常严格地限定为某个单一的构型。所以,与生物物质有关的合成物质,如果有旋光性的异构体,也往往只有其中之一具较强的生理效应,其对映体或是无活性或活性很小,有些甚至产生相反的生理作用。例如,左旋的维生素 C 具有抗坏血病作用,而其对映体无效;左旋肾上腺素的升血压作用是右旋体的 20 倍;左旋氯霉素是抗生素,但右旋氯霉素几乎无药理作用;左旋多巴用于治疗帕金森病,右旋多巴无生理效应。

第十节　胺 与 酰 胺

一、胺类

烃分子中的氢原子,可被—NH_2 取代,所生成的化合物称胺。这里的烃若是脂肪烃,生成脂肪胺(R—NH_2);若是芳香烃,则生成芳香胺(Ar—NH_2)。

(一) 分类

从分子通式看,胺也可以看作 NH_3 的 H 被 R—或 Ar—取代而生成,根据被取代的 H 原子数的不同,可有四种胺。NH_3 分子中:① 1 个 H 原子被—R 取代所生成的胺,R—NH_2 称伯胺。② 2 个 H 原子被—R 取代所生成的胺,$\begin{matrix} R \\ NH \\ R \end{matrix}$ 称仲胺。③ 3 个 H 原子被—R 取代所生

成的胺，$R-\underset{|}{\underset{R}{N}}$ 称叔胺。④ 还有 NH_4Cl、NH_4OH 分子中，4 个 H 都被烃基取代，$R_4N^+Cl^-$ 称季铵盐，$R_4N^+OH^-$ 称季铵碱。这里，4 个 R 可以相同或不同。例如，$HOCH_2CH_2N(CH_3)_3OH$，氢氧化 β-羟乙基三甲基铵，俗称胆碱。

胺类化合物一般有碱性，这是由于未成键的孤对电子，在水溶液中，可与 H^+ 形成配位键，从而使溶液中 $[OH^-]$ 增多，溶液呈碱性。

（二）化学性质

1. 具有碱性

(1) NH_3，$\left[H-\underset{|}{\underset{H}{\overset{H}{N}}}-H\right]^+ OH^-$ 使溶液呈碱性。

胺类碱性的强弱与取代基种类有关，当 NH_3 中 H 原子被斥电子基取代后，可使 N 原子电子云密度增大，从而增大了与 H^+ 的配位结合力，利于溶液中 $[OH^-]$ 增多。

(2) $H_3C-\underset{|}{\underset{CH_3}{\overset{CH_3}{N}}}:$ 产生空间位阻效应，反而影响与 H^+ 结合使其碱性下降。

(3) ⌬—NH_2 由于 N 原子的孤对电子与苯环的 π 电子云产生 p-π 共轭效应，降低了 N 原子电子云密度，减弱其吸引 H^+ 能力，故苯胺碱性下降。

(4) $(CH_3)_4\overset{+}{N}OH^-$，季铵碱，是离子型化合物，在水中完全电离，是一种与 NaOH 相当的强碱。

2. 与酸成盐 胺分子中的氮原子上具有未公用的孤对电子，能接受质子，形成配位键。因此，胺可与各种酸（HCl，H_2SO_4，HAC 等）生成盐。如：

$$R-NH_2 + HCl \longrightarrow R-\overset{+}{N}H_3Cl^- \quad 或 \quad R-NH_2 \cdot HCl$$
$$\qquad\qquad\qquad\qquad\qquad 氯化某胺 \qquad\qquad 某胺盐酸盐$$

⌬—NH_2 + HCl ⟶ ⌬—$\overset{+}{N}H_3Cl^-$ 或 ⌬—$NH_2 \cdot HCl$
（混浊）　　　　　　　　氯化苯胺　　　　　　苯胺盐酸盐
　　　　　　　　　　　　（澄清）
　　　　　　　　　　　　　↓NaOH
　　　　　　　　　　　　⌬—NH_2

（苯胺析出，溶液又呈混浊）

利用上述性质，可将难溶于水的胺类药物制备成盐酸盐形式，利于人体吸收。

3. **酰化反应** 伯胺(或仲胺)可与酰化剂反应,生成酰胺,称酰化反应。

常用的有酰化剂:酰卤 $\boxed{R-\overset{O}{\underset{\|}{C}}-X}$;酸酐 $\boxed{R-\overset{O}{\underset{\|}{C}}-O-\overset{O}{\underset{\|}{C}}-R}$

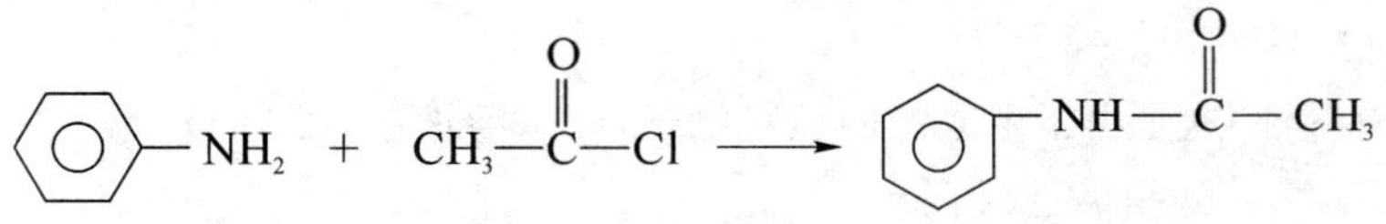

$$\text{苯胺} + \text{乙酰氯} \longrightarrow \text{乙酰苯胺}$$

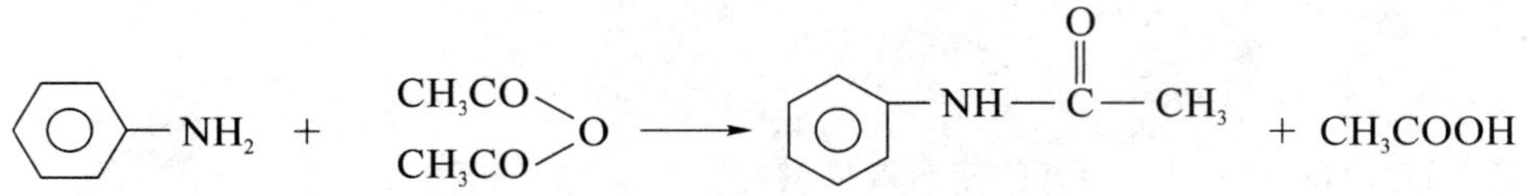

$$\text{苯胺} + (CH_3CO)_2O \longrightarrow \text{乙酰苯胺} + CH_3COOH$$

以上反应在人体内的生物转化及制药化学中,具有重要意义。

(三) **重要的胺类**

1. **苯胺** 又名阿尼林,是合成药物和染料的重要原料(有毒性,经呼吸道或皮肤进入体内,引起头晕、皮肤苍白、四肢无力等症)。

2. **胆碱** ① 参与卵磷脂的合成。② 参与合成乙酰胆碱,后者为重要的神经递质。

$$H_3C-\overset{O}{\underset{\|}{C}}-OCH_2CH_2\overset{+}{N}(CH_3)_3 OH^-$$

3. **儿茶酚胺类** 肾上腺素、去甲肾上腺素、多巴胺因分子结构中都有儿茶酚(苯二酚)结构,侧链上均有氨基,统称儿茶酚胺。

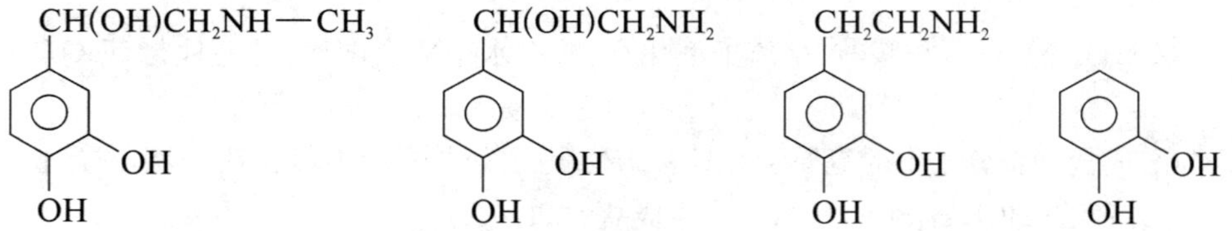

肾上腺素　　去甲肾上腺素　　多巴胺　　苯二酚

二、酰胺

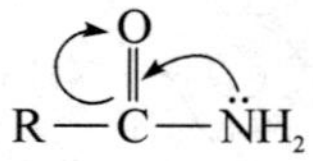

$$R-\overset{O}{\underset{\|}{C}}-NH_2$$

酰胺可看作羧酸分子中的—OH被氨基取代所生成的化合物。

$$R-\overset{O}{\underset{\|}{C}}-OH + NH_3 \longrightarrow R-\overset{O}{\underset{\|}{C}}-NH_2 + H_2O$$

(一) **命名**

根据相应的酰胺和氨基而称某酰胺或某酰某胺。

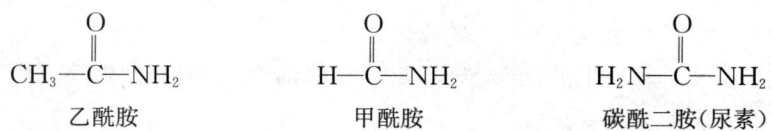

乙酰胺　　　　　　甲酰胺　　　　　碳酰二胺(尿素)

(二) 化学性质

1. 近中性　不能使石蕊试纸变色。

2. 易被水解

$$R-\underset{\underset{O}{\|}}{C}-NH_2 + H_2O \xrightarrow{HCl} R-\underset{\underset{O}{\|}}{C}-OH + NH_3 \longrightarrow RC-ONH_4$$

$$R-\underset{\underset{O}{\|}}{C}-NH_2 + H_2O \xrightarrow{NaOH} R-\underset{\underset{O}{\|}}{C}-ONa + NH_3\uparrow$$

$$\begin{array}{c} CONH_2 \\ | \\ CH_2 \\ | \\ CH_2 \\ | \\ CHNH_2 \\ | \\ COOH \end{array} \xrightarrow[\text{酶}]{H_2O} \begin{array}{c} COOH \\ | \\ CH_2 \\ | \\ CH_2 \\ | \\ CHNH_2 \\ | \\ COOH \end{array} + NH_3$$

(三) 重要的酰胺

1. 尿素　可看作 H_2CO_3 分子中 2 个 OH 被 NH_2 取代而成。

(1) 弱碱性：尿素分子中一个 NH_2 仍有碱性，可与酸生成盐。

$$H_2N-\underset{\underset{O}{\|}}{C}-NH_2 \begin{cases} \xrightarrow{HNO_3} [H_2N-\underset{\underset{O}{\|}}{C}-NH_3]^+ NO_3^- & \text{（硝酸尿素）} \\ \xrightarrow[COOH]{COOH} [(H_2N-\underset{\underset{O}{\|}}{C}-NH_3)_2]^{2+}(C_2O_4)^{2-} & \text{（草酸尿酸）} \end{cases}$$

(2) 水解

$$H_2N-\underset{\underset{O}{\|}}{C}-NH_2 + H_2O \xrightarrow{\text{脲酶}} 2NH_3\uparrow + CO_2\uparrow$$

(3) 生成缩二脲

$$H_2N-\underset{\underset{O}{\|}}{C}-NH_2 + H_2N-\underset{\underset{O}{\|}}{C}-NH_2 \xrightarrow{150\sim160℃} H_2N-\underset{\underset{O}{\|}}{C}-NH-\underset{\underset{O}{\|}}{C}-NH_2 + NH_3\uparrow$$
缩二脲

$$H_2N-\underset{\underset{O}{\|}}{C}-NH-\underset{\underset{O}{\|}}{C}-NH_2 \xrightarrow[\text{碱性}]{CuSO_4} \text{紫红色} \quad \text{（缩二脲反应）}$$

凡是分子中有2个及以上肽键"$-\overset{\overset{O}{\|}}{C}-\underset{\underset{H}{|}}{N}-$"结构的物质，均能发生缩二脲反应，如蛋白质、多肽、缩二脲等，此反应可用于定性或定量分析。

2. 胍

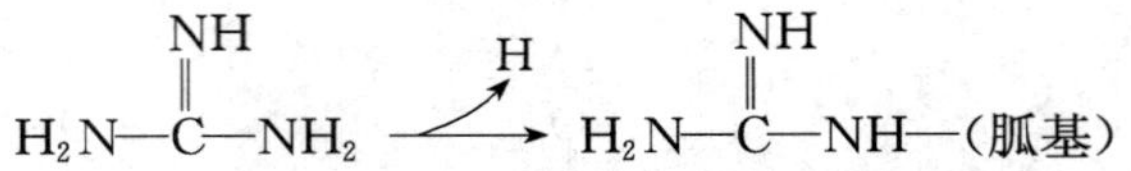

$$H_2N-\underset{\underset{NH_2}{|}}{\overset{\overset{NH}{\|}}{C}}-NH_2 \xrightarrow{H} H_2N-\overset{\overset{NH}{\|}}{C}-NH-\text{（胍基）}$$

3. 脒

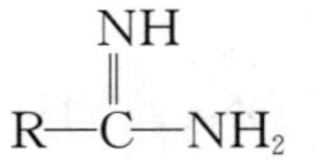

$$R-\overset{\overset{NH}{\|}}{C}-NH_2 \quad \text{许多药物中含有的结构}$$

4. 磺胺

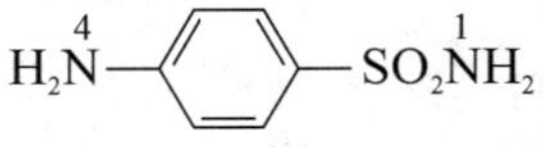

$$H_2\overset{4}{N}-\text{〈苯环〉}-\overset{1}{S}O_2NH_2$$

对氨基苯磺酰胺
(磺胺，SN)

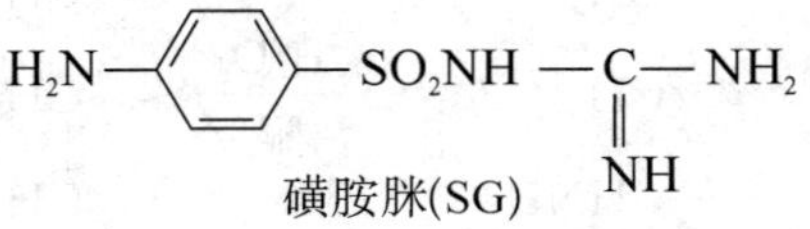

$$H_2N-\text{〈苯环〉}-SO_2NH-\overset{\overset{}{}}{\underset{\underset{NH}{\|}}{C}}-NH_2$$

磺胺脒(SG)

$$H_2N-\text{〈苯环〉}-SO_2NH-\text{〈异恶唑环〉}-CH_3$$

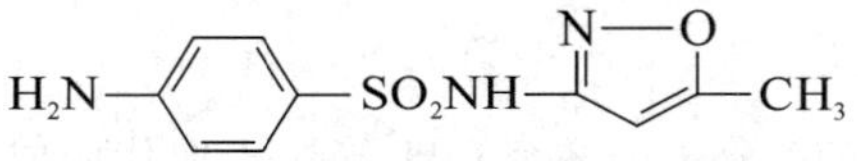

磺胺甲基异恶唑(SMZ)

第二部分

结构生物化学

第三章
蛋白质化学

学习目标

1. 掌握蛋白质的组成、分子结构。
2. 熟悉蛋白质的理化性质。
3. 了解蛋白质结构与功能的关系，肽的结构。

蛋白质(protein)是存在于生物界的一类含氮高分子有机化合物。机体内蛋白质的含量很高，约占固体总成分的45%；其分布也很广，几乎所有器官组织都含蛋白质。蛋白质是生命的物质基础，几乎所有生命活动都是通过蛋白质体现的。

第一节 蛋白质的组成

一、蛋白质的元素组成

参与蛋白质组成的元素主要包括碳(C)、氢(H)、氧(O)和氮(N)等，其中N在不同蛋白质中含量比较接近，大约为16%。由于生物样本中的含N物质主要来自蛋白质，因此，通过测定生物样本中的含N量就可以推算其蛋白质含量。生物样本中的蛋白质含量(g)=6.25×样品含氮量(g)。

二、蛋白质的基本组成单位——氨基酸

(一) 氨基酸的结构和分类

氨基酸是蛋白质的基本组成单位。构成蛋白质的氨基酸仅有20种，称标准氨基酸(standard amino acids)。

氨基酸是含有氨基和羧基的化合物。根据其所含氨基和羧基的相对位置，氨基酸可以分为 α-氨基酸、β-氨基酸、γ-氨基酸等，其中以 α-氨基酸(在 α-碳原子上同时连有一个氨基和一个羧基)最重要。

根据氨基酸分子中碱性、酸性基团的数目，又可将其分为中性、酸性和碱性氨基酸三类。氨基和羧基数目相等的氨基酸近于中性，称中性氨基酸；羧基多于氨基的是酸性氨基酸；氨基多于羧基的是碱性氨基酸。根据氨基酸所连接烃基的类型，可将其分为脂肪族、芳香族和杂环

氨基酸三大类。

除了甘氨酸以外,其余19种标准氨基酸的α-碳原子均为手性碳原子,故存在D、L两种不同构型。除了脯氨酸(为α-亚氨基酸)和甘氨酸(非手性分子)外,存在于天然蛋白质中的氨基酸均为L-α-氨基酸(L-α-amino acid)。氨基酸的结构通式如下:

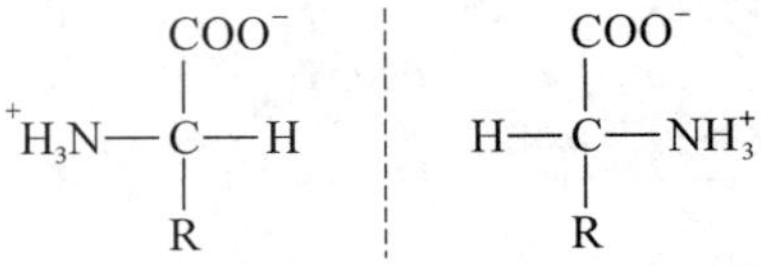

$$\begin{array}{c} COO^- \\ {}^+H_3N-C-H \\ R \end{array} \quad \begin{array}{c} COO^- \\ H-C-NH_3^+ \\ R \end{array}$$

L-α-氨基酸　　　　D-α-氨基酸

有些氨基酸在人体内不能合成或合成数量不足,必须由食物蛋白质补充才能维持机体正常生长发育,这类氨基酸称必需氨基酸(essential amino acid, EAA),主要有9种,见表3-1中标有*号者。

表3-1　常见氨基酸

中文名称及简称	英文名称及缩写	等电点(pI)	结构式
1. 非极性中性氨基酸			
甘氨酸（甘）	Glycine (Gly, G)	5.97	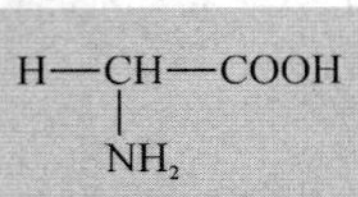 H—CH—COOH　NH$_2$
丙氨酸（丙）	Alanine (Ala, A)	6.00	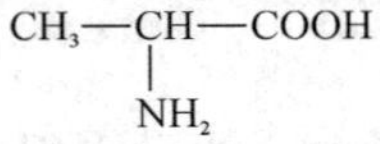 CH$_3$—CH—COOH　NH$_2$
*缬氨酸（缬）	Valine (Val, V)	5.96	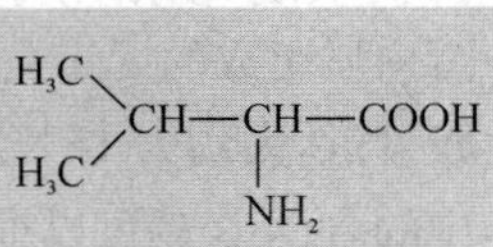 H$_3$C＞CH—CH—COOH　　　　　NH$_2$
*亮氨酸（亮）	Leucine (Leu, L)	5.98	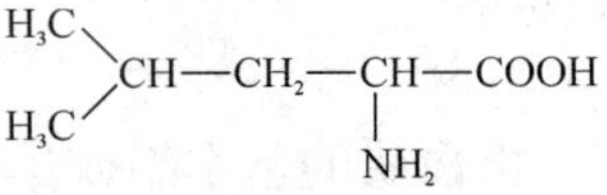 H$_3$C＞CH—CH$_2$—CH—COOH　　　　　　　　NH$_2$
*异亮氨酸（异亮）	Isoleucine (Ile, I)	6.02	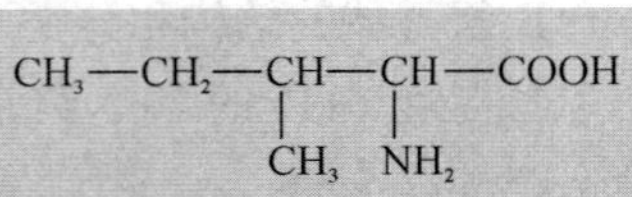 CH$_3$—CH$_2$—CH—CH—COOH　　　　　　CH$_3$　NH$_2$
脯氨酸（脯）	Proline (Pro, P)	6.30	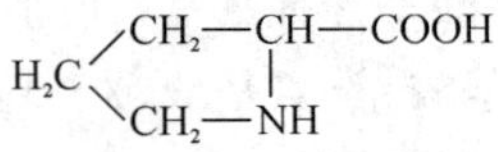 CH$_2$—CH—COOH / H$_2$C　　CH—NH / CH$_2$
*苯丙氨酸（苯丙）	Phenylalanine (Phe, F)	5.48	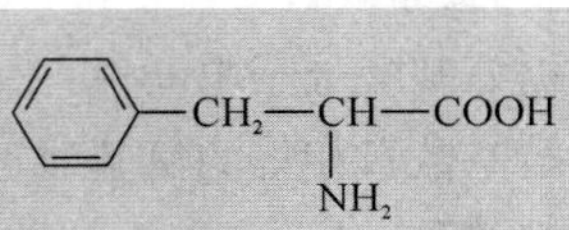 ⌬—CH$_2$—CH—COOH　　　　　　NH$_2$

(续表)

中文名称及简称	英文名称及缩写	等电点(pI)	结 构 式
2. 极性中性氨基酸			
*色氨酸 (色)	Tryptophan (Trp, W)	5.89	吲哚-CH$_2$-CH(NH$_2$)-COOH
丝氨酸 (丝)	Serine (Ser, S)	5.68	HO-CH$_2$-CH(NH$_2$)-COOH
*苏氨酸 (苏)	Threonine (Thr, T)	5.60	CH$_3$-CH(OH)-CH(NH$_2$)-COOH
天冬酰胺 (天酰)	Asparagine (Asn, N)	5.41	H$_2$N-CO-CH$_2$-CH(NH$_2$)-COOH
谷氨酰胺 (谷酰)	Glutamine (Gln, Q)	5.65	H$_2$N-CO-CH$_2$-CH$_2$-CH(NH$_2$)-COOH
酪氨酸 (酪)	Tyrosine (Tyr, Y)	5.66	HO-C$_6$H$_4$-CH$_2$-CH(NH$_2$)-COOH
半胱氨酸 (半胱)	Cysteine (Cys, C)	5.07	HS-CH$_2$-CH(NH$_2$)-COOH
*甲硫氨酸 (蛋氨酸, 蛋)	Methionine (Met, M)	5.74	CH$_3$-S-CH$_2$-CH$_2$-CH(NH$_2$)-COOH
3. 酸性氨基酸			
天冬氨酸 (天冬)	Aspartic acid (Asp, D)	2.77	HOOC-CH$_2$-CH(NH$_2$)-COOH
谷氨酸 (谷)	Glutamic acid (Glu, E)	3.22	HOOC-CH$_2$-CH$_2$-CH(NH$_2$)-COOH
4. 碱性氨基酸			
*赖氨酸 (赖)	Lysine (Lys, K)	9.74	H$_2$N-(CH$_2$)$_3$-CH$_2$-CH(NH$_2$)-COOH

(续表)

中文名称及简称	英文名称及缩写	等电点(pI)	结 构 式
精氨酸 (精)	Arginine (Arg, R)	10.76	$H_2N-\underset{\underset{NH}{\|\|}}{C}-NH-(CH_2)_3-CH_2-\underset{\underset{NH_2}{\|}}{CH}-COOH$
*组氨酸 (组)	Histidine (His, H)	7.59	咪唑环$-CH_2-\underset{\underset{NH_2}{\|}}{CH}-COOH$

注:"*"为必需氨基酸。

上述 20 种氨基酸即为构成蛋白质的氨基酸的编码氨基酸或标准氨基酸,它们均有相应的遗传密码。在生物界中还存在着很多非标准氨基酸,它们没有遗传密码,如瓜氨酸、鸟氨酸等。目前发现的氨基酸有 300 余种,生物界也发现一些 D 构型的氨基酸,主要存在于某些抗生素以及个别植物的生物碱中。

(二) 氨基酸的理化性质

1. 氨基酸的两性电离和等电点　氨基酸含有呈酸式电离的羧基和碱式电离的氨基,因此氨基酸是两性电解质,在一定 pH 溶液中可电离成既带正电荷又带负电荷的兼性离子。

改变溶液 pH 可以影响氨基酸的电离状况。当向溶液里加酸,即溶液 pH 减小时,氨基酸的羧基电离被抑制,氨基酸带正电荷;相反,当向溶液里加碱,使溶液的 pH 增大时,氨基的电离被抑制,氨基酸带负电荷。调节溶液 pH,使氨基酸呈电中性,此时溶液的 pH 称氨基酸的等电点(isoelectric point, pI)。不同氨基酸因其 R 基结构不同,因而具有不同的等电点(表 3-1)。

$$\underset{pH<pI}{{}^+H_3N-\underset{\underset{R}{\|}}{\overset{\overset{COOH}{\|}}{C}}-H} \underset{H^+}{\overset{OH^-}{\rightleftharpoons}} \underset{pH=pI(兼性离子)}{{}^+H_3N-\underset{\underset{R}{\|}}{\overset{\overset{COO^-}{\|}}{C}}-H} \underset{H^+}{\overset{OH^-}{\rightleftharpoons}} \underset{pH>pI}{H_2N-\underset{\underset{R}{\|}}{\overset{\overset{COO^-}{\|}}{C}}-H}$$

2. 氨基酸的紫外吸收性质　芳香族氨基酸结构中因含有苯环,具有共轭双键,因此可以吸收紫外线。其中,酪氨酸、色氨酸的吸收峰约为 280 nm,苯丙氨酸的吸收峰约为 260 nm(图3-1)。

三、蛋白质的辅基

完全由氨基酸构成的蛋白质称单纯蛋白质(simple protein),如胰岛素、白蛋白、球蛋白、鱼精蛋白、组蛋白等。绝大多数蛋白质还含有非氨基酸组分,包括金属离子、小分子有机化合物、脂质、糖类、核酸等,通过共价键与多肽链相结合,形成结合蛋白质(conjugated protein)。这些与多肽链特定位点形

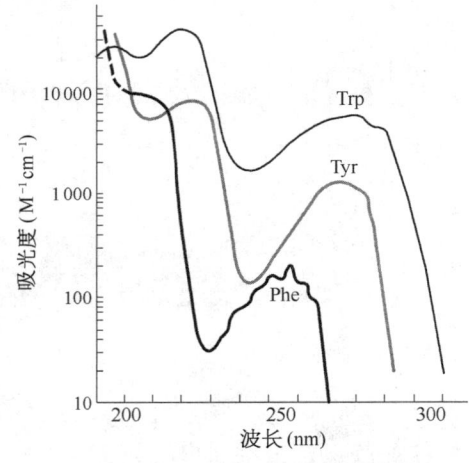

图3-1　氨基酸的紫外吸收

成特定结合的非氨基酸部分称辅基(prosthetic group)。根据辅基不同,结合蛋白质可分为糖蛋白、脂蛋白、磷蛋白、核蛋白、色蛋白、黄素蛋白和金属蛋白。

第二节　蛋白质的分子结构

蛋白质是由许多氨基酸连接起来的高分子化合物,分子中成千上万的原子在空间排布上十分复杂,其特定的氨基酸组成及空间排布是蛋白质具有独特生理功能的分子基础。在研究蛋白质结构时,将其划分为不同结构层次,包括一、二、三和四级结构。在介于二级和三级结构之间还有超二级结构和结构域的概念。

一、肽

(一) 肽键

1. **肽键的形成**　肽键(peptide bond)由一个氨基酸的 α-羧基和另一个氨基酸的 α-氨基缩合失去一分子水形成。氨基酸之间通过肽键相连而成肽。

肽键的形成

2. **肽键平面**　肽键的键长(0.132 nm)介于单键(0.146 nm)和双键(0.124 nm)之间,具有部分双键性质,不能自由旋转。从键角看,肽键中键与键之间的夹角均约120°。因此,与肽键相连的6个原子(C_α、C、O、N、H、C_α)始终处在同一个平面上,羰基的氧原子与氨基的氢原子相对呈反式,构成刚性的"肽键平面"(peptide bond plane),或称肽单元(peptide unit)(图3-2)。

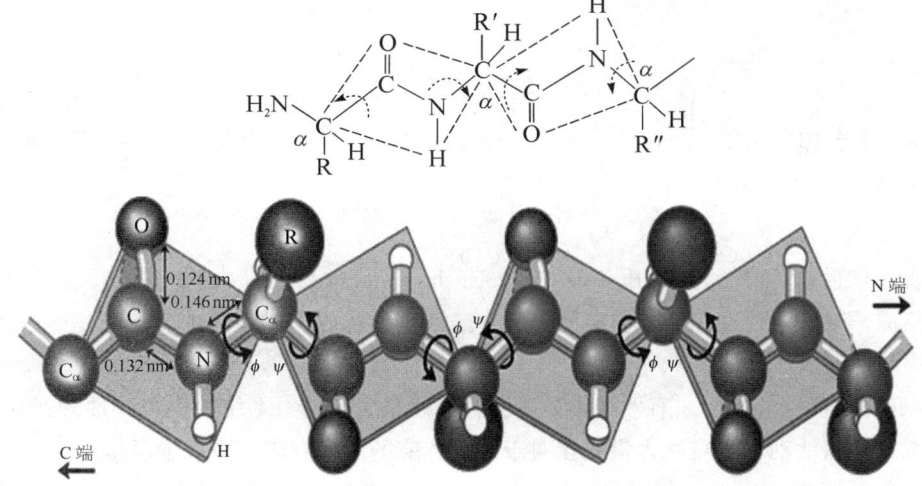

图3-2　肽键平面

（二）肽

多个氨基酸通过肽键连接起来的分子称肽。由2个氨基酸连接起来的肽称二肽，由2~10个氨基酸连接起来的肽称寡肽（oligopeptide），10个以上的氨基酸连接起来的肽称多肽（polypeptide），多肽和蛋白质的主要区别在于多肽不具有稳定的空间构象。

在蛋白质分子中，当很多氨基酸通过肽键连接起来形成一条很长的链状结构时，称多肽链（polypeptide chain）。多肽链中由—C_α—C—N—依次重复排列构成的长链称主链骨架（backbone），而伸展在主链两侧的R基称侧链（side chain）。多肽链的一个末端保留了游离的α-羧基，称羧基端或C端（C-terminus）；另一个末端保留了一个游离的α-氨基，称氨基端或N端（N-terminus）。多肽链中的氨基酸因脱水而分子不完整，称氨基酸残基。

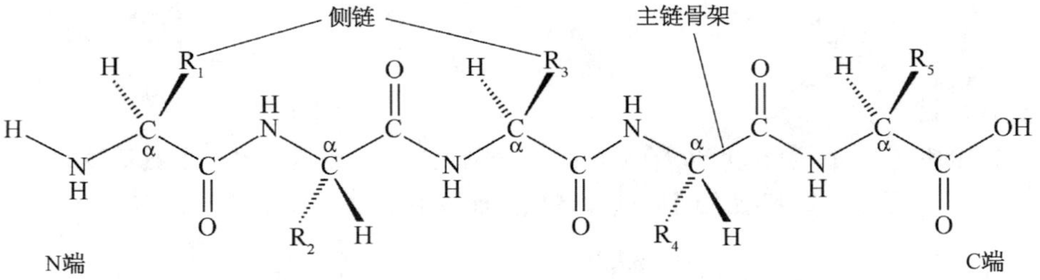

多肽链的结构

（三）生物活性肽

体内存在有许多具有生理活性的寡肽或多肽，如谷胱甘肽、抗利尿激素、血管紧张素Ⅱ、β—内啡肽、脑啡肽、P物质、促甲状腺素释放激素、催产素和表皮生长因子等。

1. **谷胱甘肽（glutathione）** 由谷氨酸与半胱氨酸和甘氨酸通过肽键连接而成，化学名称为N-（N-L-γ-谷氨酰基-L-半胱氨酰基）甘氨酸。谷胱甘肽有还原型（GSH）和氧化型（GSSG）两种形式，生理条件下以GSH占绝大多数。由于半胱氨酸上的-SH活性基团，GSH具有重要的抗氧化作用和解毒作用，能与一些药物、毒素、重金属离子等结合而促使其排出体外。

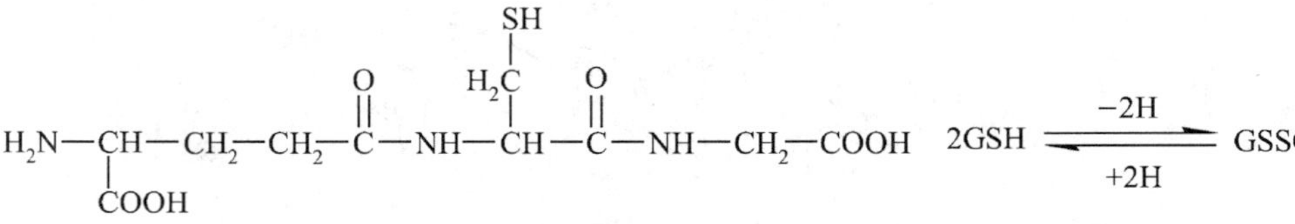

γ-谷胱甘肽（GSH）的结构

2. **促甲状腺激素释放激素（thyrotropin releasing factor，TRH）** 由焦谷氨酸、组氨酸和脯氨酰胺组成，TRH主要在丘脑室旁核的一些神经细胞内合成、分泌，其主要功能是促进腺垂体分泌促甲状腺激素。

3. **脑啡肽（enkephalin）** 有两种类型，均为五肽，是中枢神经系统的类吗啡性神经递质，能调节痛觉及情绪活动。脑啡肽含量变化对于研究针麻的原理有着重要启示。

4. **血管紧张素（angiotensin，Ang）** 目前已发现体内含有血管紧张素Ⅰ—Ⅶ，其中AngⅠ为十肽，经水解为八肽的AngⅡ，继而可水解为七肽的AngⅢ。研究发现，Ang能刺激肾上腺皮质分泌醛固酮,收缩血管,从而升高血压。针对 AngⅡ研发的 AngⅡ受体拮抗剂已广泛用于临床治疗高血压。

5. 胸腺五肽(Thymopentin,TP-5) 由胸腺分泌,具有诱导免疫细胞分化,增强机体免疫力的作用。

二、一级结构

蛋白质的一级结构(primary structure)是指肽链上氨基酸残基的排列顺序,其主要化学键是肽键和二硫键。一级结构的氨基酸组成和排列顺序由遗传密码决定,它决定了蛋白质的高级结构,进而影响蛋白质的生物学活性。

牛胰岛素一级结构的测定由英国生物化学家 Sanger 于 1955 年完成,开辟了人类认识蛋白质结构的道路。1965 年,我国科学家第一次用人工方法合成出具有生理活性的结晶牛胰岛素,为探索生命奥秘迈出重要的一步。牛胰岛素由 51 个氨基酸残基组成 A 和 B 两条肽链,其中 A 链含 21 个氨基酸残基,B 链含 30 个氨基酸残基,两条肽链以 2 个二硫键相连,在 A 链的第 6 和第 11 位半胱氨酸残基间还存在一个二硫键,形成部分环合(图 3-3)。

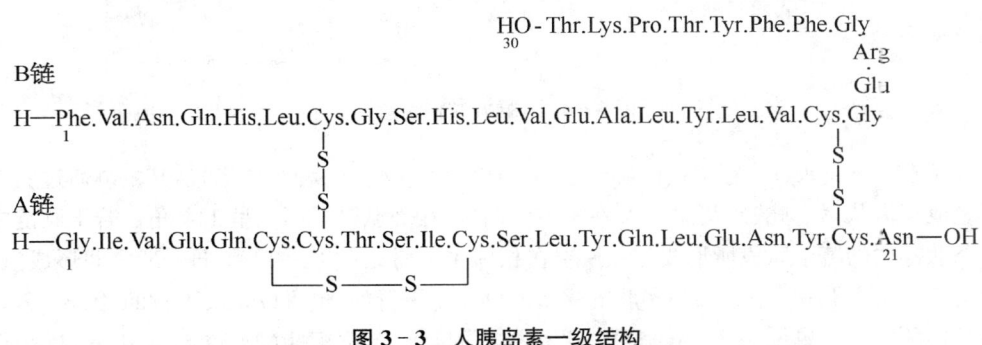

图 3-3 人胰岛素一级结构

三、蛋白质的空间结构

蛋白质分子的多肽链并非呈线形伸展,而是盘绕折叠成特定的空间结构。蛋白质的生物学活性和理化性质主要由其空间结构的完整性决定。因此,仅仅了解蛋白质的一级结构,还不能完全了解其结构与功能之间的关系。空间结构是指蛋白质的二、三和四级结构,又称高级结构或构象。

(一)二级结构

蛋白质的二级结构(secondary structure)是指蛋白质分子中由于肽键平面的相对旋转构成的主链原子的局部空间构象。在蛋白质分子中,其主链原子常常排列成有规律性的结构,如 α 螺旋、β 片层、β 转角、Ω 环。

1. α 螺旋(α helix) 指肽键平面通过 α-碳原子的旋转,主链原子盘绕成右手螺旋,螺旋上升一圈大约需要 3.6 个氨基酸残基,螺距为 0.54 nm,螺旋的直径为 0.50 nm。氨基酸残基的 R 基分布在螺旋的外侧,α 螺旋中每个肽键的 C=O 与后面第四个肽键的 H—N 形成氢键,以稳定 α 螺旋结构(图 3-4)。

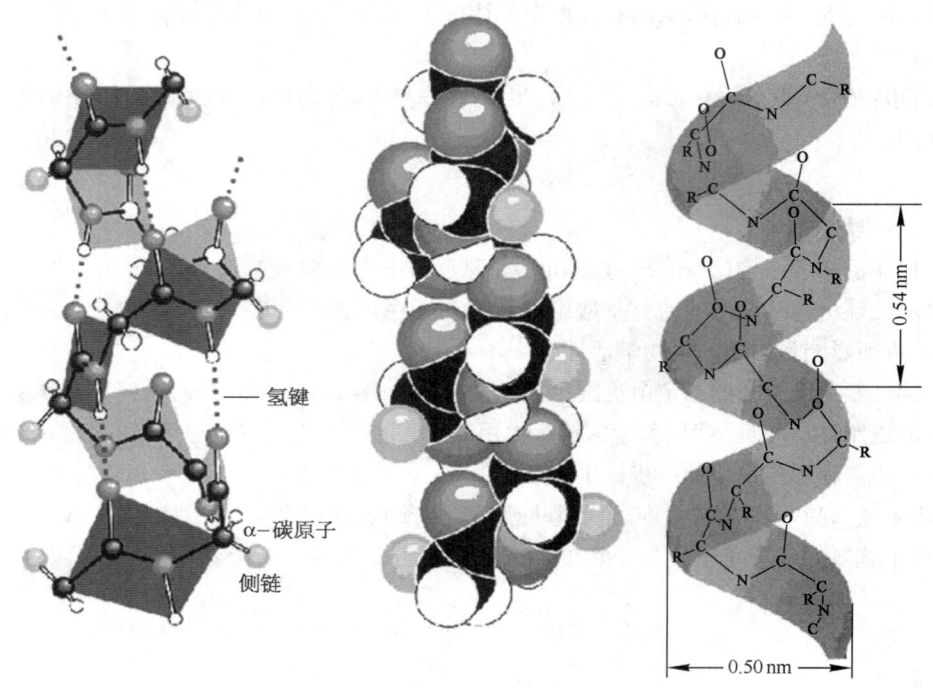

图 3-4 α 螺旋结构示意图

2. β 片层（β sheet） 这是蛋白质分子中肽链相对伸展的一种结构形式，其主链通过肽键平面折叠成锯齿状，氨基酸残基的 R 基在主链的两侧，相邻肽键平面间呈 110°角。若干肽链之间或一条肽链内的若干肽段所形成的 β 片层在相邻主链骨架的 C=O 和 H—N 之间形成氢键，使其构象稳定。β 片层中的相邻多肽链或肽段可以是平行的，也可以是反平行的（图 3-5）。与反平行构象的重复单位（0.70 nm）相比，平行构象的重复单位短些（0.65 nm）。因此，反平行构象较平行构象更为稳定。

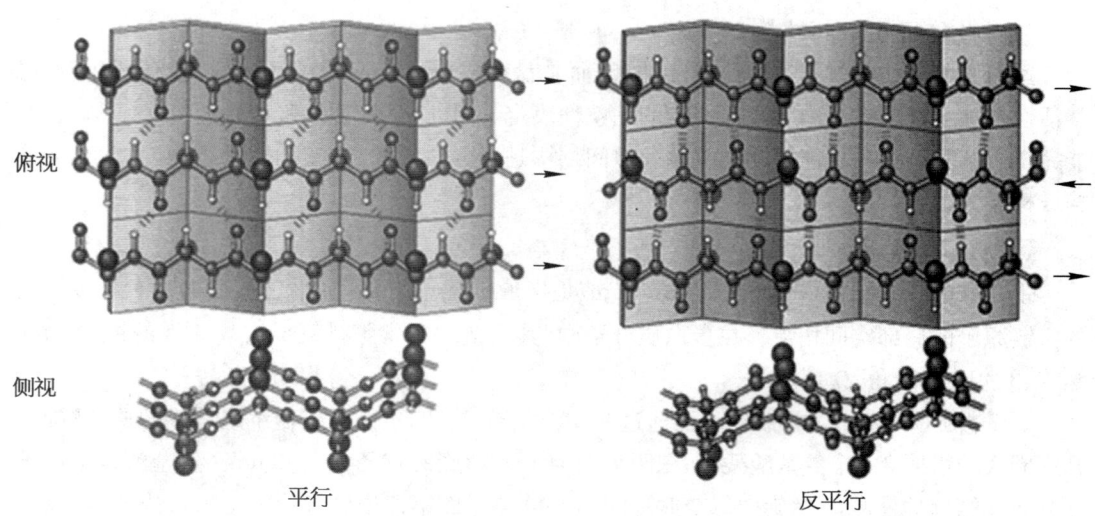

图 3-5 β 片层结构示意图

3. β转角(β turn) 指蛋白质分子中,肽链形成180°的回折,构成一个转角。β转角由4个氨基酸残基构成。其中第一个肽键平面的C=O与后面第三个肽键平面的H—N之间形成氢键,使构象稳定(图3-6)。

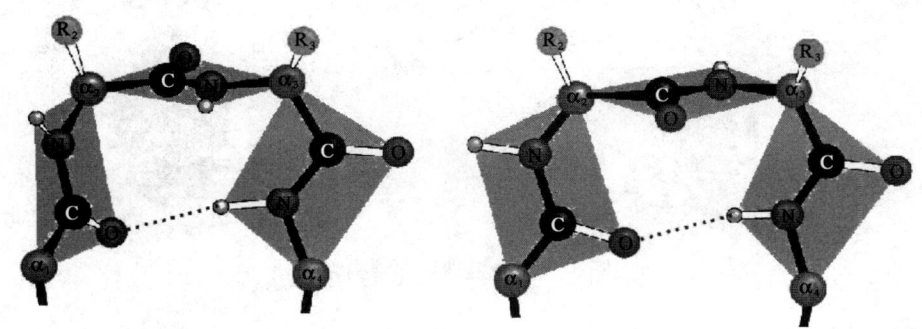

图3-6 β转角结构示意图

4. Ω环(Ω loop) 存在于球状蛋白质中的一类结构,形似希腊字母Ω,多出现在蛋白质分子表面,组成以亲水氨基酸残基为主。

(二) 超二级结构与结构域

1. 超二级结构(super secondary structure) 指2个或3个二级结构肽段在空间上可以进一步聚集和组合在一起,如αα、βββ、βαβ等,又称模体(motif)。超二级结构的形成可以降低蛋白质分子的内能,使之更加稳定,它是蛋白质从二级结构延伸到三级结构的一个新的结构层次,如亮氨酸拉链(αα组合)和锌指结构(βαβ组合)等,均具有结合DNA的功能,参与基因表达调控(图3-7)。

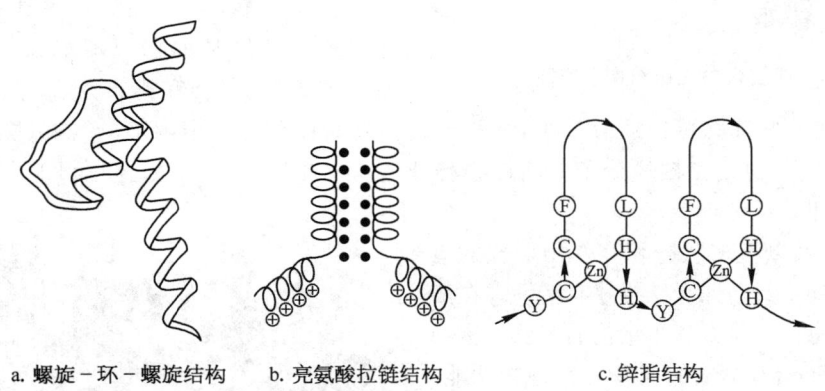

a. 螺旋-环-螺旋结构   b. 亮氨酸拉链结构   c. 锌指结构

图3-7 部分超二级结构示意图

2. 结构域(domain) 指超二级结构进一步组合、折叠,形成紧密、稳定而且在蛋白质分子构象上明显可区分的、相对独立的区域性结构。一个结构域常常有一个外显子编码,可由几十个至几百个氨基酸残基组成。在一个蛋白质分子中可有多个结构域,分别担负蛋白质分子不同的功能,如结合小分子配体、结合DNA、结合另一蛋白质、跨膜等功能。如免疫球蛋白共有12个结构域,其中两条轻链各2个,两条重链各4个,每个结构域大约包含120个氨基酸残基(图3-8)。

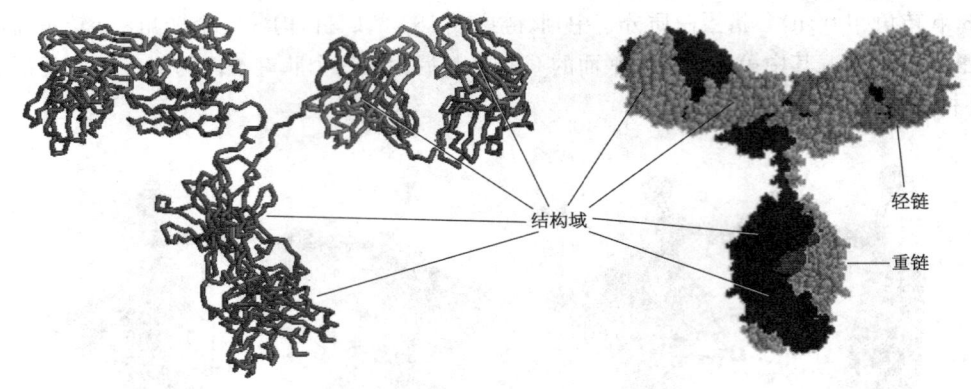

图 3-8 免疫球蛋白结构域

（三）三级结构

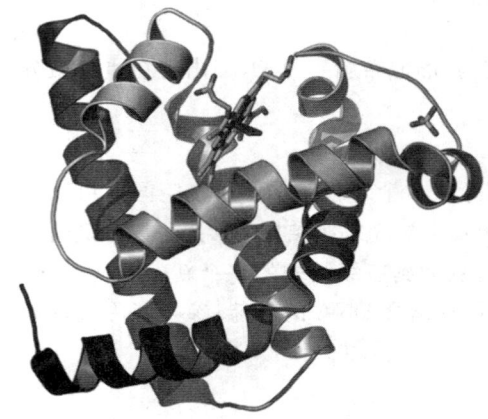

图 3-9 肌红蛋白三级结构示意图

蛋白质的三级结构（tertiary structure）是指在二级结构基础上，多肽链中相距较远的侧链通过相互作用进一步盘绕成特定的空间结构，其包括了主链和侧链中所有原子的空间排布。由一条多肽链构成的蛋白质分子，其三级结构是它的最高结构，也是其活性形式，如肌红蛋白（图3-9）。蛋白质的多肽链在形成三级结构时，其非极性的疏水侧链总是埋藏在分子内部，形成疏水核，而大多数极性基团则分布在分子表面，形成亲水区。有些蛋白质分子比较小，不能满足上述要求，则形成二聚体或多聚体从而构成疏水核。分子表面亲水基团的数目、种类和排布方式决定了蛋白质的功能。在一些球状蛋白质分子中，常可见到其表面存在的一个内陷的"洞穴"，该"洞穴"常常是疏水区，也是蛋白质分子的活性中心部位。

（四）四级结构

由两条及以上多肽链相互作用形成的蛋白质分子，还要具备四级结构才有活性。在四级结构中，每一条具有三级结构的多肽链称一个亚基（subunit），单独的亚基无生物学功能。多个亚基通过非共价键聚合在一起，形成具有特定空间构象和生物学功能的蛋白质，称蛋白质的四级结构（quaternary structure）（图3-10）。胰岛素有A链和B链，在两条链之间由两个二硫键（共价键）相连，故胰岛素的A链和B链不是亚基，胰岛素没有四级结构。

通常在一个蛋白质分子中，不同亚基用α、β、γ、δ等进行命名，相同亚基则在右下角用

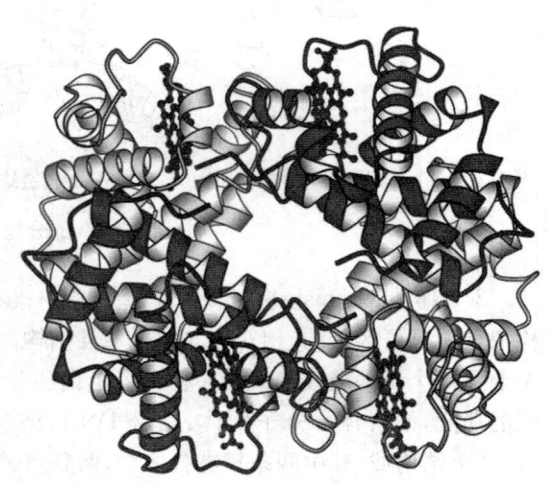

图 3-10 血红蛋白四级结构示意图

数字标明亚基个数,如血红蛋白共有4个亚基,其中有2个α亚基、2个β亚基,则写为 $\alpha_2\beta_2$。原核生物的 RNA 聚合酶有6个亚基,其中有2个α亚基,写为 $\alpha_2\beta\beta'\sigma\omega$。

四、维持蛋白质分子空间结构的主要化学键

蛋白质分子特定的空间结构需要一些作用力来维系才能使其稳定。维系空间结构的作用力包括氢键、离子键、疏水键、范德瓦尔斯力和二硫键等(图3-11),其中前四种均为非共价键。

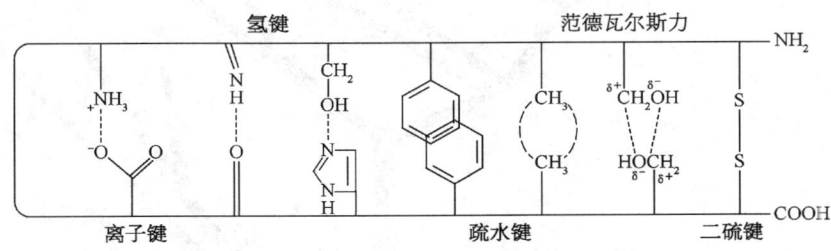

图3-11 蛋白质分子中的主要次级键

1. 氢键 为蛋白质分子中最多的非共价键。氢键在维系蛋白质的空间结构,尤其在二级结构稳定中发挥了重要作用。

2. 离子键 在蛋白质分子中有许多可电离的基团,离子键对维持蛋白质的三、四级结构起重要作用。

3. 疏水键(hydrophobic interaction) 指两个疏水基团为了避开水相而相互聚集在一起的作用力。疏水键对维持蛋白质三级结构的稳定尤为重要。多肽链中的疏水性氨基酸残基往往分布在蛋白质分子的内部。

4. 二硫键(disulfide bond or disulfide bridge) 由蛋白质分子中两个半胱氨酸残基侧链上的巯基(-SH)氧化脱氢产生,属于共价键,它也可以重新加氢还原成巯基。蛋白质分子中的巯基是一些巯基酶保持催化活性所必需的。

五、蛋白质结构与功能的关系

蛋白质的结构与功能存在密切关系。蛋白质的一级结构决定其高级结构,不同氨基酸残基的数目、性质及其在多肽链中的位置决定了蛋白质的空间构象,一级结构含有其空间构象的全部信息,而空间构象决定了蛋白质的生物学功能。

(一)蛋白质一级结构与功能的关系

一级结构与蛋白质功能关系密切。在生物进化过程中,一级结构、空间结构和生物学功能相似的蛋白质家族,称同源蛋白质。同源蛋白质在进化过程中,其三维空间结构的关键部位(活性部位)是相对保守的,即活性部位氨基酸残基的种类和空间排布是不会改变的。由于疏水作用对维持蛋白质的空间结构非常重要,因此,在进化过程中,其疏水核可以被置换,但疏水的性质不变,这些特点都是蛋白质发挥其生物学功能的基本条件。如不同来源的细胞色素 c 具有同样的生物学功能,对100多种不同生物的细胞色素 c 的一级结构进行分析,发现越是高等的生物,其与人的氨基酸顺序的差异越小,其中有35个氨基酸残基是不变的,占人细胞色

素 c 104 个氨基酸残基的 1/3。利用细胞色素 c 的种属差异，可以绘制系统树（phylogenetic tree）或称进化树（evolutionary tree）（图 3-12）。

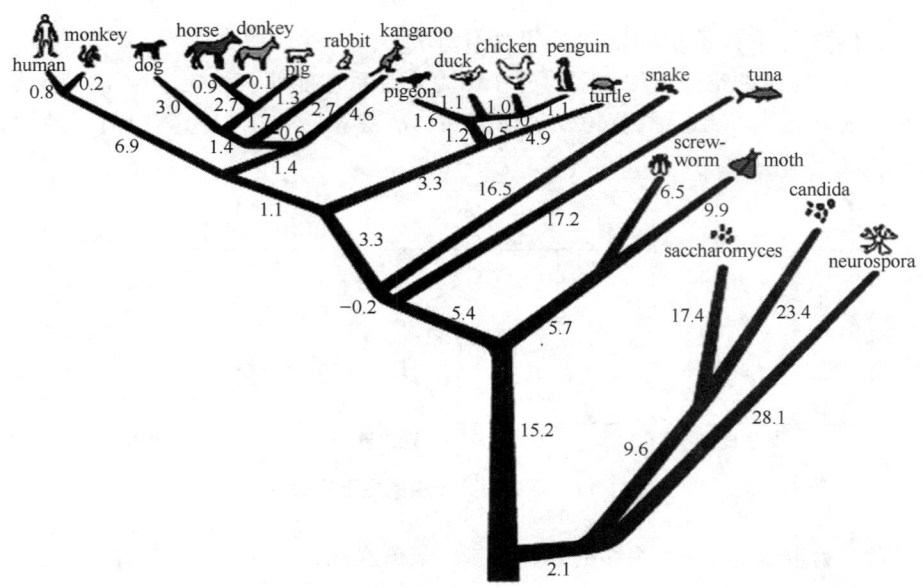

图 3-12　从脉胞菌到人细胞色素 c 的生物进化树

但是，在蛋白质的一级结构中，有时只要有一个氨基酸残基发生改变，也会导致蛋白质功能的改变，从而导致疾病的发生。这种由于蛋白质分子的变异或缺失而产生的疾病，称分子病（molecular disease）。最早提出分子病概念是在 1949 年，美国化学家 Pauling 应用电泳技术发现非洲等地流行的镰状细胞贫血（sickle cell anemia）是由于红细胞中的血红蛋白发生分子变异所致。血红蛋白 β 链的 N 端第 6 个氨基酸残基，由亲水的谷氨酸变异成疏水的缬氨酸，其与第 1 位的缬氨酸残基形成局部连接。在低氧情况下异常血红蛋白聚集为长棒状聚合物而从红细胞中析出，使整个红细胞扭曲成镰刀状，以致氧结合能力降低，容易破裂溶血（图 3-13）。

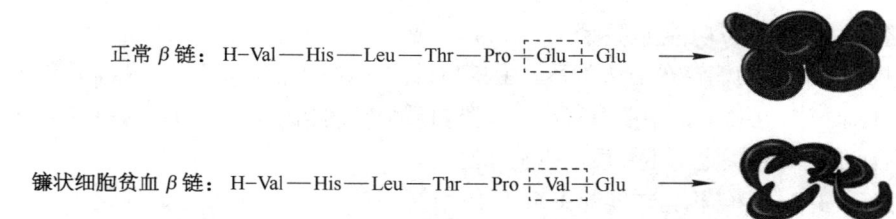

图 3-13　镰状细胞贫血

（二）蛋白质空间结构与功能的关系

活性蛋白质均具有特定的空间结构，空间结构与蛋白质活性密切相关。

1. **血红蛋白构象变化与运氧功能**　血红蛋白（Hb）是由 2α 和 2β 亚基组成的四聚体，每个亚基结合 1 分子血红素。一对 $\alpha_1\beta_1$ 亚基与另一对 $\alpha_2\beta_2$ 亚基组成对称结构。当一个 α 亚基的血红素与氧分子结合后，引起离子键断裂，使其他亚基构象发生变化，对氧的亲和力增大，进而循序促进第二、第三、第四个亚基与 O_2 结合，使得 Hb 的氧饱和曲线呈"S"形。亚基变构的顺序是 $α_1→α_2→β_1→β_2$。当结合氧以后，$α_1β_1$ 与 $α_2β_2$ 两对二聚体彼此滑动 15°，其构象由紧张态(tense state，T 态)转变为松弛态(relaxed state，R 态)。结合 O_2 的 Hb 呈 R 态。这种由于蛋白质分子构象的改变而导致蛋白质功能也随之发生改变的现象称别构效应(allosteric effect)。当一个亚基与其配体结合后，能影响分子中另一个亚基与配体的结合能力，称协同效应(cooperativity)。起促进作用的称正协同效应(positive cooperativity)；反之，则为负协同效应(negative cooperativity)。Hb 与 O_2 的结合发生了亚基之间相互作用的正协同效应。Hb 的这种别构效应和正协同效应有利于 Hb 在氧分压高的肺部迅速与 O_2 结合，而在氧分压低的组织又充分地释放 O_2，供给组织利用。

2. 天冬氨酸转氨甲酰酶(aspartate transcarbamylase，ATCase)构象变化与催化活性

TACase 由 12 个亚基构成，其中 6 个催化亚基(C)形成 2 个 C_3 亚基群"$2(C_3)$"，6 个调节亚基(R)形成 3 个 R_2 亚基群"$3(R_2)$"，进一步聚合成"$(C_3)_2(R_2)_3$"寡聚体。ATCase 的催化亚基可与底物结合，当氨甲酰磷酸与催化亚基结合后，引起酶分子构象发生变化，使天冬氨酸与催化亚基结合力增强，产生正协同效应。ATCase 的调节亚基可与别构剂(ATP 或 CTP)结合。当 ATP 与调节亚基结合后，促使酶分子构象由 T 态向 R 态转化，进而显著增强底物与催化亚基之间结合的正协同效应；而 CTP 与调节亚基结合后的作用则相反(图 3-14)。ATP 与 CTP 通过这种别构调节作用可以快速调控嘧啶核苷酸的合成速度。

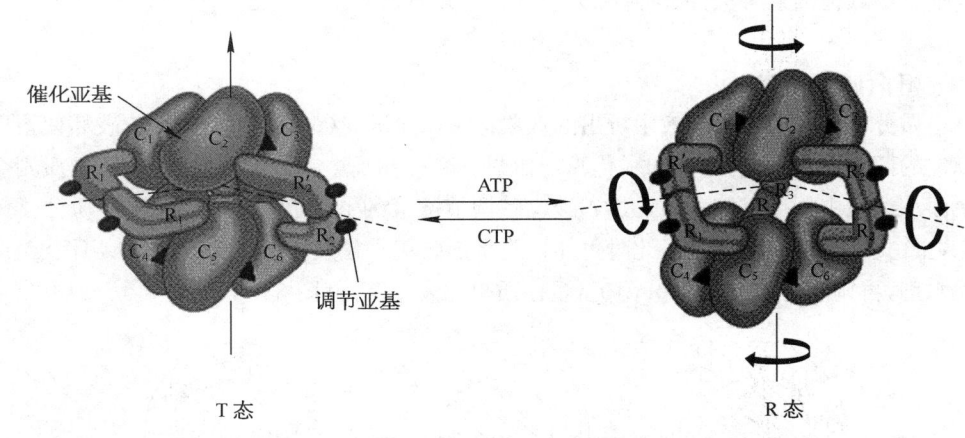

图 3-14　ATCase 的别构效应

第三节　蛋白质的理化性质

蛋白质是由氨基酸组成的大分子化合物，既有一些与氨基酸相似的理化性质，如两性电离、pI、呈色反应等，也有大分子蛋白质所特有的一些理化性质，如胶体性质、变性、沉降等。

一、蛋白质的紫外吸收特征

蛋白质分子中因含有芳香族氨基酸(Tyr、Trp)残基，故也具有 280 nm 波长的紫外吸收性质(图 3-1)，借助此性质可用于蛋白质定量分析。另外，蛋白质分子中的肽键同样存在共轭双

键,故也有紫外吸收性质,其吸收峰为 238 nm。

二、蛋白质的两性电离和等电点

蛋白质侧链上存在一些可电离的基团,如天冬氨酸、谷氨酸残基的 β-羧基和 γ-羧基,赖氨酸残基的 ε-氨基,精氨酸残基的胍基和组氨酸残基的咪唑基等,都是一些可电离的基团,它们有的呈酸式电离,有的呈碱式电离。因此,蛋白质和氨基酸一样是两性电解质,可以进行两性电离而成为兼性离子。由于各种蛋白质的氨基酸残基的种类、数量各不相同,因而有不同的等电点,可借助电泳技术分离带电的蛋白质或多肽颗粒。

三、蛋白质的胶体性质

蛋白质的分子量一般介于 $10^5 \sim 10^7$ Da,分子直径在胶体颗粒范围(1~100 nm)内。因此,当蛋白质溶于水中,可以形成胶体溶液。

与低分子溶液比较,蛋白质溶液的黏度大,蛋白质分子在水中的扩散速度慢。在离心力的作用下,蛋白质颗粒也可以发生沉降。对于某一特定蛋白质颗粒,其沉降速度在单位离心力场强度下为一常数,称沉降系数,用 S(Svedberg,$1S=10^{-13}$秒)表示。由于蛋白质的沉降速度与蛋白质的分子量有关,因此沉降系数可以粗略地反映蛋白质分子的大小。然而,由于沉降速度还与分子形状等其他因素有关,故沉降系数与分子量并不是完全成正比。

四、蛋白质的沉淀

蛋白质分子相互聚集从溶液中析出的现象称蛋白质沉淀(precipitation)。若破坏使蛋白质溶液稳定的两个因素(同种电荷和水化膜),如调节溶液 pH 至 pI 或加入脱水剂,蛋白质则会相互聚集而从溶液中析出沉淀。当先加入酸或碱调节溶液的 pH 至 pI 附近,使蛋白质分子呈等电状态,蛋白质一般还不会析出,此时再加入脱水剂破坏水化膜,则蛋白质就会析出沉淀;或先加入脱水剂,再调节溶液 pH 至 pI 附近,蛋白质也会发生沉淀(图 3-15)。

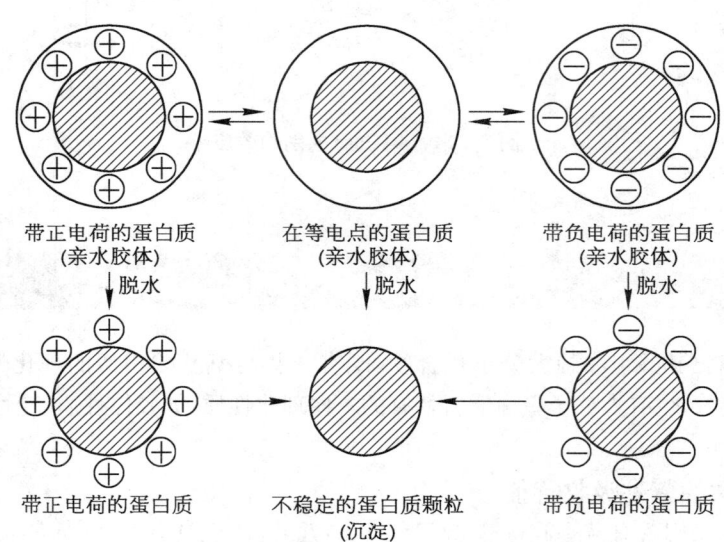

图 3-15 蛋白质的沉淀示意图

使蛋白质沉淀的方法主要有以下几种。

1. **盐析法(salting out)** 指向蛋白质溶液中加入高浓度的中性盐破坏蛋白质的胶体稳定性,从而使蛋白质从溶液中析出沉淀的方法,常用的中性盐如$(NH_4)_2SO_4$、$NaCl$、Na_2SO_4等。高浓度的中性盐既可以中和蛋白质所带电荷,又可以破坏水化膜。不同蛋白质所需中性盐的浓度不同,一般蛋白质分子越大,所需中性盐的浓度越小。利用这种差异,可用来分离不同的蛋白质,此种方法称分段盐析法。用盐析法沉淀下来的蛋白质一般不变性,透析除去中性盐以后,蛋白质仍然保持生物学活性。

2. **有机溶剂沉淀蛋白质** 有机溶剂(如乙醇、丙酮等)沉淀蛋白质,是利用它们的强亲水性破坏水化膜,由于它们不能中和蛋白质所带电荷,因此,需要在 pI 附近沉淀蛋白质。有机溶剂沉淀蛋白质,在常温下进行一般会发生变性。但是在低温条件下,变性则发生得缓慢,故也可以用来制备血浆蛋白质。

3. **重金属盐沉淀蛋白质** 带负电荷的蛋白质可与重金属离子(如铅、汞、铜、银等)结合形成不溶性盐而沉淀。因此,用重金属盐沉淀蛋白质时,需要调节溶液的 pH,使其 $>$ pI。此时,蛋白质分子带上了较多的负电荷,易与重金属离子结合。重金属盐沉淀下来的蛋白质一般发生了变性。

临床上利用重金属离子与蛋白质结合的特性,来抢救误食重金属盐中毒的患者。让患者口服大量蛋白质(如牛奶),当蛋白质与重金属离子结合以后,可以减缓重金属离子的吸收速度,而后再通过催吐法使重金属离子排出。

4. **生物碱试剂与某些酸类沉淀蛋白质** 带正电荷的蛋白质也可以与生物碱试剂(苦味酸、鞣酸、钨酸)或某些酸类(如三氯醋酸、硝酸、过氯酸等)的酸根结合形成盐而沉淀。这种方法沉淀下来的蛋白质一般都发生了变性。临床上做血液化学分析时,常用该法去除血液中的蛋白质。

五、蛋白质的变性与复性

天然蛋白质在某些物理或化学因素的作用下,其特定的空间结构被破坏,进而导致蛋白质理化性质改变和生物学活性丧失,称蛋白质变性(denaturation)。很多理化因素都会使蛋白质发生变性,如高温、超声波、X射线、强酸、强碱、一些重金属离子等。蛋白质变性破坏的是次级键,因此只影响蛋白质的空间结构,一级结构并未改变。变性蛋白质分子由有序的紧密结构变为无序的松散结构,使分子内部的疏水基团暴露出来,导致其在水中的溶解度降低,黏度增加,结晶能力消失,易被蛋白酶水解,并丧失其生物学活性。有些蛋白质变性以后,去除使其变性的因素,能恢复或部分恢复其原来的空间构象,进而恢复其生物学活性,称蛋白质复性(renaturation)。例如,当加入 8 mol/L 尿素或 β-巯基乙醇后,核糖核酸酶分子中的四个二硫键被破坏,原来较紧密有序的天然空间构象松散,使其失去催化活性。当采用透析法除去变性剂尿素或 β-巯基乙醇后,二硫键重新形成,使其原来的空间构象及催化活性得以恢复(图 3-16)。一般情况下,蛋白质一旦发生变性,其复性较为困难,只有在蛋白质的次级键破坏不多、天然空间构象改变不大、变性时间不长的情况下,去除使其变性的因素后,蛋白质才可能复性。

某些蛋白质在发生热变性后,松散的多肽链相互缠绕在一起,变成固体状态,称蛋白质凝固(coagulation)。但变性的蛋白质不一定都发生凝固,一般在 pI 附近加热,蛋白质容易凝固;

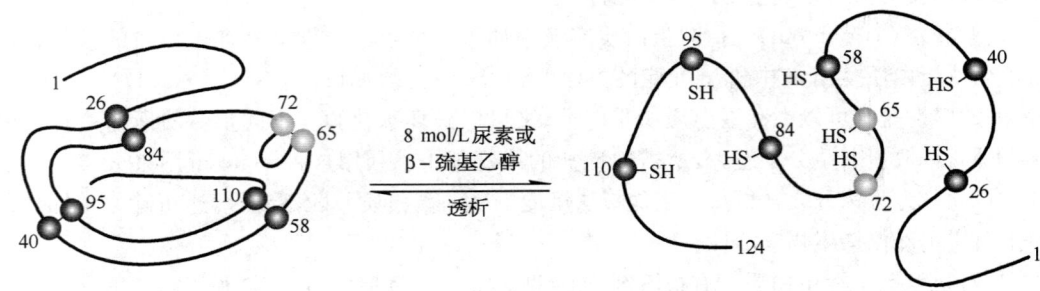

图 3-16 核糖核酸酶的变性与复性

变性的蛋白质也不一定发生沉淀,在强酸、强碱环境中,蛋白质虽然变性,但并不沉淀。反之,沉淀蛋白质构象不一定破坏,活性可以保留(如盐析),故不一定变性。

六、蛋白质的呈色反应

蛋白质含有多个肽键,能发生双缩脲反应;蛋白质与磷钨酸和磷钼酸反应产生钼蓝,称酚试剂反应;蛋白质溶液中加入米伦试剂(亚硝酸汞、硝酸汞及硝酸的混合液),蛋白质首先沉淀,加热则变为红色沉淀,称米伦试剂反应;考马斯亮蓝因含有—SO_3H 酸性基团,能与蛋白质的碱性基团结合,其中 R-250(三苯基甲烷)与不同蛋白质结合大多呈现红蓝色;G-250(二甲花青亮蓝)与蛋白质结合显蓝绿色。通过测定其对特定波长光的吸收值,可用于蛋白质的定量分析。

第四章
核 酸 化 学

学习目标

1. 掌握核酸的基本组成单位、分子结构,3′,5′-磷酸二酯键,DNA 的分子结构。
2. 熟悉核酸的理化性质,RNA 的分子结构。
3. 了解核酸的元素组成,核苷酸的结构特点。

　　核酸(nucleic acid)是由核苷酸组成的生物大分子,由于最初从细胞核分离出来,又具有酸性,故称核酸。后来发现核酸不仅存在于细胞核内,还存在于细胞质中。天然存在的核酸有两类,即核糖核酸(ribonucleic acid,RNA)和脱氧核糖核酸(deoxyribonucleic acid,DNA)。在生物体内,核酸常与蛋白质结合成核蛋白(nucleoprotein)形式而存在,少量以游离形式存在,如 tRNA。

　　DNA 分子储存了细胞所有的遗传信息,是物种保持进化和世代繁衍的物质基础。真核细胞内绝大部分 DNA 存在于细胞核的染色体中,少量存在于线粒体及植物叶绿体。原核细胞的 DNA 与少量 RNA 及蛋白质结合,分布于细胞质中。RNA 在细胞质中的含量较多,发挥重要的基因表达及调控作用。

第一节　核酸的分子组成

一、核酸的元素组成

　　核酸的主要组成元素有 C、H、O、N 和 P 等。各类核酸分子中 P 含量比较恒定,平均 $9\%\sim10\%$,故通常可以测定生物样本的 P 含量来推算核酸的含量。

二、核酸的基本组成单位——核苷酸

　　核酸在核酸酶的作用下,首先降解为单核苷酸。核苷酸再水解为核苷和磷酸,核苷再进一步水解生成戊糖(核糖、脱氧核糖)和含氮碱基(嘌呤和嘧啶)。

(一) 核苷酸的组成

　　核苷酸水解可得到三类组分:戊糖、含氮碱基和磷酸。

　　1. 戊糖　组成核苷酸的戊糖有两种形式:β-D-核糖和 β-D-2′-脱氧核糖,两者的结构差异在于核糖的 C-2′连接—OH,而脱氧核糖的 C-2′连接—H。β-D-核糖存在于 RNA 分

子中，β-D-2′-脱氧核糖存在于DNA分子中。核苷酸分子中，戊糖环上的碳原子序号通常以C-1′～C-5′表示，以有别于碱基杂环上碳原子编号。

2. 含氮碱基　核苷酸分子的碱基是含氮的杂环化合物，有嘧啶碱和嘌呤碱两类。嘌呤碱主要有腺嘌呤（adenine，A）和鸟嘌呤（guanine，G）。嘧啶碱主要有胞嘧啶（cytosine，C）、尿嘧啶（uracil，U）和胸腺嘧啶（thymine，T）。DNA和RNA分子中均含有腺嘌呤、鸟嘌呤和胞嘧啶，而尿嘧啶只存在于RNA分子中，胸腺嘧啶则主要存在于DNA分子中。

嘌呤

腺嘌呤

鸟嘌呤

嘧啶

胞嘧啶

尿嘧啶

胸腺嘧啶

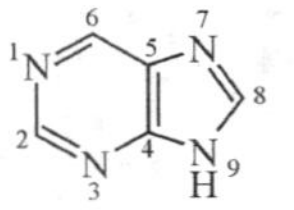

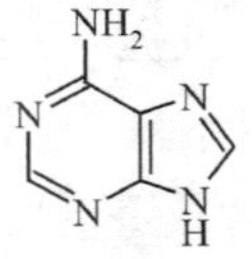

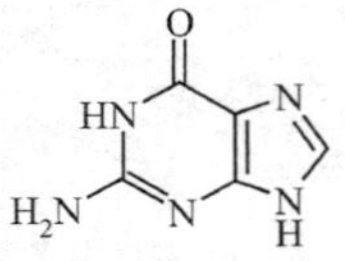

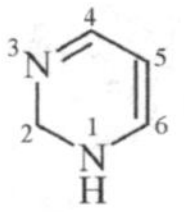

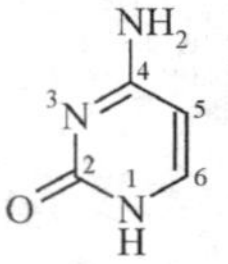

核苷酸碱基杂环原子以阿拉伯数字1、2、3…编号。

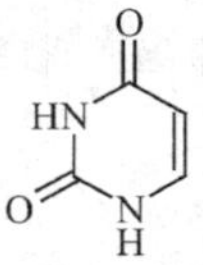

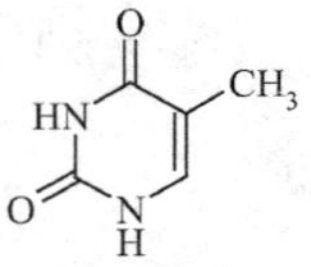

3. 磷酸　与其他生物大分子相比，核酸含有的磷酸数量最多。在生理pH条件下，磷酸基完全电离使得核酸带负电，常与带正电荷的蛋白质结合成核蛋白。

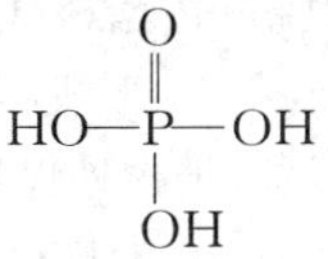

除了上述5种常见碱基（A、G、C、U和T）外，核酸还含有少量经化学修饰的碱基衍生物，称稀有碱基。稀有碱基大部分是甲基化的，如5-甲基胞嘧啶、1-甲基鸟嘌呤等，这些甲基化的稀有碱基可能参与基因表达调控作用。tRNA分子中含有较多的稀有碱基，如二氢尿嘧啶、次黄嘌呤等，这些稀有碱基与tRNA具有的特殊结构及功能有关。

（二）核苷酸的结构

各种碱基可与核糖或脱氧核糖连接形成核糖核苷或脱氧核糖核苷，后者进一步连接磷酸构成核糖核苷酸或脱氧核糖核苷酸。

1. 核糖核苷与脱氧核糖核苷　各种碱基与核糖或脱氧核糖以糖苷键连接构成（核糖）核苷（nucleoside）或脱氧（核糖）核苷（deoxynucleoside），嘧啶碱以N-1位、嘌呤碱以N-9位与戊糖的C-1′形成N-β-糖苷键。部分核糖核苷和脱氧核糖核苷结构如下。

腺苷

鸟苷

脱氧胞苷

脱氧胸苷

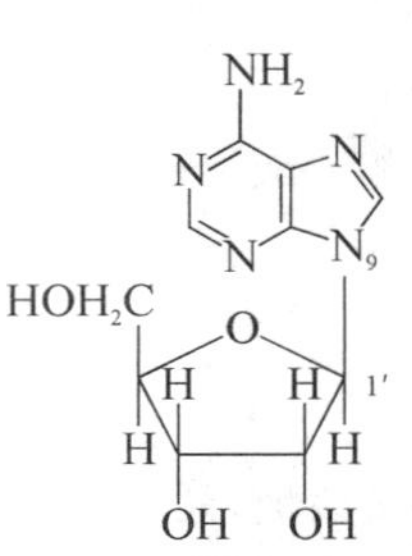

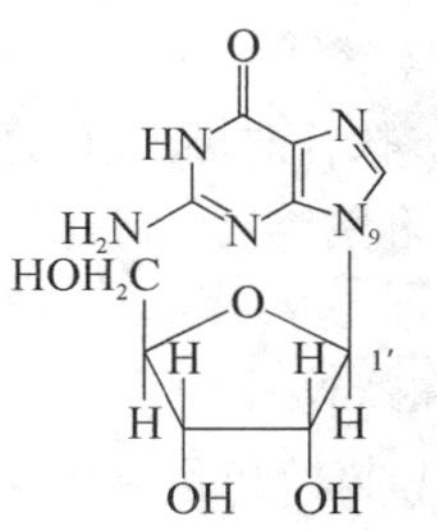

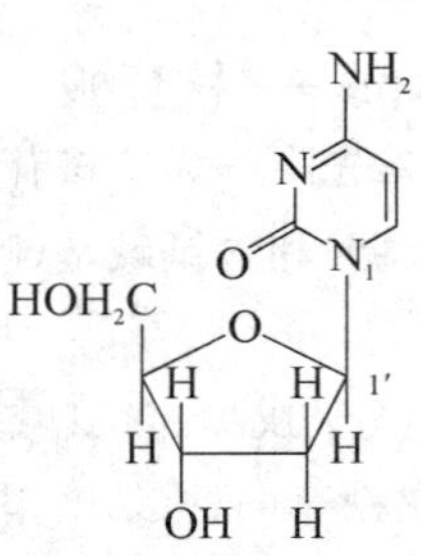

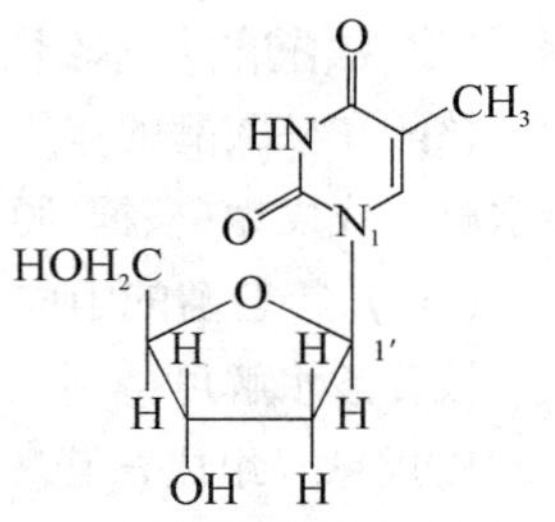

2. 核苷酸与脱氧核苷酸　各种核糖核苷或脱氧核糖核苷与磷酸通过磷酸酯键相连,构成(核糖)核苷酸(nucleotide)或脱氧(核糖)核苷酸(deoxynucleotide)。磷酸连接戊糖的位点可以是 C-2′,也可以是 C-3′或 C-5′,分别形成 2′-核苷酸,3′-核苷酸或 5′-核苷酸。而在生物体内,磷酸大多与 C-5′—OH 相连,形成 5′-核苷酸,包括核苷一磷酸(nucleoside monophosphate, NMP)和脱氧核苷一磷酸(deoxynucleoside monophosphate,dNMP)。dNMP 是 DNA 的基本组成单位,NMP 则连接构成 RNA。部分核苷酸和脱氧核苷酸结构如下。

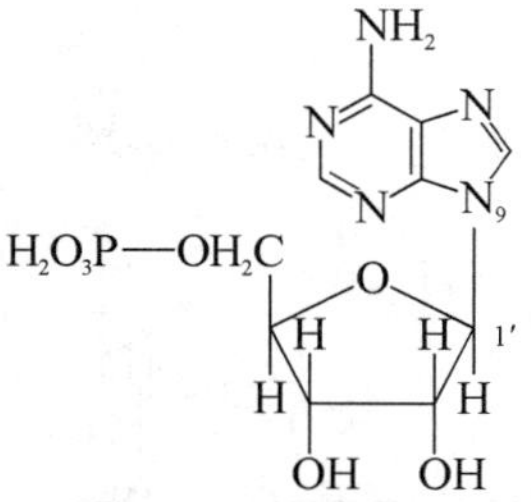

腺苷酸 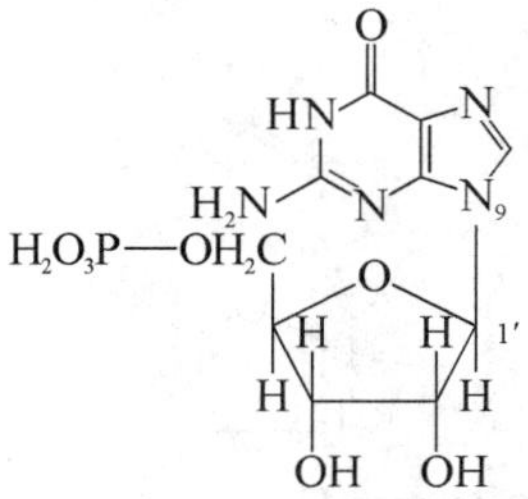　　　　　　　鸟苷酸

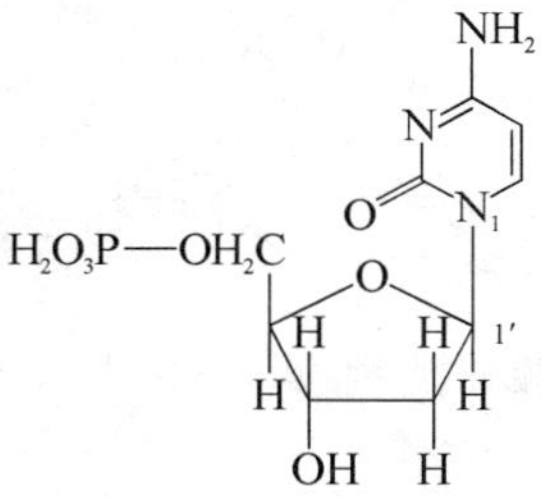

脱氧胞苷酸 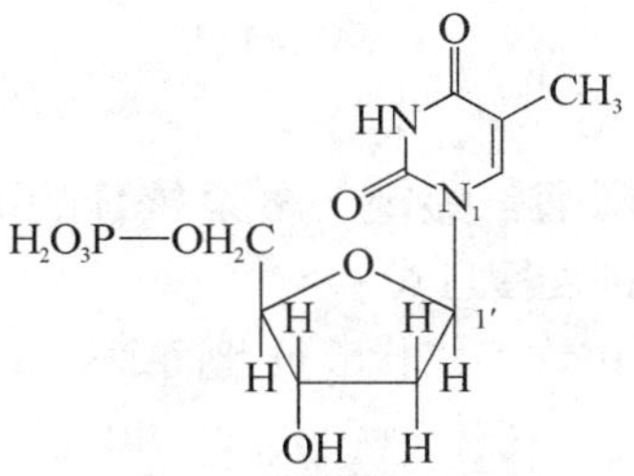　　　　　脱氧胸苷酸

除了常见的 4 种核苷酸和脱氧核苷酸外,细胞内还有相当数量的核苷酸代谢中间物。如黄嘌呤核苷酸(xanthosine monophosphate,XMP)和次黄嘌呤核苷酸(inosine monophosphate, IMP),后者简称肌苷酸。

以上各种核苷一磷酸或脱氧核苷一磷酸可以进一步通过酸酐键结合第二个、第三个磷酸,形成核苷二磷酸(nucleoside diphosphate,NDP)、核苷三磷酸(nucleoside triphosphate,NTP)和

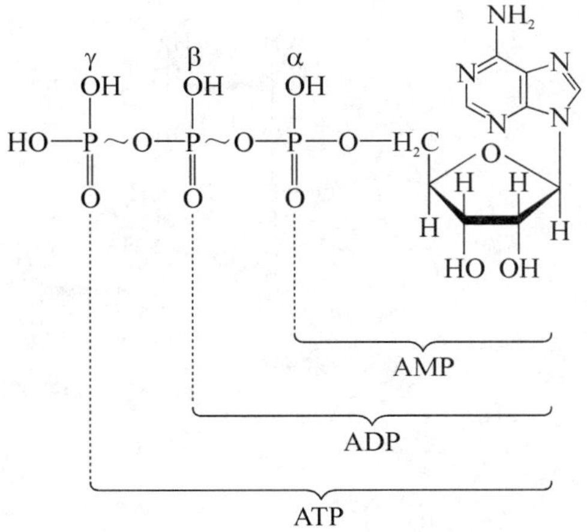

腺苷三磷酸(ATP)

脱氧核苷二磷酸（deoxynucleoside diphosphate, dNDP）、脱氧核苷三磷酸（deoxynucleoside triphosphate, dNTP）。NTP 根据碱基不同有 ATP、GTP、CTP 和 UTP 四种，它们是 RNA 合成的原料；dNTP 根据碱基不同有 dATP、dGTP、dCTP 和 dTTP 四种，它们是 DNA 合成的原料。

在体内，ATP 和 GTP 还可以在环化酶催化下脱去焦磷酸，并使 C-5′ 的 α-磷酸基与 C-3′-羟基脱去 1 分子水形成环腺苷一磷酸（cyclic adenosine monophosphate, cAMP）和环鸟苷一磷酸（cyclic guanosine monophosphate, cGMP）。cAMP 和 cGMP 均可作为激素的第二信使参与细胞信息的传递等。

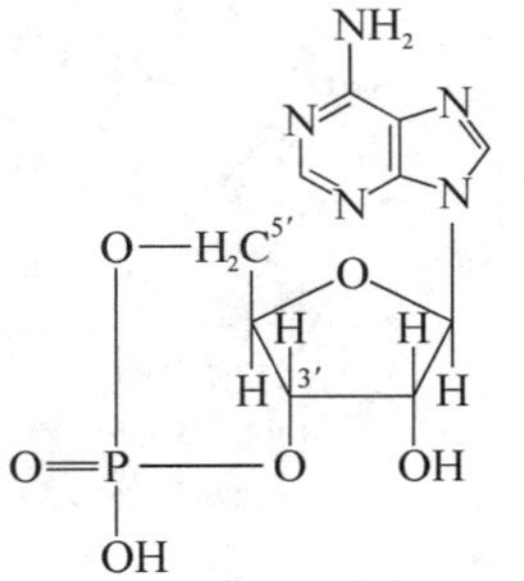

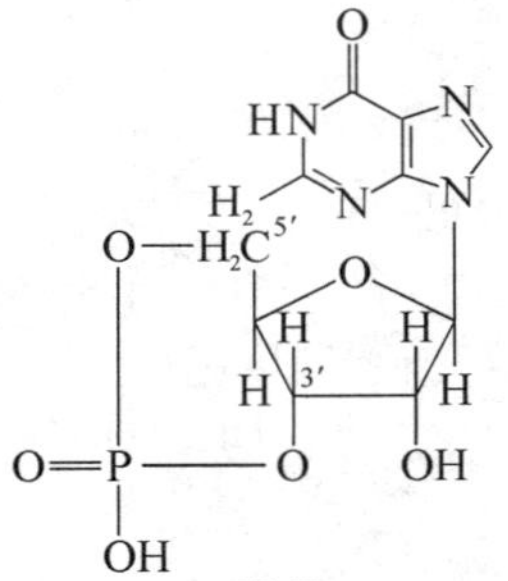

三、3′,5′-磷酸二酯键与多聚核苷酸链

（一）核酸的连接方式

核酸分子是由许多核苷酸彼此间通过 3′,5′-磷酸二酯键（phosphodiester linkage）连接而

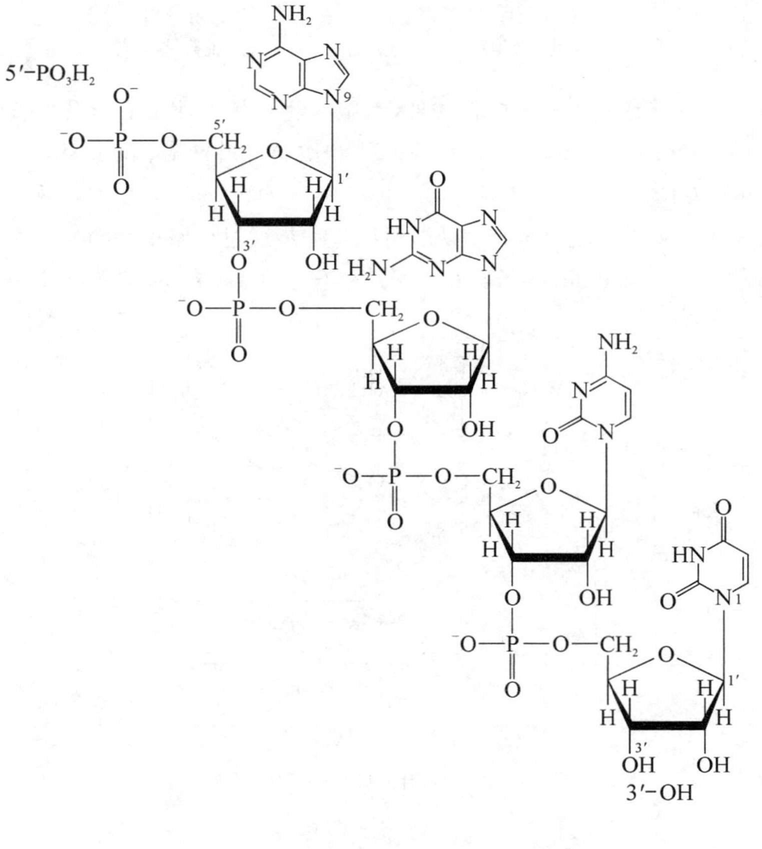

成的多聚核苷酸链。3′,5′-磷酸二酯键由一个核苷酸的戊糖 C-3′羟基与下一个核苷酸的戊糖 C-5′磷酸基脱水缩合而成,是连接核酸分子主链的化学键。因此,核酸分子的主链骨架是由磷酸和戊糖通过磷酸二酯键交替相连而成,嘌呤碱和嘧啶碱则作为特殊的侧链部分。核酸主链两端分别用 5′末端和 3′末端表示,方向规定为 5′→3′。5′末端常含游离磷酸基($5′-PO_3H_2$),作为多聚核苷酸链的"头",3′末端含游离羟基(3′-OH),作为多聚核苷酸链的"尾"。

单链 DNA 或 RNA 分子大小常用核苷酸数目(nucleotide,nt)或碱基数目(base 或 kilobase)表示,双链 DNA 则用碱基对(base pair,bp)或千碱基对(kilobase pair,kb)表示。

（二）核酸的表示简式

根据核酸分子主链骨架相同的特点,采用以下简化式来表示核苷酸链。

1. 短线式表示法　式中竖线代表戊糖,碱基写在竖线上方,斜线表示磷酸二酯键,斜线与竖线的两个交叉点分别为戊糖的 C-3′和 C-5′位置。

2. 字母式表示法　字母式是表示核苷酸链的最简化方式,也是最常用的方式。其中,最为简便的方式是将 5′端的碱基写在左侧,3′端的碱基写在右侧,此时可省略末端符号。

$$5′pApGpCpUoH3′ \quad 5′-AGCU-3′ \quad pAGCU \quad AGCU$$

通常把长度<50 nt 的核苷酸链称寡核苷酸(oligonucleotide),更长的则称多聚核苷酸(polynucleotide),统称为核酸。在生理 pH 条件下,核酸主链上的磷酸基完全电离带负电荷,常与带正电荷的组蛋白结合成核蛋白形式而存在于组织细胞中。

第二节　核酸的分子结构

一、DNA 的分子结构

（一）DNA 的一级结构

DNA 是由 4 种脱氧核糖核苷酸(dAMP、dCMP、dGMP 和 dTMP)通过 3′,5′-磷酸二酯键连接的有一定排列顺序的多聚脱氧核苷酸链。多聚脱氧核苷酸链中脱氧核苷酸残基的排列顺序称 DNA 的一级结构。由于脱氧核苷酸链的主链骨架相同,区别主要在于碱基,因此,DNA 的一级结构常用碱基排列顺序表示。

（二）DNA 的二级结构

1. DNA 的碱基组成规律　20 世纪 40 年代末奥地利生物学家 Chargaff 及其同事应用紫外分光光度法和纸层析等技术研究了不同生物的 DNA,发现碱基组成具有以下规律,称 Chargaff 规律:① DNA 的碱基组成存在种属差异,但没有组织差异。② 某一个特定生物 DNA 的碱基组成不随年龄、营养、环境变化而改变。③ DNA 碱基组成存在以下关系,A 与 T、G 与 C 摩尔数总是相等,因此[A]+[G]=[T]+[C],即总嘌呤碱等于总嘧啶碱。

2. DNA 的二级结构——双螺旋结构模型　1953 年美国生物学家 Watson 和 Crick 等人根据 X-射线衍射图谱和 Chargaff 规律,提出了著名的 DNA 双螺旋结构模型(DNA double helix model)。其要点如下:① DNA 分子是由两条反向平行的多脱氧核苷酸链绕同一中心轴盘旋形成的右手双螺旋结构,其中一条链为 $5'\rightarrow 3'$ 方向,另一条链为 $3'\rightarrow 5'$ 方向。② DNA 分子中的脱氧核糖和磷酸交替连接,排列在双螺旋表面构成主链骨架;碱基作为两条互补链的侧链包埋于双螺旋内部。③ DNA 分子两条链上的碱基互补配对,通过氢键横向连接形成 A=T、G≡C,两两配对的碱基处于同一平面构成碱基对平面,碱基对平面与中心轴垂直,上下相邻的 2 个碱基对平面间通过疏水效应、范德瓦尔斯相互作用等形成纵向的碱基堆积力,进一步稳定双螺旋结构(图 4-1)。④ 双螺旋直径为 2 nm,相邻碱基对之间的轴向距离 0.34 nm,每一螺旋含 10 bp,螺距 3.4 nm。从外观看,DNA 的双螺旋分子中存在一个大沟(major groove)与一个小沟(minor groove),间隔排列,形如锯齿。目前认为这些沟状结构与蛋白质同 DNA 间的识别有关,许多蛋白质与 DNA 的特异性结合往往通过大沟区作用,而药物小分子多在小沟区作用(图 4-2)。⑤ 碱基之间的氢键和碱基堆积力是维持双螺旋稳定的主要因素。

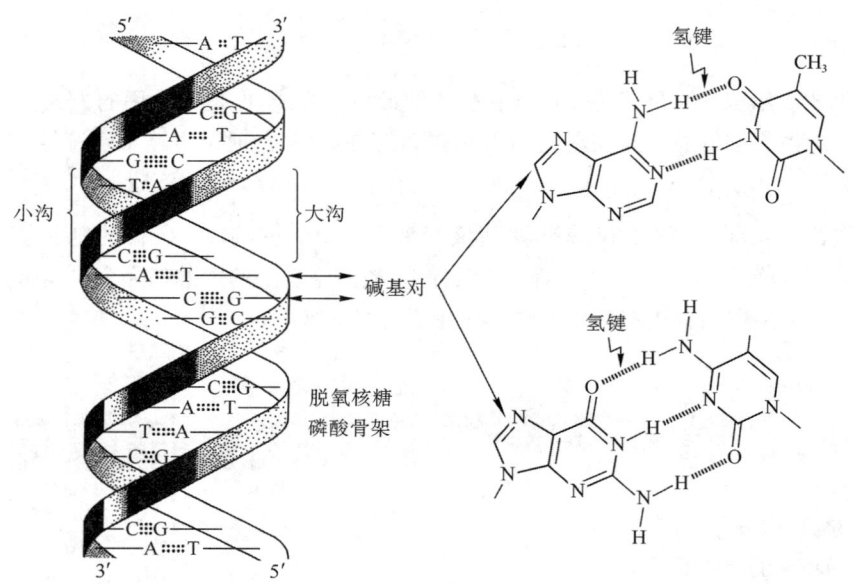

图 4-1　DNA 的碱基配对

3. 二级结构的主要类型　上述由 Watson 和 Crick 提出的 DNA 双螺旋结构模型是最典型的 B 型 DNA 构象,在生理 pH 条件下可能最为稳定。但由于 DNA 是柔性分子,在改变溶液的离子强度、相对湿度等条件下,双螺旋结构的沟槽深浅、螺距、旋转角度等均会发生一些改变,从而出现其他几种构象。如 A-DNA、Z-DNA 等构象,甚至在某些条件下出现 DNA 三螺旋(H-DNA)和四螺旋等结构。DNA 分子的可塑性,使其可在某些因素影响下发生局部构象的变化,以与基因表达调控相适应。各种类型的 DNA 双螺旋构象特征各异,如 A-DNA 构象为右手双螺旋,碱基对之间螺距缩短,两链间直径变宽,使大沟变深,小沟变浅,结构外形呈粗短型;Z-DNA 构象为左手双螺旋,碱基对之间螺距增长,两链间直径变窄,使其大沟几乎消失,而小沟变深变窄,结构呈细长型。但各类 DNA 双螺旋构象又具有以下共性：双链反向互补，A 与 T 配对，G 与 C 配对，都依赖于氢键和碱基堆积力维系双螺旋结构的稳定等。A、B 和 Z 三种结构模型见图 4-3。

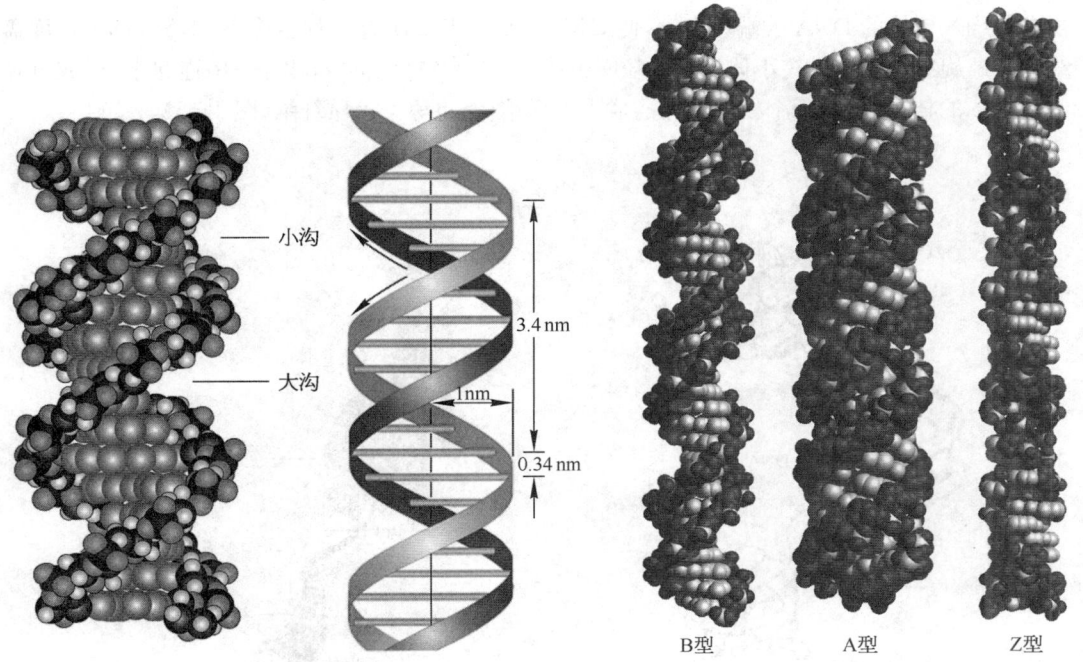

图 4-2　B-DNA 的双螺旋结构模型图　　　　图 4-3　A、B、Z 型 DNA 的结构模型

（三）DNA 的三级结构

DNA 双螺旋长度远远超过一个细胞的直径。因此，双螺旋 DNA 欲容纳于细胞内必须进一步盘曲形成超螺旋（supercoiling）结构。所谓 DNA 的三级结构是指在二级结构基础上双螺旋进一步扭曲、盘绕和折叠所形成的构象。超螺旋是 DNA 的三级结构的一种形式，许多病毒、细菌和线粒体 DNA 在闭合环状双螺旋基础上，进一步盘绕形成超螺旋结构（图 4-4）。超螺旋结构具有正超螺旋和负超螺旋两种不同的拓扑异构体。如果盘绕方向与 DNA 双螺旋方向相同则为正超螺旋，正超螺旋使双螺旋结构更紧密，双螺旋圈数增加；如果盘绕方向与 DNA 双螺旋方向相反则为负超螺旋，负超螺旋可以减少双螺旋的圈数，使 DNA 容易解链，有利于 DNA 的复制、转录。几乎所有天然 DNA 都存在负超螺旋结构。

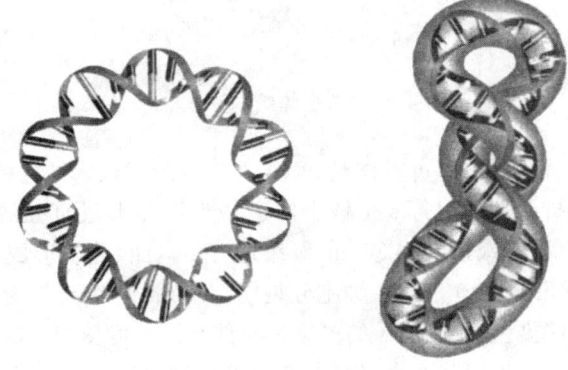

图 4-4　DNA 超螺旋结构

真核生物的细胞核中，呈线性双螺旋的 DNA 会进一步结合蛋白质和少量 RNA，并以高度有序、压缩的形式组装为结构致密的染色体（chromosome）。染色体的结构是不同层次缠绕线和螺线管结构。细胞处于分裂间期时，它们不定形地、随机地分散在整个核中，称染色质

(chromatin)。由 DNA 缠绕组蛋白构成的核小体(nucleosome),是染色质的基本组成单位。组蛋白有 H1、H2A、H2B、H3 和 H4 五种,首先由 H2A、H2B、H3、H4 各两分子构成核小体的八聚体,然后以此为核心外绕 1.75 圈 DNA(约 150 bp)双螺旋构成核小体核心颗粒。H1 组蛋白锚定外绕八聚体的 DNA 入端和出端,使双螺旋 DNA 形成闭合环状结构,双螺旋 DNA 再度盘绕为超螺旋结构。两个核小体核心颗粒间被一条 DNA 链(约 60 bp 以内)串连起来,形成直径约 10 nm 的核小体,若干个核小体相连成串珠样结构,也称染色质纤维(图 4-5)。

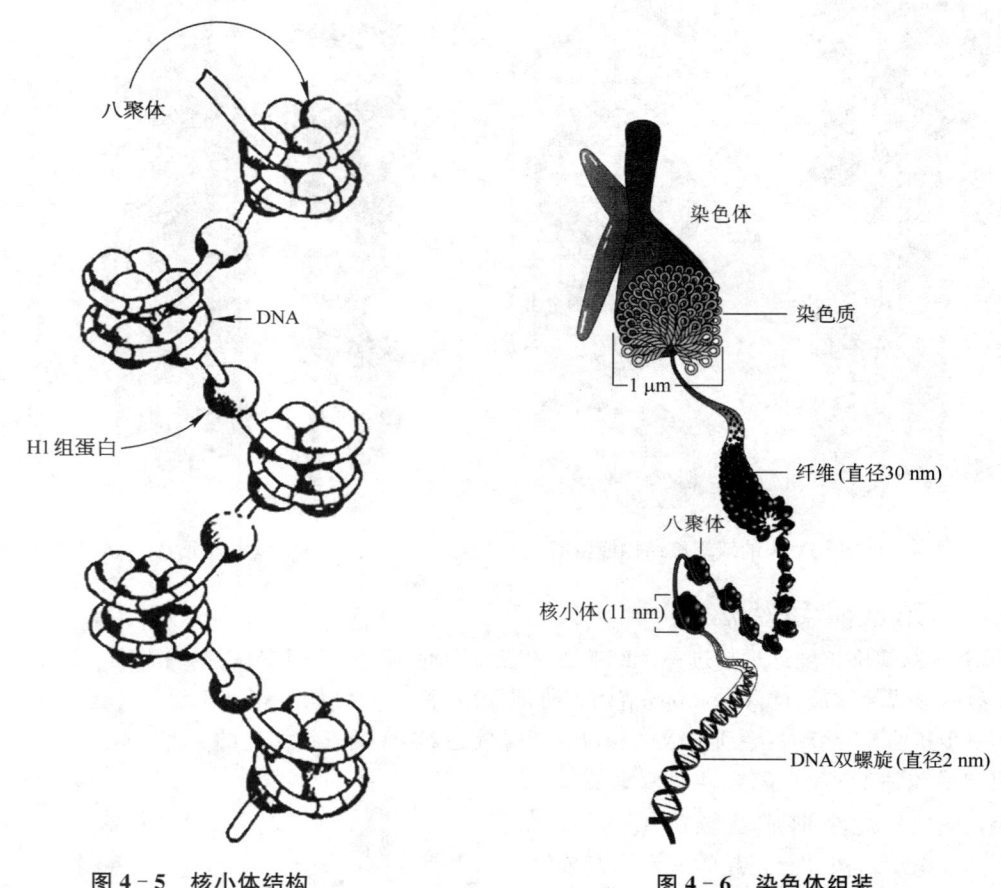

图 4-5　核小体结构　　　　　　图 4-6　染色体组装

核小体可看作是 DNA 在核内形成致密结构的一级折叠,使 DNA 长度压缩了约 7 倍;二级折叠大约由每 6 个核小体进一步卷曲形成直径约 30 nm 的纤维,使 DNA 长度又压缩了约 6 倍;三级折叠由 30 nm 纤维进一步盘曲、缠绕形成直径约为 300 nm 的超螺线管,使 DNA 长度压缩了 40 倍。在细胞分裂期,300 nm 纤维凝集为直径约 700 nm 的染色单体,并进一步组装形成染色体。DNA 的多级折叠使其总长度压缩 8 000~10 000 倍,从而将近 2 m 长的真核 DNA 有序地组装在直径只有几微米的细胞核中。真核细胞染色体 DNA 的折叠过程是由许多蛋白质参与的、非常精确的动态过程,其细节尚需进一步探明(图 4-6)。

二、RNA 的分子结构

RNA 是由 4 种核糖核苷酸(AMP、GMP、CMP 和 UMP)通过 3′,5′-磷酸二酯键连接而成的多聚核糖核苷酸链,多聚核糖核苷酸链中核糖核苷酸的组成和排列顺序为 RNA 的一级结构。RNA 分子比 DNA 小得多,结构也相对简单。除了少数 RNA 病毒外,多数生物的 RNA 为单链结构。单链 RNA 有时可通过部分区段自身回折形成局部双链、茎环或突环结构,以完成一些特殊功能。RNA 是由 DNA 转录生成的,但其种类与功能远比 DNA 多样化。无论原核生物或是真核生物,参与蛋白质生物合成的 RNA 主要有三类:信使 RNA(messenger RNA,mRNA)、转运 RNA(transfer RNA,tRNA)和核糖体 RNA(ribosomal RNA,rRNA)。此外,细胞中还存在许多非编码 RNA,如具备催化功能的核酶。

(一) mRNA

在真核细胞中,遗传物质的载体 DNA 存在于细胞核内,而蛋白质的生物合成则在细胞质的核糖体上进行。因而必有一类分子可以将遗传信息从细胞核带到细胞质中以指导蛋白质生物合成。1961 年法国遗传学家 Jacob 和 Monod 提出,能够将细胞核内 DNA 分子的遗传信息带到细胞质,以指导蛋白质合成的 RNA,称 mRNA。

原核生物 mRNA 结构简单,而真核生物 mRNA 结构复杂。真核生物刚合成的 mRNA 分子量较大且不均一,称核不均一 RNA(heterogeneous RNA,hnRNA)。hnRNA 合成后需经加工、剪接等才能成为成熟的 mRNA,后者出核进入细胞质发挥模板功能。

真核生物成熟 mRNA 主要特点是在 5′端有一个称"帽子"结构的 7-甲基鸟嘌呤核苷三磷酸(m^7GpppN),3′端有多聚腺苷酸"尾"(poly A tail)。mRNA 5′端加"帽"修饰可保护其免被核酸酶降解,也是蛋白质生物合成过程中被起始因子识别的一种标志;mRNA 3′端 poly A 长为 100～200 个腺苷酸不等。一般新生 mRNA 的 poly A 较长,而衰老 mRNA 的 poly A 较短。mRNA 3′端加"尾"修饰有利于引导其由细胞核转移到细胞质,维系 mRNA 的稳定性。

mRNA 的 5′端帽子结构

mRNA 在细胞内虽然含量较少,占细胞内 RNA 总量的 2%～5%,但种类多,不同蛋白质多肽链均有相应的 mRNA。mRNA 主要功能是作为蛋白质生物合成的模板,其分子中每相邻 3 个核苷酸碱基(又称三联体)代表 1 个氨基酸,称密码子(codon)。mRNA 一旦完成模板功能后,即被降解,故半衰期短。

mRNA 疫苗是将含有编码抗原蛋白的 mRNA 导入人体,直接进行翻译,形成相应的抗原蛋白,从而诱导机体产生特异性免疫应答。由此,美国生物化学家 Kariko 和 Weissman 获得 2023 年诺贝尔生理学或医学奖。

(二) tRNA

在蛋白质生物合成过程中,tRNA 具有选择性转运氨基酸和识别 mRNA 密码子的作用。研究证明,每一种氨基酸都有相应的一种或几种 tRNA,目前已发现有 100 多种 tRNA,占细胞内总 RNA 的 10%~15%。对于 tRNA 的一级结构早已阐明,其二级和三级结构的特征比较清楚。

1. tRNA 的一级结构

(1) tRNA 是单链分子,含 60~110 个核苷酸,多数含 76 个,分子量约为 25 kDa,沉降系数 4S 左右。线粒体 tRNA 分子量相对小一些。

(2) tRNA 分子中含有较多的稀有碱基(是指除 A、C、G、U 外的一些碱基),包括双氢尿嘧啶核苷酸(DHU)、假尿嘧啶核苷酸(Ψ)、胸腺嘧啶核苷酸(TMP)和甲基化嘌呤核苷酸(^{m}G、^{m}A)等,可达碱基总数的 10%~20%。

(3) tRNA 分子 3′端有保守序列-CCA-OH 序列,5′端大多为 pG,也有 pC。分子中还有一些保守序列。

2. tRNA 的二级结构 tRNA 二级结构为三叶草形(cloverleaf pattern)(图 4-7)。局部双螺旋区构成叶柄,不配对的单链部分往往形成突环,突环区类似三叶草的三片小叶。tRNA 分子中双螺旋区所占比例较高,故其二级结构十分稳定。三叶草形包括以下四臂四环结构。

(1) 氨基酸接受臂:由 7 对碱基组成,富含鸟嘌呤,其 3′端含有 3 个碱基组成的单链区—CCA—OH,因末端腺苷酸(AMP)的核糖 C—3′—OH 可与氨基酸的 α-COOH 脱去 1 分子 H_2O 缩合生成氨基酰 tRNA 而得名。

(2) 反密码环(anticodon loop)及其臂:由 7 个核糖核苷酸组成环,环的中部有 3 个碱基组成反密码子,在蛋白质生物合成过程中可与 mRNA 分子上相应的密码子反向互补配对,从而将特异氨基酸带到核

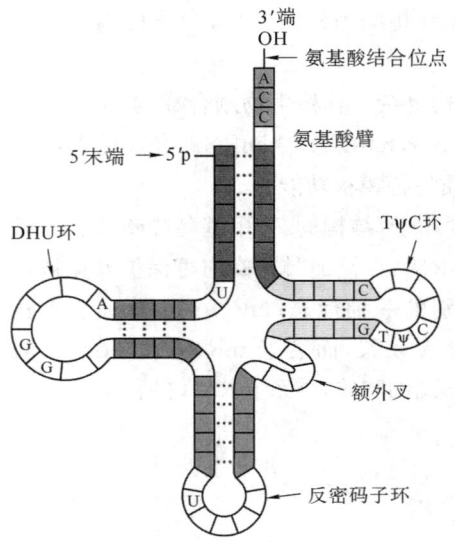

图 4-7 tRNA 的二级结构示意图

糖体上"对号入座"。反密码环通过由 5 对碱基组成的反密码臂与 tRNA 的其余部分相连。

(3) TΨC 环及其臂:TΨC 环含有 7 个碱基,环的大小相对恒定,几乎所有的 TΨC 环都含有核糖胸苷酸、假尿嘧啶核苷酸和胞苷酸,故命名为 TΨC 环。TΨC 环通过由 5 对碱基组成的 TΨC 臂与 tRNA 其余部分相连。蛋白质生物合成过程中,氨基酰 tRNA 通过 TΨC 环结合核糖体大亚基。

(4) DHU 环及其臂:各种 tRNA 的 DHU 环大小并不恒定,常由 8~12 个核苷酸构成,因含有稀有碱基 DHU 而得名。DHU 环通过由 3~4 对碱基组成的 DHU 臂与 tRNA 其余部分相连。蛋白质生物合成的氨基酸负载阶段,tRNA 通过 DHU 环结合氨酰 tRNA 合成酶。

(5) 额外环:有些 tRNA 在 TΨC 臂和反密码臂之间还有一个额外环,其碱基组成变动较大,一般有 3~18 个碱基不等,又称可变环。可变环往往作为 tRNA 分类的重要标志。

3. tRNA 的三级结构 tRNA 的三级结构呈局部双螺旋的"倒 L 形"结构(图 4-8)。应用 X-射线衍射分析发现"倒 L 形"结构可使 tRNA3′-CCA-OH 末端和反密码环位于相对两侧,更有利于 tRNA 执行其接受特异氨基酸和辨认 mRNA 密码子"读码器"的两个重要功能。DHU 环和 TΨC 环位于"倒 L 形"的拐角处。

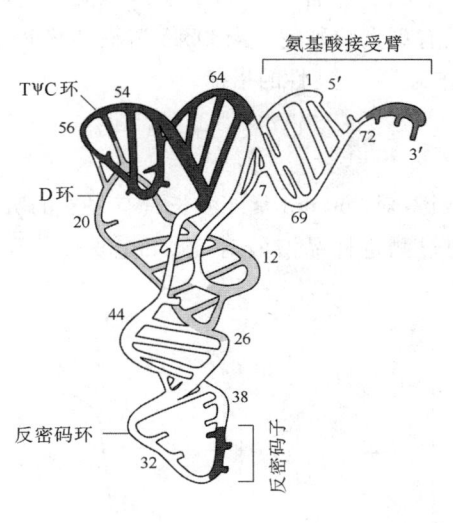

图 4-8　tRNA 的三级结构　　　　图 4-9　大肠杆菌 16S rRNA 的二级结构

（三）rRNA

细胞内 rRNA 含量最多，占细胞内总 RNA 量的 80% 以上。rRNA 属于单链分子，链内有大量氢键配对形成许多茎环结构（图 4-9）。rRNA 需与多种蛋白质构成核糖体，才能作为蛋白质合成场所，起着"装配机"的作用。

核糖体都是由大小 2 个亚基组成，如原核生物核糖体为 70S，分别由 50S 大亚基和 30S 小亚基构成；真核生物核糖体为 80S，分别由 60S 大亚基和 40S 小亚基构成。每个亚基分别由几种 rRNA 和数十种蛋白质组成。

（四）非编码 RNA

细胞内除了参与蛋白质合成的三类 RNA 外，还存在一类非编码分子 RNA（non-coding RNA，ncRNA），数量庞大，种类繁多。有长度 <200 nt 的小分子 RNA，如核内小 RNA（small nuclear RNA，snRNA）、核仁小 RNA（small nucleolar RNA，snoRNA）、胞质小 RNA（small cytoplasmic RNA，scRNA）、催化小 RNA（small catalytic RNA）、小片段干扰 RNA（small interfering RNA，siRNA）、微小 RNA（micro RNA，miRNA）等，也有长度超过 200 nt 的长链非编码 RNA（long non-coding RNA，lncRNA），以及环状 RNA（circular RNA，circRNA）。这些非编码 RNA 不表达蛋白质，但参与转录后加工、基因表达调控等重要过程。

随着更多的 ncRNA 及其功能的发现，将为人类疾病的研究和治疗提供更多的新技术和新思路。2024 年诺贝尔生理学或医学奖授予美国科学家 Ambros 和 Ruvkun，以表彰他们发现 miRNA 及其在转录后基因调控中的作用。

第三节　核酸的理化性质

核酸是高分子极性化合物，由于磷酸基的存在，其等电点较低，且具有较强的酸性，易与金属离子结合成盐,也能与带正电荷的碱性蛋白质(如组蛋白)结合。DNA 具有双螺旋结构,其分子比 RNA 大得多,因此在溶液中 DNA 比 RNA 具有更大的黏度。当 DNA 溶液加热时,可使螺旋松散呈无规则线团,随之黏度下降,以此可以作为 DNA 变性的指标。

一、核酸的紫外吸收

DNA 和 RNA 的嘌呤环、嘧啶环中均含有共轭双键,对 260 nm 紫外波长具有强烈的吸收作用(图 4-10、图 4-11)。利用这一性质,可以通过测定样品溶液对 260 nm 波长的吸收值(absorbance,A_{260}),用于核苷酸或核酸的定量分析。

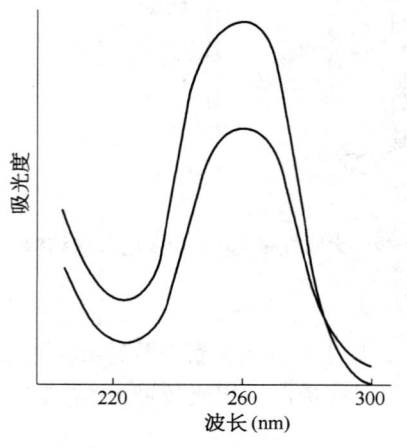

图 4-10 核酸的紫外吸收光谱

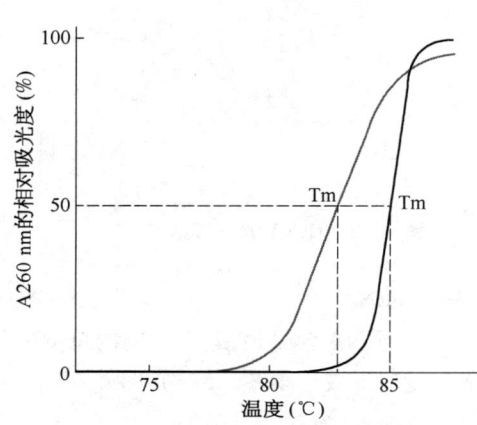

图 4-11 DNA 的解链曲线

以 $A_{260}=1.0$[相当于 50 μg/mL 双链 DNA、40 μg/mL 单链 DNA(或 RNA)、20 μg/mL 寡核苷酸]为标准,可计算出溶液中核酸的含量。还可以通过分别测定 A_{260}/A_{280} 值,判断核酸样品的纯度。纯 DNA:$A_{260}/A_{280}\approx 1.8$;纯 RNA:$A_{260}/A_{280}\approx 2.0$。如果样品中含有杂蛋白质及苯酚或其他最大吸收波长接近 280 nm 的物质,A_{260}/A_{280} 值明显降低,此时可以用琼脂糖凝胶电泳分离出区带,经染色后粗略估计其核酸含量。

二、核酸的变性与复性

核酸的变性(denaturation)是指核酸在某些理化因素(如加热、酸、碱、辐射等)作用下,DNA 双链解开,氢键断裂,双螺旋松散,但不破坏磷酸二酯键。变性可使核酸溶液黏度下降,核酸生物学功能丧失。在实验室,使 DNA 变性最常用的方法是加热。DNA 变性解链达 50% 时的温度称解链温度,又称变性温度、熔点或融解温度(melting temperature,Tm)。每一种 DNA 都有自己的 Tm,它与 DNA 的分子大小、碱基组成、溶液 pH、离子强度等因素有关。GC 之间有 3 对氢键,破坏时需较多的能量。因此,GC 含量越高,其 Tm 越高。

缓慢降温,逐渐恢复至生理条件,DNA 又会自发互补结合,重新形成双链结构,该过程称复性(renaturation),也称退火(annealing)。若 DNA 变性不彻底,两条链没有完全分开,则复性过程很快。DNA 的片段越大则复性越慢,而变性 DNA 的浓度越大则越容易复性。核酸的变性后有以下特点。

（1）增色效应：单链 DNA 紫外吸收比双链 DNA 约高 40%，DNA 变性使其双链解开、碱基对暴露而导致紫外吸收值增高，称增色效应（hyperchromic effect）。反之，DNA 复性，随着两条链重新互补结合形成双链，其紫外吸收值又降低，称减色效应（hypochromic effect）。故可通过检测紫外吸收值的变化来研究 DNA 的变性与复性。

（2）黏度下降、生物学功能丧失：变性后由于 DNA 分子对称性降低，故黏度下降；DNA 变性可导致其生物学功能丧失。

第三部分

代谢生物化学

第五章 酶

学习目标

1. 掌握酶的分子组成与活性，酶促反应特点与机制，酶的调节。
2. 熟悉酶促反应动力学，酶活性测定与酶活性单位。
3. 了解酶的命名与分类，酶与医学的关系。

新陈代谢是生命的重要特征，而新陈代谢是通过生物体内各种各样的化学反应来完成的。这些化学反应之所以能够在温和的生物体内环境中顺利进行，有赖于酶的催化作用。酶（enzyme）是一类极为重要的生物催化剂（biological catalyst），是自然界存在的或人工合成的具有催化特定化学反应的生物分子。自1926年美国科学家Sumner首次成功获得脲酶结晶后，美国生物化学家Northrop和Stanley又陆续得到了胃蛋白酶、胰蛋白酶和糜蛋白酶等消化酶晶体，都证明了酶的化学本质是蛋白质，由此于1946年共同荣获诺贝尔化学奖。1982年，美国科学家Thomas Cech发现rRNA前体具有自我催化剪切功能，并将之称为核酶（ribozyme）。之后，许多实验室又合成出一些具有催化活性的DNA分子，称脱氧核酶（deoxyribozyme）。核酶与脱氧核酶的发现，拓展了人们对于生物催化剂化学本质的认识，开阔了人们对生命起源和进化研究的视野。本章主要围绕化学本质是蛋白质的酶开展讨论。

第一节 酶的分子组成与活性

一、酶的分子组成

酶按其分子组成可分为单纯酶和结合酶两大类。单纯酶（simple enzyme）是仅由多肽链构成的酶，脲酶、蛋白酶、淀粉酶、脂酶、核糖核酸酶等均属于此类。结合酶（conjugated enzyme）由蛋白质部分和非蛋白质部分组成，前者称酶蛋白（apoenzyme），后者称辅因子（cofactor）。酶蛋白与辅因子结合形成的结合酶形式称全酶（holoenzyme）。结合酶只有以全酶形式才具有催化作用，酶蛋白和辅因子单独存在时均无催化活性。

辅因子按其化学性质可分为金属离子和小分子有机物质。其中，小分子有机物质称辅酶（coenzyme）。有些辅酶与酶蛋白共价结合，不能通过透析或超滤方法将其除去，符合结合蛋白质中辅基的结构特点。辅酶结构中常含有B族维生素的衍生物或卟啉物质等，在酶促反应中起着传递某些化学基团、电子或原子的作用。

虽然体内结合酶很广泛,但辅酶的种类却有限。一种酶蛋白必须与某一特定的辅酶结合,才能成为有催化活性的全酶。但是一种辅酶可与多种不同的酶蛋白结合,组成具有不同特异性的全酶。例如,NAD^+可以与不同的酶蛋白结合,组成乳酸脱氢酶、苹果酸脱氢酶和甘油醛-3-磷酸脱氢酶等,以催化不同的底物发生化学反应。可见,决定酶特异性的是酶蛋白部分。

以金属离子为辅因子的酶有两类。一类是金属酶(metalloenzyme),即金属离子与酶结合紧密,在纯化过程中金属离子一直与酶蛋白结合,如羧基肽酶含Zn^{2+};另一类为金属激活酶(metal activated enzyme),金属离子与酶蛋白结合不牢固,纯化过程中易丢失,如各种激酶催化反应必须加入Mg^{2+}。金属离子大多参与构成结合酶的辅基,如K^+为丙酮酸激酶的辅基。金属离子作为酶的辅助因子其主要作用是:① 稳定酶蛋白活性构象。② 传递电子,金属离子通过本身的电子得失而传递电子,参与氧化还原反应,如各种细胞色素中的Fe^{3+}/Fe^{2+},Cu^{2+}/Cu^+。③ 作为连接酶-底物、底物-底物的桥梁。④ 中和阴离子,降低反应中静电排斥。

二、酶的存在形式

酶在体内有多种存在形式。单体酶(monomeric enzyme)是由一条多肽链组成的仅具有三级结构的酶,如牛胰核糖核酸酶、溶菌酶等。寡聚酶(oligomeric enzyme)是由2个或2个以上相同或不同的亚基以非共价键相连组成的酶,如蛋白质激酶A、磷酸果糖激酶-1都是由4个亚基组成的。多酶体系(multienzyme system)是由几种具有不同催化活性但功能上有密切联系的酶通过非共价键相互嵌合而成。如丙酮酸脱氢酶复合体是由3种酶和5种辅酶构成的多酶复合体,从而使多个酶促反应形成连锁反应。串联酶(tandem enzyme)是指一条多肽链上同时含有2种或2种以上催化活性的酶,如DNA聚合酶Ⅰ具有3种酶活性。多酶体系和串联酶的存在有利于提高物质代谢速度和调节效率。

三、酶的活性中心

酶分子中存在的与酶的活性密切相关的基团称酶的必需基团(essential group),如组氨酸残基的咪唑基、丝氨酸残基的羟基、半胱氨酸残基的巯基以及谷氨酸残基的γ-羧基等是常见的必需基团。必需基团在酶蛋白一级结构上可能相距甚远,但有些在空间结构上彼此靠近,组成具有特定空间结构的区域,能与底物特异结合并将底物转化为产物,这一区域称酶的活性中心(active center)(图5-1)。

酶活性中心的必需基团按功能不同分为两类:一是结合基团(binding group),其作用是与底物相结合形成酶-底物复合物;另一是催化基团(catalytic group),其作用是影响底物中某些化学键的稳定性,并催化底物发生化学反应而转变为产物。活性中心内的必需基团有些可同时具有这两方面的功能。还有一些必需基团虽不直接参与活性中心的组成,但对维持酶活性中心特有的空间构象所必需,这些基团称酶活性中心以外的必需基团。

酶的活性中心具有以下几个特点:① 活性中心区域仅占整个酶分子的很小一部分。② 是一个具有三维空间构象的区域,称催化域(catalytic domain),在酶分子的表面形成一个裂隙或凹陷,以便于容纳底物并与之结合。③ 多由疏水性氨基酸残基的R基构成,仅底物可以进入。④ 酶活性中心可以非共价键与底物结合形成酶-底物复合物。

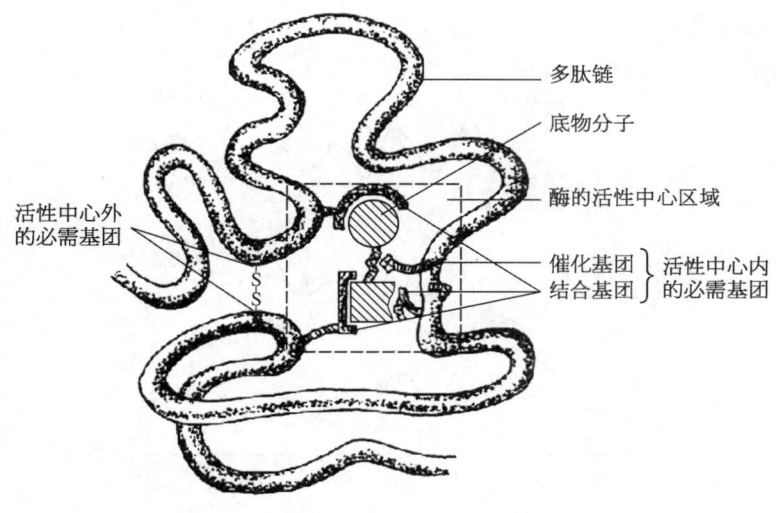

图 5-1 酶的活性中心示意图

四、同工酶

同工酶(isoenzyme)是指催化相同的化学反应,但酶分子的组成、结构、理化性质乃至免疫学性质或电泳行为均不同的一组酶。同工酶可以存在于同一种属或同一个体的不同组织或同一细胞的不同亚细胞结构中,在代谢中起着重要的作用。

现已发现有百余种同工酶。研究最多的有L-乳酸脱氢酶(L-lactate dehydrogenase,LDH),该酶由H亚基(心肌型)和M亚基(骨骼肌型)组成四聚体。两种亚基可以不同比例组合成5种同工酶:$LDH_1(H_4)$、$LDH_2(H_3M_1)$、$LDH_3(H_2M_2)$、$LDH_4(H_1M_3)$和$LDH_5(M_4)$(图5-2)。

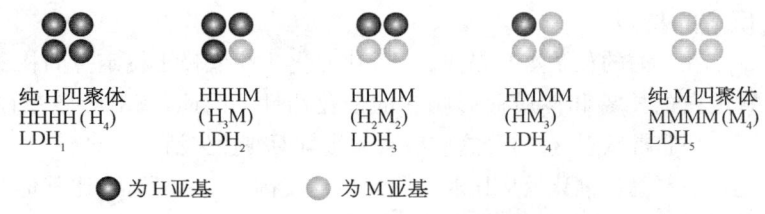

图 5-2 LDH 同工酶类型

各种类型的LDH同工酶在各组织器官中的分布、比例是不同的。如LDH_1在心肌含量最高,而LDH_5在肝脏含量最高。因此,LDH同工酶相对含量的改变在一定程度上可以反映出特定器官的功能状况。借助于血清LDH同工酶谱分析,可用于临床辅助诊断某些组织器官的病变情况。如心肌梗死时患者血清LDH_1明显升高,且大多数会出现$LDH_1/LDH_2>1$;肝病患者血清LDH_5含量明显升高(图5-3)。

肌酸激酶(creatine kinase,CK)也是临床用于辅助诊断疾病的重要指标之一。它是由M亚基(肌肉型)和B亚基(脑型)组成的二聚体,在胞质溶胶内存在CK-BB(CK_1)、CK-MB(CK_2)和CK-MM(CK_3)三种同工酶。CK_1主要存在于脑组织;CK_2位于心肌,正常血浆几乎不含CK_2;CK_3主要存在于骨骼肌、心肌。肌酸激酶同工酶主要用于心肌、骨骼肌、脑疾患的鉴别诊断及预后判断。

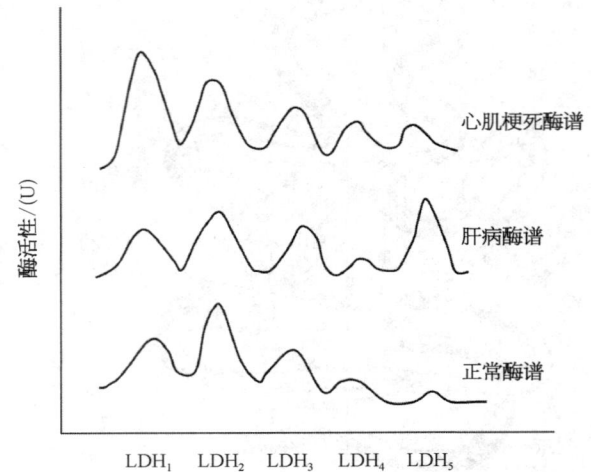

图 5-3 心肌梗死与肝病患者血清乳酸脱氢酶(LDH)同工酶谱的变化

第二节 酶促反应特点与机制

酶作为生物催化剂,与一般催化剂比较,两者都能催化热力学上允许的化学反应,在化学反应前后本身质和量不改变,不改变化学反应的平衡点,降低反应活化能等。然而,酶是蛋白质,酶促反应常有下列特点。

一、酶促反应的特点

1. **高度不稳定性** 酶的化学本质是蛋白质,其催化活性依赖于特定空间构象。外界条件极易通过改变酶蛋白的构象和性质而影响它的催化活性。因此,酶对导致蛋白质变性的因素(如温度、pH 等)都非常敏感,极易受这些因素的影响而变性失活。

2. **高度催化效率** 酶的催化反应比非催化反应速度高 $10^8 \sim 10^{20}$ 倍,比其他非酶催化反应速度高 $10^7 \sim 10^{13}$ 倍。例如,脲酶催化尿素水解的速度是 H^+ 催化作用的 7×10^{12} 倍,α-胰凝乳蛋白酶对苯酰胺水解的速度是 H^+ 催化作用时的 6×10^6 倍。

3. **高度特异性** 酶对其所催化的底物具有严格的选择性。即一种酶仅作用于一种或一类化合物,或作用于一种化学键,以催化一定的化学反应转变为产物,称酶的特异性或专一性(specificity)。根据酶对底物结构选择的严格程度不同,酶的特异性常有以下三类。

(1) 绝对特异性:一种酶仅作用于一种底物发生化学反应,称绝对特异性(absolute specificity)。例如,脲酶只能催化尿素水解生成氨和二氧化碳,对尿素的衍生物则不起作用。

(2) 相对特异性:一种酶可作用于一类化合物或一种化学键发生化学反应,称相对特异性(relative specificity)。例如,磷酸酶可水解磷酸与羟基化合物形成的磷酸酯键。

(3) 立体异构特异性:一种酶仅作用于立体异构体中的一种,而对另一种则无作用,这种选择性称立体异构特异性(stereo specificity)。例如,乳酸脱氢酶只能催化 L-乳酸脱氢生成丙酮酸,对 D-乳酸则无作用。

4. 可调节性　酶是处于动态变化的蛋白质,其活性不仅受本身结构变化的影响,还往往受到底物的诱导、产物的抑制以及神经-内分泌的调控,以使细胞内酶促反应适应体内外环境变化和生理需要。

二、酶促反应的机制

1. 酶促反应高效性的机制　在任一反应中,初态底物分子所含能量较低,只有那些获得较高能量并达到一定阈值的活化分子才有可能发生化学反应。由初态底物分子转变为活化分子所需的能量称活化能(activation energy)。在酶促反应过程中,通过酶-底物复合物(ES)的形成使反应所需的活化能大大降低。因此,只需较少的能量就可使反应物成为活化分子,使单位体积内活化分子数大大增多,进而使反应加速进行(图5-4)。此外,在溶液中E与S彼此定向靠近,利于形成ES复合物;酶蛋白的兼性离子性质,可使其呈现不同解离度而具有酸碱的多元催化作用;酶的活性中心区域的疏水环境又有利于ES复合物的形成与稳定等。在以上各种机制的综合作用下,使酶促反应效率大大提高。

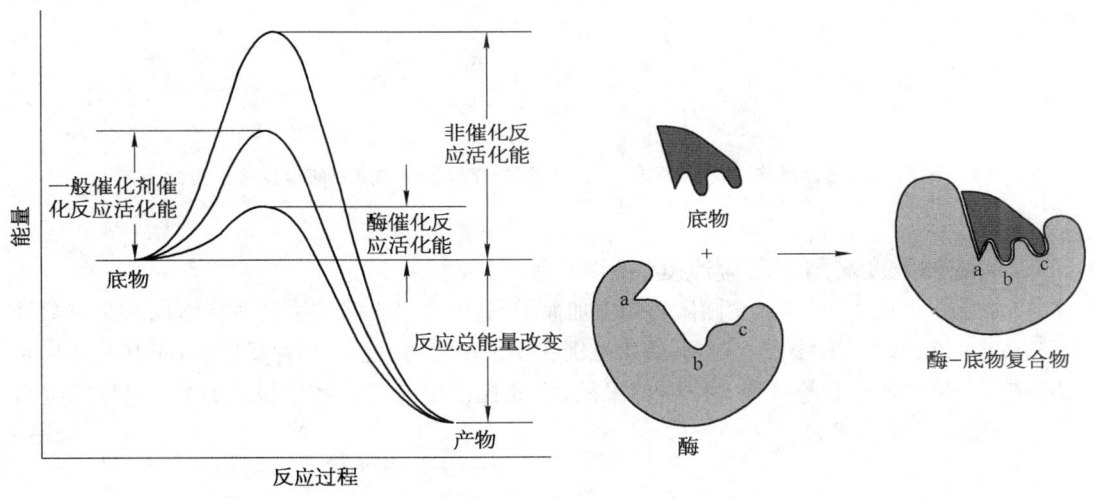

图5-4　酶促反应活化能的改变　　　　图5-5　诱导契合示意图

2. 酶作用特异性的机制　酶与底物两者结构有互补性,因此在酶促反应过程中,酶首先与底物结合形成ES。最早曾用锁钥假说(lock and key hypothesis)来解释酶与底物之间的互补结合关系,但这种假说不能解释大多数酶促反应的可逆性。越来越多证据证明,当底物与酶接近时,底物可以诱导酶活性中心构象发生改变;同时,底物结构在酶的诱导下也发生一定变形,处于不稳定的过渡态,此时易受酶的催化。两者在反应中相互诱导、相互变形,进而相互结合的过程称诱导契合学说(iduced-fit theory)。实际上,处于过渡态的底物与酶的活性中心区域最相吻合(图5-5)。

第三节　酶促反应动力学

酶促反应动力学(kinetics of enzyme-catalyzed reaction)是研究酶促反应速度及其影响因素的科学,这些因素主要包括底物浓度、酶浓度、pH、温度、抑制剂和激活剂等。在探讨各种因素对酶促反应速度的影响时,通常测定其初速度来代表酶促反应速度,即底物转化量<5%时的反应速度。而在研究某种影响因素时,应保持其他因素不变,单独改变待研究的因素,即单因素研究。

一、酶浓度对酶促反应速度的影响

当反应系统中底物的浓度足够大时,酶促反应速度与酶浓度成正比(图5-6),即 $v=K[E]$。在细胞内,通过改变酶浓度来调节酶促反应速度,是代谢调节的一个重要方式。

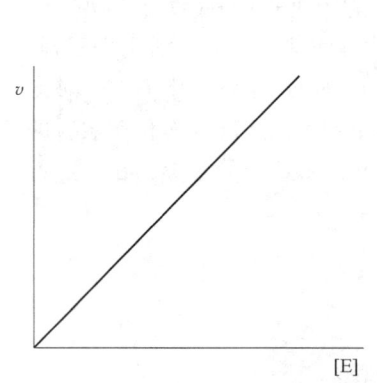

图 5-6 酶浓度对酶促反应速度的影响　　图 5-7 底物浓度对酶促反应速度的影响

二、底物浓度对酶促反应速度的影响

一般化学反应中,反应速度随底物的增加而增高,两者呈直线关系。而在酶促反应中则呈特殊的矩形双曲线图形(图5-7),其适用范围主要是单底物反应。酶促反应中,酶首先需与底物形成 ES,然后才能分解转变为产物的缘故,由此提出中间复合物学说来解释[S]与反应速度(v)的关系。反应式如下:

$$E+S \underset{K_2}{\overset{K_1}{\rightleftharpoons}} ES \overset{K_3}{\longrightarrow} E+P$$

在反应初始阶段,只有一部分酶与底物形成 ES,该溶液中有大量的游离酶,此时,当底物浓度[S]增高,[ES]随着升高,v 随[S]的增加而直线上升,两者呈正比关系,表现为一级反应(first-order reaction)。随着[S]的继续增加,[ES]生成幅度逐渐下降,反应速度不再与底物浓度成正比,而是缓慢增加,两者呈弧线关系,为混合级反应(mixed order reaction)。如果继续加大[S],酶的活性中心几乎全被底物饱和,v 不再增加,这时 v 几乎达到极限,$v \to V_{max}$(最大反应速度),为零级反应(zero order reaction)。所有的酶均有此饱和现象,只是达到饱和时所需的[S]不同而已。

1. 米氏方程　德国生物化学家 Michaelis L 和 Menten ML 于 1913 年根据中间复合物学说进行数学推导,得出了 v 和[S]关系的公式,即著名的米氏方程(Michaelis equation):

$$v=\frac{V_{max}[S]}{K_m+[S]}$$

式中,K_m 是米氏常数(Michaelis constant,K_m),V_{max} 是最大反应速度,[S]指底物浓度,v 是实际反应速度。

2. 米氏常数的意义

(1) K_m 在数值上等于酶促反应速度为最大速度一半时的底物浓度：当反应速度为最大速度一半时，米氏方程可以变换如下：

$$\frac{1}{2}V_{max} = \frac{V_{max}[S]}{K_m + [S]}$$

进一步整理可得到：$K_m = [S]$。K_m 的单位与底物浓度一样，用 mol/L 表示。

(2) K_m 可近似地反映酶与底物的亲和力：按中间复合物学说，反应达恒态时，$[E][S]/[ES] = (K_2 + K_3)/K_1$，设 $K_m = (K_2 + K_3)/K_1$。当 $K_2 \gg K_3$ 时，即 ES 解离成 E 和 S 的速度大大超过 ES 分解成 E 和 P 的速度时，K_3 可以忽略不计。此时 K_m 值近似于 ES 的解离常数 K_S：

$$K_m = K_2/K_1 = [E][S]/[ES] = K_s$$

在这种情况下，K_m 值可用来表示酶对底物的亲和力。K_m 值愈小，酶与底物的亲和力越大，这表示不需要很高的底物浓度就可以达到最大反应速度。反之，K_m 越大，说明酶与底物的亲和力越小。如果一种酶有几种底物，就有几个 K_m 值，其中 K_m 值最小者是对酶亲和力最大的底物，一般称天然底物或最适底物。

(3) K_m 是酶的特征性常数，可以反映酶的种类：K_m 的大小只与酶的性质有关，而与酶的浓度无关。不同的酶有不同 K_m 值，利用酶的 K_m 值可以判断来源于同一器官不同组织，或同一组织不同发育期是否具有同样作用的酶。

(4) 计算底物浓度和相对速度：由 K_m 值及米氏方程可确定欲达到要求的反应速度（应达 V_{max} 的百分比）时，应加入底物的合理浓度；反之，也可根据已知底物浓度，求出该条件下的相对反应速度。

(5) 反映激活剂或抑制剂的存在：酶不仅与底物结合，也可与其他配体（如激活剂、抑制剂）结合而影响 K_m 值。因此，如果发现某酶在体外测得的 K_m 值与体内差别较大，可以推测体内可能存在着激活剂降低了 K_m 值或抑制剂提高了 K_m 值。同时，也可利用不同物质对 K_m 值的影响，识别生理上有重要意义的调节物。

3. K_m 和 V_{max} 的求法 从底物浓度与酶促反应速度的矩形双曲线图，只能求得近似的 K_m 值和 V_{max}，且耗材费力。若将米氏方程进行变换，使它成为相当于 $y = ax + b$ 的直线方程式，便可容易地用图解法求得准确的 K_m 值和 V_{max}。双倒数作图法（double reciprocal plot）又称林-贝氏（Lineweaver-Burk）作图法，是最常用的作图法。

将米氏方程式等号两边取倒数，所得到的双倒数方程式称为林-贝氏方程：

$$\frac{1}{v} = \frac{K_m}{V_{max}} \frac{1}{[S]} + \frac{1}{V_{max}}$$

以 $1/v$ 对 $1/[S]$ 作图得一直线，其斜率是 K_m/V_{max}，其纵轴上的截距为 $1/V_{max}$，横轴上的截距为 $-1/K_m$（图 5-8）。此作图法除了用于求取精确的 K_m 和 V_{max} 外，还可用于判断可逆性抑制反应的类型。

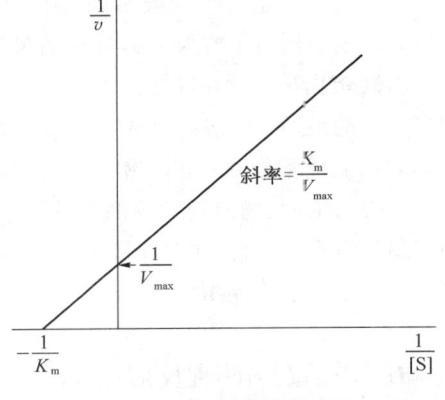

图 5-8 双倒数作图法

三、温度对酶促反应速度的影响

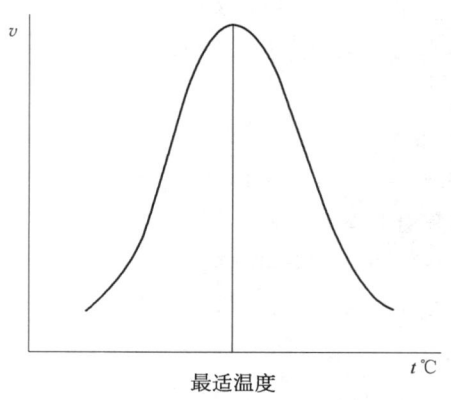

图 5-9 温度对酶促反应速度的影响

酶是生物催化剂,其化学本质是蛋白质。因此,温度对酶促反应速度具有双重影响。一方面随温度升高可以增加活化分子数目,加快酶促反应速度;另一方面当温度超过一定范围时,会使酶蛋白变性失活,反应速度反而降低。大多数酶促反应速度和温度的关系呈钟罩形曲线(图 5-9),通常将酶促反应速度达到最大时的温度称酶促反应的最适温度(optimum temperature)。酶的最适温度不是酶的特征性常数,它与反应进行的时间有关,酶可以在短时间内耐受较高的温度。相反,延长反应时间,最适温度可以降低。

不同来源的酶最适温度不同,人体内多数酶的最适温度为 37~40℃,而做 PCR 用的 Taq DNA 聚合酶的最适温度为 74℃ 左右。

随温度下降,酶的活性降低。但低温不会使酶破坏,温度回升时,酶活性又可恢复。临床上低温麻醉就是利用酶的这一性质,以减慢组织细胞代谢速度,提高机体对氧和营养物质缺乏的耐受性,动物细胞、菌种、酶制剂保存通常应用低温或超低温。生化实验中测定酶活性时,应严格控制反应温度。

四、pH 对酶促反应速度的影响

反应体系 pH 可影响酶分子中极性基团的解离状态。酶活性中心的某些必需基团往往需要处在特定的解离状态才最容易与底物结合,并发挥最大催化效力。pH 变化也影响底物及辅助因子(如 NAD^+、辅酶 A 等)解离,进而影响与酶的亲和力。因此,pH 的改变既影响酶与底物的结合,又影响酶的催化效率。同时,过酸或过碱条件下酶蛋白容易发生变性失活。pH 对酶必需基团及底物解离状态的影响,以及对酶蛋白稳定性的影响,造成酶活性随 pH 变化而变化。酶催化活性最大时,反应体系的 pH 称酶促反应的最适 pH(optimum pH)。

不同酶的最适 pH 一般不同(图 5-10),如胃蛋白酶最适 pH 约为 1.8,淀粉酶最适 pH 约 6.8,胰蛋白酶最适 pH 接近 8.0。生物体内大多数酶的最适 pH 接近生理 pH,最适 pH 不是酶的特征性常数,它受底物种类与浓度、缓冲对种类与浓度、酶的纯度等因素的影响。在测定酶的活性时,宜选最适 pH 的缓冲溶液以使酶发挥最大催化作用。

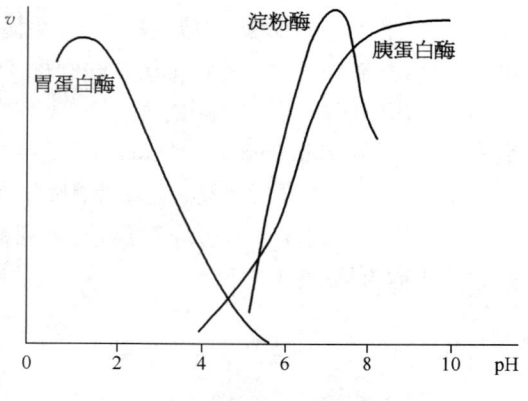

图 5-10 pH 对酶促反应速度的影响

五、激活剂对酶促反应速度的影响

使酶由无活性变为有活性,或使酶活性增加的物质称酶的激活剂。激活剂大多为金属离

子如 Mg^{2+}、K^+、Mn^{2+} 等,少数为阴离子如 Cl^- 等。也有许多有机化合物激活剂,如胆汁酸盐等。按其对酶促反应速度影响的程度,可将激活剂分为两大类。

1. 必需激活剂　使酶由无活性变为有活性的激活剂称必需激活剂(essential activator)。必需激活剂对酶促反应是不可缺少的,大多为金属离子,如 Mg^{2+} 是许多激酶的必需激活剂。

2. 非必需激活剂　激活剂不存在时,酶仍有一定的催化活性,但催化效率较低,加入激活剂后,酶的催化活性显著提高。这类激活剂称非必需激活剂(non-essential activator)。许多有机化合物类激活剂均属此类,如胆汁酸盐是胰脂肪酶的非必需激活剂,Cl^- 是唾液淀粉酶的非必需激活剂。

六、抑制剂对酶促反应速度的影响

与酶结合使酶催化活性降低或丧失,而不引起酶蛋白变性的一类化合物,统称酶抑制剂(enzyme inhibitor,I)。抑制剂可以与酶的必需基团结合,从而抑制酶的催化活性。当去除抑制剂后,酶仍可表现其原有活性。而加热、强酸、强碱等因素只能使酶变性失活,对酶没有特异性,称钝化作用,不属于本篇讨论范畴。

酶的抑制作用在医学中具有十分重要的意义,许多药物就是通过对体内某些酶的抑制来发挥治疗作用的;有些毒物中毒,实质上就是毒素对酶抑制的结果。根据抑制剂与酶结合的紧密程度和相互作用机制的差异,抑制作用通常分为不可逆抑制和可逆性抑制两大类。

(一) 不可逆抑制作用

凡抑制剂与酶的必需基团以共价键结合引起酶活性丧失,不能用透析、超滤等物理方法除去抑制剂而使酶复活的,称不可逆抑制作用(irreversible inhibition)。但这种抑制可以通过其他化学方法将抑制剂从酶分子上除去。

通常不可逆抑制剂至少可以与酶分子上的一类必需基团发生结合,常见的有巯基酶抑制剂和丝氨酸酶抑制剂。

1. 巯基酶抑制剂　巯基酶是以酶分子活性中心中半胱氨酸的巯基(Cys—SH)为必需基团的一类酶。有些抑制剂与酶分子必需基团巯基不可逆结合而使酶失活,这些抑制剂称巯基酶抑制剂,如含砷化合物和重金属离子 Hg^{2+}、Ag^+、Pb^{2+} 等。巯基酶抑制剂和酶蛋白分子上的巯基通过共价键形成酶-抑制剂复合物,破坏巯基,使酶失活。

$$E\begin{matrix}SH\\SH\end{matrix} + Hg^{2+} \longrightarrow E\begin{matrix}S\\S\end{matrix}Hg$$

巯基酶　　汞离子　　　　　失活的酶

另有一些特殊化合物可以夺取与酶蛋白共价结合的抑制剂,从而使酶蛋白恢复到原来的结构状态而复活,这类化合物常用作解毒药,如二巯基丙醇(British anti-Lewisite,BAL)是重金属离子中毒时常用的解毒药。

$$\begin{matrix}CH_2SH\\CHSH\\CH_2OH\end{matrix} + E\begin{matrix}S\\S\end{matrix}Hg \longrightarrow E\begin{matrix}SH\\SH\end{matrix} + \begin{matrix}CH_2S\\CHS\\CH_2OH\end{matrix}Hg$$

二巯基丙醇　失活的酶　　　　复活的酶

2. 丝氨酸酶抑制剂

丝氨酸酶是以酶分子活性中心中丝氨酸的羟基(Ser—OH)为必需基团的一类酶。有机磷化合物如有机磷杀虫剂(敌敌畏、敌百虫、1059 和甲胺磷等),能与丝氨酸酶的活性中心丝氨酸羟基共价结合,从而抑制这类酶的活性,它们称丝氨酸酶抑制剂。胆碱酯酶(cholinesterase)是典型的丝氨酸酶,有机磷杀虫剂对其的抑制作用如下。

$$\begin{array}{c} O-R \\ O=P-X \\ O-R' \end{array} + HO-Ser-E \longrightarrow \begin{array}{c} O-R \\ O=P-O-Ser-E + HX \\ O-R' \end{array}$$

有机磷杀虫剂　　　胆碱酯酶(活)　　　　磷酰化胆碱酯酶(失活)

胆碱酯酶能催化乙酰胆碱(acetylcholine, ACh)水解,该酶失活,可造成 ACh 在体内过多堆积,引起胆碱能神经过度兴奋的中毒症状(如心跳变慢、瞳孔缩小、流涎、多汗和呼吸困难等)。因此,将有机磷化合物称神经毒剂。

$$乙酰胆碱 + H_2O \underset{胆碱乙酰化酶}{\overset{胆碱酯酶}{\rightleftharpoons}} 胆碱 + 乙酸$$

(有机磷杀虫剂 (-) 作用于胆碱酯酶)

临床上可用解磷定(pyridine aldoxime methyliodide, PAM)配合阿托品解除有机磷中毒。PAM 分子中含有负电性较强的肟基(—CH=NOH),可与有机磷的磷原子发生反应,从而夺取与胆碱酯酶结合的磷酰基,使胆碱酯酶的丝氨酸羟基游离出来而恢复活性,解除有机磷对酶的抑制作用。

解磷定　　　被有机磷抑制的酶　　　　解磷定—有机磷复合物　　　恢复活性的酶

(二) 可逆性抑制作用

这类抑制剂常以非共价键与酶或酶-底物复合物的特定区域结合,从而使酶活性降低或丧失,称可逆性抑制作用(reversible inhibition)。采用透析或超滤的方法,可将抑制剂除去,使酶恢复活性,因此这类抑制是可逆的。根据抑制剂、底物与酶三者的相互关系,可逆性抑制作用又分为竞争性抑制作用、非竞争性抑制作用和反竞争性抑制作用三种类型。

1. 竞争性抑制剂　抑制剂与底物结构相似,两者相互竞争与酶的活性中心结合,当抑制剂与酶结合后,可以阻碍酶与底物的正常结合,从而抑制酶活性,该抑制作用称竞争性抑制作用(competitive inhibition)(图 5-11)。

由上述模式图可知酶与抑制剂结合形成 EI 后可以阻碍酶与底物的结合。但如果增加底物浓度,就可促使 EI 解离而去除抑制剂,使 E 和 S 结合形成 ES,从而恢复酶的活性。

根据抑制剂和底物的关系,竞争性抑制作用常有下列特点:① 抑制剂与底物的结构相似。② 抑制剂与底物相互竞争而与酶活性中心结合。③ 抑制程度取决于[I]/[S]相对比

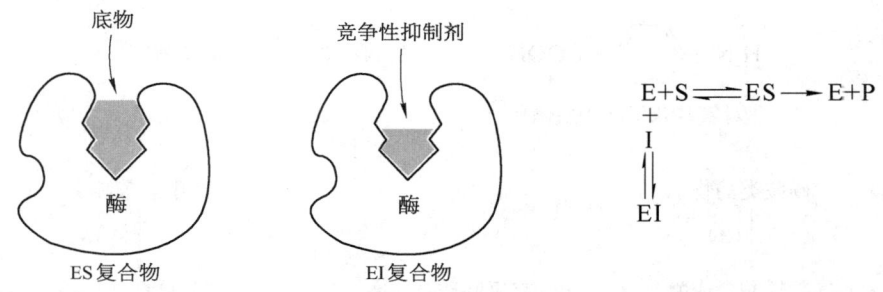

图 5-11　竞争性抑制作用的模式图

例。④ 增加底物浓度,可以减少甚至解除抑制作用。⑤ K_m 值增大,V_{max} 值不变。(图 5-12)

丙二酸对琥珀酸脱氢酶的抑制作用是竞争性抑制作用的典型代表。琥珀酸脱氢酶能催化琥珀酸脱氢转变为延胡索酸(反丁烯二酸),丙二酸与琥珀酸结构相似(均为二元酸),能相互竞争与琥珀酸脱氢酶活性中心结合。当丙二酸与酶结合后,酶不能再与琥珀酸结合而催化脱氢,酶活性受到抑制。当增加琥珀酸浓度时可以减弱丙二酸对酶的抑制作用(图5-13)。

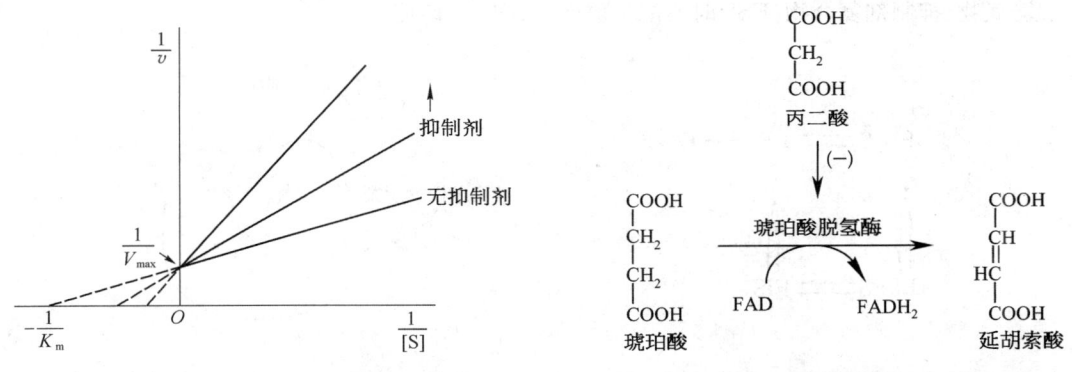

图 5-12　竞争性抑制作用的特征性曲线　　图 5-13　琥珀酸脱氢酶的竞争性抑制作用

临床常用的磺胺类药物,其抑菌机制是酶的竞争性抑制作用。四氢叶酸(FH_4)是合成核苷酸不可缺少的辅酶,如果缺少 FH_4,细菌的核酸和蛋白质合成将会受到抑制。对磺胺药敏感的细菌不能利用环境中的叶酸转化成 FH_4,而必须在自身体内二氢蝶酸合成酶的作用下,以对氨基苯甲酸(PABA)、二氢蝶啶为原料合成二氢蝶酸,继而与谷氨酸合成二氢叶酸(FH_2);FH_2 在二氢叶酸还原酶催化下被还原成 FH_4。磺胺类药物的化学结构与 PABA 相似,可与之竞争二氢蝶酸合成酶,从而抑制 FH_2 的合成。甲氧苄啶(TMP)与二氢叶酸的结构类似,可竞争性抑制二氢叶酸还原酶,抑制 FH_2 还原成 FH_4。因此,甲氧苄啶与磺胺类药物合用具有增效作用(图 5-14)。根据竞争性抑制作用的特点,首次服用磺胺类药物时必须达到足够高的血药浓度,以产生较大的竞争性抑制作用,然后继续使用维持量。人类能直接利用食物中现成的叶酸,故人类核酸合成一般不受磺胺类药物的干扰。

2. 非竞争性抑制剂　有些抑制剂与底物结构不相似,与酶活性中心以外的必需基团相结合,与酶的结合不存在竞争关系。实际上多种抑制剂与酶结合后会部分影响酶和底物的结合,

$$H_2N-\underset{\text{对氨基苯甲酸(PABA)}}{\bigcirc}-COOH \qquad H_2N-\underset{\text{磺胺类药物}}{\bigcirc}-SO_2NHR$$

```
               磺胺类药物                              甲氧苄啶
                  ↓(-)                                  ↓(-)
  PABA  ┐ 二氢蝶酸合成酶      二氢叶酸合成酶        二氢叶酸还原酶
  二氢蝶呤┘─────────→ 二氢蝶酸 ─────────→ 二氢叶酸 ─────────→ 四氢叶酸
                                ↑
                              谷氨酸
```

图 5-14　磺胺类药物及甲氧苄啶的竞争性抑制作用

形式介于竞争性抑制和反竞争性抑制之间，称混合性抑制（mixed inhibition），抑制剂既可与酶-底物复合物相结合，也可与游离酶结合。非竞争性抑制（non-competitive inhibition）是混合性抑制的一种特殊情况，指抑制剂与酶的结合能力同与酶-底物复合物结合能力相同所形成的可逆抑制作用。酶与底物结合后，可再与抑制剂结合；酶和抑制剂结合后，也可再与底物结合。形成酶-底物-抑制剂复合物（ESI）时不能生成产物（图 5-15）。

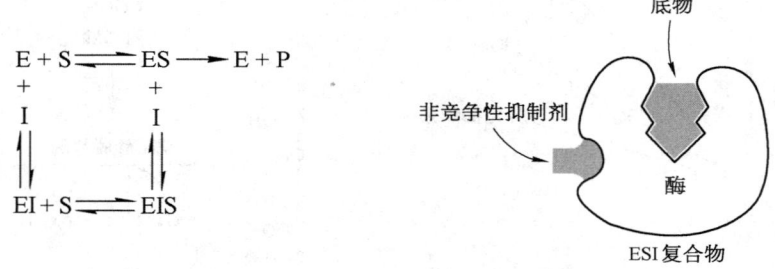

图 5-15　非竞争性抑制作用的模式图

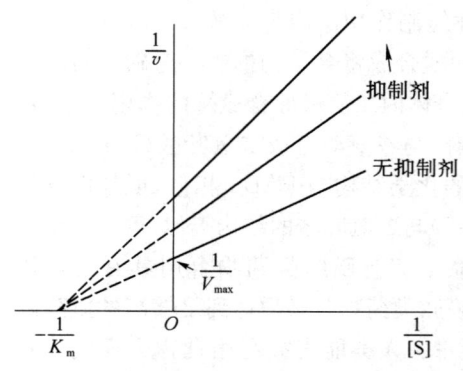

图 5-16　非竞争性抑制作用的特征性曲线

非竞争性抑制作用有下列特点：① 抑制剂与底物结构不相似。② 两者可以互不干扰，同时与酶的不同部位相结合。③ 抑制程度只取决于[I]。④ 增加[S]不能消除抑制作用。⑤ K_m 值不变，V_{max} 值降低（图5-16）。

如亮氨酸对精氨酸酶的抑制作用、麦芽糖对α-淀粉酶的抑制作用属于非竞争性抑制类型。

3. 反竞争性抑制剂　此类抑制剂仅与酶-底物复合物（ES）结合，ESI 形成后，使中间产物（ES）量下降，不利于中间产物 ES 转变为产物。与竞争性抑制作用刚好相反，增加底物浓度反而促进抑制作用。反竞争性抑制作用（uncompetitive inhibition）的反应简式如下：

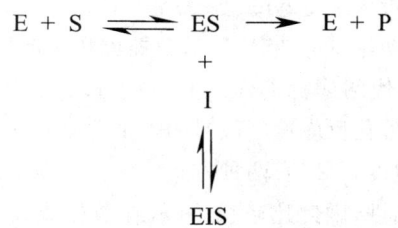

反竞争性抑制剂典型代表为 L-苯丙氨酸对肠道碱性磷酸酶的抑制。

七、酶活性测定与酶活性单位

在生物样本中，酶蛋白的含量甚微，很难直接测量，尤其同时存在多种其他杂蛋白质，准确定量难度更大。然而，酶具有高度特异的催化活性，这种活性是其他杂蛋白质没有的。因此，常采取测定酶活性来表示酶量。

测定酶活性大小，可以通过设计一个酶促反应，观察酶促反应的速度来表示。酶催化的反应速度愈快，则酶的活性愈大。酶促反应速度可用单位时间内底物的减少量或产物的生成量来衡量。底物虽然逐渐减少，但总是存在着。产物生成从无到有，比较灵敏，故以测定产物生成量的方法为常见。

酶活性大小一般用酶活力单位(enzyme active unit, U)来表示。国际生物化学与分子生物学联盟(IUBMB)酶学委员会建议：一个酶活力单位是指在 25℃，最适 pH，最适底物浓度时，每分钟催化 1 μmol 底物反应所需的酶量。U 越大，酶的活性越大，也就是样本中酶的含量越高。1999 年，国际计量大会(CGPM)正式批准了催量(katal, kat)单位来表示酶的活性。1 kat 是指在特定条件下，每秒钟使 1 mol 底物转化为产物所需的酶量。U 和 kat 之间关系为：$1\text{ U}=1\text{ }\mu\text{mol/min}=(1\times10^{-6}/60)\text{ mol/s}=16.67\times10^{-9}\text{ kat}$，$1\text{ kat}=6\times10^{7}\text{ U}$。对于固体酶制剂，常含有一定的杂蛋白质，用直接称量法表示酶活性往往不准确，常用酶的比活性来表示，酶的比活性是指每 1 mg 蛋白质中所具有的酶活性单位。比活性越高，表示酶的纯度越高。

此外，也应用习惯方法。例如，测定血清丙氨酸氨基转移酶(ALT)活性时，规定 1 mL 血清在 pH 7.4，37℃ 条件下，经 30 min 保温，使底物丙氨酸和 α-酮戊二酸之间转氨基，产生 2.5 μg 丙酮酸为 1 个 ALT 单位。将实验在上述规定条件下进行，假设 0.1 mL 血清经 30 min 保温，产生丙酮酸 10 μg。那么，换算成 1 mL 血清中 ALT 活性单位，应为 10×1/(0.1×2.5)=40 U。

第四节 酶 的 调 节

生物体内的化学反应绝大多数是在酶的催化下进行的。通过改变酶活性可以影响代谢速度甚至改变代谢方向，这是生物体内代谢调节的重要方式。细胞内各种物质代谢往往是定位在某一区域内进行的，这是由于代谢上相互有关联的一系列酶构成一个多酶体系分布在特定亚细胞区域，使反应既能连续进行又避免相互干扰，还有利于代谢调节。对于一个连续的酶促反应体系，欲改变代谢速度，通常不必改变代谢途径中所有酶的活性，而只需调节其中一个或几个关键酶(又称调节酶,regulatory enzyme)。关键酶(key enzyme)是指在一系列连续的酶促反应中,通常位于代谢途径的初始反应或分叉点、只能催化单向反应的酶。因这些酶催化的反应速度较慢,酶的活性决定着代谢途径的速度和方向,故又称限速酶(rate-limiting enzyme)。也有人认为,多个关键酶当中催化反应速度最慢的一个酶是真正的限速酶。在细胞水平,通过调节关键酶活性来改变代谢速度,可以有两种方式。一种是对酶结构的调节,是通过对现有的酶分子结构的改变来改变酶活性,因此比较快,一般在数秒或数分钟内即可实现,属于快速调节;另一种是对酶含量的调节,往往通过基因表达调控来影响酶蛋白合成量,从而调节酶活性,因此速度较慢,一般需要数小时甚至更长时间才能完成,属于迟缓调节。

一、酶结构的调节

(一)别构调节

1. 概念　某些小分子物质能与酶分子活性中心以外的某一部位特异结合,引起酶蛋白空间构象变化,从而改变酶活性,这种调节称酶的别构调节(allosteric regulation)或称变构调节。引起酶发生变构的物质称别构效应剂(allosteric effector)或简称别构剂。若引起酶活性增加,则称别构激活剂;引起酶活性降低,则称别构抑制剂。受别构调节的酶称别构酶(allosteric enzyme)。

各代谢途径中的关键酶大多是别构酶。而代谢途径中与酶作用的底物、终产物或某些中间产物以及 ATP、ADP、AMP 等一些小分子化合物,常可以作为别构效应剂。

2. 别构调节机制

(1) 别构酶是由多亚基构成的寡聚酶:有的亚基与底物结合并催化底物转变为产物,称催化亚基。有的亚基与别构剂结合,引起酶构象改变而改变酶活性,称调节亚基。另外有些酶,底物和别构剂可结合于同一个亚基的不同部位,分别称催化部位和调节部位。

(2) 别构剂以非共价键与酶的调节亚基结合:引起酶的空间构象发生改变,使亚基间的相互作用变得疏松或紧密、解聚或聚合。

(3) 酶的空间构象变化可引起酶活性的改变:随着酶的空间构象变化,使酶发生有活性或无活性、高活性或低活性的变化。

别构效应剂一般以反馈方式对代谢途径的起始关键酶进行调节,常见为负反馈调节。如磷酸果糖激酶-1 由 4 个亚基组成,聚合状态下有催化活性,当代谢途径中产物柠檬酸累积至一定浓度时,即可反馈作用于磷酸果糖激酶-1,使之解聚而失去活性;柠檬酸也可反馈作用于乙酰 CoA 羧化酶,使之聚合而激活其活性,以促进脂肪酸的合成。

3. 别构调节的生理意义　别构调节是细胞水平常见的一种快速调节方式,其意义在于以下方面。

(1) 防止代谢终产物过多积累:如在脂肪酸合成过程中,当长链脂酰 CoA 在细胞内积聚至一定浓度时,可反馈抑制(feeddback inhibition)催化该代谢途径初始反应的关键酶——乙酰辅酶 A 羧化酶活性,进而抑制脂肪酸的合成。这样可使代谢物的生成不会过多。

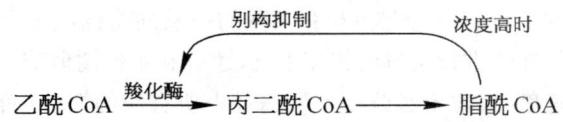

(2) 使代谢物得到合理调配和有效利用：别构效应剂可以对一种酶有别构抑制作用，同时对另一种酶有别构激活作用，使不同代谢途径相互协调，适应生理需要。如当机体内糖供应充足而消耗能量又较少时，在肝细胞内葡萄糖-6-磷酸会有一定积聚。葡萄糖-6-磷酸可别构抑制糖原磷酸化酶，同时又别构激活糖原合酶。这样一方面可以减少糖原分解为葡萄糖，另一方面使葡萄糖-6-磷酸参与合成糖原而储存起来。

（二）化学修饰调节

1. 概念　酶蛋白肽链上某些氨基酸残基可在另一种酶的催化下发生化学修饰，共价结合或脱去某些化学基团从而改变酶的活性，这种调节方式称化学修饰（chemical modification）调节，也称共价修饰调节。酶的化学修饰是体内快速调节酶活性的另一种重要方式，包括磷酸化与去磷酸、乙酰化与去乙酰、甲基化与去甲基、腺苷化与去腺苷、泛素化与去泛素等，近年来包括乳酸化修饰、琥珀酰化、丙二酰化、巴豆酰化、棕榈酰化及豆蔻酰化等多种酰化修饰也屡见报道，极大丰富了蛋白质修饰的研究。

磷酸化修饰的研究最为深入。糖原磷酸化酶是典型的酶促化学修饰调节的实例，此酶有两种形式，即无活性的磷酸化酶 b 与有活性的磷酸化酶 a。两种形式的互变分别受到磷酸化酶 b 激酶和磷蛋白磷酸酶催化，从而使酶蛋白分子上丝氨酸或苏氨酸残基的羟基既可以接受 ATP 提供的磷酸基而发生化学修饰，又可以脱去磷酸基而恢复原来状态，进而使酶活性发生改变。

2. 酶促化学修饰调节的特点及生理意义

（1）绝大多数属于这类调节方式的酶都具有无活性（或低活性）和有活性（或高活性）两种形式；两种形式的互变受不同的酶所催化，后者又受激素等调节因子的调控。

（2）磷酸化修饰是经济有效的调节方式，尽管磷酸化修饰需 ATP 供给磷酸基团，但其耗能远小于合成酶蛋白所消耗的 ATP 量。

（3）与别构调节不同，化学修饰使酶蛋白发生共价键的变化。

（4）化学修饰过程是一个级联式的酶促反应，故有快速、放大效应。

（三）酶原与酶原的激活

有些酶在细胞内刚合成或初分泌时，是没有活性的酶的前体，称酶原（zymogen）。酶原在一定条件下被水解掉部分肽段，并使剩余肽链构象改变而转变成有活性的酶，称酶原的激活（zymogen activation）。酶原激活的实质是使酶分子形成或暴露活性中心的过程。

例如，胃肠道内许多消化酶在刚合成或刚分泌时是以酶原形式存在的，被激活后才成为蛋白水解酶：① 胰蛋白酶原含有 244 个氨基酸残基，受肠激酶催化切去其 N 端 6 肽后，剩余肽段盘绕、折叠形成活性中心区域，进而转变为有活性的胰蛋白酶（图 5-17）。② 胃蛋白酶原含有 392 个氨基酸残基，胃酸将 N 端第 42～43 氨基酸残基间的肽键断裂，切去 42 肽，剩下的肽链盘绕、折叠形成有活性的胃蛋白酶。③ 胰凝乳蛋白酶原含有 245 个氨基酸残基，受胰蛋白酶催化切去 2 个二肽，剩下的肽链盘绕、折叠形成有活性的胰凝乳蛋白酶。

酶原的激活具有重要的生理意义：可以避免活性酶对细胞自身进行消化，并使之在特定部位发挥作用。出血性胰腺炎的发生就是由于胰腺分泌的蛋白酶原在进入小肠前被激活而消化自身的胰腺细胞，导致胰腺破裂出血。此外，酶原还可以视为酶的储存形式。如凝血酶原和纤维蛋白溶解酶类以酶原的形式在血液循环中运行，一旦需要，即被激活为有活性的酶，在凝血过程中发挥作用。酶原分泌、储备和激活常受到生理信号在时间、空间上的精确调控。

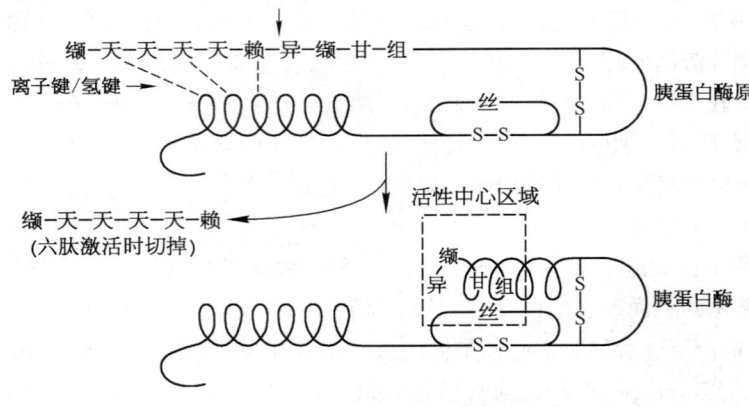

图 5-17 胰蛋白酶原激活示意图

二、酶含量的调节

通过改变关键酶的合成或降解速度以调节酶的含量，进而影响代谢速度，是细胞水平的另一调节方式。这类调节作用主要发生在基因的转录水平，因此所需时间较长，但调节效应持续时间较久，是一种缓慢而持久的调节方式。

（一）酶蛋白合成调节

某些代谢底物、药物以及激素等均可以影响酶蛋白的合成。一般将增加酶蛋白合成的物质称诱导剂（inducer），这种作用称诱导作用。相反能减少酶蛋白合成的物质称阻遏剂（repressor），这种作用称阻遏作用。例如，糖皮质激素能诱导糖异生途径中关键酶的合成，使糖异生速度随之加快。胆固醇能阻遏肝内胆固醇合成途径中关键酶——HMG-CoA 还原酶的合成，使胆固醇的合成速度减慢。

（二）酶蛋白降解调节

细胞内各种酶的半衰期相差很大，如鸟氨酸脱羧酶的半衰期很短，仅有 30 分钟，而乳酸脱氢酶的半衰期可长达 130 小时。机体通过调节酶蛋白的降解速度也可以控制酶的活性，现已知人体内蛋白质的降解方式有两条途径：

1. 溶酶体蛋白酶降解途径（不依赖 ATP） 由溶酶体内的蛋白水解酶非选择性催化分解，这是对一些半衰期较长的蛋白质的降解途径。

2. 泛素参与的降解途径（依赖 ATP 供能） 泛素是由 76 个氨基酸残基组成的蛋白质，分子量约为 8.5 kDa。当泛素在识别蛋白质的参与下与待降解的蛋白质结合（即泛素化），可使该蛋白质打上"标记"而被迅速降解。这是对细胞内异常蛋白质和半衰期较短的蛋白质的降解途径。泛素诱导细胞周期蛋白的降解在细胞周期的调控中起重要作用。

第五节 酶的命名与分类

一、酶的命名

生物体内酶有数千种，在实际工作中需要按一定规则对每一种酶进行命名，以避免引起混淆，常有以下两大类命名法。

1. 习惯命名法　① 一般采用底物加反应类型而命名,如蛋白水解酶、乳酸脱氢酶、磷酸己糖异构酶等。② 对水解酶类,只要底物名称即可,如蔗糖酶、胆碱酯酶、蛋白酶等。③ 有时在底物名称前冠以酶的来源,如血清丙氨酸氨基转移酶、唾液淀粉酶等。习惯命名法虽然简单、使用方便,但有时出现一酶数名或一名数酶的混乱现象。

2. 系统命名法　1961年国际酶学委员会提出系统命名法。规定每一种酶的命名需包括:系统名称、酶的编号和习惯名称三大部分。系统名称应标明所有参与反应的底物和反应性质,底物之间以":"隔开;酶的编号用4个数字表示;习惯名称即为上述的底物加上反应类型。系统命名法严谨、规范,但使许多酶的名称过长和过于复杂。为了应用方便,国际酶学委员会又从每种酶的数个习惯名称中选定一个简便实用的推荐名称。

二、酶的分类

按国际酶学委员会规定,根据酶促反应的性质,将酶分为七大类。

1. 氧化还原酶类(oxidoreductases)　为催化底物进行氧化还原反应的酶类,此类酶可分氧化酶和脱氢酶。前者有氧分子直接参与,后者伴有氢原子的转移。例如,乳酸脱氢酶、细胞色素氧化酶、过氧化氢酶等。

2. 转移酶类(transferases)　为催化底物之间进行某些基团的转移或交换的酶类,如甲基转移酶、氨基转移酶、己糖激酶等。

3. 水解酶类(hydrolases)　为催化底物发生水解反应的酶类,实际上是需要加水反应的酶类,如淀粉酶、蛋白酶、磷酸酶等。

4. 裂解酶类(或裂合酶类,lyases)　为催化一种化合物裂解成两种化合物或将两种化合物逆向合成一种化合物的酶类,如碳酸酐酶、醛缩酶等。

5. 异构酶类(isomerases)　为催化各种同分异构体之间相互转化的酶类,如磷酸丙糖异构酶、消旋酶等。

6. 合成酶类(或连接酶类,ligases)　为催化2分子底物合成1分子化合物同时偶联有ATP的磷酸键断裂释能的酶类,如谷氨酰胺合成酶、氨基酰-tRNA合成酶等。

7. 易位酶(或转位酶,translocase)　为将离子或分子从膜的一面易位到另一面的酶类。按照转运底物的类型分为6个亚类,包括转运质子、无机阳离子及其螯合物、无机阴离子、氨基酸和肽、糖及其衍生物和催化其他化合物。

国际系统分类法除了按上述七类将酶依次编号外,还根据酶所催化的化学键特点和参加反应的基团的不同,将每一大类又进一步分类。每种酶的分类编号均有4个数字组成,数字前冠以EC(enzyme commission)。编号中的第一个数字表示该酶属于七大类中的哪一类,第二个数字表示该酶属于哪一亚类,第三个数字表示亚亚类,第四个数字是该酶在亚亚类中的排序。例如,乳酸:NAD^+氧化还原酶为EC1.1.1.27。

第六节　酶与医学的关系

随着酶学和医学研究的发展,酶在医学上的重要性越来越引起人们的关注。酶不仅涉及疾病的发生和发展,而且酶活性的测定已成为临床辅助诊断的重要手段。随着酶提纯技术的发展,用于治疗的酶也越来越多。有些酶已发展到采用基因诊断和基因治疗。所以,酶与医学关系非常密切。

一、酶与疾病的发生

由于体内化学反应几乎都是在酶的催化下进行的,酶的含量及酶的活性异常是导致某些疾病的基本原因。

1. 酶缺陷所致的疾病　酶的先天性缺乏可导致代谢缺陷。当编码某一重要酶的基因突变时,常导致这些酶蛋白合成量的不足或酶分子丧失,影响正常的催化活性而产生疾病。由于这类突变是遗传性的,称遗传性代谢性疾病。如先天性酪氨酸酶缺陷引起的白化病,葡萄糖-6-磷酸脱氢酶缺陷所致的蚕豆病,苯丙氨酸羟化酶缺乏导致的苯丙酮酸尿症,胱硫醚合酶的遗传缺陷所致的同型胱氨酸尿症等。

2. 酶活性异常所致疾病　许多中毒性疾病实际上是体内某些酶活性被抑制所引起的。如有机磷农药敌百虫、敌敌畏、1059等可以抑制胆碱酯酶活性,重金属离子可以抑制巯基酶活性,氰化物可以抑制细胞色素氧化酶活性等。

3. 疾病引起酶活性异常　如急性胰腺炎时,胰蛋白酶原在胰腺中被激活,造成胰腺组织被水解破坏。

二、酶与疾病的诊断

一般来讲,当某些组织或器官发生病变时,由于细胞的坏死和通透性的增加,或细胞增殖使酶的合成或诱导增加等,均可使某些细胞内酶溢入体液中。临床上进行体液检查时,针对某些酶活性的变化,可以作为疾病诊断、病情监测、疗效观察、预后及预防的重要参考指标(表5-1)。如测定血或尿中淀粉酶的活性可用于急性胰腺炎的鉴别诊断,测定血中丙氨酸氨基转移酶(ALT)活性是诊断肝炎或肝炎活动情况的重要指标,而测定血中肌酸激酶(CK)和天冬氨酸氨基转移酶(AST)活性则是诊断急性心肌梗死的重要指标等。

表5-1　临床诊断常用的血清酶

酶	临床应用	酶的来源
丙氨酸氨基转移酶(ALT)	肝脏疾病	肝脏、骨骼肌、心脏
淀粉酶(AMY)	胰腺疾病	胰腺、唾液腺
碱性磷酸酶(ALP)	骨骼、肝胆疾病	肝、骨、肠、肾脏疾病
乳酸脱氢酶(LDH)	心肌梗死、溶血	心肌、肝脏、骨骼肌
γ-谷氨酰转肽酶(γ-GT)	肝脏疾病、乙醇中毒	肝脏、肾脏
天冬氨酸氨基转移酶(AST)	心肌梗死、肝脏、肌肉疾病	肝脏、骨骼肌、心脏
胰蛋白酶(Try)	胰腺疾病	胰腺
酸性磷酸酶(ACP)	前列腺癌、骨病	前列腺、红细胞

三、酶与疾病的治疗

1. 酶作为药物用于临床治疗

（1）消化酶类：用以治疗消化功能失调、消化液分泌不足或其他原因引起的消化系统疾病，如淀粉酶、胃蛋白酶、糜蛋白酶、胰蛋白酶、胰酶、多酶片等。

（2）抗炎清创酶类：能将炎症部位的纤维蛋白或脓液中的黏蛋白分解，既可抗炎消肿，又可清洁创口，排出脓液，以利于药物的渗透及创口愈合等。属于这类酶的主要有庚蛋白酶、胰凝乳蛋白酶、链激酶、尿激酶、纤溶酶、木瓜蛋白酶、菠萝蛋白酶等蛋白水解酶。

（3）抗栓酶类：既有明显降低血浆纤维蛋白原、血液黏度及血小板聚集，起到溶栓扩张血管、增加病灶血液供应、改善微循环的作用，又能促进胆固醇转变成胆汁酸，加速胆汁排泄，防止胆固醇在血管壁上沉积，改善脂肪酸过多等，因而对动脉硬化及血栓形成有预防及治疗作用。属于这类酶的有蝮蛇抗栓酶、尿激酶、链激酶及弹性蛋白酶。

（4）抗氧化酶类：正常情况下，体内氧自由基的产生和消除是平衡的。一旦氧自由基产生过多或抗氧化体系出现障碍，细胞易遭受氧化损伤，引起心脏病、癌症和动脉硬化等严重疾病。能清除体内氧自由基的酶有超氧化物歧化酶、过氧化氢酶等。

（5）抗肿瘤细胞生长的酶类：如天冬酰胺酶、谷氨酰胺酶及神经氨酸苷酶（又称唾液酸酶）等的作用机制主要是干扰蛋白质的合成，以抑制肿瘤细胞的生长。

2. 酶作为工具酶用于研究和生产 固定化酶以及酶标记测定法，广泛应用于科学研究和生产；限制性核酸内切酶和连接酶是基因工程中必不可少的工具酶；抗体酶是人工制造的兼有抗体和酶活性的蛋白质，可以制备自然界不存在的新酶种等。

第六章
维生素和微量元素

学习目标

1. 掌握 B 族维生素、维生素 C、维生素 A 和维生素 D 的辅酶或辅基形式、生化作用、缺乏病。
2. 熟悉维生素分类，微量元素的生化作用与缺乏病。
3. 了解维生素缺乏的原因，维生素 E、K 的生化作用。

早在公元 7 世纪，唐代名医孙思邈已经利用谷白皮粥、赤小豆汤预防脚气病的发生，用猪肝来治疗"雀目"；古代希腊、罗马和阿拉伯的医生也知道用动物肝脏来治疗夜盲症等。中国古籍即载有"砂锌"一词，许多中药材富含丰富的微量元素，是发挥药效的重要物质基础。20 世纪初从 1912 年确定维生素 B_1 的结构并第一次提出 vitamin 这个词，到 1948 年分离鉴定出维生素 B_{12}，科学家开始从结构、性质、功能等方面对维生素和微量元素进行深入研究，探析它们在维持生命运动中的重要作用。

第一节 维生素概述

一、维生素的概念和特点

维生素（vitamin）是维持机体正常代谢和生理功能所必需的一类小分子有机化合物，在调节物质代谢方面起着十分重要的作用。维生素一般具备以下特点：① 它既不是构成组织细胞的结构成分，也不能提供机体所需的能量，却是动物生长与健康所必需的物质。② 在生物体内不能合成或合成量不足，必须由食物供给。③ 机体对维生素需要量很少，每日只需毫克或微克水平即可。④ 人与动物缺乏维生素时可导致某种维生素的缺乏病。⑤ 大多数 B 族维生素参与构成酶的辅酶或辅基，有的维生素则以特定的形式，在物质代谢中发挥重要作用。⑥ 维生素虽然是机体所必需的营养物质，但如果使用不当或长期过量服用，也可出现中毒症状。

二、维生素的命名与分类

维生素的名称一般是按发现的先后，在"维生素"之后加上 A、B、C、D 等英文字母来命名。也有根据它们的化学结构特点或生理功能来命名的，如维生素 A 又名视黄醇或抗干眼病维生素。

维生素的种类很多,化学结构差异很大,通常根据溶解性质不同,可将维生素分为水溶性和脂溶性两大类。

三、维生素缺乏的原因

缺乏维生素可引起机体代谢失调,出现各种各样的疾病,严重者可危及生命。引起维生素缺乏的原因主要有以下方面。

1. 摄取不足　膳食调配不合理或有偏食习惯、长期食欲不良等都会造成摄取不足;另外食物的储存及烹饪方法不科学可造成维生素的大量破坏或丢失。如小麦加工过精、米面加碱蒸煮等会损失维生素 B_1,蔬菜储存过久会使维生素 C 大量破坏等。

2. 吸收障碍　即使食入足量的维生素,如果吸收障碍,也可引起维生素的缺乏。如长期腹泻、肝胆系统疾病等均可造成维生素缺乏。

3. 机体需要量增加　生长期儿童、妊娠及哺乳期妇女、重体力劳动者、长期高热和慢性消耗性疾病患者等都对维生素的需要量增加,此时必须额外增加维生素的摄入量,否则易导致维生素缺乏。

4. 服用某些药物　肠道细菌是人体某些维生素来源之一,包括维生素 K、维生素 B_6、泛酸、叶酸等。长期服用抗菌药物治疗疾病,会使肠道细菌的生长受到抑制,从而引起这些维生素的缺乏。有些药物是维生素的拮抗剂,如治疗结核病的异烟肼与维生素 PP 拮抗,长期使用会引起维生素 PP 的不足。

5. 其他　某些特异性缺陷也可引起维生素缺乏病,如缺乏内因子影响维生素 B_{12} 的吸收;慢性肝、肾疾病,影响维生素 D 的羟化。

四、过量补充维生素的副作用

膳食中缺乏维生素会引起人体代谢紊乱,引起维生素缺乏症。人们往往误认为维生素对身体有益无害,可作为保健品长期大量应用。事实上,滥用、过量摄入维生素对健康是有害的。临床上所使用的维生素属于药物,有着较严格的适应证。水溶性维生素虽可以随着尿液排出体外,毒性较小,但大量服用仍可损伤人体器官。如维生素 B_1 用量过大会引起头痛、眼花、烦躁、心律失常、水肿和神经衰弱;维生素 B_6 过量服用,会引起手脚发麻和肌肉无力等神经系统副作用;长期大量服用维生素 C,可引起恶心、呕吐、腹泻、胃痉挛等。脂溶性维生素摄入过多时,由于不能通过尿液直接排出体外,容易在体内大量蓄积引起中毒。如维生素 A 在体内大量蓄积,可能发生食欲减退、皮肤干燥、骨骼脱钙、关节疼痛等中毒症状,孕妇服用过量的维生素 A,还可致胎儿畸形;长期大量口服维生素 D,可导致厌食、恶心、呕吐、皮肤瘙痒、肌肉疼痛、乏力等;维生素 E 大剂量长期服用会引起血小板聚集、胃肠功能紊乱,女性月经过多或闭经等。因此,维生素最好通过食物补充,应避免滥用维生素类药物。

第二节　水溶性维生素

水溶性维生素(water-soluble vitamin)包括 B 族维生素和维生素 C。它们的共同特点是:

易溶于水，容易随尿排出，在体内不易储存，故必须经常从食物中摄取。其中，B族维生素主要是构成酶的辅酶或辅基，在物质代谢中参与化学基团、原子或电子的转移。

一、B族维生素

（一）维生素 B_1

1. 结构与性质　维生素 B_1 又称抗脚气病维生素，是由含硫的噻唑环和含氨基的嘧啶环通过甲烯基桥相连而成的化合物，因其分子中含有硫及氨基，故又称硫胺素（thiamine）。种子外皮、胚芽中含量最为丰富。

在肝和脑组织中的硫胺素焦磷酸转移酶催化下，由 ATP 提供焦磷酸与维生素 B_1 结合，形成硫胺素焦磷酸（thiamine pyrophosphate，TPP），是维生素 B_1 的辅酶形式。

维生素 B_1 及其辅酶（TPP）的结构

2. 生化作用与缺乏症

（1）TPP 是 α-酮酸脱氢酶复合体的辅酶之一，参与糖代谢过程中 α-酮酸（如丙酮酸、α-酮戊二酸）的氧化脱羧反应。维生素 B_1 缺乏可导致 TPP 不足，丙酮酸的氧化脱羧受阻，使机体特别是神经组织能量供给不足，并伴有丙酮酸、乳酸堆积，表现为手足麻木、肌肉萎缩、心力衰竭、四肢无力、下肢水肿、神经功能退化等症状，统称脚气病。

（2）TPP 作为转酮醇酶的辅酶，参与磷酸戊糖代谢途径。

（3）维生素 B_1 抑制胆碱酯酶活性，缺乏维生素 B_1 一方面会导致胆碱酯酶活性增强，乙酰胆碱的分解加速；另一方面，TPP 减少使丙酮酸氧化脱羧生成乙酰 CoA 受阻，影响乙酰 CoA 参与乙酰胆碱的合成。因此，缺乏维生素 B_1 会影响神经传导，表现为胃肠蠕动缓慢、消化液分泌减少、食欲不振及消化不良等。故临床上常用维生素 B_1 治疗神经炎、食欲不振、消化不良等疾病。

（二）维生素 B_2

1. 结构与性质　维生素 B_2 是核醇和 6,7-二甲基异咯嗪的缩合物，其水溶液呈黄绿色荧光，故又称核黄素（riboflavin）。维生素 B_2 在酸性溶液中稳定、耐热，但易被碱和可见光分解破坏。人体肠道细菌也能合成维生素 B_2。

在小肠黏膜黄素激酶催化下，由 ATP 提供磷酸与核黄素结合生成黄素单核苷酸（flavin mononucleotide，FMN），FMN 进一步与 ATP 提供的腺苷酸（AMP）结合形成黄素腺嘌呤二核苷酸（flavin adenine dinucleotide，FAD）。

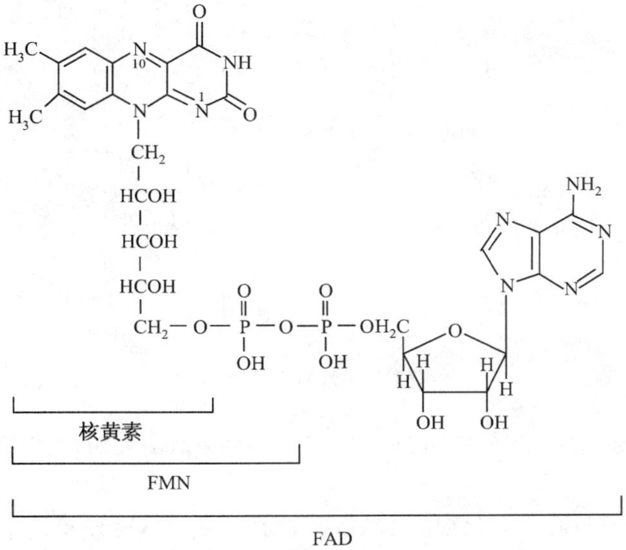

维生素B₂及其辅基(FMN、FAD)的结构

2. 生化作用与缺乏症　FMN 与 FAD 是多种黄素蛋白酶的辅基,其分子中异咯嗪环上 N-1 和 N-10 位可以进行可逆的脱氢加氢反应,因此起着递氢体的作用。反应如下:

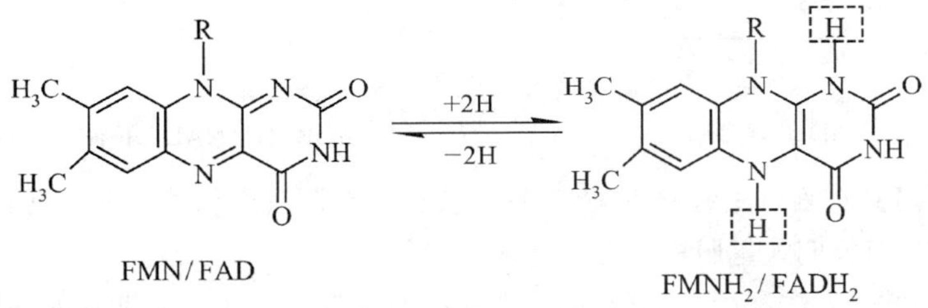

维生素 B_2 缺乏可出现唇炎、舌炎、口角炎、阴囊皮炎、眼睑炎等症状。

(三) 维生素 PP

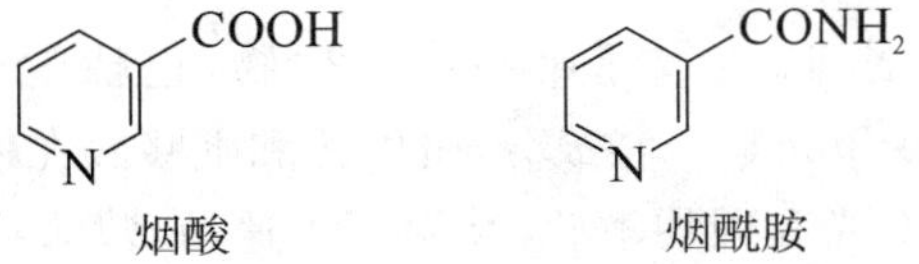

维生素 PP 的结构

1. 结构与性质　维生素 PP 又称抗癞皮病维生素,为吡啶类衍生物,包括烟酸(nicotinic acid,又称尼克酸)和烟酰胺(nicotinamide,又称尼克酰胺)两种成分,两者在体内可以相互转化。维生素 PP 性质比较稳定,不易被酸、碱破坏,是各种维生素中性质最稳定的。

在体内烟酰胺可与核糖、磷酸、腺苷酸等结合形成两种辅酶形式:烟酰胺腺嘌呤二核苷酸(nicotinamide adenine dinucleotide,NAD^+)和烟酰胺腺嘌呤二核苷酸磷酸(nicotinamide adenine dinucleotide phosphate,$NADP^+$),为氧化型的吡啶核苷酸。还原型的 NAD^+ 和 $NADP^+$ 可简写成 $NADH+H^+$(或 NADH)和 $NADPH+H^+$(或 NADPH)。

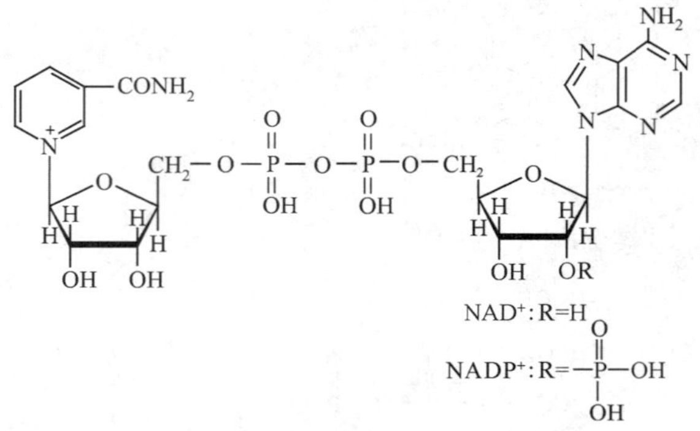

NAD⁺ 与 NADP⁺ 的结构

2. 生化作用与缺乏症　NAD$^+$ 和 NADP$^+$ 是多种脱氢酶的辅酶,在生物氧化过程中起传递氢的作用。

在参与氧化还原反应时,氧化型的 NAD$^+$/NADP$^+$ 从羟基碳获得一个氢负离子生成还原型的 NADH/NADPH,反应可逆,起电子载体作用。反应如下:

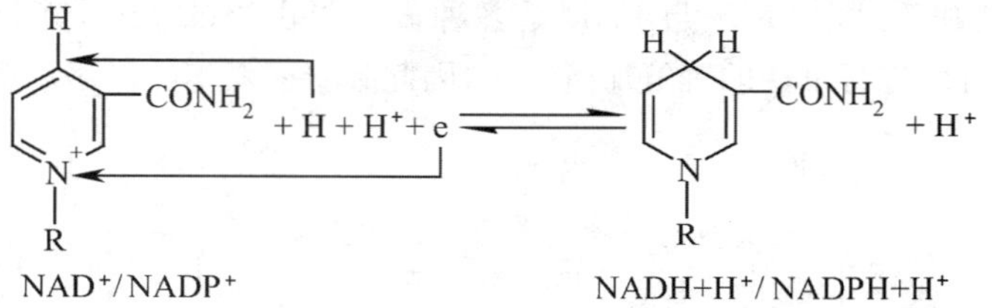

NAD⁺/NADP⁺ + H + H⁺ + e ⇌ NADH+H⁺/NADPH+H⁺ + H⁺

人类维生素 PP 缺乏可引起癞皮病(对称性皮炎)、腹泻及痴呆等。烟酸具有扩张血管和降低胆固醇的作用,但长期大量服用可能会造成肝损伤。

玉米中缺乏可被人体利用的烟酸,高粱中含有抑制色氨酸转变为烟酸的亮氨酸。因此,长期以玉米和高粱为主食时,会引起烟酸缺乏,导致癞皮病。抗结核药异烟肼的结构与维生素 PP 相似,两者产生拮抗作用。所以,长期服用异烟肼会引起维生素 PP 缺乏。

(四) 维生素 B₆

1. 结构与性质　维生素 B$_6$ 也属于吡啶类衍生物,包括吡哆醇(pyridoxine)、吡哆醛(pyridoxal)和吡哆胺(pyridoxamine)三种成分,吡哆醛和吡哆胺在体内可以相互转变,但不能逆转为吡哆醇。维生素 B$_6$ 对光和碱均敏感,高温下迅速被破坏。肠道细菌也可以合成维生素 B$_6$。

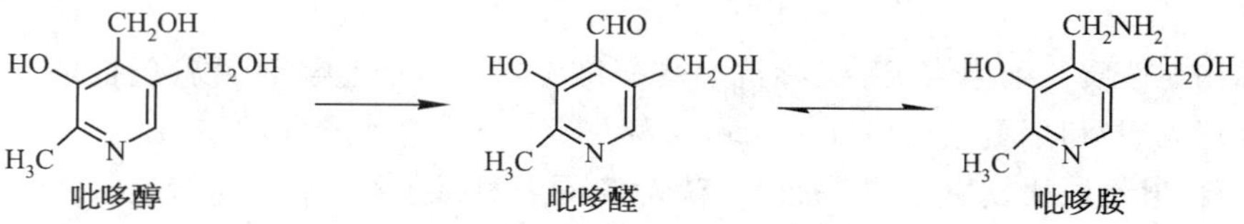

吡哆醇　→　吡哆醛　→　吡哆胺

维生素 B$_6$ 的结构及互相转变

维生素 B$_6$ 在激酶作用下,由 ATP 提供磷酸而发生磷酸化,生成吡哆醛磷酸(pyridoxal phosphate)和吡哆胺磷酸(pyridoxamine phosphate)两种辅酶。

2. 生化作用

（1）吡哆醛磷酸和吡哆胺磷酸是氨基转移酶的辅酶，通过吡哆醛磷酸和吡哆胺磷酸的相互转变，在氨基酸转氨基反应中起氨基传递体的作用。

（2）吡哆醛磷酸是某些氨基酸脱羧酶的辅酶，如吡哆醛磷酸作为谷氨酸脱羧酶的辅酶，促进γ-氨基丁酸（γ-aminobutyric acid，GABA）的生成，GABA是一种抑制性神经递质。吡哆醛磷酸还可作为δ-氨基-γ-酮戊酸合酶的辅酶，促进血红素合成。此外，还可作为糖原磷酸化酶的辅酶，参与糖原分解。

人类很少发生维生素 B_6 缺乏病，但在治疗维生素 B_1、维生素 B_2 和维生素 PP 缺乏病时，同时给予维生素 B_6 可增进疗效。抗结核药异烟肼能与维生素 B_6 结合为异烟腙而失活。所以，在服用异烟肼时，除了应注意补充维生素 PP 外，还应加服维生素 B_6，可防止治疗中出现的不安、失眠和多发性神经炎等不良反应。

（五）泛酸

1. 结构与性质　泛酸（pantothenic acid）广泛存在于生物界，由β-丙氨酸与丁酸衍生物（α,γ-二羟基-β,β-二甲基丁酸）以肽键相连而成。泛酸在中性溶液中耐热，对氧化剂及还原剂稳定，但在酸或碱性溶液中加热极易被破坏。肠道细菌亦能合成泛酸。

泛酸可与β-巯基乙胺、磷酸和腺苷酸一起构成辅酶 A（coenzyme A，CoA，HSCoA）。泛酸在体内经磷酸化并结合巯基乙胺后生成 4′-磷酸泛酰巯基乙胺，是酰基载体蛋白质（acyl carrier protein，ACP）的组成成分。

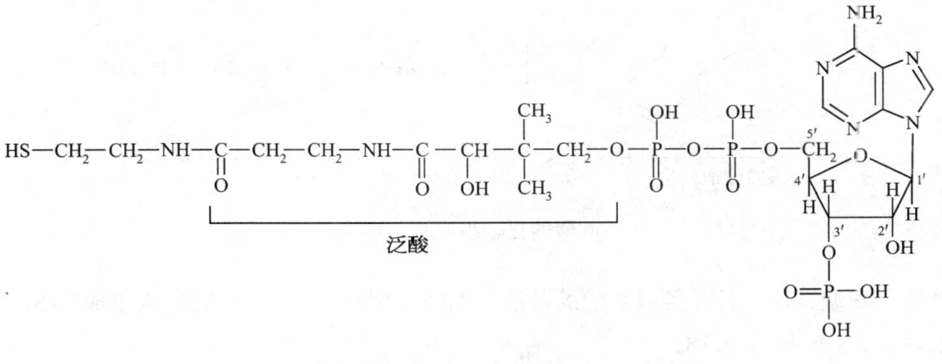

泛酸及辅酶 A（HSCoA）的结构

2. 生化作用　HSCoA 作为酰基转移酶的辅酶，在糖、脂类、蛋白质代谢中发挥重要作用。ACP 在脂肪酸的合成过程中作为脂酰基载体。

（六）生物素

1. 结构与性质　生物素（biotin）是由带有戊酸侧链的噻吩和尿素缩合而成的双环化合物。自然界至少有α-生物素（存在于蛋黄中）和β-生物素（存在于肝脏中）两种，人体肠道细菌也能合成。

生物素是多种羧化酶的辅酶。在体内可与 CO_2 结合形成羧基生物素，再将活化的羧基转移给酶的底物。

2. 生化作用　生物素是体内多种羧化酶（如丙酮酸羧化酶、乙酰 CoA 羧化酶）的辅酶，参与 CO_2 的固定过程。此外，生物素可参与细胞信号转导和基因表达。现已鉴定，人类基因组中

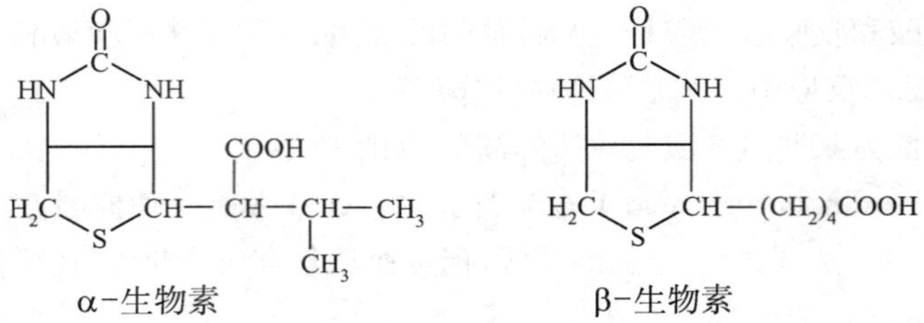

α-生物素   β-生物素

生物素的结构

含有2 000多个依赖生物素的基因;生物素还可使组蛋白生物素化,从而影响细胞周期、基因转录和DNA损伤的修复。

生鸡蛋中有一种抗生物素蛋白质,能与生物素结合而抑制其吸收,经加热处理后可避免其抑制吸收的作用。长期使用抗生素也可造成生物素的缺乏,产生症状是疲乏、食欲不振、恶心呕吐、苍白、贫血、肌肉疼痛及皮炎等。

(七) 叶酸

1. 结构与性质　叶酸(folic acid)因在绿叶植物中含量丰富而得名,它是由2-氨基-4-羟基-6-甲基蝶呤啶、对氨基苯甲酸和谷氨酸三种物质缩合而成。叶酸在酸性溶液中不稳定,容易被光破坏。因此,食物在室温下储存时,其所含叶酸很容易损失。

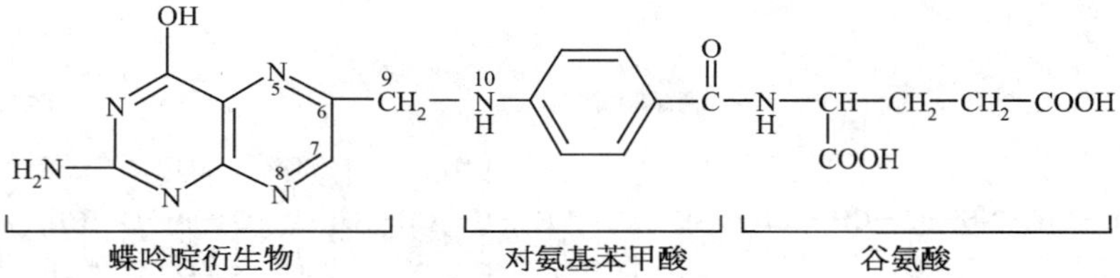

叶酸的化学组成及其结构

叶酸在肠壁、肝脏、骨髓等组织中的叶酸还原酶作用下,经两步加氢反应生成5,6,7,8-四氢叶酸(tetrahydrofolate,FH_4)。

2. 生化作用与缺乏症　FH_4是体内一碳单位转移酶的辅酶,作为一碳单位的载体。有些氨基酸分解可以产生含一个碳原子的活性基团,如—CH_3,称一碳单位。一碳单位被FH_4分子的N-5和N-10结合、携带,参与核苷酸的合成。

FH_4携带甲烯基(—CH_2—)的结构形式如下。

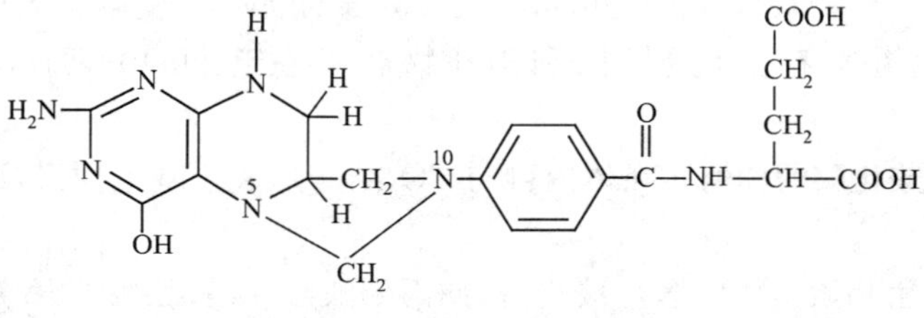

N^5,N^{10}-甲烯基四氢叶酸的结构

当叶酸缺乏时,FH$_4$传递一碳单位受阻,核苷酸合成减少,进而DNA合成受到抑制,骨髓幼红细胞分裂速度降低,造成巨幼红细胞贫血。

现已证实,叶酸是胎儿生长发育不可缺少的营养素,如孕妇在妊娠早期缺乏叶酸,可导致胎儿神经管发育缺陷,造成神经管畸形,严重者可导致脊柱裂或无脑儿等先天畸形。有研究报道,在妇女孕前和怀孕早期每日补充400 μg的叶酸,可以预防胎儿大部分神经管畸形的发生,并能有效降低胎儿兔唇、腭裂和先天性心脏病发生率。

叶酸与甲硫氨酸循环有关,有助于降低血中同型半胱氨酸(动脉粥样硬化的独立风险因子)水平,目前已确认,每日摄取400 μg叶酸即有助于防治动脉粥样硬化的发生。

(八) 维生素 B$_{12}$

1. **结构与性质** 维生素 B$_{12}$ 是发现较晚的维生素(1948年),也是唯一含有金属元素钴的维生素,又称钴胺素(cobalamin)。维生素 B$_{12}$ 化学结构复杂,为咕啉衍生物,金属元素钴位于咕啉环的中央,并与咕啉环上的氮以配位键相连,在钴原子上再结合不同的 R 基团,形成多种形式的维生素 B$_{12}$。

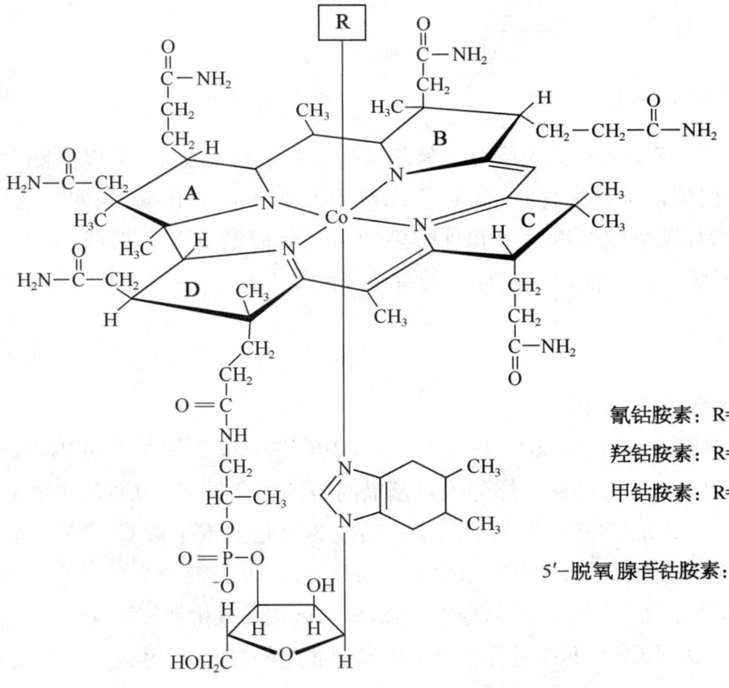

维生素 B$_{12}$ 的结构

维生素 B$_{12}$ 在体内有两种重要的辅酶形式:甲基钴胺素(methylcobalamin,又称甲基 B$_{12}$)和 5'-脱氧腺苷钴胺素(5'-deoxyadenosyl cobalamin,又称辅酶 B$_{12}$),两者分别是甲基转移酶和变位酶的辅酶。

2. **生化作用与缺乏症** 甲基 B$_{12}$ 作为 N^5-甲基四氢叶酸甲基转移酶的辅酶,催化同型半胱氨酸甲基化,使甲硫氨酸再生,同时使四氢叶酸游离出来。维生素 B$_{12}$ 缺乏时,一方面会导致同型半胱氨酸在血中过度积聚,诱发动脉粥样硬化;另一方面 N^5-甲基四氢叶酸上的甲基不能转移出来，影响四氢叶酸的游离，进而影响一碳单位代谢，同样会产生巨幼红细胞性贫血。因此，临床上治疗巨幼红细胞贫血时，可将叶酸和维生素 B_{12} 合并使用，以提高疗效。

辅酶 B_{12} 作为变位酶的辅酶参加烷基变位反应，如 L-甲基丙二酰 CoA 转变为琥珀酰 CoA。缺乏维生素 B_{12} 会引起此代谢发生障碍，造成髓鞘和轴索变性、神经系统病变，称亚急性联合变性。

维生素 B_{12} 广泛存在于动物性食品中，人体肠道细菌可以合成维生素 B_{12}。长期素食者易引起维生素 B_{12} 缺乏而导致贫血。维生素 B_{12} 的吸收必须依赖胃幽门部黏膜分泌的一种糖蛋白（称内因子），两者结合后才能透过肠壁被吸收。胃切除患者，由于内因子缺乏可致维生素 B_{12} 吸收障碍而引起贫血。此时应通过注射补充维生素 B_{12}，口服无效。

（九）硫辛酸

1. 结构与性质 α-硫辛酸（α-lipoic acid）的化学结构是 6,8-二硫辛酸。α-硫辛酸通过氧化型和还原型相互转化参与递氢和传递酰基作用，是 α-酮酸氧化脱羧反应所必需的辅酶之一。

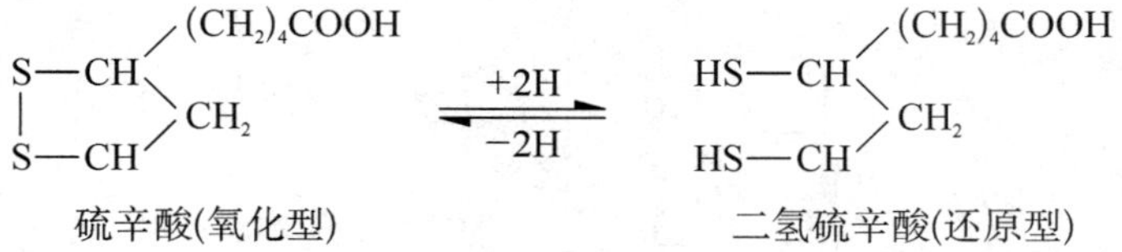

硫辛酸（氧化型） ⇌ 二氢硫辛酸（还原型）

2. 生化作用 研究表明，硫辛酸及其还原态二氢硫辛酸是高效抗氧化剂，可以清除自由基和活性氧，螯合金属离子；促使再生谷胱甘肽、维生素 C、维生素 E 等抗氧化剂，减弱氧化应激，保护细胞免受损伤。现认为，硫辛酸可以治疗和预防多种与氧化应激有关的疾病，如糖尿病、老年痴呆、衰老和心血管疾病等。目前尚未发现人类有硫辛酸缺乏病。

二、维生素 C

（一）结构与性质

维生素 C 又称为抗坏血酸（ascorbic acid），是一种含有六碳的多羟基化合物，在体内以内酯形式存在。其分子中 C-2 和 C-3 位上的两个烯醇式羟基极易解离出氢原子，因而其水溶液有较强的酸性。维生素 C 脱去 C-2 和 C-3 位羟基上的氢后转变为氧化型维生素 C，故具有较强的还原性。氧化型维生素 C 在一定条件下遇有供氢体（如 GSH）时，又可以接受 2 个氢原子重新转变为还原型维生素 C（图 6-1）。维生素 C 因其还原性较强，极易被热及氧化剂破坏，在中性或碱性溶液中加热时，或有微量金属离子 Cu^{2+}、Fe^{3+} 等存在时维生素 C 很容易被氧化分解，失去生理活性。

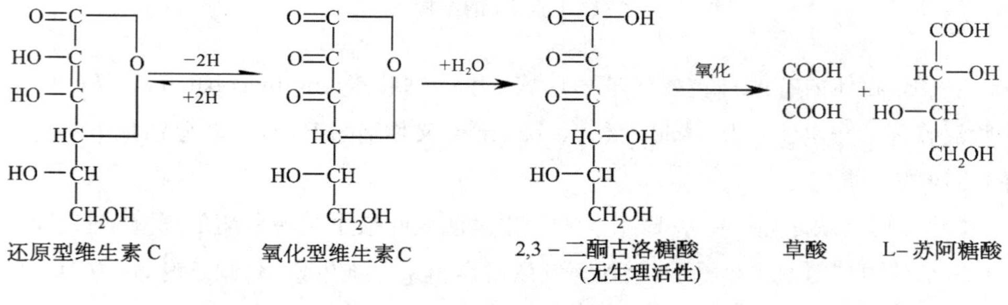

还原型维生素 C ⇌ 氧化型维生素 C → 2,3-二酮古洛糖酸（无生理活性） → 草酸 + L-苏阿糖酸

图 6-1　维生素 C 的结构及其氧化还原性质

(二)生化作用与缺乏症

1. 参与体内羟化反应

(1) 促进胶原蛋白的合成：胶原蛋白是细胞间质的组成成分，其分子中约有1/4为羟脯氨酸和羟赖氨酸，它们都是由以维生素C作为辅助因子的羟化酶催化脯氨酸和赖氨酸羟化而成。缺乏维生素C会导致胶原蛋白合成障碍，细胞间质因此发生病变，引起毛细血管通透性增加、易破裂出血，牙龈肿胀和牙齿松动，骨骼脆弱易折断，创伤时伤口不易愈合等现象，这些症状统称坏血病。

(2) 参与类固醇的羟化：在肝脏胆固醇转化为胆汁酸过程中，需7α-羟化酶催化生成7α-羟胆固醇中间物，维生素C是7α-羟化酶的辅酶。因而维生素C缺乏时，胆汁酸生成减少，血浆胆固醇增高。此外，维生素C在肾上腺皮质还参与皮质类固醇合成中的羟化反应。

(3) 促进单胺类递质的合成：分别由酪氨酸和色氨酸转变生成的儿茶酚胺和5-羟色胺是体内重要的神经递质，它们在合成过程中都涉及羟化反应，均需维生素C参与。

2. 参与体内的氧化还原反应

(1) 保护巯基功能：体内有很多酶或蛋白质需要还原态的巯基发挥其功能活性。维生素C可使谷胱甘肽(GSH)的巯基保持还原态，保护细胞膜中的脂质及酶蛋白巯基免遭氧化损伤(图6-2)。

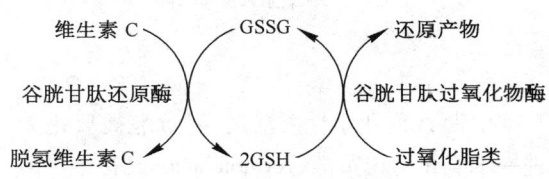

图6-2 维生素C保护巯基功能

(2) 促进造血：维生素C能将Fe^{3+}还原成Fe^{2+}，不仅利于肠道内铁的吸收，还可促进造血作用。维生素C还能使红细胞中高铁血红蛋白还原为血红蛋白，恢复其运输氧的能力。

(3) 促进四氢叶酸的合成：维生素C能促使叶酸转变为辅酶形式FH_4，促进一碳单位代谢。

3. 其他作用

(1) 促进抗体生成、增强机体抵抗力：在维生素C参与下，免疫球蛋白分子中的二硫键通过半胱氨酸残基的巯基氧化而形成。故血清中维生素C水平增加，利于免疫球蛋白合成，两者呈正相关。

(2) 抗氧化、抗动脉粥样硬化：利用维生素C的还原性，清除氧自由基，防止氧化型LDL的形成，保护血管壁内皮细胞结构与功能。

维生素C还能通过促进细胞间质的合成，防止病毒、细菌入侵体内；并能促进淋巴细胞增殖，增强机体免疫力。

(三)来源

维生素C广泛存在于新鲜水果及绿叶蔬菜中；各种干菜中几乎不含维生素C，但种子一经发芽，便合成维生素C。植物组织中含有抗坏血酸氧化酶，能使新鲜食物中维生素C氧化而失活。因此食物所含的维生素C常在干燥、久存和磨碎等过程中被破坏。

但如果摄入过多的维生素C片剂，易引发尿路草酸盐结石等不良反应。

第三节 脂溶性维生素

脂溶性维生素(fat-soluble vitamin)包括维生素A、D、E、K等。它们的共同特点是不溶于水，易溶于脂肪及有机溶剂。脂溶性维生素在食物中常与脂类共存并一同吸收，还需要胆汁酸盐的帮助,因此脂类吸收不良会使脂溶性维生素吸收减少。在体内,脂溶性维生素大多储存于肝脏,摄入过多易蓄积引起毒性。

一、维生素 A

(一) 结构与性质

维生素 A 包括维生素 A_1(视黄醇,retinol)和维生素 A_2(3-脱氢视黄醇)两种。维生素 A_2 比维生素 A_1 多一个双键,活性约为维生素 A_1 的一半。

维生素 A_1 与 A_2 的结构

维生素 A 的化学性质活泼,视黄醇被氧化为视黄醛(retinal),两者可互相转变;视黄醛可被进一步氧化为视黄酸(retinoic acid,又称维甲酸),但无法再逆转。视黄酸再进一步被氧化则失去生理活性。紫外线照射亦可破坏维生素 A,故维生素 A 制剂应避光储存。一般的烹调方法不会破坏食物中的维生素 A。

视黄醇 $\xleftarrow{[O]}$ 视黄醛 $\xrightarrow{[O]}$ 视黄酸 $\xrightarrow{[O]}$ 失活

(二) 生化作用与缺乏症

维生素 A 在体内的活性形式有视黄醇、视黄醛、视黄酸,三者均有各自的生化作用,涉及多方面生理功能。

1. **构成视觉细胞内感光物质** 视网膜杆状细胞内的视紫红质是感受弱光的物质基础。视黄醛分子中有许多双键,易发生顺反异构化,其中 11-顺视黄醛可与视蛋白构成视紫红质。在弱光条件下视紫红质吸收光子,使其中的 11-顺视黄醛发生异构作用转变成全反视黄醛,这一光异构变化引起杆状细胞 Ca^{2+} 内流,膜电位变化激发神经冲动,传导到大脑后产生暗视觉。感光后产生的全反式视黄醛,虽然有一部分可经一定过程重新生成为 11-顺视黄醛,被重复利用(图 6-3),但必须不断有新的维生素 A 补充。当维生素 A 缺乏时,11-顺视黄醛不足,导致暗适应时间延长甚至出现夜盲症。

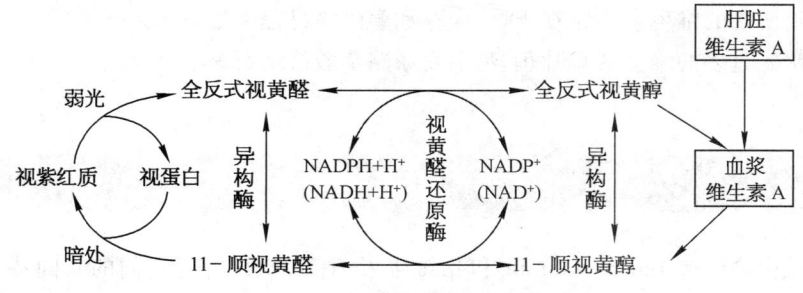

图 6-3 视紫红质与视黄醛的关系

2. 维持上皮组织结构的完整性 维生素 A 是维持上皮组织健全所必需的物质,主要是由于视黄醇能促进细胞膜上糖蛋白的合成。当维生素 A 缺乏时,上皮组织尤其是黏膜细胞会干燥、角化,其中以眼、呼吸道、泌尿生殖道受影响最为明显。泪腺受损时,泪液分泌减少甚至停止,导致干眼病。

3. 类固醇激素样的作用 许多组织细胞核内存在有视黄醇和视黄酸受体,因此,视黄醇和视黄酸能发挥类固醇激素样调节活性。通过与核受体结合而调节基因表达,具有促进细胞的生长、分化的作用。维生素 A 通过这种方式影响多种细胞(包括上皮细胞、免疫细胞、造血细胞等)的分化及功能。缺乏维生素 A 时,会导致儿童生长发育缓慢,免疫力下降、易感染。

4. 抗肿瘤 类维生素 A 是维生素 A 的衍生物,它们具有广泛的生物学活性,能通过诱导细胞分化而抑制恶性细胞生长、增殖。近年来,类维生素 A 应用于肿瘤的预防和治疗已成为医药领域的热点。全反式维甲酸属于类维生素 A 物质,作为临床首选药物用于急性早幼粒细胞白血病的治疗。

(三)来源

维生素 A 主要来自动物性食品,维生素 A_1 存在于哺乳动物及咸水鱼的肝脏中,维生素 A_2 存在于淡水鱼的肝脏中。植物性食物如胡萝卜、红辣椒、菠菜和芹菜等蔬菜及玉米中含有 β-胡萝卜素,可在小肠黏膜和肝脏的 β-胡萝卜素双加氧酶作用下转化为 2 分子的视黄醛,再还原为视黄醇(图 6-4)。因此,β-胡萝卜素被称为维生素 A 原。β-胡萝卜素除了作为维生素 A 的来源,其本身也是体内重要的抗氧化因子。但长期过多摄入维生素 A 会在体内积累引起中毒。一般表现是头痛、脱发、唇裂、皮肤干燥瘙痒、肝肾及关节疼痛。

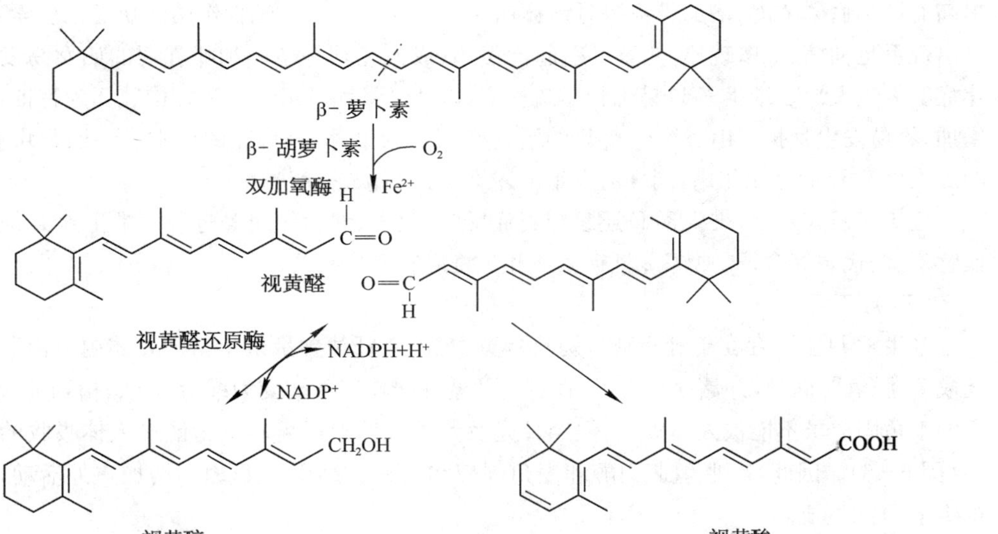

图 6-4 β-胡萝卜素分解、转变为维生素 A(视黄醇)

二、维生素 D

(一)结构与性质

维生素 D 又称抗佝偻病维生素,是类固醇衍生物,主要有维生素 D_2(又称麦角钙化醇)和

维生素 D_3（又称胆钙化醇）两种。两者结构十分相似，维生素 D_2 比维生素 D_3 多一个甲基和一个双键，两者有相同的生物学功能。维生素 D 性质比较稳定，耐热，对氧、酸及碱均较稳定，不易被破坏。

维生素 D_3 或 D_2 是人体内的储存形式，本身没有调节活性。首先在肝细胞微粒体中 25-羟化酶作用下转化为 $25-OH-VitD_3$，然后通过血液运到肾脏，在肾小管上皮细胞线粒体中经 1-α-羟化酶作用进一步羟化，形成 $1,25-(OH)_2-VitD_3$，这是维生素 D_3 在体内的主要活性形式（图 6-5）。

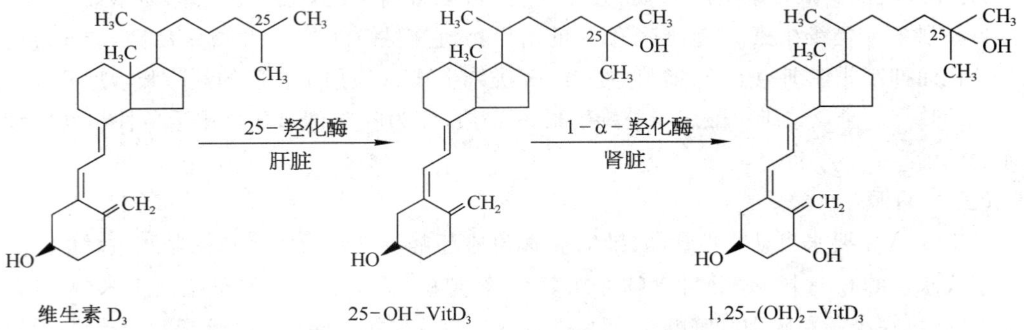

图 6-5 维生素 D_3 的活化过程

（二）生化作用与缺乏症

$1,25-(OH)_2-VitD_3$ 的主要作用是参与钙、磷代谢的调节 促进小肠和肾对钙、磷的吸收，提高血钙和血磷浓度；增加骨组织对钙、磷的吸收和沉积，促进成骨作用。缺乏维生素 D，婴儿可出现手足抽搐、惊厥现象；儿童可引起佝偻病；成人尤其是孕妇和哺乳期的妇女易发生骨软化症。老年人缺乏维生素 D 易患骨质疏松症，以低钙量和骨组织显微结构破坏为特征，骨脆性增加，容易发生骨折。由于维生素 D 的活化必须依赖于肝、肾功能的正常，当肝、肾疾病时，影响到维生素 D 的羟化作用，同样易发生上述维生素 D 缺乏症状。

近年来研究发现，维生素 D 还参与炎症反应、免疫、糖脂代谢等过程。维生素 D 缺乏与心血管疾病、代谢综合征、肿瘤、2 型糖尿病和免疫应答等均有关。

（三）来源

维生素 D 主要存在于肝、鱼肉、奶及蛋黄中，以鱼肝油含量最丰富。人体内可由胆固醇转变成 7-脱氢胆固醇，并储存于皮下，在日光及紫外线作用下转变为维生素 D_3；植物油或酵母所含的麦角固醇虽不能被人体吸收，但经日光及紫外线照射后可转变为能被人体吸收的维生素 D_2（图 6-6）。因此，7-脱氢胆固醇和麦角固醇均被称为维生素 D 原。增加户外活动，有利于维生素 D 的生成。

当摄入正常需要量的 10~100 倍的维生素 D 时可导致中毒，主要表现为血钙升高，异位钙化，尿钙过多，形成钙结石，甚至有报道会引起恶性肿瘤及心血管疾病等。

三、维生素 E

（一）结构与性质

维生素 E 又称生育酚，是苯骈二氢吡喃的衍生物。天然存在的维生素 E 包括生育酚和生

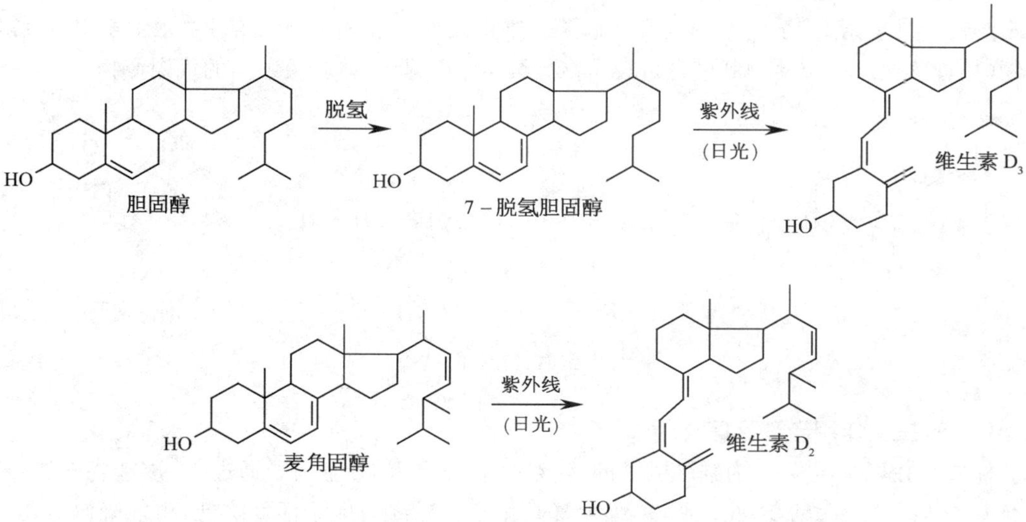

图 6-6 维生素 D_2 与 D_3 的生成及其结构

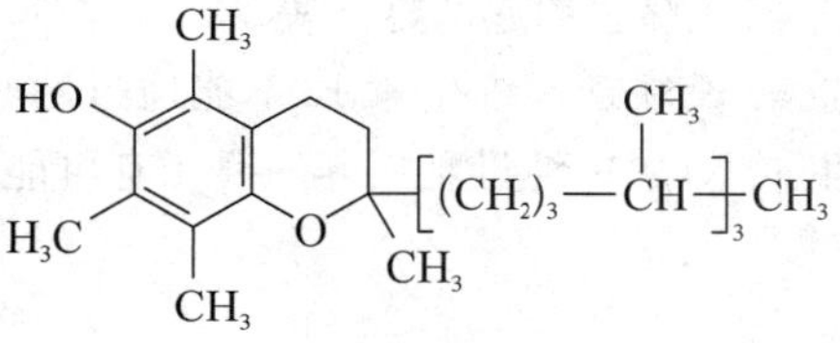

育三烯酚两大类。每类又可根据甲基的数目、位置不同而分成 α、β、γ、δ 四种,在生物活性方面,以 α-生育酚活性最高。维生素 E 在无氧条件下对热稳定,但对氧敏感,维生素 E 分子中的酚羟基极易被氧化成醌类结构而失活。

(二) 生化作用与缺乏症

1. **与生殖功能的关系** 维生素 E 与动物的生殖功能有关,动物缺乏维生素 E 时,其生殖器官受损而不育。雄鼠缺乏时,睾丸萎缩,不产生精子;雌鼠缺乏时,胚胎及胎盘萎缩而被吸收,引起流产。在人类未发现因维生素 E 缺乏引起不育症时,临床上常用维生素 E 来治疗先兆流产或习惯性流产和不育症。

2. **抗氧化、延缓衰老作用** 自由基造成的细胞损伤、细胞功能下降是人体衰老重要原因之一。体内代谢过程中可产生自由基,具有很强的氧化性,可与生物膜中不饱和脂肪酸反应生成过氧化脂质,并使膜蛋白质变性和产生交联,破坏细胞膜的结构及功能,引起细胞衰老。由于维生素 E 极易被氧化,可优先与氧自由基反应,发挥抗氧化作用,防止不饱和脂肪酸被氧化及脂褐素的形成,从而有效保护生物膜结构与功能,进而起到延缓衰老的作用。

3. **促进血红素合成** 维生素 E 能提高血红素合成过程中的关键酶——δ-氨基 γ-酮戊酸(δ-amino-γ-levulinic acid,ALA)合酶及 ALA 脱水酶的活性,促进血红素乃至血红蛋白的合成。新生儿缺乏维生素 E 时可引起贫血,这可能与血红蛋白合成减少及红细胞寿命缩短有关。所以,孕妇、哺乳期的妇女及新生儿应注意补充维生素 E。

四、维生素 K

(一) 结构与性质

维生素 K 又称凝血维生素,是 2-甲基-1,4-萘醌衍生物。天然存在的维生素 K 有 K_1 和

K_2 两种，分子中含有较长的侧链而呈脂溶性。人工合成的维生素 K_3 和 K_4，分子中无长侧链而为水溶性。维生素 K 均耐热，对光和碱敏感。维生素 K 广泛存在于自然界，维生素 K_1 在绿叶植物（如青菜、菠菜）及动物肝中含量较丰富。维生素 K_2 是人体肠道细菌的代谢产物。

维生素 K_1 与 K_2 的结构

（二）生化作用与缺乏症

体内存在以维生素 K 为辅助因子的 γ-谷氨酰羧化酶，凝血因子通过 γ-羧基谷氨酸残基螯合 Ca^{2+} 后才具有凝血活性。所以，维生素 K 缺乏导致凝血因子活性降低，出现凝血障碍，表现为凝血时间延长，严重时发生皮下、肌肉及胃肠道出血。此外，维生素 K 还具有解痉止痛的作用，临床上用来治疗哮喘尤其儿童哮喘、胆道和肠道平滑肌痉挛引起的疼痛等。

肝胆阻塞、长期使用广谱抗生素的患者可发生维生素 K 缺乏。维生素 K 不能通过胎盘，母乳中维生素 K 含量又比较低，婴儿缺乏肠菌合成维生素 K，故单纯母乳喂养的婴儿有可能出现维生素 K 缺乏。

第四节 微量元素

微量元素（microelements）是指人体内含量低于 0.01%，每日需要量在 100 mg 以下的元素。微量元素绝大部分为金属元素，主要来源于食物，在体内含量相对稳定，通过与蛋白质、酶、激素、维生素等结合发挥多种多样的重要作用。

一、铁

（一）铁的代谢

铁（iron,Fe）是人体需要量最多的微量元素，一般健康成人体内铁总量为 3~5 g，广泛分布于组织和器官中。约 75% 的铁元素存在于血红蛋白、肌红蛋白、含铁酶类等铁卟啉化合物中，约 25% 存在于含铁的黄素蛋白、铁硫蛋白、运铁蛋白等非铁卟啉类的化合物中。

无机铁以 Fe^{2+} 形式吸收，在小肠黏膜上皮细胞氧化成 Fe^{3+}，与铁蛋白（储铁蛋白）结合释放入血，在血液中与运铁蛋白（transferrin）结合而运输。

（二）生理功能、缺乏病与毒性

铁在人体中的功能主要是构成血红素，参与血红蛋白的形成，也是细胞色素系统、铁硫蛋白、过氧化物酶及过氧化氢酶等多种含铁蛋白和酶的重要组成部分，在气体运输、生物氧化和酶促反应中均发挥重要作用。因此，铁缺乏时可导致缺铁性贫血，临床上常用硫酸亚铁、柠檬酸铁铵、延胡索酸亚铁（又称富马酸亚铁）等口服补铁。

铁摄入过量,部分铁蛋白变性生成血铁黄素,沉积于组织中产生血色素沉着症,引起器官损伤,可出现糖尿病、心脏病、肝硬化、肝癌等严重的疾病。

食物铁分为:① 非血红素铁,主要存在于植物性食物中。② 血红素铁,主要存在于动物性食物中,吸收率高于非血红素铁。

二、锌

(一) 锌的代谢

锌(zinc,Zn)主要由小肠吸收,在血中锌与白蛋白或运铁蛋白结合而运输。在细胞内与金属硫蛋白结合储存。锌主要随胆汁、胰液排泄入肠腔,由粪便排出,部分锌可从尿及汗排出。夏日炎热多汗或病理性发汗,导致锌大量丢失,可能引发体内锌的不足。

(二) 生理功能与缺乏症

锌是 80 多种酶的组成成分或激动剂,如碱性磷酸酶、乳酸脱氢酶、超氧化物歧化酶、DNA聚合酶等。锌还参与调节基因表达,促进生长发育,如固醇类及甲状腺素的核受体蛋白中的 DNA 结合区有锌指结构。锌可增强组织再生能力,促进伤口愈合。因此,缺锌会导致多种代谢障碍,如引起皮肤炎、伤口愈合缓慢、脱发、味觉减退、异食癖、胎儿发育畸形等;儿童缺锌可引起生长发育迟缓、生殖器发育受损等;成人性功能低下。此外,缺锌往往伴随缺铁。

动物性食物中的锌生物利用率较高;某些药物如苯妥英钠和维生素 D 能促进锌的吸收。植物性食物中的鞣酸、植酸和纤维素等均不利于锌的吸收;铁抑制锌的吸收;酗酒可妨碍锌的吸收。

三、碘

(一) 碘的代谢

碘(iodine,I)约 30% 集中在甲状腺内,用于合成甲状腺激素;60%~80% 以非激素的形式分散于甲状腺外。碘的吸收部位主要在小肠,吸收入血的碘与蛋白质结合而运输,70%~80% 被甲状腺细胞摄取利用。

(二) 生理功能与毒性

碘是甲状腺激素的合成原料;还具有抗氧化作用,能清除自由基,在预防癌症方面有一定的作用。但碘摄入过多也可引起高碘性甲状腺肿,表现为甲状腺功能亢进及一些中毒症状。

四、硒

(一) 硒的代谢

硒(selenium,Se)在人体内主要以有机硒化合物,即硒蛋白(selenoprotein)和含硒蛋白质(se-containing protein)两种形式存在。

(二) 生理功能、缺乏症与毒性

硒在体内构成各种含硒蛋白质,目前发现在人体含 25 种硒蛋白,硒蛋白大多是具有重要作用的酶,具有广泛的生物学效应。

1. 抗氧化作用　硒蛋白质 W 含有硒半胱氨酸,硒半胱氨酸参与谷胱甘肽过氧化物酶活性中心的组成,以催化还原性谷胱甘肽(GSH)与过氧化物的氧化还原反应,防止过氧化物对机体的损伤。硒蛋白质 P 是硒在细胞外特别是血浆中的运输形式,具有移除自由基、参与抗氧化保护作用。

2. 增强机体免疫力　硒能提高机体的体液免疫,刺激免疫球蛋白的形成;也可提高细胞免疫功能,增强 T 细胞和天然杀伤性(NK)细胞活性;增强 T 细胞介导的肿瘤特异性免疫,具有防癌抗癌的作用。

3. 调节甲状腺激素的代谢　甲状腺素脱碘酶的活性中心区为硒半胱氨酸,能催化甲状腺激素和相关代谢产物脱碘。例如,将 T_4 脱碘转化成体内活性最高的甲状腺素 T_3,可调节代谢、生长及发育。

4. 拮抗重金属毒性　硒与金属的结合力很强,在人体内能与重金属结合成可溶性蛋白质复合物并排出体外,因此硒可作为汞、铅、铂、砷等重金属的解毒剂。

缺硒可导致克山病和大骨节病,补硒能防止骨髓端病变,促进修复,对这两种地方性疾病都有很好的预防和治疗作用。

硒摄取过多可致中毒,出现头发脱落和指甲变形,恶心、呕吐、胃肠功能紊乱等症状,严重者可致死亡。硒化物对皮肤黏膜有强烈的刺激作用。

五、铜

(一) 铜的代谢

铜(copper,Cu)主要分布于肌肉、肝脏、血液中。大部分铜与蛋白质结合或作为酶的组成成分,少量以游离状态存在。肝脏是调节体内铜代谢的主要器官。铜可经胆汁排出,极少部分由尿排出。

(二) 生理功能、缺乏症与毒性

1. 为多种含铜金属酶的辅基　铜是细胞色素 c 氧化酶的辅基,参与能量代谢;作为酪氨酸酶、多巴胺 α-羟化酶的辅基,参与黑色素及儿茶酚胺的合成;作为赖氨酰氧化酶的辅基,促进纤维蛋白的交联,稳定细胞外基质;作为 Cu/Zn 超氧化物歧化酶的辅基,参与自由基清除。

2. 参与铁的代谢及造血过程　铜蓝蛋白是由肝脏合成后分泌入血浆的一种含铜糖蛋白,能催化 Fe^{2+} 氧化成 Fe^{3+},促进铁与运铁蛋白的结合,加快运铁速度。铜亦促进血红蛋白的合成和红细胞的成熟。

铜的缺乏可导致铁的利用出现障碍,特征性表现为小细胞低色素性贫血、白细胞减少、动脉壁弹性减弱及神经系统症状等。肝豆状核变性(hepatolenticular degeneration,又称 wilson 病)是铜代谢障碍性疾病,为常染色体隐性遗传病,是铜蓝蛋白合成障碍所致游离铜在体内过度蓄积,损害肝、脑等器官所致。

铜摄入过量也会引起中毒,表现为蓝绿色粪便、唾液以及行动障碍等。

六、钴

(一) 钴的代谢

钴(cobalt,Co)在人体内 14% 分布于骨骼、43% 分布于肌组织。钴可经消化道和呼吸道进入体内,主要在小肠吸收,部分与铁的吸收共用一个运输通道,铁缺乏时可促进钴的吸收。

(二) 生理功能与缺乏症

在体内,钴主要通过维生素 B_{12} 的形式发挥作用,钴缺乏可致维生素 B_{12} 缺乏。人体排钴能力强,很少有钴蓄积的现象发生。

第七章
生 物 氧 化

学习目标

1. 掌握生物氧化的概念与特点,体内重要呼吸链的组成、排列顺序及其作用,ATP 的生成。
2. 熟悉氧化磷酸化的机制与调节,ATP 的利用、转移与储存。
3. 了解生物氧化的方式。

生物体所需的能量主要来自糖、脂肪和蛋白质三大营养物的氧化分解。在糖酵解和三羧酸循环反应过程中常发生脱氢生成还原型辅酶 $NADH+H^+$ 或 $FADH_2$。在后续的脂肪和蛋白质分解代谢中也会产生这样的还原型辅酶。这些携带氢和电子的还原型辅酶 $NADH+H^+$ 和 $FADH_2$,可以通过一系列中间传递体进一步传递最终交给氧生成水,并释放大量能量。

第一节 概 述

体内物质的氧化在细胞的线粒体内外均可进行,但氧化过程及意义不同。线粒体内的氧化伴有能量——ATP 的生成;而线粒体外如微粒体、过氧化物酶体等的氧化是不伴有 ATP 生成的,主要与药物、毒物等物质的生物转化有关,这将在"药物代谢"章节进行学习。

一、生物氧化的概念

生物氧化(biological oxidation)主要是指糖、脂肪和蛋白质等营养物在体内氧化分解逐步释放能量,最终生成二氧化碳和水的过程。细胞在进行生物氧化的同时,伴随着肺的呼吸作用,吸入氧和呼出二氧化碳,故又将生物氧化称细胞呼吸或组织呼吸。

二、生物氧化的特点

糖、脂肪、蛋白质等的生物氧化与有机物体外燃烧过程既有共性又有区别。
1. 共性 ① 耗氧量相同。② 终产物相同。③ 释放的能量相同。
2. 区别 体外燃烧是有机物的 C 和 H 在高温下直接与 O_2 化合生成 CO_2 和 H_2O,并以光和热的形式瞬间放能;而生物氧化过程中能量逐步释放并可用于生成高能化合物,供生命活动利用。

三、生物氧化的方式

1. CO_2 的生成　体内 CO_2 的生成,都是由有机酸经脱羧反应而生成的。根据释放 CO_2 的羧基在有机酸分子中的位置不同,将脱羧反应分为 α-脱羧和 β-脱羧。又根据脱羧的同时是否伴有氧化,有单纯脱羧和氧化脱羧之分。

2. 水的生成　生物氧化中 H_2O 的生成,极大部分是由代谢物脱下的成对氢原子(2H),经一系列中间传递体(酶和辅酶)逐步传递,最终与 O_2 结合产生的。

生物氧化过程中物质的氧化与体外物质氧化的方式是相同的,如加氧、脱氢和失电子均称氧化反应。但生物氧化释出的电子或氢原子不能游离存在,必须被另一物质接受。这种接受电子或氢原子的物质称受电子体或受氢体,而提供电子或氢原子的物质称供电子体或供氢体。生物体内的氧化还原反应由相应的酶所催化,其辅酶或辅基可接受代谢物脱下的电子或氢而被还原,又可供出电子和氢而被氧化。在连续的氧化还原过程中,这些酶或辅酶实际上起了传递电子或氢原子的作用,故又把这些酶或辅酶称作递电子体或递氢体。

第二节　线粒体氧化体系

一、呼吸链

(一) 呼吸链的概念

呼吸链(respiratory chain)是定位于线粒体内膜上的一组排列有序的递氢体和递电子体(酶与辅酶)构成的链状传递体系,也称电子传递链(electron transfer chain)。呼吸链的功能是把底物脱下的 2H(以 H 或 $H^+ + e^-$ 的形式存在),经一系列中间传递体的逐步传递,其中的 e^- 可通过多环节传递最终递给氧,再与 H^+ 结合生成水,并释放大量的能量驱动 ADP 磷酸化生成 ATP。

(二) 呼吸链的组成

呼吸链包括四种分子量大、结构复杂的呼吸链复合物 Ⅰ(CⅠ)、Ⅱ(CⅡ)、Ⅲ(CⅢ)和 Ⅳ(CⅣ),一种小分子结合蛋白质(细胞色素 c)和一种脂溶性小分子(辅酶 Q)。一般分为以下四类。

1. 黄素蛋白酶类及其辅基　黄素蛋白酶因其辅基中含有 FMN 和 FAD,也是催化底物分解脱氢的一类酶。

黄素蛋白酶催化代谢物脱下的氢交由其辅基 FMN 或 FAD 接受,生成 $FMNH_2$ 或 $FADH_2$,然后将 2H 再下传。

在呼吸链中 NADH 脱氢酶属于黄素蛋白酶(FP_1),它可催化 $NADH+H^+$ 将 2H 转移给辅基 FMN,使 FMN 还原为 $FMNH_2$。而以 FAD 为辅基的黄素蛋白酶是呼吸链中另一类黄素蛋白(FP_2),它可催化琥珀酸等底物脱氢,将 2H 转移给辅基 FAD 生成 $FADH_2$。

2. 铁硫蛋白类　铁硫蛋白是呼吸链中的一类电子传递体,其辅基为含有等量的非血红素铁和无机硫形成的铁硫簇(iron-sulfur cluster,Fe-S),故命之。铁硫簇主要有两种形式:Fe_4S_4 和 Fe_2S_2,铁硫簇通过其中的铁原子与蛋白质中的半胱氨酸残基的硫相连接。

铁硫簇结构示意图

铁硫蛋白中的铁通过变价起到传递电子的作用,每次只传递一个电子,属于单电子传递体。其氧化型接受电子被还原时只有 1 个 Fe^{3+} 变成 Fe^{2+} ($Fe^{2+} \rightleftharpoons Fe^{3+}+e$)。在呼吸链中,铁硫蛋白常与其他递氢体或递电子体结合成复合物而存在,如 $\begin{bmatrix} FMN \\ (Fe-S) \end{bmatrix}$,$\begin{bmatrix} FAD \\ (Fe-S)、Cyt\ b \end{bmatrix}$,$\begin{bmatrix} Cyt\ b、c \\ (Fe-S) \end{bmatrix}$ 等,以参与递电子作用。

3. 泛醌(ubiquinone,Q)　为呼吸链中的一类递氢体。以往曾认为它是一种辅酶,被称为辅酶 Q(CoQ),但至今未曾发现哪种蛋白质能与之结合构成全酶。在泛醌结构的 6 位碳上带有很长的侧链,后者是由若干(n)个异戊烯单位构成。不同生物来源的泛醌,其侧链异戊烯单位数目不同。人体内的泛醌带有由 10 个异戊烯单位($n=10$)构成的侧链,常用 Q_{10} 表示。Q_{10} 因侧链的疏水作用,可在线粒体内膜迅速扩散,游离存在于线粒体内膜中。

泛醌可先接受 1 个电子和 1 个质子成半醌式,再接受 1 个电子和 1 个质子还原成二氢泛醌,后者又可脱去电子和质子而被氧化恢复为泛醌。

泛醌　　　　　泛醌自由基　　　　二氢泛醌
(全氧化型)　　(半醌型)　　　　(全还原型)

在呼吸链中,泛醌接受黄素蛋白与铁硫蛋白传递来的 $2H(2H^+ +2e)$ 后,将 2 个质子($2H^+$)释入线粒体基质中,2 个电子则传递给后续的细胞色素。

4. 细胞色素类　细胞色素(cytochrome,Cyt)是位于线粒体内的一类电子传递体,其辅基为铁卟啉(血红素),因有特殊的吸收光谱而具有颜色,故命之。现发现的细胞色素已达到 30 余种,根据吸收光谱的不同可分为三大类:即细胞色素 a、b、c。每一类又因其最大吸收波长的微小差别再分为若干亚类,如 Cyt c 又分为 c、c_1 等,在呼吸链中 Cyt b 有 3 种形式:Cyt b_{560},Cyt b_{562},Cyt b_{566},Cyt a 又有 a、a_3 等之别,由于 a 与 a_3 不易分开,故常写在一起 Cyt aa_3。

Cyt c 所含卟啉环的结构

除了最大吸收波长稍有差异,各种细胞色素的主要差别是其分子内卟啉环上侧链与蛋白质多肽链的连接方式。目前对 Cyt c 的结构与功能研究得较为清楚,Cyt c 的一级结构可用于物种分类学的研究。

参与呼吸链的细胞色素主要有 Cyt b、Cyt c_1、Cyt c、Cyt a 和 Cyt a_3 等,各种细胞色素依靠卟啉环中铁离子价态的变化($Fe^{2+} \rightleftharpoons Fe^{3+} + e$)而发挥传递电子的作用。细胞色素传递电子顺序是:

$$Cyt\ b \rightarrow Cyt\ c_1 \rightarrow Cyt\ c \rightarrow Cyt\ aa_3 \rightarrow 1/2\ O_2$$

Cyt aa_3 的作用是将 Cyt c 的电子直接传递给 $1/2\ O_2$,故把 Cyt aa_3 称 Cyt c 氧化酶(cytochrome c oxidase,CO),亦称细胞色素氧化酶。Cyt aa_3 中除了含铁卟啉辅基外,还含有参与传递电子的铜离子,$Cu^+ \rightleftharpoons Cu^{2+} + e$。两个铁卟啉辅基和两个铜离子($Cu_A$、$Cu_B$)共同构成了 Cyt aa_3 的活性中心。

Cyt b、Cyt c_1 和 Cyt c 分子的铁卟啉辅基中铁原子的六个配位键均已饱和,分别与卟啉环和蛋白质形成了配位键。而 Cyt a_3 则不同,还保留了一个配位键,能与 $1/2\ O_2$ 结合并将电子传递给 $1/2O_2$ 而使之激活为 O_2^-,后者与基质中的 $2H^+$ 形成 H_2O 分子。但 Cyt a_3 也可与一氧化碳、氰化物等毒物结合,这种结合一旦发生,Cyt a_3 便失去传递电子的能力,进而阻断了氧的还原和 H_2O 的生成,导致机体不能利用氧而窒息死亡,这就是氰化物致死的原因。

(三) 呼吸链四大复合体

上述呼吸链各组成成分中,除了泛醌以游离形式存在、细胞色素 c 与线粒体内膜外表面疏松结合外,其余各成分则组装成四大复合体(complex Ⅰ~Ⅳ)而存在于线粒体内膜。Hatefi 等曾用胆酸、脱氧胆酸等反复处理线粒体内膜,得到了 4 组仍具有传递电子功能的复合体(表 7-1)。

表 7-1 人线粒体呼吸链四大复合体组成及作用

酶复合体	辅基	作用
NADH-泛醌还原酶(Ⅰ)	FMN,Fe-S	将氢与电子从 NADH 逐步传递给 Q
琥珀酸-泛醌还原酶(Ⅱ)	FAD,Fe-S,铁卟啉	将氢与电子从 $FADH_2$ 逐步传递给 Q
泛醌-Cyt c 还原酶(Ⅲ)	铁卟啉,Fe-S	将电子从 Q 逐步传递给 Cyt c
Cyt c 氧化酶(Ⅳ)	铁卟啉,Cu	将电子从 Cyt c 逐步传递给 $1/2\ O_2$

四大复合体在线粒体内膜上的定位:复合体 Ⅰ、Ⅲ 和 Ⅳ 完全镶嵌在线粒体内膜中,复合体 Ⅱ 镶嵌在内膜的基质侧。此外,Q 游离存在于线粒体内膜中,而 Cyt c 呈水溶性,以静电引力疏松结合于线粒体内膜外侧(图 7-1)。

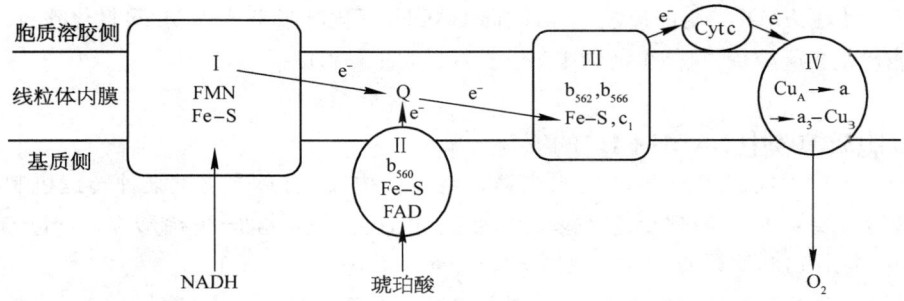

图7-1 呼吸链各种成分在线粒体内膜上的分布与定位

二、体内重要的呼吸链

呼吸链各组分的排列顺序是由下列实验确定的：① 根据呼吸链各组分的标准氧化还原电位（$E^{O'}$）值，由低到高的顺序排列（电位低容易失去电子）。② 利用呼吸链各组分氧化和还原状态的吸收光谱不同，以离体线粒体无氧时处于还原状态作为对照，缓慢给氧，观察各组分被氧化的顺序。③ 在体外将呼吸链拆开或重组，鉴定4种复合体的组成与排列。④ 利用呼吸链特异抑制剂阻断某一组分的电子传递，在阻断部位以前的组分处于还原状态，后面组分处于氧化状态，故可根据吸收光谱的改变进行排序。

根据以上实验结果，目前已知体内主要存在两条呼吸链。

1. NADH 氧化呼吸链　这是体内分布最广的一条重要呼吸链（图7-2）。生物氧化中大多数脱氢酶是以 NAD^+ 为辅酶的烟酰胺脱氢酶。如异柠檬酸脱氢酶、苹果酸脱氢酶等可催化相应底物脱氢，脱下的 2H 由 NAD^+ 接受生成 $NADH+H^+$，后者进入 NADH 氧化呼吸链将氢与电子依次经过 FMN、Fe-S、Q 和 Cyt 类传递，最后由 Cyt a_3 将电子交给 $1/2\ O_2$ 生成 H_2O，在此过程中逐步释放能量，驱动 ADP 磷酸化生成约 2.5 分子 ATP。

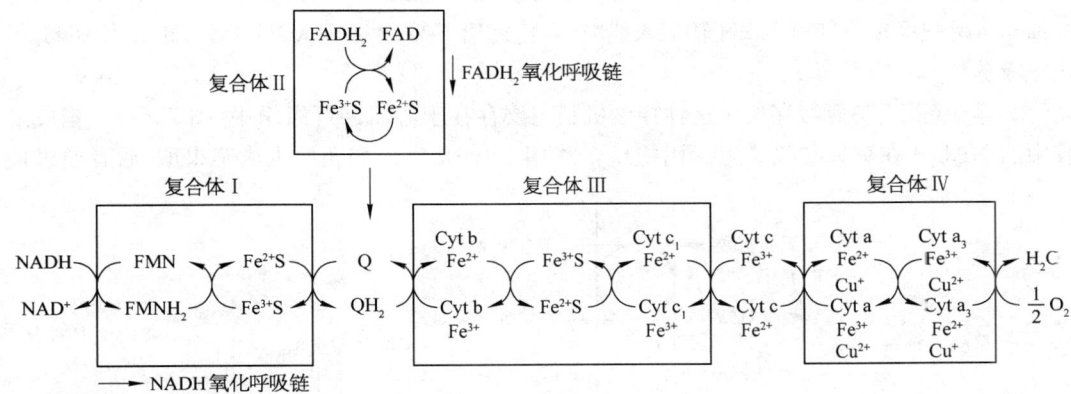

图7-2 体内两条重要呼吸链及相互联系

2. $FADH_2$ 氧化呼吸链（或称琥珀酸氧化呼吸链）　体内还有部分代谢物，如琥珀酸、脂酰 CoA 等在黄素蛋白酶（FP_2）作用下，将脱下的 2H 由其辅基 FAD 接受，进入 $FADH_2$ 氧化呼吸链进一步传递。该呼吸链与上述 NADH 氧化呼吸链传递的主要差别是，$FADH_2$ 在 Fe-S 参与下将氢与电子直接传给泛醌，再往下的传递则与 NADH 氧化呼吸链相同。$FADH_2$ 氧化呼吸在泛醌之前少了 FMN 参与的递氢过程,因此 FADH₂ 氧化呼吸链比 NADH 氧化呼吸链稍短,释放的能量也相应减少,只能生成约 1.5 分子 ATP(图 7-2)。

三、胞质溶胶中 NADH+H⁺ 的氧化

胞质溶胶中生成的 NADH 不能自由透过线粒体内膜,而必须通过某种转运机制将其所含 2H 转运入线粒体,再经呼吸链氧化。这种转运机制主要有甘油-3-磷酸穿梭(glycerol-3-phosphate shuttle)和苹果酸-天冬氨酸穿梭(malate-asparate shuttle)。

1. **甘油-3-磷酸穿梭** 这种转运机制主要发生在脑及骨骼肌中(图 7-3)。线粒体外的 NADH 在胞质溶胶甘油-3-磷酸脱氢酶催化下,使磷酸二羟丙酮还原成甘油-3-磷酸,后者通过线粒体外膜进入线粒体内,受到位于线粒体内膜表面的以 FAD 为辅基的甘油-3-磷酸脱氢酶催化,使甘油-3-磷酸脱氢生成磷酸二羟丙酮和 FADH₂。前者又回到胞质溶胶中继续穿梭,而 FADH₂ 则进入琥珀酸氧化呼吸链,约生成 1.5 分子 ATP。

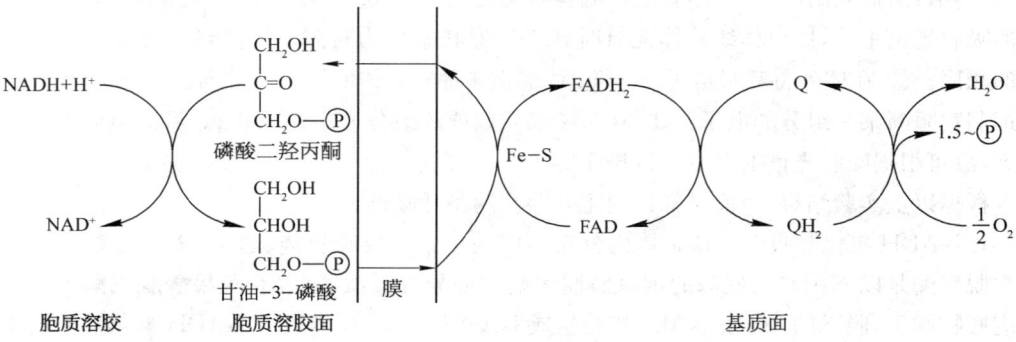

图 7-3 甘油-3-磷酸穿梭

因此在脑、骨骼肌等组织的糖有氧氧化过程中,由甘油醛-3-磷酸脱氢产生的 NADH 通过甘油-3-磷酸穿梭将其所含 2H 转运入线粒体,传递给 FAD 生成 FADH₂,后者进入 FADH₂ 氧化呼吸链。

2. **苹果酸-天冬氨酸穿梭** 这种穿梭机制主要存在于心肌和肝组织中(图 7-4)。胞质溶胶中的 NADH 在苹果酸脱氢酶(图中①)的作用下,使草酰乙酸还原生成苹果酸,后者通过羧

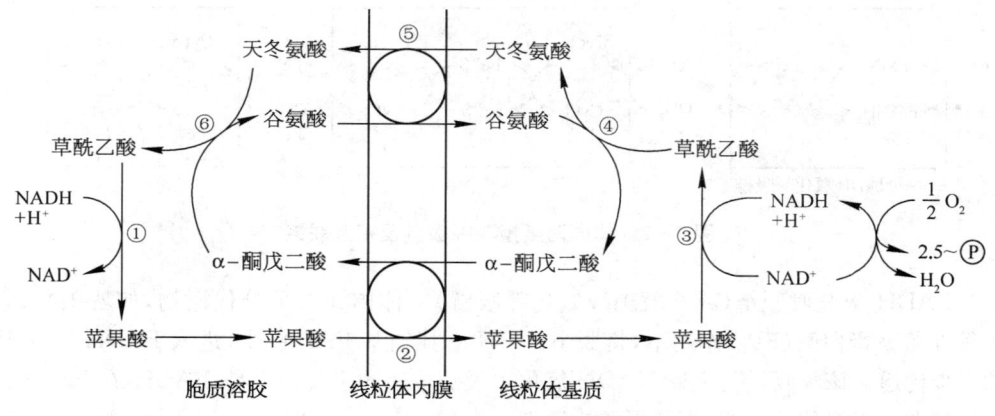

图 7-4 苹果酸-天冬氨酸穿梭

酸转运蛋白(图中②)进入线粒体,在苹果酸脱氢酶(图中③)的作用下重新生成草酰乙酸和NADH。NADH进入NADH氧化呼吸链,生成约2.5分子ATP。线粒体内生成的草酰乙酸经天冬氨酸氨基转移酶(图中④)的作用生成天冬氨酸,再经酸性氨基酸转运蛋白(图中⑤)转运出线粒体,受胞质溶胶内天冬氨酸氨基转移酶(图中⑥)的作用转变成草酰乙酸,继续穿梭。

心肌和肝组织在糖的有氧氧化过程中,胞质溶胶内产生的NADH可通过苹果酸-天冬氨酸穿梭机制将其所含2H转运入线粒体氧化。

第三节 生物氧化与能量代谢

三大营养物经生物氧化过程可以释放大量能量,其中约有60%以热能的形式散失于周围环境以维持体温,40%左右则以化学能形式参与形成高能化合物(如ATP)。当生物体需要能量时,如运动、分泌、吸收、神经传导或化学反应等,可再释放出来被利用。这就是能量代谢的概念。

一、高能化合物的种类

生物化学中把水解时释出的能量$>21kJ/mol$的含磷酸酯键或硫酯键的化合物统称高能化合物,一般用符号"~"表示。而其所含的磷酸键称高能磷酸键(~P),硫酯键称高能硫酯键(~S)实际上一个化合物水解时能否释放出较多的自由能是取决于这个化合物的整个分子结构,且在物理化学上所谓的"高能键"是指断裂该键时需要较高的能量。因此,高能磷酸键的名称是不够确切的,但方便叙述,目前仍采用。常见的高能化合物如表7-2。

表7-2 几种常见的高能化合物

通 式	举 例	释放能量(pH 7.0, 25℃) kJ/mol(kcal/mol)
$R-\overset{NH}{\underset{\|}{C}}-NH\sim PO_3H_2$	磷酸肌酸	$-43.1(-10.3)$
$R-\overset{CH_2}{\underset{\|}{C}}-O\sim PO_3H_2$	磷酸烯醇式丙酮酸	$-61.9(-14.3)$
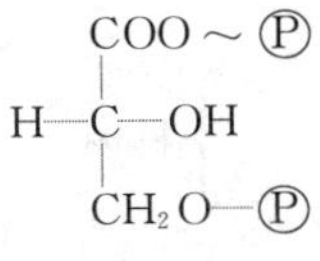 $\begin{matrix}COO\sim ⓟ\\H-C-OH\\CH_2O-ⓟ\end{matrix}$	甘油酸-1,3-二磷酸	$-49.3(-11.3)$
$\overset{O}{\underset{OH}{\overset{\|}{P}}}-O\sim PO_3H_2$	ATP→ADP+Pi	$-30.5(-7.3)$
$H_3C-\overset{O}{\overset{\|}{C}}\sim SCoA$	乙酰CoA	$-31.5(-7.5)$

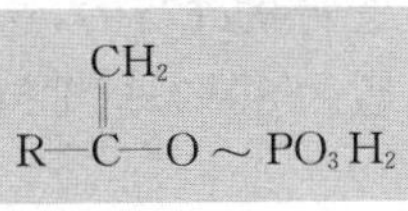

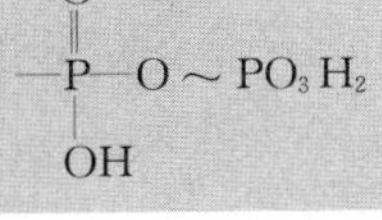

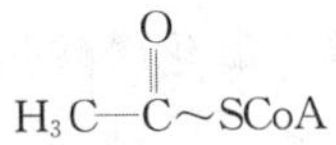

二、ATP 的生成

在能量代谢中，ATP 是体内直接供能的主要高能化合物。体内生成 ATP 的方式有底物水平磷酸化与氧化磷酸化两种。

1. **底物水平磷酸化**　在分解代谢过程中，底物因脱氢、脱水等作用而使能量在分子内部重新分布，形成高能磷酸化合物，然后将高能磷酸基团转移给 ADP 形成 ATP 的过程，称底物水平磷酸化（substrate level phosphorylation）。例如，在糖的有氧氧化过程中，曾发生三次底物水平磷酸化。两次发生在葡萄糖无氧分解的第三阶段中，由甘油醛-3-磷酸氧化磷酸化转变生成的甘油酸-1,3-二磷酸和甘油酸-2-磷酸脱水生成的磷酸烯醇式丙酮酸分子，两者均含有高能磷酸键，在酶的作用下分别发生底物水平磷酸化各生成 1 分子 ATP（反应式如下）。

$$\text{甘油酸-1,3-二磷酸} + ADP \xrightleftharpoons[\text{Mg}^{2+}]{\text{甘油酸-3-磷酸激酶}} \text{甘油酸-3-磷酸} + ATP$$

$$\text{磷酸烯醇式丙酮酸} + ADP \xrightarrow[\text{Mg}^{2+}, \text{K}^+]{\text{丙酮酸激酶}} \text{丙酮酸} + ATP$$

$$\text{琥珀酰辅酶 A} \xrightleftharpoons[\text{GDP + Pi} \quad \text{GTP}]{\text{琥珀酰CoA 合成酶}} \text{琥珀酸} + HSCoA$$

$$GTP + ADP \rightleftharpoons GDP + ATP$$

2. **氧化磷酸化**　在生物氧化过程中，代谢物脱下的氢经呼吸链氧化生成水时，所释放的能量能够偶联 ADP 磷酸化生成 ATP，此过程称氧化磷酸化（oxidative phosphorylation）。氧化是放能反应，而 ADP 生成 ATP 是吸能反应。在生物体内，这两个过程是偶联进行的，这样可以提高产能效率。这是细胞内 ATP 生成的主要方式，约占 ATP 生成总数的 80%，是维持生命活动所需要能量的主要来源。

$$\left.\begin{array}{l}\text{底物·2H} \longrightarrow \frac{1}{2}O_2 \quad \text{底物氧化} \\ \text{ADP} + H_3PO_4 \xrightarrow{\text{能量}} ATP \quad \text{ADP 磷酸化} \\ \qquad\qquad\quad \downarrow \text{释放} \\ \qquad\qquad\quad \text{自由能}\end{array}\right\}\text{偶联}$$

三、氧化磷酸化的机制

1. **氧化磷酸化的偶联部位**　根据下述实验方法及数据可以大致确定氧化磷酸化的偶联部位，即 ATP 生成的部位。

(1) P/O值测定：研究氧化磷酸化最常用的方法是测定线粒体内无机磷(P)和氧($1/2\ O_2$)的消耗量。如将底物、ADP、H_3PO_4、Mg^{2+}和分离到的线粒体在模拟胞质溶胶的环境中相互作用，发现在消耗氧气的同时也消耗了一定数量的无机磷。分别测定氧($1/2\ O_2$)和无机磷(P)的消耗量，即可计算出P/O值。P/O值是指氧化磷酸化过程中，每消耗1/2摩尔O_2所消耗的无机磷摩尔数，即生成ATP的摩尔数。

用离体线粒体实验，加入不同底物测定P/O值即可大致推导出氧化磷酸化的偶联部位。已知β-羟丁酸经NADH呼吸链氧化，测得P/O值约2.5，即可能生成2.5个ATP。琥珀酸氧化（$FADH_2$氧化呼吸链）时，测得其P/O值约为1.5，即可能生成1.5个ATP。因此推测在NADH~Q之间存在1个偶联部位。此外，测得抗坏血酸氧化时P/O≈1，已知抗坏血酸是通过Cyt c进入呼吸链被氧化的，因而推测在Cyt aa_3~$1/2\ O_2$之间也存在1个偶联部位。

结合琥珀酸和还原型Cyt c氧化时P/O值的比较，推测在Q~Cyt c之间还存在另一个偶联部位。因此，NADH呼吸链存在3个偶联部位。琥珀酸呼吸链存在2个偶联部位。

(2) 自由能变化：通过自由能变化可进一步佐证ATP生成部位。呼吸链中有3个部位（即NAD^+→Q, Q→Cyt c, Cyt aa_3→$1/2O_2$）都有较大的氧化还原电位差，分别为0.36 V、0.19 V、0.58 V。经推算，自由能变化分别约为69.5、36.7、112 kJ/mol。而生成每摩尔ATP约需能30.5 kJ，可见以上3个部位均足以提供生成ATP所需的能量。说明在复合体Ⅰ、Ⅲ、Ⅳ内，各存在一个ATP生成部位，其中第三个部位释放的自由能数值上虽较大，但结合P/O值测定结果，证明这一部位亦仅生成约1分子ATP。

由以上实验得出：NADH氧化呼吸链有3个生成ATP的偶联部位，结合P/O值测定约合成2.5个ATP；而琥珀酸氧化呼吸链由于不经过NAD^+~FMN的传递，故只有2个生成ATP的偶联部位，结合P/O值测定约合成1.5个ATP。呼吸链中生成ATP的偶联部位如图7-5所示。

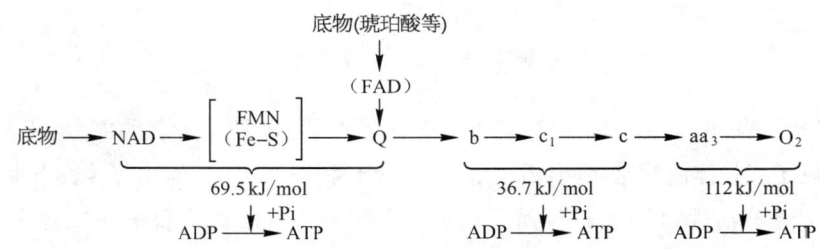

图7-5 呼吸链形成ATP的偶联部位

2. 氧化磷酸化的偶联机制——化学渗透假说

(1) 化学渗透假说：氧化磷酸化作用与电子传递相偶联已得到大家公认，但是NADH的氧化是怎样与ADP磷酸化偶联起来促使ADP磷酸化形成ATP的？能量是怎样转移的？还有未完全阐明的问题。化学渗透假说是1961年由英国学者Mitchell P提出的，1978年获诺贝尔化学奖。他认为电子传递释放出的自由能和ATP合成是与一种跨线粒体内膜的质子梯度相偶联，目前已有越来越多的证据支持。

电子传递链在线粒体内膜中共构成三个回路，每个回路均有质子泵的作用。首先由$NADH+H^+$提供2个H^+和2个e，使FMN还原成$FMNH_2$。$FMNH_2$向内膜胞质侧释出2个

H^+,将2个e还原Fe-S。第二个回路开始时Fe-S放出2个e重新被氧化,将2个e加上基质内的2个H^+传递给泛醌,使泛醌还原成QH_2。QH_2移至内膜胞质侧释出2个H^+,将2个e交给Cyt b。Cyt b是跨膜蛋白质,1条多肽链上结合2个辅基,Cyt b_{566}和Cyt b_{562}。还原型Cyt b将2个e交还给泛醌,加上基质内的2个H^+又使泛醌还原成QH_2。QH_2将2个H^+从胞质侧释出,2个e依次通过Fe-S、Cyt c_1、Cyt c、Cyt aa_3传递给氧,并与基质内的2个H^+生成H_2O(图7-6)。

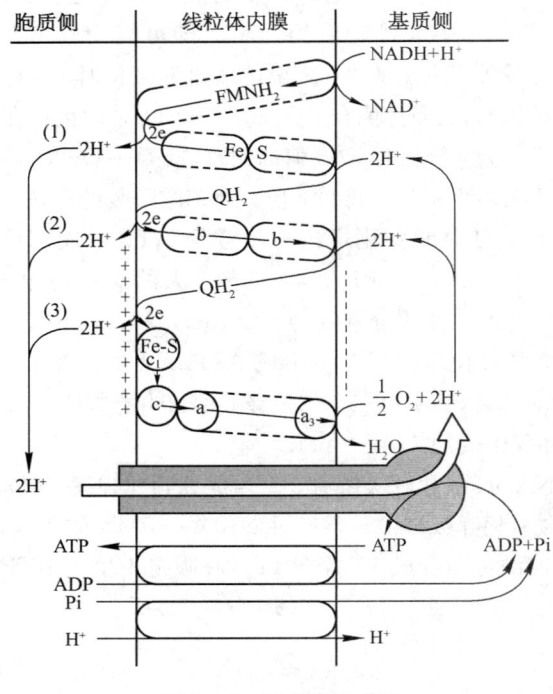

图7-6 化学渗透学说

(2) ATP合酶(ATP synthase):主要由F_0(疏水部分)和F_1(亲水部分)组成。F_1催化ATP合成,位于线粒体内膜基质侧,由α_3、β_3、γ、δ、ϵ五种亚基组成,催化部位在β亚基中,必须与α亚基结合才有活性,γ亚基控制质子通过。F_0镶嵌于线粒体内膜中构成允许H^+通过的H^+通道,当H^+顺浓度梯度经F_0的H^+通道回流时,γ亚基发生旋转,引起β亚基的构象发生改变,促使ADP磷酸化生成ATP。

四、氧化磷酸化的调节

(一)抑制剂

1. 呼吸链抑制剂　此类抑制剂能阻断呼吸链中某些部位氢与电子的传递。如麻醉药阿米妥、杀虫药鱼藤酮等可与复合体Ⅰ中的铁硫蛋白结合;抗霉素A抑制复合体Ⅲ中Cyt b→c_1之间的电子传递;氰化物、叠氮化物(N_3^-)、一氧化碳和硫化氢等抑制细胞色素氧化酶,使电子不能传递给氧,引起呼吸链中断。此时即使氧供应充足,细胞也不能利用,造成组织呼吸停顿,能源断绝,危及生命。

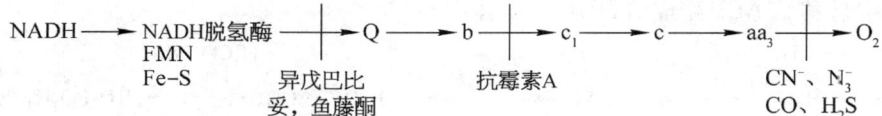

2. 解偶联剂 解偶联剂能使氧化与磷酸化之间的偶联过程脱离。其基本作用机制是使呼吸链中的 H^+ 不经 ATP 合酶系的 F_0 质子通道回流,从而使电化学梯度中储存的能量以热能的形式散发而不形成 ATP。最常见的解偶联剂是 2,4-二硝基苯酚(DNP),DNP 为脂溶性物质,在线粒体内膜中可自由移动,把 H^+ 从线粒体内膜胞质侧运至内膜基质侧,降低或消除了内膜两侧的 H^+ 的跨膜梯度,从而抑制 ADP 磷酸化生成 ATP。

患感冒或某些传染性疾病时体温升高,可能就是由于病毒或细菌产生某种解偶联剂,使呼吸作用释放的能量较多地以热能形式散发,而使体温升高。人类(尤其是新生儿)及其他哺乳类动物体内存在棕色脂肪组织,该组织含有大量线粒体,在其线粒体内膜上存在有解偶联蛋白(uncoupling protein),可使氧化磷酸化解偶联,因此棕色脂肪组织是产热御寒组织。新生儿硬肿症是因为缺乏棕色脂肪组织,不能维持正常体温而使皮下脂肪凝固所致。近年来发现在其他组织的线粒体内膜中也存在解偶联蛋白,可能对机体的代谢速率起调节作用。

(二) ADP 的调节

正常机体内氧化磷酸化的速率主要受 ADP 的调节。当机体利用 ATP 增加,ADP 浓度升高,后者转运进入线粒体后氧化磷酸化速度加快。反之,ADP 不足,使氧化磷酸化速度减慢。这种调节作用可使 ATP 的生成速度适应生理需要。

(三) 甲状腺激素

甲状腺激素能促进细胞膜上的 Na^+,K^+-ATP 酶合成与活性,使 ATP 加速分解为 ADP 和 Pi,由于 ADP 的增多促进氧化磷酸化,从而使物质氧化分解加速,结果细胞耗氧量和产热量均增加。甲状腺激素可诱导解偶联蛋白基因表达,引起物质氧化释放能量和产热比率增加,ATP 合成减少,导致机体耗氧和产热同时增加,故甲状腺功能亢进者常出现基础代谢率(basal metabolic rate,BMR)增高和怕热、易出汗等症状。

(四) 线粒体 DNA 突变

线粒体 DNA(mitochondrial DNA,mtDNA)为环状裸露结构,缺乏组蛋白保护和损伤修复系统,易受本身氧化磷酸化过程中产生的氧自由基的损伤而发生突变,其突变率比核 DNA 高 10 倍以上。mtDNA 负责编码呼吸链复合体中 13 条多肽链,因此其突变可强烈地影响氧化磷酸化功能,使 ATP 生成减少而致病。耗能较多的器官更易出现功能障碍,如聋、盲、痴呆、肌无力、糖尿病等均与能量代谢异常变化有关。

五、ATP 的利用、转移与储存

虽然人的一切生理活动所需的能量,主要来自糖、脂肪、蛋白质等物质的氧化分解,但都必须转化为 ATP 的形式才能被利用,故 ATP 是机体所需能量的直接提供者。

1 mol ATP 水解生成 ADP 时可释放 30.5 kJ 能量,体内能量的形成、释放主要通过 ATP 和 ADP 的相互转变来完成的。所以,在能量代谢中起关键作用的是由 ATP-ADP 构成的循环系统,称 ATP 循环。当生物体处于安静状态或体内能量供过于求时,ATP 可将其 1 个~P 转移给肌酸生成磷酸肌酸,作为肌肉和脑组织中能量的储存形式。当机体消耗 ATP 过多时磷酸肌酸可将~P转移给ADP生成ATP,以供机体需要。

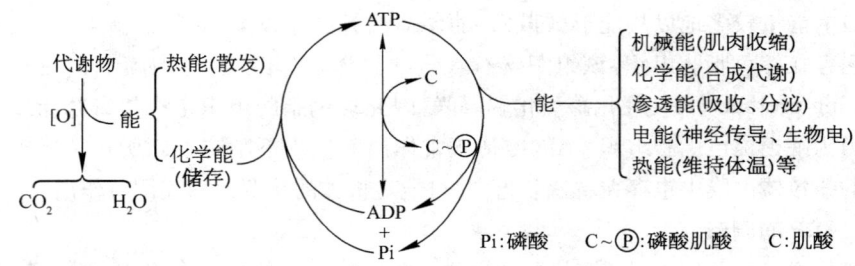

另外,参与糖原、磷脂、蛋白质合成所需要的UTP、CTP、GTP的生成和补充,都有赖于ATP提供高能磷酸基团。

$$NMP+ATP \longleftrightarrow NDP+ADP; \qquad NDP+ATP \longleftrightarrow NTP+ADP$$

由上可见,生物体内能量的利用、转移和储存都是以ATP为中心的(图7-7)。

图7-7 ATP的生成和利用

第八章

糖 代 谢

学习目标

1. 掌握糖的概念，重要单糖、寡糖的结构，糖的分解代谢，糖原的合成与分解，糖异生的途径与生理意义。
2. 熟悉重要单糖、寡糖的主要化学性质，重要多糖的组成、结构，血糖及其调节。
3. 了解糖的消化与吸收，糖的生理功能。

糖类是自然界分布最广、含量最多的一类生物大分子。绿色植物通过光合作用将光能转化成化学能，以糖为主要形式进行储存。糖类在生命活动过程中起着重要的作用，是一切生命体维持生命活动所需能量的主要来源。绝大多数非光合生物通过氧化糖获取能量。

第一节 概 述

一、糖的概念

糖(saccharide)是一类多羟基醛或多羟基酮及其缩聚物或衍生物的统称。所有糖都含有 C、H、O 三种元素，大多数糖分子内 H、O 元素的原子个数之比为 2∶1，可用通式 $C_n(H_2O)_m$ 表示，故传统上又称碳水化合物(carbohydrate)。不过有些糖的元素组成并不符合这一规律，如脱氧核糖($C_5H_{10}O_4$)；而有些元素组成符合这一规律的化合物并不一定是糖，如乳酸($C_3H_6O_3$)。

二、糖的分类

根据水解程度不同可将糖分为单糖、寡糖和多糖三类。

1. 单糖(monosaccharide) 只含一个多羟基醛或多羟基酮单位。按分子中所含碳原子的数目，单糖可分为丙糖、丁糖、戊糖和己糖等。根据分子中羰基的特点，单糖又分为醛糖(aldose)和酮糖(ketose)。

2. 寡糖(oligosaccharide) 又称低聚糖，由 2~10 个糖单位通过糖苷键连接形成短链缩聚物。细胞内含 3 个以上糖单位的寡糖都不是游离存在的，而是与非糖物质(脂类或蛋白质)形成复合糖(glycoconjugate)。

3. 多糖(polysaccharide) 由 10 个以上糖单位缩合而成的高分子聚合物。

三、糖的生理功能

糖是人类食物的主要成分，提供能量是其最主要的生理功能。每 1 g 葡萄糖彻底氧化可释放约 16.7 kJ 的能量,人体所需能量的 70% 以上由糖氧化提供。糖也是组成人体的重要成分之一,如糖与脂类形成的糖脂是组成神经组织与细胞膜的成分;糖与蛋白质构成的糖蛋白是一些具有重要生理功能的物质,如抗体、某些酶和激素,以及参与细胞识别的膜受体等;糖胺聚糖与蛋白质组成的蛋白聚糖是构成结缔组织的基质;核糖和脱氧核糖是细胞中核酸的成分;糖的磷酸衍生物可以形成许多重要的生物活性物质,如 HSCoA、ATP、FAD 和 NAD^+ 等。

第二节 重要的单糖

单糖分子中含羟基的碳原子多数是手性碳原子,可形成具有不同立体结构的化合物。在各种单糖中,葡萄糖(glucose)最具有代表性,它既是生物体内最丰富的单糖,又是寡糖和多糖最主要的组成成分。

一、葡萄糖

1. **葡萄糖的开链结构** 葡萄糖的分子式为 $C_6H_{12}O_6$,它是含有 5 个羟基、1 个醛基的己醛糖,开链结构可用 Fischer 投影式表示。葡萄糖的 4 个手性碳原子中,C-5 离 C-1 醛基最远,天然存在的葡萄糖 C-5 羟基投影在右侧,与 D-甘油醛一致,故为 D-构型。葡萄糖溶液可使偏振光右旋。

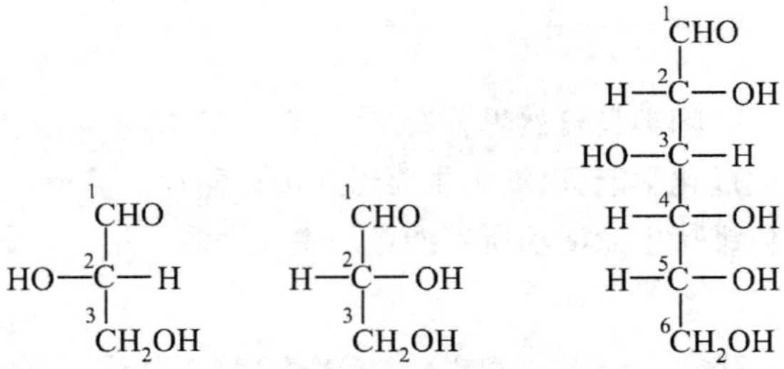

2. **葡萄糖的环式结构** 在溶液状态下,D-葡萄糖 C-5 羟基与 C-1 醛基发生分子内的加成反应,形成环式半缩醛结构,进而使 C-1 也成为手性碳原子。C-1 通过加成得到的羟基称半缩醛羟基,根据其投影位置的不同,分别命名为 α-构型(半缩醛羟基投影在右侧)和 β-构型(半缩醛羟基投影在左侧)。在水溶液中,开链结构与两种环式结构的葡萄糖形成一个动态平衡。

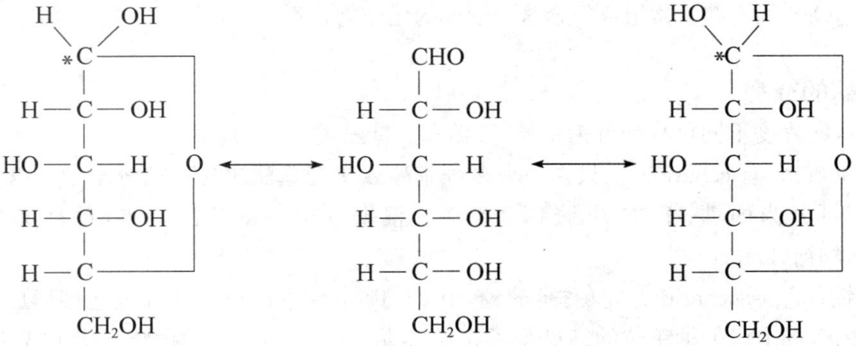

α-D-(+)-葡萄糖	D-(+)-葡萄糖	β-D-(+)-葡萄糖
(占36%)	(占0.024%)	(占64%)
$[\alpha]=+112°$	$[\alpha]=+18.7°$	$[\alpha]=+18.7°$

3. **葡萄糖的 Haworth 透视式** 糖的环式结构用 Haworth 透视式表示更合理。书写时,把糖环横写(省略成环碳原子),粗线表示偏向我们,将 Fischer 投影式中碳链左边的原子或基团

写在 Haworth 式环的上面，右边的原子或基团写在 Haworth 式环的下面。

溶液中的单糖有两种环式结构：一种结构的环式骨架类似于吡喃，称吡喃糖（pyranose）；另一种结构的环式骨架类似于呋喃，称呋喃糖（furanose）。两种稳定的环式葡萄糖异构体均为吡喃糖，分别命名为 α-D-吡喃葡萄糖、β-D-吡喃葡萄糖。

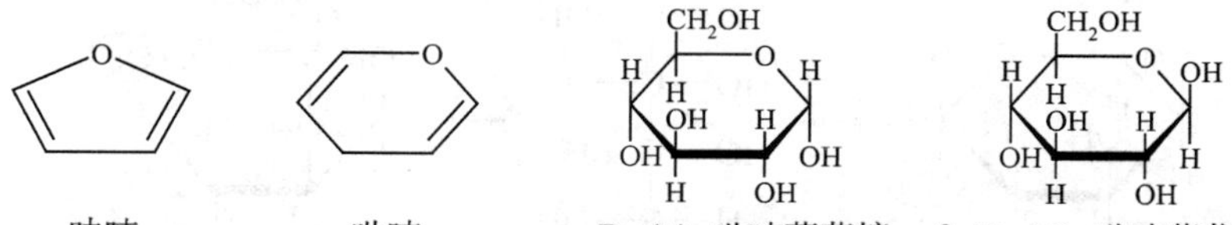

呋喃　　吡喃　　α-D-(+)-吡喃葡萄糖　　β-D-(+)-吡喃葡萄糖

4. 葡萄糖的构象　构象是通过旋转单键使分子中的原子或基团在空间产生的不同排列形式。吡喃葡萄糖有椅式和船式等典型构象，其中以下两种椅式构象比较稳定。

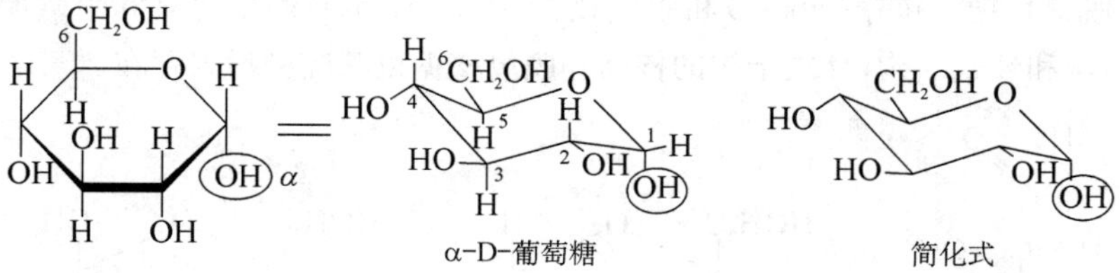

α-D-葡萄糖　　简化式

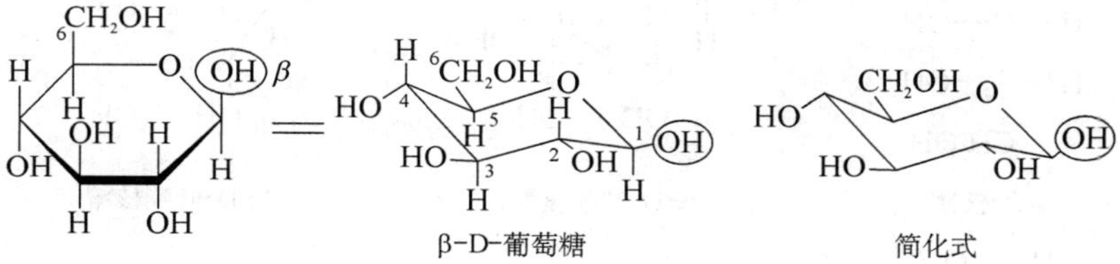

β-D-葡萄糖　　简化式

二、其他单糖

含5个以上碳原子的单糖都有环式结构和开链结构，在溶液中主要以环式存在，也都存在两种环式异构体，并参照葡萄糖分别命名为 α- 和 β-构型。

1. 果糖、半乳糖　　果糖（fructose）为己酮糖，有两种环式结构：游离果糖在溶液中主要以吡

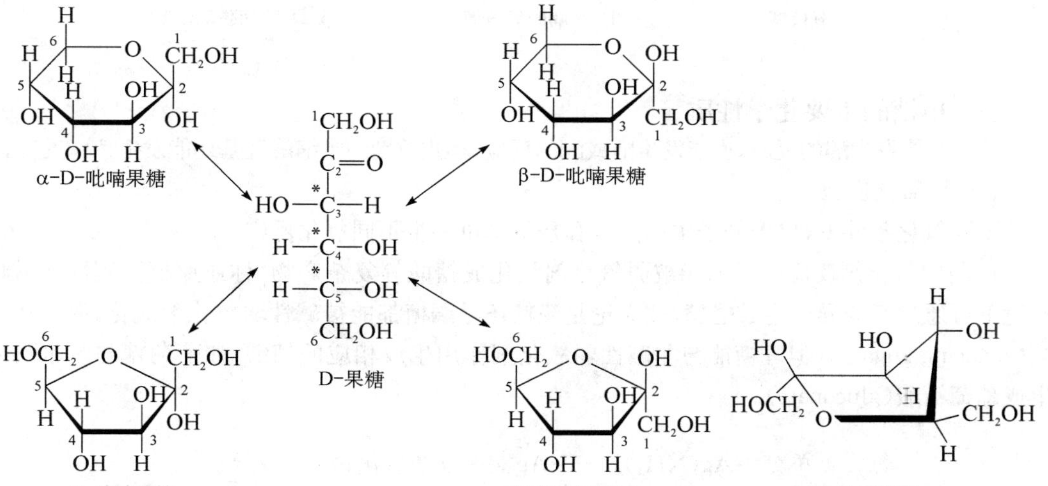

α-D-吡喃果糖　　D-果糖　　β-D-吡喃果糖

α-D-呋喃果糖　　β-D-呋喃果糖　　β-D-呋喃果糖

喃糖形式存在,结合型果糖则以呋喃糖形式存在。而半乳糖(galactose)为己醛糖,其成环的方式与葡萄糖相同。

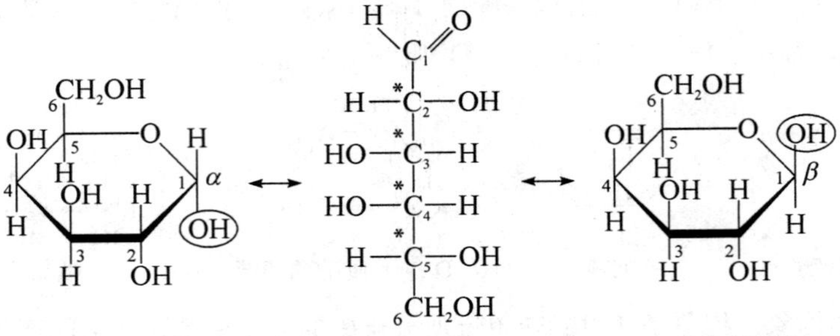

α-D-吡喃半乳糖　　D-半乳糖　　β-D-吡喃半乳糖

2. 核糖、脱氧核糖　核糖(ribose)和脱氧核糖(deoxyribose)都是含有 5 个碳原子的醛糖,都具有开链结构和环式结构,环式结构的核糖和脱氧核糖以呋喃糖形式存在。

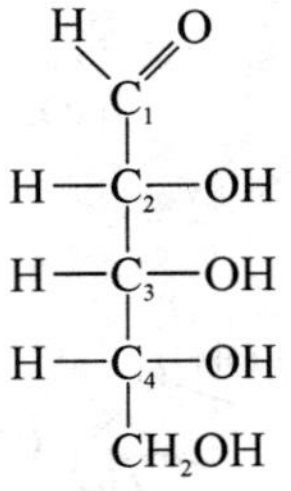

D-核糖 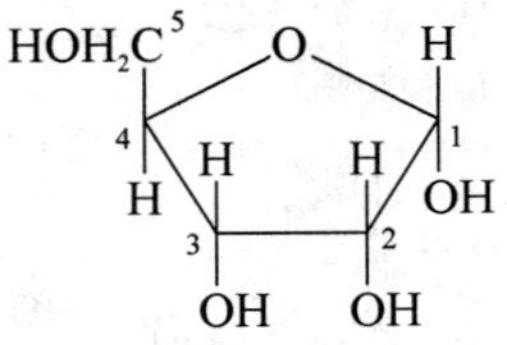　　α-D-呋喃核糖 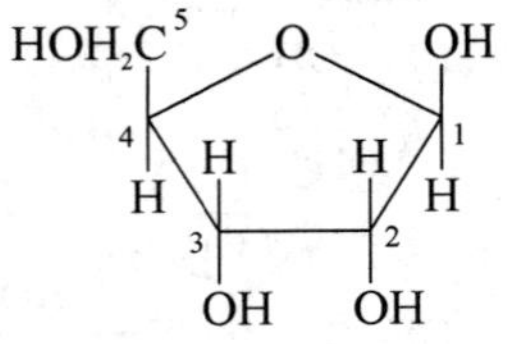　　β-D-呋喃核糖

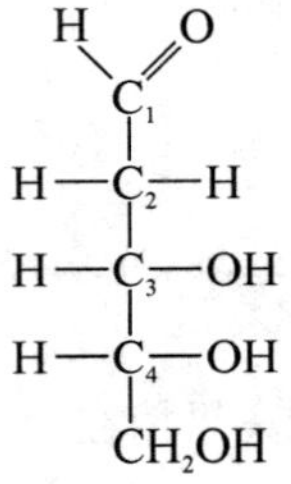

D-脱氧核糖 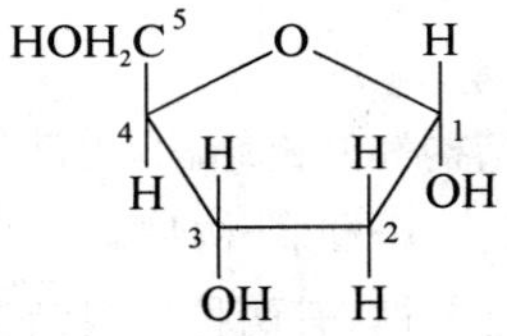　　α-D-呋喃脱氧核糖 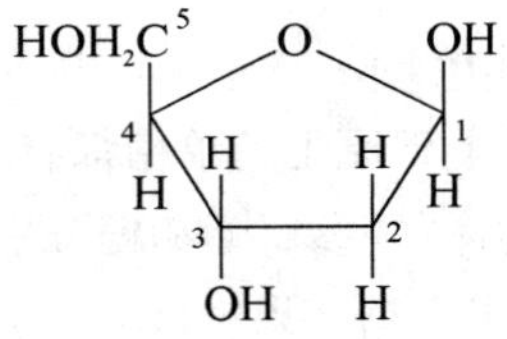　　β-D-呋喃脱氧核糖

三、单糖的主要化学性质

单糖既能发生醇的反应,也能发生醛或酮的反应,环式单糖的半缩醛羟基还能发生特殊反应。

(一) 氧化反应

不同氧化条件下,单糖分子中的醛基和羟甲基可发生不同氧化反应。

1. 与弱氧化剂反应　醛糖能被弱氧化剂氧化成糖酸等复杂产物,称还原糖。酮糖在碱性环境下可通过互变异构生成醛糖,故无论是醛糖还是酮糖都能被碱性弱氧化剂氧化,属于还原糖(reducing sugar)。但醛糖能与非碱性弱氧化剂作用生成相应的糖酸,如葡萄糖与溴水反应生成葡萄糖酸(gluconate)。

$$单糖 + Ag(NH_3)_2^+ \xrightarrow{\triangle} Ag\downarrow + 复杂氧化物 + NH_3\uparrow$$
$$\text{银镜}$$

2. 酶促反应　在肝脏内，葡萄糖经酶催化氧化生成葡萄糖醛酸(glucuronic acid，GA)，GA具有保肝解毒作用。

3. 与较强氧化剂反应　单糖与较强氧化剂(如稀 HNO_3)作用生成糖二酸。

4. 彻底氧化　葡萄糖在体内酶的作用下，完全氧化生成 CO_2 和 H_2O。

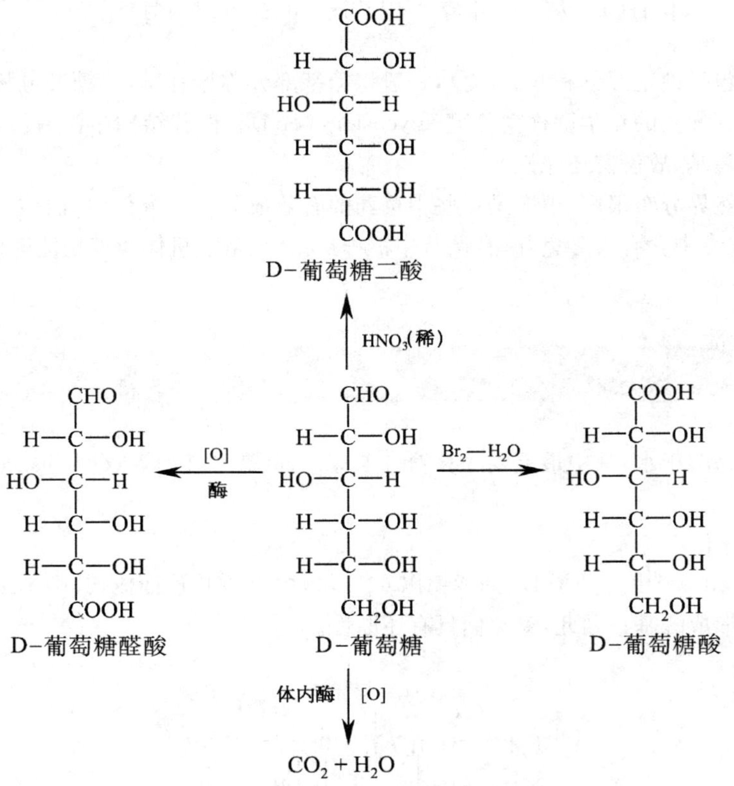

(二) 还原反应

单糖可以被还原为相应的糖醇，如核糖还原生成核(糖)醇。糖尿病患者，血糖增高，葡萄糖在晶状体内受醛糖还原酶作用，被还原生成葡萄糖醇，过多积聚易引起白内障。

(三) 成酯反应

单糖分子中的羟基都能与酸成酯，其中具有重要生物学意义的是形成磷酸酯。例如，甘油醛-3-磷酸和葡萄糖-6-磷酸等，都是人体内糖代谢的重要中间产物。

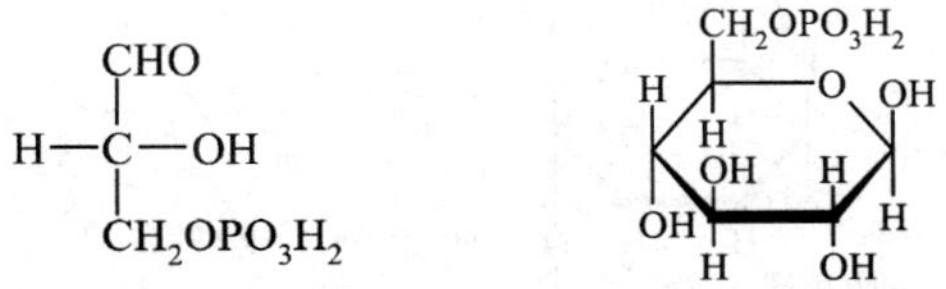

甘油醛-3-磷酸　　葡萄糖-6-磷酸

(四) 成苷反应

环式单糖的半缩醛羟基可与其他分子中的羟基(或活泼氢原子)缩合，生成糖苷(glycoside)。

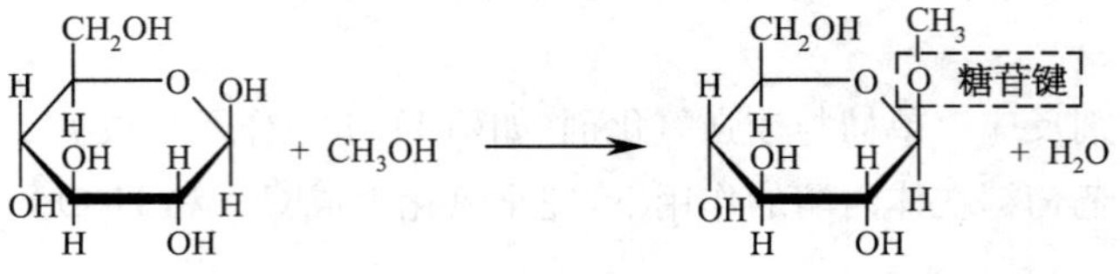

$$\beta\text{-D-葡萄糖} + CH_3OH \longrightarrow \beta\text{-D-甲基葡萄糖苷} + H_2O$$

糖苷分子包括糖基部分和非糖部分,一般将糖基部分称糖苷基,非糖部分称糖苷配基。连接糖苷基和糖苷配基的化学键称糖苷键(glycosidic bond)。糖苷结构中没有游离半缩醛羟基,不能开环形成醛基,故没有还原性。

糖苷在自然界分布很广,很多是一些中草药的有效成分。如杏仁中含有苦杏仁苷,有止咳平喘的作用;人参中含有人参皂苷,有调节中枢神经系统、增强机体免疫功能等作用。

第三节 重要的寡糖

寡糖一般易溶于水,其中最重要的寡糖有麦芽糖、蔗糖和乳糖等双糖(disaccharide)。

一、麦芽糖

麦芽糖(maltose)由 2 分子 D-葡萄糖以 α-1,4-糖苷键相连而成,其中第二个葡萄糖在溶液中可以开环形成醛基。因此,麦芽糖具有还原性。

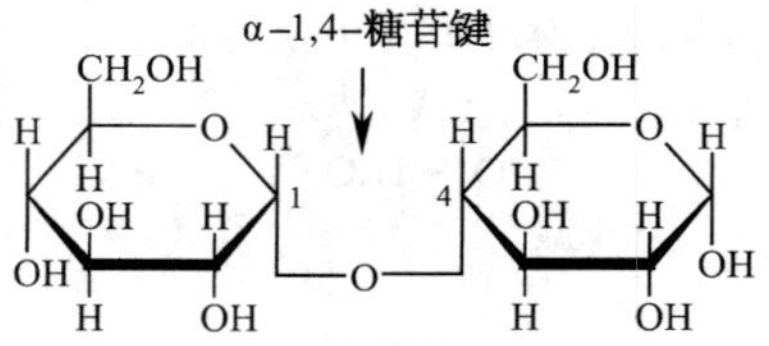

麦芽糖

二、蔗糖

蔗糖(sucrose)由 1 分子 α-D-葡萄糖和 1 分子 β-D-果糖以 α-1,2-β-糖苷键相连而成,在溶液中不能开环形成醛基。因此蔗糖没有还原性。

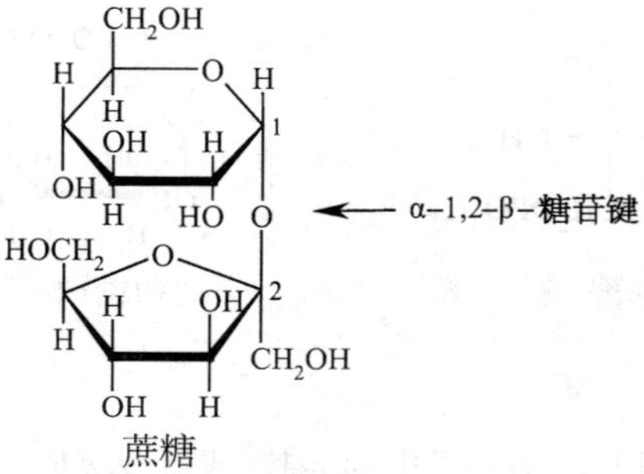

蔗糖

三、乳糖

乳糖(lactose)存在于哺乳动物的乳汁中,含量约为5%,是婴儿糖类营养物的主要来源。乳糖是由1分子β-D-半乳糖和1分子D-葡萄糖以β-1,4-糖苷键相连而成。其中,D-葡萄糖在溶液中可以开环形成醛基。因此,乳糖具有还原性。

第四节 重要的多糖

多糖在自然界分布很广,有着非常重要的生物学意义。

一、同多糖

同多糖是由同一种单糖缩合而成,包括淀粉、糖原和纤维素等。

(一) 淀粉的结构与化学性质

淀粉(starch)为植物多糖,是葡萄糖在植物中的储存形式。淀粉主要存在于植物根茎和种子中。例如,大米中含75%~80%,小麦中含60%。

淀粉是直链淀粉(amylose)和支链淀粉(amylopectin)的混合物。直链淀粉由D-葡萄糖通过α-1,4-糖苷键相连而成线性分子,其左面的端基(C-4)为非还原性末端,右面的端基(C-1)为还原性末端。由于淀粉分子量太高,显示不出其还原性。直链淀粉在淀粉中占20%~30%,能溶于热水。支链淀粉由D-葡萄糖通过α-1,4-糖苷键连接成短链,并通过α-1,6-糖苷键相连形成分支。支链淀粉在淀粉中占70%~80%,不溶于水,在热水中膨胀而成糊状。

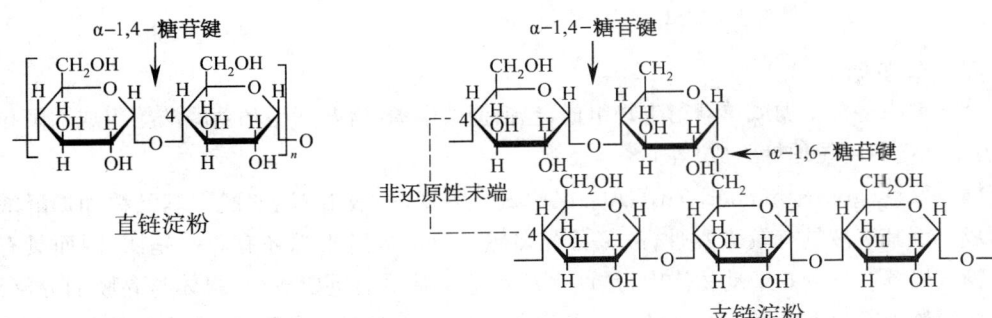

淀粉溶液遇碘呈蓝色,是淀粉常用的定性鉴别反应。在酸或酶的催化下淀粉可被逐步水解,生成一系列分子大小不同的水解中间产物,根据它们与碘反应的颜色不同,分别称紫色糊精、红色糊精和无色糊精等。

(二) 糖原的结构与化学性质

糖原(glycogen)又称动物淀粉,是葡萄糖在动物体内的储存形式,主要存在于肝脏和肌肉中,分别称肝糖原和肌糖原。糖原与碘作用呈紫红色或红褐色。

糖原的结构与支链淀粉相似,但分支比支链淀粉更短更多,每隔6~8个葡萄糖单位就有一个分支。人体内,糖原的合成与分解都是从非还原性末端开始。

(三) 其他同多糖

1. **纤维素(cellulose)** 是植物细胞的主要结构成分,由 D-葡萄糖通过 β-1,4-糖苷键相连而成。纤维素难以水解,在体外用浓碱或酸,经过高温、高压和长时间加热才能水解产生 D-葡萄糖。反刍动物(如牛、羊等)消化道中的微生物可分泌纤维素酶,故它们能以草(含大量纤维素)为食。人类虽不能消化食物纤维,但食物纤维能与胆固醇及其代谢产物在肠道中结合,减少人体对胆固醇的吸收。纤维素还能促进肠蠕动,有防止便秘的作用。此外,纤维素在食物中起支架作用,可给人以饱足感。

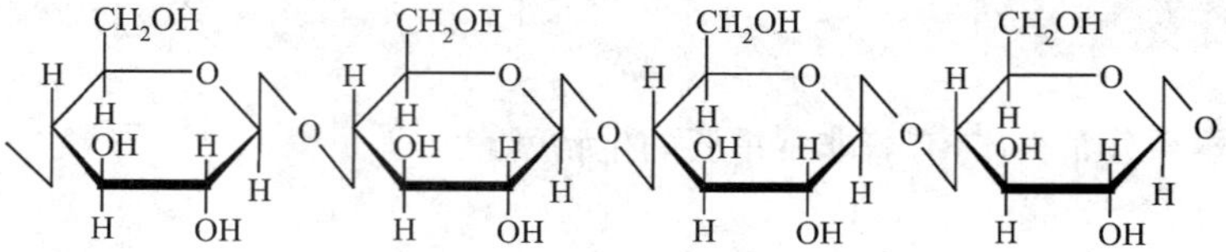

纤维素

2. **右旋糖酐(dextran)** 又称葡聚糖,是人工合成的葡萄糖多聚物,分子式为 $(C_6H_{10}O_5)_x$,主要由葡萄糖通过 α-1,6-糖苷键连接而成。分子量 75 kDa 左右的称中分子右旋糖酐,可溶于水,临床上可用作血浆代用品,扩充血容量。分子量 20~40 kDa 的称低分子右旋糖酐,主要用于降低血液黏滞度,防止血栓形成,有助于改善微循环,兼有利尿作用。分子量 >90 kDa 的右旋糖酐在体内会引起细胞凝集,不适于药用。

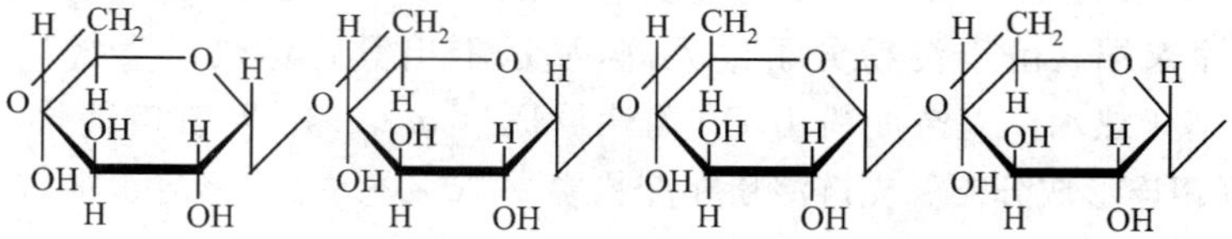

右旋糖酐

二、杂多糖

杂多糖由多种单糖或单糖衍生物组成,包括糖胺聚糖(由氨基糖和糖醛酸等组成)、阿拉伯胶(由半乳糖和阿拉伯糖组成)等。

糖胺聚糖(glycosaminoglycan,GAG)又称氨基多糖,一般由 N-乙酰氨基己糖和糖醛酸聚合而成。因其溶液具有较大黏性,故又称黏多糖。有的糖胺聚糖还有硫酸基团,因而具有酸性。糖胺聚糖广泛分布于动物体内,是许多结缔组织基质的重要成分,腺体与黏膜的分泌液、血及尿等体液都含有少量糖胺聚糖。常见的有透明质酸、硫酸软骨素、肝素及血型物质等。

三、糖复合物

由一条或多条糖链与蛋白质共价结合形成的糖蛋白或蛋白聚糖,统称糖复合物(glycoconjugate)或称复合糖,其中的糖链组分常称聚糖。由于糖蛋白与蛋白聚糖分子中的聚糖组成结构迥然不同,因此两者在功能上有显著差异。

(一) 糖蛋白

糖蛋白(glycoprotein)分子中,蛋白质质量百分比大于聚糖。糖蛋白分布很广,除了白蛋白外,人类血浆蛋白都是糖蛋白,如凝血酶原、纤维蛋白溶酶原和免疫球蛋白等;许多分泌蛋白质(如绒毛膜促性腺激素、卵泡刺激素、黄体生成素和促甲状腺激素)、膜蛋白质(如血型蛋白、受体和酶)等都是糖蛋白。膜上的糖蛋白参与细胞识别和信号转导等过程。此外,糖蛋白中的聚糖还参与肽链的折叠和缔合,并能影响糖蛋白的分泌、稳定性、溶解性和降解等。

（二）蛋白聚糖

蛋白聚糖(proteoglycan)分子中,聚糖质量百分比大于蛋白质,甚至高达95%以上。其分子中的糖链组分为糖胺聚糖,主要包括透明质酸、硫酸软骨素和肝素等；而与糖胺聚糖共价结合的蛋白质称核心蛋白质(core protein)。成熟蛋白聚糖的核心蛋白质常被糖胺聚糖链的复杂结构所包围,至今研究较为详尽的是从软骨中分离得到的软骨蛋白聚糖(图8-1)。

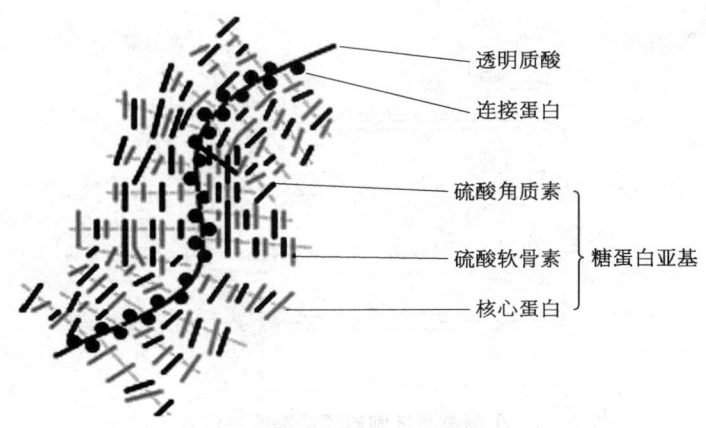

图 8-1　软骨蛋白聚糖结构示意图

蛋白聚糖主要存在于软骨、肌腱等结缔组织中,是构成细胞间质的重要成分。由于糖胺聚糖带有大量的负电荷,在组织中可吸收大量水分而赋予黏性和弹性,具有稳定、支持和保护细胞的作用,并在保持水盐平衡等方面也具有重要作用。在多数细胞外间质中还含有一些低分子量的蛋白聚糖,即胞外小分子间质蛋白聚糖,如饰胶蛋白聚糖(decorin)、纤调蛋白聚糖(fibromodulin)和光蛋白聚糖(lumican)等。饰胶蛋白聚糖因能修饰Ⅰ型和Ⅱ型胶原而得名。纤调蛋白聚糖主要存在于关节软骨、肌腱、主动脉等组织中,它能与Ⅰ型、Ⅱ型胶原及纤连蛋白结合,调节胶原纤维的形成。

第五节　糖的消化与吸收

一、糖的消化

食物中的糖主要是淀粉,还包括一些蔗糖、乳糖等。这些糖都必须经过相应的酶作用水解成单糖才能被吸收。食物中的淀粉经唾液或胰液α-淀粉酶作用,使淀粉中α-1,4-糖苷键水解,产生麦芽糖、麦芽寡糖及α-糊精等产物。淀粉的消化部位主要在小肠,受到胰腺分泌的α-淀粉酶作用,淀粉被水解为麦芽糖、麦芽寡糖和α-糊精。在小肠黏膜纹状缘上,含有α-糊精酶,此酶催化α-糊精的α-1,4-糖苷键及α-1,6-糖苷键水解生成葡萄糖；纹状缘上还有麦芽糖酶,可催化麦芽寡糖及麦芽糖水解为葡萄糖。有些人缺乏乳糖酶,食用牛奶后出现乳糖消化吸收障碍,引起腹胀、腹泻等症状,称乳糖不耐症(lactose intolerance)。

二、糖的吸收

食物中的糖被消化成单糖后主要在小肠上段被吸收。小肠黏膜细胞摄取葡萄糖是一个Na^+-依赖型葡萄糖转运蛋白(sodium-dependent glucose transporter, SGLT)转运的主动吸收过程。小肠黏膜细胞肠腔面纹状缘含有SGLT1,葡萄糖与Na^+分别与SGLT1结合并一起移入细胞内,葡萄糖进一步通过不依赖Na^+的葡萄糖转运体(GLUT2)帮助转运入血,而Na^+则需要依赖ATP的"钠泵"(即Na^+,K^+-ATP酶)将其泵出细胞并伴随K^+的摄入(图8-2)。

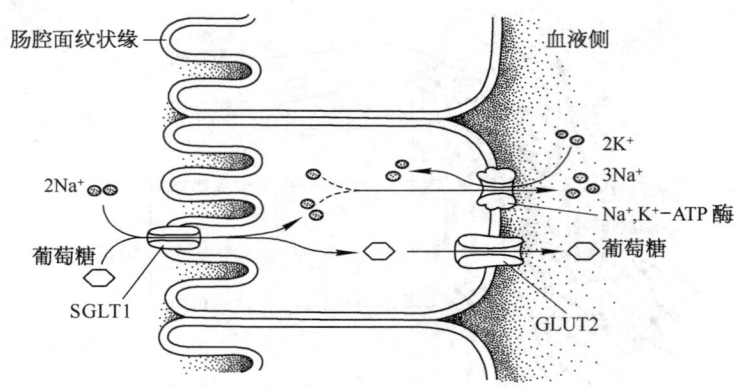

图 8-2 小肠黏膜细胞对葡萄糖的主动吸收过程

与葡萄糖类似,半乳糖的吸收也主要通过依赖Na^+的SGLT1的主动吸收过程。而果糖、甘露糖等则是通过不依赖Na^+的GLUT的易化扩散作用被吸收,因而吸收速率较慢。

糖被小肠黏膜细胞吸收后,经门静脉入肝,一部分在肝细胞内直接代谢,另一部分则通过肝静脉进入血液循环,再进入其他组织细胞内被进一步代谢。

第六节 糖的分解代谢

葡萄糖的氧化分解方式根据代谢反应和产物的不同主要有三条途径:糖的无氧分解、有氧氧化和戊糖磷酸途径。

一、糖酵解

人体内葡萄糖或糖原在无氧或缺氧条件下分解为乳酸,同时产生少量能量的过程称糖的无氧分解,或称糖酵解(glycolysis)。

(一) 糖酵解的反应过程

参与糖酵解反应的一系列酶存在于胞质溶胶中,因此糖酵解的全部反应均在胞质溶胶中进行。糖酵解全过程包括11步连续的化学反应,根据其特点,可分为四个阶段。

1. 葡萄糖或糖原转变为果糖-1,6-二磷酸　若从葡萄糖开始酵解,葡萄糖受己糖激酶(hexokinase,HK)催化生成葡萄糖-6-磷酸(glucose-6-phosphate,G-6-P)。反应中需要

ATP提供磷酸基团，Mg^{2+}作为酶的激活剂，这是一个耗能的不可逆反应。己糖激酶广泛存在于各组织中，专一性不强，可作用于葡萄糖、果糖等多种己糖。该酶有4种同工酶，Ⅰ、Ⅱ、Ⅲ型主要存在于肝外组织，K_m为0.1 mmol/L，对葡萄糖有较强亲和力，使酶即使在葡萄糖浓度较低时仍可发挥较强的催化作用。这就保证了大脑等重要组织即使在饥饿、血糖浓度较低情况下，仍可有效地摄取利用葡萄糖以维持能量供应。Ⅳ型己糖激酶又称葡萄糖激酶（glucokinase，GK），主要存在于肝脏内，专一性较强，只能催化葡萄糖的磷酸化。此酶K_m为10 mmol/L，与葡萄糖的亲和力较低，只有当葡萄糖浓度较高时，才能充分发挥催化活性。这样，利于餐后大量吸收的葡萄糖进入肝脏，在GK作用下，参与合成糖原储存起来，以维持血糖浓度相对恒定。

若从糖原开始酵解，糖原在糖原磷酸化酶作用下分解生成葡萄糖-1-磷酸（G-1-P），再变位成为G-6-P。这里的磷酸来自胞质溶胶中的无机磷。

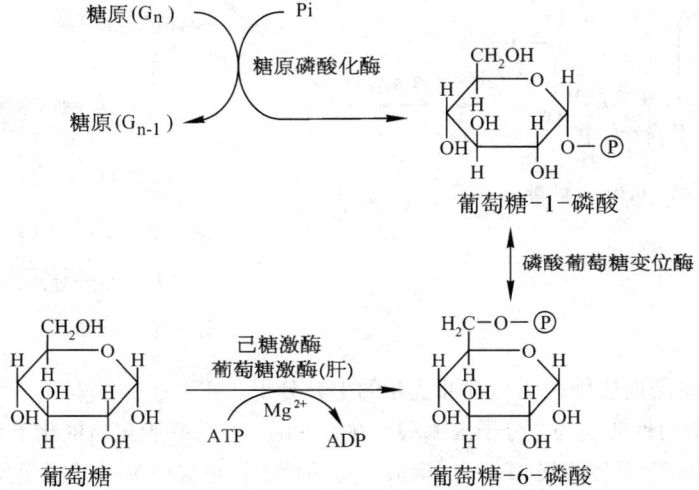

G-6-P是一个重要的中间代谢产物，是许多糖代谢途径（无氧酵解、有氧氧化、戊糖磷酸途径、糖原合成、糖原分解等）的连接点。G-6-P在磷酸己糖异构酶催化下异构转变成果糖-6-磷酸（fructose-6-phosphate，F-6-P）。F-6-P继续受磷酸果糖激酶-1（phosphofructokinase-1，PFK-1）催化生成果糖-1,6-二磷酸（fructose-1,6-bisphosphate，FBP）。反应中需要ATP提供磷酸基团，Mg^{2+}作为酶的激活剂。

这一阶段的主要特点是涉及六碳糖的演变和磷酸化,是耗能阶段。从葡萄糖开始生成1分子FBP消耗了2分子ATP;从糖原开始分解每生成1分子FBP,则消耗1分子ATP。在这一阶段中有2个催化不可逆反应的酶:HK(肝:GK)和PFK-1,它们都是糖酵解过程中的关键酶。

2. 果糖-1,6-二磷酸裂解为2分子磷酸丙糖 在醛缩酶催化下,FBP裂解为2分子磷酸丙糖,即甘油醛-3-磷酸和磷酸二羟丙酮。后两者为同分异构体,在磷酸丙糖异构酶催化下可互相转变。第二阶段反应可逆,称裂解阶段。

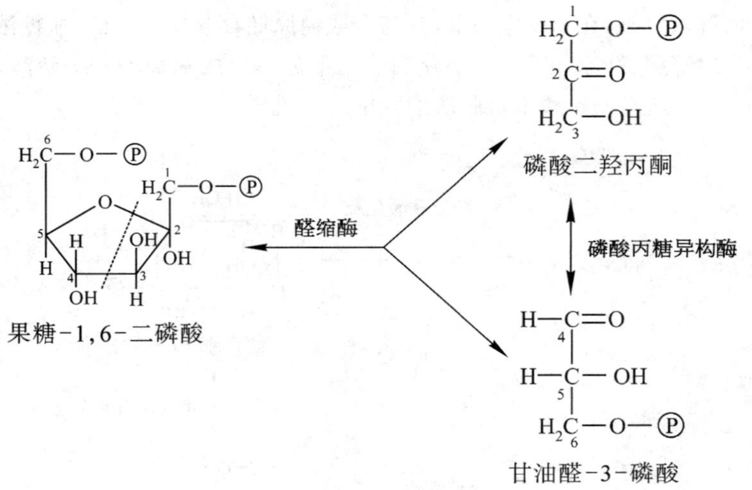

磷酸二羟丙酮是连接糖代谢与甘油代谢的中介分子。

3. 2分子磷酸丙糖转变为2分子丙酮酸 在甘油醛-3-磷酸脱氢酶催化下,使甘油醛-3-磷酸脱氢并且磷酸化,生成甘油酸-1,3-二磷酸。这是糖酵解过程中唯一的脱氢反应,脱下的氢交给甘油醛-3-磷酸脱氢酶的辅酶NAD^+,生成$NADH+H^+$,同时形成含有一个高能磷酸酯键的甘油酸-1,3-二磷酸。反应中的磷酸来自胞质溶胶中的无机磷。甘油酸-1,3-二磷酸继续受甘油酸-3-磷酸激酶催化转变生成甘油酸-3-磷酸,通过底物水平磷酸化产生1分子ATP。

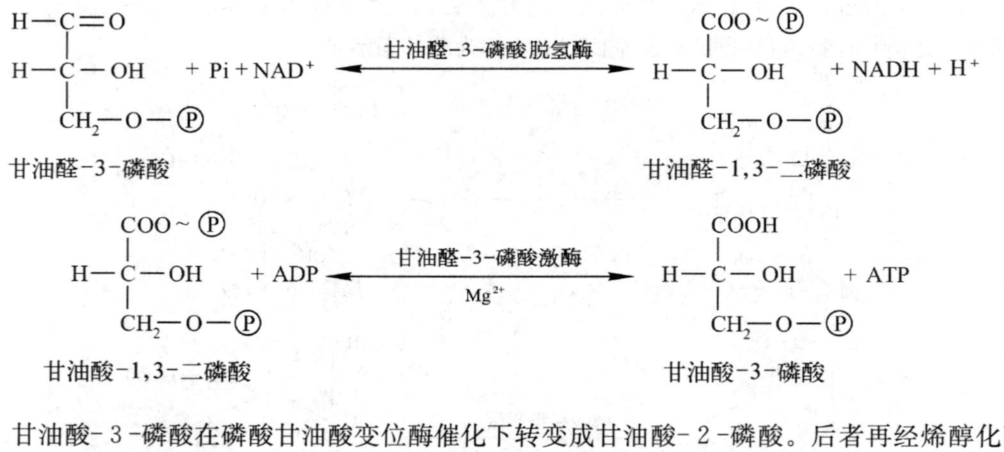

甘油酸-3-磷酸在磷酸甘油酸变位酶催化下转变成甘油酸-2-磷酸。后者再经烯醇化酶催化进行分子内脱水生成含有高能磷酸基团的磷酸烯醇式丙酮酸(phosphoenolpyruvate,PEP)。Mg^{2+}是该酶的激活剂。

$$\text{甘油酸-3-磷酸} \underset{}{\overset{\text{磷酸甘油酸变位酶}}{\rightleftharpoons}} \text{甘油酸-2-磷酸}$$

$$\text{甘油酸-2-磷酸} \underset{Mg^{2+} \text{或} Mn^{2+}}{\overset{\text{烯醇化酶}}{\rightleftharpoons}} \text{磷酸烯醇式丙酮酸} + H_2O$$

磷酸烯醇式丙酮酸在丙酮酸激酶(pyruvate kinase, PyK)催化下转变成丙酮酸，同时将高能磷酸基团转移给 ADP 生成 ATP，这是糖酵解过程中发生的又一次底物水平磷酸化，并且是一个不可逆的反应。

$$\text{磷酸烯醇式丙酮酸} + ADP \underset{Mg^{2+}, K^+}{\overset{\text{丙酮酸激酶}}{\longrightarrow}} \text{丙酮酸} + ATP$$

这一阶段的主要特点是涉及三碳糖的演变。发生两次底物水平磷酸化，生成 2 分子 ATP。由于 1 分子葡萄糖分解产生 2 分子丙酮酸，因此，在这一阶段共产生 4 分子 ATP。丙酮酸激酶催化的是不可逆反应，是糖酵解过程中的另一个关键酶。此阶段称产能阶段。

4. 2 分子丙酮酸还原生成 2 分子乳酸 丙酮酸在乳酸脱氢酶(lactate dehydrogenase, LDH)催化下还原生成乳酸。此阶段称还原阶段。反应中所需的 $NADH+H^+$ 来自甘油醛-3-磷酸脱氢产生。$NADH+H^+$ 供氢后氧化为 NAD^+，又促进甘油醛-3-磷酸脱氢。因此，通过 $NAD^+ \leftrightarrow NADH+H^+$ 来回氧化还原传递 2H，使糖酵解过程在无氧或缺氧条件下得以持续进行。

$$\text{丙酮酸} + NADH + H^+ \overset{\text{乳酸脱氢酶}}{\rightleftharpoons} \text{乳酸} + NAD^+$$

糖酵解反应全过程可用图 8-3 表示。

(二) 糖酵解的调节

糖酵解速率的调节主要通过改变三个关键酶活性来实现的，其中磷酸果糖激酶-1 是最主要的调节点，该酶活性受多种变构剂的调节，FBP、ADP、AMP 等是其别构激活剂，柠檬酸、ATP、长链脂肪酸等为其别构抑制剂。当细胞内能量消耗过多，ATP 减少，AMP 和 ADP 增多，使 ATP/ADP 值降低，磷酸果糖激酶-1 被激活，糖分解加速，使 ATP 生成量增多。反之，则磷酸果糖激酶-1 活性被抑制，糖分解减速，ATP 生成减少。在饥饿时，机体动员储存的脂肪氧化

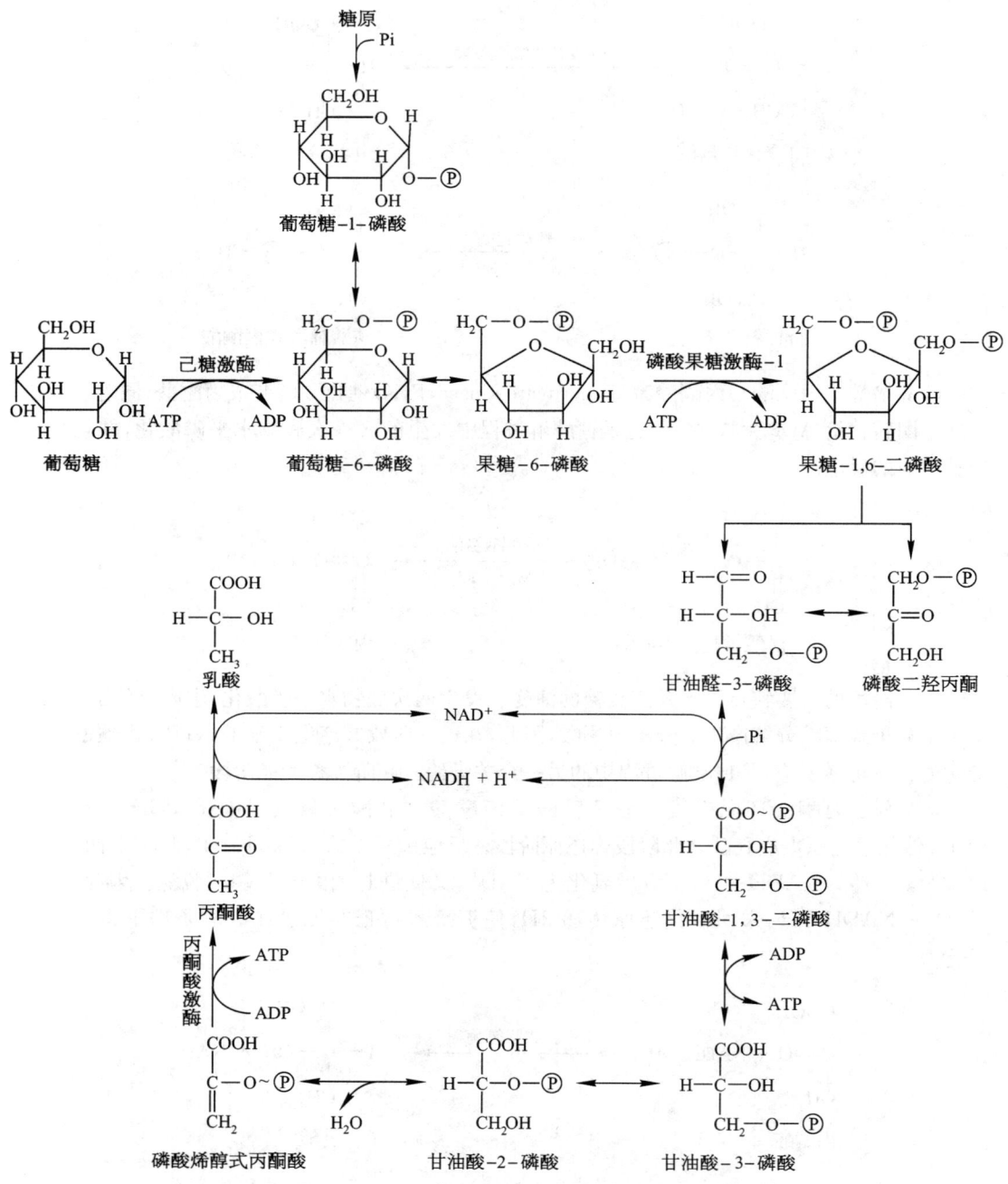

图 8-3 糖酵解反应全过程

分解,生成较多的脂肪酸和乙酰辅酶 A。长链脂肪酸抑制磷酸果糖激酶-1 的活性;乙酰辅酶 A 可与草酰乙酸缩合为柠檬酸,也抑制磷酸果糖激酶-1 的活性,从而减少糖的分解。此外,丙酮酸激酶可受 FBP 的别构激活及 ATP 的抑制;己糖激酶受长链脂酰 CoA 的别构抑制。己糖激酶催化糖酵解的第一个反应,受葡萄糖-6-磷酸的反馈抑制。丙酮酸激酶催化糖酵解的第三个不可逆反应,受 FBP 别构激活及 ATP 和丙酮酸别构抑制。

（三）糖酵解的意义

1. 糖酵解是机体相对缺氧时补充能量的一种有效方式　生物体在进行剧烈或长时间运动时，能量需求增加，肌肉处于相对缺氧状态，此时可以通过糖酵解补充能量。在病理性缺氧情况下，如呼吸或循环功能障碍、严重贫血、大量失血等造成机体缺氧时，也可以通过糖酵解的加强来提供能量。但如果糖酵解过度增强易引起乳酸堆积，有可能导致乳酸酸中毒。

2. 某些组织在有氧时也通过糖酵解供能　成熟红细胞无线粒体，主要依靠糖酵解维持其能量的需要。皮肤、睾丸、视网膜等组织，即使在有氧时也进行糖酵解获取能量。恶性肿瘤细胞在富氧环境中，也以糖无氧酵解作为主要供能途径，产生大量乳酸，这一现象称 Warburg 效应或有氧酵解。Warburg 效应使得在有氧情况下的酵解产物为合成蛋白质、脂质和核酸提供原料，促进肿瘤细胞生长，且避免了有氧氧化所产生氧自由基对细胞的损伤，从而逃避细胞凋亡。

3. 糖酵解的中间产物是其他物质的合成原料　① 甘油酸-3-磷酸是丝氨酸、甘氨酸和半胱氨酸的合成原料。② 磷酸二羟丙酮是甘油的合成原料。③ 丙酮酸是丙氨酸和草酰乙酸的合成原料。

二、糖的有氧氧化

葡萄糖或糖原在有氧条件下彻底氧化分解生成 CO_2 和 H_2O 并释放大量能量的过程，称糖的有氧氧化（aerobic oxidation）。糖的有氧氧化与糖酵解过程相比较，有一段共同的代谢途径，即在胞质溶胶中糖分解为丙酮酸。丙酮酸以后的代谢过程取决于细胞内供氧情况，在缺氧条件下丙酮酸还原为乳酸；在有氧条件下丙酮酸进入线粒体，氧化脱羧生成乙酰 CoA。后者经三羧酸循环彻底氧化分解为 CO_2 和 H_2O（图 8-4）。

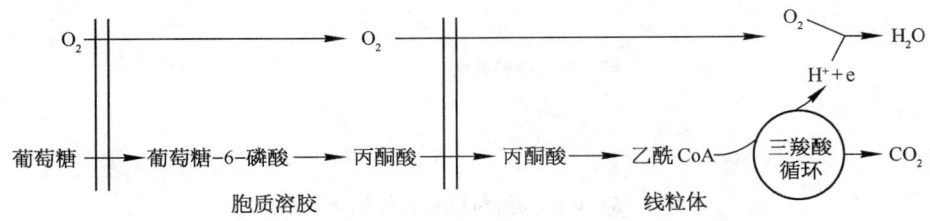

图 8-4　葡萄糖有氧氧化概况

（一）糖有氧氧化的反应过程

糖的有氧氧化可分三个阶段：① 葡萄糖或糖原在胞质溶胶中分解为丙酮酸。② 丙酮酸进入线粒体氧化脱羧生成乙酰 CoA。③ 乙酰 CoA 进入三羧酸循环，彻底氧化为 CO_2 和 H_2O 并释放能量。

1. 葡萄糖氧化分解为丙酮酸　这一阶段与糖酵解反应过程基本相同，区别在于甘油醛-3-磷酸脱氢生成的 $NADH+H^+$ 不用于丙酮酸还原为乳酸，而是在不同组织中通过不同的穿梭方式从胞质溶胶进入线粒体，经呼吸链传递给氧生成 H_2O，同时释放能量形成 ATP。

2. 丙酮酸氧化脱羧生成乙酰辅酶 A　胞质溶胶中的丙酮酸透过线粒体膜进入线粒体后，在丙酮酸脱氢酶复合体催化下发生氧化脱羧，并与 HSCoA 结合生成含有高能硫酯键的乙酰 CoA，同时生成 $NADH+H^+$。这是一个高度不可逆的反应，是连接糖酵解和三羧酸循环的关键性环节,也是糖类物质经丙酮酸进入线粒体氧化分解的必经途径。

$$\begin{matrix}COOH\\|\\C=O\\|\\CH_3\end{matrix} + HSCoA \xrightarrow[NAD^+ \quad NADH+H^+]{\text{丙酮酸脱氢酶复合体}} \begin{matrix}CO\sim SCoA\\|\\CH_3\end{matrix} + CO_2$$

丙酮酸　　　辅酶 A　　　　　　　　　　　　　　　　　　　乙酰辅酶 A

丙酮酸脱氢酶复合体是糖有氧氧化的关键酶,是糖有氧氧化过程的重要调节点。该复合体是由 3 种酶和 5 种辅酶或辅基构成的多酶复合体,包括丙酮酸脱氢酶(辅酶是 TPP)、硫辛酸乙酰转移酶(辅酶是硫辛酸和 HSCoA)、二氢硫辛酸脱氢酶(辅基是 FAD),并需要线粒体基质中的 NAD^+ 作为受氢体。生成的 $NADH+H^+$ 经呼吸链传递给氧形成水,并释放能量生成 ATP(图 8-5)。

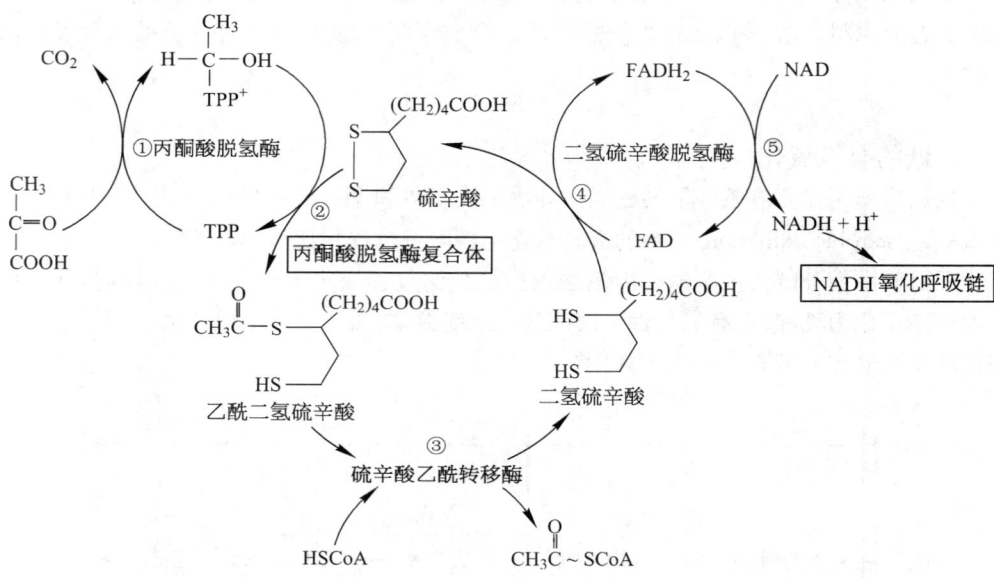

图 8-5　丙酮酸脱氢酶复合体催化的反应

3. 三羧酸循环

(1) 反应过程:此过程从二碳的乙酰辅酶 A 与四碳的草酰乙酸缩合生成六碳的柠檬酸开始,经过多次脱氢(氧化)和脱羧等连续反应,又生成四碳的草酰乙酸进入下一轮循环。由于此过程是由含有三个羧基的柠檬酸作为起始物的循环反应,因而称三羧酸循环(tricarboxylic acid cycle,TCAC)。该循环由德国科学家 Hans Krebs 经实验推理出来,为了纪念他所做出的突出贡献,这一循环反应又称 Krebs 循环(图 8-6)。

1) 乙酰辅酶 A 与草酰乙酸缩合为柠檬酸:在柠檬酸合酶(citrate synthase)催化下,使乙酰辅酶 A 的高能硫酯键水解,释出能量促进乙酰基与草酰乙酸缩合生成柠檬酸,同时释放出辅酶 A,此反应为耗能的不可逆反应。柠檬酸合酶是三羧酸循环的关键酶之一,是三羧酸循环的第一个调节点。

2) 柠檬酸异构化形成异柠檬酸:在顺乌头酸酶催化下,柠檬酸通过脱水反应形成顺乌头

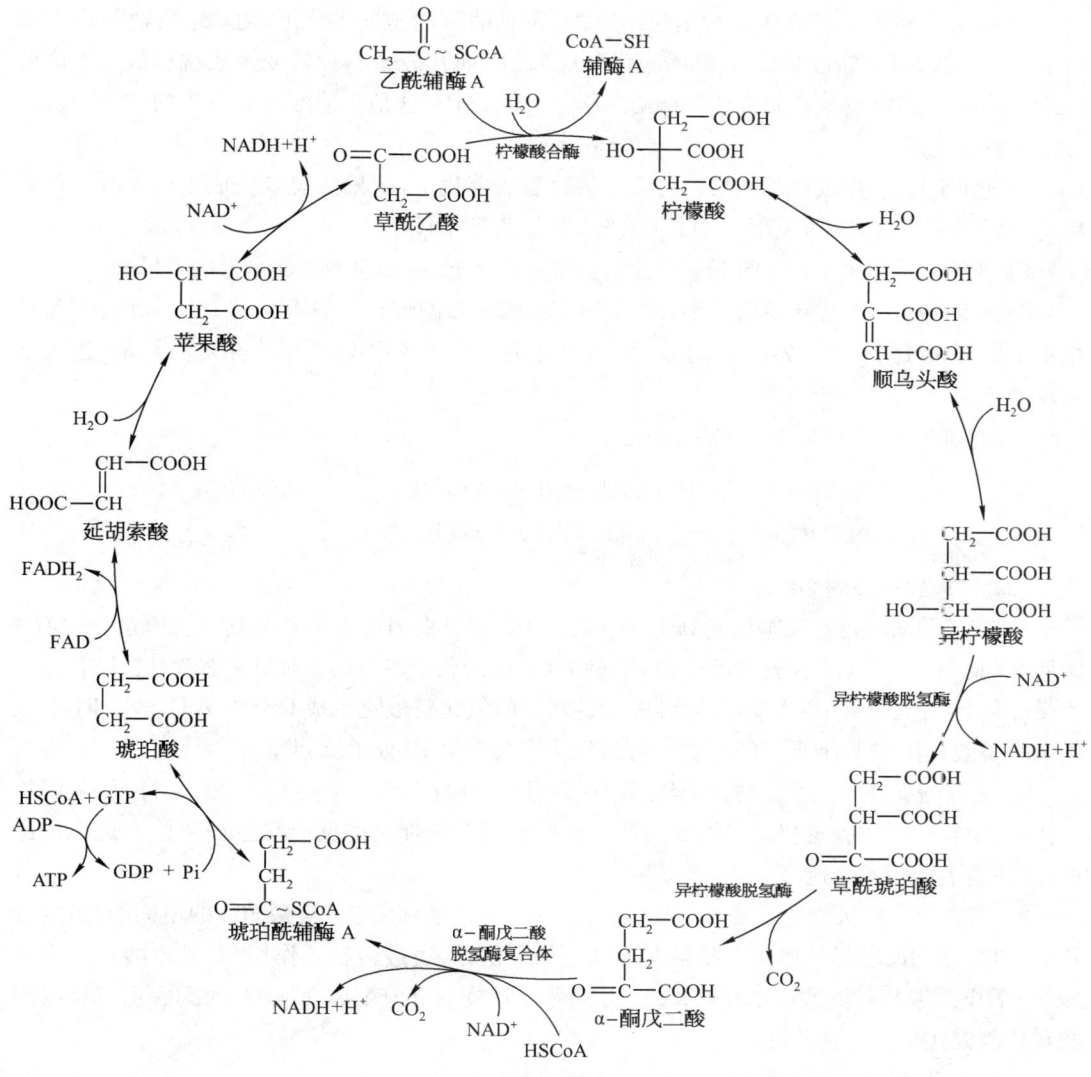

图 8-6 三羧酸循环

酸;然后再加水生成异柠檬酸。该两步反应的总结果是使柠檬酸的 β-OH 转移为 α-OH 生成异柠檬酸。

3) 异柠檬酸氧化脱羧生成 α-酮戊二酸：在异柠檬酸脱氢酶(isocitrate dehydrogenase)催化下,异柠檬酸发生氧化脱羧生成 α-酮戊二酸,释放 1 分子 CO_2。反应中脱下的 2H 由 NAD^+ 接受生成 $NADH+H^+$。异柠檬酸脱氢酶是三羧酸循环第二个催化不可逆反应的关键酶,是重要的调节点,其活性受 ADP 的别构激活、受 ATP 的别构抑制。

4) α-酮戊二酸氧化脱羧生成琥珀酰辅酶 A：该反应由 α-酮戊二酸脱氢酶复合体(α-ketoglutatrate dehydrogenase complex)催化。该复合体的组成、功能和催化机制与丙酮酸脱氢酶复合体相似,也是由 3 种酶和 5 种辅酶构成的多酶复合体系催化的氧化脱羧反应,生成含有高能硫酯键的琥珀酰辅酶 A,释放 1 分子 CO_2。脱下的 2H 最后由 NAD^+ 接受生成 $NADH+H^+$。α-酮戊二酸脱氢酶复合体催化的反应高度不可逆,是三羧酸循环第三个关键酶和重要调节点。

5) 琥珀酰辅酶 A 转变生成琥珀酸：在琥珀酰辅酶 A 合成酶催化下，使琥珀酰辅酶 A 的高能硫酯键水解，释放能量驱动 GDP 磷酸化生成 GTP，而其分子本身转变生成琥珀酸。生成的 GTP 通常可将高能磷酸基团继续转移给 ADP 生成 ATP。这是三羧酸循环发生的唯一一次底物水平磷酸化反应。

6) 琥珀酸脱氢生成延胡索酸：在琥珀酸脱氢酶催化下，琥珀酸脱氢生成延胡索酸。琥珀酸脱氢酶的辅基是 FAD，脱下的 2H 交给 FAD 生成 $FADH_2$。

7) 延胡索酸加水生成苹果酸：在延胡索酸酶催化下，使延胡索酸加水生成苹果酸。

8) 苹果酸脱氢又生成草酰乙酸：反应由苹果酸脱氢酶催化。脱下的 2H 由其辅酶 NAD^+ 接受生成 $NADH+H^+$。再生的草酰乙酸可以与另一分子乙酰 CoA 缩合生成柠檬酸，进入下一轮循环。

三羧酸循环的总反应方程式为：

$$乙酰\ CoA + 3NAD^+ + FAD + GDP + Pi + 2H_2O \longrightarrow HSCoA + 3(NADH+H^+) + FADH_2 + 2CO_2 + GTP$$

(2) 三羧酸循环的小结

1) 三羧酸循环是乙酰基彻底氧化的过程：每循环一次消耗 1 个乙酰基。反应过程中有 4 次脱氢（脱下 4 对氢）、2 次脱羧反应，1 次底物水平磷酸化。脱下的 4 对氢中有 3 对氢以 NAD^+ 为受氢体、1 对氢以 FAD 为受氢体，经呼吸链水平的氧化磷酸化生成 9 分子 ATP；另加 1 次底物水平磷酸化生成 1 分子 ATP。这样每循环一次共产生 10 分子 ATP。

2) 三羧酸循环有三个关键酶：包括柠檬酸合酶、异柠檬酸脱氢酶和 α-酮戊二酸脱氢酶复合体，其中异柠檬酸脱氢酶是最主要的调节酶。这三个酶催化的反应在生理条件下是不可逆的，故使整个循环不可逆。

3) 三羧酸循环从草酰乙酸开始，最后再生成草酰乙酸：参与三羧酸循环的中间物，虽数量不变，但实际上通过与其他代谢联系在不断更新。例如，通过转氨基作用，草酰乙酸与天冬氨酸、α-酮戊二酸与谷氨酸可以互变；草酰乙酸可经脱羧基反应生成丙酮酸，丙酮酸也可经丙酮酸羧化酶催化生成草酰乙酸。

(二) 糖有氧氧化的调节

糖的有氧氧化是机体获得能量的主要方式。机体对能量的需求变动很大，因此必须加以调节。糖的有氧氧化三个阶段均有调节点，第一阶段的调节见糖酵解途径，第二、第三阶段的调节是通过丙酮酸脱氢酶复合体以及三羧酸循环中的柠檬酸合酶、异柠檬酸脱氢酶和 α-酮戊二酸脱氢酶复合体这四个关键酶来实现的。

1. 丙酮酸脱氢酶复合体活性的调节　丙酮酸脱氢酶复合体活性调节可以通过别构调节和化学修饰两种方式进行。参与别构抑制调节的有 ATP、乙酰 CoA、NADH、脂肪酸等，参与别构激活调节的有 ADP、CoA、NAD^+ 和 Ca^{2+} 等。当 ATP/ADP、$NADH/NAD^+$ 和乙酰 CoA/CoA 值增高时，提示能量充足，丙酮酸脱氢酶复合体活性被别构抑制。这种情况多见于饥饿时脂肪大量动员，使多数组织器官利用脂肪酸作为能源，以确保脑等组织对葡萄糖的需要。丙酮酸脱氢酶复合体还可被化学修饰调节，其中丙酮酸脱氢酶的丝氨酸残基可被丙酮酸脱氢酶激酶磷酸化而使其失活。丙酮酸脱氢酶磷酸酶则使其去磷酸而恢复活性。乙酰 CoA 和 $NADH+H^+$ 除了对酶有直接抑制作用外，还可间接通过增强丙酮酸脱氢酶激酶的活性使酶磷酸化而失活。

2. 三羧酸循环的调节 三羧酸循环速率受多种因素的调控。在三个不可逆反应中,异柠檬酸脱氢酶和 α-酮戊二酸脱氢酶复合体是两个重要调节点。它们不仅受代谢物浓度变化的调节,更受到细胞内能量状态的影响。两者在 NADH/NAD$^+$、ATP/ADP 或 ATP/AMP 值增高时均被反馈抑制,使三羧酸循环速率减慢。ADP 是异柠檬酸脱氢酶的别构激活剂,可加速三羧酸循环的进行。

总之,当细胞内能量水平低(细胞消耗 ATP 以致 ATP 水平降低,ADP 和 AMP 浓度升高)时,磷酸果糖激酶-1、丙酮酸激酶、丙酮酸脱氢酶复合体以及三羧酸循环的柠檬酸合酶、异柠檬酸脱氢酶、α-酮戊二酸脱氢酶复合体等活性均被激活,从而加速糖的有氧氧化,补充 ATP。反之,当细胞内 ATP 含量丰富时,上述酶活性均降低,糖的有氧氧化随之减弱。

(三)糖有氧氧化的生理意义

1. **糖的有氧氧化是机体获得能量的主要方式** 在不同组织中,1 分子葡萄糖经有氧氧化可生成 30 或 32 分子 ATP,为糖酵解生成 ATP 的 15～16 倍。在一般生理条件下,绝大多数组织细胞皆从糖的有氧氧化途径获得能量。

2. **三羧酸循环是体内糖、脂肪和蛋白质三大营养物质分解代谢的最终代谢通路** 糖、脂肪和氨基酸在体内经氧化分解都可生成乙酰 CoA,然后进入三羧酸循环彻底氧化。

3. **三羧酸循环又是糖、脂肪和氨基酸代谢联系的枢纽** 三羧酸循环的大多数中间物可以直接或间接与多种氨基酸发生互变。如 α-酮戊二酸及草酰乙酸可分别与谷氨酸和天门冬氨酸互变;而脂肪水解产生的甘油,可进入糖代谢途径与糖发生相互转变,也可进入三羧酸循环途径。因此,三羧酸循环是体内连接糖、脂肪、氨基酸代谢的枢纽。

三、戊糖磷酸途径

戊糖磷酸途径(pentose phosphate pathway)以产生磷酸核糖和 NADPH 为其特点。该途径可在肝脏、脂肪组织、泌乳期的乳腺、肾上腺皮质、性腺、骨髓、红细胞等组织细胞的胞质溶胶中进行。戊糖磷酸途径的全过程可分为两个阶段:第一阶段是不可逆的氧化阶段,生成戊糖磷酸、NADPH 和 CO_2。第二阶段为可逆的非氧化阶段,包括一系列基团移换反应,生成糖酵解的中间产物。

(一)戊糖磷酸途径的反应过程

1. **氧化反应阶段** 戊糖磷酸途径是以葡萄糖-6-磷酸为起点,在葡萄糖-6-磷酸脱氢酶作用下,发生脱氢氧化生成 NADPH+H$^+$ 和葡萄糖酸-6-磷酸,后者再受葡萄糖酸-6-磷酸脱氢酶催化发生脱氢又脱羧,生成核酮糖-5-磷酸、NADPH+H$^+$ 和 CO_2。核酮糖-5-磷酸经异构化反应生成核糖-5-磷酸或木酮糖-5-磷酸。核糖-5-磷酸用于核苷酸的合成。NADPH+H$^+$ 可用于一些重要物质的生物合成。

2. **基团移换反应阶段** 此阶段在各种单糖之间进行基团移换反应,经历了多种反应转变生成果糖-6-磷酸和甘油醛-3-磷酸,后两者可以进入糖酵解途径进一步代谢(图 8-7)。

(二)戊糖磷酸途径的调节

在戊糖磷酸途径中,葡萄糖-6-磷酸脱氢酶是催化不可逆反应的关键酶,其活性受 NADP$^+$ 或 NADPH 的调节。NADPH 浓度增高时该酶活性受抑制,反之激活该酶活性。在摄入过多食物后,为了适应肝内脂肪酸的合成,该途径进行速率明显增加,以满足细胞对 NADPH 的需求。

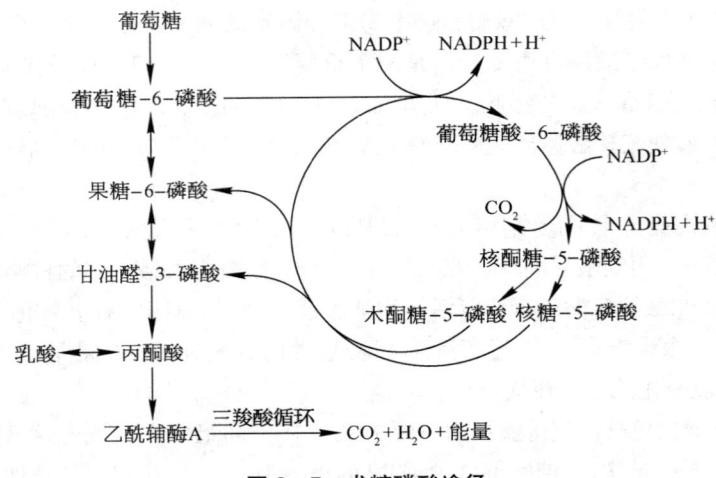

图 8-7 戊糖磷酸途径

(三) 戊糖磷酸途径的生理意义

1. **提供磷酸核糖** 戊糖磷酸途径是体内利用葡萄糖生成核糖-5-磷酸的唯一途径,为体内核苷酸乃至核酸的合成提供原料。由于核酸参与蛋白质的生物合成,故繁殖旺盛或损伤后修补再生作用强的组织,如心肌和肝脏等组织中戊糖磷酸途径的进行很活跃。

2. **提供 $NADPH+H^+$** $NADPH+H^+$ 作为供氢体,参与许多重要物质的合成。

(1) 参与体内脂肪酸、胆固醇和类固醇激素等化合物的合成:这些合成反应都需要大量的 $NADPH+H^+$ 供氢。

(2) $NADPH+H^+$ 是谷胱甘肽还原酶的辅酶:这对于维持细胞中足够量的还原型谷胱甘肽(GSH)起着重要作用(图 8-8)。遗传性葡萄糖-6-磷酸脱氢酶缺陷的患者,戊糖磷酸途径不能正常进行,导致 $NADPH+H^+$ 缺乏,不能维持谷胱甘肽处于还原状态,其细胞膜结构与功能遭受破坏,尤其在某些氧化性物质诱发下更易发生急性溶血。这种溶血现象常在食用蚕豆后出现,故称蚕豆病。

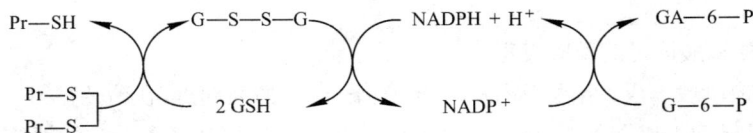

图 8-8 谷胱甘肽的作用

(3) NADPH 作为供氢体:是肝细胞微粒体加单氧酶复合体的组成成分,参与激素、药物、毒物的生物转化作用。

第七节 糖原的合成与分解

健康成人肝糖原约占肝重 6%,约 75 g;肌糖原不超过肌肉重量的 1.0%,约 250 g。肝糖原和肌糖原的生理意义有很大不同。肌糖原主要供肌肉收缩时能量的需要;肝糖原则是空腹血糖的重要来源之一,这对于一些主要依赖葡萄糖作为能源的组织,如脑、红细胞等尤为重要。下面主要以肝糖原为例介绍糖原合成与分解的代谢过程。

一、糖原的合成

由单糖(主要是葡萄糖)合成糖原的过程称糖原合成(glycogenesis)。

(一) 反应过程

1. **葡萄糖生成葡萄糖-6-磷酸** 该反应与葡萄糖酵解的第一步相同。
2. **葡萄糖-6-磷酸转变为葡萄糖-1-磷酸** 该反应与糖原酵解的第二步相同。
3. **尿苷二磷酸葡萄糖的生成** 在尿苷二磷酸葡萄糖焦磷酸化酶(UDP pyrophosphorylase)催化下,葡萄糖-1-磷酸与UTP反应,生成尿苷二磷酸葡萄糖(uridine diphosphate glucose, UDPG),作为活性葡萄糖供体。

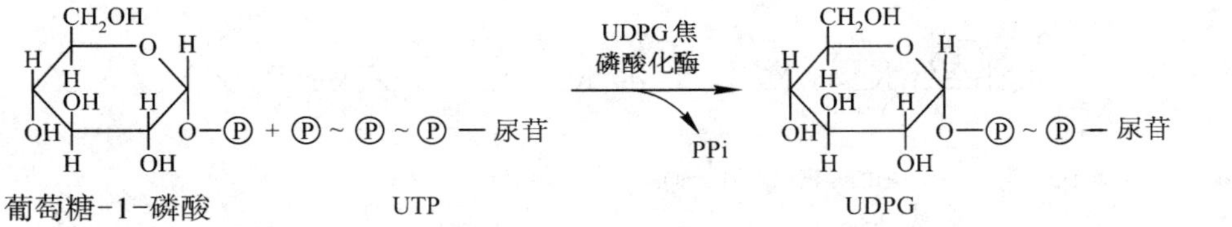

4. **UDPG参与合成糖原** UDPG分子携带的葡萄糖单位在糖原合酶(glycogen synthase)催化下,转移到细胞内原有的糖原引物上,在其非还原端以α-1,4糖苷键连接。每进行一次催化反应,在糖原引物的非还原端上增加一个葡萄糖单位,由此使糖原分子不断增大。糖原合酶催化的反应不可逆。

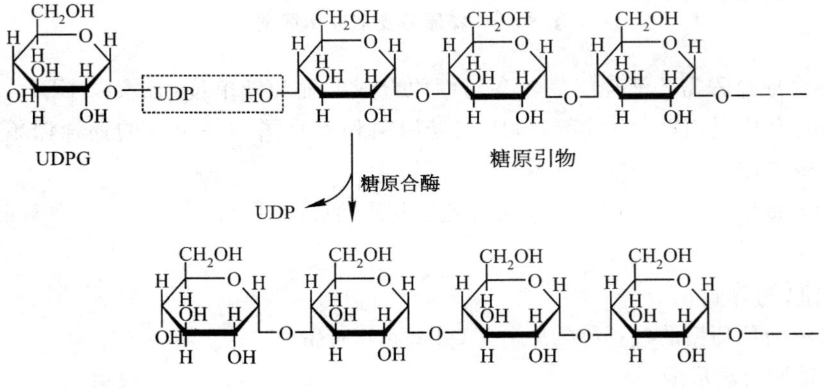

(二) 糖原合成反应的特点

1. **糖原合成需要糖原引物** 糖原合酶催化的反应,只能以原有的至少含4个葡萄糖残基的α-1,4-葡聚糖分子作为引物(primer),将葡萄糖残基加到引物的非还原端上以α-1,4-糖苷键相连。近年来研究发现,真正起糖原引物作用的是糖原引发素,后者为单链糖蛋白,其分子中194位酪氨酸残基的酚性羟基可被糖基化,形成寡糖基链,作为糖原合成时葡萄糖单位的接受体。

2. **糖原合酶是糖原合成过程中的关键酶** 糖原合酶催化的反应是糖原合成过程中的重要调节点,调节该酶活性可以影响糖原合成速度。

3. 糖原支链结构的形成需要分支酶的作用　糖原合酶只能催化 α-1,4 糖苷键的形成,以延长糖链而不能形成分支。当糖链长度达到 12~18 个葡萄糖单位时,分支酶(branching enzyme)可将含 6~7 个葡萄糖单位的一段糖链转移到邻近的糖链上,以 α-1,6 糖苷键相连,形成分支结构(图 8-9)。

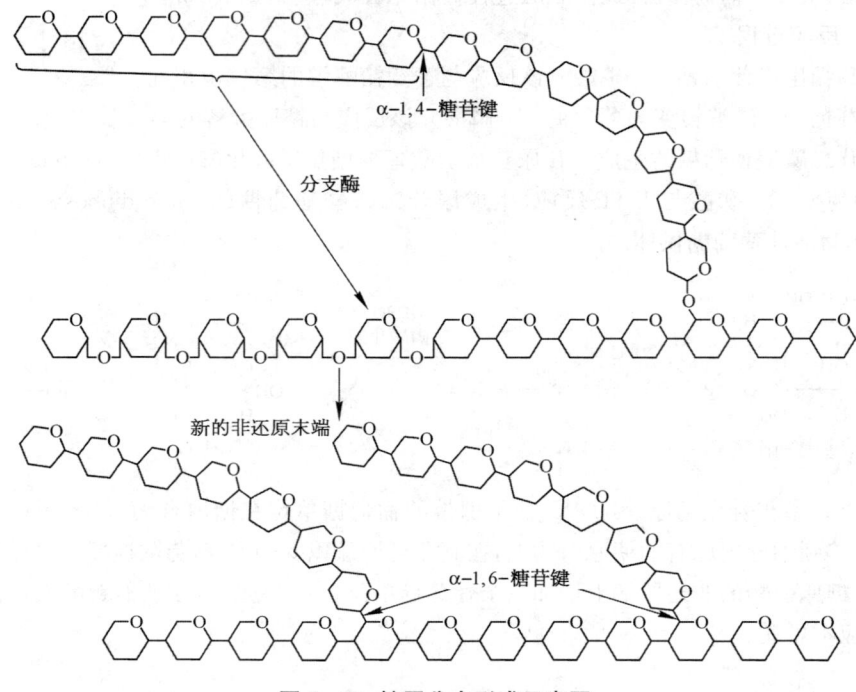

图 8-9　糖原分支形成示意图

4. 糖原合成过程需要消耗能量　参与糖原合成的葡萄糖单位,必须以 UDPG 形式提供。UDPG 生成过程中需消耗 ATP 和 UTP,在糖原引物上每增加一个新的葡萄糖单位,需要消耗 2 个高能磷酸键。

5. 糖原合成的部位　糖原合成全过程是在胞质溶胶中进行。

二、糖原的分解

糖原分解为葡萄糖的过程称糖原分解(glycogenolysis)。

(一) 糖原分解反应过程

1. 糖原分解为葡萄糖-1-磷酸　从糖原分子的非还原端开始,由糖原磷酸化酶催化 α-1,4-糖苷键断裂,逐个生成葡萄糖-1-磷酸。这里的磷酸由胞质溶胶中的无机磷提供,糖原磷酸化酶催化的是不可逆反应。

糖原磷酸化酶只催化糖原直链中的 α-1,4 糖苷键断裂,当该酶催化至距分支点 α-1,6 糖苷键的 4 个糖单位时就暂停作用。这种距分支点 4 个糖单位的寡糖链常称极限糊精。极限糊精的继续分解需要脱支酶(debranching enzyme)的参与。脱支酶是一种双功能酶,它催化两个反应使糖原脱分支。第一是使极限糊精分子中 α-1,6 糖苷键(分支点)一侧糖链上所连接的三糖残基转移到另一侧支链末端上,并以 α-1,4 糖苷键相连。结果使邻近糖链延长了 3 个葡萄糖单位,同时暴露了一个分支点。第二是催化分支点的葡萄糖基水解,生成游离葡萄糖,从而使糖原分子脱去了一个分支。在糖原磷酸化酶与脱支酶的协同和反复作用下,使糖原分子不断分解生成葡萄糖-1-磷酸和少量游离葡萄糖。

2. 葡萄糖-1-磷酸转变为葡萄糖-6-磷酸　该反应由葡萄糖磷酸变位酶催化。

3. 葡萄糖-6-磷酸水解为葡萄糖　该反应受肝细胞特有的葡萄糖-6-磷酸酶(glucose-6-phosphatase)催化。肌肉组织无葡萄糖-6-磷酸酶,因此肌糖原不能直接分解为葡萄糖。肌糖原分解后产生的G-6-P在有氧条件下进行有氧氧化,在无氧条件下则经糖酵解生成乳酸。后者可经血液循环运到肝脏进行糖异生作用,再合成葡萄糖或糖原(图8-10)。

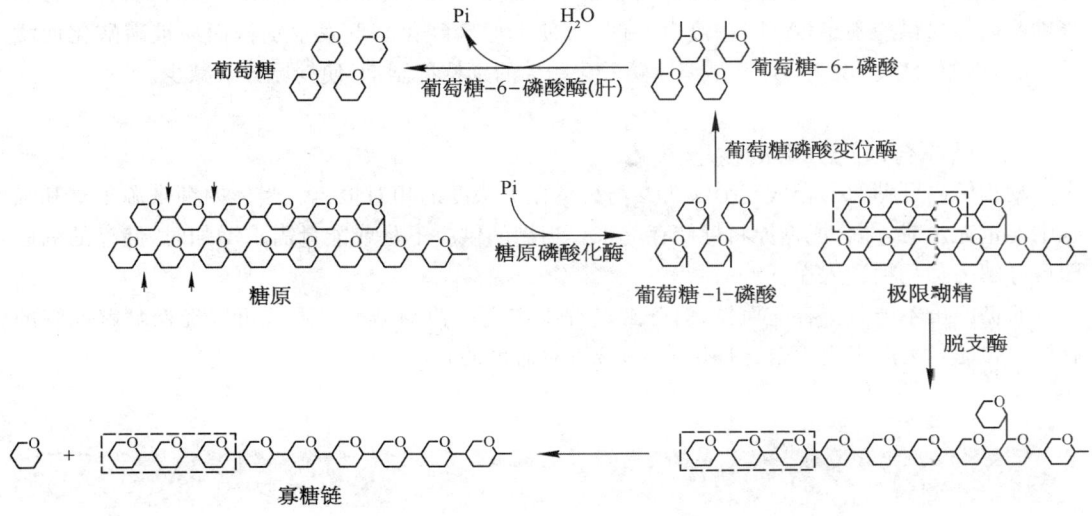

图8-10　糖原分解反应过程

（二）糖原分解反应的特点

1. 糖原磷酸化酶是糖原分解过程中的关键酶　糖原磷酸化酶只催化糖原分子中α-1,4糖苷键断裂,当催化至距α-1,6糖苷键(分支点)4个糖单位时,就暂停催化作用。糖原磷酸化酶催化的反应是糖原分解过程中的重要调节点,调节该酶活性可以影响糖原分解速度。

2. 脱支酶作用　催化转移3个葡萄糖残基至邻近糖链末端,并使分支点α-1,6糖苷键水解,生成游离葡萄糖。

3. 糖原分解的部位　糖原分解全过程是在胞质溶胶内进行。

三、糖原合成与分解的调节

糖原合酶和糖原磷酸化酶分别是糖原合成与分解过程中的关键酶,它们的活性强弱,直接影响着糖原代谢的速度甚至方向。糖原合酶与糖原磷酸化酶在体内均以活性型和无活性型两种形式存在,均受到共价修饰和别构的双重调节。

（一）化学修饰调节

糖原合酶与糖原磷酸化酶均受到磷酸化与去磷酸化的化学修饰调节,进而改变酶活性。磷酸化型糖原合酶b是无活性的,而磷酸化型糖原磷酸化酶a则有活性。当机体受到某些因素影响,如血糖水平下降、剧烈运动、应激反应时,肾上腺素、胰高血糖素分泌增加。两者与靶细胞膜上的特异性受体结合，使cAMP生成增加，进而激活蛋白质激酶A，活化的蛋白质激酶A催化糖原合酶和糖原磷酸化酶都发生磷酸化修饰而改变酶活性，结果使原来有活性的去磷酸化糖原合酶发生磷酸化而失活，使糖原合成减少；同时使原来无活性的糖原磷酸化酶b发生磷酸化而激活，使糖原分解增强。这种双向调节的结果是抑制了糖原合成，促进了糖原分解。

（二）别构调节

糖原合酶与糖原磷酸化酶都是由多亚基构成的寡聚酶，可受到代谢物的别构调节。葡萄糖-6-磷酸是糖原合酶的别构激活剂，当血糖浓度增高时，进入组织细胞的葡萄糖增多，葡萄糖-6-磷酸生成增加，激活糖原合酶，加速糖原合成。AMP是糖原磷酸化酶b的别构激活剂，当细胞内能量供应不足，AMP浓度升高时，可使糖原磷酸化酶b发生别构而易被磷酸化而激活，加速糖原分解。反之，ATP是糖原磷酸化酶a的别构抑制剂，使糖原分解减少。

四、糖原合成与分解的生理意义

动物体内肝糖原的合成与分解可参与维持血糖浓度的相对恒定。当体内糖来源丰富和细胞中能量充足时，即合成糖原将糖储存起来。当糖的供应不足或能量需求增加时，储存的糖原即可分解为葡萄糖进入血液。

肌糖原虽不能直接补充血糖，但分解过程中产生的葡萄糖-6-磷酸可以经糖酵解或糖的有氧氧化途径为肌肉组织自身提供能量，减少对血糖的利用。

第八节 糖 异 生

由非糖物质转变为葡萄糖或糖原的过程称糖异生作用（gluconeogenesis）。能进行糖异生的非糖物质主要有甘油、乳酸、丙酮酸、三羧酸循环中间物和生糖氨基酸等。糖异生的器官主要是肝脏，肾脏的糖异生能力仅为肝脏的1/10。当长期饥饿或酸中毒时，肾脏的糖异生作用增强。

一、糖异生的途径

糖异生途径基本是糖酵解的逆过程。糖酵解途径中由己糖激酶（肝内为葡萄糖激酶）、磷酸果糖激酶-1及丙酮酸激酶催化的三个单向反应，都有相当大的能量释放，这些反应的逆过程需要吸收同量的能量，在生物体内难以实现，因而构成所谓的"能障"。实现糖异生必须有另外的一些酶来催化，绕过这三个"能障"而使其逆行。这些酶包括丙酮酸羧化酶、磷酸烯醇式丙酮酸羧激酶、果糖-1,6-二磷酸酶和葡萄糖-6-磷酸酶四个催化单向反应的酶，是糖异生途径中的关键酶。

1. 丙酮酸逆转变为磷酸烯醇式丙酮酸　首先，胞质溶胶中的丙酮酸进入线粒体，在以生物素为辅酶的丙酮酸羧化酶（pyruvate carboxylase）催化下，由ATP供能，将CO_2固定在丙酮酸分子上生成草酰乙酸。然后，生成的草酰乙酸透出线粒体，在胞质溶胶中磷酸烯醇式丙酮酸羧激酶（PEP carboxykinase）催化下，由GTP提供能量及磷酸基而生成磷酸烯醇式丙酮酸，从而构成一个代谢支路，称丙酮酸羧化支路（图8-11）。

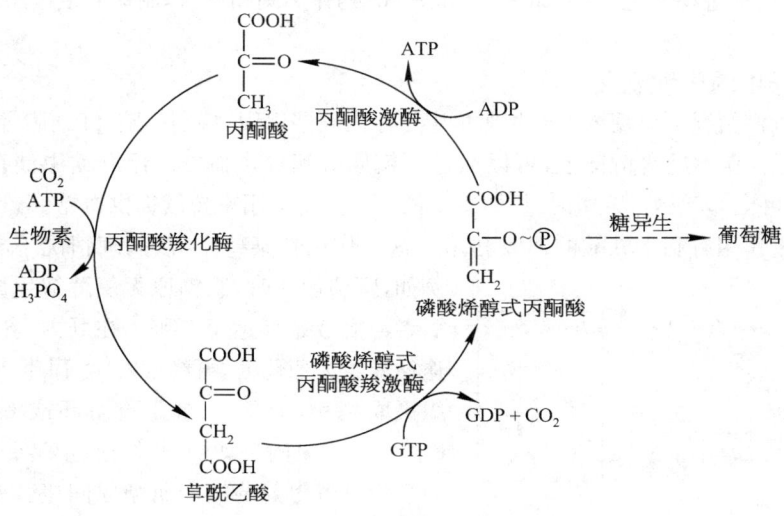

图 8-11 丙酮酸羧化支路

2. 果糖-1,6-二磷酸水解生成果糖-6-磷酸　在果糖-1,6-二磷酸酶（fructose 1,6-bisphosphatase）催化下，果糖-1,6-二磷酸水解脱去 C-1 位上的磷酸生成果糖-6-磷酸。

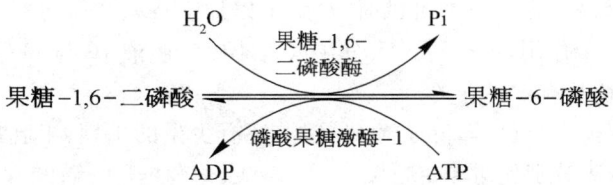

3. 葡萄糖-6-磷酸水解生成葡萄糖　该反应由葡萄糖-6-磷酸酶催化，使葡萄糖-6-磷酸水解脱去磷酸生成葡萄糖。

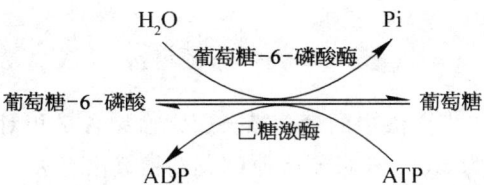

由上可见，糖酵解途径中的三个不可逆反应都可经另外的酶催化绕道逆行，使整个糖酵解反应过程成为"可逆"。这样，使非糖物质循糖酵解逆过程合成葡萄糖得以进行。上述由不同酶催化的单向反应使两个底物互变的循环称底物循环（substrate cycle）。

二、糖异生的调节

糖异生途径中的四个关键酶活性可受到多种代谢物浓度变化的调节，进而改变糖异生速率。如当肝细胞内甘油、氨基酸、乳酸及丙酮酸等糖异生原料浓度增高时，糖异生作用增强。脂肪酸氧化生成乙酰 CoA 增多时，可以通过别构激活丙酮酸羧化酶，抑制丙酮酸脱氢酶，促进丙酮酸羧化为草酰乙酸，加速糖异生作用。ATP 可以别构激活果糖-1,6-二磷酸酶，抑制磷酸果糖激酶-1,以促进糖异生作用;而 ADP 和 AMP 的作用则相反,抑制糖异生作用。

三、糖异生的生理意义

1. 保证饥饿情况下血糖浓度的相对恒定　体内某些组织,特别是脑、红细胞等主要依靠葡萄糖作为能源。在不进食情况下,可以通过肝糖原分解提供血糖。但肝糖原储存量有限,不到 12 小时即可全部耗尽。饥饿时,机体主要依靠糖异生作用来持续提供血糖。

2. 糖异生作用有利于乳酸的回收利用　这一作用在某些生理、病理情况下有重要意义。例如,剧烈运动时,肌糖原无氧酵解生成大量乳酸,后者经血液循环运至肝脏。在肝内,乳酸经糖异生途径异生为葡萄糖,再释放入血,葡萄糖又可被肌组织摄取利用,此循环称乳酸循环或 Cori 循环(图 8-12)。当肌肉活动剧烈时,通过 Cori 循环,可将不能直接分解为葡萄糖的肌糖原间接转变成血糖,这对于回收乳酸分子中的能量,补充血糖和防止乳酸酸中毒均有重要意义。

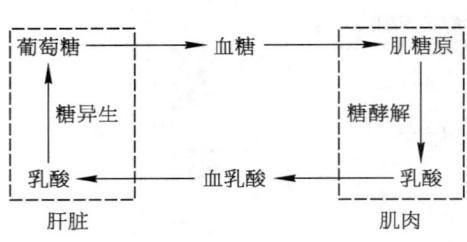

图 8-12　乳酸循环

3. 协助氨基酸代谢　许多氨基酸脱氨基后生成的 α-酮酸(如丙酮酸、草酰乙酸等)可通过糖异生作用转变为葡萄糖。

4. 有助于维持酸碱平衡　长期饥饿时,肾脏可以加强谷氨酰胺等氨基酸的分解,生成的 α-酮酸可以参与糖异生作用,释放的 NH_3 分泌入肾小管管腔液中,与 H^+ 结合成 NH_4^+ 排出体外,这对调节酸碱平衡具有重要意义。

经消化吸收进入体内的己糖,除了葡萄糖外,还有少量的果糖、半乳糖、甘露糖等其他己糖。这些己糖在体内先分别代谢转变为果糖-1-磷酸、葡萄糖-1-磷酸和果糖-6-磷酸等,然后继续进入糖代谢途径氧化分解或合成糖原。

第九节　血糖及其调节

血糖(blood sugar)主要指血液中的葡萄糖。通常血糖含量相对恒定,仅在较小范围内波动。正常人空腹血糖含量为 3.89~6.11 mmol/L(葡萄糖氧化酶法)。血糖浓度的相对恒定,依赖于机体对血糖来源和去路的精细调节。

一、血糖的来源和去路

血糖的来源:主要来自食物多糖的消化吸收,空腹时肝糖原的分解,饥饿时肝内进行糖异生作用。血糖的去路:主要包括氧化分解供能,进食后部分糖合成为肝糖原和肌糖原而储存起来,或代谢转变为脂肪、核糖、葡萄糖醛酸和非必需氨基酸的碳架等。血糖来源与去路在肝、神经、激素等调控下维持动态平衡(图 8-13)。

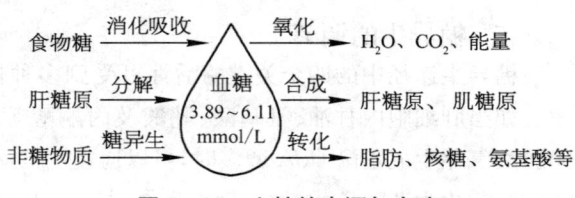

图 8-13　血糖的来源与去路

二、血糖浓度的调节

1. **肝脏调节**　肝脏对血糖浓度的稳定具有重要调节作用。餐后血糖浓度增高时,肝糖原合成增加,使血糖水平不致因饮食而过度升高;空腹时肝糖原分解,向血液提供葡萄糖;饥饿或禁食情况下,肝脏的糖异生作用加强,以持续提供血糖,进而维持血糖浓度的相对恒定。肝病患者的血糖水平容易发生异常波动。

2. **肾脏调节**　肾小管有较强重吸收葡萄糖的能力。正常人在某些因素影响下可引起糖浓度暂时升高,但只要不超过 8.89~10.00 mmol/L,肾小管细胞可将滤入管腔液的葡萄糖几乎全部重吸收入血,故正常人尿液一般检测不出葡萄糖。但当血糖浓度持续升高,超过 8.89~10.00 mmol/L 时,即超过了肾小管细胞重吸收糖的能力时,部分糖可随尿排出而出现糖尿。临床上以血糖 8.89~10.00 mmol/L 代表肾脏重吸收葡萄糖的浓度界限,称肾糖阈(renal threshold of glucose)。肾糖阈可有一定的变动,如长期糖尿病患者肾糖阈稍高;而某些人肾糖阈稍低,如某些妊娠妇女出现暂时性糖尿就是由肾糖阈较低引起的。

3. **神经调节**　用电刺激交感神经系的视丘下部腹内侧核或内脏神经,能使肝糖原分解,血糖升高;用电刺激副交感神经系的视丘下部外侧或迷走神经时,肝糖原合成增加,血糖浓度下降。

4. **激素调节**　调节血糖的激素分为两类:一类是降低血糖的激素,只有胰岛素;另一类是升高血糖的激素,如肾上腺素、胰高血糖素、糖皮质激素、生长素、甲状腺激素等。两类激素相互协调,共同调节血糖的正常水平(表 8-1)。

表 8-1　激素对血糖含量的影响

项目名称	激素	效应
降血糖	胰岛素	促进葡萄糖通过肌肉、脂肪等组织的细胞膜进入细胞内代谢 诱导葡萄糖激酶、磷酸果糖激酶-1、丙酮酸激酶的生成,促进糖的氧化利用 促进糖原合成 促进糖转变为脂肪 抑制糖原分解和糖异生作用(抑制糖异生的四个关键酶)
升血糖	胰高血糖素 肾上腺素	促进肝糖原分解成葡萄糖 促进糖异生 促进肝糖原分解成葡萄糖 促进糖异生 促进肌糖原酵解成乳酸
	糖皮质激素	加强脂肪动员,使血中脂肪酸增加,从而抑制肌肉及脂肪组织对葡萄糖的摄取和利用 促进糖异生(诱导肝细胞合成糖异生的关键酶) 抗胰岛素作用
	生长素 甲状腺激素	促进小肠吸收单糖,使血糖升高 促进肝糖原分解及糖异生,使血糖升高 促进糖的氧化分解,使血糖降低(作用小) 甲状腺激素调节作用的总趋势:使血糖升高

第九章
脂 质 代 谢

学习目标

1. 掌握脂质的分类、组成，血浆脂蛋白的分类、命名、组成及其功能，甘油三酯的分解代谢，胆固醇的代谢。
2. 熟悉甘油磷脂和胆固醇的结构，脂质的功能，脂质的两亲性，甘油三酯的合成，激素对甘油三酯代谢的调节。
3. 了解脂质的消化与吸收，甘油磷脂的代谢。

脂质（lipid）又称脂类，均为弱极性分子，易溶于有机溶剂而难溶于水。生物体内脂质主要包括甘油三酯（脂肪）和类脂两大类。甘油三酯在体内具有储能和供能作用，类脂是生物膜结构的重要组成成分。此外，胆固醇在体内还可转化成胆汁酸、维生素 D_3、类固醇激素等。

第一节 脂质的分类、组成与功能

生物体内脂质主要有脂肪、蜡、磷脂、糖脂、类固醇、类胡萝卜素、脂溶性维生素、萜类、聚异戊二烯醇和其他类异戊二烯、蛋白脂质（proteolipid）等。

一、甘油三酯

甘油三酯（triglyceride，TG）又称三酰甘油（triacylglycerol），俗称脂肪，是 1 分子甘油与 3 分子脂肪酸的缩合物。形成脂肪的三个脂酰基可以相同或不同：相同的为单纯甘油酯，不同的为混合甘油酯。绝大多数天然脂肪是混合甘油酯。甘油还可与 1 个、2 个脂肪酸分别形成甘油一酯、甘油二酯，但在体内含量很少，体内 95% 以上的是甘油三酯。

脂肪主要以脂滴形式位于脂肪细胞（adipocyte）内，脂肪细胞根据来源、分布和功能分为白色脂肪细胞（white beige adipocyte）、棕色脂肪细胞（brown adipocyte）、米色脂肪细胞（beige adipocyte）。

人体脂肪组织大多是白色脂肪组织，分布于皮下（皮下脂肪，subcutaneous adipose tissue，SAT）、腹腔（内脏脂肪，visceral adipose tissue，VAT）、骨髓（骨髓脂肪，bone marrow fat）和乳腺等处。它们与其余游离白色脂肪细胞的主要功能是储存脂肪，称脂库。脂库中的脂肪称贮脂（storage lipid）。贮脂量因受各种因素影响而变，又称可变脂。

（一）脂肪酸

脂肪酸（fatty acid，FA）是由羧基与烃基构成的有机酸，在生物体内多以甘油三酯、磷脂、糖脂等结合形式存在，少量以游离脂肪酸（free fatty acid，FFA）形式存在。

（二）类花生酸

类花生酸是花生四烯酸的衍生物，包括前列腺素、血栓素、白三烯和脂氧素等。它们在体内含量虽少，但分布很广，并有着重要的生理作用。

1. 前列腺素（prostaglandin，PG）　广泛分布于人和哺乳动物的组织、体液中，其中精囊含量稍高，其他细胞仅有微量，而红细胞不含前列腺素。

前列腺素以前列烷酸（prostanoic acid）为基本骨架。前列烷酸是由一个五碳环和两条各含 7 个和 8 个碳原子的碳链构成的二十碳化合物，属于花生四烯酸的衍生物。前列腺素可根据五碳环上取代基及双键位置等情况的不同分为 A～I 九种类型。每种类型又可根据侧链上所含双键数目分成 1、2、3 类，如 PGE_1、PGE_2 等；再进一步根据五碳环上羟基的构型分为 α 型与 β 型等。天然前列腺素均为 α 型。

前列烷酸

PGE_1

$PGF_{1\alpha}$

PGE_2

$PGF_{2\alpha}$

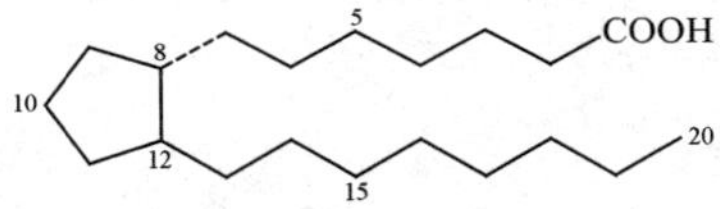

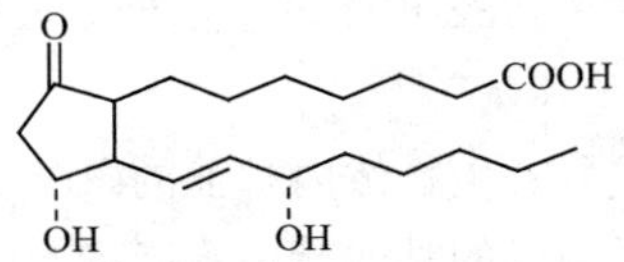

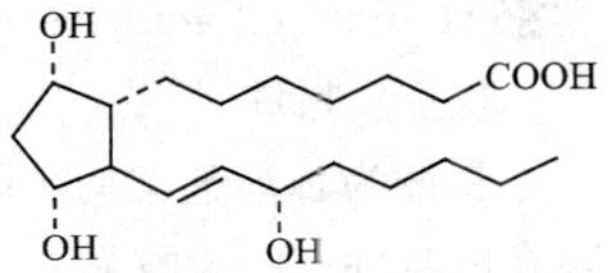

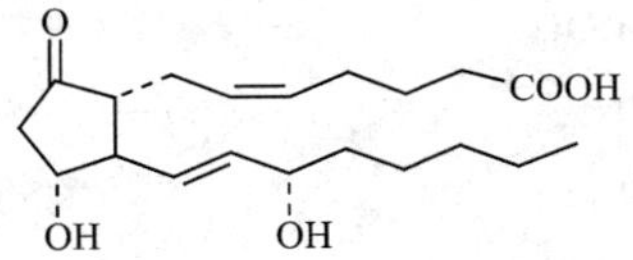

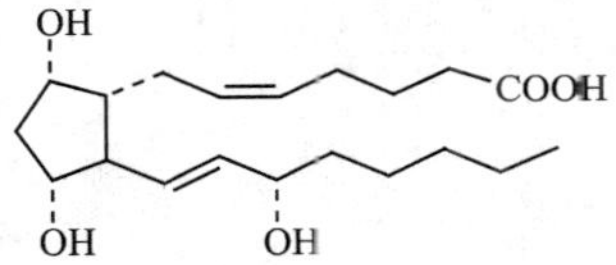

各种前列腺素均具有特定的生理功能。如 PGE_2 能促进局部血管扩张，增加毛细血管通透性，引起红、肿、痛和热等症状。$PGF_{2\alpha}$ 能促进卵巢平滑肌收缩，引起排卵。分娩时子宫内膜释放的 $PGF_{2\alpha}$ 能增子宫收缩、促进分娩等。

2. 血栓素（thromboxane，TX）　也以前列烷酸为骨架。血栓素 A_2 具有显著的促血小板聚集作用，参与凝血及血栓形成。

3. 白三烯（leukotriene，LT）　为含有 4 个碳-碳双键的花生四烯酸衍生物。根据碳链上双键位置、取代基团及环氧化物的不同，可将白三烯分为 A～E 几种类型，并以阿拉伯数字标出双键数目，如 LTA_4 等。不同类型的白三烯生理功能有所不同，如 LTB_4 具有调节白细胞的功能，LTC_4、LTD_4 能促使支气管平滑肌收缩、毛细血管通透性增加。

血栓素 A_2

白三烯 A_4(LTA_4)

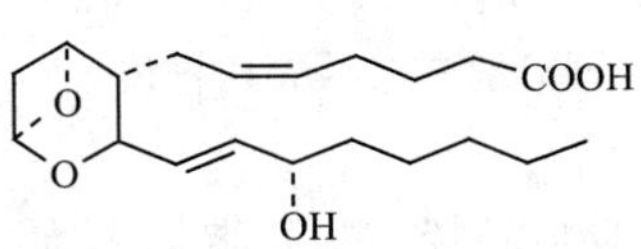

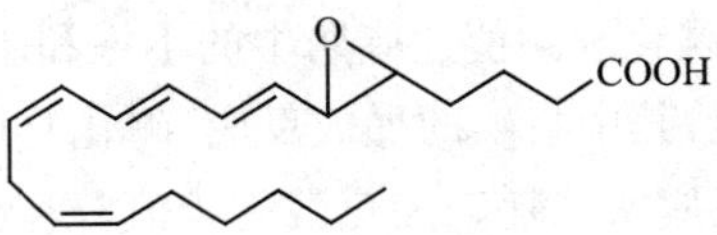

4. 脂氧素（lipoxin，LX）　为白细胞内由花生四烯酸转化而来的三羟基二十碳四烯酸。哺乳动物主要包括脂氧素 A_4（LXA_4）和脂氧素 B_4（LXB_4）等。LX 具有扩张血管平滑肌的作用；

还可抑制白细胞向炎症部位趋化,促进巨噬细胞吞噬局部凋亡的粒细胞及其他受损细胞,从而抑制炎症的进程,促进炎症消退,其中 LXA_4 作用远强于 LXB_4。

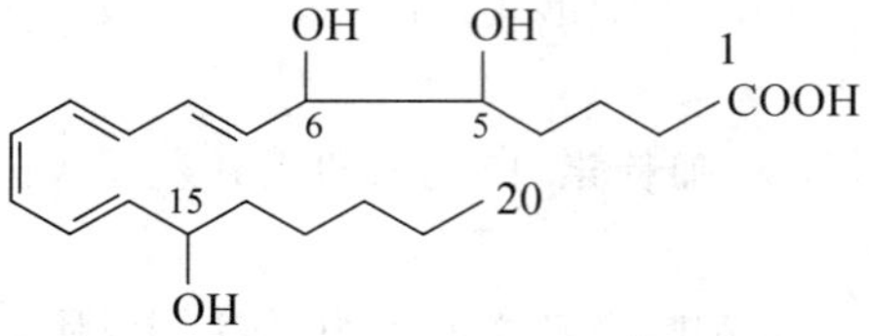

$$LXA_4 \qquad LXB_4$$

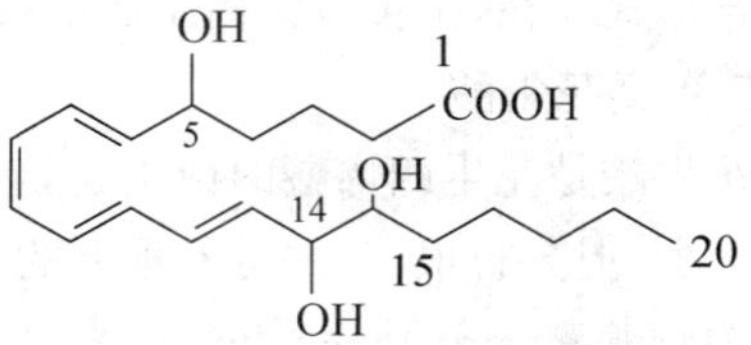

在各种化学、物理或病原体的作用下,胞质中的磷脂酶 A_2($cPLA_2$)被活化并水解膜磷脂,释放出花生四烯酸,随后通过不同途径被逐步转化成 PG、TXA 和 LT 等不同的类花生酸,影响炎症反应的发展及缓解过程。经典的解热镇痛药阿司匹林(aspirin)通过抑制环氧合酶(cyclooxygenase,COX),减少前列腺素和血栓素的合成,将 COX-2 转变为能抗炎的脂氧素,产生镇痛、抗炎、解热、减少血栓生成的效应。由于这项发现,英国生物学家 Vane 和瑞典生物化学家 Hamberg、Samuelsson 三人获得 1982 年诺贝尔生理学或医学奖。

(三)甘油

甘油为甘油酯类的共同组成成分。生物体内甘油的磷酸化反应总是发生在 C-3 上,天然存在的甘油-3-磷酸为 L 构型。所构成的甘油酯占膜脂的 50%~60%。

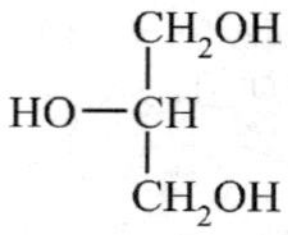

丙三醇(甘油) 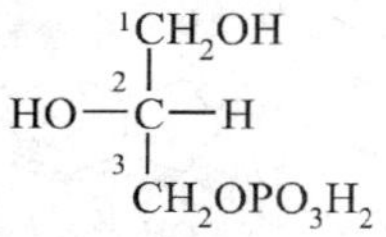　　甘油-3-磷酸

(四)脂肪的主要化学反应

1. 水解和皂化值　脂肪在酸、碱或酶的作用下水解生成甘油和脂肪酸。脂肪在碱性条件下水解生成甘油和脂肪酸盐(即肥皂)的反应称皂化反应。水解 1 g 脂肪所消耗氢氧化钾的毫克数称皂化值。

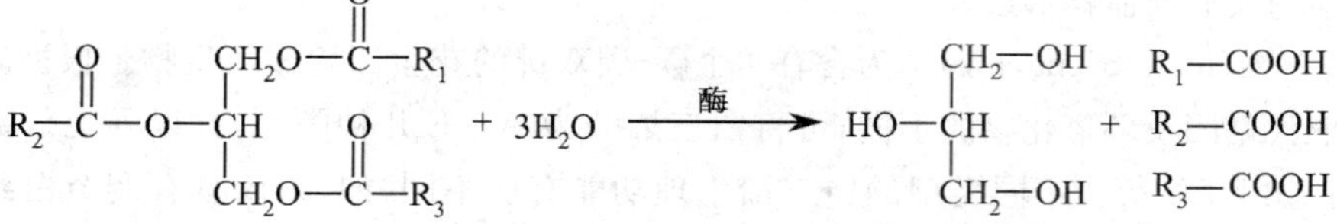

甘油三酯　　水　　　　　　甘油　　脂肪酸

2. 氢化、碘化和碘值　脂肪中的不饱和脂肪酸在催化剂存在的情况下加热,可与氢或卤素发生加成反应,其中与碘的加成反应(碘化)可用以分析脂肪酸的不饱和程度。通常将 100 g 脂肪通过加成反应所消耗碘的克数称碘值(或碘价)。

氢化过程可使植物油中的不饱和脂肪酸发生加成反应转变为饱和脂肪酸,使液态植物油转变为固态的脂肪,同时会产生一定比例的反式脂肪酸。植物油在长时间烹饪时,也很容易产生反式脂肪酸。反式脂肪酸对健康有危害作用,它可升高低密度脂蛋白(low density lipoprotein,LDL),降低高密度脂蛋白(high density lipoprotein,HDL)水平,增加冠心病的危险性。

3. 酸败和酸值 脂肪由于微生物、酶和热的作用发生缓慢水解，产生难闻的气味，这种现象称酸败。酸败的主要原因是分子中的碳—碳双键、酯键等发生氧化、水解等反应，生成低级的醛、醛酸和羧酸等物质。

酸值是指中和 1 g 样品所需的 KOH 的毫克数，可作为酸败的指标。酸值越小，说明油脂水解程度越低，质量越好，新鲜度和精炼程度越高。

二、类脂

（一）磷脂

磷脂（phospholipid）是指水解产物中含有脂肪酸、磷酸和醇（甘油或鞘氨醇）的脂质，可根据所含醇的不同分为甘油磷脂和鞘磷脂。磷脂是生物膜的重要组成成分，在脑、骨髓和神经组织及心、肝、肾等器官含量丰富。

1. 甘油磷脂（glycerophospholipid） 为水解产物中含有甘油的磷脂，包括磷脂酸、磷脂酰胆碱、磷脂酰乙醇胺、磷脂酰丝氨酸、肌醇磷脂、糖磷脂、心磷脂等。

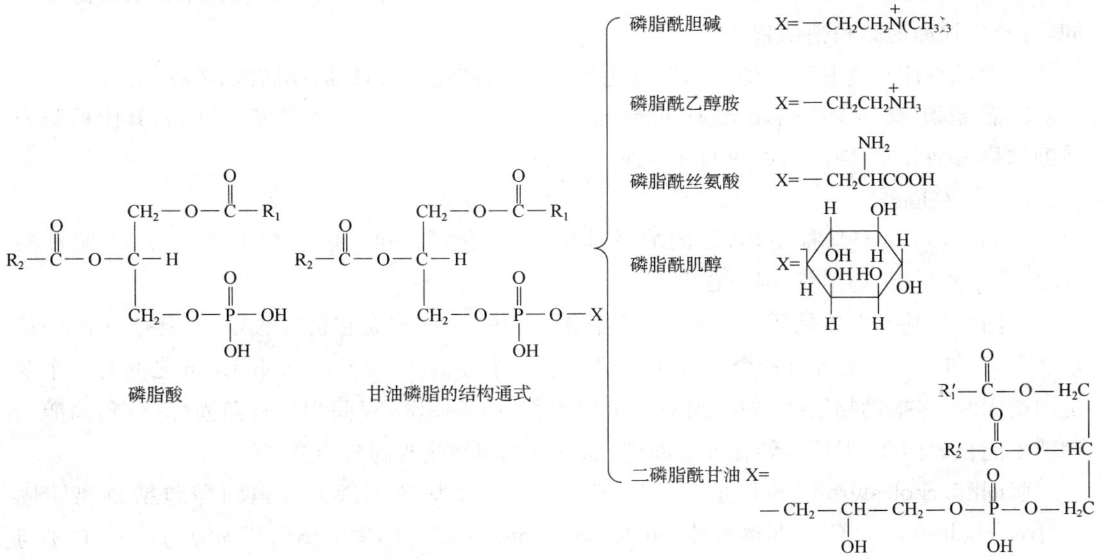

（1）磷脂酰胆碱（phosphatidylcholine，PC）：俗称卵磷脂（lecithin），是各种膜性结构的主要成分。磷脂酰胆碱有协助脂质运输的作用。

（2）磷脂酰乙醇胺（phosphatidylethanolamine，PE）：俗称脑磷脂（cephalin），以脑和神经组织中含量较高。

（3）磷脂酰肌醇（phosphatidylinositol，PI）：存在于哺乳动物的细胞膜内层，肌醇环上的多个羟基可被磷酸化，如磷脂酰肌醇- 4，5 -二磷酸（$PI_4,5P_2/PIP_2$）等，是重要的信号转导分子。

2. 鞘磷脂类（phosphosphingolipid） 为水解产物中含有鞘氨醇类的磷脂，哺乳动物的鞘氨醇类主要是十八碳鞘氨醇（简称鞘氨醇，sphingosine）及其前体二氢鞘氨醇（sphinganine）。其中，含胆碱的鞘磷脂类称鞘磷脂（sphingomyelin，SM）。

鞘磷脂类所含脂肪酸多为 $C_{14}\sim C_{36}$ 饱和脂肪酸，少数为单不饱和脂肪酸，个别为 α-或 ω-羟基脂肪酸。鞘氨醇合成鞘脂时先与脂肪酸合成神经酰胺（ceramide，Cer）。神经酰胺是鞘脂（鞘糖脂和鞘磷脂)的母体化合物。哺乳动物神经酰胺所含的脂肪酸碳链长 $C_{14}\sim C_{32}$,具有第二信使作用。

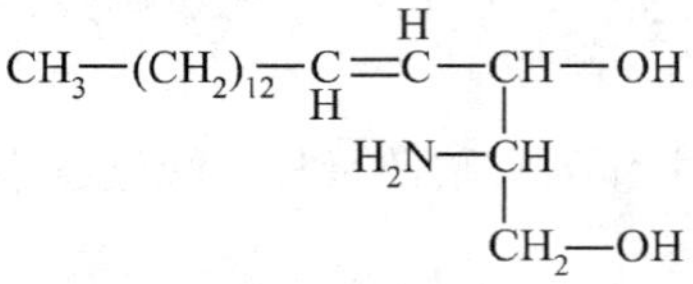

鞘氨醇 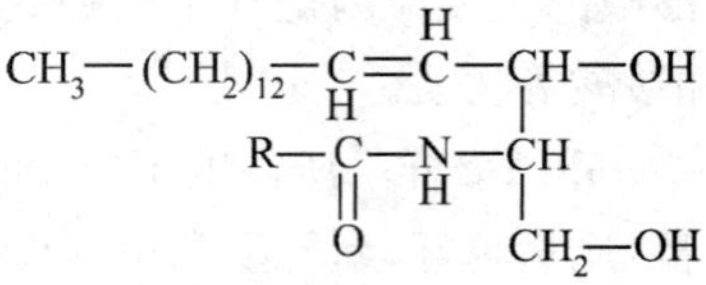　　　　　　　　神经酰胺

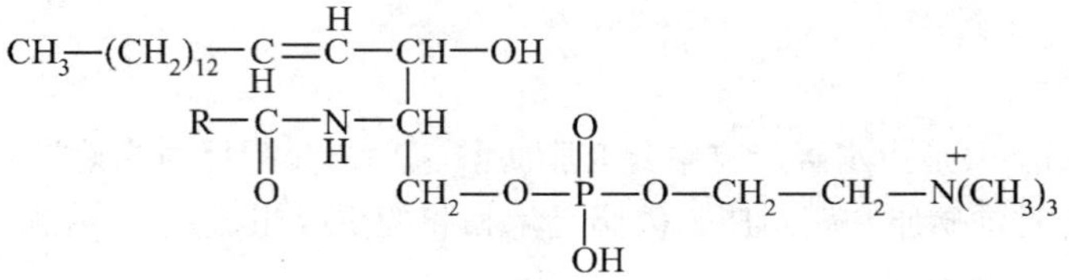

鞘磷脂

(二) 糖脂

糖脂(glycolipid)是指分子中含有糖基(葡萄糖基或半乳糖基等)的脂质。根据所含醇的不同,可分为甘油糖脂和鞘糖脂。

1. 甘油糖脂　为甘油二酯等的糖基化产物,水解产物中有甘油、脂肪酸、单糖等。

2. 鞘糖脂(又称糖鞘脂,glycosphingolipid,GSL)　为神经酰胺的糖基化产物,其中糖基为单糖的称为脑苷脂,糖基为寡糖的称为神经节苷脂。

(三) 类固醇

类固醇(steroid)又称甾体,是固醇及其衍生物,包括固醇、胆固醇酯、维生素 D、胆汁酸(盐)、类固醇激素、皂角苷、强心苷等。

类固醇的基本母体是环戊烷多氢菲(甾烷)。固醇(sterol)是在甾烷的 C-3 上有一个 β-羟基、C-10 和 C-13 上各有一个甲基、C-17 上有一个烃基($C_{8\sim 10}$)、C-5 和 C-6 之间有一个双键的类固醇,包括动物固醇(如胆固醇)、植物固醇(如谷固醇、豆固醇)、真菌固醇(麦角固醇)。细菌不能合成固醇,但可以转化外源固醇,如肠道细菌转化胆固醇为粪固醇。

胆固醇(cholesterol,Chol)是 C-17 有一个 C8 烃基的固醇。总胆固醇包括游离胆固醇(free cholesterol,FC)和胆固醇酯(cholesteryl ester,CE)。胆固醇酯由胆固醇的 C-3 羟基与长链脂肪酸发生酯化而成,其含量约为总胆固醇的 70%。

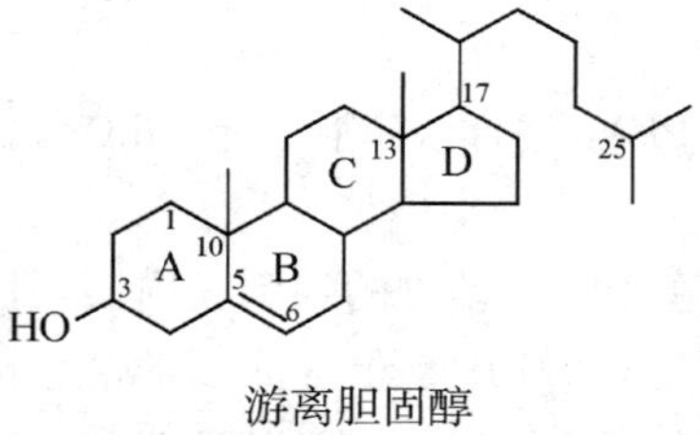

游离胆固醇 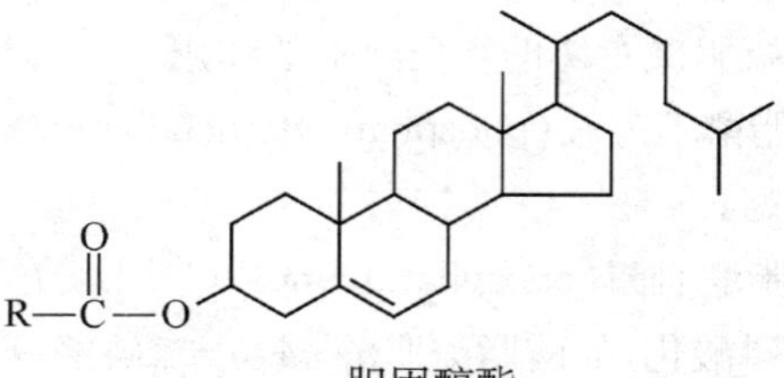　　　　　　　　胆固醇酯

三、脂质的功能

1. 能量存储　脂肪存储大量的能量。脂肪分解产生的能量可供机体所需。
2. 保护作用　皮肤表面会分泌油脂,可以防止过度蒸发水分和保持皮肤的湿润。此外,一些脂质还可以作为抗氧化剂,帮助对抗自由基的损伤。

3. 细胞膜构成　磷质通过形成双层膜构成细胞膜,这种结构使膜具有高度的流动性和可塑性,以适应细胞在不同环境下的需求,并保持细胞内外的环境稳定。

4. 信号转导　脂质作为细胞内信号分子的前体,参与调节许多生物学过程。

四、脂质的两亲性

大部分脂质不溶于水,因而在体内形成生物膜、脂滴等疏水相。另有一部分脂质分子既有亲水基团,又有疏水基团,称两亲性分子(amphipathic molecule),具有两亲性(amphiphilicity)。亲水基团又称极性头或亲水头,往往是含有羟基、磷酸基、硫酸基、糖基等的部分;疏水基团又称非极性尾或疏水尾,由脂肪酸的烃基和固醇的甾烷核等结构组成。

乳化剂(emulsifier)是一种用于促进不混溶的液体悬浮在水体系中的表面活性物质,属于典型的两亲性分子。在乳化过程中,分散相(大多数为油相)以微米级的微滴形式分散在连续相(大多数为水相)中。乳化剂降低了混合体系中各组分的界面张力,在微滴表面形成较稳定的薄膜或双电层,阻止微滴彼此聚集,从而保持较均匀的乳状液(一种非均相体系)。通常采用亲水亲油平衡值(hydrophile-lipophile balance value, HLB)表示乳化剂的亲水性或亲油性,HLB愈低,其亲油性愈强。

胆汁酸盐分子中既含亲水基团(如羟基、羧基),又含疏水基团,亲水基团和疏水基团分布于相对两侧表面,形成亲水面和疏水面。胆盐的结构特点使其成为强大的乳化剂,在肠道中参与食物脂质的消化吸收。

磷脂分子属于表面活性物质,能在亲水相中形成胶束、脂质双分子层、脂质体。在生物膜中,它们的极性头形成脂质双分子层表面的亲水层,非极性尾形成夹在亲水层中间的疏水层(图9-1),从而定向富集于亲水相和疏水相的界面上。

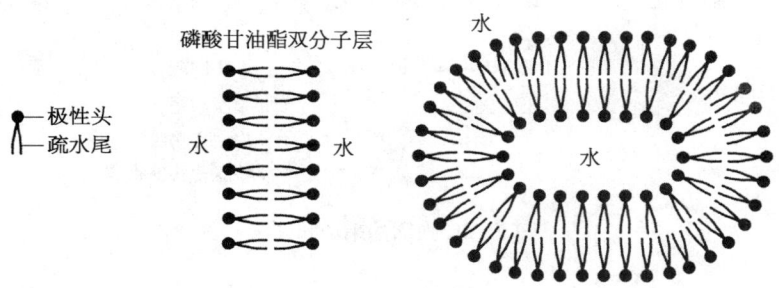

图9-1　生物膜的脂质双分子层

第二节　脂质的消化与吸收

一、脂质的消化

食物中的脂质主要是脂肪,还含少量磷脂、胆固醇及胆固醇酯等。食物脂质在小肠中经胆汁酸盐乳化成细小的微团,在各种消化酶如胰脂酶、磷脂酶 A_2、胆固醇酯酶及辅酯酶等催化下分别水解生成甘油一酯、溶血磷脂、游离胆固醇和脂肪酸等产物。

二、脂质的吸收

脂质的吸收部位主要在十二指肠下段和空肠的上段。脂质的各种消化产物可与胆汁酸盐形成极性较大的混合微团进入小肠黏膜细胞。在小肠黏膜细胞内重新合成甘油三酯、胆固醇酯、磷脂等，然后再与载脂蛋白 B48、C、AⅠ、AⅣ等一起组装成乳糜微粒（chylomicron，CM），以 CM 的形式经淋巴进入血液循环。一些短链和中链脂肪酸构成的甘油三酯，经胆汁酸盐乳化后即可被吸收。

食物胆固醇只有 20%～30% 被吸收，其吸收受多种因素的影响。如来自植物性食物（如蔬菜、水果等）的植物固醇、纤维素及果胶等可抑制胆固醇的吸收；甘油三酯、胆汁酸盐等则可促进胆固醇吸收；而某些药物如消胆胺可与胆汁酸盐结合，加快胆汁酸盐的排泄，从而间接减少胆固醇的吸收。

第三节　血脂与血浆脂蛋白

一、血脂

（一）血脂的组成与含量

血浆中的脂质统称为血脂。其成分比较复杂，主要包括甘油三酯、磷脂、胆固醇及胆固醇酯和游离脂肪酸（free fatty acid，FFA）等。

血脂的含量不如血糖恒定，易受膳食、种族、性别、年龄、职业、运动状况以及代谢等多种因素的影响，波动范围较大。测定血脂含量，需在餐后 8～14 小时空腹采血，且隔夜需清淡饮食，以避免受膳食影响。

（二）血脂的来源和去路

正常情况下，血脂的来源和去路维持着动态平衡（图 9-2）。

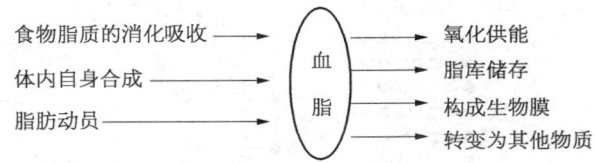

图 9-2　血脂的来源和去路

二、血浆脂蛋白

血浆中的各种脂质大多难溶于水，需与蛋白质结合成水溶性强的血浆脂蛋白（lipoprotein）颗粒形式被运输，以供各组织代谢和利用。如果脂蛋白代谢、利用发生障碍，可使脂质在血中过度积聚，导致肥胖或动脉粥样硬化等。

（一）血浆脂蛋白的分类与命名

血浆脂蛋白呈球状，由脂质和蛋白质两类成分组成。因其所含的脂质和蛋白质种类及比例不尽相同，可形成多种血浆脂蛋白。用电泳法和超速离心法可分别将血浆脂蛋白分为四类。

1. 电泳法　不同脂蛋白的蛋白质含量不同而有不同数量的表面电荷，并且其颗粒大小也不相同，因此在电场中具有不同的迁移率，从而彼此分离。根据各种血浆脂蛋白在电场中移动速度的快慢,并对照血清蛋白电泳图谱相对位置给予命名,依次为α脂蛋白、前β脂蛋白、β脂蛋白和乳糜微粒(CM)四类。其中,α脂蛋白移动速度最快,乳糜微粒则基本停留在原点(图9-3)。

2. 超速离心法 由于各类脂蛋白中脂质和蛋白质所占比例不同而有不同的密度(脂质比例高者密度小)。将血浆在一定密度的盐溶液中进行超速离心,根据脂蛋白沉浮情况,可将脂蛋白分为CM、极低密度脂蛋白(very low density lipoprotein,VLDL)、低密度脂蛋白(low density lipoprotein,LDL)和高密度脂蛋白(high density lipoprotein,HDL)四类。其中,CM密度最小,在最上层。

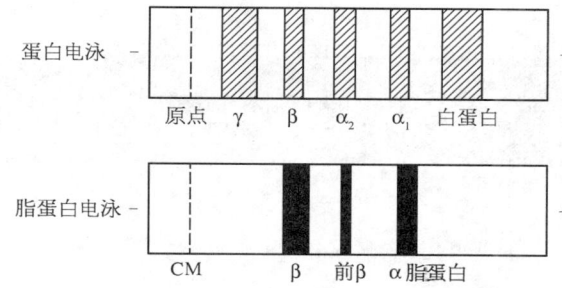

图9-3 血浆脂蛋白电泳图谱与命名

此外,还发现中间密度脂蛋白(IDL),它是VLDL在血浆中的中间代谢物,其组成和颗粒大小介于VLDL和LDL之间。近年来,在人类和某些动物血浆中发现一类脂蛋白(α)[LP(α)],主要在肝和小肠合成,其脂质组成与LDL相似,但LP(α)并不由VLDL转化而来,也不能转化为其他脂蛋白,是一类独立的脂蛋白。其载脂蛋白主要为ApoB100和Apo(α)。Apo(α)是一种丝氨酸蛋白酶,与纤溶酶原(Plasminogen,PLG)具有高度同源性。目前认为LP(α)不仅与患心血管疾病和钙化性主动脉瓣疾病的风险呈正相关,而且可能与纤溶系统有关。

(二)血浆脂蛋白的组成与结构

1. 血浆脂蛋白的组成 血浆脂蛋白由蛋白质和脂质两大成分组成。

(1)血浆脂蛋白中的脂质:各类脂蛋白均含有甘油三酯、磷脂、胆固醇及胆固醇酯等成分,但含量及组成比例却相差甚远。

(2)载脂蛋白:血浆脂蛋白中的蛋白质部分称载脂蛋白(apolipoprotein,Apo)。迄今已发现人血浆载脂蛋白有20种之多,主要有Apo A、B、C、D、E五类。每类载脂蛋白又可分为若干亚类,其中Apo A又分为A-Ⅰ、A-Ⅱ和A-Ⅳ;Apo B又分为B-100和B-48;Apo C又分为C-Ⅰ、C-Ⅱ、和C-Ⅲ等。不同的血浆脂蛋白所含的载脂蛋白不同,如VLDL主要含Apo B-100、C-Ⅰ、C-Ⅱ、C-Ⅲ和E;HDL主要含Apo A-Ⅰ、A-Ⅱ等。目前,人类几种主要载脂蛋白的基因结构、染色体定位、氨基酸序列均已确定(表9-1)。

表9-1 人血浆主要载脂蛋白的分布及功能

载脂蛋白	在脂蛋白中的分布(%)				主要功能
	CM	VLDL	LDL	HDL	
A-Ⅰ	7	—		67	激活PCCAT,识别HDL受体
A-Ⅱ	4	—		22	稳定HDL结构,抑制PCCAT
B-48	23	—	—	—	促进CM合成

(续表)

载脂蛋白	在脂蛋白中的分布(%)				主要功能
	CM	VLDL	LDL	HDL	
B-100	—	37	98	—	识别 LDL 受体
C-Ⅰ	15	3	—	2	促进 PCCAT 的催化作用
C-Ⅱ	15	7	—	2	激活 LPL
C-Ⅲ	36	40	—	4	抑制 LPL,抑制肝 Apo E 受体
D	—	—	—	痕量	转运胆固醇酯
E	—	13	—	痕量	识别 LDL 受体

载脂蛋白的主要功能是结合及转运脂质。此外,不同的载脂蛋白还具有某些特殊功能。如 Apo A-Ⅰ 能激活磷脂酰胆碱胆固醇酰基转移酶(phosphatidylcholine cholesterol acyltransferase,PCCAT,又称卵磷脂胆固醇酰基转移酶,lecithin cholesterol acyltransferase,LCAT),从而促进 HDL 成熟和胆固醇从血浆逆向转运至肝脏。Apo C-Ⅱ 是脂蛋白脂肪酶(lipoprotein lipase,LPL)的激活剂,能够促进血浆中 CM 和 VLDL 的降解。

2. 血浆脂蛋白的结构　各种血浆脂蛋白都具有相似的基本结构,疏水性较强的甘油三酯及胆固醇酯位于脂蛋白颗粒内部构成核心,而载脂蛋白、磷脂及游离胆固醇等以单分子层覆盖在脂蛋白表面,其亲水基团朝外,疏水基团朝向内部,与脂蛋白核心的疏水分子相结合(图9-4),使脂质易于在血浆中运输。

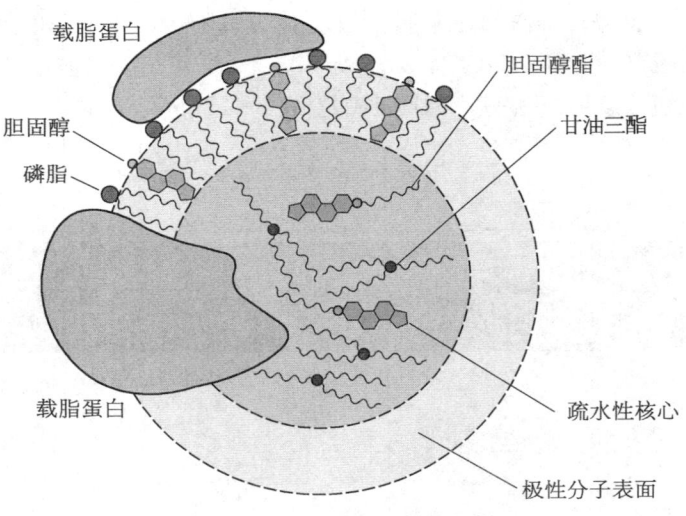

图 9-4　血浆脂蛋白的结构

(三) 血浆脂蛋白的代谢与功能

1. 乳糜微粒　CM 是在小肠黏膜细胞中合成的,是运输外源性甘油三酯的主要形式。食物中的脂肪消化吸收过程中,在小肠黏膜细胞内重新合成甘油三酯,连同合成和吸收的磷脂及胆固醇,加上 Apo B-48 和 Apo C 等形成 CM 并经淋巴管进入血液。CM 进入血液后,其中的 Apo C-Ⅱ 激活存在于肌肉、脂肪等组织毛细血管内皮细胞表面的 LPL。LPL 催化 CM 颗粒中的甘油三酯水解生成甘油和脂肪酸,被组织摄取利用。随着甘油三酯的水解,CM 颗粒逐渐变小,最后转变成为富含 Apo B-48、Apo E 和胆固醇酯的 CM 残余颗粒。后者与肝细胞膜上的 Apo E 受体结合并被肝细胞摄取进一步分解利用。正常人 CM 在血浆中代谢速度非常快,半衰期仅为 5～15 分钟,饭后 12～14 小时血浆中不再含有 CM。

2. 极低密度脂蛋白　VLDL 是在肝脏中合成的(少量来自肠黏膜细胞),是运输内源性甘油三酯的主要形式。肝细胞内的甘油三酯可以葡萄糖为原料自身合成,也可利用食物及脂肪动员而来的脂肪酸酯化形成,称内源性甘油三酯。然后加上磷脂、胆固醇、Apo B-100 及 E 等形成 VLDL。

VLDL 分泌入血后,从 HDL 获得 Apo C,Apo C-Ⅱ 激活肝外组织毛细血管内皮细胞表面的 LPL,VLDL 中的甘油三酯被逐步水解,释放出甘油和脂肪酸为组织所利用。同时其表面的磷脂、胆固醇及 Apo C 转移至 HDL,而 HDL 的胆固醇酯转移至 VLDL。随着甘油三酯的水解,VLDL 颗粒逐渐变小,其胆固醇酯及 Apo B-100、Apo E 含量相对增加,密度逐渐增大,形成中间密度脂蛋白(IDL)。部分 IDL 与肝细胞膜 Apo E 受体结合,为肝细胞摄取代谢。未被肝细胞摄取的 IDL 中的甘油三酯被 LPL 进一步水解,其表面的 Apo E 转移至 HDL 上,最后转变为主要含胆固醇及胆固醇酯和 Apo B-100 的 LDL 颗粒。VLDL 在血中的半衰期为 6～12 小时。

3. 低密度脂蛋白　LDL 是在血浆中由 VLDL 转变而来的,是转运肝脏合成的内源性胆固醇至各组织利用的主要形式。LDL 主要通过与 LDL 受体结合进入细胞中代谢。LDL 受体广泛存在于全身各组织的细胞膜表面,可特异识别并结合含 Apo B-100 或 Apo E 的脂蛋白,又称 Apo B、Apo E 受体。当血浆中的 LDL 与特异受体结合后,进入细胞与溶酶体融合,并在溶酶体内被水解,释放出游离胆固醇被组织利用。LDL 是健康成人空腹血浆中的主要脂蛋白,含量占血浆脂蛋白总量的 1/2～2/3,半衰期为 2～4 日。

4. 高密度脂蛋白　HDL 主要在肝脏合成,部分亦可在小肠合成。HDL 功能是将肝外胆固醇逆向转运至肝内代谢。刚从肝脏或小肠分泌出来的 HDL 主要由磷脂、游离胆固醇和载脂蛋白 A、C、E 等组成,呈圆盘状结构,为新生 HDL。新生 HDL 进入血液后,在血浆 PCCAT 的作用下,其颗粒表面磷脂酰胆碱 C-2 位脂酰基转移至胆固醇分子的 C-3 羟基上,生成溶血磷脂酰胆碱和胆固醇酯,此过程所消耗的磷脂酰胆碱和游离胆固醇可不断从细胞膜、CM 及 VLDL 得到补充。胆固醇酯移向 HDL 的核心部位,同时其表面的 Apo C 和 E 又转移到 CM 和 VLDL 上,HDL 即转变为成熟 HDL。成熟 HDL 可与肝细胞膜 HDL 受体结合,被肝细胞摄取,其中的胆固醇大部分代谢转变为胆汁酸,后者通过胆汁分泌发挥乳化作用。HDL 在血浆中的半衰期为 3～5 日。

各类血浆脂蛋白的主要组成、合成场所及功能见表 9-2。

表9-2 血浆脂蛋白的主要组成及功能

名称		CM	VLDL 前β脂蛋白	LDL β脂蛋白	HDL α脂蛋白
主要组成	脂质	甘油三酯 (90%)	甘油三酯 (60%)	胆固醇 (50%)	磷脂和胆固醇 (各占25%)
	蛋白质	1%	8%	25%	50%
主要合成场所		小肠黏膜	肝	血浆	肝
主要功能		从小肠转运外源性甘油三酯至体内各组织	从肝转运内源性甘油三酯至肝外组织	从肝转运胆固醇至体内各组织	将胆固醇从肝外逆向转运至肝内

第四节 甘油三酯的代谢

一、甘油三酯的分解代谢

（一）脂肪动员

储存在脂库中的甘油三酯，被脂肪酶逐步水解为游离脂肪酸及甘油并释放入血，供给全身各组织氧化利用的过程，称脂肪动员（fat mobilization）（图9-5）。在脂肪动员中，脂库中甘油二酯脂肪酶起决定性作用，是脂肪分解的限速酶。由于脂库中甘油二酯脂肪酶的活性受多种激素的调控，故又称激素敏感性脂肪酶（hormone-sensitive lipase，HSL）。能促进脂肪动员的激素称脂解激素，如肾上腺素、去甲肾上腺素、胰高血糖素、生长素等，这些激素能增加HSL的活性，促进甘油三酯的分解。而胰岛素、前列腺素等，能抑制HSL的活性，对抗脂解作用，称抗脂解激素。

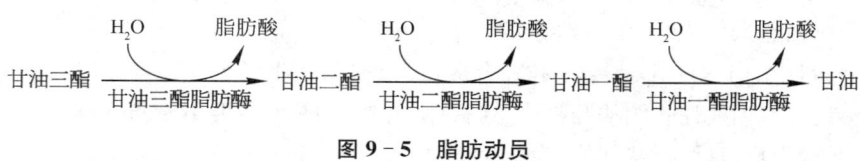

图9-5 脂肪动员

脂肪动员使储存在脂肪细胞中的脂肪分解成游离脂肪酸和甘油，释放入血。脂肪酸水溶性差，与血浆白蛋白结合成为脂肪酸-白蛋白复合体形式而被运送，主要被肝、骨骼肌、心肌等摄取利用。

（二）甘油的代谢

细胞中，甘油首先在甘油激酶作用下，转变为甘油-3-磷酸，再脱氢生成磷酸二羟丙酮，后者可循糖分解代谢途径氧化产能或糖异生途径转变为糖（图9-6）。肝、肾和肠黏膜等组织细胞中含有丰富的甘油激酶，甘油的代谢主要发生在这些组织中。而骨骼肌和脂肪组织细胞中此酶活性低，不能很好地利用甘油。

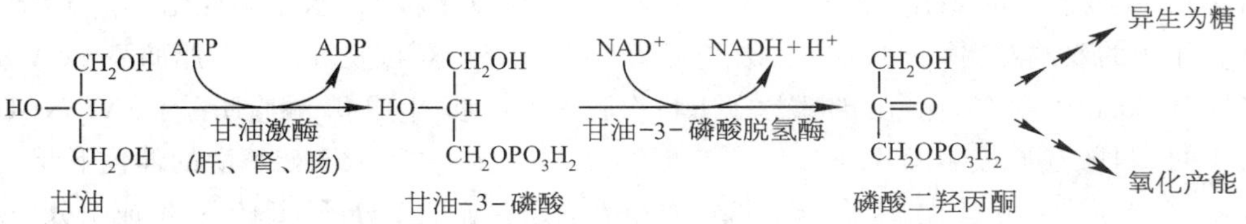

$$\text{甘油} \xrightarrow[\text{(肝、肾、肠)}]{\text{甘油激酶, ATP→ADP}} \text{甘油-3-磷酸} \xrightarrow{\text{甘油-3-磷酸脱氢酶, NAD}^+ \to \text{NADH+H}^+} \text{磷酸二羟丙酮} \to \text{异生为糖 / 氧化产能}$$

图 9-6 甘油的代谢

(三) 脂肪酸氧化

脂肪酸是人类主要能源物质之一。在供氧充足条件下,脂肪酸在体内可以分解成 CO_2 和 H_2O,释放出大量能量供机体利用。除了脑组织外,大多数组织均能氧化脂肪酸,但在肝脏和肌肉组织中脂肪酸氧化最为活跃。人体内脂肪酸的氧化主要是以 β 氧化方式进行。

脂肪酸首先在胞质溶胶中活化生成脂肪酰 CoA,然后被转运入线粒体,经多次 β 氧化分解成乙酰 CoA,后者进入三羧酸循环彻底氧化。

1. 脂肪酸的活化 在 ATP、HSCoA、Mg^{2+} 存在的条件下,胞质溶胶中的脂肪酸在内质网或线粒体外膜上的脂肪酰 CoA 合成酶催化下,活化生成脂肪酰 CoA。每 1 分子脂肪酸活化消耗 2 个高能磷酸键,相当于消耗了 2 分子 ATP。所生成的脂肪酰 CoA 分子中含有高能硫酯键,非常活泼,易于进一步氧化分解(图 9-7)。

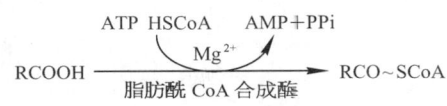

图 9-7 脂肪酰 CoA 生成

2. 脂肪酰 CoA 进入线粒体 催化脂肪酸氧化的酶系存在于线粒体基质内,在胞质溶胶中生成的脂肪酰 CoA 必须进入线粒体内才能进一步氧化。然而长链脂肪酰 CoA 不能直接透过线粒体内膜,需要以肉碱(carnitine,3-羟-4-三甲氨基丁酸)为载体转运入线粒体。

在线粒体内膜的两侧分别存在肉碱脂肪酰转移酶 1 和 2。线粒体内膜外侧的肉碱脂肪酰转移酶 1 可催化长链脂肪酰 CoA 转变为脂酰肉碱,后者进入线粒体内膜,在线粒体内膜内侧的肉碱脂肪酰转移酶 2 的作用下,重新转变成脂肪酰 CoA,进入线粒体基质(图 9-8)。肉碱脂肪酰转移酶 1 是脂肪酸 β 氧化的限速酶,调节该酶的活性可以控制脂肪酸 β 氧化的速率。

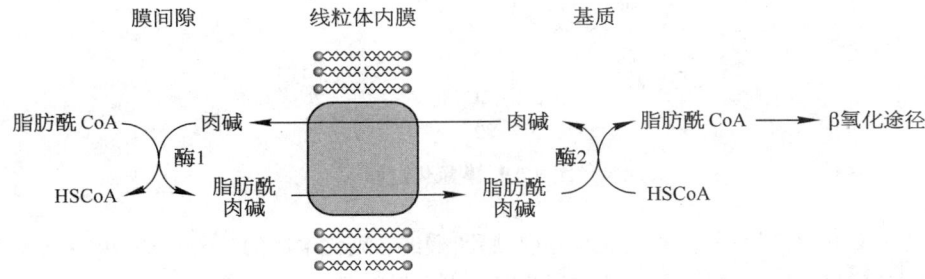

图 9-8 脂肪酰 CoA 被转运入线粒体的机制

3. 脂肪酸的 β 氧化 脂肪酰 CoA 进入线粒体基质后,在脂肪酸 β 氧化酶系的催化下,逐步进行氧化分解。由于脂肪酸的氧化分解主要发生在 β-碳原子上,故称 β 氧化。

β 氧化包括脱氢、加水、再脱氢、硫解四步连续反应,反应过程如下。① 脱氢:首先在脂肪酰 CoA 脱氢酶的催化下,脂肪酰 CoA 自 α、β 碳原子上脱下 1 对氢原子,生成 α,β-烯脂肪酰

CoA,FAD 接受脱下的 2H 生成 $FADH_2$。② 加水：烯脂肪酰 CoA 水化酶催化 α,β-烯脂肪酰 CoA 分子中的双键发生加水反应，生成 β-羟脂肪酰 CoA。③ 再脱氢：β-羟脂肪酰 CoA 经 β-羟脂肪酰 CoA 脱氢酶催化，在 β-碳原子上再次脱去 1 对氢，生成 β-酮脂肪酰 CoA。NAD^+ 接受脱下的 2H 被还原成 $NADH+H^+$。④ 硫解：在 β-酮脂肪酰 CoA 硫解酶的催化下，β-酮脂肪酰 CoA 分子中 α 和 β-碳原子之间的碳-碳单键断裂并加上 1 分子 HSCoA，生成 1 分子乙酰 CoA 和比原来少 2 个碳原子的脂肪酰 CoA。

以上经过一次 β 氧化过程所生成的比原来少 2 个碳原子的脂肪酰 CoA 可再进行脱氢、加水、再脱氢、硫解四步连续反应，最终全部分解为乙酰 CoA(图 9-9)。

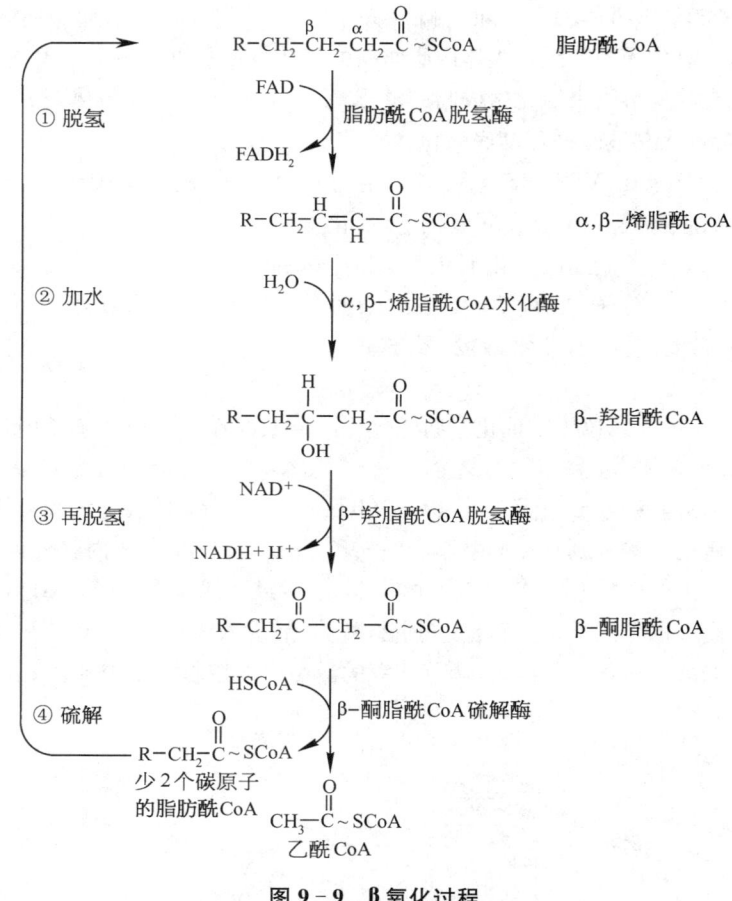

图 9-9 β 氧化过程

4. 乙酰 CoA 的彻底氧化 在线粒体内，脂肪酸经 β 氧化生成的乙酰 CoA，再经三羧酸循环过程，被彻底氧化分解生成 CO_2 和 H_2O，并释放出大量能量。

5. 脂肪酸氧化的能量生成 脂肪酸氧化分解可释放大量能量。如 1 分子十六碳的软脂酸彻底氧化分解，共进行 7 次 β 氧化，生成 7 分子 $FADH_2$、7 分子 $NADH+H^+$ 和 8 分子乙酰 CoA。合计产生 106 分子 ATP。

由上可见，脂肪酸和葡萄糖一样可以氧化供能。但是，正常情况下机体以葡萄糖氧化供能为主。当糖的氧化供能不足如饥饿、高脂低糖饮食或糖尿病时，机体加强脂肪动员氧化供能。

6. 脂肪酸其他氧化方式　β氧化是脂肪酸氧化的重要途径，除此之外，还有ω氧化和α氧化等方式。

（四）酮体代谢

在肝细胞内脂肪酸氧化分解产生的大量乙酰CoA，除了部分直接氧化产能外，乙酰CoA还可在肝内生酮酶系作用下合成酮体（ketone body），包括乙酰乙酸（acetoacetate）、β-羟丁酸（β-hydroxybutyrate）及丙酮（acetone）三种物质。它们是脂肪酸在肝脏氧化分解时所形成的特有的中间代谢物。肝内生成的酮体被及时输出，供肝外组织氧化利用。

1. 酮体生成　肝细胞线粒体中存在非常活跃的生酮酶系，可催化乙酰CoA经过下列三大步反应合成为酮体。

（1）乙酰乙酰CoA的生成：在硫解酶的催化下，2分子乙酰CoA缩合成乙酰乙酰CoA，并释放出1分子HSCoA。

（2）3-羟-3-甲基戊二酸单酰CoA（HMG-CoA）的生成：在HMG-CoA合酶的催化下，乙酰乙酰CoA再与另1分子乙酰CoA缩合生成HMG-CoA，并释放出1分子HSCoA。

（3）酮体的生成：在HMG-CoA裂解酶的催化下，HMG-CoA裂解生成乙酰乙酸和乙酰CoA。乙酰乙酸经β-羟丁酸脱氢酶催化还原生成β-羟丁酸；部分乙酰乙酸也可脱羧生成丙酮。乙酰乙酸、β-羟丁酸和丙酮统称酮体（图9-10）。

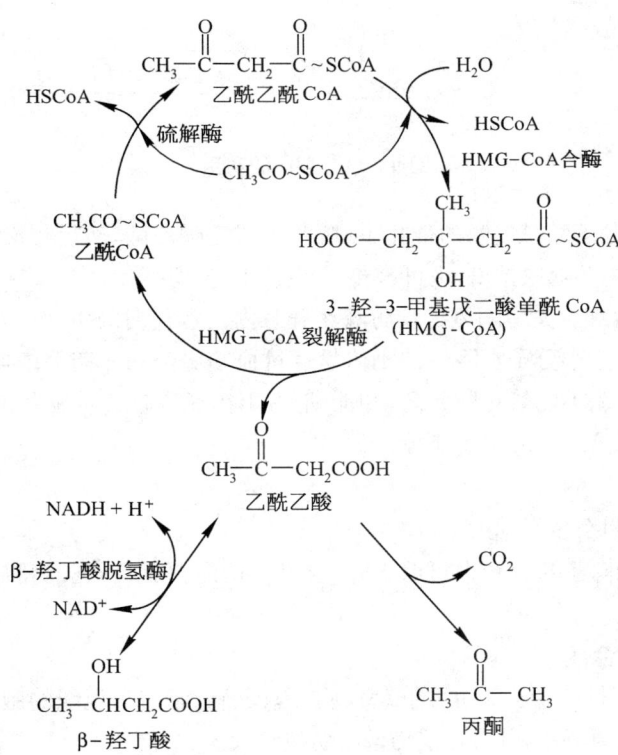

图9-10　酮体的生成

肝细胞线粒体中含有丰富的生酮酶系，尤其是HMG-CoA合酶和HMG-CoA裂解酶，将乙酰CoA合成为酮体。但肝脏缺少氧化酮体的酶，不能氧化利用酮体。因此，肝内产生的酮体必须透过肝细胞膜进入血液循环,运送到肝外组织被利用。

2. **酮体利用**　与肝脏不同,心、脑、肾、骨骼肌等肝外组织具有活性很高的利用酮体的酶,如琥珀酰 CoA 转硫酶、乙酰乙酸硫激酶等,在这些酶的作用下,乙酰乙酸被活化成为乙酰乙酰 CoA,然后在硫解酶作用下分解成 2 分子乙酰 CoA,后者进入三羧酸循环彻底氧化(图 9-11)。

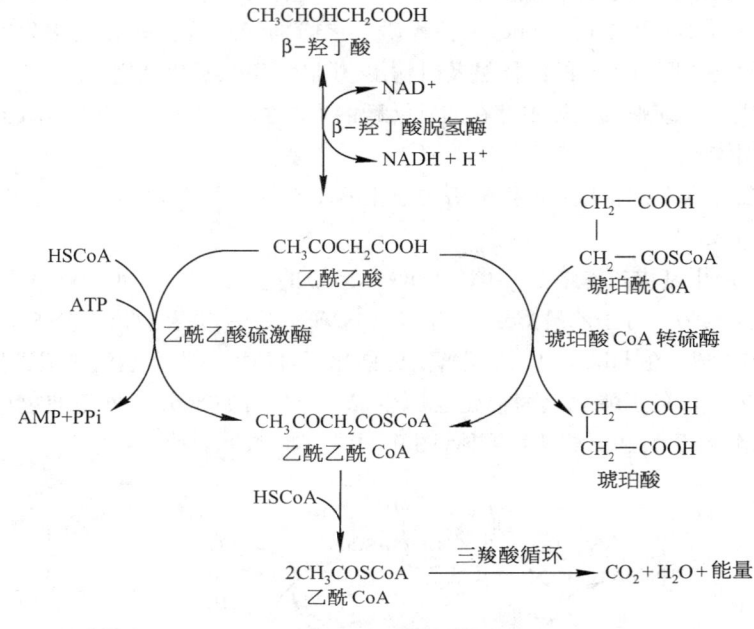

图 9-11　酮体的利用

β-羟丁酸在 β-羟丁酸脱氢酶的催化下,脱氢生成乙酰乙酸,然后再沿上述途径进一步氧化。丙酮含量很少,主要随尿排出,也可直接由肺排出。

3. **酮体代谢的生理意义**　酮体是脂肪酸在肝脏内正常代谢的中间产物,是肝脏输出脂肪酸类能源的一种形式。小分子水溶性的酮体易通过血脑屏障和肌肉毛细血管壁,尤其是脑组织的重要能源。脑组织不能氧化脂肪酸,却能利用酮体,长期饥饿或糖供应不足时,酮体可代替葡萄糖成为脑及肌肉组织的主要能源。

二、甘油三酯的合成代谢

人体的甘油三酯除了从食物中摄取之外,也可在体内合成,肝脏、脂肪组织及小肠是合成甘油三酯的主要部位。

(一) 脂肪酸的合成

1. **合成部位与原料**　脂肪酸可在肝、肾、脑、肺、乳腺、脂肪等组织的胞质溶胶中合成。肝脏是合成脂肪酸的主要场所,其合成能力较脂肪组织大 8~9 倍。

乙酰 CoA 是合成脂肪酸的直接原料。乙酰 CoA 可来自糖、脂肪和蛋白质的氧化分解,但主要来自糖的氧化分解。细胞内的乙酰 CoA 全部在线粒体内产生,而催化脂肪酸合成的酶系存在于胞质溶胶中,因此,线粒体内的乙酰 CoA 必须进入胞质溶胶中才能参与合成脂肪酸。然而,乙酰 CoA 不能自由透过线粒体内膜,需要通过柠檬酸-丙酮酸循环才能进入胞质溶胶中。在此循环中,线粒体内的乙酰 CoA 首先与草酰乙酸缩合生成柠檬酸,后者通过线粒体内膜上的载体转运至胞质溶胶,再经胞质溶胶中的柠檬酸裂解酶催化,使柠檬酸裂解为乙酰 CoA 和草酰乙酸。乙酰 CoA 可用来作为合成脂肪酸的原料,而草酰乙酸则在苹果酸脱氢酶的作用下还原成苹果酸,再转运到线粒体内。苹果酸也可在苹果酸酶的作用下氧化脱羧生成丙酮酸,再进入线粒体羧化为草酰乙酸,后者可与另一分子乙酰 CoA 缩合生成柠檬酸,继续转运乙酰 CoA(图 9-12)。

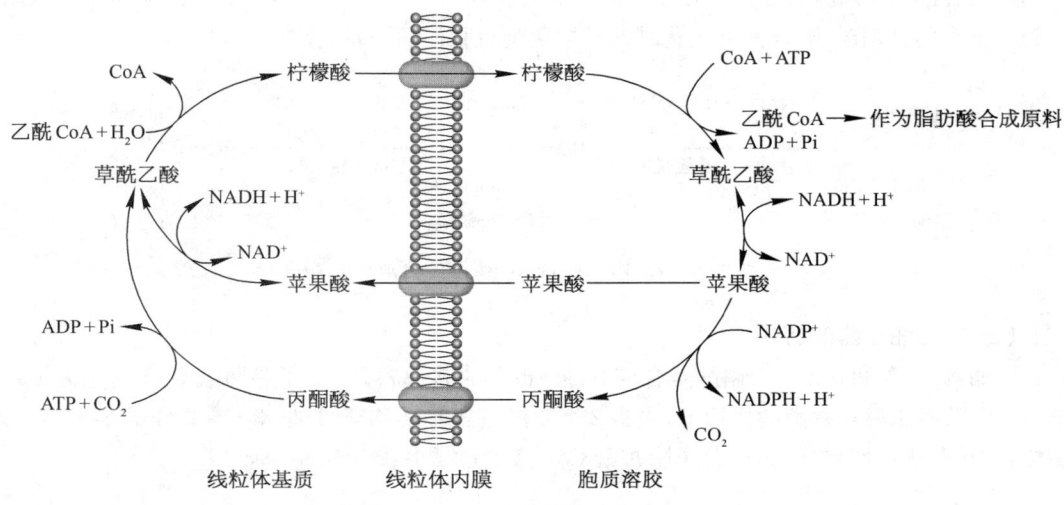

图 9-12 柠檬酸-丙酮酸循环

脂肪酸的合成除了需要乙酰 CoA 作为原料外,还需要 NADPH+H$^+$ 供氢、ATP 供能以及生物素、CO_2、Mn^{2+}、Mg^{2+} 等的参与。

2. 合成过程

(1) 乙酰 CoA 的羧化:乙酰 CoA 羧化成丙二酸单酰 CoA 是脂肪酸合成的第一步反应,催化此反应的乙酰 CoA 羧化酶是脂肪酸合成的限速酶。饥饿时,胰高血糖素分泌,刺激乙酰 CoA 羧化酶发生磷酸化修饰而抑制其活性,使脂肪酸合成受抑。饱食后,胰岛素分泌增加,可促进乙酰 CoA 羧化酶去磷酸化而活化,促进脂肪酸合成。该酶还需以生物素为辅酶,Mn^{2+} 为激活剂,反应需要 ATP 供能。生成的丙二酸单酰 CoA 在脂肪酸合成过程中作为二碳单位的供体(图 9-13)。

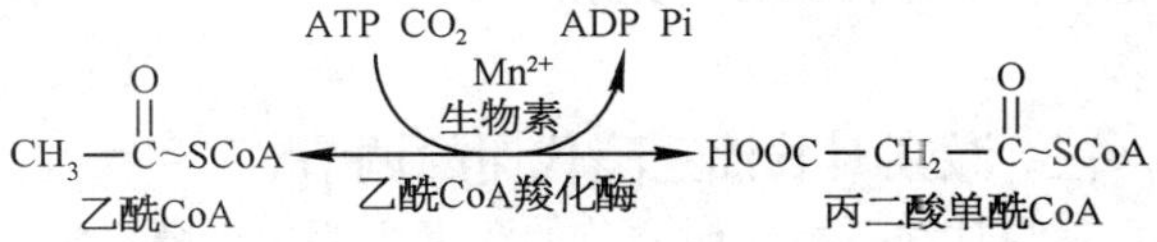

图 9-13 乙酰 CoA 的羧化

(2) 软脂酸的合成:软脂酸的合成是一个复杂的过程。催化这一过程的酶是脂肪酸合成酶系,该酶系是一个以酰基载体蛋白(acyl carrier protein,ACP)为核心的、由 7 种酶蛋白聚合在一起的多酶复合体。此合成过程实际上是在脂肪酸合成酶系的催化下,由乙酰 CoA 和丙二酸单酰 CoA 参与的重复加成反应过程。

软脂酸合成的总反应式为

乙酰 CoA + 7 丙二酰 CoA + 14NADPH + H$^+$ ⟶ 软脂酸 + 7CO_2 + 6H_2O + 8CoASH + 14NADP$^+$

(3) 碳链的加工：在胞质溶胶中，由脂肪酸合成酶系催化首先合成的是软脂酸。但人体内需要分子量大小不同的多种脂肪酸，因此需要对软脂酸进行碳链加工，主要包括碳链的延长或缩短、改变饱和度等过程。

（二）甘油-3-磷酸的生成

合成甘油三酯所需的甘油-3-磷酸主要由糖代谢转变生成，糖分解代谢产生的磷酸二羟丙酮可在甘油-3-磷酸脱氢酶的作用下还原成为甘油-3-磷酸。此外，在肝、肾、肠黏膜等组织中含有丰富的甘油激酶，此酶能催化甘油磷酸化生成甘油-3-磷酸（图9-14）。

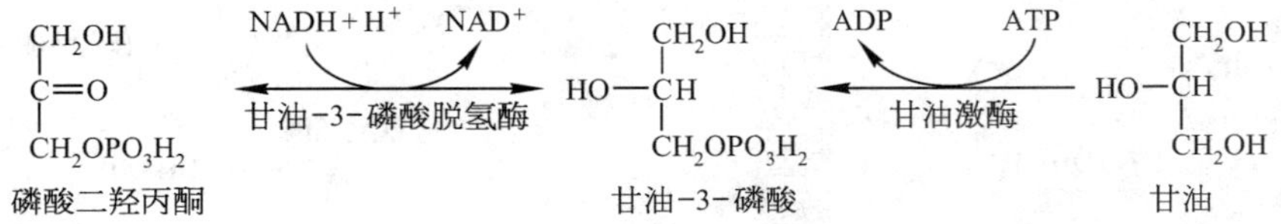

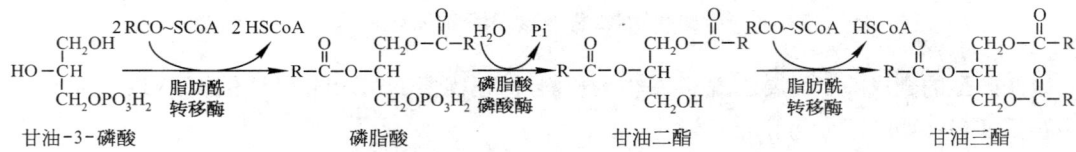

图9-14 甘油-3-磷酸的合成

（三）甘油三酯的合成

脂肪酰CoA和甘油-3-磷酸是合成甘油三酯的直接原料。2分子脂肪酰CoA与1分子甘油-3-磷酸在脂酰转移酶的作用下，先将2个脂酰基逐步转移至甘油-3-磷酸分子上，生成磷脂酸，然后脱去磷酸，再与另一分子脂肪酰CoA缩合生成甘油三酯（图9-15）。

图9-15 甘油三酯的合成过程

由上可见，合成甘油三酯所需的甘油-3-磷酸主要由糖代谢转变而成，而用于脂肪酰CoA合成的乙酰CoA也主要来自糖分解代谢，因此糖是合成脂肪的重要原料。这是嗜好甜食或长期饱食易引起肥胖的重要原因之一。

三、激素对甘油三酯代谢的调节

参与甘油三酯代谢调节的激素主要包括胰岛素、肾上腺素、胰高血糖素、甲状腺激素、糖皮质激素、生长素等。

1. **胰岛素对甘油三酯代谢的影响** 胰岛素是促进甘油三酯合成的主要激素。胰岛素的作用体现在两个方面：一方面促进甘油三酯的合成，主要是通过诱导乙酰CoA羧化酶、脂肪酸合成酶系和柠檬酸裂解酶等的合成，从而加速脂肪酸的合成。同时，胰岛素还能增强甘油-3-磷酸酰基转移酶的活性，促进磷脂酸和甘油三酯的合成。另一方面减少脂肪动员，胰岛素可抑制甘油三酯脂肪酶、肉碱脂肪酰转移酶1等的作用，从而减少甘油三酯的分解。

2. **肾上腺素和胰高血糖素对甘油三酯代谢的影响** 肾上腺素和胰高血糖素能够促进甘油三酯的分解。通过激活腺苷酸环化酶，使cAMP升高，然后激活蛋白激酶使脂肪酶活性增加，从而加速储存脂的分解。肌肉细胞中的脂肪酸主要是供肌肉本身利用。胰高血糖素作用的主要器官是肝脏和脂肪组织,肌肉不受其影响。胰高血糖素对乙酰 CoA 羧化酶活性有抑制作用,故能抑制脂肪酸的合成,抑制甘油三酯的合成。胰高血糖素对肝细胞肉碱脂酰转移酶 1 活性具有促进作用,使脂肪酸分解加强。

第五节 类脂的代谢

本节扼要叙述甘油磷脂、胆固醇在体内的代谢概况。

一、甘油磷脂的代谢

人体内含量最多的甘油磷脂是磷脂酰胆碱,其次是磷脂酰乙醇胺。两者占体内磷脂含量的 75% 以上。

(一) 甘油磷脂的分解

生物体内存在多种能使甘油磷脂水解的磷脂酶,其中主要有磷脂酶 A_1、A_2、C、D。它们能够分别作用于磷脂分子内部的特定酯键,产生不同的产物(图 9-16)。

甘油磷脂在各种磷脂酶作用下,水解产生甘油、脂肪酸、磷酸和含氮碱等成分。事实上,在生物膜中的磷脂分解代谢不一定完全,中间产物常可再酯化又形成新的磷脂分子,磷脂分子中各种组分都处于动态更新中,甚至整个磷脂分子也可以在膜性结构之间进行交换。

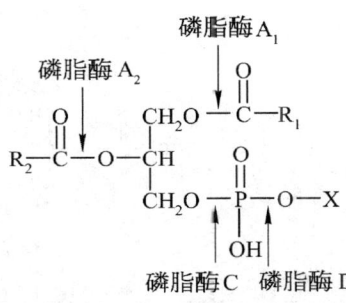

图 9-16 磷脂酶的作用

(二) 甘油磷脂的合成

1. 合成部位与原料　生物体全身各组织细胞内质网均含有合成甘油磷脂的酶系,因此均能合成甘油磷脂,但以肝、肾及小肠等组织最活跃。

合成磷脂酰胆碱和磷脂酰乙醇胺的原料主要有脂肪酸、甘油-3-磷酸、胆碱、乙醇胺、丝氨酸等。其中,脂肪酸和甘油-3-磷酸主要来自糖代谢,但甘油磷脂分子中 C-2 位的多不饱和脂肪酸必须由食物供给。胆碱、乙醇胺可从食物中获得,也可由丝氨酸脱羧生成乙醇胺,乙醇胺再从 S-腺苷甲硫氨酸获得甲基转变为胆碱。此外,合成甘油磷脂还需要 ATP、CTP 等参与。

2. 基本过程

(1) 甘油二酯合成途径:磷脂酰胆碱和磷脂酰乙醇胺主要通过此途径合成。在 ATP 存在条件下,胆碱或乙醇胺首先受相应的激酶作用生成磷酸胆碱或磷酸乙醇胺,然后与 CTP 作用,生成 CDP-胆碱或 CDP-乙醇胺,后两者再与甘油二酯缩合成磷脂酰胆碱或磷脂酰乙醇胺(图 9-17)。

(2) CDP-甘油二酯合成途径:磷脂酰丝氨酸、磷脂酰肌醇及心磷脂主要通过此途径合成。由葡萄糖生成磷脂酸,再由 CTP 提供能量,在磷脂酰胞苷转移酶的催化下,生成 CDP-甘油二酯。CDP-甘油二酯是合成这类磷脂的直接前体和重要中间物。在相应合成酶的催化下与丝氨酸、肌醇或磷脂酰甘油缩合,分别生成磷脂酰丝氨酸、磷脂酰肌醇及心磷脂。

此外,磷脂酰胆碱也可由磷脂酰乙醇胺从 S-腺苷甲硫氨酸获得甲基直接生成,通过这种

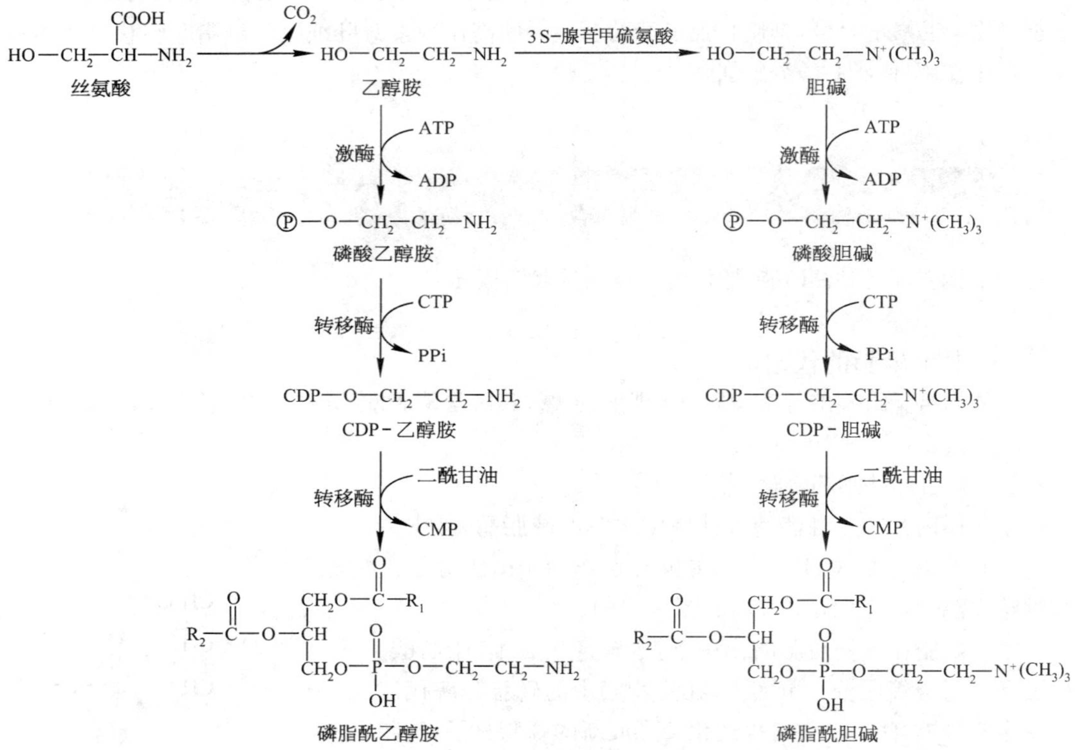

图 9-17 磷脂酰胆碱和磷脂酰乙醇胺的合成过程

方式合成的磷脂酰胆碱占人肝脏合成的 10%~15%。磷脂酰丝氨酸可由磷脂酰乙醇胺羧化或由乙醇胺与丝氨酸交换生成。

通常在肝内合成的磷脂还可参加脂蛋白如 VLDL 的合成,以帮助肝内合成脂肪的输出。

当磷脂合成原料如胆碱、甲硫氨酸、必需脂肪酸等缺乏时,可导致磷脂合成不足,引起 VLDL 合成障碍;高糖高脂饮食或大量酗酒可导致肝内脂肪生成过多;糖尿病患者因胰岛素缺乏引起脂肪动员增强,大量脂肪酸进入肝脏合成脂肪。这些原因均可使肝内脂肪合成过多但不能及时输出,使脂肪在肝内堆积,可导致脂肪肝,长期脂肪肝可引起肝硬化。卵磷脂、胆碱、甲硫氨酸、甲基转移所需的维生素 B_{12} 以及 CTP 等都能促进肝脏中磷脂的合成,故具有抗脂肪肝作用。

二、胆固醇的代谢

正常成年人体内胆固醇总量约为 140 g,它们除了来自食物外,主要由生物体自身合成。胆固醇广泛分布在全身各组织中,但分布极不均匀,大约 1/4 分布在脑及神经组织。

(一) 胆固醇的合成

1. 合成部位与原料 除了成年动物脑组织及成熟红细胞外,全身各组织几乎都可合成胆固醇,但以肝脏的合成能力最强,占胆固醇合成总量的 70%~80%,小肠的合成量占 10%。胆固醇合成酶系存在于胞质溶胶和内质网膜上,因此,体内胆固醇的合成主要在胞质溶胶和内质网中进行。

乙酰 CoA 是合成胆固醇的直接原料,同时还需要 NADPH+H$^+$ 供氢,ATP 供能。乙酰 CoA 及 ATP 大多来自糖的有氧氧化,而 NADPH+H$^+$ 主要来自戊糖磷酸途径。

2. 合成过程　胆固醇的合成过程较复杂,有近 30 步酶促反应,可分为三个阶段,简述如图 9-18。

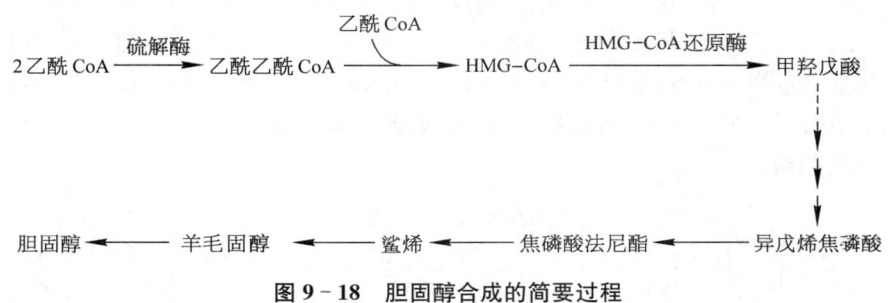

图 9-18　胆固醇合成的简要过程

(1) 甲羟戊酸的合成:在胞质溶胶中,2 分子乙酰 CoA 缩合成乙酰乙酰 CoA,然后与另一分子乙酰 CoA 在 HMG-CoA 合酶催化下,缩合成 HMG-CoA。此过程反应机制与酮体生成类似,但酮体合成发生在线粒体中。而在胞质溶胶中生成的 HMG-CoA,则在内质网中存在的 HMG-CoA 还原酶(HMG-CoA reductase)催化下,由 NADPH+H$^+$ 提供氢,还原生成甲羟戊酸(mevalonic acid, MVA)。此步反应是合成胆固醇的限速反应,HMG-CoA 还原酶是胆固醇合成的限速酶。临床上常用的他汀(statin)类药物即是 HMG-CoA 还原酶的竞争性抑制剂。甲羟戊酸的合成过程如图 9-18。

(2) 鲨烯的合成:甲羟戊酸在胞质溶胶中的一系列酶的催化下,由 ATP 提供能量,经磷酸化、脱羧、脱羟基等作用生成活泼的异戊烯焦磷酸及其异构物二甲基丙烯焦磷酸,然后进一步缩合成焦磷酸法尼酯。2 分子焦磷酸法尼酯在内质网鲨烯合酶的催化下,经缩合还原成鲨烯。

(3) 胆固醇的合成:鲨烯是含有 30 个碳原子的多烯烃,具有与固醇母核相近似的结构。鲨烯结合在胞质溶胶中的固醇载体蛋白上,经内质网单加氧酶和环化酶等作用,使固醇核环化闭合形成羊毛脂固醇,后者再经一系列的氧化、脱羧和还原等反应,脱去 3 分子 CO_2,最后生成胆固醇。

3. 胆固醇合成的调节　胆固醇合成的限速酶是 HMG-CoA 还原酶。动物实验发现,大鼠肝脏合成胆固醇有昼夜节律性,午夜时合成最多,中午时合成最低。这可能是由于肝脏 HMG-CoA 还原酶活性的昼夜节律性变化所致。

(1) 饥饿与饱食:饥饿或禁食一方面可使 HMG-CoA 还原酶的合成减少,活性降低;另一方面还能使胆固醇合成所需的原料不足,如乙酰 CoA、NADPH+H$^+$ 和 ATP 减少。相反,高糖、高饱和脂肪酸饮食,可使肝脏 HMG-CoA 还原酶的活性增加,导致胆固醇的合成增加。

(2) 胆固醇:胆固醇能反馈抑制肝内 HMG-CoA 还原酶的合成,使胆固醇合成减少。如果将食物中胆固醇量降低,可解除对该酶合成的抑制。然而由于食物胆固醇不能抑制小肠黏膜细胞内 HMG-CoA 还原酶的活性。因此,多食胆固醇食物,血浆胆固醇仍会增高。

(3) 激素:胰岛素和甲状腺激素能诱导肝细胞内 HMG-CoA 还原酶的合成,从而增加胆固醇的合成。胰高血糖素和皮质醇能抑制 HMG-CoA 还原酶的活性,减少胆固醇的合成。甲状腺激素除了能促进 HMG-CoA 还原酶的合成外,还能促进胆固醇在肝细胞内转变成胆汁酸,而后者作用比前者强,因此甲状腺功能亢进者血清中胆固醇的含量下降,甲状腺功能减退者血清胆固醇增高。

(二) 胆固醇的酯化

胆固醇酯化在各组织细胞和血浆中均有发生,在不同部位,胆固醇酯化的方式不同。在组织细胞中,脂肪酰CoA胆固醇酰基转移酶(acyl CoA cholesterol acyltransferase, ACAT)催化脂肪酰CoA分子中的脂肪酰基转移到胆固醇分子C-3羟基上,生成胆固醇酯。而在血浆中,由磷脂酰胆碱胆固醇酰基转移酶(phosphotidylcholine cholesterol acyltransferase, PCCAT)催化磷脂酰胆碱将其分子上的C-2位脂肪酰基转移到游离胆固醇分子C-3羟基上,生成胆固醇酯和溶血磷脂酰胆碱。

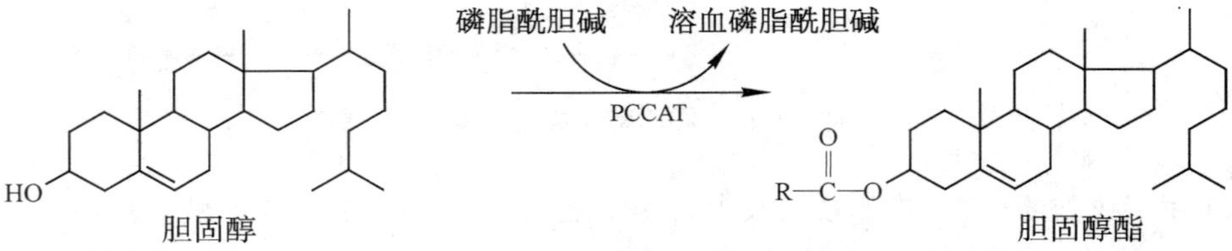

PCCAT是在肝脏合成后分泌入血浆中起作用的。因此,当肝细胞受损时,血浆中PCCAT活性降低,使胆固醇酯化作用减弱,导致血浆中胆固醇酯的含量下降。临床上可根据血浆胆固醇酯的含量推测肝功能的情况。

(三) 胆固醇的转化

胆固醇在体内不能彻底氧化分解成CO_2和H_2O,但可经转化生成具有重要生理活性的物质(图9-19)。

1. 胆汁酸(bile acid)　胆汁酸是人和动物胆汁的主要成分。胆汁酸有游离胆汁酸和结合胆汁酸两大类,游离胆汁酸包括胆酸、脱氧胆酸、鹅脱氧胆酸及石胆酸等。它们在C-17上均连有5个碳的侧链,其末端为—COOH。结合胆汁酸为游离胆汁酸与甘氨酸或牛磺酸结合形成的产物。

2. 类固醇激素　包括肾上腺皮质激素和性激素。

肾上腺皮质激素(adrenal cortical hormone)是由肾上腺皮质分泌的一类激素,如醛固酮、皮质醇(或氢化可的松)和皮质酮等,具有升高血糖浓度和促进肾脏"保钠排钾"的作用。其中,皮质醇(corticosteroid)、皮质酮(corticosterone)具有很强的调节糖代谢的作用,故称糖皮质激素(glucocorticoid);醛固酮(aldosterone)对盐和水的平衡有较强的调节作用,故称盐皮质激素(mineralocorticoid)。

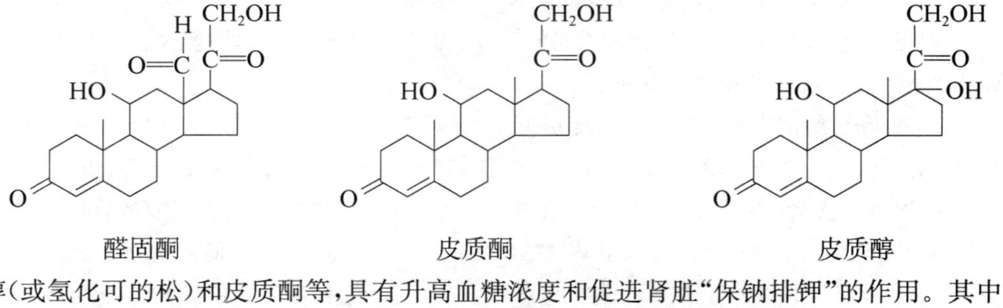

性激素(gonadal hormone)分为孕激素、雄激素和雌激素,它们分别由不同的性腺分泌。在

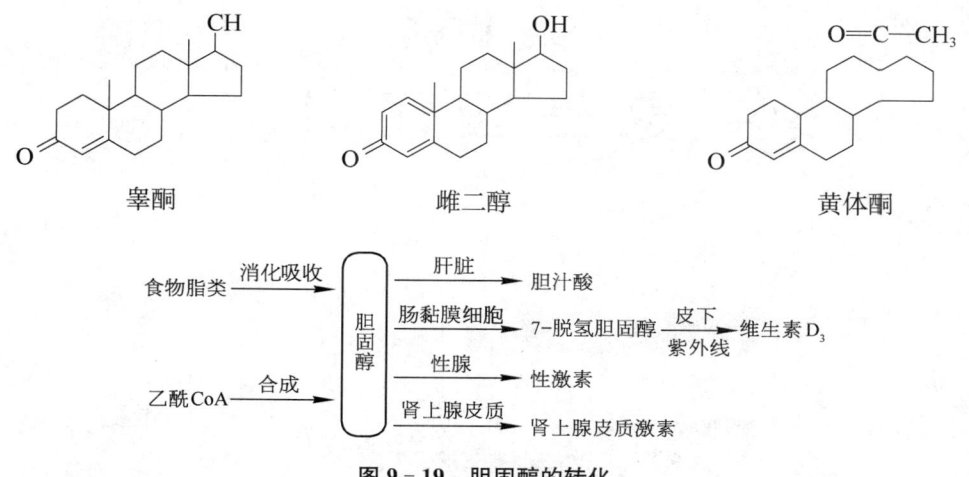

图 9-19 胆固醇的转化

青春期之前,主要由肾上腺皮质网状带分泌。性激素对人及动物的生长、发育、第二性征的发生都有着重要作用。① 孕激素(progestogen):人体内主要的孕激素是孕酮(progesterone),又称黄体酮,主要作用是抑制排卵,促进受精卵着床并在子宫中发育。② 雄激素(androgen):主要由睾丸和肾上腺皮质分泌,卵巢也分泌一小部分。睾酮(testosterone)是活性最强的雄激素,主要作用是促进蛋白质合成,并对雄性器官和第二性征的发育、生长以及维持雄性特征起着决定性的促进作用。③ 雌激素(estrogen):由卵巢中成熟的卵泡和黄体分泌,肾上腺皮质网状带也有少量分泌。雌二醇(estradiol)是活性最强的雌激素,主要作用是促进女性卵巢及其以外的副性器官和第二性征的发育与发生。雌激素还可拮抗甲状旁腺素,减少骨质吸收。

(四)胆固醇的排泄

体内少部分胆固醇直接随胆汁或通过肠黏膜排入肠道,其中大部分被重吸收,只有部分胆固醇被肠道细菌还原变成粪固醇,随粪便排出体外。

第十章
氨基酸代谢

> **学习目标**
> 1. 掌握蛋白质的营养作用,氨基酸的一般代谢。
> 2. 熟悉蛋白质的消化、腐败作用,氨基酸的脱羧基作用,一碳单位、含硫氨基酸和芳香族氨基酸代谢。
> 3. 了解蛋白质的吸收,支链氨基酸代谢。

蛋白质是机体的主要结构物质和重要功能物质,是生命的物质基础。蛋白质代谢概括为合成代谢和分解代谢。蛋白质在机体内的分解代谢,首先被降解为各种氨基酸,各种氨基酸通过脱氨基或者脱羧基作用等方式进一步分解,或者转变为其他物质,或者作为原料物质参与机体其他蛋白质的生物合成。因此,氨基酸代谢是蛋白质分解代谢的中心内容。

第一节 蛋白质的营养作用

一、蛋白质营养的重要性

蛋白质是生命的物质基础,是重要的功能物质,参与体内各种重要的生命活动,如酶的催化、激素调节、受体作用、运动与支持、物质运输、免疫防御、生长与繁殖等。蛋白质是构成机体组织细胞的主要物质,维持组织细胞的生长、更新和修复。此外,蛋白质还可以降解为氨基酸后以各种方式氧化供能,满足机体生命活动对能量的需求。

二、蛋白质的生理需要量

计算机体对蛋白质的生理需要量,首先需要了解机体的蛋白质代谢概况。

1. 氮平衡(nitrogen balance) 指摄入氮与排出氮之间的平衡关系,据此可以推测机体蛋白质代谢状况。食物中的含氮物质主要是蛋白质,蛋白质的含氮量平均为16%,故测定食物含氮量(摄入氮),可以计算出食物中蛋白质含量。食物蛋白主要用于机体蛋白质的生物合成,可以反映机体内蛋白质合成情况。机体蛋白质经分解代谢所产生的含氮物质主要随尿、粪等排泄物排出体外,测定尿、粪中的含氮量(排出氮),可以计算机体内蛋白质的分解情况。机体内蛋白质的分解代谢与合成代谢维持动态平衡,因此,测定摄入氮与排出氮的平衡关系,在一定程度上可以反映机体内蛋白质的合成和分解状况。

氮平衡有以下三种情况。① 氮总平衡：摄入氮≈排出氮，即机体摄入氮和排出氮大致相等，表示机体蛋白质的合成代谢与分解代谢处于动态平衡状态，常见于健康成年人。② 氮正平衡：摄入氮＞排出氮，即机体摄入氮比较明显超过排出氮，表示机体蛋白质合成代谢超过分解代谢，常见于儿童、孕妇和患者康复期。③ 氮负平衡：摄入氮＜排出氮，即机体摄入氮比较明显低于排出氮，表示机体蛋白质分解代谢低于合成代谢，常见于长期饥饿、消耗性疾病、大面积烧伤、大量失血等病患者。根据测试对象的氮平衡情况，可以分析机体的蛋白质代谢状况，对于氮负平衡个体，可以进而测算机体对蛋白质的需要量。

2. 蛋白质生理需要量　氮平衡实验表明，成年人在不摄入蛋白质情况下，每日需要分解约20 g蛋白质，才能维持机体蛋白质代谢基本需求。由于食物蛋白质与人体蛋白质的氨基酸组成存在差异，人体从食物摄入的蛋白质不能全部符合、完整满足人体蛋白质的需求。因此，成年人每日需要补充30～50 g食物蛋白质，才能补充分解代谢所需要的20 g蛋白质，维持机体的氮总平衡，即蛋白质的最低生理需要量。由于食物蛋白质品质、人体摄食行为、食物蛋白质消化吸收水平等的影响，为了满足机体生理需要，还需要增加一定量的食物蛋白质，才能维持氮总平衡。我国营养学会推荐的成年人每日蛋白质需要量为80克左右。

三、蛋白质的营养价值与互补作用

1. 必需氨基酸　包括异亮氨酸、甲硫氨酸、缬氨酸、亮氨酸、色氨酸、苯丙氨酸、苏氨酸、赖氨酸、组氨酸等9种编码氨基酸。人体缺乏其中任何一种氨基酸，都会导致氮负平衡。其余11种编码氨基酸也是机体所需要的，但自身可以合成，不必依赖食物供给，称非必需氨基酸（nonessential amino acids）。其中，精氨酸在体内的合成量可以满足成年人的代谢需要，但对生长发育期的个体仍需从食物中补充一部分，长时间缺乏也会造成氮负平衡，因此也称半必需氨基酸。

2. 蛋白质的营养价值　人体补充蛋白质不但要考虑数量，还要注意品质，即应注意食物蛋白质的营养价值。食物蛋白质营养价值的高低，主要取决于其所含必需氨基酸的种类、数量和比例与人体蛋白质的氨基酸组成相接近的程度，它们越接近，人体对其利用率就越高，食物蛋白质的营养价值就越高。

3. 食物蛋白质的互补作用　动物蛋白质所含必需氨基酸的种类、数量和比例与人体蛋白质接近，易于被人体利用，营养价值较高；各种植物蛋白质，因其缺少某一种或者某几种必需氨基酸，人体利用率较低，营养价值亦较低。按照一定的方式，将不同种类营养价值较低的动、植物蛋白质混合食用，可以互相补充各自所缺少的必需氨基酸，从而在整体上提高食物蛋白质的营养价值，称蛋白质的互补作用（protein complementary action）。例如，谷类蛋白质含赖氨酸较少而色氨酸较多，豆类蛋白质含色氨酸较少而赖氨酸较多，两者单独食用营养价值都不高；但将两者混合食用，可以互相补充各自所缺少的必需氨基酸，从而提高它们的蛋白质营养价值。如果将动物蛋白质和植物蛋白质混合食用，营养价值提高更为显著。因此，食物品种多样化是提高蛋白质营养价值的重要途径。

第二节 蛋白质的消化、吸收和腐败

一、蛋白质的消化

食物蛋白质不能直接被人体小肠黏膜细胞吸收,且其属于人体异源蛋白质,具有免疫原性,如果不经过消化降解进入人体会引起过敏反应。因此,食物蛋白质必须经胃肠道消化酶分解成氨基酸,有时还有少量小分子生物活性肽,才能被人体安全地吸收利用。

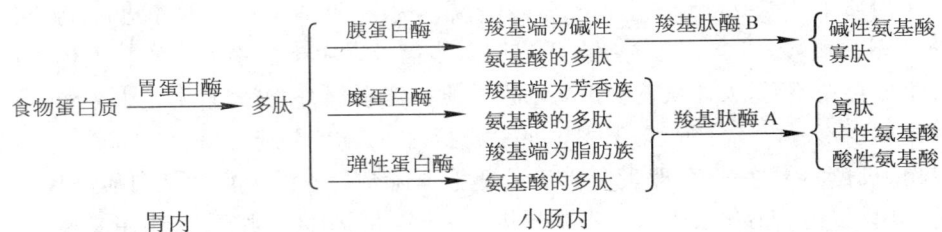

胃内　　　　　　　　　　　　　小肠内

1. **胃内消化**　胃黏膜主细胞分泌的胃蛋白酶原,在胃酸或自身激活下转变成有催化活性的胃蛋白酶(pepsin),对食物蛋白质进行部分消化。胃蛋白酶对多肽链肽键催化的特异性较差,最适 pH 为 1.5~2.5。食物蛋白质经过胃蛋白酶的消化降解,主要产物为多肽,以及少量氨基酸。

2. **小肠内消化**　食物蛋白质在胃内滞留时间较短,消化很不完全。小肠是蛋白质消化的主要场所,小肠内有胰腺和肠黏膜细胞分泌的多种蛋白质水解酶和肽酶,在这些酶的共同作用下,将蛋白质消化分解为氨基酸。

(1) 胰腺分泌的蛋白酶:胰腺分泌的各种蛋白酶统称胰酶,根据对肽链作用部位的不同,分为内肽酶和外肽酶。内肽酶(endopeptidase)是指水解蛋白质多肽链内部肽键的酶,包括胰蛋白酶(trypsin)、糜蛋白酶(chymotrypsin)和弹性蛋白酶(elastase)等;外肽酶(exopeptidase)是指水解肽链末端肽键的酶,主要有羧基肽酶 A(carboxypeptidase A)和羧基肽酶 B,它们自肽链的羧基末端水解肽键。食物蛋白质在各类胰酶的共同作用下,降解为氨基酸(约占 1/3)和寡肽(约占 2/3)。

(2) 肠黏膜细胞分泌的蛋白酶:　① 肠激酶(enterokinase)。肠激酶存在于肠黏膜细胞纹状缘表面,在胆汁酸盐作用下,释放进入肠液。肠激酶激活胰蛋白酶原使之转变为有活性的胰蛋白酶,胰蛋白酶除了对自身产生微弱激活作用外,可以依次激活糜蛋白酶原、弹性蛋白酶原和羧基肽酶原,启动连续的蛋白水解作用,将食物蛋白质分解为氨基酸和寡肽。② 氨基肽酶(aminopeptidase)和二肽酶(dipeptidase)。在肠黏膜细胞纹状缘和胞质溶胶中存在一些寡肽酶,包括氨基肽酶和二肽酶。氨基肽酶可将寡肽从氨基末端逐个水解,释放氨基酸和二肽,二肽再经二肽酶水解生成氨基酸。

食物蛋白质经过胃肠道各种消化酶的水解,95% 以上被完全分解为氨基酸,不但消除了食物蛋白质的免疫原性,也有利于机体充分地吸收利用氨基酸。

二、氨基酸的吸收和转运

肠黏膜细胞对氨基酸的吸收类似于葡萄糖的主动吸收,需要转运蛋白协助进行主动转运,此过程耗能、需钠。氨基酸转运蛋白是一种膜结合转运蛋白，介导氨基酸进出细胞或细胞器。氨基酸转运蛋白主要由溶质载体（solute carriers，SLCs）基因编码，目前在哺乳动物细胞中发现并鉴定出几百个 SLC 转运蛋白基因。

由于氨基酸种类多，结构差异大，转运氨基酸的转运蛋白有多种，包括中性氨基酸转运蛋白、碱性氨基酸转运蛋白、酸性氨基酸转运蛋白、β-氨基酸转运蛋白、二肽转运蛋白等。其中，中性氨基酸转运蛋白发挥尤为重要的作用。这些转运蛋白分别参与不同氨基酸的转运和吸收。当同一类转运蛋白转运不同种氨基酸时，相互间会产生一定的竞争。

氨基酸转运蛋白在维持细胞内氨基酸平衡和蛋白质合成中发挥着关键作用，还参与神经传递、酸碱平衡、能量代谢等生理或病理过程，可能成为治疗某些疾病如肿瘤、代谢性疾病的新靶点。

三、食物蛋白质的腐败作用

肠道内未被消化的蛋白质和消化未被吸收的氨基酸，在大肠下部受肠菌作用，发生一系列化学反应，产生各种分解产物的过程，称腐败作用（putrefaction）。腐败产物有胺类、酚类、吲哚、硫化氢、氨和甲烷等对人体有害的物质，也可以产生对人体有营养价值的维生素和短链脂肪酸等。

正常情况下，上述腐败产物大部分随粪便排出体外，小部分被肠道吸收，经肝脏生物转化后，以无毒形式随尿液、胆汁排出。但肠梗阻或肝功能障碍患者，腐败产物生成增多，或肝脏不能有效解毒，导致有些胺类物质进入脑组织产生毒性。如酪胺和苯乙胺进入脑内，经 β-羟化酶作用转化为 β-羟酪胺和苯乙醇胺，这些胺类结构类似于儿茶酚胺递质如去甲肾上腺素、多巴胺等，称假神经递质（false neurotransmitter）。假神经递质不能传递兴奋，反而竞争性地抑制儿茶酚胺递质传递兴奋，导致大脑功能障碍，严重时发生深度抑制而昏迷，此临床上称肝性脑昏迷（或肝性脑病），这就是肝性脑病的假神经递质学说。

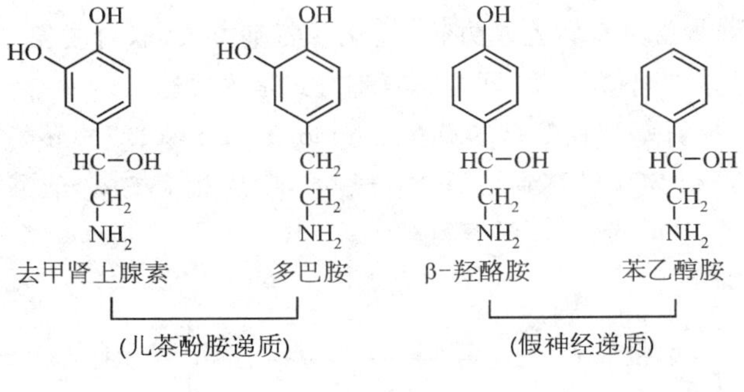

去甲肾上腺素　　多巴胺　　β-羟酪胺　　苯乙醇胺

（儿茶酚胺递质）　　　　（假神经递质）

第三节　氨基酸的一般代谢

一、氨基酸代谢概况

机体内各种来源的氨基酸混合在一起，分布于全身各组织细胞内外参与代谢，称氨基酸代谢库（amino acid metabolic pool）。

1. 氨基酸的来源 ① 食物蛋白质的消化、吸收。② 组织蛋白质的分解：成人体内每日有1%～2%的蛋白质被降解成氨基酸。③ 非必需氨基酸的合成：体内组织细胞可以利用α-酮酸和氨合成非必需氨基酸。

2. 氨基酸的去路 ① 合成组织蛋白质：氨基酸被组织细胞摄取合成组织蛋白质，用于蛋白质的更新。② 氨基酸的一般代谢：各种氨基酸均含有α-氨基和α-羧基，可以进行脱氨基和脱羧基作用。③ 氨基酸的特殊代谢：有些氨基酸可代谢转变为生物活性物质或重要含氮物。如芳香族氨基酸转变为去甲肾上腺素和甲状腺激素，含硫氨基酸可以生成SAM和牛磺酸。

氨基酸的代谢概况总结如图10-1。

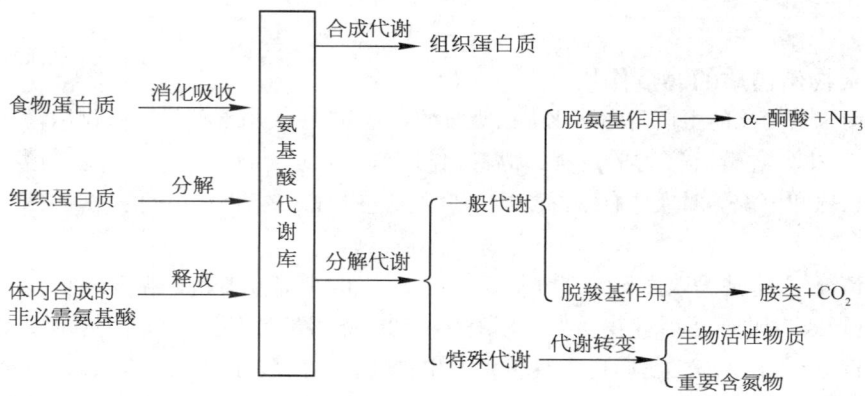

图10-1 氨基酸的代谢概况

二、氨基酸的脱氨基作用

氨基酸的脱氨基作用是指氨基酸在酶的催化下脱去氨基生成α-酮酸和氨的过程。根据脱氨基作用机制的不同，常见有转氨基方式、氧化脱氨基方式、联合脱氨基方式和其他脱氨基方式等。其中，转氨基方式不产生氨，联合脱氨基方式是主要途径。

1. 转氨基作用 指氨基酸在氨基转移酶（aminotransferase）或称转氨酶（transaminase）催化下，将一个氨基酸的α-氨基转移到另一个α-酮酸，生成相应的α-酮酸和一个新的α-氨基酸。此过程只发生了氨基的转移，而没有氨产生。

$$\begin{array}{c} R_1 \\ | \\ H-C-NH_2 \\ | \\ COOH \end{array} + \begin{array}{c} R_2 \\ | \\ C=O \\ | \\ COOH \end{array} \xrightleftharpoons[]{\text{氨基转移酶}} \begin{array}{c} R_2 \\ | \\ H-C-NH_2 \\ | \\ COOH \end{array} + \begin{array}{c} R_1 \\ | \\ C=O \\ | \\ COOH \end{array}$$

转氨酶的辅酶是吡哆醛磷酸和吡哆胺磷酸（维生素B_6的辅酶形式），两者参与氨基的传递。转氨基反应是可逆的，故它既是氨基酸脱氨基的方式之一，又是合成非必需氨基酸的重要途径。体内转氨酶的种类多，分布广，特异性强。除了赖氨酸、脯氨酸等个别氨基酸外，大多数氨基酸都可在特异的转氨酶催化下进行转氨基作用，重要的转氨酶有丙氨酸氨基转移酶（alanine aminotransferase，ALT，以前称谷丙转氨酶，GPT）和天冬氨酸氨基转移酶（aspartate aminotransferase，AST，以前称谷草转氨酶，GOT）。由ALT催化的反应如下：

$$\text{丙氨酸} + \text{α-酮戊二酸} \xrightleftharpoons[]{\text{ALT}} \text{谷氨酸} + \text{丙酮酸}$$

ALT 和 AST 广泛分布于各组织细胞内,但在不同组织中含量不等。正常情况下,ALT 在肝细胞内活性最高(44 000 U/g 组织),AST 在心肌细胞内活性最高(156 000 U/g 组织),而血清中这两种转氨酶活性均较低。只有当组织细胞受损时,才会大量释放入血,使血中转氨酶活性明显增高。例如,急性肝炎患者血清 ALT 活性显著增高,而心肌梗死患者血清中 AST 活性明显上升。因此,临床上常用患者血清 ALT 或 AST 指标帮助诊断急性肝炎或心肌梗死,并判断预后。

2. 氧化脱氨基作用　指氨基酸在酶的催化下,氧化脱氢、水解脱氨基,生成氨和 α-酮酸的过程。体内催化氨基酸氧化脱氨基的酶主要有 L-谷氨酸脱氢酶和氨基酸氧化酶,以 L-谷氨酸脱氢酶(L-glutamate dehydrogenase)为主,该酶是以 NAD^+ 或 $NADP^+$ 为辅酶的不需氧脱氢酶,其在体内分布广(肌肉组织除外)、活性高、特异性强。其可以催化 L-谷氨酸氧化脱氢和水解脱氨基,产生 α-酮戊二酸和氨。此反应是可逆的,其逆过程是细胞内合成谷氨酸的主要方式。

$$\text{谷氨酸} \xrightarrow[\text{谷氨酸脱氢酶}]{NAD^+ \quad NADH+H^+} \text{α-亚氨基戊二酸} \xrightleftharpoons[-H_2O]{+H_2O} \text{α-酮戊二酸} + NH_3$$

氨基酸氧化酶又分为 L-氨基酸氧化酶和 D-氨基酸氧化酶两种,辅基为 FMN 或 FAD。体内 L-氨基酸氧化酶活性较低,仅分布在肝、肾组织,而 D-氨基酸氧化酶活性高、分布广,但是体内缺乏 D-氨基酸,因此这两种酶对氨基酸氧化脱氨基作用意义均不大。

3. 联合脱氨基作用　对于氨基酸的分解代谢来说,转氨基作用只发生氨基转移并不真正脱去氨基,而氧化脱氨基作用只有谷氨酸可以进行。然而,这两种作用联合起来,则可以使体内大多数氨基酸发生脱氨基作用。这种由两种或两种以上脱氨基作用方式联合起来,使氨基酸脱去氨基生成 α-酮酸和氨的过程,称联合脱氨基作用。体内大多数氨基酸,在特异转氨酶催化下,可将氨基转移给 α-酮戊二酸生成谷氨酸,后者被 L-谷氨酸脱氢酶催化,再生 α-酮戊二酸和释放氨,此过程称转氨基联合氧化脱氨基作用(图 10-2)。该反应过程是可逆的,其逆过程是体内合成非必需氨基酸的主要途径。

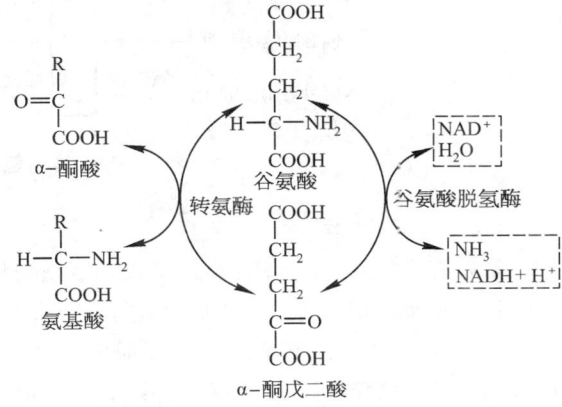

图 10-2　转氨基联合氧化脱氨基作用

4. 其他脱氨基作用 在生物体内,除了上述几种脱氨基方式外,某些氨基酸还可通过其他非氧化脱氨基方式脱氨基,产生 α-酮酸和氨。例如,丝氨酸可经脱水脱氨基作用生成丙酮酸和氨;半胱氨酸可发生脱硫化氢脱氨基作用生成丙酮酸和氨;天冬氨酸可直接脱氨基生成延胡索酸和氨等。

三、氨的代谢

氨具有毒性,脑组织对氨的毒性作用尤为敏感,当血氨浓度增高时,氨易进入脑组织,使脑血管收缩,影响脑供血量和能量代谢,导致脑功能障碍。正常情况下,氨主要经肝脏合成尿素解除其毒性,故健康人血氨浓度一般较低。严重肝病患者尿素合成障碍时,可使血氨浓度异常增高,进入脑组织而产生毒性。因此,保持低血氨浓度,维持血氨来源与去路动态平衡,对于防止氨中毒具有重要意义。

(一) 氨的来源和去路

1. 氨的来源 ① 氨基酸脱氨基作用产生氨:是体内氨的主要来源。② 肠道吸收:一是食物蛋白质经肠道腐败作用产生的氨;二是血中尿素扩散入肠道后经细菌尿素酶水解生成的氨。两者均可在肠道被吸收。NH_3 比 NH_4^+(铵盐)更易透过肠黏膜细胞而被吸收。当肠道 pH 偏高时,NH_4^+ 趋于转变为 NH_3,增加 NH_3 的吸收。故临床上对高血氨患者通常采用弱酸性透析液做结肠透析,禁止用碱性肥皂水灌肠,目的是减少氨的吸收。③ 其他含氮物质如胺类、嘌呤、嘧啶等分解产氨。④ 肾小管上皮细胞水解谷氨酰胺产氨。这部分氨通常排至肾小管液中,与 H^+ 结合成 NH_4^+,随尿液排出体外,参与排酸。因此,酸性尿有利于肾小管排氨,碱性尿则不利于排氨,相反导致氨重吸收入血,成为血氨的另一来源。临床上对肝硬化产生腹水的患者,不宜使用碱性利尿药,以免血氨进一步升高。

2. 氨的去路 ① 在肝脏合成尿素,经肾脏排出体外,是氨的主要去路。② 合成谷氨酰胺。③ 合成其他含氮物,如非必需氨基酸、嘌呤、嘧啶等。④ 由谷氨酰胺转运至肾脏,水解产生氨,与 H^+ 结合成 NH_4^+,排出体外。

体内氨的来源和去路总结如图 10-3。

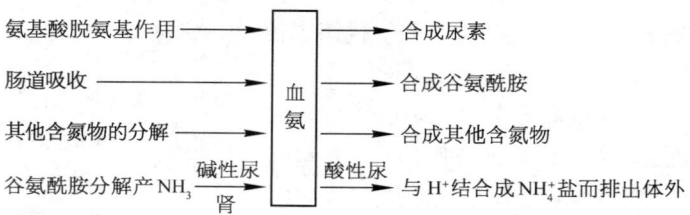

图 10-3 体内氨的来源和去路

(二) 氨的转运

氨是有毒物质,各组织产生的氨以谷氨酰胺和丙氨酸两种形式进行转运。

1. 谷氨酰胺形式转运 在脑和肌肉等组织中谷氨酰胺合成酶(glutamine synthetase)活性较高,催化谷氨酸和氨合成谷氨酰胺,反应消耗 ATP。谷氨酰胺是中性无毒分子,水溶性强,可经血液循环送至肝或肾,经谷氨酰胺酶(glutaminase)催化又水解为谷氨酸和氨。在肝脏,氨合成尿素经肾随尿排出,或者合成其他含氮物。在肾脏,氨与 H^+ 结合成 NH_4^+ 盐,随尿液排出体外。

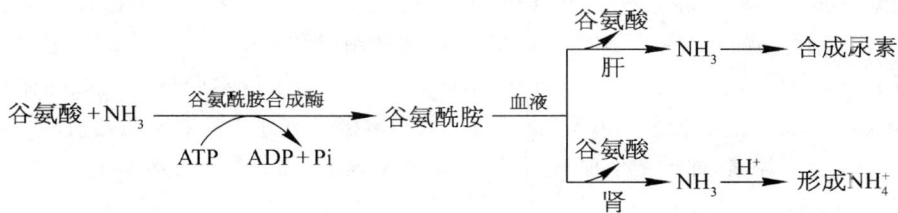

在血液中,以谷氨酰胺形式运氨,可以保持低血氨浓度;在脑组织中,通过合成谷氨酰胺,可将氨暂时固定在谷氨酰胺分子中,并以此形式将 NH_3 运出,防止氨对脑的毒性作用。临床上对氨中毒患者常给予口服或静脉滴注谷氨酸盐,以解除氨毒和降低血氨浓度。

2. 葡萄糖-丙氨酸循环(丙氨酸形式转运)　肌肉中的氨基酸经转氨基作用将氨基转给丙酮酸生成丙氨酸,丙氨酸进入血液循环运送至肝脏;在肝脏,丙氨酸通过联合脱氨基作用释放氨,用于合成尿素,或者合成其他含氮物;脱去氨基后生成的丙酮酸通过糖异生作用转化为葡萄糖,葡萄糖进入血液循环运送到肌肉组织,经糖酵解分解代谢转变成丙酮酸;后者再接受氨基又生成丙氨酸,从而构成一个循环过程,称葡萄糖-丙氨酸循环(图 10-4)。通过该循环过程,既使肌肉中的氨以无毒的丙氨酸形式运送到肝,又使肝组织为肌肉活动提供能量。

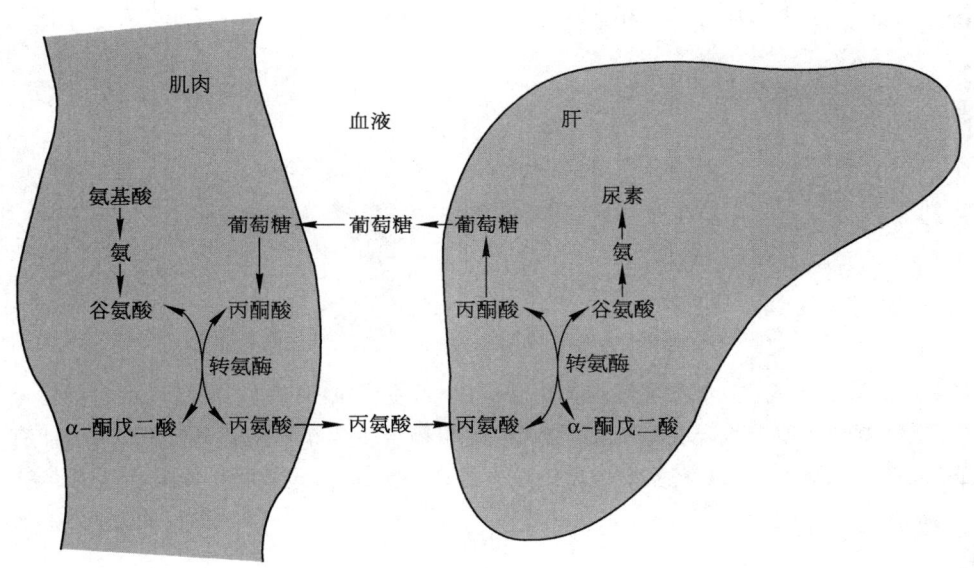

图 10-4　葡萄糖-丙氨酸循环

(三) 尿素合成

正常情况下,体内的氨有 80%～90% 在肝脏合成无毒、水溶性强的尿素,经血液循环运送至肾脏,随尿排出体外,尿素是氨代谢的终产物。

1932 年德国学者 Hans Krebs 和 Kurt Henseleit 提出尿素的合成是通过鸟氨酸循环完成的。动物实验发现,如切除犬的肝脏,则血和尿中尿素含量明显下降;若切除犬的肾脏而保留肝脏,则血中尿素明显升高。另外,将大鼠肝切片在有氧条件下与铵盐保温数小时可以合成尿素,表明尿素的合成部位在肝脏。进一步用放射性核素标记的 $^{15}NH_4Cl$ 饲犬,则尿中尿素分子含有^{15}N;若用放射性核素标记的 $NaH^{14}CO_3$ 饲犬,则随尿排出的尿素分子中含有^{14}C,说明尿素可由 NH_3 和 CO_2 合成。此外,还发现鸟氨酸、瓜氨酸和精氨酸都能促进尿素的合成,但它们的含量并不减少。分析以上实验结果,Krebs 和 Henseleit 提出了尿素合成的鸟氨酸循环机制:首先鸟氨酸与氨及 CO_2 结合生成瓜氨酸,然后瓜氨酸再接受 1 分子氨生成精氨酸,精氨酸进一步水解产生 1 分子尿素,并重新生成鸟氨酸,鸟氨酸进入下一轮循环,此循环过程称鸟氨酸循环(ornithine cycle)。

1. 尿素合成过程

(1) 氨基甲酰磷酸的合成:在肝细胞线粒体内,NH_3 和 CO_2 在氨基甲酰磷酸合成酶 I (carbamoyl phosphate synthetase I,CPS-I)催化下,消耗 2 分子 ATP 提供能量,缩合成氨基甲酰磷酸。此反应不可逆,CPS-I 是别构酶,只有在 N-乙酰谷氨酸存在时才具有活性,故 N-乙酰谷氨酸是该酶的别构激活剂。

$$CO_2 + H_2O + NH_3 + 2ATP \xrightarrow{CPS-1} H_2N-\overset{\overset{\displaystyle O}{\|}}{C}-O\sim Ⓟ + 2ADP + Pi$$

氨基甲酰磷酸

(2) 瓜氨酸的合成:氨基甲酰磷酸经鸟氨酸氨基甲酰转移酶催化,将氨基甲酰基团转移至鸟氨酸生成瓜氨酸,该反应发生在线粒体内,不可逆。

鸟氨酸　　氨基甲酰磷酸　　瓜氨酸

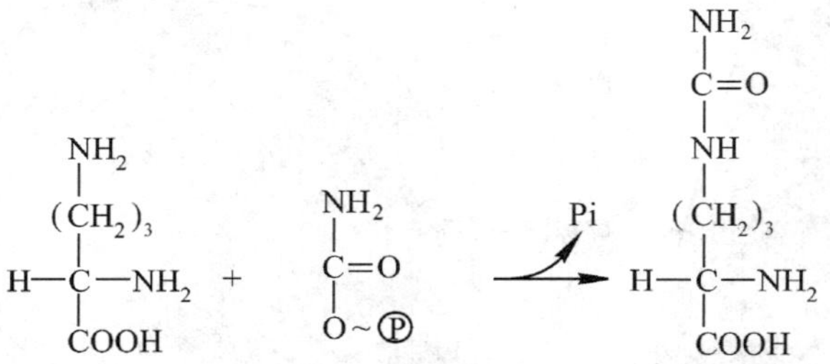

(3) 精氨酸的合成:瓜氨酸在线粒体内合成以后,由线粒体内膜上的转运蛋白转运至胞质溶胶内,受精氨酸代琥珀酸合成酶催化,与天冬氨酸缩合生成精氨酸代琥珀酸,同时伴有 1 分子 ATP 分解为 AMP 和 PPi,精氨酸代琥珀酸再经裂解酶催化,裂解为精氨酸和延胡索酸。

瓜氨酸　　天冬氨酸　　精氨酸代琥珀酸　　精氨酸　　延胡索酸

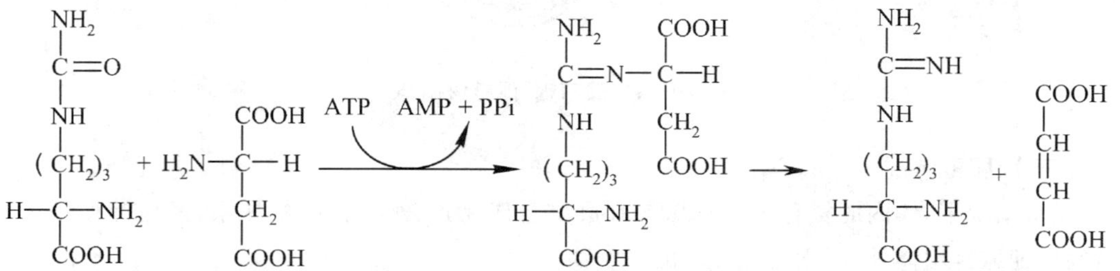

在此反应过程中,天冬氨酸提供尿素合成所需的第二个氨基。天冬氨酸提供氨基后,生成的延胡索酸可循三羧酸循环途径加水、脱氢转变为草酰乙酸,后者在天冬氨酸氨基转移酶催化下与谷氨酸发生转氨基反应,又生成天冬氨酸。而谷氨酸脱去氨基生成的 α-酮戊二酸再与其

他氨基酸进行转氨基作用来补充谷氨酸。因此,体内许多氨基酸的氨基通过转氨作用可以天冬氨酸的形式提供第二个氨基参与尿素的合成。这样既促进了氨基酸的分解,又不至于使血氨升高。由此可见,通过延胡索酸和天冬氨酸,可将鸟氨酸循环、三羧酸循环和转氨基作用相互联系起来。

(4)精氨酸水解生成尿素:在肝脏胞质溶胶内,精氨酸受精氨酸酶催化,生成尿素和再生鸟氨酸。鸟氨酸通过线粒体内膜上的转运蛋白重新转运入线粒体,继续与氨基甲酰磷酸反应生成瓜氨酸,进入下一轮循环,尿素则通过血液循环运送到肾脏随尿液排出体外。

$$\text{精氨酸} + H_2O \xrightarrow{\text{精氨酸酶}} \text{鸟氨酸} + \text{尿素}$$

2. 尿素合成的生理意义 尿素合成是一个鸟氨酸循环的过程,每循环一次,需要消耗1分子 CO_2、2分子 NH_3(包括1分子 NH_3 和1分子天冬氨酸转运的氨基)、3分子 ATP(共消耗4个高能磷酸键),产生1分子尿素,经肾脏随尿液排出体外。其详细过程见图10-5。

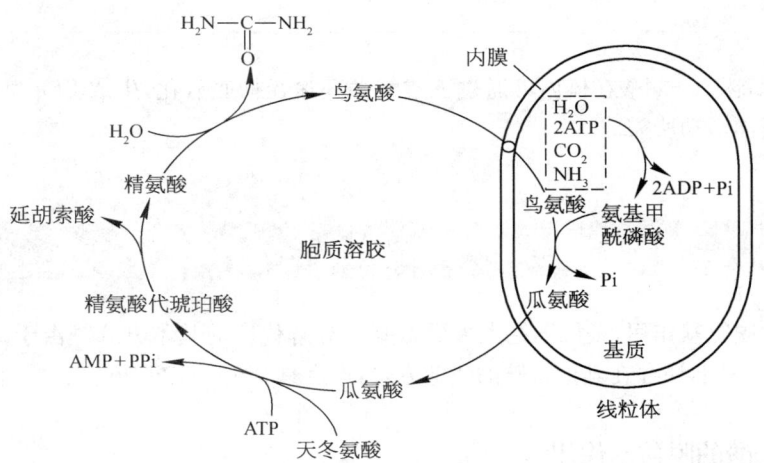

图10-5 尿素合成的详细过程

氨是含氮化合物在体内分解生成的有毒产物,尿素是氨的主要排泄形式。正常人肝脏每日合成尿素约 450 mmol(333~500 mmol),可排出氨总量的 80%~95%。尿素合成消耗的 NH_3 是碱性物质,CO_2 是酸性物质,因此尿素合成还具有调节机体体液酸碱平衡功能。

当肝功能严重受损时,尿素合成障碍,可导致血氨增高,称高血氨症。血氨浓度过高导致氨中毒:大量的氨进入脑组织,可与脑细胞中的 α-酮戊二酸和 NADH 结合生成谷氨酸,谷氨酸继续结合氨生成谷氨酰胺并消耗 ATP。此过程一方面消耗较多的 NADH 和 ATP 等能源物质,另一方面消耗大量的 α-酮戊二酸,使三羧酸循环减慢,ATP 生成减少,致使大脑供能不足,引起大脑功能障碍，严重时发生昏迷。氨中毒是引起肝性脑病的一种致病机制，称肝性脑病的氨中毒学说。

四、α-酮酸的代谢

氨基酸脱氨基后生成的α-酮酸，在体内可循三条途径进一步代谢。

1. 合成非必需氨基酸　α-酮酸可经还原氨基化作用或转氨基作用生成非必需氨基酸。

2. 合成糖或酮体　分别用各种氨基酸喂养人工糖尿病犬时，发现13种氨基酸使尿糖增加，表明这些氨基酸在体内经脱氨基作用生成的α-酮酸，可以通过糖异生途径合成葡萄糖，这些能转变成糖的氨基酸称生糖氨基酸；5种氨基酸同时增加葡萄糖和酮体的排出，称生糖兼生酮氨基酸；亮氨酸和赖氨酸使酮体排出量增加，称生酮氨基酸（表10-1）。

表10-1　生糖和生酮氨基酸种类

分类	氨基酸
生糖氨基酸	甘氨酸、丙氨酸、丝氨酸、精氨酸、脯氨酸、谷氨酸、谷氨酰胺、缬氨酸、组氨酸、甲硫氨酸、半胱氨酸、天冬氨酸、天冬酰胺
生糖兼生酮氨基酸	苯丙氨酸、酪氨酸、色氨酸、异亮氨酸、苏氨酸
生酮氨基酸	亮氨酸、赖氨酸

3. 氧化供能　α-酮酸在体内可通过三羧酸循环途径彻底氧化，生成CO_2和H_2O，同时释放能量供应机体活动所需。

第五节　氨基酸的特殊代谢

氨基酸的脱氨基作用，是机体绝大多数氨基酸分解代谢的基本方式。由于每个特定氨基酸的R基成分不同，还存在其他特殊的代谢方式，产生具有重要生理功能的次生代谢产物。

一、氨基酸的脱羧基作用

人体某些氨基酸在特异的氨基酸脱羧酶（amino acid decarboxylase）催化下，脱羧基生成相应的胺类物质，这些胺类物质具有重要的生理功能。氨基酸脱羧酶的辅酶为吡哆醛磷酸。

1. γ-氨基丁酸（γ-aminobutyric acid，GABA）　谷氨酸在谷氨酸脱羧酶催化下脱羧基产生GABA。谷氨酸脱羧酶在脑组织中活性最高，故脑中GABA含量最高。GABA是一种重要的抑制性神经递质，其生成不足易引起中枢神经系统的过度兴奋。

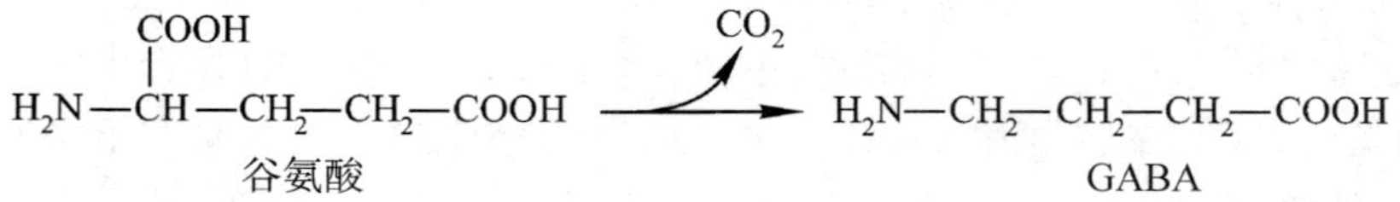

$$H_2N-\underset{\underset{\text{谷氨酸}}{}}{\overset{\overset{COOH}{|}}{CH}}-CH_2-CH_2-COOH \xrightarrow{\quad CO_2 \quad} \underset{\text{GABA}}{H_2N-CH_2-CH_2-CH_2-COOH}$$

2. 5-羟色胺(5-hydroxytryptamine,5-HT) 色氨酸经色氨酸羟化酶催化生成5-羟色氨酸,再经脱羧酶催化生成5-HT。5-HT广泛分布于体内各组织,如神经系统、胃肠、血小板及乳腺细胞中。在脑内,5-HT可作为抑制性神经递质,与调节睡眠、体温和镇痛等有关。在松果体,5-HT可经乙酰化、甲基化等反应转变为褪黑激素(melatonin),褪黑激素的分泌有昼夜节律和季节性节律,与机体神经内分泌及免疫调节功能有密切关系。在外周神经系统,5-HT是一种强烈的血管收缩剂。

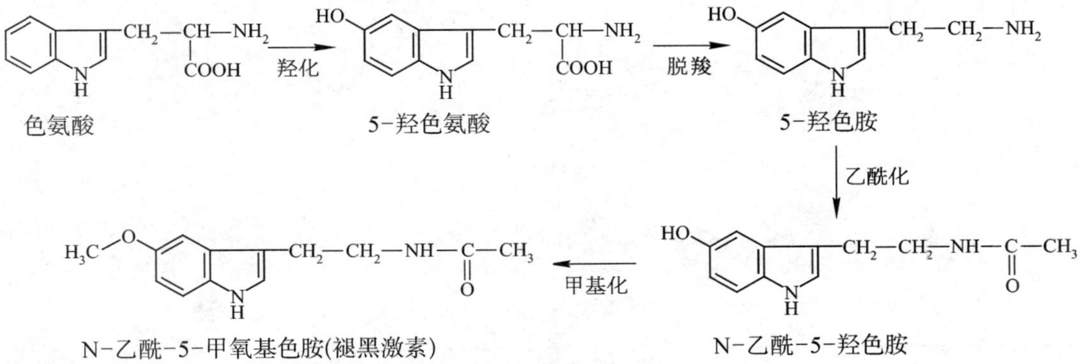

3. 牛磺酸(taurine) 半胱氨酸氧化脱羧基可生成牛磺酸。在肝脏,牛磺酸是合成结合型胆汁酸的重要成分。现已发现脑组织中含有较多牛磺酸,可能发挥抑制性神经递质作用。

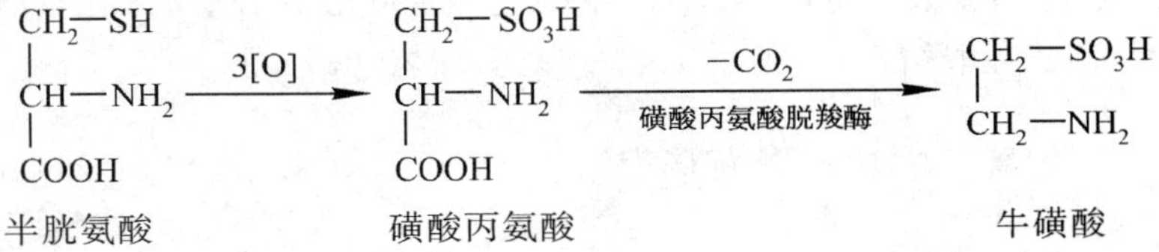

4. 组胺(histamine) 组氨酸脱羧生成组胺,组胺在体内分布很广,主要存在于呼吸道、消化道和皮肤等组织的肥大细胞中,血液中浓度很低。过敏反应时,肥大细胞可释放大量组胺。组胺具有很强的扩血管作用,并能增加毛细血管通透性,引起血压下降。组胺可使支气管平滑肌痉挛而发生哮喘。组胺可以刺激胃酸和胃蛋白酶分泌,科研上常用于研究胃功能。在中枢神经系统,组胺是一种神经递质,与控制觉醒和睡眠、调节情感和记忆等功能有关。

5. 多胺(polyamine) 多胺是具有3个或3个以上氨基的化合物,主要有精脒和精胺,均为鸟氨酸的代谢产物。精脒和精胺是调节细胞生长、促进细胞增殖的重要物质。凡是生长旺盛的组织如胚胎、再生肝以及肿瘤组织中,与多胺合成有关的鸟氨酸脱羧酶活性均较强,多胺含量也较高。多胺促进细胞生长的机制仍不清楚,可能与其稳定细胞结构、与核酸大分子结合并增强核酸及蛋白质生物合成有关。临床上患者血液或尿液中多胺水平被作为肿瘤诊断和预后的辅助指标。

二、一碳单位的代谢

某些氨基酸在体内分解代谢、产生含有1个碳原子的活性基团,称一碳单位(one carbon unit)或一碳基团。一碳单位不能游离存在于体内,常由四氢叶酸(FH_4)转运参与各种代谢。

1. **一碳单位的来源和种类** 体内的一碳单位主要来自色氨酸、甘氨酸、组氨酸、丝氨酸等的分解代谢,主要种类见表10-2。

表10-2 一碳单位的存在形式

一碳单位种类	结构	与四氢叶酸结合位点
甲基	—CH_3	N^5
甲烯基(亚甲基)	—CH_2—	N^5和N^{10}
甲酰基	—CHO	N^5或N^{10}
甲炔基(次甲基)	—CH—	N^5和N^{10}
亚氨甲基	—CH=NH	N^5

2. **一碳单位的生成与载体** 由氨基酸分解产生的一碳单位,通常结合在FH_4分子的N-5或(和)N-10位上而被携带和转运。例如,丝氨酸在羟甲基转移酶催化下,其羟甲基转移到四氢叶酸载体上,脱去水生成N^5,N^{10}-甲烯基四氢叶酸和甘氨酸;甘氨酸在裂解酶催化下,甲烯基与四氢叶酸结合,生成N^5,N^{10}-甲烯基四氢叶酸(图10-6)。

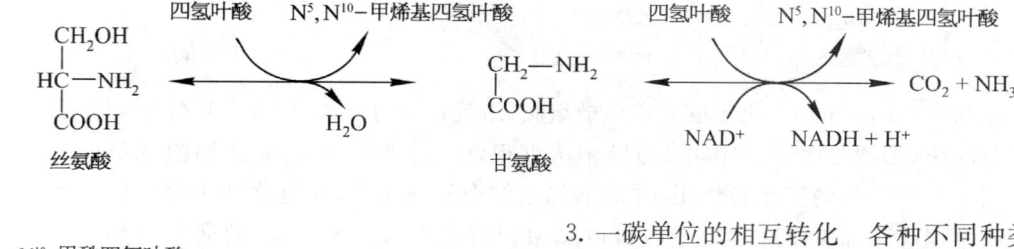

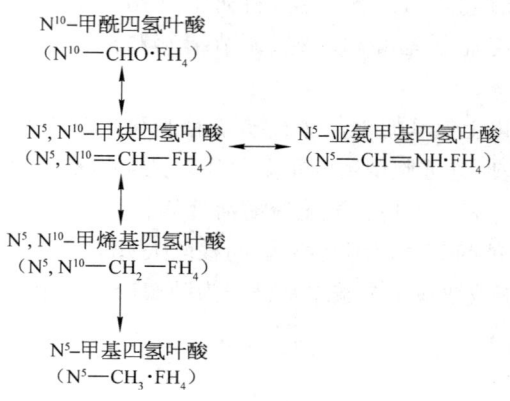

图10-6 一碳单位的相互转化

3. **一碳单位的相互转化** 各种不同种类的一碳单位主要是碳原子的氧化状态不同。在适当条件下,这些一碳单位可以相互转化,只有N^5-甲基四氢叶酸的生成不可逆,其他一碳单位可以转化为N^5-甲基四氢叶酸,而N^5-甲基四氢叶酸不能转化为其他一碳单位。

4. **一碳单位代谢的生理意义** 氨基酸分解产生的一碳单位,由FH_4携带和转运,参加重要的代谢反应。

(1) 参与嘌呤碱和嘧啶碱的合成:嘌呤碱中的C-2和C-8由N^{10}-甲酰四氢叶酸提供,脱氧胸苷酸中的甲基由N^5,N^{10}-甲烯基四氢叶酸供给。

(2) 参与重要甲基化合物的合成:N^5-甲基四氢叶酸通过甲硫氨酸循环为体内重要甲基化

合物的合成提供甲基,如胆碱、肌酸、肾上腺素等。

一碳单位与核酸代谢关系密切。当一碳单位代谢发生障碍时,核酸的合成代谢受阻,如四氢叶酸缺乏,可造成巨幼红细胞贫血。磺胺及某些抗癌药(如甲氨蝶呤等)干扰细菌及癌细胞四氢叶酸的合成,进一步影响到一碳单位与核酸代谢,使细菌及癌细胞分裂增殖受阻,从而达到抗菌或抑癌的目的。

三、含硫氨基酸的代谢

含硫氨基酸包括甲硫氨酸、半胱氨酸和胱氨酸三种,它们在代谢上相互关联。甲硫氨酸可以转变为半胱氨酸,半胱氨酸与胱氨酸可以互变,但后两者不能逆转为甲硫氨酸。

(一)甲硫氨酸循环

甲硫氨酸除了是蛋白质合成原料外,另一个重要作用是转变成活性甲基形式——S-腺苷甲硫氨酸(S-adenosylmethionine,SAM),参与体内重要甲基化合物的合成。

1. 甲硫氨酸循环过程

(1)甲硫氨酸活化:甲硫氨酸在甲硫氨酸腺苷转移酶催化下生成SAM。

(2)SAM提供活性甲基:SAM是体内活性甲基(activated methyl,—CH_3)的直接供体,称活性甲硫氨酸,SAM参与体内50多种物质的甲基化反应。例如,在甲基转移酶催化下,SAM可将甲基转移给去甲肾上腺素、胍乙酸、乙醇胺,分别生成肾上腺素、肌酸和胆碱。SAM失去甲基后转变为S-腺苷同型半胱氨酸,后者进一步脱去腺苷,生成同型半胱氨酸(homocysteine)。

(3)甲硫氨酸再生:同型半胱氨酸在N^5-甲基四氢叶酸甲基转移酶(维生素B_{12}为辅助因子)催化下,接受N^5-甲基四氢叶酸提供的甲基,重新生成甲硫氨酸,进入下一轮循环,称甲硫氨酸循环(methionine cycle)(图10-7)。在这个循环过程中,甲硫氨酸通过SAM参与体内甲基化反应,N^5-甲基四氢叶酸提供甲基再生甲硫氨酸。因此,N^5-甲基四氢叶酸是体内甲基的间接供体,而SAM是甲基的直接供体。

2. 甲硫氨酸循环的生理意义　① 提供活性甲基:参与体内重要甲基化合物的合成。② 参与基因表达调控:真核生物许多基因启动子区含有CpG岛,其中的胞嘧啶碱基(C)可在甲基转移酶催化下,由SAM

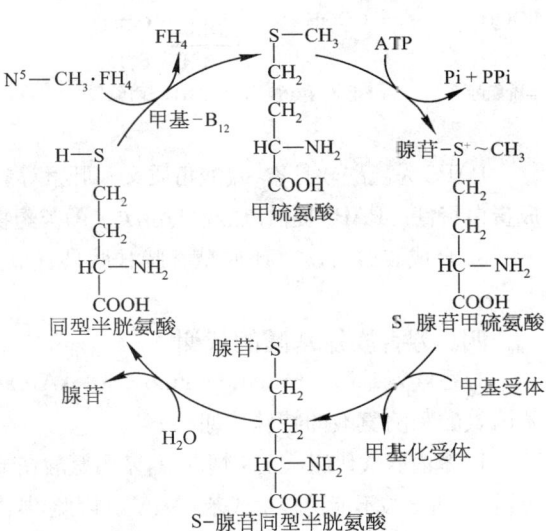

图10-7　甲硫氨酸循环

提供甲基形成5-甲基胞嘧啶(m^5C),CpG岛甲基化水平与基因表达呈负相关。③ 再生四氢叶酸:N^5-甲基四氢叶酸通过甲硫氨酸循环转移出甲基,可使四氢叶酸得到再生,后者进一步参与其他一碳单位代谢。催化该反应的N^5-甲基四氢叶酸甲基转移酶需要维生素B_{12}作为辅酶,当缺乏维生素B_{12}时,N^5-甲基四氢叶酸的甲基不能转移出去,不仅影响甲硫氨酸循环,也影响四氢叶酸参与一碳单位代谢,导致核酸合成障碍,细胞分裂速度下降,引起巨幼红细胞贫血。

（二）半胱氨酸与胱氨酸代谢

1. 半胱氨酸与胱氨酸互变　半胱氨酸含有巯基（—SH），2 分子半胱氨酸氧化脱氢以二硫键相连形成胱氨酸，胱氨酸又可以加氢还原为 2 分子半胱氨酸。

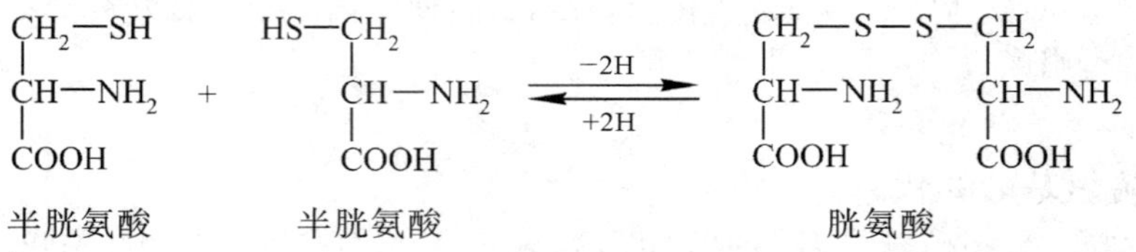

半胱氨酸分子中的巯基可为多种重要酶和蛋白质提供活性巯基。胱氨酸分子中的二硫键对维持蛋白质的结构具有重要作用。

2. 半胱氨酸氧化分解为硫酸根　半胱氨酸可以氧化脱羧生成牛磺酸，参与合成结合型胆汁酸；还可以氧化脱氨基生成丙酮酸、氨和亚硫酸，后者进一步氧化生成硫酸。在体内生成的硫酸一部分以无机盐形式随尿液排出，另一部分则与 ATP 反应生成活性硫酸根，即 3'-磷酸腺苷-5'-磷酸硫酸（3'-phosphoadenosine-5'-phosphosulfate, PAPS）。

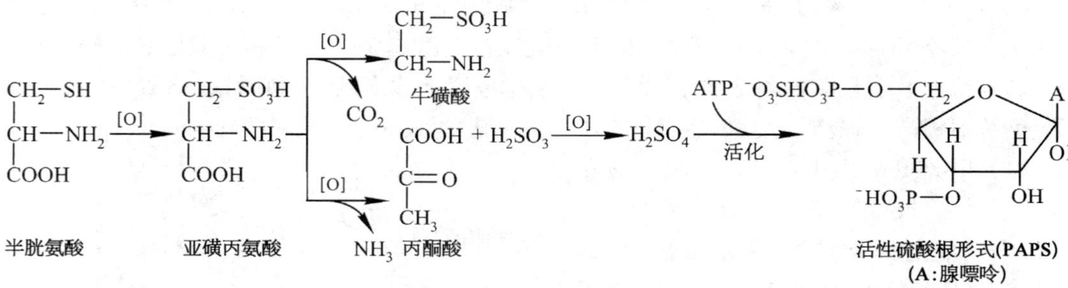

PAPS 为硫酸软骨素、硫酸角质素和肝素等黏多糖的合成提供硫酸根，进而与蛋白质结合形成蛋白聚糖。PAPS 提供硫酸根与醇类或酚类药物结合生成硫酸酯而使药物灭活，并随尿液排出。

3. 合成谷胱甘肽　还原型谷胱甘肽具有重要生理功能，参见蛋白质化学。

四、芳香族氨基酸的代谢

芳香族氨基酸（aromatic amino acid, AAA）有苯丙氨酸、酪氨酸和色氨酸。这里主要介绍苯丙氨酸和酪氨酸的特殊代谢。

1. 苯丙氨酸代谢　正常情况下，苯丙氨酸在苯丙氨酸羟化酶催化下羟化生成酪氨酸；此反应不可逆，即酪氨酸不能逆转生成苯丙氨酸。因此，苯丙氨酸是必需氨基酸而酪氨酸是非必需氨基酸。

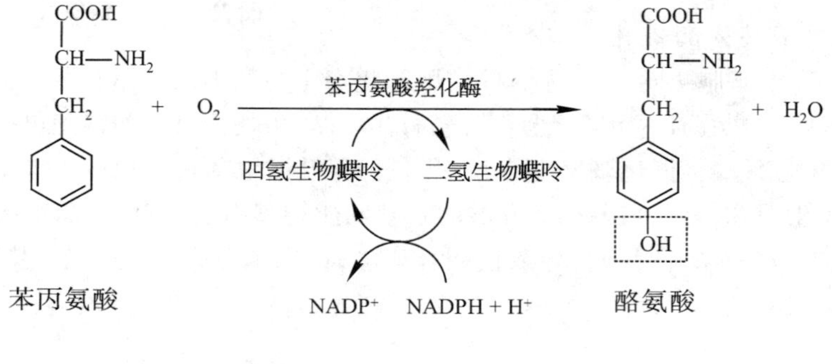

当先天性缺乏苯丙氨酸羟化酶时，苯丙氨酸不能转变为酪氨酸，而通过另一条代谢途径，发生转氨基反应生成苯丙酮酸，导致血中苯丙酮酸含量增高，并随尿液排出，称苯丙酮酸尿症（phenylketonuria，PKU）。苯丙酮酸在血液中堆积，对中枢神经系统有毒性作用，影响幼儿智力发育。对此类患儿应早期诊断，并严格控制膳食中的苯丙氨酸含量。

2. 酪氨酸转变为甲状腺激素　甲状腺球蛋白中的酪氨酸残基发生碘化反应生成 3-碘酪氨酸和 3,5-二碘酪氨酸，2 分子二碘酪氨酸缩合成四碘甲腺原氨酸（tetraiodothyronine，T_4），又称甲状腺素（thyroxine）；二碘酪氨酸与一碘酪氨酸缩合成三碘甲腺原氨酸（triiodothyronine，T_3），最后从甲状腺球蛋白上水解下来，并储存于甲状腺滤泡胶质中。当甲状腺受到垂体分泌的促甲状腺激素（thyroid stimulating hormone，TSH）刺激后，即分泌入血。通常 T_4 量是 T_3 的 20 倍，但 T_3 的活性比 T_4 大 3～5 倍。

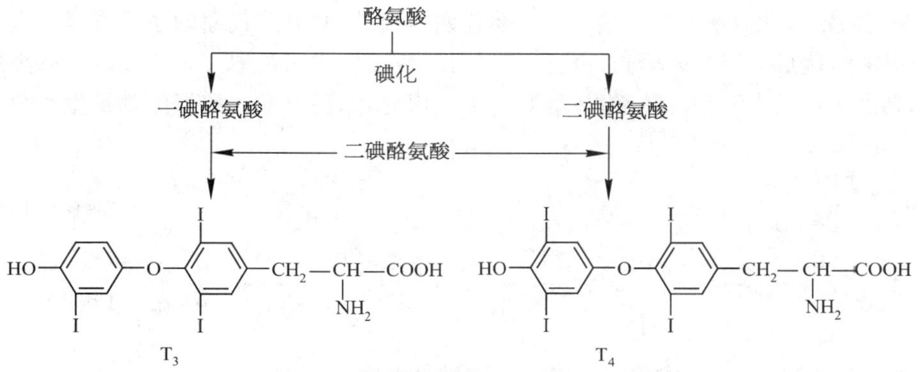

甲状腺激素

甲状腺激素的主要作用是促进糖、脂和蛋白质代谢以及能量代谢，促进机体生长、发育，特别对骨和脑的发育尤为重要。婴幼儿缺乏甲状腺激素时，主要表现为智力低下和身材矮小，称呆小症（又称克汀病）。成人饮食中如缺乏碘，甲状腺激素合成出现障碍，在垂体 TSH 刺激下，使甲状腺组织增生、肿大，引起地方性甲状腺肿。在食盐中加碘可以预防碘缺乏症。

3. 酪氨酸转变为黑色素　在皮肤、毛囊、眼球等组织的黑色素细胞中，酪氨酸酶（tyrosinase）催化酪氨酸羟化生成 3,4-二羟苯丙氨酸（3,4-dihydroxyphenylalanine，Dopa，多巴），后者再经氧化、脱羧等反应生成吲哚醌，然后再聚合生成黑色素。黑色素是机体组织中的色素来源，酪氨酸酶先天性缺乏，黑色素合成障碍，导致白化病。酪氨酸酶活性的检测是增白类化妆品研制过程中的重要指标。

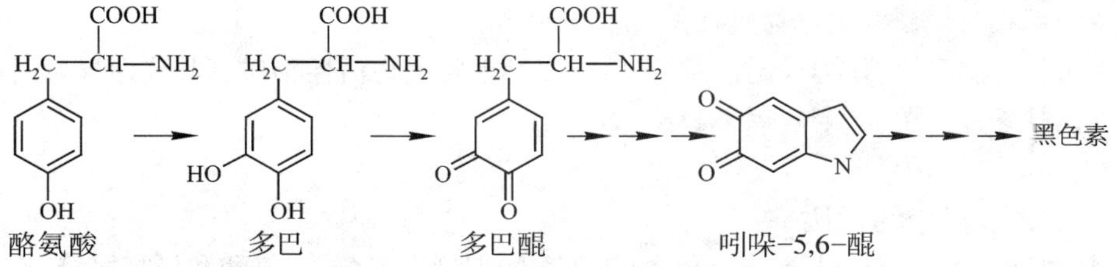

酪氨酸 → 多巴 → 多巴醌 → 吲哚-5,6-醌 → → → 黑色素

4. 酪氨酸转变为儿茶酚胺　多巴胺、去甲肾上腺素和肾上腺素是具有儿茶酚结构的胺类物质，故统称儿茶酚胺（catecholamines，CA_S）。在神经组织或肾上腺髓质，酪氨酸在酪氨酸羟化酶（tyrosine hydroxylase）催化下生成 3,4 二羟苯丙氨酸（多巴）；再经多巴脱羧酶催化脱去羧

基转变为多巴胺（dopamine，DA）；多巴胺进一步经β-羟化酶催化生成去甲肾上腺素（norepinephrine，NE）；后者在甲基转移酶催化下，由 SAM 提供甲基，转变成肾上腺素（epinephrine，E）。NE 和 DA 是重要的神经递质，DA 合成减少是帕金森病发生的重要原因。肾上腺素是外周重要的激素物质，参与代谢调节。

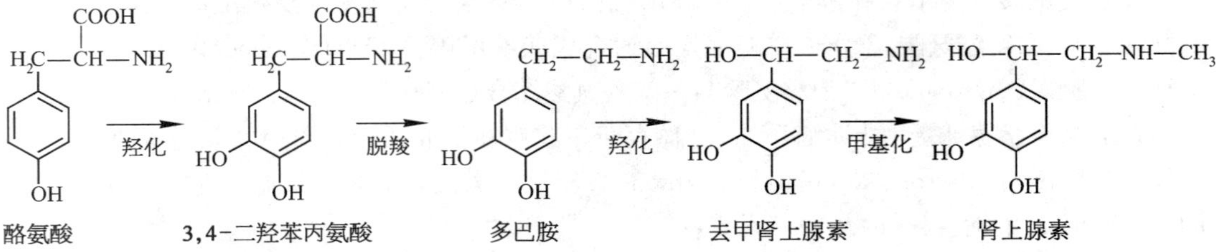

酪氨酸 →(羟化) 3,4-二羟苯丙氨酸 →(脱羧) 多巴胺 →(羟化) 去甲肾上腺素 →(甲基化) 肾上腺素

5. 酪氨酸的氧化分解　酪氨酸除了上述代谢途径外，其分解代谢的主要方式是在酪氨酸转氨酶作用下，生成对羟苯丙酮酸，再进一步氧化、脱羧生成尿黑酸。尿黑酸再经尿黑酸氧化酶催化，转变为延胡索酸和乙酰乙酸（图 10-8）。因此，苯丙氨酸和酪氨酸都是生糖兼生酮氨基酸。

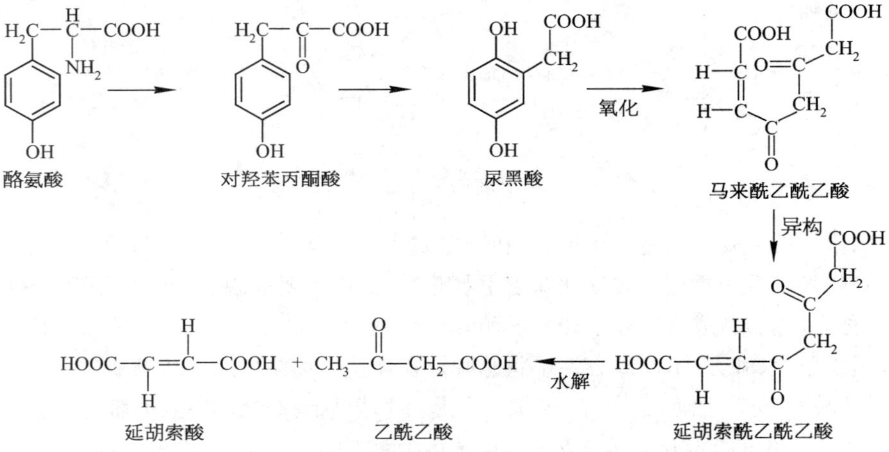

图 10-8　酪氨酸的氧化分解

当先天性缺乏尿黑酸氧化酶时，尿黑酸不能氧化分解，致使大量尿黑酸随尿液排出，在碱性条件下易被空气中的 O_2 氧化为醌类化合物，并进一步生成黑色化合物，称尿黑酸症，患者的骨等结缔组织也有广泛的黑色物质沉积。

由上可见，酪氨酸在体内代谢活跃，可生成多种重要生物活性物质。其代谢异常时与多种先天性代谢缺乏症有关。

五、支链氨基酸的代谢

支链氨基酸（branched chain amino acid，BCAA）包括缬氨酸、亮氨酸和异亮氨酸，均为必需氨基酸。这三种氨基酸残基的侧链都具有疏水性，常处于蛋白质的疏水区，有利于维持蛋白质的空间结构。

支链氨基酸分解代谢的开始阶段基本类似，首先在氨基转移酶催化下脱去氨基生成相应

的 α-酮酸，进一步在支链 α-酮酸脱氢酶系催化下发生氧化脱羧等反应，生成各自相应的脂酰 CoA，其后分别进行不同的分解代谢：缬氨酸分解产生琥珀酰 CoA（生糖氨基酸），亮氨酸分解产生乙酰 CoA 和乙酰乙酸（生酮氨基酸），异亮氨酸分解产生乙酰 CoA 和琥珀酰 CoA（生糖兼生酮氨基酸）。支链氨基酸的分解代谢主要在骨骼肌中进行。

$$\begin{array}{c}\text{缬氨酸}\\ \text{亮氨酸}\\ \text{异亮氨酸}\end{array} \xrightarrow{\text{转氨基}} \text{相应的 α-酮酸} \xrightarrow{\text{脱羧基}} \text{相应的脂酰辅酶 A} \xrightarrow{\text{氧化分解}} \begin{array}{c}\text{琥珀酰辅酶 A}\\ \text{乙酰辅酶 A + 乙酰乙酸}\\ \text{乙酰辅酶 A + 琥珀酰辅酶 A}\end{array}$$

先天性缺乏支链 α-酮酸脱氢酶系，可引起这三种 α-酮酸在血中堆积并随尿排出，因其具有甜味，故称"枫糖尿病"。有研究报道，正常人血中支链氨基酸与芳香族氨基酸的比值为 3.0～3.5。肝脏疾病患者，当比值<1.0 时，则可出现肝昏迷，因此认为支链氨基酸的代谢异常与肝昏迷的发生有一定关系（即肝昏迷的氨基酸代谢失衡学说）。

第十一章
核苷酸代谢

学习目标

1. 掌握嘌呤核苷酸、嘧啶核苷酸分解代谢与从头合成代谢。
2. 熟悉抗代谢物的概念、分类与生化机制。
3. 了解核苷酸的补救合成途径。

核酸的基本结构单位是核苷酸。除了常见的四种核苷酸和脱氧核苷酸外,细胞内还有相当数量的核苷酸代谢中间物,如黄嘌呤核苷酸(xanthosine monophosphate,XMP)和次黄嘌呤核苷酸(isosine monophosphate,IMP)。

核苷酸具有极其重要的生理功能。NTP 是 RNA 合成的原料,dNTP 是 DNA 合成的原料;ATP 是生物体内新陈代谢通用的能量载体;cAMP 和 cGMP 可作为激素的第二信使参与细胞信息的传递;UDP-葡萄糖、CDP-胆碱(CDP-乙醇胺)分别为糖原、磷脂酰胆碱(磷脂酰乙醇胺)合成的活性中间体;AMP 是某些辅酶(或辅基)如 NAD^+、$NADP^+$、HSCoA 和 FAD 的组成成分;GTP 是合成四氢生物蝶呤的前体等。

食物中的核酸主要以核蛋白形式存在。核蛋白受胃酸的作用,分解为核酸和蛋白质。核酸在小肠内在多种水解酶逐步作用下完成消化(图 11-1)。

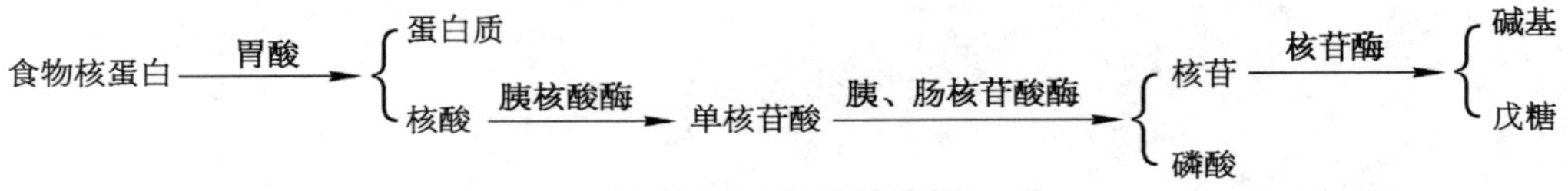

食物核蛋白 —胃酸→ { 蛋白质 / 核酸 } —胰核酸酶→ 单核苷酸 —胰、肠核苷酸酶→ { 核苷 —核苷酶→ { 碱基 / 戊糖 } / 磷酸 }

图 11-1 核酸的消化

单核苷酸及其各级水解产物均可被小肠黏膜细胞吸收,吸收后绝大部分又被进一步分解。分解产物除了戊糖可被重新利用外,大部分被排出体外。

第一节　核苷酸的分解代谢

一、嘌呤核苷酸的分解

体内嘌呤核苷酸(AMP、GMP)首先在核苷酸酶的催化下水解去除磷酸生成嘌呤核苷(鸟苷和腺苷)。鸟苷在酶的作用下磷酸解生成核糖-1-磷酸和鸟嘌呤,鸟嘌呤脱氨生成黄嘌呤;

腺苷经腺苷脱氨酶（adenosine deaminase，ADA）脱氨成次黄苷，再磷酸解生成次黄嘌呤。黄嘌呤和次黄嘌呤均可受黄嘌呤氧化酶作用生成尿酸。AMP 还可直接经脱氨和脱磷酸等进行分解。尿酸（uric acid）是人体内嘌呤碱分解的终产物，随尿排出体外（图 11-2）。ADA 特异性较差，除了以腺苷为底物外，也可催化 2-脱氧腺苷等嘌呤核苷酸进行脱氨反应。研究发现，先天缺乏 ADA 患者，可引起体内 dATP 浓度增加数十倍而对 T、B 淋巴细胞产生毒性，这可能是导致重症联合免疫缺陷症（severe combined immunodeficiency disease，SCID）的重要原因。

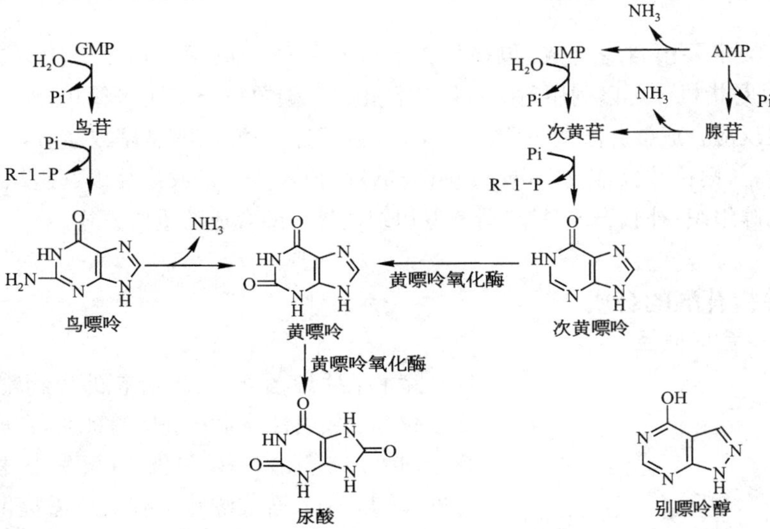

图 11-2　嘌呤核苷酸的分解代谢

二、嘧啶核苷酸的分解

嘧啶核苷酸（CMP、UMP、dTMP）经降解除去磷酸及核糖后，产生的嘧啶碱可再进一步分解。胞嘧啶脱氨基转变成尿嘧啶后，经还原、开环和水解最终生成 NH_3、CO_2 及 β-丙氨酸；胸腺嘧啶通过上述类似的反应过程，生成 NH_3、CO_2 和 β-氨基异丁酸。由嘧啶碱分解生成的 β-氨基酸易溶于水，可直接随尿排出或进一步分解（图 11-3）。

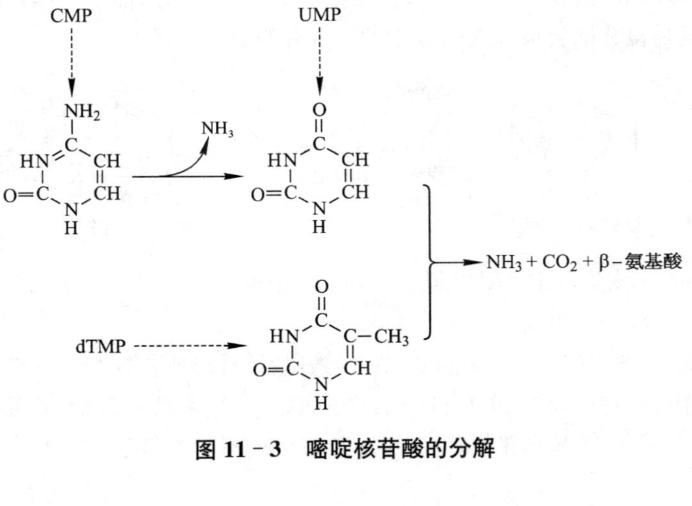

图 11-3　嘧啶核苷酸的分解

当摄入 DNA 丰富的食物后,或经化疗、放疗的癌症患者,体内 DNA 分解增强,尿中的 β-氨基异丁酸排量增多。故检测尿中的 β-氨基异丁酸含量,对监测放射性损伤有一定的临床指导意义。

第二节 核苷酸的合成代谢

体内核苷酸主要由自身合成,包括从头合成和补救合成两条途径。从头合成(de novo synthesis)途径是指机体可以利用磷酸核糖、氨基酸、一碳单位与 CO_2 等简单物质为原料,经一系列连续酶促反应合成核苷酸的过程。如果直接利用体内游离的碱基或核苷,经简单反应合成核苷酸的过程,则称补救合成(salvage pathway)途径。从头合成途径以肝组织为主,其次是小肠黏膜和胸腺组织;补救合成是脑、骨髓等组织内核苷酸合成的重要方式。

一、嘌呤核苷酸的合成

(一) 从头合成途径

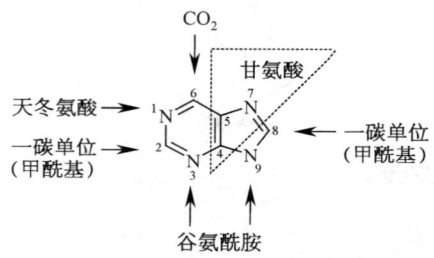

图 11-4 嘌呤环合成原料

除了某些细菌外,几乎所有的生物都能合成嘌呤核苷酸。经放射性核素示踪实验证明,合成嘌呤环的原料分别由天冬氨酸、一碳单位、谷氨酰胺、甘氨酸和 CO_2 提供(图 11-4);合成嘌呤核苷酸还需提供核糖-5-磷酸(R-5-P)。

嘌呤核苷酸的从头合成过程较为复杂。首先核糖-5-磷酸活化为 5-磷酸核糖-1-焦磷酸(5-phosphoribosyl-1-pyrophosphate,PRPP);然后在 PRPP 基础上逐步加上各种原料合成 IMP;IMP 进一步转变为腺嘌呤核苷酸(AMP)和鸟嘌呤核苷酸(GMP)。因此,嘌呤核苷酸的从头合成过程可分为以下三个阶段。

1. PRPP 的生成　糖代谢中经戊糖磷酸途径生成的 R-5-P 在磷酸核糖焦磷酸激酶催化下,由 ATP 提供焦磷酸,生成 PRPP。PRPP 是提供 R-5-P 的活性中间体,参加各种核苷酸的合成,故此步反应是核苷酸合成代谢过程中的重要步骤之一。

$$\text{核糖-5-磷酸} \xrightarrow[\text{磷酸核糖焦磷酸激酶}]{ATP \quad AMP} \text{PRPP}$$

2. IMP 的合成　该阶段由 PRPP 提供核糖-5-磷酸(R-5-P),经过大约 10 步化学反应,逐步加上各种原料合成 IMP(图 11-5)。

首先 PRPP 脱去焦磷酸并与谷氨酰胺提供的氨基结合形成核糖胺-5-磷酸,再与甘氨酸缩合并接受 N^{10}-甲酰四氢叶酸提供的甲酰基转变成甲酰甘氨酰胺核苷酸,再接受谷氨酰胺的酰胺氮并脱水环化形成 5-氨基咪唑核苷酸。5-氨基咪唑核苷酸接受 CO_2 羧化后进一步与天冬

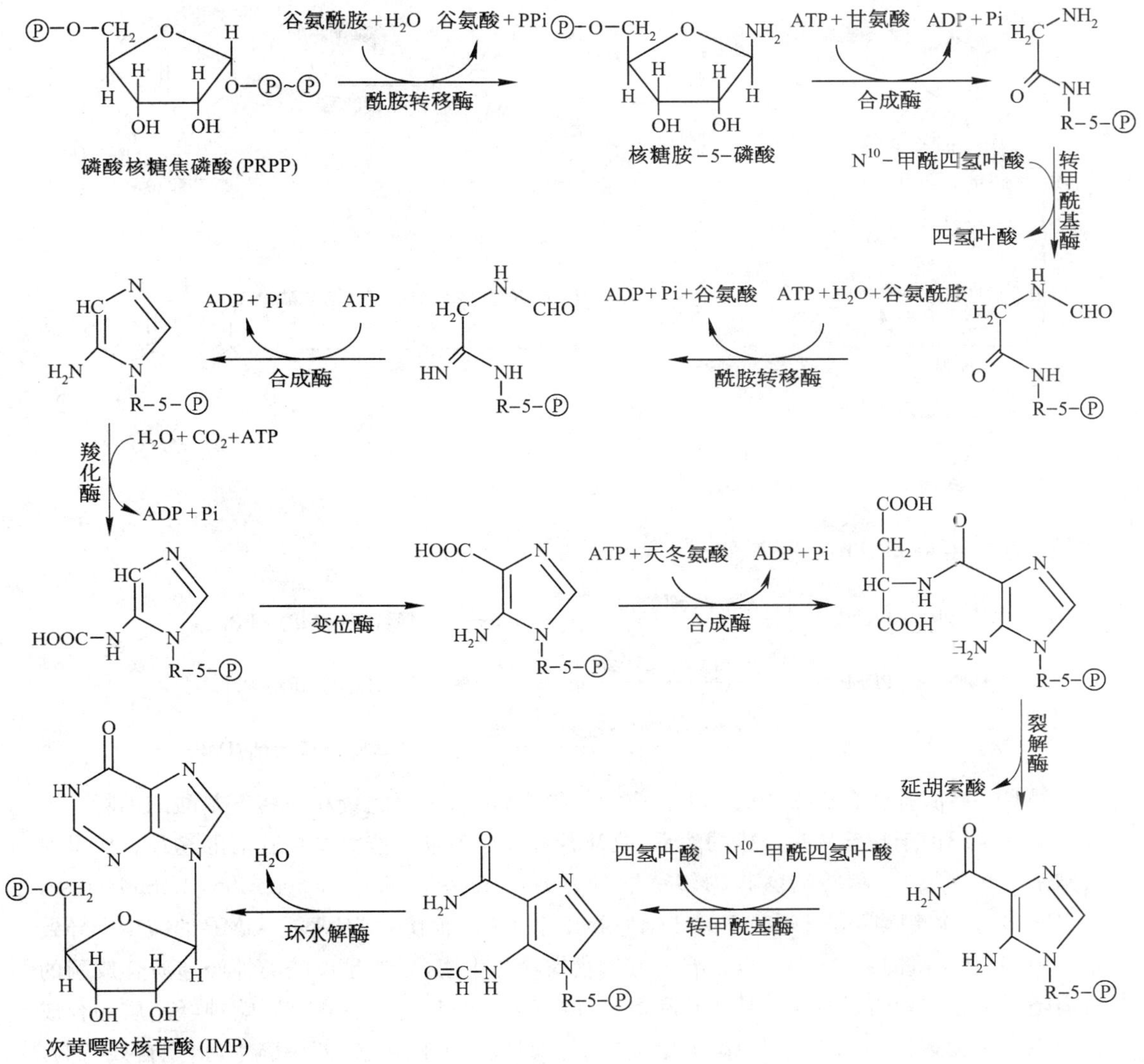

图 11-5　次黄嘌呤核苷酸的合成

氨酸缩合，后者脱去延胡索酸并进一步接受 N^{10}-甲酰基四氢叶酸提供的甲酰基，然后脱水环化生成 IMP。

3. AMP 和 GMP 的生成　该阶段以 IMP 为起点，在合成酶催化下，由 GTP 供能，IMP 与天冬氨酸缩合生成腺苷酸代琥珀酸中间物，然后在裂解酶催化下释放出延胡索酸生成 AMP。IMP 也可在脱氢酶催化下，发生加水脱氢反应，使嘌呤环上 C-2 氧化生成 XMP；后者进一步受 GMP 合成酶催化，接受谷氨酰胺提供的氨基生成 GMP，该反应需 ATP 供能（图 11-6）。

AMP 和 GMP 可连续发生两次磷酸化进一步生成 ATP 和 GTP，作为合成 RNA 的原料。

（二）补救合成途径

脑和骨髓组织能够利用现成的嘌呤碱和 PRPP 提供的 R-5-P，在酶的催化下，两者直

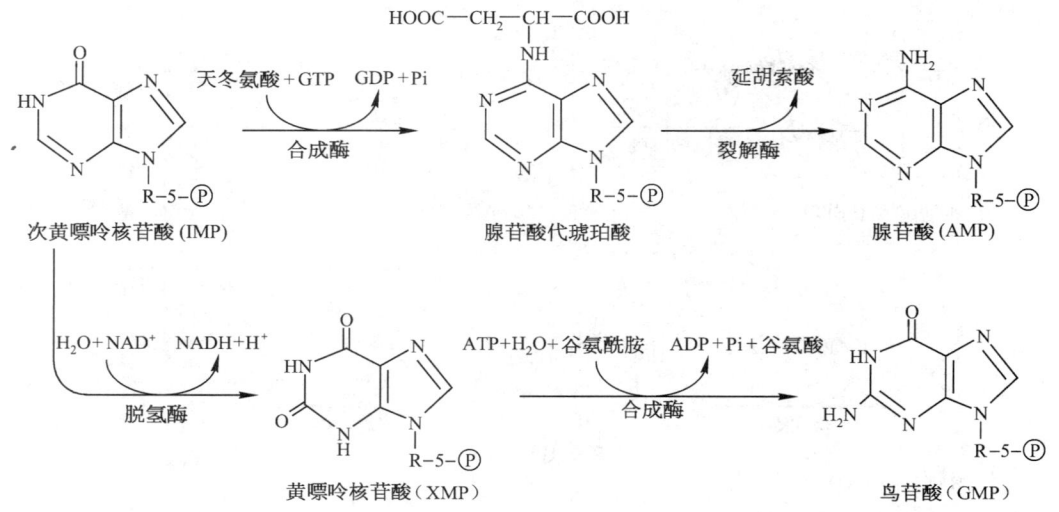

图 11-6 AMP 和 GMP 的生成

接结合生成嘌呤核苷酸。反应如下。

腺嘌呤 + PRPP —腺嘌呤磷酸核糖转移酶→ 腺苷酸(AMP) + PPi

鸟嘌呤 + PRPP —次黄嘌呤/鸟嘌呤磷酸核糖转移酶→ 鸟苷酸(GMP) + PPi

次黄嘌呤 + PRPP —次黄嘌呤/鸟嘌呤磷酸核糖转移酶→ 次黄嘌呤核苷酸(IMP) + PPi

嘌呤核苷酸补救合成途径比从头合成简单得多,可以减少能量和一些氨基酸的消耗。脑和骨髓等组织由于缺乏从头合成的酶系,故补救合成成为唯一能提供核苷酸的途径。如果遗传缺陷次黄嘌呤/鸟嘌呤磷酸核糖转移酶(hypoxanthine-guanine phosphoribosyl transferase, HGPRT)时,次黄嘌呤和鸟嘌呤不能转化为 IMP 和 GMP 而降解为尿酸。GMP 的减少会导致细胞内 GTP 含量的减少,进一步影响四氢生物蝶呤的生成,后者是单胺类神经递质合成酶的必需辅因子。过量的尿酸导致肾结石和痛风,四氢生物蝶呤的减少直接影响神经递质的合成而使患者智力迟钝、1 岁后手足徐动,继而发展为肌肉强迫性痉挛、四肢麻木,出现自残行为。该病称自毁容貌症或 Lesch-Nyhan 综合征。

二、嘧啶核苷酸的合成

与嘌呤核苷酸合成一样,体内嘧啶核苷酸的合成也有从头合成和补救合成两条途径。

(一) 从头合成途径

根据放射性核素示踪实验证明,嘧啶环的成环原料为天冬氨酸、CO_2 和谷氨酰胺。合成嘧啶核苷酸还需提供核糖-5-磷酸。

与嘌呤核苷酸的从头合成途径不同,嘧啶核苷酸的从头合成是先由谷氨酰胺提供氨基,与 CO_2 和天冬氨酸结合生成乳清酸(含嘧啶环结构);后者再与 PRPP 提供的 R-5-P 结合生成尿嘧啶核苷酸(UMP);UMP 再逐步转变为胞苷三磷酸(CTP)。因而嘧啶核苷酸的从头合成途径可分为以下三个阶段。

1. 乳清酸的合成　首先在氨基甲酰磷酸合成酶Ⅱ催化下，由谷氨酰胺提供氨基，与 CO_2 和 ATP 结合生成氨基甲酰磷酸。氨基甲酰磷酸也是尿素合成过程中的重要中间物，但是尿素合成受肝细胞线粒体氨基甲酰磷酸合成酶Ⅰ催化，并以游离氨为氮源，该酶受 N-乙酰谷氨酸别构激活。氨基甲酰磷酸合成酶Ⅱ存在于胞质溶胶，该酶无别构激活性质，但受 UMP 的反馈抑制。

氨基甲酰磷酸在转移酶作用下提供氨基甲酰与天冬氨酸缩合，再经脱水环合和氧化脱氢反应，生成含有嘧啶环的乳清酸（orotic acid）（图 11-7）。

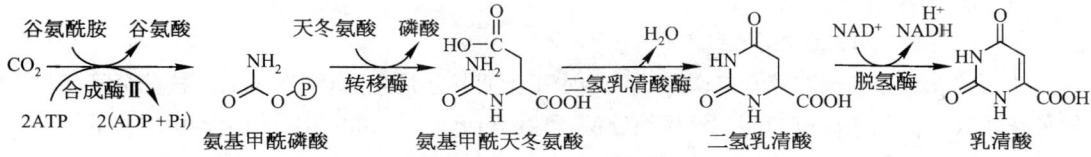

图 11-7　乳清酸的生成

当体内缺乏乳清酸磷酸核糖转移酶和乳清酸核苷酸脱羧酶，使乳清酸不能转变为尿苷酸，导致乳清酸大量出现在血液和尿液中形成乳清酸尿症，这是一种遗传性疾病，主要表现为患者尿中排出大量乳清酸、生长迟缓和重度贫血。

2. UMP 的合成　乳清酸（或称 6-羧基尿嘧啶）在磷酸核糖转移酶催化下，与 PRPP 提供的 R-5-P 缩合生成乳清酸核苷酸，后者发生脱羧反应生成 UMP（图 11-8）。

图 11-8　UMP 的生成

3. UMP 转变为 CTP　CTP 是在三磷酸尿苷（UTP）水平上发生氨基化生成的。因此，上述生成的 UMP 必须经过两次磷酸化生成 UTP，再接受谷氨酰胺提供的氨基生成 CTP（图 11-9）。

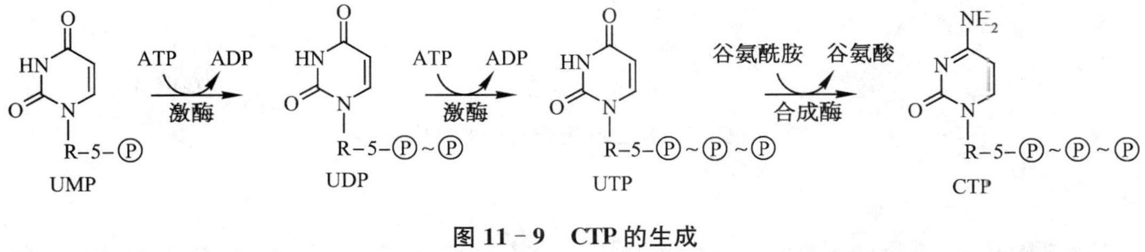

图 11-9　CTP 的生成

以上生成的 UTP 和 CTP 都可以作为 RNA 合成的原料。

（二）补救合成途径

在嘧啶磷酸核糖转移酶催化下，由 PRPP 提供 R-5-P，直接与嘧啶碱结合生成嘧啶核苷酸。也可在嘧啶核苷激酶催化下，由 ATP 提供磷酸，使嘧啶核苷发生磷酸化生成相应的嘧啶核苷酸。

嘧啶碱 + PRPP $\xrightarrow{\text{嘧啶磷酸核糖转移酶}}$ 嘧啶核苷酸 + PPi

嘧啶核苷 + ATP $\xrightarrow{\text{嘧啶核苷激酶}}$ 嘧啶核苷酸 + ADP

脱氧胸苷可通过胸苷激酶催化生成 dTMP。胸苷激酶在正常肝组织中活性很低，在恶性肿瘤组织中其活性明显升高，并与恶化程度有关。

三、脱氧核苷酸的合成

（一）脱氧核苷二磷酸的合成

体内脱氧核苷酸是在核苷二磷酸（NDP）水平上直接还原生成，即以氢取代核糖分子 C-2′ 的羟基而成。催化此反应的酶是核糖核苷酸还原酶（ribonucleotide reductase），反应如下。

$$\text{NDP} \xrightarrow[\text{核糖核苷酸还原酶}]{\text{NADPH}+\text{H}^+ \quad \text{NADP}^+ + \text{H}_2\text{O}} \text{dNDP}$$

dNDP 继续经过激酶的作用，再发生磷酸化生成脱氧核苷三磷酸（dNTP），作为合成 DNA 的原料。核糖核苷酸还原酶为一种别构酶，当某一种 NDP 转化成 dNDP 时，往往还受到其他的核苷三磷酸的别构调节，从而使合成 DNA 所需的四种脱氧核苷酸维持恰当比例。

（二）脱氧胸苷酸（dTMP）的合成

dTMP 是在 dUMP 水平上使 C-5′ 发生甲基化而生成的，反应需胸苷酸合酶（thymidylate synthase）催化，由 N^5,N^{10}-甲烯四氢叶酸提供甲基（图 11-10）。dUMP 可由 dUDP 水解去磷酸而生成，dUMP 也可由 dCMP 水解脱氨而生成。

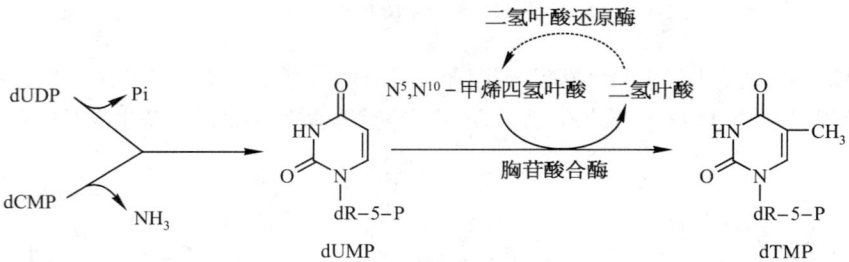

图 11-10 脱氧胸苷酸的合成

第三节 核苷酸的抗代谢物

抗代谢物（antimetabolite）是指在化学结构上与正常代谢物相似，能够竞争性地拮抗正常代谢过程的物质。抗代谢物大多通过与正常代谢物相互竞争与酶结合，以干扰或抑制核苷酸的正常代谢，进而抑制核酸和蛋白质的生物合成，遏制肿瘤组织的异常增殖。核苷酸抗代谢物的种类很多，包括碱基、氨基酸、叶酸和核苷等的类似物。

一、嘌呤类似物

嘌呤类似物主要有 6-巯基嘌呤(6-mercaptopurine, 6-MP)、8-氮杂鸟嘌呤(8-azaguanine, 8-AG)等, 其中以 6-MP 临床应用较多。6-MP 结构类似于次黄嘌呤, 在体内经磷酸核糖化后可以生成 6-巯基嘌呤核苷酸, 这种假的次黄嘌呤核苷酸可以从多个位点抑制 AMP 及 GMP 的合成。

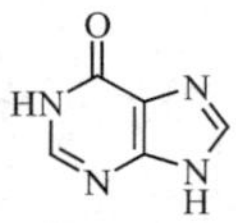

次黄嘌呤 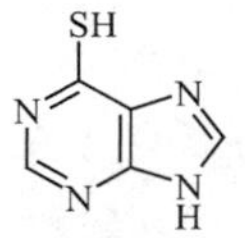　6-巯基嘌呤(6-MP)　谷氨酰胺 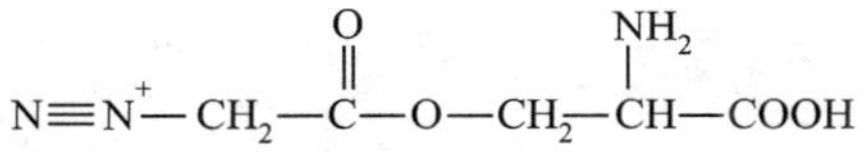　氮杂丝氨酸(Azas)

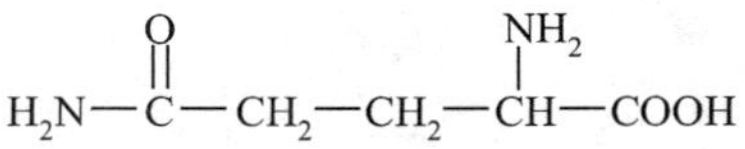

二、氨基酸类似物

氨基酸类似物主要有氮杂丝氨酸(azaserine, Azas)等。Azas 的化学结构类似于谷氨酰胺, 可干扰谷氨酰胺在嘌呤核苷酸合成中提供氨基的作用, 从而抑制嘌呤核苷酸的合成。Azas 还可抑制胞嘧啶核苷酸的合成。

三、嘧啶类似物

嘧啶类似物主要有 5-氟尿嘧啶(5-fluorouracil, 5-FU)。在体内 5-FU 可以转变为 5-氟尿嘧啶脱氧核糖核苷一磷酸(5-FdUMP)。5-FdUMP 结构与 dUMP 结构相似, 能抑制胸苷酸合酶活性而阻断 dTMP 的合成, 进而影响 DNA 的生物合成。5-FU 还可转变为 5-氟尿嘧啶核苷三磷酸(5-FUTP), 然后以 5-FUTP 形式掺入 RNA 分子中, 破坏 RNA 的结构与功能。

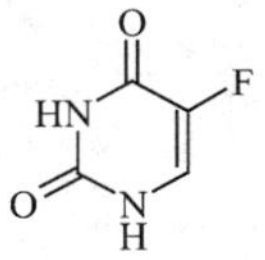

5-氟尿嘧啶 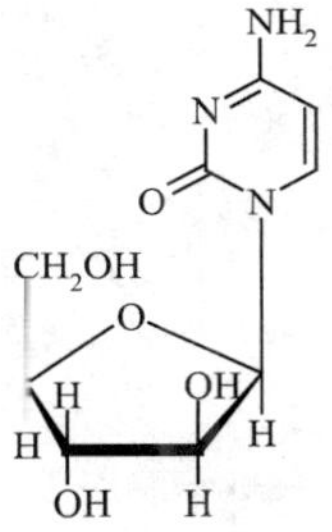　阿糖胞苷

又如阿糖胞苷(cytosine arabinoside, Ara-C), 属于改变了核糖结构的核苷类似物, 能抑制 CDP 还原生成 dCDP, 是一类重要的抗肿瘤药物。

四、叶酸类似物

叶酸类似物主要有氨基蝶呤(aminopterin)及甲氨蝶呤(methotrexate, MTX), 能竞争性抑制二氢叶酸还原酶, 使 FH_2 不能再生为 FH_4, 阻断 FH_4 携带一碳单位, 进而抑制 dTMP 乃至嘌呤核苷酸的合成, 故临床上常用 MTX 治疗白血病等肿瘤。

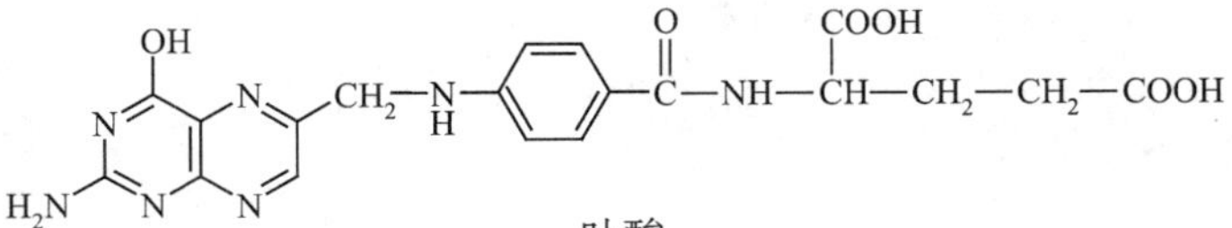

叶酸

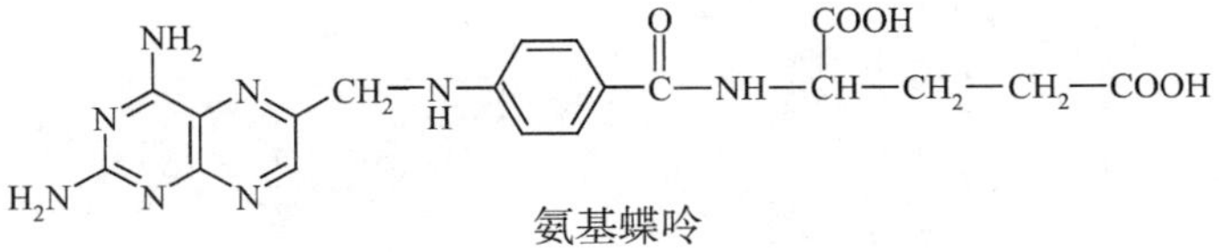

氨基蝶呤

抗代谢物能以竞争性抑制方式阻抑肿瘤细胞内核酸的合成,但缺乏特异性,对一些正常组织也有杀伤作用,显示出较大的毒副反应。因而常配合使用一些免疫增强剂,如白介素-2(interleukin-2,IL-2)、干扰素(interferon,IFN)、灵芝多糖等,以增强患者的免疫力和耐受力等。

第十二章
信 号 转 导

学习目标

1. 掌握信号分子、受体、第二信使的概念及分类。
2. 熟悉膜受体介导的信号转导。
3. 了解细胞内受体介导的信号转导。

天人合一，生物与自然是一个和谐的整体。在应对内、外环境变化时，多器官生物的各细胞之间相互识别、相互反应、相互作用，形成细胞通信（cell communication）。针对内、外源性信息，生物体内所发生的多种分子活性的变化而引起细胞功能改变的过程称信号转导（signal transduction），机体从而在整体上对环境的变化做出最佳应对。如果信号转导出现异常，易引起代谢紊乱与细胞生长异常，引发各种疾病。细胞信号转导机制的研究，不仅对于认识生命活动的化学本质具有重要意义，而且有助于深入认识重大疾病的分子病理机制，为诊断与治疗提供新的依据与靶点，推动新药的研制。

第一节 信号转导的分子基础

一、细胞外信号分子

在细胞间传递信息的各种化学物质统称第一信使（first messenger），主要是一些可溶性信号分子，通常有以下五大类。

1. 神经递质（neurotransmitter） 神经元之间或神经元与效应器细胞如肌肉细胞、腺体细胞等之间传递信息的化学物质，主要有胆碱类（乙酰胆碱，acetylcholine，ACh）、单胺类（去甲肾上腺素、多巴胺和5-羟色胺）、氨基酸类（兴奋性递质如谷氨酸和天冬氨酸，抑制性递质如γ-氨基丁酸、甘氨酸）和神经肽类等。

2. 激素（hormone） 多由内分泌细胞分泌，依靠血液循环运送到远离的靶细胞以发挥调控作用。近年来研究发现，许多非内分泌腺也能分泌一些肽类激素，如下丘脑分泌多种释放激素、心房细胞分泌心钠素等。某些激素也可以旁分泌或自分泌方式作用于邻近的靶细胞或细胞自身，如胰岛δ细胞分泌的生长抑素以旁分泌方式作用于邻近的α、β细胞，抑制胰高血糖素和胰岛素的分泌；血小板产生的血栓素可作用于血小板自身，促进其聚集。

激素种类很多,按化学本质可分为蛋白质、多肽类和氨基酸衍生物、类固醇激素、花生四烯酸衍生物等四大类。各类激素都必须被靶细胞相应受体特异识别并发生相互作用后,才能发挥调节作用。因此,激素也可按受体定位将其分为两大类:一类为作用于细胞膜受体的激素,这类激素水溶性较大(如蛋白质、多肽类、儿茶酚胺类)。另一类为脂溶性较强的激素(如类固醇激素、甲状腺激素等),这类激素可以通过细胞膜脂双层,作用于细胞内特异受体并发生相互作用。

3. 细胞因子(cytokine,CK) 可由多种细胞分泌,能够调节细胞生长、分化和免疫、造血等广泛生物学活性的多肽或蛋白质类物质。例如,肿瘤坏死因子(tumour necrosis factor,TNF)、白介素类(interleukins,ILs)等。细胞因子主要以旁分泌或自分泌方式起调节作用。

4. 气体信号分子 一氧化氮(nitrogen monoxide,NO)、一氧化碳(carbon monoxide,CO)和硫化氢(hydrogen sulfide,H_2S)是备受关注的生物体内源性气体信号分子。在心血管系统中NO、CO和H_2S分别与其相应的合成酶形成独立而又相互联系的体系,参与调节心血管系统的正常生理功能,也在高血压、肺动脉高压、感染性休克、动脉粥样硬化等心脑血管疾病的病理生理进程中发挥关键调控作用。

5. 细胞黏附分子(cell adhesion molecule,CAM) 是位于细胞膜上的一类糖蛋白,能够介导细胞之间或细胞与细胞外基质之间的相互接触和相互作用,实现细胞间或细胞内外的信息传递。在胚胎的发育与分化、正常组织结构的维持、炎症与免疫应答、伤口的修复、凝血与血栓的形成、肿瘤浸润和转移等多种生理、病理过程中发挥重要作用。

二、受体

受体(receptor,R)是位于细胞膜或细胞内能特异识别并结合信号分子,通过相互作用将信号转导入胞内,直至引起生物学效应的一类生物大分子。其化学本质为蛋白质,少数为糖脂。能与受体特异结合的信息分子统称配体(ligand,L),上述介绍的各类信号分子是最常见的配体。除此之外,一些离子、药物、毒物也可作为配体。

各类信号分子必须与靶细胞相应受体特异结合并发生相互作用才能发挥调节作用。受体的化学本质主要是蛋白质,受体与配体的结合类似于酶与底物的结合,同样具有高度特异性、高度亲和力、可逆性、可饱和性等特点。通常根据受体的细胞定位,将受体分为膜受体和胞内受体,后者又有胞质受体和胞核受体之分。

(一)膜受体

位于细胞膜上的受体大多为糖蛋白。膜受体常有离子通道型受体、G蛋白偶联型受体、酶活性型受体和偶联胞质蛋白质激酶型受体四大类(图12-1)。

1. 离子通道型受体 常见的是位于神经末梢突触后膜上的一些神经递质受体,如N型-乙酰胆碱受体(N-ACh-R)、谷氨酸受体亚型之一——N-甲基-D-天冬氨酸受体(NMDA-R)、γ-氨基丁酸A型受体($GABA_A$-R)、5-羟色胺3型受体(5-HT_3-R)和甘氨酸受体(Gly-R)等。这些受体属于横跨细胞膜的寡聚蛋白,通过每个亚基肽链横跨细胞膜4~5次形成亲水性孔道。当神经递质与特异受体结合后,受体构象发生改变,开启专一性离子流通道,引起一些无机离子(如Na^+、K^+、Ca^{2+}和Cl^-)的跨膜流动,进而改变突触后细胞(靶细胞)的兴奋性(图12-1a)。

2. G蛋白偶联型受体 胞外许多信号分子,如大多数肽类激素(促肾上腺皮质激素、胰高血糖素、甲状旁腺素、降钙素等)、儿茶酚胺类、多巴胺、5-羟色胺(5-HT_3-R除外)、M型-乙酰

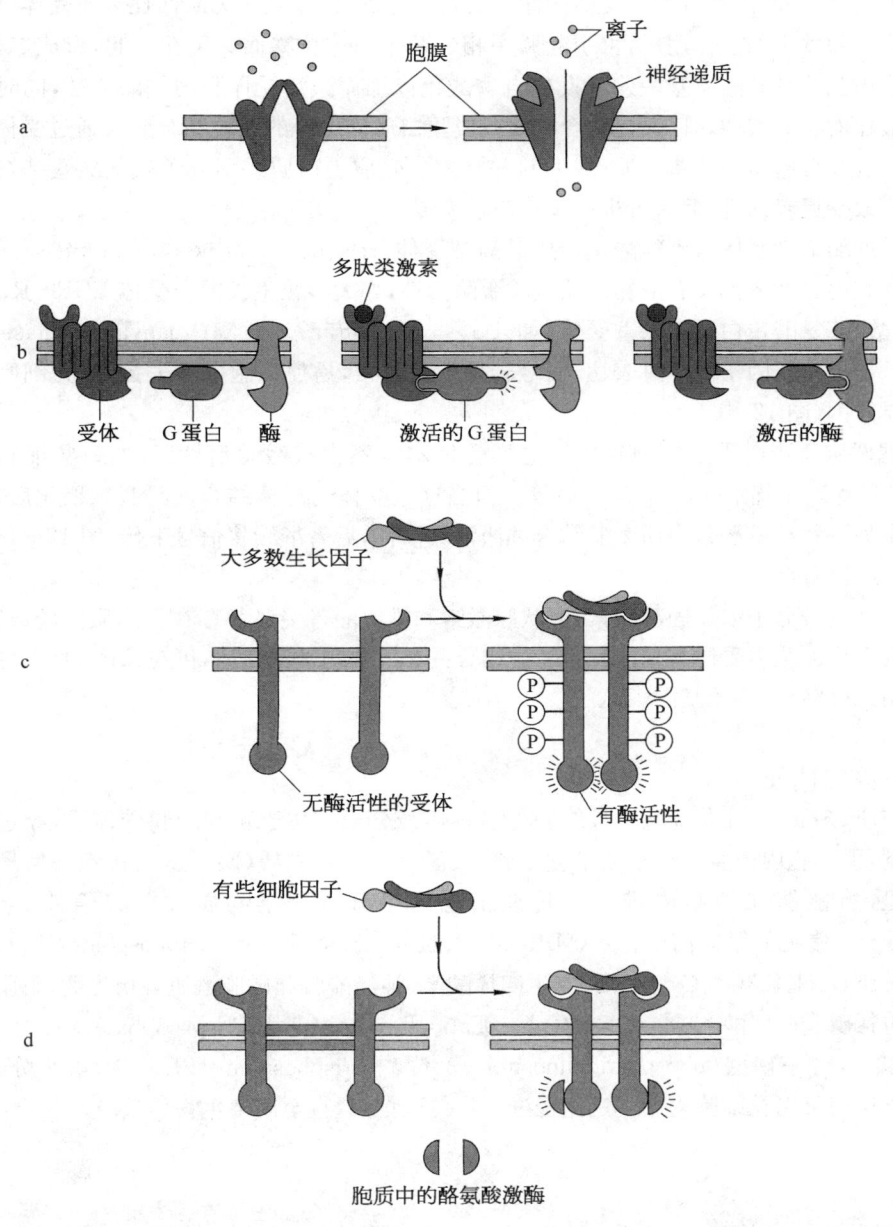

图 12-1 四类膜受体

胆碱(M-ACh-R)等,作用于靶细胞膜特异受体并发生相互作用后,必须经过 GTP 结合蛋白(简称 G 蛋白)的介导,才能调节膜中的效应蛋白(或酶)活性,故将这些受体统称 G 蛋白偶联型受体(G-protein coupled receptors,GPCRs)。已知 GPCRs 种类有数百种之多,它们都具有相似的结构特征,均由一条来回横跨细胞膜 7 次的多肽链组成,故将 GPCRs 又称 7 次跨膜受体(seven transmembrane receptor,7TMR)(图 12-1b)。

3. 酶活性型受体 这类受体除了胰岛素受体(I-R)及胰岛素样生长因子受体(IG-R)是四聚体($\alpha_2\beta_2$)外,其他通常是单个 α 螺旋肽链横跨细胞膜 1 次的单体蛋白质,其配基结合部位在胞外侧,胞内侧肽链具有潜在的酶活性。基础状态下,这类受体无酶活性。当受体胞外侧识别特异配体并发生相互作用后,可引起膜中相邻两个单体位移而聚集在一起,形成二聚体,进而引起胞内侧肽链某些氨基酸残基发生自磷酸化修饰而激活受体胞内侧酶活性,同时受体胞内侧磷酸化的氨基酸残基区又是结合胞质效应蛋白质(或酶)的底物结合区。通过受体胞内侧底物结合区结合胞质效应蛋白质(或酶),并且催化效应蛋白质或酶分子氨基酸残基发生磷酸化修饰而改变后者活性,后者可进一步将信号下传。

常见的酶活性受体有酪氨酸蛋白质激酶型受体(receptor tyrosine protein kinase,RTPK),这些受体胞内侧肽链都具有潜在的酪氨酸激酶活性,如大多数生长因子受体 EGF-R、IGF-R 等;丝氨酸/苏氨酸蛋白质激酶型受体(如 TGF$_\beta$-R);鸟苷酸环化酶(guanylate cyclase,GC)型受体等。如果生长因子受体过表达,信号转导发生异常,易使细胞生长失控,成为细胞恶性增殖的重要原因(图 12-1c)。

4. 偶联胞质蛋白质激酶型受体　这类受体本身不含有激酶活性区,如一些细胞因子受体(IL-2R 等)、干扰素受体(IFN-R)等。但当这些受体与配体结合、变构、二聚化后,可与胞质溶胶中另一种酪氨酸蛋白质激酶结合并激活其活性,后者继续将信号下传(图 12-1d)。

(二) 胞内受体

脂溶性信号分子如类固醇激素、甲状腺激素和维甲酸等受体都存在于胞质溶胶或胞核内,统称胞内受体。胞内受体与配体发生特异结合并相互作用被活化后,可与核内 DNA 分子中的顺式作用元件结合,调控基因表达。

三、第二信使

蛋白质、多肽类、儿茶酚胺类等细胞外多种信号分子作用于靶细胞膜受体后,经过一定的跨膜机制,引起胞内产生多种小分子化学物,或激活一些蛋白质(酶),从而将胞外信号传入胞内。这里,将能够在细胞内进一步传递信息的小分子化学物质称第二信使(secondary messenger)。常见的第二信使有 cAMP、cGMP、肌醇三磷酸(inositol triphosphate,IP$_3$)、二酰甘油(diacylglycerol,DAG)、Ca^{2+}、NO、花生四烯酸类、神经酰胺和磷脂酰肌醇衍生物,磷脂酰肌醇衍生物包括磷脂酰肌醇-3,4-二磷酸(phosphatidylinositol-3,4-bisphosphate,PI$_{3,4}$P$_2$)和磷脂酰肌醇-3,4,5-三磷酸(phosphatidylinositol-3,4,5-trisphosphate,PI$_{3,4,5}$P$_3$)等小分子物质。这些第二信使可以在细胞内循一定途径进一步传递信息,直至产生生物学效应。

第二节　细胞信号转导的基本途径

一、膜受体介导的信号转导

(一) cAMP-蛋白质激酶 A 途径

1959 年美国生理学家 Sutherland 等体外研究了肾上腺素引起肝糖原分解的作用机制,发现肾上腺素作用于肝细胞膜后,可以诱导细胞内产生 cAMP。cAMP 作为肾上腺素的第二信使,首先激活蛋白质激酶 A(protein kinase A,PKA),然后由 PKA 通过级联激活多种酶蛋白发生磷酸化修饰,引起肝糖原分解。此信息传递过程中以 cAMP 的产生和蛋白质激酶 A 激活为其特点,称 cAMP-蛋白质激酶 A 途径(cAMP-protein kinase A pathway)。

以后又发现胞外许多信号分子都可以调节靶细胞内 cAMP 水平，如胰高血糖素（glucagon）、促甲状腺激素（thyroid stimulating hormone，TSH）、促肾上腺皮质激素（adrenocorticotropic hormone，ACTH）、促黄体素（luteinizing hormone，LH）和甲状旁腺素（parathyroid hormone，PTH）等。这些激素作用于靶细胞膜受体后，均可以通过 cAMP-蛋白质激酶 A 途径在胞内进一步将信号下传，因此 cAMP-蛋白质激酶 A 途径广泛存在于动物细胞内，长期以来一直被人们作为研究细胞信息传递途径的参照模式。下面以胰高血糖素经 cAMP-蛋白质激酶 A 途径调节糖代谢为例，简述该信息传递途径的基本过程。

1. 胰高血糖素作用于靶细胞膜相应受体　胰高血糖素是由胰岛 α-细胞分泌的含有 29 个氨基酸残基的肽类激素，分子量 3.5 kDa。胰高血糖素受体属于横跨细胞膜 7 次的 GPCR，分子量 19 kDa。胰高血糖素作用于靶细胞膜受体使之变构活化，活化受体经 Gs 蛋白介导，激活膜中的腺苷酸环化酶（adenylate cyclase，AC）。

G 蛋白是一类鸟苷酸结合蛋白质（guanylate binding protein，G 蛋白），位于细胞膜内侧面，由 α、β 和 γ 3 个亚基构成的异三聚体。目前已分离出 20 多种 G 蛋白，其中 α 亚基结构各异，β、γ 亚基同源性较高。各类 G 蛋白分别介导不同的活性受体和膜中效应蛋白（或酶）之间的信息传递。目前已知受 G 蛋白介导的膜中效应蛋白（或酶）主要有 AC、磷脂酶 C（phospholipase C，PLC）、cGMP 依赖的磷酸二酯酶（cGMP-dependent phosphodiesterase，cGMP-PDE）和某些离子通道等。其中，介导 AC 活性的 G 蛋白又分为刺激性 G 蛋白（stimulatory G protein，Gs）和抑制性 G 蛋白（inhibitory G protein，Gi）两类。Gs 蛋白偶联兴奋性受体（Rs），激活 AC；Gi 偶联抑制性受体（Ri），抑制 AC 活性。另有 Gq 蛋白介导 PLC 活性，Gt 蛋白介导 cGMP-PDE 活性，Go 蛋白介导某些细胞膜中离子通道（如 K^+、Ca^{2+}）等（表 12-1）。

表 12-1　常见的几类 G 蛋白及其效应

G 蛋白类型	α 亚基	效应	第二信使变化
Gs	αs	激活 AC	产生 cAMP
Gi	αi	抑制 AC	减少 cAMP
Gq	αq	激活 PLC_β	产生 IP_3 和 DAG
Gt	αt	激活 cGMP-PDE	减少 cGMP
Go	αo	激活某些离子通道（K^+、Ca^{2+}）	改变膜电位

基础状态下，G 蛋白 α 亚基与 GDP 结合（Gα-GDP），并与 βγ 二聚体构成无活性的异三聚体形式存在于细胞膜内侧面。当胰高血糖素作用于靶细胞膜受体使之活化后，活化受体作用于 Gs 蛋白，引起 G 蛋白变构并使 Gα-GDP 被 GTP 取代，同时与 βγ 二聚体分离转变为有活性的 Gα-GTP。Gα-GTP 激活膜中的 AC（图 12-2），接着 Gα-GTP 受到 α 亚基中内源性 GTP 酶的水解，释出 Pi 生成 Gα-GDP 而失活。无活性的 Gα-GDP 又与 βγ 二聚体结合重新构成异三聚体形式而恢复原来的基础状态。

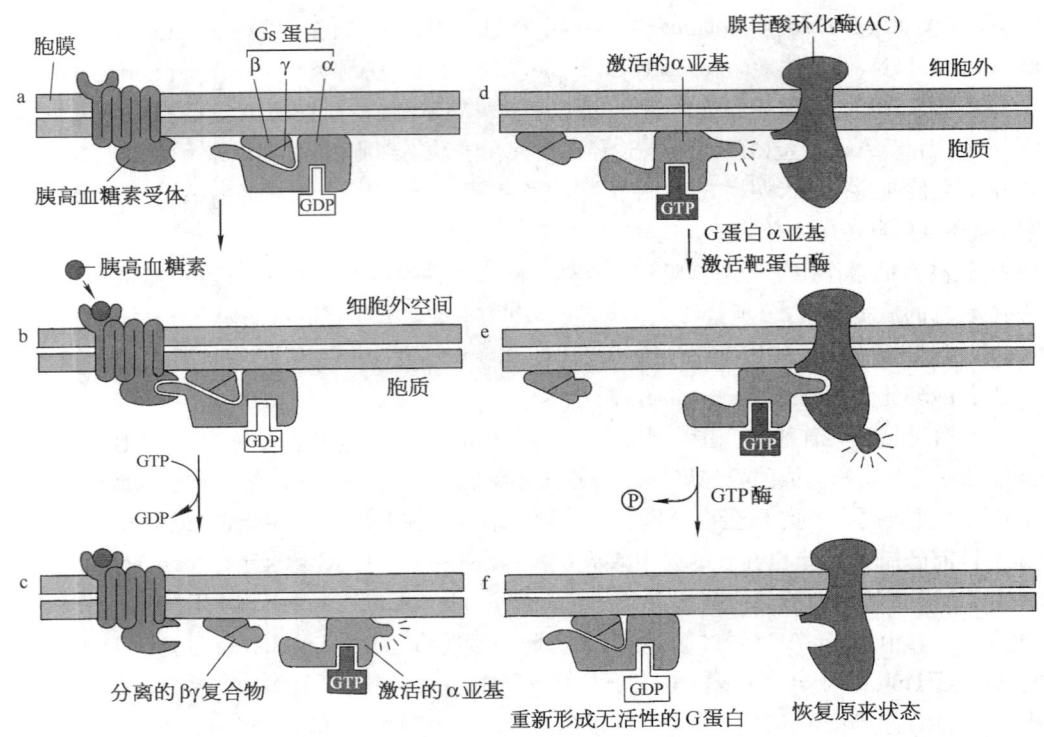

图 12-2　G 蛋白的中介作用

G 蛋白功能除了某些情况下由 βγ 二聚体执行外,主要由 α 亚基发挥中介作用。α 亚基活性受 GTP 和 GDP 调节,两者之间的变换又受活性受体和内源性 GTP 酶的作用,从而实现 G 蛋白的中介作用。当 α 亚基被化学修饰时,可以改变 G 蛋白功能。例如,肠菌引起的霍乱发病过程中,霍乱毒素可以使 Gs 蛋白 α 亚基发生 ADP-核糖基化修饰,使其丧失内源性 GTP 酶活性,因而 Gα-GTP 处于恒久激活状态,以致 AC 持续处于高活性,产生更多的 cAMP,促进肠液分泌过多,造成大量水盐丢失,引起急性腹泻和脱水,甚至死亡。百日咳毒素可促使 Gi 蛋白 α 亚基发生 ADP-核糖基化修饰而使之失活,进而使 AC 活性不受 Gi 抑制。

$$ATP \xrightarrow[Mg^{2+}]{\text{腺苷酸环化酶}} cAMP \xrightarrow[Mg^{2+}]{\text{磷酸二酯酶}} 5'AMP$$
$$\quad\quad\quad\quad\searrow PPi \quad\quad\quad\quad\searrow H_2O$$

2. AC 催化 cAMP 的生成　正常情况下,细胞内的 cAMP 浓度 $<10^{-7}$ mol/L。而在激素作用下,质膜 AC 可以催化胞质溶胶内的 ATP 环合成 cAMP,一般在几秒钟内即可使胞质溶胶 cAMP 水平改变 5 倍之多。如此快速的应答,需要胞内磷酸二酯酶(PDE)迅速水解 cAMP 而恢复原来水平。因此,胞质溶胶内 cAMP 合成与降解是在 AC 和 PDE 的协调作用下维持动态平衡。

3. cAMP 激活蛋白质激酶 A　凡是有 cAMP 存在的细胞内,都有一类能催化蛋白质或酶发生磷酸化修饰的 PKA,故此酶又称 cAMP 依赖性蛋白质激酶 A(cAMP dependent protein kinase A,cAMP-PKA)。在动物细胞内,cAMP 主要是通过激活 PKA 来行使其第二信使的作用。PKA 是由两个催化亚基(catalytic subunit)和两个调节亚基(regulatory subunit)构成的四聚体(2C2R)。PKA 以四聚体形式存在时无催化活性,当两个调节亚基分别与两个 cAMP 结合后,引起酶蛋白变构使催化亚基与调节亚基解离,PKA 被激活(图 12-3)。

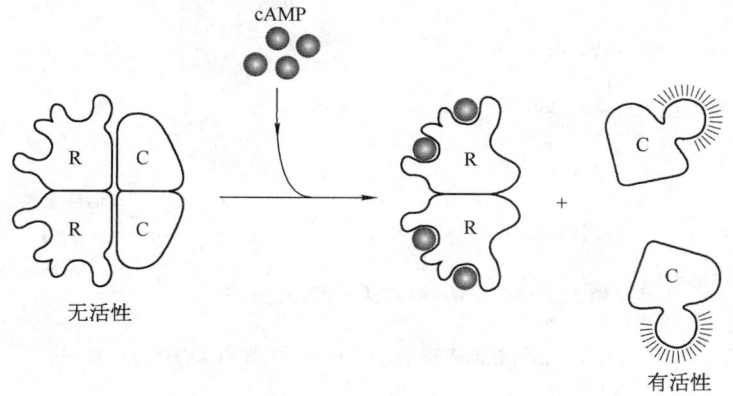

图 12-3　cAMP 激活蛋白质激酶 A

4. PKA 使多种关键酶(或蛋白质)发生磷酸化修饰　PKA 属于丝氨酸/苏氨酸蛋白质激酶,能够催化 ATP 末端的磷酸基团转移到靶蛋白肽链中的丝氨酸或苏氨酸残基上(图 12-4),进而影响多种关键酶或功能蛋白质的活性,直至产生生物学效应。

如饥饿时,血糖浓度降到一定程度,可以刺激胰岛 α-细胞分泌胰高血糖素。胰高血糖素作用于肝细胞膜相应受体使之变构活化,经过 Gs 蛋白介导激活膜中 AC,催化胞内产生 cAMP,再激活 PKA,然后循 cAMP-PKA 途径进一步将信号下传。PKA 一方面通过催化磷酸化酶 b 激酶

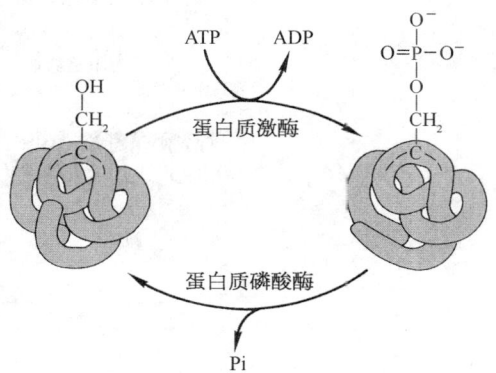

图 12-4　PKA 催化靶蛋白质(酶)发生磷酸化修饰

发生磷酸化修饰而活化,促进肝糖原降解为葡萄糖-1-磷酸;另一方面又使糖原合酶发生磷酸化修饰而失活,以抑制肝糖原的合成。通过 PKA 的双重调节作用,促使肝糖原分解(图 12-5)。

胰高血糖素还可经过 cAMP-PKA 途径诱导糖异生关键酶——磷酸烯醇式丙酮酸羧激酶(PEP carboxykinase,PEPCK)、果糖-1,6-二磷酸酶和葡萄糖-6-磷酸酶的合成。PEPCK 基因的转录调控区有一称 cAMP 反应元件(cAMP response element,CRE)的碱基序列,CRE 碱基序列可被一种特异的转录因子——CRE 结合蛋白(CRE-binding protein,CREB)识别结合。cAMP-PKA 途径可以催化 CREB 肽链中第 133 位丝氨酸残基发生磷酸化修饰而使之活化,活化 CREB 作用于 CRE,进而激活该基因的转录活性(图 12-6)。活性 CREB 又受蛋白磷酸酶-1 作用去磷酸化而失活,从而关闭该基因的转录。

综上所述,许多水溶性激素(如蛋白质、多肽类、儿茶酚胺类等)作用于靶细胞膜特异受体(Rs)后,经 Gs 蛋白介导,激活膜中 AC,促进胞质溶胶内 cAMP 生成。然后,在胞质溶胶内循 cAMP-PKA 途径进一步将信号下传,如激活关键酶(或蛋白质)发生磷酸化修饰而调节代

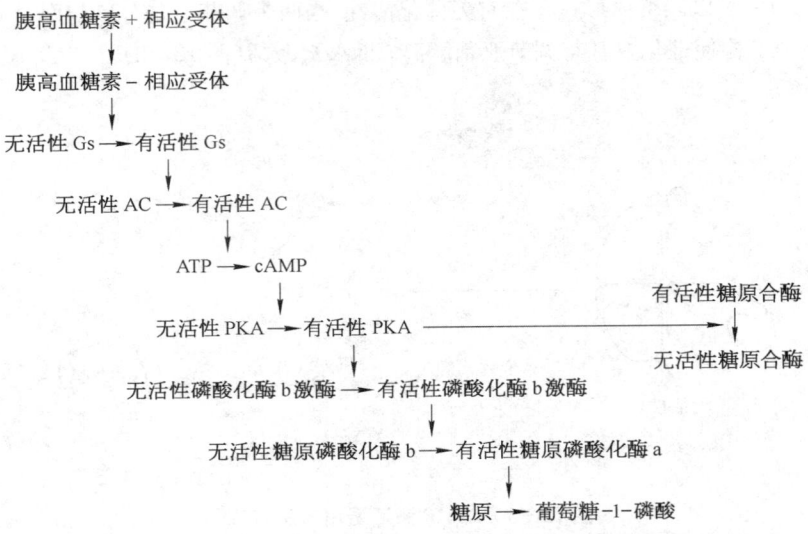

图 12-5 胰高血糖素通过 cAMP-PKA 途径调节肝糖原分解

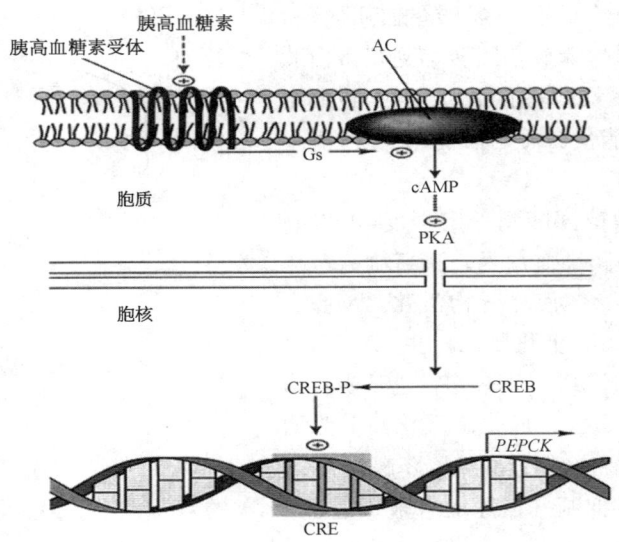

图 12-6 胰高血糖素通过 cAMP-PKA 途径调节 PEPCK 基因的转录

谢速度(图 12-5),或者进入细胞核内激活转录因子发生磷酸化修饰而调节基因转录活性,直至产生生物学效应(图 12-6)。

(二) IP_3 和 DAG 双信使途径

20 世纪 50 年代以来许多研究表明,至少有 20 多种细胞外信号分子作用于靶细胞膜特异受体(如肝细胞膜表面的加压素受体、血管内皮细胞膜 M-AchR、血小板的凝血酶受体等)使之变构活化后,经过 Gq 蛋白介导,激活膜中磷脂酶 C_β(PLC_β)。在 PLC_β 催化作用下引起细胞质膜内层的磷脂酰肌醇-4,5-二磷酸(phosphatidylinositol-4,5-bisphosphate, PIP_2)水解产生 IP_3 和 DAG(见下反应式)。IP_3 和 DAG 可分别作为第二信使,启动 IP_3-Ca^{2+} 和 DAG-PKC 两条信息传递途径,进一步将信号下传。

第十二章 信号转导

$$PIP_2 \xrightarrow[PLC_\beta]{H_2O} DAG + IP_3$$

1. IP_3-Ca^{2+} 信息传递

（1）IP_3 引起胞质溶胶内 Ca^{2+} 浓度增高：IP_3 是水溶性小分子，它从细胞膜释出进入胞质溶胶后，迅速扩散与内质网钙库上的 IP_3 受体（IP_3R）结合。IP_3R 是由 4 个亚基构成的钙离子通道蛋白，在 IP_3 作用下，使 IP_3R 变构打开通道，钙库释放 Ca^{2+}，使胞质溶胶内 Ca^{2+} 浓度迅速升高（图 12-7）。

同时，IP_3 磷酸化为 IP_4，IP_4 进一步引起细胞质膜钙通道开启，使胞外 Ca^{2+} 内流，结果使胞质溶胶内 Ca^{2+} 浓度从基础水平 10^{-7} mol/L 很快上升到 10^{-6} mol/L。Ca^{2+} 作为第二信使发挥调节功能后，通过两种机制又使胞内 Ca^{2+} 浓度下降：一是启动内质网钙泵，将 Ca^{2+} 重新摄入钙库使之再充盈；二是开启细胞质膜钙泵（包括 Ca^{2+}-ATP 酶和 Na^+-Ca^{2+} 交换系统），将 Ca^{2+} 泵出细胞，使胞内 Ca^{2+} 浓度快速恢复至基础水平。某些情况下，Ca^{2+} 不能及时泵出时，胞内 Ca^{2+} 浓度持续升高超过 10^{-5} mol/L 以上达到危险程度，则易导致 Ca^{2+} 的毒性。

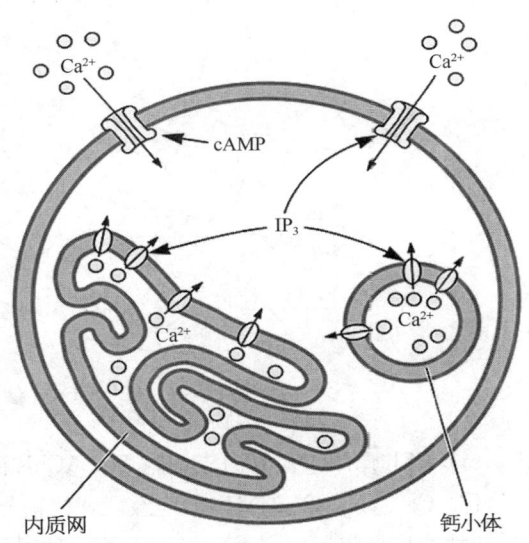

图 12-7 IP_3 引起胞质溶胶内 Ca^{2+} 浓度增高

（2）Ca^{2+} 作为第二信使进一步传递信息：Ca^{2+} 升高至一定浓度可以诱导神经末梢释放递质。此外，绝大多数情况下，Ca^{2+} 作为第二信使是需要作用于胞内多种钙结合蛋白（如钙调蛋白、肌钙蛋白 C、膜联蛋白等）而实现的。其中，钙调蛋白（calmodulin，CaM）存在于几乎所有真核细胞中，可看作为既是 Ca^{2+} 的受体又是重要的调节蛋白，以介导 Ca^{2+} 的多种调节活性。

CaM 是由约 150 个氨基酸残基组成的单一肽链，通过多肽链盘绕、折叠形成 4 个 Ca^{2+} 结合域。当胞内 Ca^{2+} 浓度增高到 10^{-6} mol/L 时，Ca^{2+} 即与 CaM 结合成复合物（Ca^{2+}-CaM）而使之变构活化，Ca^{2+}-CaM 活性复合物可以调节多种靶蛋白或酶活性。现发现至少有 20 多种重要的酶蛋白受 Ca^{2+}-CaM 活性复合物的调节，如 AC、PDE、糖原磷酸化酶激酶（GPK）、钙调蛋白质激酶（CaMK）、肌球蛋白轻链激酶（myosin light chain kinase，MLCK）、钙泵（Ca^{2+}-ATPase）、NOS 等，进而产生广泛的生物学效应。

1) Ca^{2+}-CaM 参与调节胞内 cAMP 水平：Ca^{2+}-CaM 复合物通过交替调节 AC 和 PDE 活性，参与维持胞内 cAMP 的稳态水平。

2) Ca^{2+}-CaM 参与调节糖原合成作用：Ca^{2+}-CaM 复合物通过激活 GPK 活性，促进糖原分解；同时通过激活 CaMK 活性，使糖原合酶磷酸化而失活，以抑制糖原合成。

3) 乙酰胆碱经 Ca^{2+}-CaM 途径调节血管平滑肌松弛作用：ACh 可作用于血管内皮细胞 M-AChR，经 Gq 蛋白介导，刺激 PLC_β 水解质膜中 PIP_2 产生 DAG 和 IP_3，后者引起胞内 Ca^{2+} 浓度升高。Ca^{2+} 与 CaM 结合成活性复合物，进一步激活血管内皮细胞 NOS，NOS 催化精氨酸分解释出 NO。NO 通过旁分泌作用进入血管平滑肌细胞内，激活胞质溶胶内 GC，后者催化 GTP 环合成 cGMP，进而引起平滑肌细胞松弛而使血管舒张（图12-8）。

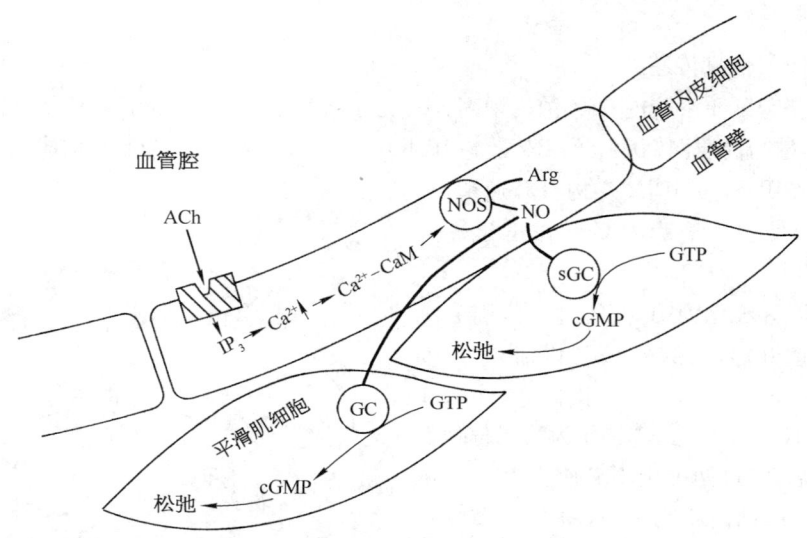

图 12-8　Ca^{2+}-CaM 参与调节血管平滑肌松弛作用

从 ACh 作用于血管内皮细胞 M-AChR 到引起平滑肌细胞松弛，其间至少有四种信使分子（IP_3、Ca^{2+}、NO 和 cGMP）参与级联式的信号传导过程，因而 ACh 可快速调节血管舒张作用。硝酸甘油是临床运用有上百年历史的一种缓解心绞痛的药物，其作用机制直到最近几年发现了 NO 的舒血管作用后才搞清楚。硝酸甘油进入体内后转化为 NO，NO 引起心肌舒张，进而使血管内血流恢复畅通。

2. DAG-PKC 信息传递　PIP_2 的另一水解产物是 DAG。DAG 的作用可以表现在两个方面：一是 DAG 进一步分解生成花生四烯酸，然后转变为前列腺素、白三烯和血栓素等活性物质。二是质膜上的 DAG，在 Ca^{2+} 与磷脂酰丝氨酸(PS)共同作用下，激活蛋白质激酶 C(protein kinase C, PKC)，再将信号下传。

PKC 是由 600~800 个氨基酸残基构成的单一肽链，PKC 家族至少有 12 个成员。PKC 肽链 N 端有调节结构域，C 端有丝氨酸/苏氨酸激酶活性。PKC 被 DAG、Ca^{2+} 和 PS 共同激活后，可使后续多种靶蛋白质发生磷酸化，参与多种生理功能的调节。如 PKC 可使糖原合酶 I 磷酸化而失活，磷酸化酶 b 激酶磷酸化而活化，抑制糖原合成和促进糖原分解；PKC 可使即刻早期基因(immediate early gene, IEG)表达的蛋白质（如 Jun 或 Fos）发生磷酸化修饰，再聚合为转录因子 AP-1(Jun-Fos)而发挥作用,参与调节细胞生长、增殖等过程。

综上所述,某些信号分子作用于靶细胞相应受体,经 Gq 蛋白介导激活 PLC_β,催化 PIP_2 水解产生 IP_3 和 DAG,启动双信使传递途径：① IP_3 引起胞内 Ca^{2+} 增高,形成 Ca^{2+}-CaM 活性复合物,进一步激活多种蛋白质(或酶)发生磷酸化修饰,产生生物学效应。② DAG 在 Ca^{2+} 参与下激活 PKC,后者可催化多种蛋白质(或酶)发生磷酸化修饰,产生生物学效应。

(三) AMP-AMPK 途径或 PI_3K-Akt-mTOR 途径

细胞自噬是利用溶酶体对受损、衰老、过剩的生物大分子、细胞器进行降解,释出小分子物质再回收利用,是细胞的一种自我保护机制,广泛存在于真核细胞中。通常在自噬信号诱导下,自噬经过形成自噬膜、自噬体到自噬溶酶体三大过程,将内含物降解、释放、再利用。目前已发现至少有 30 多个自噬相关基因(autophagy related gene,atg),编码相应的自噬相关蛋白质(Atg),参与自噬全过程。自噬调控涉及非常复杂的分子机制,许多细节有待进一步探明。自噬失调与肿瘤、阿尔茨海默病(AD)及免疫、代谢相关疾病等发病的关系,近年来越来越受到人们的关注。

研究发现,mTOR 是细胞自噬调控中的关键分子,在营养不足状况下,AMP-AMPK 途径被激活可抑制 mTOR 活性,进而诱导自噬起始分子 Atg1/ULK1 活化而启动细胞自噬。而 PI_3K-Akt 信号途径或 Raf-MER-ERK 信号途径可激活 mTOR,抑制 Atg1/ULK1 活性而发挥负调控作用。Vps34 是 Ⅲ 型 PI_3K,其与 Atg6/beclin-1、Atg14 等自噬相关蛋白质形成复合体,也是诱导细胞自噬过程中所需要的。营养缺乏时,自噬具有维持细胞存活的功能,但过度自噬又会导致细胞死亡。所以,自噬对于细胞是一把"双刃刀"。

(四) TNFα-NF-κB 途径

1986 年美国科学家 Sen 等研究发现,B 淋巴细胞核提取物中含有一种能与免疫球蛋白 κ 链基因的增强子 κB 序列特异结合的核转录因子,将此名为 NF-κB。后证明 NF-κB 广泛存在于淋巴细胞和非淋巴细胞中。NF-κB 家族有 5 种亚型,其中最重要的是分别由分子量为 50 kDa 和 65 kDa 两个亚基构成的异二聚体(P50-P65),即 NF-κB,是引起大多数炎症反应的关键性转录因子。

基础状态下,NF-κB 与抑制性 κB(I-κB)结合,以无活性的异三聚体(NF-κB/I-κB)形式存在于胞质溶胶中。在 TNFα、IL-1 等细胞因子刺激下,经 I-κB 激酶(IKK)作用或在 PKC 作用下可使 I-κB 发生磷酸化、再经泛素化、蛋白酶体降解而使 NF-κB 游离出来而活化,活化 NF-κB 进入细胞核内,作用于靶基因 κB 序列,促进参与炎症反应等基因的转录。当机体受到创伤性、感染性刺激,引起 NF-κB 过度活化时,可使大量慢性炎症因子如 IL-6、$IL-1_\beta$、IL-8、CSF 等过度分泌,导致系统性炎症反应综合征(SIRS),严重时可引起多器官功能衰竭(MOF)。

二、细胞内受体介导的信号转导

许多脂溶性激素受体,如糖皮质激素受体(glucocorticoid receptor,GR)、盐皮质激素受体(MR)、孕激素受体(PG)、雄激素受体(AR)、雌激素受体(ER)以及维生素 D 受体(VDR)、维甲酸受体(RAR)、甲状腺激素受体(TR)等均位于细胞内。其中,糖皮质激素受体位于胞质溶胶中,其他受体大多在细胞核中。这些胞内受体大多作为特异转录因子,通过其分子中的 DNA 结合结构域与核内靶基因调控序列(顺式作用元件)结合,调节特异基因表达,统称核受体(nuclear receptors,NR)。下面以糖皮质激素为例,简述胞内受体信息传递基本过程。

基础状态下,胞质溶胶中糖皮质激素受体(GR)常与多种热激蛋白质(heat shock protein, Hsp)如 Hsp90 和 Hsp70 等结合形成无活性的多聚体复合物,沉降系数为 8～10S。当受体与激素发生特异结合后,受体变构并与热激蛋白质解离,沉降系数降低为 4S。激素-受体复合物(GCR)进一步发生二聚化而活化、核转移,作用于靶基因中 GRE 碱基序列,促进特异基因转录(图 12-9)。

如糖皮质激素(GC)作用于胞质溶胶受体形成 GCR,通过上述活化过程,进入细胞核作用于特异碱基序列(GRE),促进磷脂酶 A_2 抑制蛋白(脂皮质蛋白)合成,抑制环氧合酶(COX)蛋白表达,导致前列腺素、白三烯类等炎症介质生成减少;GC 还诱导 I-κB 合成,后者通过与胞质溶胶中 NF-κB 结合形成异三聚体,阻止 NF-κB 的核转移,从而抑制 NF-κB 的转录调节活性,使多种炎症因子基因转录受抑,起到糖皮质激素的抗炎作用。此外,GC 还可诱导凋亡蛋白 Bax 表达,后者作用于线粒体使之释放细胞色素 c,经凋亡蛋白酶(caspase 9→caspase 3)作用,诱导细胞凋亡。

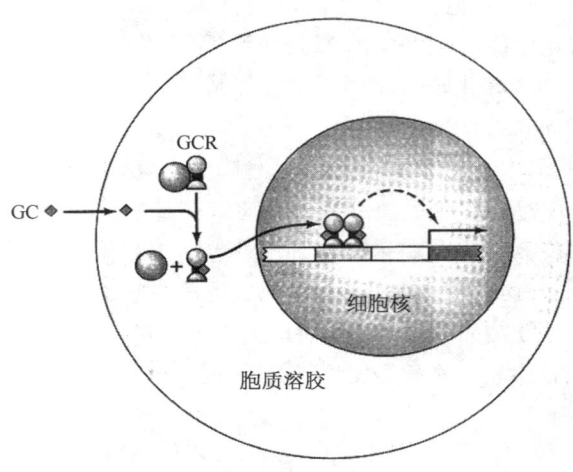

图 12-9 胞内受体作用模式

第十三章
代 谢 调 节

> **学习目标**
>
> 1. 掌握糖、脂质和蛋白质三大营养物在代谢上的相互联系与协调平衡。
> 2. 熟悉新陈代谢、代谢综合征的概念，糖和脂质代谢紊乱、高尿酸血症的生化机制、临床症状及防治策略。
> 3. 了解糖耐量试验。

体内糖、脂质和蛋白质等物质代谢并非完全独立进行，而是互相间有密切联系，通过一些共同的中间代谢产物互相沟通、互相转变，并受到精密的调节。这样可以补充某种物质的不足或者防止某些物质的过多生成，使机体合理利用营养物质。但当一种物质代谢障碍时也可影响其他物质代谢紊乱，如糖尿病时，糖代谢的障碍可以引起脂质代谢、蛋白质代谢的紊乱。

第一节　新 陈 代 谢

新陈代谢(metabolism)是指生物体从环境摄取营养物质转化为自身物质，同时将自身原有组成物转变为废物排出到环境中的不断更新的过程，为生物体内发生的各种酶促反应的总称，主要包括物质消化、吸收、合成、分解、转化和能量的转移与利用等。物质在机体内进行化学变化，属于物质代谢(material metabolism)，必然偶联能量转移、释放、消耗与利用，即能量代谢(energy metabolism)。

一、同化作用与异化作用

在生命活动中，生物体吸收外界成分并转化成为自身成分的过程，称同化作用(assimilation)，如摄取营养物转变成细胞内有功能的成分。同化作用是消耗能量的过程，保证了机体的生长、发育和组织的不断更新。生物体内成分通过代谢生成机体本身不需要物质的过程，称异化作用(dissimilation)，如体内成分降解成代谢废物而排出体外。同化和异化呈现矛盾的对立统一关系，同化作用可为异化作用提供物质基础，异化作用可为同化作用提供能量，推动代谢过程的不断进行、发展、变化与平衡。

二、合成代谢与分解代谢

同化作用与异化作用都通过一系列化学反应来完成的，包括合成代谢与分解代谢。合成代谢(anabolism)是指由前体或简单小分子物质合成复杂的大分子物质的过程,分解代谢(catabolism)是复杂的大分子物质降解成小分子的过程。同化过程以合成代谢为主,但在某些过程中也包含有分解代谢;反之亦然。例如,蛋白质经消化水解为氨基酸及寡肽,吸收后构成氨基酸代谢库。这些氨基酸可以被利用合成蛋白质,也可以进一步分解为代谢废物排泄出体外。

三、中间代谢

在机体内进行的合成代谢和分解代谢,都是由一系列酶所催化的中间代谢(intermediary metabolism)串联起来的。代谢途径的模式有:① 直线途径,如 DNA 的生物合成等。② 分支途径,如以葡萄糖-6-磷酸为分支点的糖代谢。③ 循环途径,如三羧酸循环、鸟氨酸循环。中间代谢所涉及分解途径与合成途径的步骤以及相关的酶不尽相同。此外,许多分解途径与合成途径在细胞的不同部位进行,有利于各自代谢的调控。

第二节 营养物质在代谢上的相互联系与协调平衡

一、糖与脂质在代谢上的联系

当机体摄入糖量超过能量消耗时,一部分合成糖原储存在肝脏和肌肉组织。其余可经糖氧化分解产生乙酰 CoA,用于合成脂肪酸及胆固醇;而糖代谢中间产物磷酸二羟丙酮则可转变为甘油-3-磷酸。脂肪酸和甘油-3-磷酸进一步合成为脂肪而储存于脂库。

脂肪分解产生甘油和脂肪酸。甘油可通过糖异生途径生成葡萄糖,或转变成磷酸二羟丙酮进入糖代谢途径氧化分解;脂肪酸通过 β 氧化产生乙酰 CoA,主要经三羧酸循环彻底氧化。由于乙酰 CoA 不能逆转变成丙酮酸,故一般认为脂肪酸不能转变成糖。可见,体内糖易转变成脂肪,而脂肪只有甘油部分可以转变为糖,但量较少。乙酰 CoA、磷酸二羟丙酮是糖和脂代谢的交汇点。

糖和脂质可以通过中间产物互相转变,在进行分解代谢时也是互相依赖的。例如,当糖供给不足或糖代谢障碍时,脂肪大量动员,脂肪酸在肝脏经 β 氧化生成乙酰 CoA,进一步合成为酮体,供肝外组织氧化利用。由于糖的不足,导致草酰乙酸相对不足,三羧酸循环障碍,致使酮体在肝外不能及时通过三羧酸循环氧化,造成酮血症。

二、糖与蛋白质在代谢上的联系

糖在有氧氧化过程中产生的 α-酮酸经氨基化后,即生成非必需氨基酸。如丙酮酸生成丙氨酸,α-酮戊二酸生成谷氨酸,草酰乙酸生成天冬氨酸。其他非必需氨基酸虽然生成过程各异,但基本过程是类似的,即均由糖提供碳骨架。因体内不能产生合成必需氨基酸所需的 α-酮酸,因此无法合成 9 种必需氨基酸。故仅依赖于糖不能维持氮平衡,必须不断摄入足够的优质蛋白质。

氨基酸脱氨基生成的 α-酮酸,大部分可以经糖异生作用转变为糖。这是饥饿或摄入较多蛋白质时血糖的主要来源。α-酮酸是氨基酸与糖代谢的重要联系点。

三、脂质与蛋白质在代谢上的联系

脂质分解产生的甘油可通过生成甘油醛-3-磷酸循糖异生途径生成糖,或转变为某些非必需氨基酸的碳骨架。脂肪酸和胆固醇等都不能转变成氨基酸。

氨基酸可分解为乙酰 CoA,后者再进一步合成脂肪酸或胆固醇。丝氨酸脱羧基可生成胆胺,胆胺可以接受由 S-腺苷甲硫氨酸提供的甲基生成胆碱,丝氨酸、胆胺、胆碱是合成磷脂的原料。因此,蛋白质可转变成脂质,但脂质分解主要氧化产能,不易转变成蛋白质。

糖、脂质和蛋白质之间不仅相互转化,还相互影响、相互制约(图 13-1)。生理情况下,机体所需能量主要由糖氧化供给,其次才由脂肪和蛋白质提供。如果糖代谢障碍,能量供给不足,则脂肪和蛋白质分解速度加快,以保证机体能量需求。脂肪分解速度加快,酮体生成过多,易引起酮症酸中毒。蛋白质分解速度加快,机体消瘦。另外,糖代谢障碍,能量供给不足,还影响蛋白质的合成代谢和尿素的合成过程。可见,体内物质代谢是一个完整而统一的过程。糖、脂质和蛋白质三大营养物质代谢紊乱,将会导致代谢综合征(metabolic syndrome,MS)。

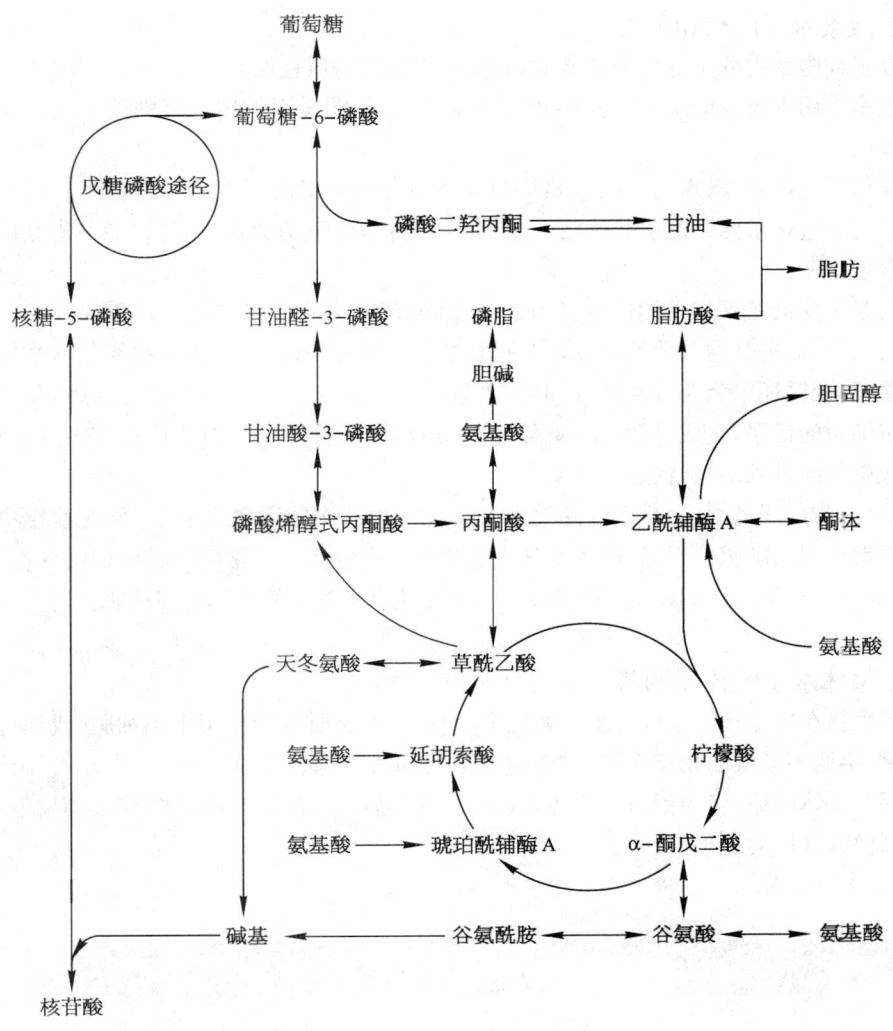

图 13-1 三大物质代谢的相互联系

第三节 代谢的调节

机体物质代谢错综复杂,但井然有序、相互联系、相互协调不断进行,以适应内外环境的变化,维持内环境恒定,保证生理功能的正常发挥。这是因为各种物质代谢都是在机体精细的调控下进行的,不断调节各种物质代谢的强度、方向和速度,以补偿外环境变化而维持的代谢动力学动态稳定状态——代谢稳态(metabolic homeostasis)。

一、细胞水平的代谢调节

单细胞生物可直接感受外界环境的变化,进而改变细胞内酶活性,包括酶原激活、同工酶、别构调节、酶促化学修饰调节、酶的诱导/阻遏,以调节物质代谢适应于环境的变化。这种最基本、最原始的调节方式称细胞水平的代谢调节,这是一切调节的基础。

二、激素水平的代谢调节

内分泌细胞及内分泌器官分泌激素,调节靶细胞的物质代谢,这种调节称激素水平的代谢调节。激素作用有较高的组织特异性和效应特异性,不同激素作用于不同组织而产生不同的生物学效应。

以胰岛素为例,胰岛素是由胰腺胰岛的β细胞合成分泌的多肽激素,其受体位于细胞膜,能在几秒内通过化学修饰而引起酶活性改变,使酶蛋白处于磷酸化状态,也能促进基因表达改变酶的含量。

胰岛素是降低血糖水平的最主要激素,在其他营养物质代谢中也发挥重要作用。胰岛素抑制脂肪动员,促进甘油三酯的合成。在脂肪细胞,胰岛素通过抑制脂肪组织的激素敏感性脂肪酶活性,降低循环中脂肪酸水平,同时胰岛素能促进葡萄糖转运进入脂肪细胞,并促进葡萄糖在脂肪细胞的代谢,生成甘油-3-磷酸和脂肪酸,促进甘油三酯的合成。在多数组织,胰岛素能刺激氨基酸进入细胞,促进蛋白质合成。

在遗传因素、环境因素、激素分泌增多及其他疾病的多重因素影响下,胰岛素作用的靶器官对胰岛素作用的敏感性下降,即正常剂量的胰岛素产生低于正常生物学效应的状态,称胰岛素抵抗(insulin resistance,IR),这是多种代谢相关性疾病发生的常见病理机制。

三、整体水平的代谢调节

高等生物在中枢神经系统的统一调控下,通过神经递质直接作用于靶细胞,或通过影响激素的分泌,协调各激素的相互作用,进而对物质代谢进行综合调节,这种调节方式称整体水平的代谢调节。体内糖、脂和蛋白质等各种物质代谢,是在神经内分泌整体、综合调控下,相互协调、相互制约,维持动态平衡。

第四节 代谢综合征

代谢综合征(metabolic syndrome,MS)是蛋白质、脂肪、碳水化合物等物质发生代谢紊乱的复杂病理状态,包括肥胖、血脂代谢异常、高血糖、高血压等,是冠心病、脑血管疾病和糖尿病等多种疾病的早期基础。代谢综合征的核心是由于遗传因素和环境因素引起的胰岛素抵抗,导致葡萄糖利用能力的下降而致血糖水平升高,脂质代谢紊乱,血脂增高,内脏脂肪堆积,进一步损伤胰β细胞。

超重和肥胖在 MS 发生、发展中起着决定性的作用。分布不同部位的脂肪对健康危害的影响程度不同。分布于腹部皮下和内脏的脂肪具有更强的代谢活性,脂解速率更高,能产生更多的游离脂肪酸,因此中心型肥胖(腹型肥胖)的人患代谢综合征的危险性更大。而分布在臀腿的皮下脂肪,脂肪细胞更大,更易形成脂肪堆积,但脂肪动员速率较慢,危害相对较小。所以,也可以采用腰围作为衡量体脂分布特征的重要指标。

第五节 糖代谢紊乱

许多因素都可影响糖代谢,如神经系统功能紊乱、内分泌失调、某些酶的先天性缺陷、肝或肾功能障碍等均可引起糖代谢紊乱,体现为血糖水平持续异常或耐糖曲线异常。糖代谢异常表现为高血糖、糖尿或者低血糖。

一、低血糖

空腹血糖水平低于 3.89 mmol/L,称低血糖(hypoglycemia),可以严重影响脑的正常功能。低血糖可分为生理性和病理性两类。

1. 生理性低血糖　长时间饥饿时,外源性糖的来源断绝,内源性的肝糖原已经耗竭,糖异生作用亦相应减弱,因而易造成低血糖。

2. 病理性低血糖　① 胰岛β细胞增生(如胰岛肿瘤),胰岛素分泌过多,引起低血糖。② 严重肝疾患(如肝癌),肝功能普遍低下,糖原的合成、分解及糖异生等糖代谢过程均受损,肝脏不能及时有效地调节血糖浓度,故易产生低血糖。③ 垂体功能或肾上腺功能低下,使对抗胰岛素的激素分泌减少,也会引起低血糖。

低血糖时,患者常表现出头晕、心悸、出冷汗、手颤、倦怠无力、面色苍白等症状,并影响脑的功能。因为脑组织不能利用脂肪酸氧化供能,并且几乎不储存糖原,其所需能量主要依靠摄取血中的葡萄糖氧化分解。当血糖含量降低,可直接影响脑细胞的能量供应,进而影响脑的功能,严重时出现昏迷甚至导致死亡。

二、高血糖

空腹血糖水平高于 7.22 mmol/L 或餐后 2 小时血糖高于 7.8 mmol/L,称高血糖(hyperglycemia)。如果血糖浓度高于肾糖阈值,则尿中就会出现糖,称糖尿。引起高血糖的原因也有生理性与病理性两类。

1. 生理性高血糖　生理情况下,由于糖的来源增加可引起高血糖。如一次性进食或静脉输入大量葡萄糖时,血糖浓度急剧增高,可引起饮食性高血糖;情绪过度激动时,肾上腺素分泌增加,肝糖原分解为葡萄糖释放入血,使血糖浓度增高,可出现情感性高血糖。这些都属于生理性高血糖,其特点是高血糖和糖尿都是暂时的,且空腹血糖正常。

2. 病理性高血糖　病理情况下,升高血糖的激素分泌过多或胰岛素分泌减少均可导致高血糖,以致出现糖尿,此乃病理性高血糖和糖尿。另外,肾脏疾患可导致肾小管重吸收葡萄糖的能力减弱而出现糖尿,称肾性糖尿,这是由肾糖阈下降引起的,此时血糖水平并不增高。

三、糖尿病

糖尿病(diabetes mellitus,DM)是一组在遗传和环境因素相互作用下,胰岛素的绝对或相对不足或者细胞对胰岛素敏感性降低,引起糖、脂肪、蛋白质、水和电解质等一系列代谢紊乱的临床综合征。临床上以高血糖为主要标志,久病可引起多个系统损坏,病情严重时可发生酮症酸中毒等症状。糖尿病在中医学中归属于"消渴病"的范畴。常见的糖尿病有两类:即1型和2型,我国糖尿病患者以2型居多。糖尿病的病因是由于胰岛β细胞功能降低,胰岛素分泌量绝对不足,或其靶细胞膜上胰岛素受体数量不足、亲和力降低或由于胰高血糖素分泌过量等导致胰岛素相对不足。其中,胰岛素受体及其受体后信号转导异常可能是2型糖尿病的病因之一。糖尿病可出现多方面的糖代谢紊乱,如血糖不易进入组织细胞、糖原合成减少、组织细胞氧化利用葡萄糖的能力减弱、糖异生作用增强、肝糖原分解加强,以致血糖的来源增加而去路减少,出现持续性高血糖和糖尿。

长期高血糖状态,可导致许多慢性并发症的出现,如糖尿病视网膜病变及其糖尿病眼病、糖尿病肾病、糖尿病神经病变、糖尿病血管病变、糖尿病脑病、糖尿病心肌病、糖尿病皮肤病变、糖尿病足和糖尿病骨关节病变等,糖尿病患者还易发生慢性感染。此外,糖尿病还有许多急性并发症,如酮症酸中毒、非酮症性高渗性昏迷、乳酸酸中毒等。

正常情况下,糖供应充足,生物体主要依靠糖的有氧氧化供能,脂肪动员较少,肝内生酮速度与肝外利用速度相当,血中仅含少量酮体,为 0.03~0.5 mmol/L。在饥饿、糖尿病、高脂低糖膳食时,胰高血糖素等激素分泌增加,脂肪动员加强,酮体生成增多。如果肝内生酮超过肝外组织利用酮体的能力时,将导致血中酮体含量异常升高,此称酮血症。此时尿中也可出现大量酮体,称酮尿症。由于乙酰乙酸和β-羟丁酸都是酸性较强的有机酸,当血中酮体过高时,易使血液 pH 下降而导致酸中毒,此称酮症酸中毒。

四、糖原累积病

糖原累积病(glycogen storage disease)是以糖原在组织内过多积聚或糖原结构异常为特征的一类遗传性疾病,由与糖原代谢直接或间接有关的酶缺乏所引起的。例如,当肝内糖原磷酸化酶缺乏,肝糖原分解障碍时,糖原沉积导致肝大,但无严重后果,婴儿仍可成长。若葡萄糖-6-磷酸酶缺乏,则肝糖原分解障碍,不能用以维持血糖,将造成严重后果。如果溶酶体的α-葡萄糖苷酶缺乏,将影响 α-1,4-和 α-1,6-糖苷键的水解,使组织受损,甚至可导致心肌受损而猝死。

五、糖耐量试验

人体处理葡萄糖的能力称葡萄糖耐量(glucose tolerance)或耐糖现象,是临床上检查机体调节糖代谢能力的常用方法。

早晨取空腹血作为基础血糖水平测定液,然后一次口服 75 g 葡萄糖,或按每千克体重 0.333 g 的葡萄糖剂量静脉注射 50% 葡萄糖溶液。给糖后分别于 0.5、1、2 及 3 小时取血,测定血糖浓度。以取血时间为横坐标、血糖浓度为纵坐标绘制曲线,称耐糖曲线(图 13-2)。耐糖曲线有助于诊断与糖代谢异常有关的疾病。若在取血的同时留尿,可以检测尿糖以观察肾糖阈状况。在进行葡萄糖耐量试验的同时测定空腹血清胰岛素或 C 肽水平，可估计糖尿病病情及区别糖尿病的类型。

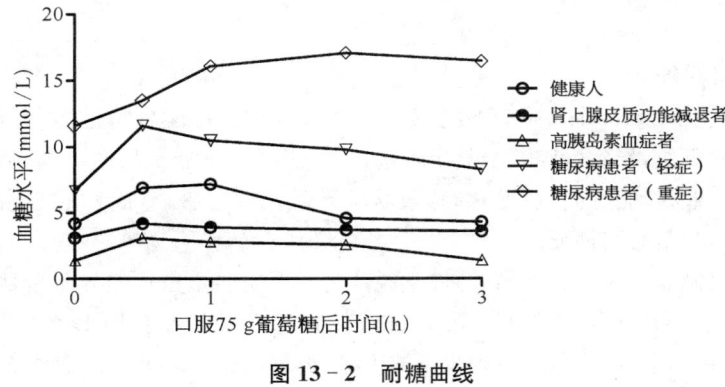

图 13-2　耐糖曲线

第六节　脂质代谢紊乱

一、高脂蛋白血症

空腹血脂浓度持续高于正常称高脂血症（hyperlipidemia），主要是指血浆胆固醇或甘油三酯的含量单独或两者同时超过正常上限的异常状态。由于脂质在血浆中均以脂蛋白的形式存在和运输，因此高脂血症实质上也可以认为是高脂蛋白血症（hyperlipoproteinemia）。事实上，一些高脂血症患者血浆中，有些脂蛋白含量增高（如 LDL、VLDL 或 CM），另一脂蛋白含量下降（如 HDL）。因此，高脂血症实际上是脂蛋白异常血症（dyslipoproteinemia）。

WHO 建议将高脂蛋白血症分为六型（表 13-1）。我国高脂蛋白血症主要为 Ⅱ 型和 Ⅳ 型。目前临床分型更注重结合遗传背景、生物标志物和心血管风险综合评估。

表 13-1　高脂蛋白血症分型

分　型	血浆脂蛋白变化	血脂变化
Ⅰ	CM 增加	甘油三酯↑↑↑,胆固醇↑
Ⅱa	LDL 增加	胆固醇↑↑
Ⅱb	LDL 和 VLDL 同时增加	胆固醇↑↑,甘油三酯↑↑
Ⅲ	IDL 增加（电泳出现宽 β 带）	胆固醇↑↑,甘油三酯↑↑
Ⅳ	VLDL 增加	甘油三酯↑↑
Ⅴ	VLDL 和 CM 同时增加	甘油三酯↑↑↑,胆固醇↑

高脂蛋白血症从病因上可分为原发性和继发性两大类。继发性高脂蛋白血症是继发于某些疾病，如糖尿病、肾病、甲状腺功能减退症等。原发性高脂蛋白血症病因多不明确，现已证实，有些是由于遗传缺陷所致。

二、动脉粥样硬化

动脉粥样硬化（atherosclerosis,AS）主要是由于血浆中胆固醇含量过多，沉积于大、中动脉内膜上，形成粥样斑块，导致管腔狭窄甚至阻塞，从而影响受累器官的血液供应，动脉内皮细胞损伤，脂质浸润。冠状动脉的上述变化，称冠状动脉硬化性心脏病，简称冠心病。严重冠心病会引起心肌缺血，甚至心肌梗死。

AS的发病机制非常复杂，其中脂源性学说认为与血浆脂蛋白代谢异常密切相关。放射性核素示踪实验证明，粥样斑块中的胆固醇来自血浆LDL。当血浆中LDL水平升高时，LDL透过动脉内皮细胞蓄积于内皮下，这些内皮下的LDL被氧化成oxLDL。后者刺激血液中的单核细胞进入内皮下游至病灶部位并分化为巨噬细胞。oxLDL被巨噬细胞表面的清道夫受体识别并吞噬，导致巨噬细胞内胆固醇和胆固醇酯大量聚集而形成泡沫细胞，后者沉积在动脉内皮下死亡，形成脂池，即脂质斑块。动脉的平滑肌细胞从中膜迁移至内膜，聚集在脂池周围，增生并合成胶原纤维，最终发展成典型的粥样斑块。

VLDL是LDL的前体，故VLDL水平升高可间接引起LDL的升高。VLDL还可引起巨噬细胞内甘油三酯的堆积，对动脉粥样硬化的发生有促进作用。HDL的主要功能是将肝外组织包括动脉壁、巨噬细胞等组织细胞的胆固醇逆向转运至肝，从而降低动脉壁胆固醇含量。同时，HDL还具有抑制LDL氧化的作用。流行病学调查也表明，血浆中HDL的水平与动脉粥样硬化的发生呈负相关。因此，血浆LDL及VLDL含量升高和HDL含量降低是导致动脉粥样硬化的关键因素，故降低LDL和VLDL的水平和提高HDL的水平是防治动脉粥样硬化、冠心病的基本原则。

第七节　高尿酸血症

尿酸常以钾盐或钠盐的形式从肾脏排出，正常人血浆中尿酸含量为0.12～0.36 mmol/L。当嘌呤摄入量过多、分解加强（如白血病、恶性肿瘤等），或排泄障碍（如肾脏疾病），可使血中尿酸含量增高。当超过0.48 mmol/L时，可形成尿酸盐晶体沉积于关节、软骨组织而引起痛风；如沉积在肾脏则可导致肾结石。原发性痛风属于先天性代谢疾病，患者的次黄嘌呤/鸟嘌呤磷酸核糖转移酶具有部分缺陷，使嘌呤碱利用率下降、分解加强，形成过量的尿酸。继发性痛风常见于某些疾病，如白血病、恶性肿瘤、红细胞增多症等，可使体内核酸大量分解，引起血中尿酸升高。另外，肾功能减退，使尿酸排出障碍时，也可使血尿酸升高。临床上常用与次黄嘌呤结构相似的别嘌呤醇竞争性抑制黄嘌呤氧化酶，以抑制尿酸的生成来治疗痛风。

第四部分

遗传信息的传递与调控

第十四章
DNA 的生物合成

学习目标

1. 掌握基因与基因组、复制、逆转录、DNA 损伤的概念,复制、逆转录的过程及主要酶类的功能。
2. 熟悉 DNA 损伤的类型及修复机制。
3. 了解真核生物 DNA 复制的特点,端粒与端粒酶。

DNA 是遗传的物质基础,遗传信息以脱氧核苷酸序列的形式储存在 DNA 分子中。DNA 生物合成主要包括以下方面。① 复制(replication):以亲代 DNA 为模板合成子代 DNA,将遗传信息准确地从亲代传递给子代的过程。亲代 DNA 通过复制方式将遗传信息传递给子代,从而保持物种延续。② 逆转录(reverse transcription):以 RNA 为模板合成 DNA 的过程。1970 年美国科学家 Temin 从致癌的 RNA 病毒中发现了逆转录酶,证实病毒 RNA 也可以是遗传信息的携带者,扩充和发展了中心法则的内容。③ DNA 修复(repair)合成:在长期生命过程中,生物还会受到来自体内外因素的影响,引起 DNA 损伤,此时启动修复合成 DNA,恢复 DNA 的正常结构,以保持细胞的正常功能。

第一节 基因与基因组

1944 年,美国科学家 Avery 的肺炎双球菌 DNA 转化实验证实了 DNA 是遗传的物质基础。DNA 通过四种碱基的排列组合,储存大量的遗传信息,DNA 分子中的特定碱基序列可以决定不同蛋白质的氨基酸顺序。基因(gene)是编码蛋白质或 RNA 等具有特定功能产物的遗传信息的基本单位,是染色体或基因组的一段 DNA 序列(以 RNA 为遗传信息载体的 RNA 病毒则是 RNA 序列)。基因组(genome)则包含了一个生物体中所有编码 RNA、蛋白质的碱基序列和非编码序列的总和,即全部的 DNA 序列。已知人类基因组约 3×10^9 bp,含 2 万个左右的基因,荷载着生物所需的全部遗传信息。通过基因复制和表达,可使亲代的遗传信息世代相传。除了基因外,基因组中还包含非编码序列,生物体越复杂,则非编码序列在基因组中所占比例越大。

真核生物基因组 DNA 分子中有许多重复出现的核苷酸顺序,短的仅含两个核苷酸,长的多达数百甚至上千,重复频率也不尽相同。① 高度重复序列:基因组中存在大量高度重复序列,其重复频率可高达 10^7 次,重复单元的碱基对一般不超过 10 bp,又称简单序列。在哺乳动物基因组 DNA 序列中高度重复序列占比不到 10%(人类 3%),经密度梯度沉降及光密度扫描,往往出现与主体 DNA 分离的卫星峰,故称卫星 DNA(satellite DNA)。② 中度重复序列:不同生物的基因组中,中度重复序列的重复频率和存在的位置变化较大,重复频率可达 10^3 次,重复单元约由数百个 bp 组成,哺乳动物基因组 DNA 中度重复序列占 25%~50%。③ 单拷贝序列:指在整个基因组中通常只出现一次或很少几次的核苷酸序列,真核生物编码蛋白质的结构基因绝大多数为单拷贝序列,人类基因组中占 50%~60%,因此所含信息量最大。蛋白质基因大部分属于单拷贝序列,但只占其一小部分。④ 反向重复序列(inverted repeat sequence):常为 4~8 bp,在基因组 DNA 中呈互补反向排列,其中连续的反向重复序列称回文结构,往往是限制性核酸内切酶辨认和特异性切割的位点。

第二节 DNA 的生物合成(复制)

一、DNA 复制的特征

1. 半保留复制　在复制过程中亲代 DNA 双链解旋分开,然后以每条单链作为模板、按碱基互补规则指导合成新的互补链,新形成的子代分子中的一条链来自亲代 DNA 保留下来的,另一条链是新合成的,这样生成的子代 DNA 分子与亲代 DNA 分子的碱基排列顺序完全相同,像一个复制品,因此这种复制方式称半保留复制(semiconservative replication)。

1958 年,美国哈佛大学 Matthew Meselson 和 Franklin Stahl 首先让大肠杆菌(E. coli)在含有唯一氮源 $^{15}NH_4Cl$ 的培养基中培养若干代,使所有 DNA 分子标记上 ^{15}N。^{15}N-DNA 的密度较高,在氯化铯密度梯度离心时区带下沉,再将 ^{15}N-DNA 培养基中培养的 E. coli 转移到含 $^{14}NH_4Cl$ 培养基中培养。经过一代培养后,DNA 密度介于 ^{15}N-DNA 和 ^{14}N-DNA 之间,即形成了一半 ^{15}N 和一半 ^{14}N 的杂合双链 DNA 分子($^{14}N/^{15}N$-DNA),离心时只出现一条中密度区带,位于 ^{15}N-DNA 区带的上方。经过两代培养以后,出现等量的 ^{14}N-DNA 分子(低密度)和 $^{14}N/^{15}N$-DNA 分子(中密度)。离心时出现两条区带,在中密度区带上方又出现一条低密度区带。以后随着培养代数增加,中密度的 $^{14}N/^{15}N$-DNA 区带保持不变,而低密度的 ^{14}N-DNA 区带逐渐增宽。这一实验结果有力地证明了 DNA 的复制是以半保留方式进行的(图 14-1)。

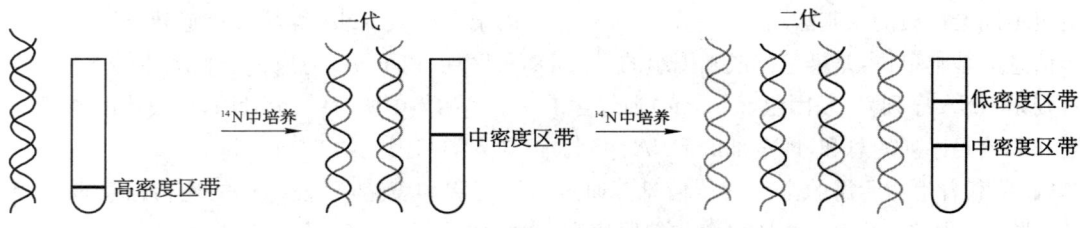

图 14-1　DNA 半保留复制的实验依据

以后许多实验都证实,无论是原核生物还是真核生物,其 DNA 都是以半保留方式复制。DNA 的这种半保留复制保证了遗传信息能够代代相传。

2. 复制起始点和方向　DNA 复制是在特殊部位开始的,称复制起始点(origin of replication,ori)。E. coli 的复制起始点称为 oriC,由 245 bp 构成,呈高度保守。oriC 的关键顺序在于两组短的重复序列,包括 3 个串联排列的 13 bp 序列和 4 个 9 bp 的反向重复序列。上游的串联重复序列碱基组成以 A、T 为主,称富含 AT 区;下游的反向重复序列为 DnaA 蛋白识别位点称识别区(图 14-2)。

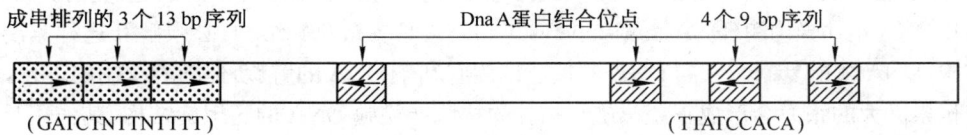

图 14-2　*E. coli* 复制起始点 *oriC* 的碱基重复序列

原核生物基因组通常为环状分子,有一个复制起始点。复制前,DNA 双链解开成两股单链,各自作为模板合成互补链,其结构为 Y 字形,由于其形状类似于叉子,称复制叉(replication fork)。原核生物 DNA 复制时,在复制起始点向两个方向延伸,形成两个方向相反的复制叉,称单点双向复制。真核生物基因组 DNA 分子巨大,可以有许多个复制起始点。每个起始点的两个复制叉向两个相反的方向前进,称多点双向复制,直到邻近复制叉相遇汇合连接才停止复制。从一个复制起始点起始的 DNA 复制区域称复制子(replicon),是独立完成复制的功能单位。高等生物有数以万计的复制子,长度差异很大,在 13~900 kb。

3. 半不连续复制　DNA 双螺旋的两条链呈反向平行,其中一条是 $5'\rightarrow 3'$ 方向,另一条是 $3'\rightarrow 5'$,呈反方向。而所有已知的 DNA 聚合酶催化的合成反应方向都是 $5'\rightarrow 3'$。那么 DNA 的两条模板链如何进行复制?为了解释这一复制现象,日本学者冈崎等提出了 DNA 的半不连续复制模型。即在复制时,以亲代 DNA 分子中那股 $3'\rightarrow 5'$ 方向的母链作为模板,指导新链以 $5'\rightarrow 3'$ 方向连续合成,该链延伸方向与复制叉前进方向一致,称前导链(leading strand);而另一母链作为模板时,由于受 DNA 聚合酶方向性限制,其合成只能随双链解开至一定长度后才能从 $5'\rightarrow 3'$ 方向复制一段,此链延伸方向与复制叉前进方向相反,称后随链(lagging strand)。因此,DNA 复制是半不连续的,后随链合成过程中形成的不连续的 DNA 片段,称冈崎片段(Okazaki fragment),复制完成后,不连续片段连成完整的 DNA 链。由此可见,DNA 复制时一条链合成的方向和复制叉前进的方向相同,可以连续复制;而另一条链合成的方向与复制叉前进的方向相反,不能连续复制。这种 DNA 的复制方式称半不连续复制(semidiscontinuous replication)(图 14-3)。

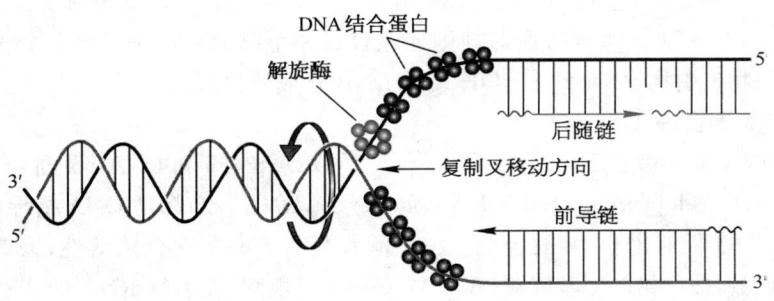

图 14-3　DNA 的半不连续复制

二、参与 DNA 复制的主要酶类

复制除了必须以亲代 DNA 两条链作为模板和四种脱氧核糖核苷三磷酸(dNTP)作为原料外,还需多种酶及蛋白质因子的参与。在此主要介绍原核生物参与 DNA 复制的主要酶类及其作用。

(一) 参与双螺旋 DNA 解链的酶类

复制时,在多种酶及辅助蛋白质因子的协同作用下,共同解开、理顺 DNA 双链,并维持 DNA 分子在一段时间内局部处于单链状态。完成这一过程需要特异的解旋、解链酶类等。

1. DNA 拓扑异构酶(DNA topoisomerase) DNA 具有超螺旋结构,必须解开这种紧凑缠绕的结构,DNA 才能复制。天然 DNA 的负超螺旋有利于 DNA 的解旋,但随着复制的进行,DNA 分子积累巨大的张力会形成正超螺旋。拓扑异构酶能松弛 DNA 的超螺旋结构,其作用是通过剪接磷酸二酯键而实现的。拓扑异构酶主要有两类(Ⅰ型和Ⅱ型):拓扑异构酶Ⅰ能切断 DNA 双链中的一股,使 DNA 解链旋转时不致缠结,解除张力后又把切口缝合,从而使超螺旋变为松弛状态,其催化反应不消耗 ATP。拓扑异构酶Ⅱ首先切断处于正超螺旋状态的 DNA 分子双链,断端通过切口使超螺旋松弛;之后利用 ATP 供能,松弛状态的 DNA 又进入负超螺旋状态,断端在同一酶催化下恢复连接。因此,通过拓扑异构酶的切断、旋转和再连接等作用,使 DNA 超螺旋能够解缠、连环或解连环,理顺 DNA 拓扑构象,使复制、转录和重组得以顺利进行。

2. DNA 解旋酶(DNA helicase) DNA 超螺旋结构被拓扑异构酶松弛后,还需要解旋酶在 ori 部位解开双链碱基对之间的氢键,使局部形成两股单链,即形成复制叉。解链过程需要 DnaA、DnaB 和 DnaC 等多种解链蛋白参与。解旋酶是由 *dnaB* 基因编码,因此解旋酶即为 DnaB 蛋白。在 DNA 复制过程中,DnaB 蛋白借助于水解 ATP 获得能量,推动解链蛋白沿着模板链复制叉方向移动,促使 DNA 双链不断解开。

3. 单链 DNA 结合蛋白(single stranded DNA binding protein,SSB) 模板 DNA 解为单链状态时,两链间由于符合碱基配对原则,就会有重新形成双链的倾向。SSB 能与解开的单链 DNA 结合,以维持模板处于单链状态,并防止其被核酸酶降解。在复制中,SSB 并非沿着复制方向移动,而是不断脱离,又不断与新解开的单链结合。

(二) 引物酶与引发

DNA 复制都必须先在模板上合成一小段 RNA 引物(primer),以获得 3′端自由羟基(3′-OH),这一过程称引发(priming)。RNA 引物由引物酶(primase)催化合成。复制起始时,首先由 DnaB 蛋白及 DnaC 蛋白的协同下,在 ori 部位解开 DNA 双链至足够长度,形成复制叉。在此基础上,引物酶进入,形成含有 DnaB、DnaC、引物酶和 DNA 复制起始区的复合体结构,即为引发体(primosome)。引物酶由 *dnaG* 基因编码,故引物酶又称 DnaG 蛋白。引物酶是一种性质独特的 RNA 聚合酶,其催化的反应是以解开的 DNA 单链为模板,以核糖核苷三磷酸(NTP)为原料,按碱基(A=U、C≡G)配对规则催化合成一小段 RNA(约有数十个核苷酸),作为 DNA 合成的引物。引物 RNA 的 3′-OH 端是 DNA 合成的起始点。

(三) DNA 聚合酶

E. coli DNA 聚合酶主要有三种:DNA pol Ⅰ、DNA pol Ⅱ和 DNA pol Ⅲ。

1. 共性 ① 三种 DNA 聚合酶(DNA polymerase,DNA pol)都是 DNA 指导的 DNA 聚合酶,即以 DNA 为模板催化 DNA 的合成。三种酶都具有 5′→3′聚合酶活性,以 3′→5′方向的 DNA 单链为模板,按严格的碱基配对(A=T、C≡G)规则,在引物 RNA 的 3′-OH 端,催化合成 5′→3′方向的 DNA 新链(图 14-4)。② 三种酶均具有 3′→5′外切酶活性,在高速复制过程中,当出现一些错配碱基时,能够识别并切除和纠正错误碱基,即具有"校读(proofreading)"功能,从而保证DNA复制的高准确性。

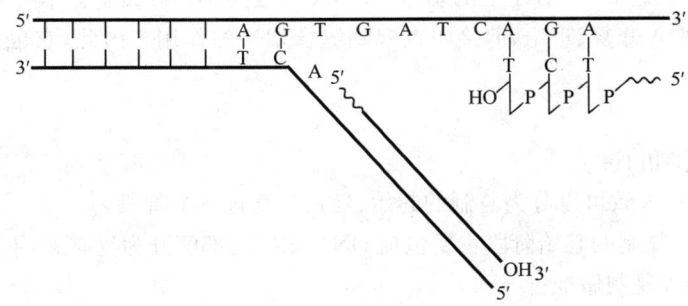

图 14-4 DNA 聚合酶的 $5'\rightarrow 3'$ 聚合活性

2. 三种 DNA 聚合酶的不同特性

(1) DNA pol Ⅲ:这是主要的 DNA 复制酶,该酶是由至少 10 个亚基组成的聚合体,分子量约为 130 kDa,具有高活性的 $5'\rightarrow 3'$ 聚合酶作用,每分钟可催化高达 10^5 个脱氧核苷酸发生聚合。DNA pol Ⅲ 也有 $3'\rightarrow 5'$ 外切酶活性,能切除错配的碱基而使复制错误率降到最低点,确保遗传信息传递的高度准确性和稳定性。

(2) DNA pol Ⅰ:分子量约为 110 kDa,由一条多肽链组成。① 在 DNA 复制过程中,DNA pol Ⅰ 可以借助其 $5'\rightarrow 3'$ 聚合酶活性催化 DNA 合成。但研究发现,当 DNA pol Ⅰ 基因失活时,并不严重影响细胞活性,表明 DNA 复制并不依赖于 DNA pol Ⅰ。② 当发生碱基错配时,通过 DNA pol Ⅰ 的 $3'\rightarrow 5'$ 外切酶活性发挥校读功能,可以明显提高复制的精确性。③ DNA 复制是在 RNA 引物基础上逐步延伸新链。当新链延伸至一定长度后,需要切除引物,留下的空隙需要填补,这些工作主要依赖于 DNA pol Ⅰ 的 $5'\rightarrow 3'$ 外切酶和 $5'\rightarrow 3'$ 聚合酶来完成。④ 当 DNA 分子出现损伤时,又可利用 DNA pol Ⅰ 的 $5'\rightarrow 3'$ 外切酶和 $5'\rightarrow 3'$ 聚合酶活性,切除并修复损伤 DNA。因此,DNA pol Ⅰ 是多功能酶,它除了具有催化 DNA 合成作用外,还具有校读、切除 RNA 引物、填补空隙、修复损伤 DNA 等功能。

在体外还可以利用 DNA pol Ⅰ 的 $5'\rightarrow 3'$ 外切酶和 $5'\rightarrow 3'$ 聚合酶活性的边切边充填作用,使双链 DNA 的单链切口发生平移,此称切口平移(nick translation)。利用这种特殊作用,在基因工程中可以用 ^{32}P-α-dATP 和三种 dNTP 来置换原来的碱基,制备高比度的核酸探针。

利用枯草杆菌蛋白酶可将 DNA pol Ⅰ 大分子水解为两个片段,分别得到一个分子量为 68 kDa 的大片段和另一个分子量为 36 kDa 的小片段。小片段为 $5'\rightarrow 3'$ 外切酶活性片段,大片段含 $5'\rightarrow 3'$ 聚合酶活性和 $3'\rightarrow 5'$ 外切酶活性,称 Klenow 片段,是基因工程常用的工具酶之一。

(3) DNA pol Ⅱ:为多亚基聚合体,具有 $5'\rightarrow 3'$ 聚合酶和 $3'\rightarrow 5'$ 外切酶活性。研究表明,DNA pol Ⅱ 可能是在 DNA pol Ⅰ 和 DNA pol Ⅲ 缺失情况下才起作用的。DNA pol Ⅱ 可利用尚未修复的损伤 DNA 为模板指导合成 DNA,以填补缺口,因此可能主要是参与应激状态下的损伤 DNA 的修复。有关 DNA pol Ⅱ 的作用,还需进一步深入研究。

(四) DNA 连接酶

DNA 的复制为半不连续复制。复制时,前导链是连续合成的,而后随链的冈崎片段是不连续合成的。当冈崎片段延伸至一定长度后,需由 DNA 连接酶(DNA ligase)连接封口,形成长链 DNA。DNA 连接酶的作用是催化一个冈崎片段的 3′-羟基和另一个冈崎片段的 5′-磷酸基之间形成磷酸二酯键,连接反应需要由 ATP 供给能量。DNA 连接酶不能连接 2 分子单链 DNA,只能作用于双链 DNA 分子上的切口。DNA 连接酶不但在复制过程中起连接冈崎片段的作用,而且在 DNA 修复、重组、剪接中也起到缝合切口的作用。因此,它也是基因工程中的重要工具酶之一。

三、DNA 复制的过程

DNA 复制过程大致可以分为复制的起始、延长与终止三个阶段。

1. **起始阶段** 复制的起始阶段主要包括 DNA 双链局部解开为复制叉,形成引发体并合成 RNA 引物,为 DNA 复制做准备。

DNA 复制从特定的复制起始点开始(图 14-2)。复制起始时,多个 DnaA 蛋白(一般为 20~40 个)识别并结合 ori 部位下游的 4 个 9 bp 的反向重复序列,形成 DNA-DnaA 蛋白复合体,进而促进其上游的串联重复序列 AT 区 DNA 双链解开,所需能量由 ATP 供给。DnaB 蛋白(解旋酶)在 DnaC 蛋白的协同下,结合于解链区,借助水解 ATP 产生的能量,沿解链方向移动,继续解开 DNA 双链至足够长度,形成复制叉(图 14-5),引物酶进入形成引发体。

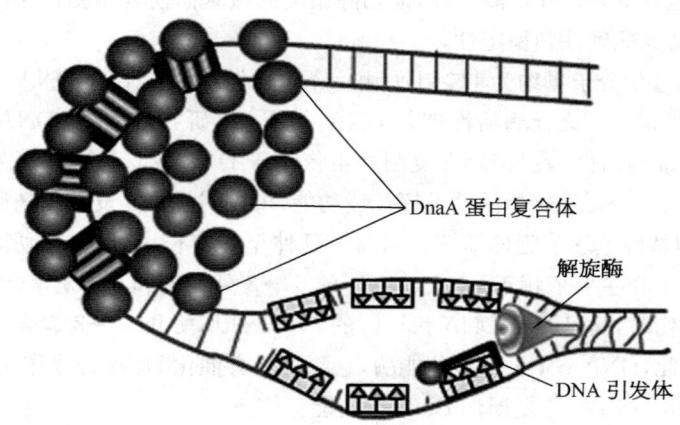

图 14-5　E. coli 的 oriC 复制起始的结构模式

随着引发体在 DNA 链上沿着复制叉方向移动,引物酶以四种 NTP 为原料,按 A═U、C≡G 碱基配对规则,从 5′→3′方向催化合成一小股 RNA 引物。RNA 引物的 3′-OH 末端为合成新的 DNA 单链的起点,从而为正式进行复制做好准备。此过程中由于双链的局部解开,会导致 DNA 超螺旋的其他部分过度旋转而形成正超螺旋,故需拓扑异构酶不断地进行切断、旋转和再联结作用而消除解旋酶解链产生的拓扑张力。单链结合蛋白稳定单链 DNA,以防止恢复双链。

2. **延长阶段** 延长阶段需进行前导链与后随链的合成。在 RNA 引物的 3′-OH 上,DNA pol Ⅲ 以四种 dNTP 为原料,按 A═T、C≡G 碱基配对规则,分别以 DNA 的两条链为模板,由 5′→3′方向催化合成互补 DNA 新链。

DNA 复制大多数为双向复制。对于一个复制叉来说,前导链可以连续合成,后随链则是不连续合成,而两链是在同一 DNA pol Ⅲ 催化下进行延长的,其催化过程可能是后随链的模板 DNA 做 180°回转,前导链和后随链的生长点都处在 DNA pol Ⅲ 的催化位点上(图 14-6)。后随链的一个冈崎片段合成约 1 000 个核苷酸后,回环解开。然后再形成另一次循环,即后随链的模板 DNA 做 180°回转,引物酶催化合成一小段 RNA 引物,在此基础上 DNA pol Ⅲ 再催化合成另一冈崎片段,聚合反应进行到另一个 RNA 引物的 5′端为止。

3. 终止阶段 终止阶段需要 DNA pol Ⅰ 切除引物、填补空隙,然后由 DNA 连接酶连接封口,最后在 Tus(terminus utilization substance)蛋白参与下终止复制过程。

在复制过程中,前导链和后随链都是在 RNA 引物基础上不断延伸的。前导链可以连续合成,而后随链是不连续合成的。当冈崎片段延伸至一定长度后,在 DNA pol Ⅰ 催化下,通过其 5′→3′外切酶活性切除 RNA 引物,留下的空隙借助于 DNA pol Ⅰ 的 5′→3′聚合酶活性给予填补。最后的缺口由 DNA 连接酶将相邻的冈崎片段彼此间以磷酸二酯键连接起来,形成完整的 DNA 新链(图 14-7)。

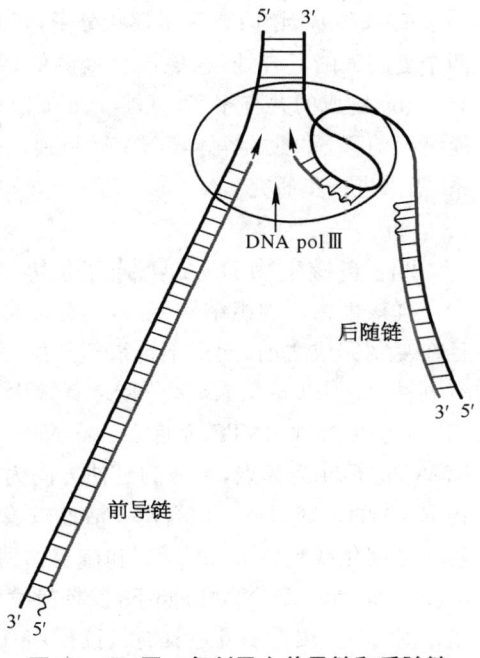

图 14-6 同一复制叉上前导链和后随链

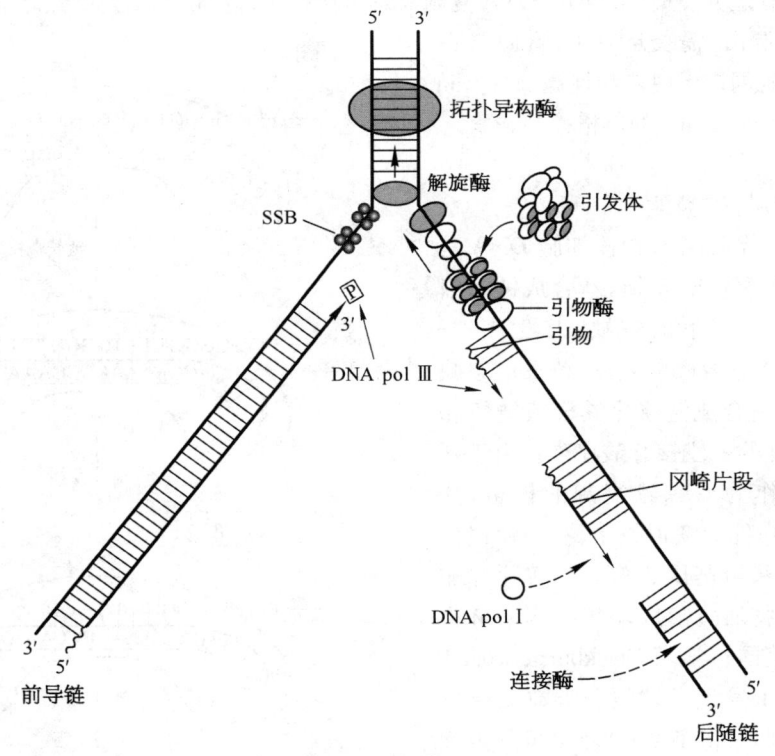

图 14-7 DNA 复制过程中各种酶及蛋白质因子的作用

E. coli 基因组 DNA 是环状分子,复制方式是单点双向复制,有两个复制叉。复制终点于两个复制叉的汇合处,在该汇合处两侧(约 100 kb)各有一个终止区(terminus region,ter),约有 23 bp 构成的共有序列,可被 Tus 蛋白识别、结合,进而阻止 DnaB 蛋白的作用,使复制叉不能继续前移,并使之解体,DNA 复制到此终止。有关 Tus 蛋白与 E. coli DNA 复制的终止关系,尚需进一步研究。

四、真核生物 DNA 复制的特点

真核生物基因组结构复杂,储存信息多,每条染色体 DNA 上不仅有多个复制起始点,而且在复制完成之前,起点不再重新开始复制。真核生物的 DNA 聚合酶有 10 多种,最常见的有五种,分别以 α、β、γ、δ、ε 分型。真核生物 DNA 聚合酶与原核生物 DNA 聚合酶的基本性质相同,均以四种 dNTP 为底物,需 Mg^{2+} 激活,聚合时必须以 DNA 两条链为模板和引物 RNA $3'-OH$ 为起点,新链的延伸方向为 $5'\to 3'$。DNA 聚合酶 α 兼有引物酶活性,以催化引物 RNA 的合成;DNA 聚合酶 β 活性较稳定,可能主要参与 DNA 的损伤修复作用;DNA 聚合酶 γ 是催化线粒体 DNA 复制和修复的酶;DNA 聚合酶 δ 在增殖细胞核抗原(proliferation cell nuclear antigen,PCNA)协同下,发挥持续合成 DNA 的作用,参与后随链的合成,当复制发生错误时 DNA 聚合酶 δ 还具有校读作用;DNA 聚合酶 ε 催化合成染色体 DNA 前导链,具备类似于原核生物 DNA pol Ⅰ 的多功能性,具有去除 RNA 引物、填补空隙和修复损伤 DNA 等作用。

真核生物的细胞周期分为四个时期:复制前期(G_1 期)、复制期(S 期)、有丝分裂准备期(G_2 期)和有丝分裂期(M 期)。DNA 复制只发生在 S 期,在 G_1/S 期控制点之前合成 S 期所需的各种酶蛋白,需受到细胞周期蛋白(cyclin)及细胞周期蛋白依赖性激酶(cyclin dependent kinase,CDK)的严格控制。

五、端粒与端粒酶

1. 端粒与端粒酶　真核细胞 DNA 是线性分子。在模板链 3′ 端,新合成链的引物 RNA 去除后留下的空缺,因没有 3′-OH 作为 DNA 聚合酶的起点,留下的空缺无法填补,使新合成链将比其模板链短相当于引物长度的一段核苷酸序列。由于新合成链又会作为下一轮复制的模板,故 DNA 分子有可能会变得越来越短,使遗传信息不完整,甚至基因丢失。但实际并非如此,真核生物通过形成端粒结构来解决这个问题。美国科学家 Blackburn、Szostak 和 Greider 由于发现了端粒和端粒酶保护染色体的机制,获得了 2009 年诺贝尔生理学或医学奖(图 14-8)。

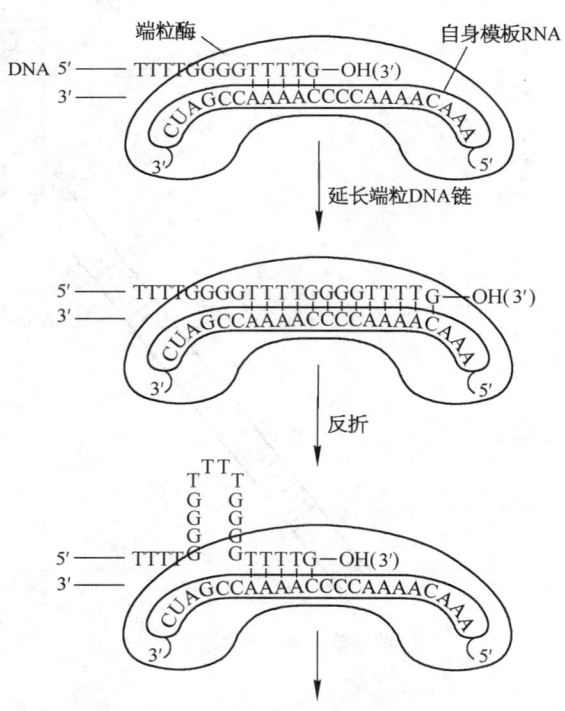

图 14-8　端粒酶催化端粒 DNA 的延长

真核生物线性染色体的两个末端称端粒(telomere)。端粒 DNA 是由富含 TG 的重复序列组成,并与蛋白质紧密结合,覆盖在染色体两端,故命之。复制使新链末端缩短,而端粒酶可催化延长端粒 DNA 的 TG 重复序列,维持端粒的长度。端粒酶(telomerase)是由 RNA 和蛋白质构成的核糖核蛋白(RNP),为一种以自身 RNA 为模板的逆转录酶。端粒酶可以结合到端粒的 3′末端上,利用端粒单链 3′- OH 为起点,自身 RNA 为模板,合成端粒重复序列,使端粒DNA 链延长。人的端粒 DNA 重复序列为 5′- TTAGGG - 3′。合成一个重复序列后,端粒酶向前移动继续合成重复序列,如此反复,不断向前推行直至达到一定长度后,端粒酶脱落,端粒重复序列 3′端发生反折,引导合成新生链填补 5′端的短缺。

2. 端粒酶与肿瘤发生　端粒酶能维持端粒长度的稳定性,但端粒酶的异常激活可能是恶性肿瘤发生发展的重要机制之一。端粒酶可使肿瘤细胞的端粒 DNA 不再进行性缩短而得以维持,避免了细胞受复制衰亡机制的制约而获得了"永生性",这可能是恶性肿瘤细胞生物学特征之一,是癌变过程中一个重要环节。恶性肿瘤发生的端粒酶理论认为,端粒酶的激活是恶性肿瘤发生学上的一个共同途径,端粒酶可能是各种恶性肿瘤细胞一个共同的分子标志物。

3. 端粒酶与细胞衰老的关系　正常人体细胞在体外培养过程中,表现出有限增殖的特征。实验发现,随着体细胞的分裂进程,如果没有端粒酶活化和作用,染色体末端序列会不可避免地进行性缩短,直到某个临界点,细胞退出增殖周期以至衰老。越来越多的证据表明,端粒的长度控制着细胞衰老进程,端粒的缩短可能是触发细胞衰老的"分子钟"。健康人的体细胞中端粒酶未被活化,导致端粒逐渐缩短,保护性端粒酶的减少,可能最终制约了细胞的增殖能力,使细胞停止分裂而衰老。

第三节　逆　转　录

一、逆转录酶

RNA 病毒的遗传物质是 RNA,其复制方式是逆转录。RNA 病毒都含有逆转录酶(reverse transcriptase),这种酶可以 RNA 为模板,在有四种 dNTP 存在及合适条件下,按碱基互补配对规则,合成互补 DNA(complementary DNA,cDNA),因此称此酶为 RNA 指导的 DNA 聚合酶。这种含逆转录酶的 RNA 病毒称逆转录病毒。

逆转录酶有三种酶活性。① 逆转录活性:即 RNA 指导的 DNA 聚合酶活性。② 水解活性:RNase H 催化水解 RNA - DNA 杂合分子中的 RNA。③ 复制活性:即 DNA 指导的 DNA 聚合酶活性。逆转录酶催化 DNA 合成的方向为 5′→3′,并且不能从无到有催化合成,即需要引物。逆转录酶没有 3′→5′外切酶活性,因此其没有校读功能。

由同一种逆转录酶催化单链 RNA 到 cDNA 双链的合成过程可分为三大步:① 以病毒基因组 RNA 为模板,宿主细胞 tRNA3′- OH 为引物,逆转录酶催化 dNTP 聚合生成 cDNA 单链,即生成 RNA - DNA 杂化双链。② RNase H 催化杂化双链中的 RNA 降解,留下 cDNA 单链,并产生一个 RNA 片段,后者称多嘌呤序列(polypurine tract,PPT),作为合成 cDNA 第二条链的 RNA 引物。③ 以 cDNA 单链为模板,PPT - RNA 为引物,DNA 聚合酶催化合成 cDNA 第二条链。至此完成了将病毒 RNA 逆转录生成 cDNA 的合成过程(图 14 - 9)。

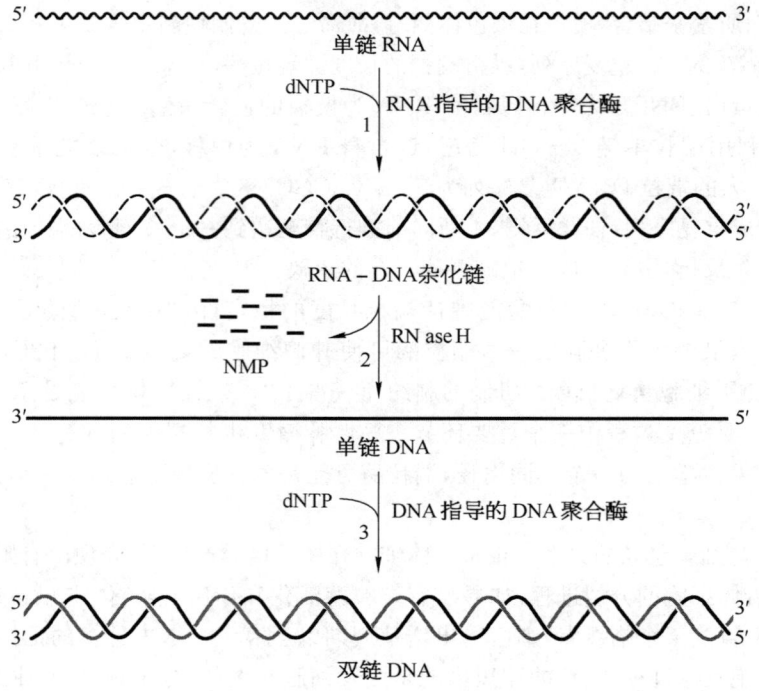

图 14-9 逆转录酶催化合成 cDNA

二、逆转录酶与病毒

大多数致癌病毒是 RNA 病毒，逆转录酶存在于致癌 RNA 病毒中。病毒 RNA 通过逆转录先合成 cDNA，然后带着病毒信息整合到宿主细胞染色体 DNA 中。对应于逆转录病毒 RNA，在真核细胞染色体基因组内的 DNA 序列，称原病毒或前病毒。原病毒 DNA 借助宿主细胞酶系转录生成大量病毒 RNA。部分病毒 RNA 经翻译生成病毒蛋白质，这些病毒蛋白质与病毒 RNA 基因组可以组装成新的逆转录病毒颗粒。后者可继续感染其他宿主细胞，或使宿主细胞发生转化。

人类免疫缺陷病毒（human immunodeficiency virus，HIV）是一类逆转录病毒。其 RNA 基因组中，除了一般常见基因外，还有一些特殊的基因，使其表现出不同寻常的行为。通常逆转录病毒侵入细胞后，并不杀死宿主细胞而是发生病毒基因组的整合。但是 HIV 却不同，它感染后即杀死宿主细胞（主要是淋巴细胞），造成宿主机体免疫系统抑制而引起艾滋病（AIDS）。抗艾滋病药物——叠氮胸苷（azidothymidine，AZT），为核苷酸型逆转录酶抑制剂，由于其结构与脱氧胸苷酸相似，掺入后使病毒 DNA 的合成不能进行。

逆转录酶是重组 DNA 技术中的重要工具酶之一，利用逆转录酶活性可以催化合成与某些 mRNA 相应的 cDNA。由于这种 cDNA 只有外显子而不含内含子序列，成为获取目的基因的重要方法之一。逆转录病毒经过改建，能成为较理想的基因载体，用于肿瘤和遗传病等的基因治疗。

第四节　DNA 的损伤与修复

一、DNA 的损伤

生物在漫长的进化过程中,如果 DNA 碱基序列发生改变,通过复制传递给子代成为永久性的。这种 DNA 碱基序列永久的改变称突变(mutation),也称 DNA 损伤。突变分为自发突变和诱发突变。在 DNA 合成过程中偶尔发生的复制差错而引起的突变称自发突变,自发突变率是非常低的,如大肠杆菌和果蝇的基因突变率都在 10^{-10} 左右。物理、化学及生物等因素引起的突变称诱发突变。根据对真核生物基因组非编码区的 DNA 序列进行研究,估计每一代每 10^9 bp 就会有一个没有被修复的突变整合到基因组。若发生的突变有利于生物的生存,则保留下来,这就是进化;若不适应于自然选择则被淘汰。因此,生物的进化可以看成是一种主动的基因改造过程,这是物种多样性的原动力。一般认为突变危及人类的生命和健康,一切致病基因都因突变而产生。如血友病是由于(某些)凝血因子基因的突变而使血浆中相应凝血因子蛋白降低或缺失所造成。有遗传倾向的疾病,如高血压、糖尿病、肿瘤等亦有证据表明某些基因发生了变异。

二、DNA 损伤的类型

DNA 的编码序列发生改变就会引起突变,根据 DNA 分子的改变可把突变分为以下类型。

1. 点突变(point mutation)　这是 DNA 分子上一个碱基的变异,可分为以下方面。① 转换(transition):同型碱基变异,即两种嘌呤之间的互换或两种嘧啶之间的互换。② 颠换(transversion):异型碱基变异,即嘌呤与嘧啶之间互换。三连体密码子发生突变,导致蛋白质中原来的氨基酸被另一种氨基酸所取代,从而改变蛋白质的功能,如镰状细胞贫血(图 14-10)。

健康人	DNA	CAA	GTA	AAT	TGT	GGG	CTT	CTT	TTT	
	mRNA	GUU	CAU	UUA	ACA	CCC	GAA	GAA	AAA	
	肽链N端	缬	组	亮	苏	脯	谷	谷	赖	C端
患者	DNA	CAA	GTA	AAT	TGT	GGG	CAT	CTT	TTT	
	mRNA	GUU	CAU	UUA	ACA	CCC	GUA	GAA	AAA	
	肽链N端	缬	组	亮	苏	脯	缬	谷	赖	C端

图 14-10　镰状细胞贫血患者 DNA 分子的点突变

2. 框移突变　由于一个或多个非 3 整倍数的核苷酸碱基的插入(insertion)或缺失(deletion),而使编码区域该位点后的三联体密码子阅读框架改变,导致后续氨基酸序列都发生错误,此称框移突变(frameshift mutation)。如果出现终止密码子则使翻译提前结束。

3. 重排　DNA 分子内较大片段发生交换,称重排(rearrangement),不包括基因组 DNA 缺失或外源 DNA 插入。重排可发生在 DNA 分子内部(染色体内),也可发生在 DNA 分子之间(染色体间)。

4. 共价交联　指 DNA 分子中的两个碱基之间形成共价键连接。如相邻两个胸腺嘧啶碱基发生共价结合形成胸腺嘧啶二聚体（链内交联），可抑制复制和转录。

此外，还有化学毒物造成的单碱基损伤，电离辐射、自由基或某些化学试剂导致的主链断裂等 DNA 损伤类型。

三、DNA 损伤的修复

环境中有许多因素可引起 DNA 的损伤。① 物理因素：紫外线损伤产生嘧啶二聚体，电离辐射损伤对 DNA 的影响。② 化学因素：碱基类似物复制时可取代正常碱基掺入 DNA 单链并与互补链上碱基配对，如 5-溴尿嘧啶是胸腺嘧啶类似物；碱基修饰剂可通过 DNA 碱基的修饰作用而改变其配对性质，如亚硝酸盐能通过氧化脱氨作用，导致碱基结构改变，其中腺嘌呤脱氨基后成为次黄嘌呤（I），它与胞嘧啶配对，而不是与原来的胸腺嘧啶配对；又如羟胺、烷化剂等，可引起体内的 DNA 损伤。此时，细胞可被诱导产生一系列修复酶，启动对损伤 DNA 的修复，以确保遗传信息的稳定性。人体内存在的这种 DNA 修复机制，被瑞典 Tomas Lindahl、美国 Paul Modrich 和土耳其 Aziz Sancar 等经过大量体内外实验得以证实，并认为缺乏修复酶可能是引起细胞癌变的重要机制之一。2015 年三位科学家因此荣获诺贝尔化学奖。

1. 光修复（light repairing）　是通过光修复酶催化完成的。紫外线可引起 DNA 链上相邻两个胸腺嘧啶碱基发生共价结合形成胸腺嘧啶二聚体。可见光（400～700 nm）可激活光修复酶，使胸腺嘧啶二聚体分解为原来的非聚合状态，DNA 恢复正常。光修复酶普遍存在于各种生物，人体细胞中也有发现（图 14-11）。

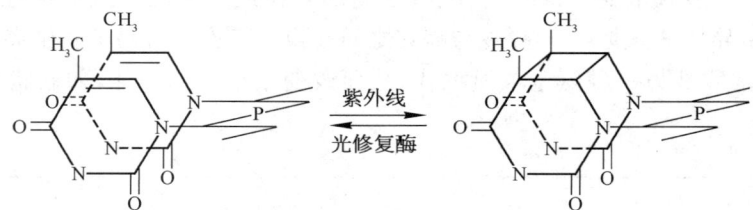

图 14-11　光修复

2. 切除修复（excision repairing）　指在一系列酶的作用下，将 DNA 分子中受损部分切除，并以完整的另一条链为模板进行修补合成，取代被切去的部分，使 DNA 恢复正常结构的过程，这是机体内最重要和有效的修复方式。切除修复过程包括去除损伤的 DNA，填补空缺并连接。通常，当遇到单个碱基缺陷时，可以碱基切除修复方式进行修复，常需要 DNA 糖苷酶、无嘌呤/无嘧啶核苷酸（apurinic/apyrimidinic acid，AP）核酸内切酶等参与（图 14-12）。

而当 DNA 损伤造成双螺旋结构较大片段变异时，则以核苷酸切除修复方式进行修复，主要参与的酶有核酸内切酶、DNA pol Ⅰ（发挥核酸外切酶和 DNA 聚合酶作用）和 DNA 连接酶等。着色性干皮病患者由于缺乏参与切除修复的核酸内切酶，当皮肤受到紫外线照射后，损伤的 DNA 不能被修复，身体上任何暴露于阳光下的皮肤都会出现色斑、损伤，极易患皮肤癌。

3. 重组修复　遗传信息有缺损的子代 DNA 分子可以通过遗传重组而加以弥补，即从同源 DNA 的母链上将相应核苷酸序列片段移至子链缺口处，然后再用合成的序列来补上母链的空缺，此过程称重组修复（图 14-13）。

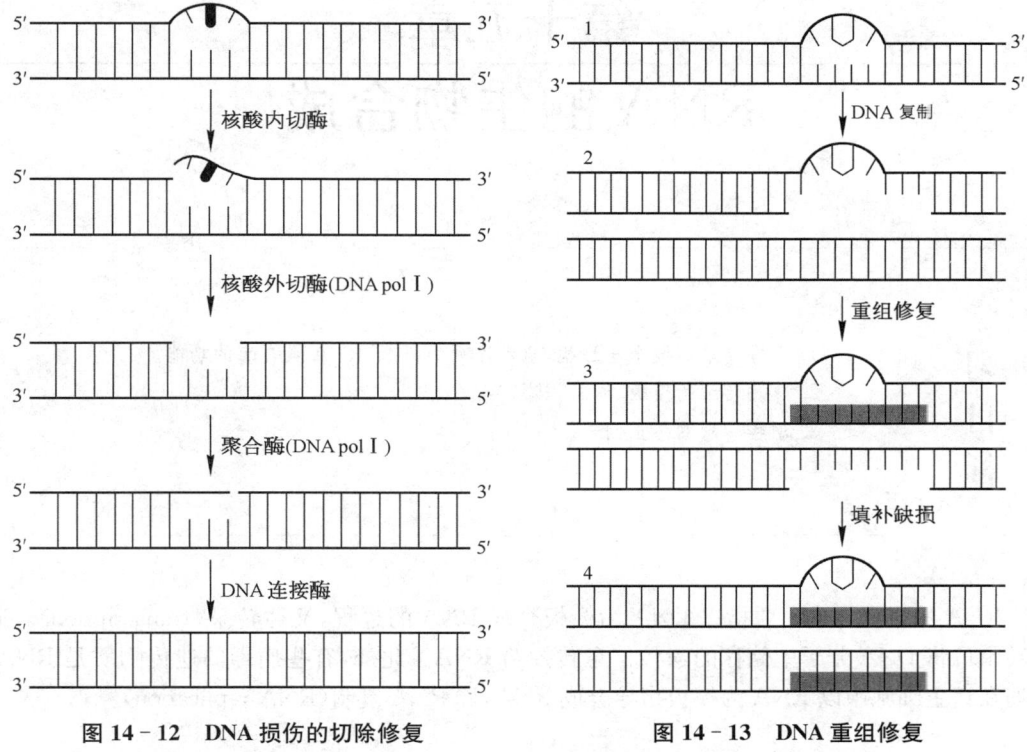

图 14-12　DNA 损伤的切除修复　　　　图 14-13　DNA 重组修复

重组修复缺陷的细胞癌变倾向增高。乳腺癌易感基因 *brca*1 和 *brca*2 编码的蛋白质 Brca1 和 Brca2 可以与重组蛋白 Rad51 相互作用，对 DNA 修复很重要，可能参与重组修复过程。

4. SOS 修复　当 DNA 广泛损伤时，原有的 DNA 聚合酶受抑制，同时诱导产生一种识别碱基精确性较差的 DNA 聚合酶进行错误倾向的修复。这种 DNA 修复很不精确，产生高突变率，但是可以换取细胞生存，这种 DNA 修复系统称应急修复或 SOS 修复。

进行 SOS 修复的这类 DNA 聚合酶由于对碱基识别选择能力差，使修复合成的 DNA 碱基保留的错误信息较多，导致较广泛而长时期的突变。研究发现，大多数能在细菌中诱导产生 SOS 修复的作用剂，对高等动物都是致癌的，如 X 射线、紫外线、烷化剂及黄曲霉素等。

第十五章
RNA 的生物合成

> **学习目标**
> 1. 掌握转录的概念与过程，启动序列的概念，RNA 聚合酶的功能。
> 2. 熟悉转录的模板、原料，转录后加工。
> 3. 了解转录的终止因子。

RNA 的生物合成主要指以 DNA 为模板合成 RNA 的过程，又称转录（transcription）。通过转录可将 DNA 分子中储存的遗传信息转抄给 RNA。此外，有些病毒的遗传物质是 RNA，它们在宿主细胞中以 RNA 为模板指导合成 RNA，称 RNA 复制（RNA replication）。

第一节 参与转录的主要物质及其作用

一、模板

转录以 DNA 为模板，但并不是所有的 DNA 序列都会被转录，而是按不同的发育阶段、生存条件和生理需要，有选择性地进行转录。基因组中能转录生成 RNA 的特定区段称结构基因（structural gene）。结构基因的 DNA 双链中只有一股链可被转录，通常将能够转录为 RNA 的一股链称模板链（template strand）或负链。与模板链互补的另一股链称编码链（coding strand）或正链，编码链不被转录。因此，RNA 的生物合成为不对称转录（asymmetric transcription）。不对称转录有两方面的含义：一是 DNA 分子中只有一股链用作模板指导转录，另一股链不转录；二是模板链并非总是在同一条链上。编码链和转录产物 RNA 均与模板链互补，因此编码链与 RNA 相比，除了 T 被 U 取代外，其余碱基序列均相同。文献刊物登载基因碱基序列时，为了避免繁琐又方便查对遗传密码，一般只写一条编码链，方向从左→右为 $5'→3'$。

二、原料

转录过程需要四种核糖核苷三磷酸（NTPs）作为底物：腺苷三磷酸（ATP）、鸟苷三磷酸（GTP）、胞苷三磷酸（CTP）和尿苷三磷酸（UTP）。

三、RNA 聚合酶

RNA 聚合酶（RNA polymerase）又称 DNA 指导的 RNA 聚合酶（DNA - directed RNA polymerase)。它以 DNA 的一段区域为模板,四种 NTPs 为原料,遵循 A═U、C≡G 碱基配对规则,按 $5'→3'$ 方向催化合成 RNA 链。原核生物和真核生物的 RNA 聚合酶均能在模板链的转录起始部位,催化两个与模板配对的 NTP,形成磷酸二酯键而引发转录的起始,因此转录不需要引物。

RNA 聚合酶催化 RNA 合成的机制与 DNA 聚合酶相似。RNA 聚合酶催化 $3',5'$-磷酸二酯键相连接,按照 $3'→5'$ 方向阅读模板,核酸合成方向为 $5'→3'$,具有即时校读功能。

大肠杆菌 RNA 聚合酶(全酶)是由五种亚基构成的六聚体($\alpha_2\beta\beta'\omega\sigma$),其中 $\alpha_2\beta\beta'\omega$ 组成核心酶(core enzyme),而 σ 亚基与核心酶结合疏松。研究表明,核心酶的催化活性主要由 $\alpha_2\beta\beta'$ 四个亚基承担,ω 亚基促进核心酶的组装,是 β' 亚基的分子伴侣。核心酶本身不具备起始合成 RNA 的能力,仅能催化已经开始合成的 RNA 链的延长。而 σ 亚基能够识别 DNA 模板上的转录起始点,引导全酶局部解开 DNA 双链,促进转录的起始,故又称起始亚基。活细胞转录需要以全酶形式启动,而转录延长阶段仅需要核心酶。

利福霉素(rifamycin)是抑制革兰阳性菌和结核杆菌的抗生素,利福平(rifampicin)则是利福霉素 B 的衍生物。它们对人体 RNA 聚合酶没有影响,但能专一性地与原核生物 RNA 聚合酶的 β 亚基结合,阻止新生转录产物从 RNA 聚合酶中释放,从而抑制细菌 RNA 聚合酶的活性。

真核生物的 RNA 聚合酶有Ⅰ、Ⅱ和Ⅲ三种,分别催化不同基因的转录,得到不同的转录产物。鹅膏蕈碱(amanitin,又称鹅膏毒肽,amatoxin)为一类双环八肽。α-鹅膏毒肽和 RNA 聚合酶Ⅱ的最大亚基 RPB1 之间有强亲和力,能阻断 RNA 聚合酶Ⅱ的易位,阻止转录延伸,是有毒鹅膏菌类含量最高、毒性最强的毒素,在生命科学研究领域被用作真核生物 RNA 聚合酶Ⅱ的特异性抑制剂,用于研究 RNA 聚合酶的功能、基因表达等。三种真核 RNA 聚合酶对 α-鹅膏蕈碱的敏感度也不同(表 15-1)。

表 15-1 真核生物 RNA 聚合酶的种类和性质

种 类	定 位	主要转录产物	对 α-鹅膏蕈碱的敏感性
Ⅰ	核仁	45S rRNA	不敏感
Ⅱ	核质	hnRNA、miRNA、lncRNA	高度敏感
Ⅲ	核质	tRNA、5S rRNA、snRNA	中度敏感

四、启动序列

转录的起始发生在模板 DNA 的特殊区域,该区域能被 RNA 聚合酶特异性识别并结合,触发转录的起始。这些特殊区域称启动序列或称启动子(promoter)。通常将转录起始的第一个核苷酸定为+1,其上游(左侧)核苷酸定为负值,下游(右侧)核苷酸定为正值。

1. 原核生物的启动序列 包括 RNA 聚合酶全酶覆盖区域(-70~+30 区)。在-10 区处,含有共有序列(—TATAAT—),称 Pribnow 盒,是 RNA 聚合酶结合后解开双链的关键部位;-35区是σ因子的识别部位,含有保守序列(—TTGACA—)(图15-1)。-10区和-35区之间的距离一般为17±1 bp,可以保证两段启动子序列处于DNA双螺旋的同一侧,有利于RNA聚合酶的识别与结合。

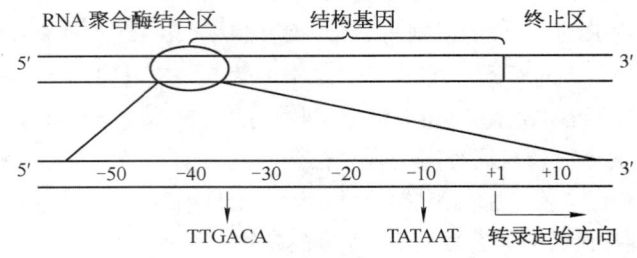

图15-1 原核生物启动序列的结构

2. 真核生物的启动子 含有与原核生物启动序列相似的共有序列(—TATAAA—),称TATA盒,又称Hogness盒。真核生物启动子还可能包括其他保守序列,如CAAT盒和GC盒。RNA聚合酶Ⅱ在与启动子结合并启动转录的过程中,还需要多种转录因子的参与。

五、终止因子

原核生物转录的终止有两种机制:依赖ρ因子(rho factor)和不依赖ρ因子。ρ因子是一种分子量约为275 000 Da的六聚体蛋白质,具有解旋酶和ATP酶的活性,其作用是协助RNA聚合酶识别终止信号并终止转录,故又名终止因子(termination factor)。E. coli中许多基因含有不依赖ρ因子的终止序列(termination sequence),通过其转录产物形成特殊的"茎环"结构以终止转录。

第二节 转录的过程

以DNA为模板合成RNA的转录过程,包括起始、延伸和终止三个阶段。

一、起始阶段

大肠杆菌转录起始阶段主要是σ因子引导RNA聚合酶以全酶形式结合到DNA的转录起始位点,促使DNA双链局部解开,使第一个核苷酸连接上去,启动转录。

转录起始时,RNA聚合酶的σ因子识别启动序列的关键区域,RNA聚合酶的核心酶部分结合在启动子-35区域,形成疏松的复合物;继而RNA聚合酶移向-10区,因Pribnow盒富含AT,易被局部解开。当DNA双链解开约17 bp时,RNA聚合酶根据DNA模板链的碱基序列,启动合成RNA链。

新合成RNA的5′端第一个核苷酸往往是嘌呤核苷酸(ATP或GTP),尤以GTP为常见。随后,第二个核苷酸进入,并与第一个核苷酸之间形成磷酸二酯键,释放出PPi,生成5′-pppGpN-3′-OH,3′端的游离羟基可以接受NTP,使RNA延长。RNA链合成开始后,σ亚基从核心酶上解离,可与另一核心酶结合,重复使用,识别其他启动序列。

此时,RNA 聚合酶、局部解链的 DNA 模板(为 12～17 bp)和转录产物 RNA,共同组成转录开放复合物(open complex),被形象化地称为转录泡(transcription bubble)(图 15-2)。

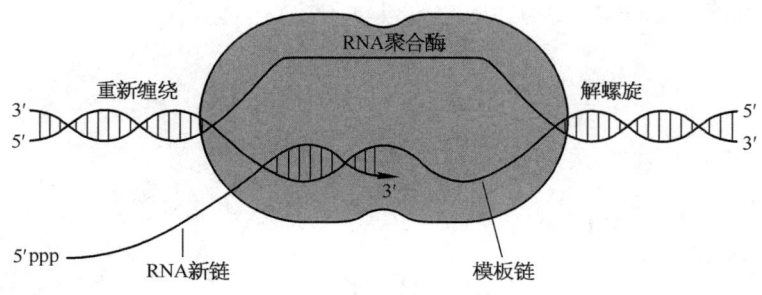

图 15-2　RNA 转录泡

二、延伸阶段

核心酶沿着 DNA 模板链按 3'→5'方向移动,以 5'→3'方向催化合成 RNA 链。σ 因子脱落后,核心酶构象变得更松弛,有利于核心酶在 DNA 模板链上滑动。根据模板链碱基序列,相应 NTP 的 5'磷酸基团不断与前方核苷酸的 3'-OH 形成磷酸二酯键,使 RNA 链沿 5'→3'方向不断延伸。在此过程中,新合成的 RNA 先与模板链暂时形成 RNA-DNA 杂化链,然后向外释放。随着 RNA 聚合酶沿 DNA 模板链 3'→5'方向继续滑动,转录泡前方持续解螺旋,转录泡后方又重新缠绕成双螺旋。

三、终止阶段

RNA 聚合酶在 DNA 模板链上停止滑动,转录产物 RNA 链停止延伸,并从转录复合物上脱落下来,转录终止。

1. 依赖 ρ 因子的转录终止　目前认为 ρ 因子的终止转录作用是与 RNA 转录产物结合而非 DNA。当转录产物 RNA 出现一段特殊的碱基序列(富含 C 但缺乏 G)时,ρ 因子移动到该特殊序列部位并与之结合,然后借助 ATP 酶活性水解 ATP 以提供能量,沿 RNA 链移动。同时,RNA 聚合酶遇到提供转录停止信号的终止子(terminator),停止转录。ρ 因子追上 RNA 聚合酶后,两者都发生构象变化,ρ 因子又可借助其解旋酶活性,解开转录泡中的 DNA-RNA 杂化双链,释放转录产物 RNA 链,并使 RNA 聚合酶与 ρ 因子一起从 DNA 模板链上脱落下来,完成转录终止。

2. 依赖茎环结构的转录终止　不依赖 ρ 因子的转录终止是细菌转录终止的主要方式。因 DNA 模板上终止子存在回文结构,其转录产物 RNA 的 3'端能够形成特殊的"茎环"结构(图 15-3),导致 RNA 聚合酶发生构象变化,暂停转录。在转录产物"茎环"的下游是连续 4～6 个的 U 序列,与模板的 A 序列组成的 RNA-DNA 杂化链间的碱基配对作用力较弱,易于解离,从而释放出转录产物 RNA 链,转录终止。

有些病毒 RNA 可以在宿主细胞内复制生成 RNA,催化此反应的酶是一种 RNA 指导的 RNA 聚合酶(RNA-dependent RNA polymerase)。这种 RNA 聚合酶仅对特异的病毒 RNA 起作用,对宿主细胞的 RNA 通常不进行复制。当病毒侵入宿主细胞后,病毒 RNA 可以迅速大量复制,对于病毒的增殖和感染过程至关重要。

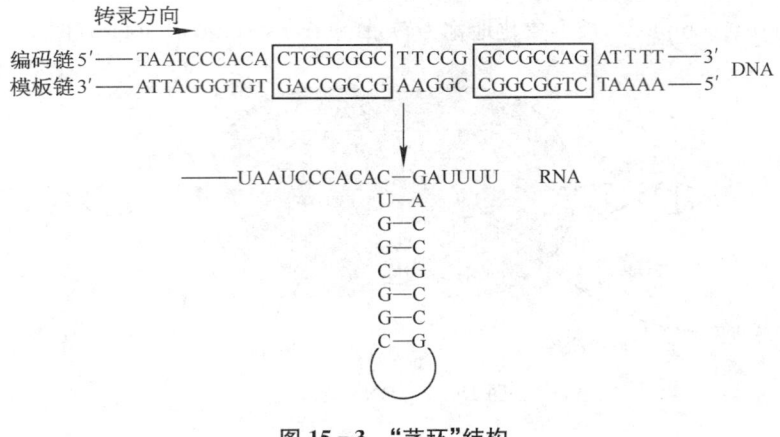

图 15-3 "茎环"结构

第三节 转录后加工

转录的直接产物为初级转录物(primary transcript)。初级转录物一般是无功能的,往往需要经过一系列结构和化学的变化,即经过转录后加工(post-transcriptional processing),才能转变为成熟的、有功能的 RNA 分子。

一、mRNA 前体的加工

原核生物中大多数 mRNA 分子在转录后无须加工修饰,可以直接作为蛋白质合成的模板。

真核生物中,由 RNA 聚合酶Ⅱ催化生成的 mRNA 前体分子被称为核内不均一 RNA(heterogeneous nuclear RNA,hnRNA)。hnRNA 通常只含一个基因序列,且基因中编码多肽链的碱基序列是不连续的,称断裂基因(splite gene)。断裂基因中能编码多肽链的碱基序列称外显子(exon),不编码多肽链的碱基序列称内含子(intron)。外显子和内含子一起被转录为 hnRNA,然后在 5′端和 3′端进行"首""尾"修饰,再进行剪接,才能成为成熟的 mRNA。

大多数真核生物 mRNA 5′端有一个 7-甲基鸟嘌呤核苷三磷酸(m^7GpppN)的"帽子"结构。RNA 聚合酶Ⅱ在催化新生 mRNA 链延伸到 25~30 个核苷酸时,5′末端就在鸟苷酸转移酶和甲基转移酶的催化下形成帽子结构,这里的甲基由 S-腺苷甲硫氨酸(SAM)提供。帽子结构不仅能够保护 mRNA 免受核酸酶的降解,还参与 mRNA 与核糖体的结合过程。真核生物 mRNA 3′端通常含有多聚腺苷酸(polyA)"尾"结构,后者是转录后以 ATP 为底物,由多聚腺苷酸聚合酶(polyA polymerase)在 mRNA 3′端添加而成,长度为 100~200 个核苷酸。hnRNA 的剪接(splicing)是指切除内含子并连接外显子的过程:先将内含子转录的非编码区弯成"套索"状结构,使外显子转录的编码区相互靠近,接着由特异的 RNA 酶把圈出的非编码区切除,最后连接编码区形成成熟的 mRNA(图 15-4)。

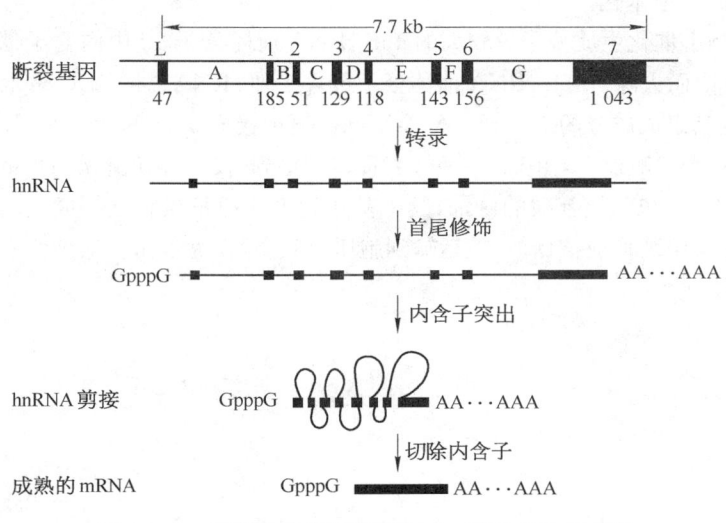

图 15-4 真核生物(鸡卵清蛋白)mRNA 的加工修饰

有些基因转录产物发生剪接后还可进行编辑加工。所谓 RNA 编辑(RNA editing)是指转录后加工改变了 RNA 碱基序列,导致同一基因产生多种不同的 RNA 产物。例如,哺乳动物载脂蛋白 B 基因(apoB)转录后会发生 RNA 编辑。apoB 基因序列在所有组织中都是相同的,编码区有 4 563 个密码子,但其转录产物 mRNA 前体分子在肝脏和肠黏膜细胞中的处理方式不同。肝脏中 apoB 基因经转录、翻译而表达的蛋白质,分子量约为 512 kDa,即 Apo B-100。而在肠黏膜细胞中有一种胞嘧啶脱氨酶,能将 mRNA 前体分子第 2 153 位密码子中的"C"转变为"U",这个碱基的替换使得原本编码谷氨酰胺的密码子 CAA 转变为终止密码子 UAA,引起翻译提前结束,生成包含 2 153 个密码子的 mRNA。以该 mRNA 为模板翻译生成的蛋白质,分子量约为 250 kDa,即 Apo B-48。

二、tRNA 前体的加工

原核生物 tRNA 前体可能包含几百个核苷酸,而成熟的 tRNA 长度为 70~80 nt,因此需要进行剪切和剪接。少数原核生物 tRNA 自身并无 3′-CCA 序列,需要由 tRNA 核苷酸转移酶(tRNA nucleotidyl transferase)或 CCA 添加酶(CCA-adding enzyme)催化添加。此外,大约 10% 的核苷酸需要被修饰或异构化。

真核生物中,由 RNA 聚合酶Ⅲ催化合成的 tRNA 初级产物,其 5′ 及 3′ 端均含有多余的核苷酸序列,需由核酸外切酶加以切除。如由 RNase P 核酶切除 5′ 端多余的核苷酸,连接成反密码环。真核生物 tRNA 前体的 3′ 端不含 CCA 序列,成熟 tRNA 3′ 端的 CCA 是由 tRNA 核苷酸转移酶添加上去的。在 tRNA 分子的茎环结构上,一些碱基还需通过化学修饰,成为稀有碱基。

三、rRNA 前体的加工

原核生物的 rRNA 基因都是以多顺反子的形式存在,细菌中还可能有 tRNA 基因夹杂其中。因此,原核生物的 rRNA 转录后主要的加工方式为剪切。此外,也需要对核苷酸进行一些特定的化学修饰，如甲基化。

　　RNA 聚合酶Ⅰ催化生成分子量较大的 45S rRNA 前体分子，其中内含子部分可发生自身剪接(self-splicing)而去除。45S rRNA 前体分子包含三种 rRNA。45S rRNA 经剪接后分离出属于核糖体小亚基组成成分的 18S rRNA，余下部分再剪接成 5.8S 和 28S 的 rRNA。真核生物的 5S rRNA 是一个单顺反子，由 RNA 聚合酶Ⅲ转录得到，仅由外切酶做简单的剪切即可。真核生物 rRNA 加工也包括核苷酸的修饰，其甲基化程度比原核生物高。成熟的 rRNA 在核仁上与数十种蛋白质组装形成核糖体，被运输到胞质溶胶中，作为蛋白质生物合成的场所。

第十六章
蛋白质的生物合成

学习目标

1. 掌握蛋白质生物合成体系,翻译的过程。
2. 熟悉翻译后加工和蛋白质靶向输送。
3. 了解影响蛋白质生物合成的物质。

蛋白质的生物合成是遗传信息表达的最终阶段。蛋白质生物合成是指用转录得到的携带遗传信息的 mRNA 指导多肽链合成的过程,也称翻译(translation)。该过程的本质是将 mRNA 分子中 A、G、C、U 四种核苷酸构成的核酸序列编码的遗传信息(核酸语言)转换成蛋白质一级结构中 20 种氨基酸的排列顺序(蛋白质语言)。肽链合成后还要通过翻译后的加工修饰,包括折叠形成天然蛋白质的三维构象、对一级结构和空间结构的修饰等,才能成为有活性的天然蛋白质,并运输到相应的亚细胞部位或分泌到细胞外发挥作用。

第一节 蛋白质生物合成体系

蛋白质的生物合成是一个复杂耗能过程,涉及数百种分子,除了 20 种标准氨基酸,mRNA、tRNA、rRNA 和多种蛋白质构成的核糖体,还包括参与氨基酸活化及肽链合成起始、延长和终止阶段的多种蛋白质因子、酶类、供能物质和某些无机离子等。

一、遗传密码

在原核生物中,数个功能相关的结构基因常串联在一起,构成一个转录单位,转录生成的 mRNA 往往编码几种功能相关的蛋白质,称多顺反子 mRNA(polycistronic mRNA),转录产物一般不需加工,即可作为翻译的模板。

在真核生物中,结构基因的遗传信息是不连续的,初级转录产物需加工为成熟的 mRNA 才可作为翻译的模板。真核细胞一个 mRNA 只编码一种蛋白质,称单顺反子 mRNA (monocistronic mRNA)。

(一)密码子

在 mRNA 阅读框架内,每三个相邻核苷酸组成一个三联体密码子(codon),编码一种氨基酸。由于 mRNA 分子上有 A、G、C、U 四种核苷酸,密码子含有三个核苷酸,故四种核苷酸可组合成 $64(4^3)$ 个三联体遗传密码(表 16-1)。在 64 个遗传密码子中,有三个密码子(UAA、UAG、UGA)不编码任何氨基酸,它们只作为肽链合成的终止信号,称终止密码子(termination codon);其余 61 个密码子分别编码 20 种标准氨基酸,其中 AUG 既编码多肽链中的甲硫氨酸,又作为肽链合成的起始信号,称起始密码子(initiation codon)。在某些原核生物中,GUG 也可充当起始密码子。

表 16-1 遗传密码表

第一个核苷酸(5′)	第二个核苷酸				第三个核苷酸(3′)
	U	C	A	G	
U	苯丙氨酸 UUU	丝氨酸 UCU	酪氨酸 UAU	半胱氨酸 UGU	U
	苯丙氨酸 UUC	丝氨酸 UCC	酪氨酸 UAC	半胱氨酸 UGC	C
	亮氨酸 UUA	丝氨酸 UCA	终止密码 UAA	终止密码 UGA	A
	亮氨酸 UUG	丝氨酸 UCG	终止密码 UAG	色氨酸 UGG	G
C	亮氨酸 CUU	脯氨酸 CCU	组氨酸 CAU	精氨酸 CGU	U
	亮氨酸 CUC	脯氨酸 CCC	组氨酸 CAC	精氨酸 CGC	C
	亮氨酸 CUA	脯氨酸 CCA	谷氨酰胺 CAA	精氨酸 CGA	A
	亮氨酸 CUG	脯氨酸 CCG	谷氨酰胺 CAG	精氨酸 CGG	G
A	异亮氨酸 AUU	苏氨酸 ACU	天冬酰胺 AAU	丝氨酸 AGU	U
	异亮氨酸 AUC	苏氨酸 ACC	天冬酰胺 AAC	丝氨酸 AGC	C
	异亮氨酸 AUA	苏氨酸 ACA	赖氨酸 AAA	精氨酸 AGA	A
	甲硫氨酸 AUG	苏氨酸 ACG	赖氨酸 AAG	精氨酸 AGG	G
G	缬氨酸 GUU	丙氨酸 GCU	天冬氨酸 GAU	甘氨酸 GGU	U
	缬氨酸 GUC	丙氨酸 GCC	天冬氨酸 GAC	甘氨酸 GGC	C
	缬氨酸 GUA	丙氨酸 GCA	谷氨酸 GAA	甘氨酸 GGA	A
	缬氨酸 GUG	丙氨酸 GCG	谷氨酸 GAG	甘氨酸 GGG	G

(二) 遗传密码的特点

1. 方向性 三联体遗传密码的排列,起始密码子总是位于 mRNA 5′端,终止密码子位于 mRNA 3′端。mRNA 遗传密码的方向性排列(5′→3′)决定了翻译生成蛋白质分子中氨基酸的排列顺序(N 端→C 端)。

2. 连续性 三联体密码子阅读既无间断又无重叠。所以,当基因发生插入一个碱基或缺失一个碱基的突变时,都会引起 mRNA 的阅读框移位,造成翻译产物中氨基酸顺序的改变。

3. 简并性 有的氨基酸可由多个密码子为其编码,称遗传密码的简并性。61 个密码子编码 20 种氨基酸,目前已知除了甲硫氨酸和色氨酸只对应 1 个密码子外,其他氨基酸都有 2、3、4 个或 6 个密码子为之编码(表 16-1)。为同一种氨基酸编码的各密码子称简并性密码子,也称同义密码子。比较编码同一氨基酸的几个三联体密码可发现：同义密码子的第1、第2位碱基多相同，而第3位碱基可以不同，即密码子的特异性主要由前两位核苷酸决定，如甘氨酸的密码子是GGU、GGC、GGA、GGG，故这些密码子第3位碱基的突变可能不影响所翻译氨基酸的种类，这种突变类型称同义突变（synonymous mutation）。因此，遗传密码的简并性可以降低基因突变的生物学效应。

4. 通用性　即从原核生物到人类都共用同一套遗传密码，这表明各种生物是从同一祖先进化而来的。但近年来研究发现，动物的线粒体和植物的叶绿体中的密码系统与通用密码系统有一定差别。如在线粒体内，AUA兼作甲硫氨酸密码子，AGA、AGG可作为终止密码子，而UGA编码色氨酸。

二、tRNA和氨基酸转运

tRNA分子既能辨认mRNA密码子，又能结合氨基酸的接合体（adaptor）。tRNA的这两种作用主要是依赖于其分子中3′端的-CCA-OH序列和另一侧反密码环上的反密码子。tRNA能够通过反密码子按碱基互补配对规则辨认mRNA分子的密码子，通过3′-CCA-OH末端结合特异氨基酸，从而按密码子指令将特定氨基酸带到核糖体上"对号入座"，参与蛋白质多肽链的合成。

1. 氨基酸的活化　这是指氨基酸的α-羧基与特异tRNA的3′末端CCA-CH结合形成氨基酰tRNA的过程，这一反应由氨基酰tRNA合成酶（aminoacyl tRNA synthetase）催化完成，每活化1分子氨基酸需要消耗2个高能磷酸键。第一步是氨基酰tRNA合成酶（E）识别它所催化的氨基酸及另一底物ATP，并在酶的催化下，ATP分解为焦磷酸和AMP，氨基酸的羧基与AMP上磷酸之间形成一个酯键，生成中间复合物氨基酰AMP-E，得到活化的氨基酸。第二步是氨基酰AMP-E与tRNA作用生成氨基酰tRNA，并重新释放出AMP和酶。

氨基酸与tRNA分子的正确结合，是保证翻译准确性的关键步骤之一，氨基酰tRNA合成酶在其中起着主要作用。氨基酰tRNA合成酶存在于胞质溶胶，对底物氨基酸和tRNA都有高度特异性。该酶通过分子中相分隔的活性部位分别识别结合ATP、特异的氨基酸和数种tRNA。

tRNA分子的反密码子辨认mRNA分子上的密码子时，按5′→3′方向，反密码子的第1位碱基与密码子的第3位碱基互补结合时，有时并不严格遵守碱基配对原则，这种现象称摆动配对（wobble pairing）（表16-2）。摆动配对可使携带特定氨基酸的一种tRNA识别几种简并性密码子。

表16-2　密码子与反密码子配对的摆动现象

tRNA反密码子第1位碱基	A	C	G	U	I
mRNA密码子第3位碱基	U	G	C、U	A、G	A、C、U

体内20种氨基酸不仅都有其特定的tRNA，而且一种氨基酸常有数种tRNA所携带。氨基酰-tRNA合成酶具有绝对专一性，对氨基酸和tRNA这两种底物都能高度特异地识别。

2. 氨基酰-tRNA的表示方法　如用三个字母缩写代表氨基酸，各种氨基酸和对应的tRNA结合形成的氨基酰tRNA可以如下方法表示，如Asp-tRNA[Asp]、Ser-tRNA[Ser]、Gly-

tRNA^{Gly}等。

密码子 AUG 可编码甲硫氨酸(Met),同时可作为起始密码子。在真核生物中与甲硫氨酸结合的 tRNA 至少有两种：在起始位点携带甲硫氨酸的 tRNA 称起始 tRNA(initiator tRNA),用 tRNA$_i^{Met}$表示；在肽链延长中携带甲硫氨酸的 tRNA 则用 tRNA^{Met}表示。Met‑tRNA$_i^{Met}$和 Met‑tRNA^{Met}可分别被起始或延长过程起催化作用的酶和因子所识别。

原核生物的起始 tRNA 上携带的是甲酰化的甲硫氨酸,即 N‑甲酰甲硫氨酸(N‑formyl methionine,fMet),起始位点的甲酰甲硫氨基酰 tRNA 表示为 fMet‑tRNA$_i^{fMet}$。N‑甲酰甲硫氨酸的合成由转甲酰基酶催化。

三、rRNA 和核糖体

核糖体是蛋白质生物合成的场所。

1. 核糖体组成和结构　在原核细胞中,核糖体可以游离形式存在,也可与 mRNA 结合形成串珠状的多聚核糖体。真核细胞中的核糖体可游离存在,也可与细胞内质网相结合形成粗面内质网。核糖体由大、小两个亚基组成,每个亚基都由多种核糖体蛋白质(ribosomal protein, rp)和多种 rRNA 组成。大、小亚基所含蛋白质分别称 rpL(ribosomal proteins in large subunit)和 rpS(ribosomal proteins in small subunit),它们多是参与蛋白质生物合成过程的酶或蛋白质因子。

原核生物核糖体(70S)由 30S 小亚基(含 16S rRNA 和 21 种 rpS)和 50S 大亚基(含 23S rRNA、5S rRNA 和 36 种 rpL)组成,真核生物核糖体(80S)则由 40S 小亚基(含 18S rRNA 和 33 种 rpS)和 60S 大亚基(含 28S rRNA、5.8S RNA、5S rRNA 和 49 种 rpL)组成。

核糖体作为蛋白质合成场所,至少含有以下多个重要的功能部位。① 核糖体的小亚基有供 mRNA 附着的位置。② 结合氨基酰‑tRNA 的氨基酰位(aminoacyl site),简称 A 位。③ 结合肽酰‑tRNA 的肽酰位(peptidyl site),简称 P 位。④ 大亚基上有脱酰 tRNA 的出口位(exit site),简称 E 位。真核生物核糖体上没有 E 位。⑤ 大亚基有肽酰转移酶活性中心,可催化形成肽键。⑥ 一些蛋白质因子(起始因子、延长因子和释放因子等)结合部位,如 A 位和 P 位两个位置位于大小亚基相结合的表面(图 16‑1)。

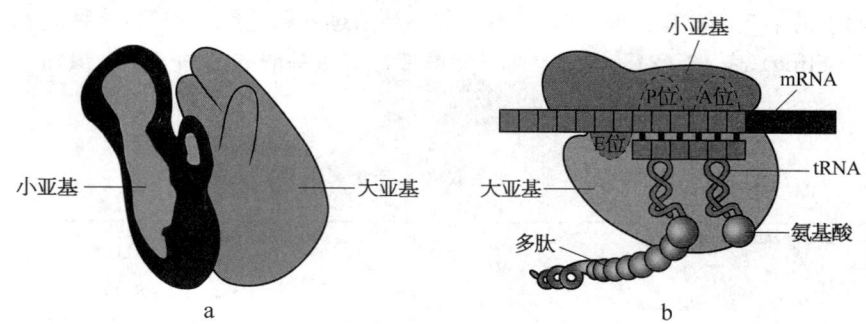

图 16‑1　原核生物核糖体结构模式

a. 核糖体大、小亚基；b. 翻译过程中核糖体结构模式

2. 肽酰转移酶(peptidyl transferase)　其化学本质是 RNA,属于"核酶",可催化邻近的氨基酸间形成肽键,即催化氨基酸脱水缩合。

在原核生物中,核糖体的大亚基内有肽酰转移酶活性部位。在蛋白质合成过程中,肽酰 tRNA 结合在 P 位,另一个氨基酰 tRNA 结合在 A 位,两个 tRNA 的反密码子与 mRNA 的两个密码子互补结合。肽酰转移酶的活性中心发挥作用,将肽酰基转移到位于 A 位的氨基酰 tRNA 的氨基上,在两者之间形成肽键。A 位上的氨基酸被添加至肽链中,肽链得以延长。

大小亚基的结合就是蛋白质合成的开始,蛋白质合成一旦中止,核糖体就立即解离成游离的大、小亚基。

第二节 蛋白质生物合成的过程

蛋白质生物合成从核糖体大小亚基聚合在 mRNA 5′端 AUG 部位开始,沿着 mRNA 模板链 5′→3′方向移动,由 tRNA 反密码子通过碱基配对"阅读"mRNA 三联体遗传密码并携带特定氨基酸在核糖体上"对号入座",将氨基酸从 N 端→C 端方向连接起来构成多肽链,直至核糖体在 mRNA 3′端遇到终止信号而使大小亚基解体为止。解体后的大小亚基可以重新聚合在 mRNA 5′端 AUG 部位开始另一条多肽链的合成,即进入下一轮循环。蛋白质生物合成全过程可以分为起始(initiation)、延长(elongation)和终止(termination)三个阶段。原核生物和真核生物的蛋白质生物合成过程不尽相同,所用术语也有区别,以下分别进行介绍。

一、原核生物的肽链合成过程

蛋白质生物合成的早期研究工作是利用大肠杆菌进行的,故对大肠杆菌的翻译过程了解较多,其过程分为起始、延长和终止三个阶段,这三个阶段是在核糖体上完成的。原核生物的肽链合成过程涉及众多的蛋白质因子(表 16-3)。

表 16-3 参与原核生物肽链合成的各种蛋白质因子及其生物学功能

	种 类	生 物 学 功 能
起始因子	IF-1	占据 A 位,防止其他氨基酰 tRNA 进位
	IF-2	促进 fMet-tRNA^{fMet} 与 30S 小亚基结合
	IF-3	促进大、小亚基分离,提高 P 位对结合 fMet-tRNA^{fMet} 的敏感性
延长因子	EF-Tu	结合 GTP,携带氨基酰 tRNA 进入 A 位
	EF-Ts	调节亚基
	EF-G	有易位酶活性,促进 mRNA-肽酰 tRNA 由 A 位移至 P 位,促进脱酰 tRNA 的解离
释放因子	RF-1	特异识别 UAA、UAG,诱导转肽酶转变成酯酶
	RF-2	特异识别 UAA、UGA,诱导转肽酶转变成酯酶
	RF-3	与核糖体其他部位结合,有 GTP 酶活性,介导 RF-1、RF-2 与核糖体的相互作用

(一)起始阶段

肽链合成的起始阶段是指 mRNA、起始氨基酰 tRNA 分别与核糖体结合而形成翻译起始复合物(translational initiation complex)的过程。除了需要 30S 小亚基、mRNA、fMet-tRNA^{fMet} 和 50S 大亚基外,此过程还需要起始因子(initiation factor,IF)、GTP 和 Mg^{2+} 参与。原核生物有三种起始因子,即 IF-1、IF-2 和 IF-3。

1. 核糖体大、小亚基分离 蛋白质肽链的合成连续进行,在肽链延长过程中,核糖体的大小亚基是聚合的,一条肽链合成的终止实际上是下一轮翻译的起始。此时 IF-1、IF-3 与小亚基结合,促进大小亚基分离。

2. mRNA 与核糖体小亚基定位结合 原核生物 mRNA 在核糖体小亚基上的准确定位结合涉及两种机制:① 在原核生物 mRNA 起始密码子 AUG 上游约 10 个碱基的位置,通常含有一段富含嘌呤碱基的特殊序列(AGGAGG),称 Shine-Dalgarno 序列(SD序列),它与原核生物核糖体小亚基 16SrRNA 的 3′端互补,从而使 mRNA 与小亚基结合。因此,mRNA 的 SD 序列又称核糖体结合位点(ribosomal binding site,RBS)。一条多顺反子 mRNA 序列上的每个基因编码序列均拥有各自的 SD 序列和起始密码子 AUG。② mRNA 上 RBS 的一段核苷酸序列,可被核糖体小亚基蛋白-1(rpS-1)识别并结合。原核生物通过上述 RNA-RNA、RNA-蛋白质的相互作用,核糖体的小亚基可在 mRNA 的起始 AUG 位点精确定位而形成复合体。

3. fMet-tRNA^{fMet} 的结合 fMet-tRNA^{fMet} 与核糖体的结合受到 IF-2 的控制。起始时 IF-1 结合在 A 位,阻止氨基酰 tRNA 的进入。IF-2 首先与 GTP 结合,再结合 fMet-tRNA^{fMet}。在 IF-2 的帮助下,fMet-tRNA^{fMet} 识别对应核糖体 P 位的 mRNA 起始密码子 AUG,并与之结合,这也促进了 mRNA 的准确就位。

4. 翻译起始复合物的形成 IF-2 有完整核糖体依赖的 GTP 酶活性。当上述结合了 mRNA、fMet-tRNA^{fMet} 的小亚基再与 50S 大亚基结合生成完整核糖体时,IF-2 结合的 GTP 就被水解,促使三种 IF 释放,形成由完整核糖体、mRNA、起始氨基酰 tRNA 组成的翻译起始复合物(图 16-2)。此时,结合起始密码子 AUG 的 fMet-tRNA^{fMet} 占据 P 位,而 A 位留空,并对应 mRNA 上紧接在 AUG 后的密码子,为肽链延长做好了准备。

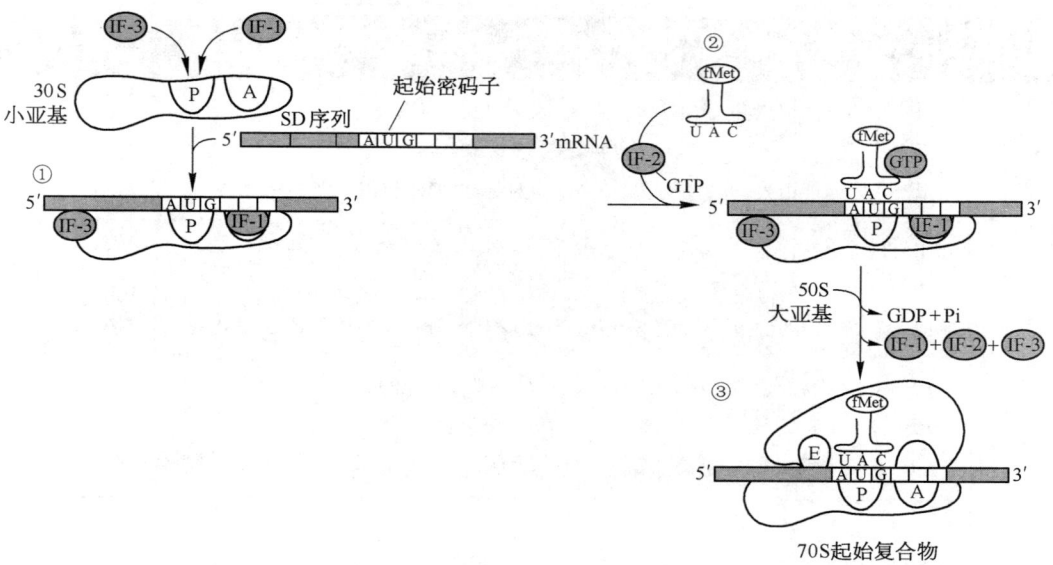

图 16-2 原核生物翻译起始复合物的形成

(二) 延长阶段

肽链的延长是指在 mRNA 的指导下，氨基酸依次进入核糖体并聚合成多肽链的过程。肽链延长需要 GTP 和延长因子（elongation factor，EF）的参与。

肽链延长的过程是在核糖体上连续循环进行的，每次循环分进位（entrance）、成肽（peptide bond formation）和易位（translocation）三个阶段。每循环一次，肽链增加一个氨基酸残基，直至肽链合成终止。

1. 进位 指一个氨基酰 tRNA 按照 mRNA 模板的指导进入并结合到核糖体 A 位的过程。肽链合成起始后，核糖体 P 位已被起始氨基酰 tRNA 占据，但 A 位是留空的，对应 AUG 后一组三联体密码，进入 A 位的氨基酰 tRNA 即由该密码子决定。

进位需要延长因子（EF-Tu 和 EF-Ts）的参与。当 EF-Tu 结合 GTP 时，便与 EF-Ts 分离，使 EF-Tu-GTP 处于活性状态；而当 GTP 水解为 GDP 时，EF-Tu-GDP 就失去活性。氨基酰-tRNA 进位前，必须首先与活性的 EF-Tu-GTP 结合，才能被带入核糖体 A 位，使密码子与反密码子配对结合。同时，EF-Tu 的 GTP 酶发挥作用促使 GTP 水解，驱动 EF-Tu-GDP 从核糖体释出。随后 EF-Ts 与 EF-Tu 结合将 GDP 置换出去，并重新形成 EF-Tu-Ts 二聚体。由此可见，EF-Ts 实际上是 GTP 交换蛋白质，可将 EF-Tu 上的 GDP 交换成 GTP，使 EF-Tu 进入新一轮循环，继续催化下一个氨基酰 tRNA 进位（图 16-3）。

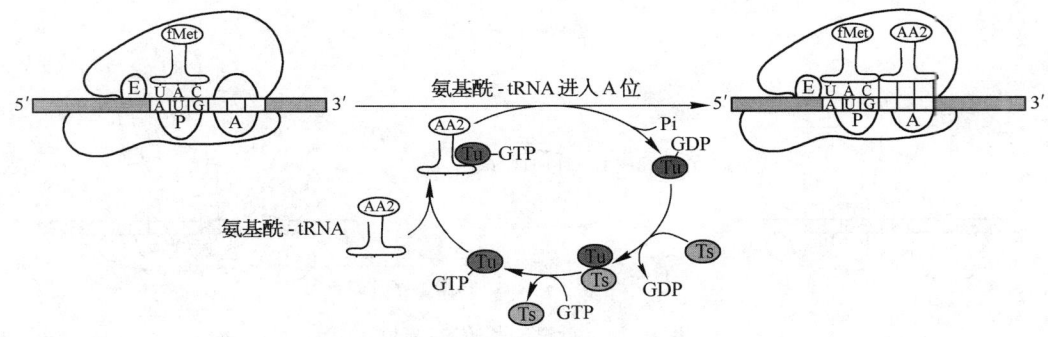

图 16-3 肽链延长阶段（进位）

2. 成肽 进位后，核糖体的 A 位结合了一个氨基酰 tRNA。在肽酰转移酶的催化下，P 位上起始氨基酰 tRNA 的 N-甲酰甲硫氨酰或肽酰 tRNA 的肽酰基转移到 A 位并与 A 位上氨基酰 tRNA 的 α-氨基形成肽键。第一个肽键形成以后，二肽酰 tRNA 占据核糖体 A 位，而脱酰 tRNA 仍在 P 位（图 16-4）。

3. 易位 指在易位酶催化下，核糖体向 mRNA 的 3′端移动一个密码子的距离，使 mRNA 序列上的下一个密码子进入核糖体的 A 位，而原来占据 A 位的肽酰 tRNA 移至 P 位的过程。同时，P 位的脱酰 tRNA 进入 E 位，并由此排出。在原核生物，易位依赖于延长因子-G（EF-G）和 GTP。EF-G 具有易位酶（translocase）活性，可结合并水解 1 分子 GTP，促进核糖体向 mRNA 的 3′端移动，使 A 位留空并对应下一组三联体密码，准备接受相应的氨基酰 tRNA 进位，开始下一轮核糖体循环（图 16-5）。

第 1 轮核糖体循环后，mRNA 分子上的第 3 个密码子进入 A 位，为下一个氨基酰 tRNA 进位做好准备。再进行第 2 轮循环，进位—成肽—易位时，P 位将出现三肽酰 tRNA，A 位又空

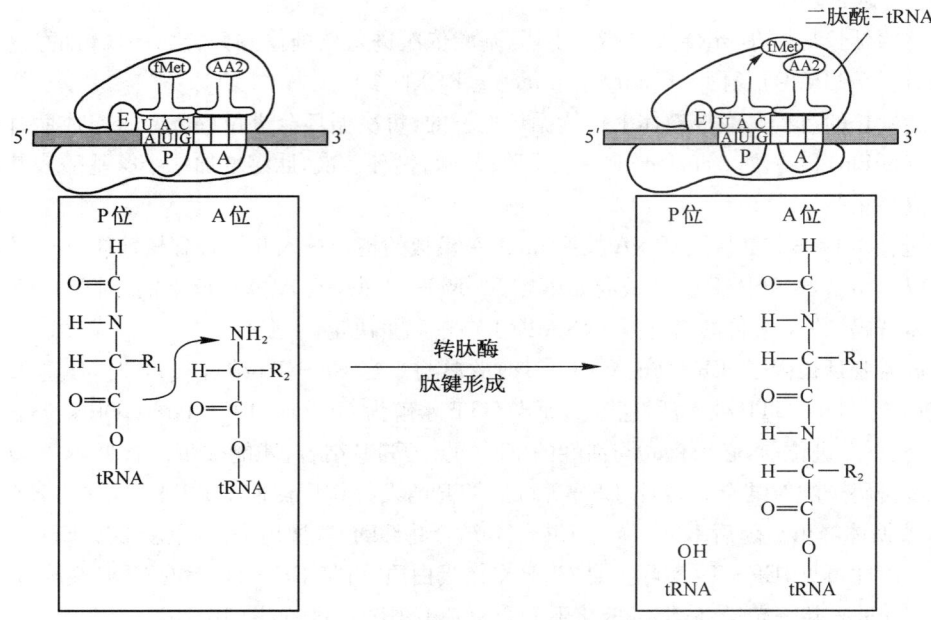

图 16-4 肽链延长阶段(成肽)

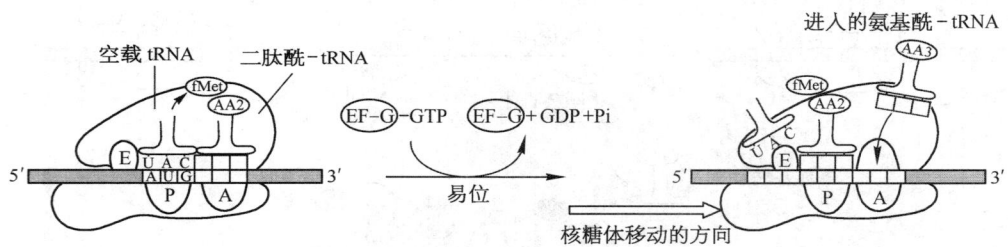

图 16-5 肽链延长阶段(易位)

出,再进行第 3 轮循环,这样每循环 1 次,肽链将增加 1 个氨基酸残基。核糖体依次沿 $5'→3'$ 方向阅读 mRNA 的遗传密码,肽链不断从 N 端向 C 端延长。

(三) 终止阶段

肽链合成的终止是指核糖体 A 位出现 mRNA 的终止密码子后,多肽链合成停止,肽链从肽酰 tRNA 中释出,mRNA 及核糖体大、小亚基等分离的过程。

终止过程需要的蛋白质因子称释放因子(release factor,RF)。原核生物有三种 RF,即 RF-1、RF-2 和 RF-3。RF-1 能特异识别终止密码子 UAA、UAG;RF-2 可识别 UAA、UGA;RF-3 具有 GTP 酶活性,可结合并水解 1 分子 GTP,促进 RF-1 和 RF-2 与核糖体的结合。

原核生物翻译终止过程如下:肽链延长到 mRNA 的终止密码子进入核糖体 A 位时,终止密码子不被任何氨基酰 tRNA 识别和进位,只有释放因子 RF-1 或 RF-2 可在 RF-3 的帮助下识别结合终止密码子,并触发核糖体构象改变,激活其酯酶活性,水解肽酰 tRNA 中肽酰基与 tRNA 连接的酯键,把多肽链从 P 位肽酰 tRNA 上释放出来,并促使 mRNA、脱酰 tRNA 及 RF 从核糖体脱离,接着在 IF-3 的作用下,核糖体大、小亚基解离,开始新的翻译起始过程(图 16-6)。

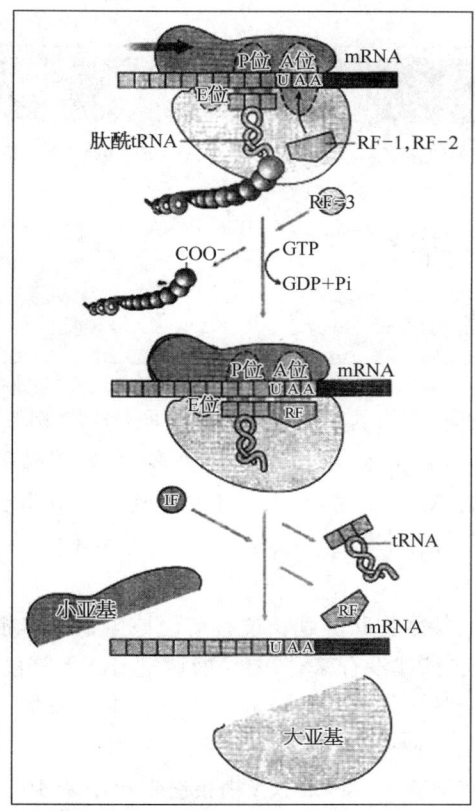

图 16-6 原核生物肽链合成的终止

二、真核生物的肽链合成过程

真核生物的肽链合成过程与原核生物的肽链合成过程类似,只是反应更复杂、涉及的蛋白质因子更多(表 16-4)。

表 16-4 参与真核生物翻译的各种蛋白质因子及其生物学功能

	种 类	生 物 学 功 能
起始因子	eIF-1	多功能因子,参与翻译的多个环节
	eIF-2	促进起始 Met-tRNAi^{Met} 与小亚基结合
	eIF-2B	结合小亚基,促进大、小亚基分离
	eIF-3	结合小亚基,促进大、小亚基分离;介导 mRNA-eIF-4F 复合物与小亚基结合
	eIF-4A	eIF-4F 复合物成分,有 RNA 解旋酶活性,解除 mRNA 的 5′端发夹结构,使其与小亚基结合
	eIF-4B	结合 mRNA,促进 mRNA 扫描定位起始 AUG
	eIF-4E	eIF-4F 复合物成分,结合 mRNA 的 5′端帽子结构
	eIF-4G	eIF-4F 复合物成分,连接 eIF-4E、eIF-3 和 PAB
	eIF-5	促进各种起始因子从核糖体释放,进而结合大亚基
	eIF-6	促进无活性的核糖体解聚生成大、小亚基

(续表)

种类		生物学功能
延长因子	eEF-1α	结合GTP,携带氨基酰tRNA进入A位,相当于EF-Tu
	eEF-1βγ	调节亚基,相当于EF-Ts
	eEF-2	有易位酶活性,促进mRNA-肽酰tRNA由A位移至P位,促进tRNA脱酰基与释放,相当于EF-G
释放因子	eRF	识别终止密码子

1. 肽链合成的起始　真核生物的翻译起始过程与原核生物相似,但顺序不同,所需的成分也有区别。如核糖体为80S,起始因子(eIF)数目更多,起始甲硫氨酸不需甲酰化。真核生物mRNA为单顺反子,起始AUG上游没有SD序列,但有5′端帽子和3′端poly(A)尾结构。小亚基首先识别结合mRNA的5′端帽子结构,再移向起始密码子AUG,并在那里与大亚基结合。

2. 肽链合成的延长　真核生物肽链延长过程与原核生物基本相似,只是反应体系和延长因子不同。另外,真核细胞核糖体没有E位,易位时脱酰tRNA直接从P位脱落。

3. 肽链合成的终止　真核生物肽链合成的终止过程尚不清楚,目前仅发现一种释放因子eRF,可以识别全部三种终止密码子。

无论原核细胞还是真核细胞,一条mRNA模板链上可附着10～100个核糖体。这种多个核糖体与mRNA的聚合物称多聚核糖体(polyribosome或polysome)。当一个核糖体与mRNA结合并开始翻译,沿mRNA向3′端移动一定距离(约80个核苷酸)后,第二个核糖体又在mRNA的翻译起始部位结合,以后第三个、第四个核糖体相继结合到mRNA的翻译起始位点,这样在一条mRNA上常结合有多个核糖体,呈串珠状排列,同时进行多条肽链的合成,大大增加了细胞内蛋白质的合成速率。原核生物mRNA转录后不需加工即可作为翻译的模板,转录和翻译偶联进行。因此在电子显微镜下看到,原核生物DNA分子上连接着长短不一正在转录的mRNA分子,每条mRNA再附着多个核糖体进行翻译,显示为羽毛状结构(图16-7)。

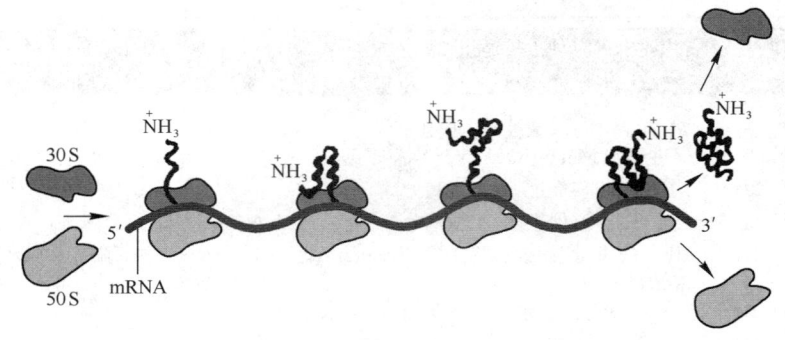

图16-7　多聚核糖体

蛋白质生物合成是耗能过程。首先,每个分子氨基酸活化生成氨基酰tRNA消耗2个高能磷酸键;其次,在肽链延长阶段,进位和易位各消耗1个高能磷酸键。但为保持蛋白质合成的高度保真性,任何步骤出现不正确连接都需消耗能量来水解清除,因此肽链每增加 1 个肽键实际消耗可能多于 4 个高能磷酸键,这使多肽链合成的错误率低于 10^{-4}。

第三节　翻译后加工和蛋白质靶向输送

新生多肽链不具备蛋白质生物学活性,必须经过复杂的加工修饰过程才转变为具有天然构象的功能蛋白质,该过程称翻译后修饰(post-translational modification),主要包括多肽链折叠为天然的三维构象、肽链一级结构的修饰、肽链空间结构的修饰等。另外,在核糖体上合成的蛋白质还需要靶向输送到特定细胞部位,如线粒体、溶酶体、细胞核,有的分泌到细胞外,并在靶位点发挥各自的生物学功能。

一、肽链的折叠

核糖体上新合成的多肽链需逐步折叠成正确的天然构象(native conformation),才能成为有功能的蛋白质。新生肽链的折叠在肽链合成中、合成后完成,新生肽链 N 端在核糖体上一出现,肽链的折叠即开始,随着肽链的逐步延伸而不断折叠,产生正确的二级结构、模体、结构域直至形成完整空间构象。

蛋白质折叠的信息全部储存于肽链自身的氨基酸序列中,即蛋白质的空间构象由一级结构所决定。从热力学角度来看,蛋白质多肽链折叠成天然空间构象是一种释放自由能的自发过程。但实际上,细胞中大多数天然蛋白质折叠都不是自动完成的,而需要其他酶、蛋白质辅助。这些辅助性蛋白质可以指导新生蛋白质按特定方式进行正确的折叠。下面介绍几种具有促进蛋白质折叠功能的大分子。

(一) 分子伴侣

分子伴侣(molecular chaperone)是细胞中一类保守蛋白质,可识别肽链的非天然构象,促进各种功能域和整体蛋白质的正确折叠。分子伴侣有以下功能:① 刚合成的蛋白质以未折叠的形式存在,其中的疏水性片段很容易相互作用而自发折叠,分子伴侣能有效地封闭蛋白质的疏水表面,防止错误折叠的发生。② 对已经发生错误折叠的蛋白质,分子伴侣可以识别并帮助其恢复正确的折叠。③ 创建一个隔离的环境,使蛋白质的折叠互不干扰。细胞内的分子伴侣至少有两大类。

1. 热激蛋白质(heat shock protein, HSP)　属于应激反应性蛋白质,高温应激可诱导该蛋白质合成。在高温条件下,HSP 被诱导而表达增加,以尽量减少热变性对蛋白质的损害。包括 HSP70、HSP40 和 GrpE 三种成员,广泛存在于各种生物中。在蛋白质翻译后修饰过程中,对某些能自发性折叠的蛋白质,HSP 可促进需要折叠的多肽链折叠为有天然空间构象的蛋白质。

2. 伴侣蛋白(chaperonin)　为分子伴侣的另一家族,如大肠杆菌的 GroEL 和 GroES(真核细胞中同源物为 HSP60 和 HSP10)等,其主要作用是为非自发性折叠蛋白质提供能折叠形成天然空间构象的微环境,E. coli 中 10%~20% 的蛋白质折叠需要伴侣蛋白的辅助。

实际上,分子伴侣并未加快折叠反应速度,只是通过消除不正确折叠、增加正确折叠蛋白质的获得率而促进天然蛋白质折叠。

（二）蛋白质二硫键异构酶

多肽链内或肽链之间二硫键的正确形成对稳定分泌型蛋白质、膜蛋白质等的天然构象十分重要，这一过程主要在细胞内质网进行。但多肽链的几个半胱氨酸间可能出现错配二硫键，影响蛋白质正确折叠。二硫键异构酶在内质网腔内活性很高，可在较大区段肽链中催化错配二硫键断裂并形成正确二硫键连接，最终使蛋白质形成热力学最稳定的天然构象。

（三）肽-脯氨酰顺反异构酶

脯氨酸为亚氨基酸，多肽链中脯氨酸的亚氨基形成的肽键有顺反异构，空间构象差别明显。天然蛋白质中该肽键绝大部分是反式构型，仅 6% 为顺式构型。肽-脯氨酰顺反异构酶可促进上述顺反两种异构体之间的转换，在肽链合成需形成顺式构型时，可使多肽在各脯氨酸弯折处形成准确折叠。肽-脯氨酰顺反异构酶也是蛋白质三维空间构象形成的限速酶。

二、一级结构的修饰

1. **N 端修饰** 在蛋白质合成过程中，新生肽链的第一个氨基酸总是甲硫氨酸（真核生物）或 N-甲酰甲硫氨酸（原核生物），但多数天然蛋白质并不是以甲硫氨酸或 N-甲酰甲硫氨酸为 N 末端的第一位氨基酸。细胞内有脱甲酰基酶或氨基肽酶可以除去 N-甲酰基、N 端甲硫氨酸或 N 端附加序列，这一过程可在肽链合成过程中进行，也可以在肽链合成终止时才发生。

2. **个别氨基酸修饰** 某些蛋白质肽链中存在共价修饰的氨基酸残基，是肽链合成后特异加工产生的，主要包括磷酸化、糖基化、甲基化、乙酰化、羟基化等，这些修饰对于维持蛋白质的正常生物学功能是必需的。如组蛋白分子的精氨酸可进行乙酰化修饰，从而改变染色质的结构而影响基因表达。

3. **多肽链的水解剪裁** 某些无活性的蛋白前体可经蛋白酶水解，生成具有活性的蛋白质或多肽，如胰岛素原经酶解生成胰岛素、多种蛋白酶原经裂解激活生成蛋白酶。另外，真核细胞某些大分子多肽前体，经翻译后加工，水解生成小分子活性肽类。例如，腺垂体所合成的促黑激素与 ACTH 的共同前体——阿黑皮素原（proopiomelanocortin，POMC）是由 265 个氨基酸残基构成的多肽，经不同的水解加工，可生成至少 10 种不同的肽类激素，包括 ACTH（三十九肽）、α-内啡肽（α-endorphin）、β-内啡肽（β-endorphin）、γ-内啡肽（γ-endorphin）等活性物质（图 16-8）。

三、空间结构的修饰

有些蛋白质的多肽链合成后，除了正确折叠成天然空间构象外，还需要经过某些其他的空间结构的修饰，才能成为有功能的蛋白质。

1. **亚基聚合** 具有四级结构的蛋白质由两条以上的肽链通过非共价聚合，形成寡聚体（oligomer）。蛋白质各个亚基相互聚合所需的信息不仅仍储存在肽链的氨基酸序列之中，而且这种聚合过程往往有一定顺序，前一步骤常可促进后一步骤的进行，如血红蛋白分子 $\alpha_2\beta_2$ 亚基的聚合。质膜镶嵌蛋白质、跨膜蛋白质也多为寡聚体，虽然各亚基各自有独立功能，但又必须聚合后才能够发挥作用。

2. **辅基连接** 对于结合蛋白来讲，如糖蛋白、脂蛋白、色蛋白、金属蛋白及各种带辅基的酶类等，其非蛋白质部分（辅基）都是合成后连接上去的，这类蛋白质只有结合相应辅基，才能成为天然有活性的蛋白质。辅基（辅酶）与肽链的结合过程十分复杂，很多细节尚未研究清楚。如蛋白质添加糖链辅基的过程，称糖基化（glycosylation），主要发生在真核细胞的质膜蛋白质

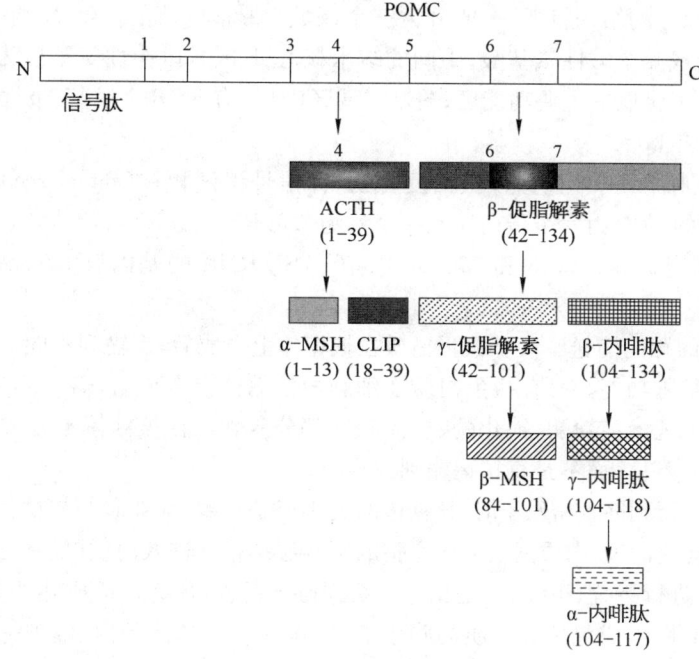

图 16-8　POMC 的水解加工

POMC 的水解位点由 Arg-Lys、Lys-Arg、Lys-Lys 序列构成,用数字 1～7 表示。
各活性物质下方括号内的数字为其在 POMC 中对应的氨基酸编号(将 ACTH 的 N 端第一位氨基酸残基编为 1 号)

或分泌型蛋白质上,由多种糖基转移酶催化,在细胞内质网及高尔基体中完成。

3. 疏水脂链的共价连接　某些蛋白质,如 Ras 蛋白、G 蛋白等,翻译后需要在肽链特定位点共价连接一个或多个疏水性强的脂链、多异戊二烯链等。这些蛋白质通过脂链嵌入膜脂双层,定位成为特殊质膜的内在蛋白质,才成为具有生物学功能的蛋白质。

四、蛋白质靶向输送

在生物体内,蛋白质的合成位点与功能位点间通常被一层或多层生物膜所隔开,这样就产生了蛋白质转运的问题。蛋白质合成后被定向输送到其发挥作用的靶位点的过程,称蛋白质靶向输送(protein targeting)。真核生物蛋白质在核糖体上合成后,有三种去向:① 保留在胞质溶胶;② 进入细胞核、线粒体或其他细胞器;③ 分泌到细胞外。上述后两种情况中,蛋白质都必须先通过膜性结构,经过复杂的靶向输送机制后才能到达目的地。

1. 信号肽与靶向输送　根据蛋白质的不同定位,可分为胞质蛋白质、分泌蛋白质、膜蛋白质、核蛋白质及各种细胞器蛋白质。蛋白质的定位由各种标签引导。最常见的标签为信号肽,还有线粒体定向肽、过氧化物酶体靶向序列、核定位信号等。

信号肽(signal peptide)又称信号序列(signal sequence),是膜蛋白、分泌蛋白和溶酶体蛋白的定位标签。在起始密码子之后,有一段 RNA 编码疏水性氨基酸序列,称信号肽序列,由 13～26 个残基组成,位于蛋白质的氨基端。信号肽序列在成熟的分泌蛋白中并不存在,其功能在于引导随后产生的蛋白质多肽链穿过内质网膜进入腔内,在蛋白质定位,尤其是内质网—高尔基体—质膜分泌途径中具有重要作用。发挥作用后信号肽可以被信号肽酶水解。

信号肽具有保守的结构特征,一般分为三个区域:带正电荷的位于 N 端的 n 区,有 1~5 个残基,包括一个或几个碱性氨基酸;中间的疏水核心(h 区),以中性氨基酸为主,含有 7~15 个疏水性残基,是信号肽的主要功能区;羧基末端区(c 区)有 5~6 个残基,极性较强,包含信号肽切割位点,为加工区。

信号肽的识别需要一种核糖核蛋白复合物,称信号识别颗粒(signal recognition particle, SRP)。真核生物的 SRP 由六个蛋白质和一个称为 7SL RNA 的 RNA 组成,六个蛋白质按照分子量命名为 SRP9、14、19、54、68 和 72。人类编码 7SL RNA 的基因有 *RN7SL1*、*RN7SL2* 和 *RN7SL3* 三个。

2. 分泌蛋白的靶向输送　大多数蛋白质在核糖体上合成后,运输到不同亚细胞部位,以组成生物体或维持细胞功能。另有些蛋白质在细胞内核糖体上合成后,需分泌到细胞外发挥作用,称分泌蛋白,如唾液淀粉酶、消化酶、抗体和一部分激素。在核糖体上合成的分泌蛋白,要经过内质网和高尔基体,而不是直接运输到细胞膜。

当翻译过程进行到终止密码子时,核糖体的大小亚基解聚,大亚基与核糖体受体解离,内质网膜上的蛋白质孔道消失,内质网恢复成完整的脂双层结构。进入内质网腔内的多肽链在信号肽被水解切除后,进行折叠、组装、糖基化等一系列修饰过程,最终形成成熟的分泌蛋白。继而内质网腔膨大、出芽,形成包裹蛋白质的膜小泡,输送到高尔基体腔内,做进一步加工。接着,高尔基体边缘突起形成小泡,包裹着蛋白质运输到细胞膜,相互融合,把蛋白质释放到细胞外。

第四节　影响蛋白质生物合成的物质

蛋白质生物合成在细胞生理过程中有核心作用,因此也成为很多抗生素、毒素的作用靶点。抗生素等就是通过阻断真核、原核生物蛋白质合成体系中某组分的功能,干扰和抑制蛋白质生物合成过程而起作用的。

真核、原核生物的翻译过程既相似又有差别,这些差别在临床医学中有重要价值。如抗生素能杀灭细菌但对真核细胞无明显影响,可将蛋白质生物合成所必需的关键组分作为研究新抗菌药物的作用靶点,并可设计、筛选对病原微生物有特效而不损害人体的药物。某些毒素也作用于基因信息传递过程,对毒素作用原理的了解,不仅能研究其致病机制,还可从中发现、寻找新药的途径。下面介绍某些干扰和抑制翻译过程的抗生素或生物活性物质的作用及机制。

一、抗生素

抗生素为一类微生物来源的药物,可杀灭或抑制细菌。抗生素可以通过阻断细菌蛋白质生物合成而起到抑制细菌生长和繁殖的作用。

(一) 影响翻译起始的抗生素

伊短菌素(edeine)引起 mRNA 在核糖体上错位,从而阻碍翻译起始复合物的形成,对所有生物的蛋白质合成均有抑制作用。伊短菌素还可以影响起始氨基酰 tRNA 的就位和 IF-3 的功能。

(二) 影响翻译延长的抗生素

1. 四环素族　包括土霉素、四环素等,能与原核生物核糖体小亚基 A 位结合,妨碍氨基酰

tRNA的进位,从而抑制细菌蛋白质生物合成。

2. **氨基糖苷类** 主要抑制革兰阴性菌的蛋白质合成,如链霉素(streptomycin)和卡那霉素(kanamycin)能与原核生物核糖体小亚基结合,改变其构象,引起读码错误,使毒素类细菌蛋白质失活;高浓度时可抑制起始过程。结核杆菌对这两种抗生素敏感。

3. **氯霉素类** 属于广谱抗生素,能与原核生物核糖体大亚基结合,阻止肽键形成,阻断翻译延长过程。高浓度时,可对真核生物线粒体蛋白质合成有抑制作用,造成对人的毒性。

4. **大环内酯类** 抑制葡萄球菌、链球菌等革兰阳性菌的蛋白质合成,机制是作用于50S大亚基,抑制易位酶(EF-G)活性,阻止肽酰tRNA从A位转到P位。例如,红霉素(erythromycin)、阿奇霉素(azithromycin)和克拉霉素(clarithromycin)等属于此类抗生素。

5. **氨基核苷类** 如嘌呤霉素(puromycin),其结构与氨基酰tRNA相似,可取代一些氨基酰tRNA进入核糖体A位,但延长中的肽酰-嘌呤霉素容易从核糖体脱落,中断肽链合成。嘌呤霉素对原核、真核生物翻译过程均有干扰作用,难以用作抗菌药物,但可尝试用于治疗肿瘤。

6. **林可酰胺类** 作用于敏感菌核糖体大亚基A位和P位,阻止tRNA在这两个位置就位,抑制肽键形成,从而在翻译延长阶段抑制细菌的蛋白质合成。例如,林可霉素(lincomycin)和克林霉素(clindamycin)等属于此类抗生素。

二、毒素

抑制人体蛋白质合成的毒素,常见者为细菌毒素和植物毒素。细菌毒素有多种,如白喉毒素、铜绿假单胞菌毒素、志贺毒素等,多在肽链延长阶段抑制蛋白质的合成。

1. **白喉毒素(diphtheria toxin)** 为白喉杆菌产生的毒蛋白,其主要作用就是抑制蛋白质的生物合成。

白喉毒素作为一种修饰酶,催化真核生物延长因子-2(eEF-2)发生ADP糖基化共价修饰,生成eEF-2腺苷二磷酸衍生物,使eEF-2失活(图16-9)。其催化效率很高,只需微量就能有效抑制蛋白质的生物合成,对真核生物的毒性极强。

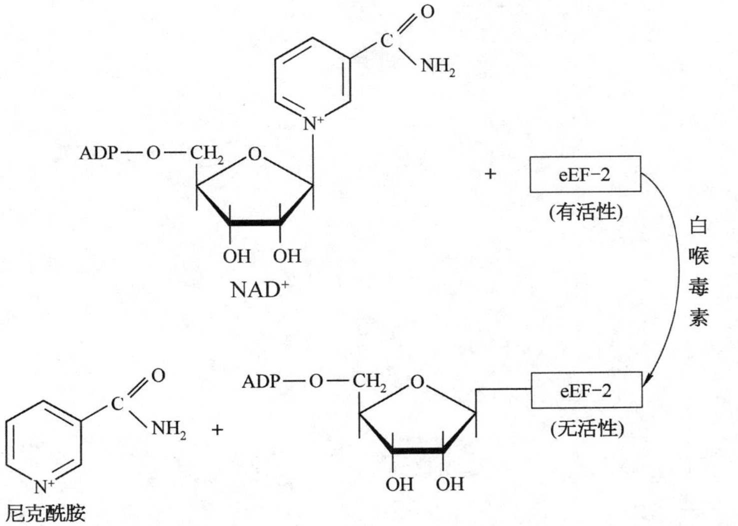

图16-9 白喉毒素的作用机制

除了白喉毒素外,现知铜绿假单胞菌的外毒素A也与白喉毒素一样,以相似机制起作用。

2. **植物毒素** 某些植物毒蛋白质也是肽链合成的阻断剂。如蓖麻籽所含的蓖麻蛋白(ricin)可催化真核生物核糖体60S大亚基上28S rRNA的特异腺苷酸发生脱嘌呤基反应,使28S rRNA降解,引起核糖体大亚基失活,抑制肽链延长。

三、干扰素

干扰素(interferon,IFN)是真核细胞感染病毒后分泌的一类具有抗病毒作用的蛋白质,它可抑制病毒基因的复制,增强巨噬细胞的吞噬功能和NK细胞的活性,从而清除病毒,保护宿主细胞。干扰素分为α-(白细胞)型、β-(成纤维细胞)型和γ-(淋巴细胞)型三大族类,每族类各有亚型,具有各自的特异作用。

实验证明,干扰素除了抗病毒作用外,还有调节细胞生长分化、激活免疫系统等作用,因此临床应用十分广泛。目前我国已能用基因工程技术生产人类各种干扰素,是继基因工程胰岛素之后,较早获准在临床使用的基因工程药物。

第十七章
基因表达调控

学习目标

1. 掌握基因表达的概念、特点、基本方式,原核生物基因表达转录水平的调控。
2. 熟悉表观遗传修饰调控的机制,原核与真核生物基因表达调控的特点。
3. 了解原核生物、真核生物基因表达翻译水平的调控。

遗传信息传递的中心法则(central dogma)展示了遗传信息从 DNA 经 RNA 流向蛋白质的过程。通过转录和翻译,基因的遗传信息在细胞内合成为有特定功能的蛋白质。基因所携带的遗传信息经过转录、转录后加工、翻译和翻译后加工等步骤,生成具有生物活性功能产物(RNA 或蛋白质)的过程,称基因表达(gene expression)。无论是原核生物还是真核生物,在某一时刻基因组内的各个基因并不都是处于表达状态,而且各个基因的表达强度也不一样。基因何时开启或关闭以及基因表达的增强或减弱受到严格控制,这种调控作用称基因表达调控(gene expression regulation)。通过控制基因表达及速率,可以调控蛋白质种类、数量以影响机体生理功能,这在机体适应环境变化、维持个体发育,以及细胞生长、分化甚至衰老、死亡等方面均具有重要的生物学意义。

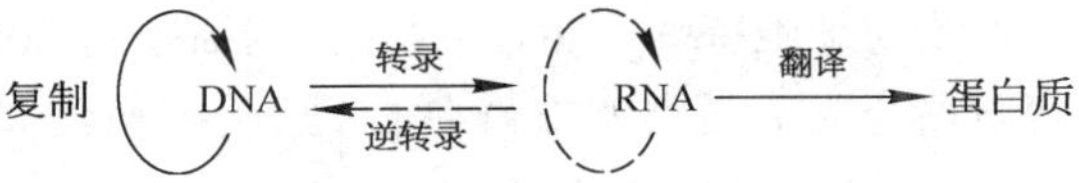

$$复制 \circlearrowleft DNA \underset{逆转录}{\overset{转录}{\rightleftarrows}} RNA \xrightarrow{翻译} 蛋白质$$

第一节 基 因 表 达

原核生物、真核生物的基因组和细胞结构上的差异使得它们的基因表达方式有所不同,但表达调控上所遵循的规律基本一致。

一、基因表达的基本方式

不同基因对内、外环境信号刺激的反应性不同,故基因表达的方式或调控类型存在很大差异。

1. 组成型表达(constitutive gene expression) 指在个体发育的任一阶段都能在大多数细胞中持续进行的基因表达。其基因表达产物通常是对生命过程必需的或必不可少的,且较少受环境因素的影响。这种在一个生物个体的几乎所有细胞中持续表达的基因通常称管家基因(housekeeping gene)。如三羧酸循环是一枢纽性代谢途径,催化该过程的酶蛋白编码基因就属这类基因。管家基因的表达水平受环境因素影响较小,在个体各生长阶段的大多数或几乎全部组织中持续表达或变化很小,其表达只受启动子与 RNA 聚合酶相互作用的影响,而不受其他机制调节。组成型表达是细胞维持生存所必需的基本形式,但事实上,组成型基因表达水平是相对的,并非一成不变。

2. 适应性表达　诱导表达(induced expression)是指在特定环境因素刺激下,基因转录功能被激活,从而使基因的表达产物增加。这类基因称可诱导基因(inducible gene),如当 DNA 损伤时,参与修复的酶蛋白基因就会被诱导激活,使修复酶蛋白表达反应性地增加。阻遏表达(repression expression)是指在特定环境因素刺激下,基因转录被抑制,从而使基因的表达产物减少。这类基因称可阻遏基因(repressible gene),如当培养基中色氨酸供应充足时,细菌体内与色氨酸合成有关酶蛋白的编码基因表达就会被抑制。

诱导和阻遏是同一事物的两种表现形式,也是生物体为适应环境的改变而做出的两种应答方式。

3. 协调性表达(coordinate expression)　指在一定机制控制下,功能相关的一组基因协调一致,共同表达。在生物体内,各条代谢途径需要多种酶、多种蛋白质参与作用物在细胞内的代谢与转运。这些酶及转运蛋白等编码基因被统一调节,使参与同一代谢途径的所有蛋白质(包括酶)分子比例适当,以确保代谢途径有条不紊地进行。

基因表达调控是一个复杂过程,可在多级水平上进行。其中,转录起始是基因表达的基本控制点。

二、基因表达的特点

1. 基因表达的时间特异性(temporal specificity)　指基因表达根据细胞生长、个体发育的不同阶段,严格按特定时间顺序进行。多细胞生物从受精卵开始,发育、分化为组织和器官的过程中,经历了不同的生长阶段,相应基因严格地按照特定时间顺序开启或关闭,表现为与发育、分化阶段相一致的时间性,又称阶段特异性(stage specificity)。在不同发育阶段基因表达的产物与细胞特殊功能有关,并决定细胞向特定方向分化、发育。例如,人类红细胞在不同发育阶段合成不同类型血红蛋白,胚胎期血红蛋白主要是 Hb Gower Ⅰ、Hb Gower Ⅱ 和 Hb portland,胎儿期主要是 HbF,成年人主要是 HbA。

2. 基因表达的空间特异性(spatial specificity)　指多细胞生物在某一特定生长发育阶段,同一基因在不同的组织、器官表达水平不同,导致特异性的蛋白质分布于不同的细胞或组织器官,又称基因表达的细胞特异性或组织特异性。例如,肝细胞编码鸟氨酸循环酶类的基因表达水平高于其他组织细胞,其中某些酶(如精氨酸酶)为肝脏所特有;白细胞介素 2 主要由活化的 T 淋巴细胞合成;胰岛 β 细胞合成胰岛素;甲状腺滤泡旁细胞专一分泌降钙素等,这些酶和蛋白质类激素的基因表达均呈细胞特异性。细胞特定的基因表达状态,决定了这个组织细胞特有的形态和功能。如果基因表达调控发生变化,细胞的形态和功能也会随之改变。

第二节　原核生物基因表达调控

原核生物基因表达调控与真核生物有很多相似之处,如基因都有特异 DNA 调控序列,都需要转录调节蛋白结合于特异 DNA 序列以参与基因表达调控。但原核生物的亚细胞结构及其基因组结构要比真核生物简单得多,没有细胞核,基因组是闭合的环状 DNA,其转录和翻译是偶联进行的。且此过程所经历的时间很短,只需数分钟,远快于真核生物。

20 世纪 60 年代初,法国科学家 Monod 和 Jocob 研究提出,原核生物基因表达与调控是通过操纵子机制实现的。操纵子(operon)通常是由功能上相关联的多个编码序列(又称结构基因,一般 2~6 个)及其上游的调控序列串联在一起构成的一个转录协调单位。这些功能相关联的结构基因在同一调控序列控制下被一起转录生成一个 mRNA,其带有编码多个蛋白质的信息,称多顺反子 mRNA(polycistronic mRNA)。多顺反子 mRNA 进而翻译成多个蛋白质。

一、转录水平的调控

乳糖操纵子和色氨酸操纵子是原核生物基因表达调控的经典模式。

(一) 乳糖操纵子的调控机制

大肠杆菌($E.\ coli$)可以利用葡萄糖、乳糖等糖类物质作为碳源而生长繁殖。当培养液中同时有葡萄糖和乳糖存在时,细菌优先利用葡萄糖。当葡萄糖耗尽后,经过短时间的适应,细菌就能利用乳糖作为碳源。细菌利用乳糖,首先需要诱导产生一些代谢乳糖的酶类,这种诱导作用是通过乳糖操纵子调控机制实现的。

1. **乳糖操纵子的结构** $E.\ coli$ 的乳糖操纵子(lac operon)从 $5'$端到 $3'$端分别由调控序列和编码序列构成。编码序列包括 3 个结构基因(Z、Y、A)。Z 基因编码 β-半乳糖苷酶(β-galactosidase),催化乳糖分解为半乳糖和葡萄糖;Y 基因编码乳糖透过酶(lactose permease),促进乳糖透过膜进入细菌体内;A 基因编码硫代半乳糖苷乙酰转移酶(thiogalactoside transacetylase),催化形成乙酰半乳糖。调控序列包括调节基因(I)、分解代谢基因激活蛋白质(catabolite gene activator protein,CAP)结合位点、启动序列(或称启动子,promoter,P)、操纵序列(operator,O)。其中,调节基因能独立表达阻遏蛋白,后者通过与 O 序列结合,对基因表达起负性调控作用。P 序列是 RNA 聚合酶结合部位,CAP 位点位于 P 序列上游,当 CAP 位点被 cAMP-CAP 结合后,对基因表达起正性调控作用。因此,lac 操纵子三个结构基因(Z、Y、A)的转录在同一调控序列作用下受到双重调控,即 cAMP-CAP 的正调节和阻遏蛋白的负调节,从而实现基因产物的协调表达(图 17-1)。

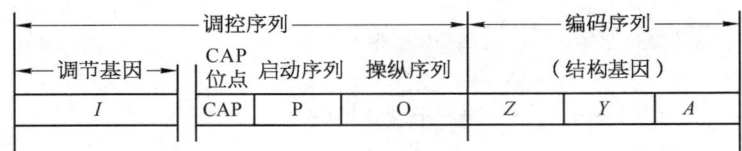

图 17-1 $E.\ coli$ 乳糖操纵子基本组件

2. **阻遏蛋白的负性调控** 由调节基因(I)编码的阻遏蛋白是一种具有 4 个相同亚基构成的四聚体蛋白质,在没有乳糖时会与 O 序列结合,阻止 RNA 聚合酶沿 DNA 模板链移动,阻遏结构基因的转录,lac 操纵子处在被阻遏状态。当有乳糖存在时,乳糖被微量存在的 β-半乳糖苷酶催化水解生成半乳糖,其中少量半乳糖通过 β-1,6-糖苷键与葡萄糖相连生成副产物别乳糖(allolactose)。别乳糖作为诱导物与阻遏蛋白结合使之变构,后者不再与 O 序列结合,失去阻遏作用，RNA 聚合酶与启动子序列 P 结合并沿着模板链滑动，催化结构基因转录(习惯上将此称乳糖诱导基因表达)(图 17-2)。

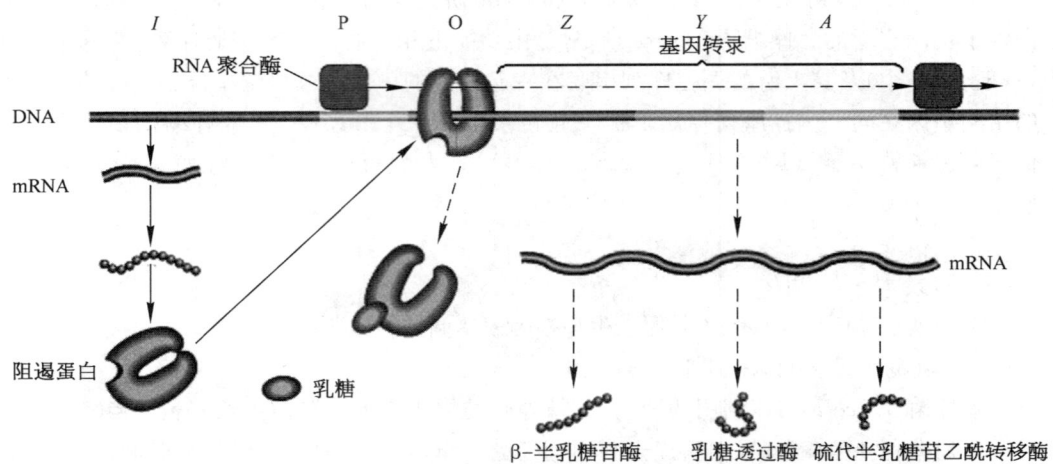

图 17-2　乳糖操纵子的阻遏与诱导

3. cAMP-CAP 的正性调控　CAP 是一种具有两个相同亚基构成的同二聚体蛋白质，分子内含有 DNA 结合区和 cAMP 结合区。CAP 需要与 cAMP 结合成活性复合物后方能结合到 lac 操纵子启动序列上游的 CAP 位点。当有葡萄糖存在时，葡萄糖分解代谢产物抑制细胞内腺苷酸环化酶，激活磷酸二酯酶，使 cAMP 浓度降低，不利于 cAMP 与 CAP 结合，cAMP-CAP 复合物结合到 CAP 位点受阻，以致结构基因转录活性低下；当无葡萄糖及 cAMP 浓度较高时，cAMP 与 CAP 结合形成活性复合物，有利于该活性复合物结合到 CAP 位点上，促进 RNA 聚合酶结合于启动序列，并沿着模板链滚动，催化结构基因高速转录。由于野生型 lac 启动子为弱启动子，RNA 聚合酶与之结合的能力很弱，只有 CAP 结合到 CAP 位点上后，才能促使 RNA 聚合酶与启动序列结合，并沿着模板链滚动，进行高速转录(图 17-3)。

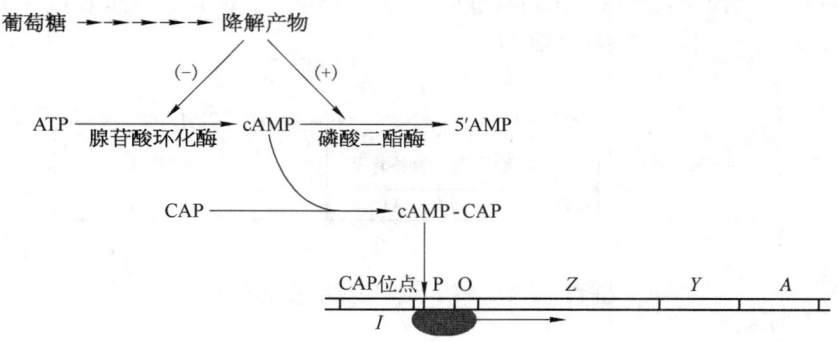

图 17-3　葡萄糖碳源对乳糖操纵子的影响

因此，lac 操纵子转录活性受 CAP 正性调节与阻遏蛋白负性调节的协调调节，两种调节机制根据存在的碳源性质(葡萄糖/乳糖)及水平协调调节 lac 操纵子的表达。当 lac 操纵子的阻遏蛋白封闭操纵序列后，CAP 对该系统不能发挥作用；但是如果没有 CAP 来加强转录活性，即使阻遏蛋白从操纵序列上脱落下来,转录活性仍很低。可见,两种机制是相辅相成、互相协调、相互制约的。

(二) 色氨酸操纵子

E. coli 的色氨酸操纵子(trp operon)是典型的可阻遏操纵子,调控色氨酸合成所需酶蛋白的合成速率,可影响细菌对色氨酸的利用。色氨酸操纵子调节涉及阻遏蛋白和衰减子两种调控机制。

1. **色氨酸操纵子的结构** trp 操纵子从 5′端到 3′端依次由调控序列和 5 个结构基因 (trpE、trpD、trpC、trpB、trpA)组成。调控序列包括调节基因(R)、启动序列(P)和操纵序列(O)。5 个结构基因串联在一起协同编码合成色氨酸的 3 个酶蛋白(包括邻氨基苯甲酸合成酶、吲哚甘油磷酸合成酶和色氨酸合成酶),结构基因的表达受调控序列调节。

2. **色氨酸的辅阻遏调控** trp 操纵子的调节基因(R)编码的阻遏蛋白是由两个相同亚基组成的二聚体蛋白质,基础状态下无阻遏活性。当培养液中缺乏色氨酸时,阻遏蛋白不与操纵序列结合,结构基因有转录活性。当培养液中有色氨酸存在时,色氨酸与阻遏蛋白结合,使阻遏蛋白变构而活化,活化阻遏蛋白与操纵序列结合,阻遏结构基因表达,酶蛋白合成停止。这里,色氨酸起了一种辅阻遏物的作用,能阻断约 70%的转录起始。β-吲哚丙烯酸是色氨酸类似物,可与色氨酸竞争结合阻遏蛋白,解除阻遏作用,从而促进基因转录(图 17-4)。

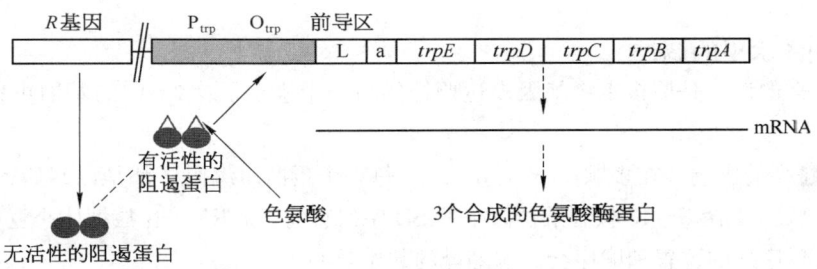

图 17-4 色氨酸操纵子的表达与阻遏

3. **衰减子的调控** 色氨酸对 trp 操纵子的负性调控仅仅是一种粗调。当培养液中有高浓度色氨酸存在时,还可以通过形成"衰减子"(attenuator)结构,对转录进行更精细的调控。研究表明,trp 操纵子的 trpE 基因转录为 mRNA 时,其 5′端有约 162 bp 长度的前导序列(leader sequence, L),含有 1、2、3、4 四个具有互补关系的短序列。序列 1 编码 14 个氨基酸残基的前导肽,其中第 10、第 11 位是两个连续的色氨酸残基。序列 3 和 4 互补配对形成发夹结构时,trp 操纵子转录速率减弱,故将此发夹结构称"衰减子"结构。

当培养液中缺乏色氨酸时,色氨酰-tRNA 供给缺乏,前导肽合成停止。核糖体停止在两个色氨酸密码子之前,并引起序列 2、3 互补配对而阻止序列 3、4 互补配对,衰减子结构不能形成,RNA 聚合酶继续催化结构基因转录。当色氨酸充足时,易形成色氨酰-tRNA,促进前导肽合成,使核糖体很快越过序列 1 并封闭序列 2,进而导致序列 3、4 互补配对形成衰减子结构,使前方正在催化转录的 RNA 聚合酶脱落,基因转录终止。因此,衰减子结构是一种不依赖于 ρ 因子的转录终止结构。

随着培养液色氨酸浓度的逐步增高,原核生物通过色氨酸的辅阻遏作用和衰减子的转录衰减作用,适时关闭色氨酸合成酶的基因表达,保证了资源的合理利用。其中,阻遏蛋白负性调控是一种粗调,而衰减子的转录衰减是一种更灵敏、更精细的转录调控。这是原核生物中普遍存在的基因表达调控机制(图 17-5)。

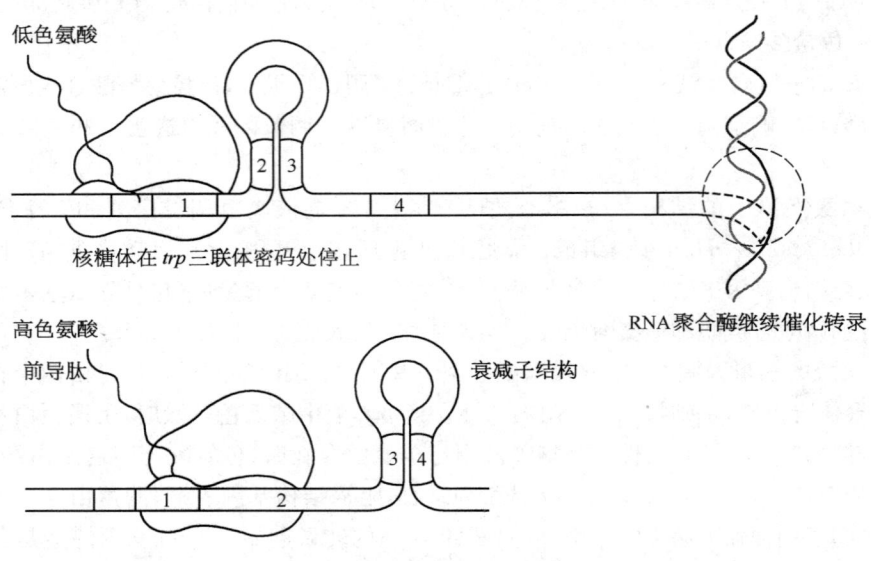

图 17-5 色氨酸操纵子的衰减子调控

二、翻译水平的调控

翻译水平的调控是原核生物基因表达调控的另一个重要层次，不同的基因可以有不同的调控因素。

1. SD 序列的影响　在多顺反子 mRNA 中，每一个蛋白质编码区都是以起始密码子 AUG 开始的，在 AUG 上游 8～13 核苷酸位置上的 SD 序列有助于 mRNA 在核糖体小亚基上准确定位。因此，SD 序列的位置和顺序会影响翻译的起始效率。

2. mRNA 稳定性的影响　mRNA 的稳定性越高就会有更多时间进行翻译。细菌代谢速度很快，需要快速合成或降解 mRNA 以适应环境变化。原核生物 mRNA 的半衰期大多为 2～3 分钟。降解 mRNA 的酶主要是 3′核酸外切酶，mRNA 3′端的茎环结构能提高 mRNA 的稳定性，抵抗 3′核酸外切酶的降解。破坏茎环结构将降低 mRNA 的稳定性。

3. 反义 RNA 的调节作用　细菌为适应环境的改变会产生反义非编码小分子 RNA。反义 RNA(antisense, asRNA)是一类小分子单链 RNA，可与细胞内靶 mRNA 碱基序列互补，影响基因表达。反义 RNA 参与原核生物基因表达调控，主要发生在转录水平，通过碱基互补引起靶 mRNA 降解，进而抑制翻译；有些情况下也可通过与靶 RNA 的 SD 序列或编码序列互补结合，在翻译水平抑制翻译。

4. 翻译产物的影响　有些 mRNA 编码的蛋白质，可与转录产生的多顺反子 mRNA 结合而阻遏其翻译，这种在翻译水平的阻遏调控又称翻译阻遏。

三、原核生物基因表达调控的特点

原核生物基因表达也存在多级调控，如转录起始、转录终止、翻译调控及 RNA、蛋白质的稳定性等，最主要的调控点是在转录起始阶段，具有下列特点。

1. 操纵子调控机制的普遍性　原核生物大多数基因按功能相关性成簇地串联在一起，密集在染色体上，共同组成一个转录协调单位——操纵子，如乳糖操纵子、色氨酸操纵子等。操纵子机制调控转录生成多顺反子mRNA，翻译生成多个功能相关联的蛋白质或酶，参与相关联的代谢过程。

2. σ因子的特异启动作用　在原核生物基因转录过程中，σ因子与核心酶结合构成全酶，参与转录起始。σ因子起到特异性识别启动序列的作用，而游离的σ因子本身并不直接结合DNA特异启动序列。不同的σ因子可以竞争性结合RNA聚合酶，决定特异基因的转录激活，生成不同的RNA。

3. 结构基因的多顺反子转录　1个操纵子只含1个启动序列及数个功能上相关联的结构基因。这些结构基因常有2~6个，有的多达20个以上，在同一启动序列控制下，可转录出多顺反子mRNA。原核基因的协调表达就是通过调控单个启动序列的活性来完成的。

4. 阻遏蛋白的负调控作用具有普遍性　在很多原核操纵子系统中，特异的阻遏蛋白是控制原核启动序列活性的重要因素。当阻遏蛋白与操纵序列结合或解聚时，就会发生特异基因的阻遏或去阻遏。原核基因表达调控普遍涉及特异阻遏蛋白参与的开、关调节机制。

第三节　真核生物基因表达调控

真核生物的细胞结构及基因组结构非常复杂，其基因表达可以在染色质活化、转录起始、转录后加工、翻译及翻译后加工等多级水平进行遗传调控。其中，转录起始水平的调控是真核生物基因表达调控中的最重要环节，需要通过顺式作用元件、反式作用因子和RNA聚合酶的相互作用来完成。而另一重要环节是发生在染色质水平的表观遗传修饰调控，主要包括DNA的甲基化修饰、组蛋白的化学修饰和RNA干扰等机制。

一、转录起始水平的调控

（一）顺式作用元件

顺式作用元件(cis-acting element)又称分子内作用元件，是指在同一DNA分子中位于结构基因上下游，能结合转录因子、参与转录调控的特异DNA碱基序列。根据顺式作用元件的功能特性及其所处的位置主要分为启动子、增强子和沉默子等调控元件。

1. 启动子(promotor)　是与RNA聚合酶结合并启动转录的特异DNA碱基序列，一般包括至少一个转录起始点和一个以上的短序列元件。每个短序列元件的长度为7~20 bp，典型的有TATA盒、GC盒、CAAT盒等。真核生物基因的启动子需要多种蛋白质因子的相互协调而发挥作用。启动子中的元件可以分为以下两种。

（1）核心启动子元件(core promoter element，CPE)：指RNA聚合酶起始转录所必需的短序列元件，是决定转录起始位置的关键序列，也是通用转录因子TFⅡD的结合位点，包括转录起始点及其上游-25~-35 bp处的TATA盒(Hogness盒)，其共有序列是TATAAAA。核心元件能确定转录起始位点，控制被转录基因的启动频率与精确性，并产生基础水平的转录。体外研究发现，TATA盒内碱基序列的突变可引起转录活性的降低。

（2）上游启动子元件(upstream promotor element，UPE)或启动子近侧元件(promoter proximal sequence element，PSE)：也称上游激活序列(upstream activating sequence，UAS)，包括通常位于-70~-80 bp附近的CAAT盒(GCCAAT)和GC盒(GGGCGG)，以及距转录起始

点更远的上游短序列元件。

启动子在 DNA 序列中的位置和方向是严格固定的,位于转录起始点上游,方向为 $5'\rightarrow 3'$(图 17-6)。

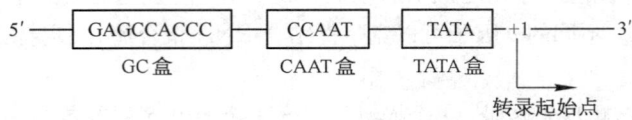

图 17-6 真核生物启动子的共有序列

2. 增强子(enhancer) 为一种能够增强启动子转录活性的特异 DNA 碱基序列,也由多个功能组件构成,其中核心组件为 8~12 bp,可以单独或串联在一起,构成特异转录因子结合 DNA 的核心区域。增强子的碱基序列可与启动子交错覆盖或连续,其作用与其所处的位置、距离、方向无关。常有以下特点。

(1) 增强子要有启动子存在下才能发挥作用:没有启动子,增强子不能表现活性。但增强子对启动子没有严格的专一性,同一增强子可以影响不同类型启动子的活性。例如,当含有增强子的病毒基因整合入宿主细胞基因组时,能增强宿主细胞基因整合区附近的某些基因转录活性;当增强子随某些染色体基因移位时,也能提高移到的新位置周围基因的转录,使某些癌基因转录活性增强,这可能是肿瘤发生的原因之一。

(2) 增强子和启动子位于同一条 DNA 链上:既可以近距离提高基因转录效率,也可以发生远距离调控,如可增强距转录起始点 1~4 kb,有时可达 30 kb 的上下游基因转录活性。

(3) 无基因特异性:增强子可在不同的基因组合上发挥增强效应。

(4) 无方向性:增强子也可位于结构基因的上游、下游或内部,如果将增强子方向倒置依然能起作用。而将启动子倒转就不能起作用,可见增强子与启动子是很不相同的。

(5) 具有组织或细胞特异性:例如,小鼠免疫球蛋白 H 链的增强子只在骨髓瘤细胞中有活性,在成纤维细胞中没有活性。其主要因素取决于组织或细胞中是否存在能与增强子元件结合并能相互作用的特异蛋白因子。

(6) 增强子的作用机制虽然还不明确,但与其他顺式作用元件一样,必须与特定的蛋白因子结合后才能发挥增强转录活性的作用。

3. 沉默子(silencer) 这是对基因转录起阻遏作用的特异 DNA 碱基序列。在真核生物细胞中,沉默子对成簇基因选择性表达起重要调控作用。沉默子与特异蛋白因子结合后,能使相关启动子失去活性。沉默子也能远距离发挥作用,并可对异源基因的表达起抑制作用。

(二) 反式作用因子

反式作用因子(trans-acting factor)又称分子间作用因子,是指能直接或间接与顺式作用元件结合,调控特异基因转录的一类调节蛋白。反式作用因子与 DNA 链中不同顺式作用元件的相互作用,以及不同反式作用因子之间的相互作用,是真核基因转录调控复杂机制的分子基础。

参与原核生物基因表达调控的调节蛋白主要有特异因子(如 σ 因子)、激活蛋白(如 CAP)以及阻遏蛋白,而参与真核生物基因表达调控的反式作用因子通常称转录因子(transcription factor,TF)。

1. 反式作用因子的分类 对真核生物基因表达起调控作用的反式作用因子,根据其功能特性可以分为通用转录因子、特异转录因子和辅调节因子三类。

(1) 通用转录因子(general transcription factor,TF)：是 RNA 聚合酶Ⅱ结合启动子所必需的一组蛋白质因子，为所有 mRNA 转录启动共有。与 RNA 聚合酶Ⅱ结合的通用转录因子，统称 TFⅡ类，主要包括 TFⅡD、A、B、E、F、G、H 和 J 等类型。真核生物基因转录起始前，必须由一大类通用转录因子按一定的时空顺序和 RNA 聚合酶Ⅱ一起在核心启动子部位结合，形成转录前起始复合物(pre-initiation complex,PIC)。

其中，TFⅡD 是由 TATA 盒结合蛋白质(TATA binding protein,TBP)和 9 种 TBP 相关因子(TBP associated factor,TAF)组成的复合物，TFⅡD 率先识别和结合核心启动子共有序列 TATA 盒和起始子(initiator,Inr)。Inr 是位于转录起始点－1 和＋1 的两个碱基序列。接着由 TFⅡB 的 C 端与 TFⅡD 结合并与 DNA 接触，N-端与 TFⅡF 协同作用募集 RNA 聚合酶Ⅱ，再加上 TFⅡE、TFⅡH 形成 PIC(图 17-7)。TFⅡH 有蛋白质激酶活性，可使 RNA 聚合酶大亚基羧基端结构域(CTD)磷酸化，使转录起始过渡到转录延伸。TFⅡA 有助于 TFⅡD 与核心启动子 TATA 盒结合。真核生物 PIC 的形成相当于原核生物 RNA 聚合酶全酶的功能(如辨认起始点、启动转录作用)。

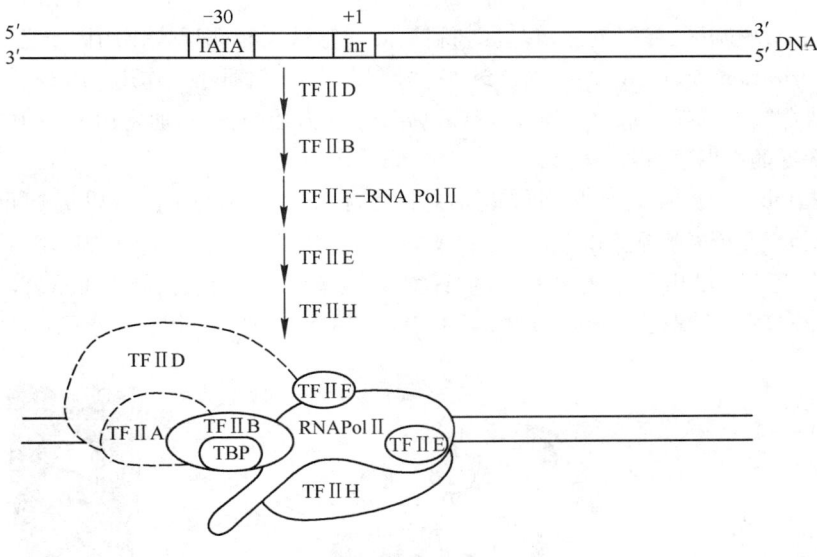

图 17-7 转录前起始复合物(PIC)

(2) 特异转录因子(specific transcription factor)：这类调节蛋白能识别并结合 DNA 分子中的特异调控序列，进而发生蛋白质-DNA 相互作用而影响转录活性。这类转录因子往往具有细胞特异性，如类固醇激素作用于靶细胞内相应受体并使之活化，这些活化受体在核内作为特异转录因子而发挥调节作用。有的起转录激活作用的，称转录激活因子(transcription activator)，如增强子结合蛋白质。已知糖皮质激素受体(GCR)被活化后，进入胞核作用于 GRE(属于增强子元件)碱基序列，促进基因转录并表达凋亡蛋白质 Bax。这里的 GCR 发挥了增强子结合蛋白的作用。反之，起阻遏转录活性的，则称转录抑制因子(transcription inhibitor)，如沉默子结合蛋白。

(3) 辅调节因子(coregulator)：这类调节蛋白不与顺式作用元件直接结合，而是先与其他转录因子发生蛋白质-蛋白质相互作用而影响后者构象，进而调节转录活性。如果这类调节蛋白与转录激活有协同作用的，称辅激活因子；反之，与转录抑制有协同作用的，则称辅抑制因子。辅调节因子在转录因子与顺式作用元件结合中发挥了重要的桥梁作用,如研究发现辅激活因子 p160 蛋白质、CBP/P300 等,能够与 GCR 发挥蛋白质-蛋白质相互作用,参与 GCR 的转录激活作用,提高调控效率。且 CBP/P300 本身还具有乙酰基转移酶活性,有利于激活基因转录。又如核内甲状腺激素受体(TR),在无配体时尽管也能与 TRE 结合,但由于同时与辅抑制因子 NCoP、HDAC 等结合,无转录激活作用;当 TR 被相应配体结合引起构象改变后,可使 NCoP、HDAC 脱离,取而代之被辅激活因子 p160 蛋白、CBP/P300 结合,从而激活基因转录。由此表明,辅调节因子通过蛋白质-蛋白质相互作用,可以影响或协助转录因子的调节活性。

转录因子在真核生物基因表达调控中具有非常重要的作用,其结构或功能的改变往往会引起机体缺陷甚至疾病。如转录因子 *TBX* 5 基因突变可引起 HOH-Dream 综合征,导致上肢发育缺陷、心脏的房间隔缺损、室间隔缺损、传导阻滞。

2. 反式作用因子的结构域　反式作用因子至少具备两个重要结构域:一是识别和结合特异 DNA 顺式作用元件所必需的 DNA 结合结构域(DNA binding domain),二是与其他转录因子结合并发生相互作用进而促进转录活性的激活结构域(activation domain)。激活结构域往往富含酸性氨基酸残基区、谷氨酰胺残基区和脯氨酸残基区。有些反式作用因子还含有二聚化结构域(dimerization domain),以形成二聚体介导蛋白质-蛋白质相互作用。

DNA 结合结构域都以基因调控元件特异碱基序列为结合靶位,通常由 60~100 个氨基酸残基构成,常见的有以下特殊结构模式。

(1) 锌指(zinc finger):每个重复的"指"状结构约含 23 个氨基酸残基,锌以 4 个配价键与 4 个半胱氨酸(C_4),或 2 个半胱氨酸和 2 个组氨酸残基相结合(C_2H_2)。在半胱氨酸残基与组氨酸残基之间的多肽链呈环状凸出向外,形成稳定的"锌指"结构单元。多个锌指结构可重复串联在一起,以其指部伸入 DNA 双螺旋的深沟,接触 5 个核苷酸与 DNA 结合,且结合非常稳定(图 17-8)。

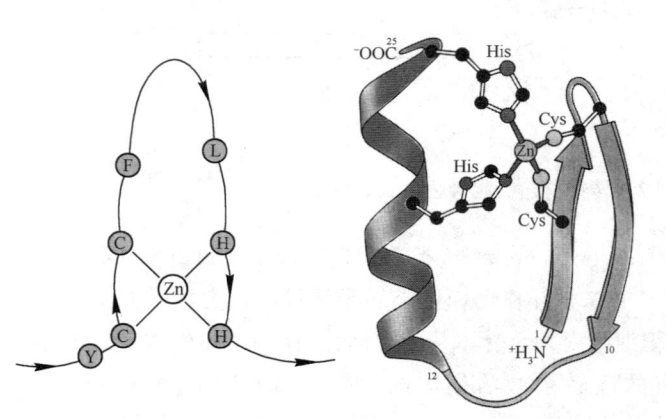

图 17-8　蛋白质的锌指结构

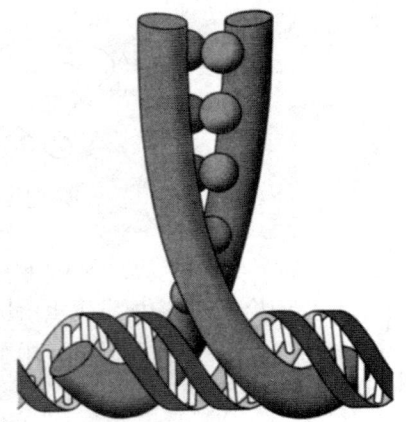

图 17-9　碱性亮氨酸拉链结构及其与 DNA 的结合

(2) 碱性—亮氨酸拉链:蛋白质分子的肽链中每隔 7 个氨基酸残基就有 1 个亮氨酸残基,这些亮氨酸残基都在 α 螺旋的同一侧出现,通过疏水相互作用像拉链一样交错在一起形成二聚体,称亮氨酸拉链(leucine zipper)。该二聚体的另一端肽段富含碱性氨基酸残基,借其正电荷与 DNA 双螺旋链上带负电荷的磷酸基团结合(图 17-9)。

(3) 螺旋-转角-螺旋(helix-turn-helix, HTH)：这类结构至少有两个 α 螺旋，其间由短肽段形成的转角或环相连接，两个这样的 DNA 结合基序(DNA binding motif)形成二聚体，其高度正好相当于 DNA 一个螺距(3.4 nm)，这样的结构刚好嵌入 DNA 双螺旋的深沟。

(4) 螺旋-环-螺旋(helix-loop-helix, HLH)：这类结构存在于部分真核生物的调控蛋白中，在多细胞生物的发育过程中参与基因表达调控。螺旋-环-螺旋保守序列长约 50 个氨基酸残基，含 2 个 α 螺旋，由一段长度不确定的环连接。两个螺旋-环-螺旋通过一端的亮氨酸残基相互结合形成二聚体。二聚体通过另一端富含碱性氨基酸残基的短序列与 DNA 结合，与亮氨酸拉链一端的碱性区类似。

由上可见，转录调控的机制在于蛋白质与蛋白质之间、蛋白质与 DNA 之间的相互作用，引起的构象变化正是蛋白质和核酸"活性"的表现。

(三) RNA 聚合酶

顺式作用元件与反式作用因子对基因转录活性的调节最终是由 RNA 聚合酶活性来体现的。RNA 聚合酶 Ⅱ 是由 14～17 个亚基构成的聚合体，其中最大亚基的羧基末端结构域(C-terminal domain, CTD)是由 7 个氨基酸残基(Tyr - Ser - Pro - Thr - Ser - Pro - Ser)构成的重复序列。CTD 中有多个磷酸化位点，当发生磷酸化修饰后对调控基因转录有重要作用。

RNA 聚合酶 Ⅱ 在转录起始前先与一大类通用转录因子(TFs)在启动子部位按一定的时空顺序形成闭合 PIC，再经 CTD 磷酸化修饰形成开放 PIC，才能启动转录。另有一些转录因子在周围环境刺激下(如诱导剂)被诱导表达，然后发生蛋白质-蛋白质相互作用或通过与 DNA 发生蛋白质-DNA 相互作用，再影响 RNA 聚合酶 Ⅱ 活性，从而使转录活性发生改变。

二、转录后的调控

由于真核基因自身结构的复杂性，刚转录生成的 RNA 前体分子必须经加工修饰，才能成为成熟的、具有特殊功能的 RNA。RNA 的成熟加工过程包括 hnRNA 经加帽、加尾、剪接成为成熟 mRNA，tRNA 初始转录物的酶切、氨基酸臂的加入、碱基修饰、rRNA 初始转录物的切割和修饰等。RNA 加工过程的任何环节都可以影响成熟 RNA 的结构与功能。其中，mRNA 半衰期最短、最不稳定，极易被 RNA 酶降解。而细胞内 mRNA 是蛋白质合成的模板，调节 mRNA 的稳定性可影响蛋白质合成量，尤其对于编码一些调节蛋白、信号转导蛋白的 mRNA 一般半衰期很短，而这些基因在蛋白水平还可以进一步控制其他基因表达速率。因此，mRNA 的稳定性是转录后对基因表达进行调控的重要因素。

近年来已有众多研究证实，一些非编码 RNA(non-coding RNA, ncRNA)，尤其是小干扰 RNA(small interference RNA, siRNA)和微 RNA(microRNA, miRNA)都能通过与靶 mRNA 结合而使之降解或抑制其翻译，使基因沉默。这种由 ncRNA 介导的转录后基因沉默(post-transcription gene silencing, PTGS)，统称 RNA 干扰（RNA interference, RNAi）。siRNA 和 miRNA 介导转录后基因沉默机制不尽相同(图 17 - 10)。产生 siRNA 的起始物是 dsRNA，dsRNA 可以来自不同物种，包括动植物、鼠、人类等，在被称 Dicer 的 RNA 酶作用下，产生长度为 21～23 nt 的 siRNA 片段，再与含多种蛋白酶组装成的 RNA 诱导沉默复合物(RNA-induced silencing complex, RISC)结合，在 RISC 引导下单链 siRNA 与靶 mRNA 配对结合，导致靶 mRNA 降解，使基因沉默。科学家按照 siRNA 的基因沉默原理，体外制备 siRNA，利用 RNAi 技术将 siRNA 导入受体细胞，使特定细胞的靶 mRNA 降解，干扰其表达，以用于肿瘤、病毒感染等疾病的基因治疗,还用于基因敲减的细胞或动物模型的制作等。而 miRNA 的产生,是由真核生物体内基因转录生成的含 60~70 nt 长度的、含茎-环结构的 RNA 前体分子,在 Dicer 酶或 Drosha 核酸酶作用下产生长度约 22 nt 的小片段 miRNA,然后在微小核糖核蛋白(micro RNA protein,miRNP)参与下,与靶 mRNA 的 3′-非翻译区(untranslated region,3′-UTR)结合,抑制靶基因翻译,使基因沉默。据研究报道,受 miRNA 抑制的靶基因大多是转录因子或是信号转导蛋白,从而调控细胞的生长、分化、凋亡等一系列细胞行为。

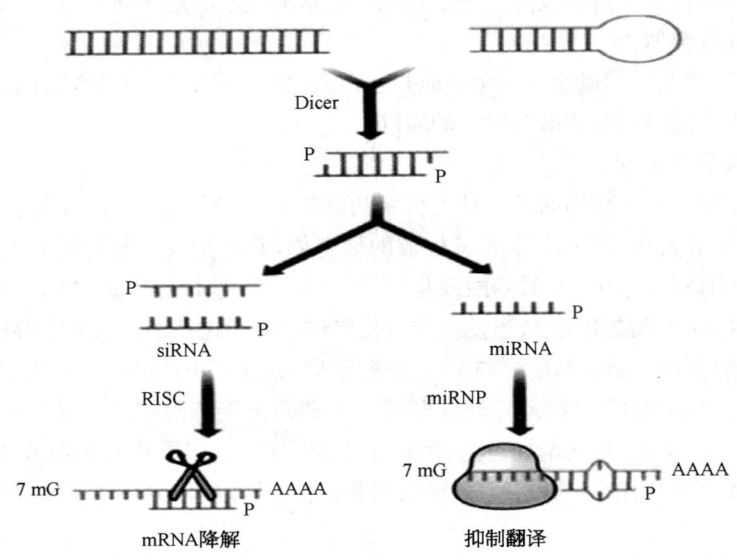

图 17-10　siRNA 和 miRNA 的基因沉默示意图

近年来研究发现,除了 siRNA 和 miRNA 参与转录后基因沉默调控外,还有一类长度超过 200 nt 的长链非编码 RNA(long non-coding RNA,lncRNA),也可在转录后水平参与基因表达调控,影响细胞生长、分化及个体发育等,其调控异常与癌症、退行性神经疾病等密切相关。

三、翻译水平的调控

真核生物翻译水平的调控主要在起始环节,其中真核翻译起始因子(eukaryotic initiation factor,eIF)活性对翻译起始有重要控制作用。研究发现,不同种类的 eIF 的磷酸化修饰对翻译起始有不同的调控作用,eIF-2 的磷酸化可使之失活,血红素可以通过抑制 eIF-2 磷酸化防止其失活,促进珠蛋白的合成。干扰素能诱导双链 RNA 依赖性蛋白质激酶(dsRNA-dependent protein kinase,PKR),使 eIF-2 磷酸化而失活,从而抑制病毒蛋白质的合成。eIF-4E 的磷酸化可使之激活,促进翻译效率。如一些生长因子可促进 eIF-4E 的磷酸化而加速翻译,促进细胞生长。研究还发现,也可以通过改变 RNA 结合蛋白(RNA binding protein,RBP)与 mRNA 特异序列(主要是 3′-UTR,少数为 5′-UTR)的结合活性,以调控靶蛋白的合成。

新合成的蛋白质还需要折叠、修饰以改变其功能活性,是翻译后调控的重要方式。蛋白质经磷酸化、甲基化、乙酰化、泛素化等化学修饰后,活性得以迅速调节。经过翻译后加工的蛋白质,还需靶向运输到组织细胞的特定部位,才能发挥其生物学功能。

四、表观遗传修饰的调控

表观遗传（epigenetics）是不依赖于 DNA 序列的变化而是由于染色体改变所产生的稳定可遗传的表型，主要包括 DNA 启动子区 CpG 岛的甲基化修饰、组蛋白 N 端（也称组蛋白尾部）的共价化学修饰和 RNA 干扰等修饰机制。

1. **DNA 甲基化修饰**　DNA 甲基化修饰是表观遗传修饰中的重要机制之一。在 DNA 的启动子或第一外显子区，CpG 二核苷酸序列簇集出现，称 CpG 岛（CpG island）。DNA 甲基化主要发生在 CpG 岛的胞嘧啶碱基（C）上，在 DNA 甲基转移酶（DNA methyltransferase，DNMT）催化下，将甲基供体（SAM）上的活化甲基转移到胞嘧啶碱基的第 5 位碳原子上，形成 5-甲基胞嘧啶（m5C）。DNA 甲基化修饰水平与基因表达呈负相关，哺乳动物基因组 DNA 以甲基化修饰作印记（imprinting），不表达的基因启动子区域的 CpG 岛上的 C 被甲基化修饰，表达基因的 CpG 岛上的 C 没有被甲基化。启动子区域 CpG 岛的甲基化修饰使基因沉默。有研究报道，CpG 岛高度甲基化可能是抑癌基因失活的主要机制，癌基因的低甲基化状态与肿瘤恶性程度有关。DNA 的甲基化也可为转录因子与特异碱基序列发生蛋白质-DNA 相互作用提供识别位点。

2. **组蛋白的修饰作用**　组蛋白与 DNA 的结合构成核小体，可保护 DNA 免受损伤，维持基因的稳定，抑制基因的表达。组蛋白 N 端尾常游离于核小体核心外，成为组蛋白修饰的重要部位，尤其是组蛋白 N 端一些碱性氨基酸残基，如赖氨酸（Lys）残基、精氨酸（Arg）残基等可发生乙酰化、磷酸化、泛素化或甲基化等修饰，从而影响与 DNA 的结合力及基因转录活性。如在组蛋白乙酰转移酶（histone acetyltransferase，HAT）催化下，组蛋白 N 端尾特定位点的 Lys 残基发生乙酰化修饰后，使组蛋白的正电荷被中和，降低了与 DNA 的结合力，有利于转录因子与 DNA 结合，促进转录；反之，在组蛋白脱乙酰（histone deacetylase，HDAC）催化下，使组蛋白去乙酰化后，可抑制基因转录。组蛋白的甲基化修饰则对基因表达产生更加复杂的调控作用，与神经系统发育及疾病有关。表观遗传修饰变化不仅与肿瘤有关，还与胚胎发育和细胞重编程有关。

研究发现，RNA 病毒感染过程中，宿主细胞基因组启动子区出现胞嘧啶碱基被甲基化的现象，这种甲基化使基因转录沉默，此时往往伴随着 siRNA 的产生，提示其机制类似于 RNAi。果蝇、人体内 siRNA 可通过 RNAi 机制介导基因启动子区 CpG 岛甲基化，导致染色质进一步折叠、凝集转变为异染色质化，抑制转录活性。目前，RNAi 参与介导染色质重塑已成为表观遗传修饰研究的热点之一。

五、真核生物基因表达调控的特点

与原核生物一样，基因转录起始仍是真核生物基因表达调控的最基本环节，某些机制也有类似之处，但真核生物基因表达有其本身的特点。

（一）DNA、染色体水平的变化特点

真核生物的染色质或染色体是由 DNA、组蛋白、非组蛋白和少量 RNA 等物质构成核小体结构，再经超螺旋和反复折叠而形成。染色质的结构、染色质中 DNA 和组蛋白的结合状态都影响转录。

1. **染色质结构影响基因转录**　染色质结构的复杂性直接影响基因表达。高度凝聚的异染色质很少发生转录，而在细胞分裂到间期时，染色体的大部分松开，分散在核内，称常染色

质(euchromatin)，基因容易发生转录。实验观察到当基因开始转录时，常染色质发生系列的变化：核小体解体、DNA解旋、DNA上出现对核酸酶高度敏感的超敏位点(hypersensitive site)，这些染色质结构和性质上的变化利于DNA解链及与转录因子结合，促进转录。

2. DNA拓扑结构变化　天然双链DNA大多以负性超螺旋构象存在。当基因活跃转录时，RNA聚合酶前方的转录区DNA拓扑结构为正性超螺旋构象，而在其后面的DNA则为负性超螺旋构象。负性超螺旋构象有利于核小体结构的再形成，而正性超螺旋构象不仅阻碍核小体结构形成，而且能促进组蛋白H2A·H2B二聚体的释放，有利于RNA聚合酶向前移动催化转录。

3. 基因组存在庞大调控序列　真核生物基因组结构庞大，如人类基因组容量约 3.0×10^9 bp，其中仅有1%的序列为结构基因，80%～90%的序列包含诸多调控序列，发挥不同功能。

4. 结构基因不连续　在真核生物的结构基因上下游有不参与转录的非编码序列，在结构基因内部也存在内含子，因此真核基因不连续，其转录的mRNA通过剪接去除内含子，将外显子连接后形成成熟mRNA，增加了基因表达调控的环节。

5. 基因组印记(genomic imprinting)　又称遗传印记，是对来源于不同亲本的等位基因进行化学修饰，以标记其双亲来源信息的生物学现象。某些等位基因由于亲本来源不同而出现差异化表达，称印记基因(imprinted genes)，这与DNA甲基化状态有关。人类基因组印记模式的异常可引起多种遗传性疾病，也可诱发癌症、大脑功能缺陷等。

（二）正性调节占主导

真核生物RNA聚合酶单独存在时对启动子的亲和力很低，必须依赖多种转录因子的作用。很多转录因子可作为激活蛋白或阻遏蛋白与调控序列结合而发挥调节作用，但负性调节并不普遍存在，以正调控为主。

（三）翻译与转录分隔进行

原核生物细胞结构的特点决定了原核基因转录还未完全结束时，就可以开始蛋白质的翻译。而真核细胞内有细胞核及胞质溶胶等区分，因此转录与翻译是在不同亚细胞区域中分隔进行的。

第五部分

临床生物化学

第十八章
肝 胆 生 化

学习目标

1. 掌握肝脏在物质代谢中的作用，胆红素的正常代谢。
2. 熟悉胆汁酸代谢，胆红素的异常代谢。
3. 了解临床肝功能生化检查指标的意义。

肝脏是人体内最大、功能最多的一个实质性器官。成人肝组织重 1 000～1 500 g，占体重的 2.5%，人肝约含 $2.5×10^{11}$ 个肝细胞，组成 50 万～100 万个肝小叶。肝脏不仅参与糖、脂类、蛋白质、维生素及激素等物质代谢，而且还有分泌胆汁和生物转化等特殊功能。迄今为止，已知功能有 1 500 多种，被誉为"物质代谢的中枢器官"，体内最大的"化工厂"等。

第一节　肝脏在物质代谢中的作用

在化学组成上，肝脏的显著特点是蛋白质含量很高，约占干重的 1/2。肝脏富含多种酶活性，有些是其他组织器官没有的特殊酶类，如尿素合成酶类。所以，肝脏无论在糖、脂类、蛋白质、维生素和激素等物质代谢方面还是生物转化方面，均起着非常重要的作用。

一、在蛋白质合成中的作用

1. **肝内蛋白质合成量大**　在人体各组织细胞中，以肝脏合成蛋白质的能力最强，其合成量占全身蛋白质合成总量的 40% 以上。

2. **肝内蛋白质更新速度快**　肝内蛋白质的更新速度约为肌肉蛋白质的 18 倍（肝内蛋白质半衰期仅为 10 日，而肌肉蛋白质为 180 日）。

3. **肝脏可以合成多种血浆蛋白质**　肝脏不仅能合成自身所需的蛋白质，而且还能合成大部分血浆蛋白质。如白蛋白、凝血酶原和纤维蛋白原均在肝内合成，$α_1$ 和 $α_2$-球蛋白主要在肝内合成，β-球蛋白大部分在肝内合成，许多运载蛋白（如运铁蛋白、铜蓝蛋白、载脂蛋白等）也在肝内合成，只有 γ-球蛋白在肝外（浆细胞）合成。健康人主要血浆蛋白质的合成部位及其生理功能见表 18-1。

表 18-1 健康人主要血浆蛋白的合成部位及其生理功能

类别	比例(%)	合成部位	主要生理功能
白蛋白	55.76～72.00	只在肝内合成	维持血浆胶体渗透压、作为脂肪酸、胆红素等物质的载体
α_1-球蛋白	1.00～5.76	主要在肝内合成	形成 α-脂蛋白,运输脂类
α_2-球蛋白	2.86～8.77	主要在肝内合成	形成 α-脂蛋白,运输脂类
β-球蛋白	5.71～12.30	较大部分在肝内合成	形成 β-脂蛋白,运输脂类;形成免疫球蛋白(Ig),具有抗体作用
γ-球蛋白	11.65～23.05	只在肝外(浆细胞)合成	形成多种 Ig,具有抗体作用
纤维蛋白原	—	只在肝内合成	与凝血有关
凝血酶原	—	只在肝内合成	与凝血有关

肝脏合成和分泌的白蛋白(albumin,A)量最多,这是分子量最小的血浆蛋白质,在维持血浆胶体渗透压方面起着举足轻重的作用。当肝脏病变(慢性肝炎或肝硬化)或长期营养不良时,血浆白蛋白浓度会降低而使胶体渗透压下降,出现水肿或腹水症状。健康人血浆白蛋白含量为 35～55 g/L,球蛋白(globulin,G)为 20～30 g/L,A/G 值在 1.5～2.5。慢性肝炎或肝硬化患者,一方面肝脏合成白蛋白能力大大下降;另一方面,由于炎症刺激使肝外(浆细胞)合成 γ-球蛋白大大增加,使 A/G 值<1.0,称 A/G 值倒置。此外,肝功能严重受损时,可影响多种凝血因子(凝血酶原、Ⅷ、Ⅸ 和 Ⅹ)和纤维蛋白原等的合成,进而导致凝血功能障碍,呈现出血、凝血时间延长等现象。另外,胚胎肝细胞还可合成一种分子量约 70 kDa 的甲胎蛋白(α-fetoprotein,AFP),这是一种分泌性胚胎抗原,是胎儿血清中的正常成分,在妇女妊娠 6 周达最高峰(500 μg/L),胎儿出生后编码该抗原的基因受到阻遏使表达逐渐减少,健康成人血浆中含量极微(<20 μg/L)难以检测到。原发性肝癌时,癌细胞中编码 AFP 基因的表达失去阻遏,使患者血浆中 AFP 含量显著增高,甚至高达 400 μg/L 以上,故认为 AFP 是原发性肝癌的重要标志物,检测血浆 AFP 常被用于原发性肝癌的诊断和普查。

二、在维生素代谢中的作用

肝脏在维生素的吸收、储存和转化等方面均起着重要作用。

1. **促进脂溶性维生素的吸收** 肝内生成的胆汁酸盐,随胆汁分泌进入肠道发挥乳化作用,可协助脂溶性维生素 A、D、E 和 K 的吸收。肝胆阻塞时,胆汁酸盐进入肠道受阻,容易引起脂溶性维生素的吸收障碍。如因维生素 K 吸收障碍可引起凝血时间延长,易出血等。

2. **储存多种维生素** 肝脏是储存维生素 A、E、K 和 B_{12} 的重要场所,尤其是维生素 A 的储存量特别大,可达体内总维生素 A 的 95%。肝脏病变时,影响维生素 A 的储存,使血中维生素 A 水平低下,进而影响视杆细胞中视紫红质的合成,导致夜盲症。

3. 参与多种 B 族维生素代谢转变为辅酶　肝脏也含有较多的维生素 B_1、B_2、B_6、B_{12} 和泛酸、叶酸等,能将多种 B 族维生素代谢转变为相应的辅酶或辅基。

肝脏还可使维生素 A 原(β-胡萝卜素)转化成视黄醛;使维生素 D_3 羟化为 25 - OH - Vit. D_3,有利于维生素 D 进一步转运入肾脏羟化而活化。

三、在激素代谢中的作用

激素在体内发挥其调节作用后,主要在肝内被分解转化,从而降低或失去活性,此过程称激素的灭活(inactivation of hormone)作用。如一些类固醇激素发挥调节作用后,常在肝内与葡萄糖醛酸等结合而失去其活性。激素灭活是体内调节激素作用时间长短和强度的重要方式之一,灭活后的产物大部分随尿排出。

严重肝功能损害时,可使体内多种激素因灭活作用减弱而过多积聚,进而引起某些激素的调节功能紊乱。如血中雌激素水平异常升高时,可使局部小动脉扩张,出现"肝掌"或"蜘蛛痣"、男性乳房发育等;血中抗利尿激素和醛固酮水平异常升高时,可引起水钠过多滞留而出现水肿或腹水等。

四、在水盐代谢中的作用

肝内钠、钾代谢与肝糖原的合成与分解密切相关。肝糖原合成时需要钾离子参与,此时钾离子由血液进入细胞,肝细胞钾含量增高。反之,肝糖原分解时,钾离子移出肝细胞,肝细胞钾含量减少,钠离子进入细胞。由于肝糖原合成时需钾离子参与,故对糖尿病患者给以胰岛素治疗时,需同时补充钾盐。肝还具有摄取、储存金属离子的作用,在周围组织需要时可释出其储存的金属离子。此外,肝中的谷胱甘肽与金属硫蛋白(metallothionein)在储存 Zn、Cu、Fe 等以及在调节金属微量元素的代谢中也起着重要作用。

五、在肝脏再生中的作用

肝细胞具有再生能力。当肝脏在受肝炎病毒、中毒或代谢障碍等损伤后,可表现出很强的再生能力,尤其是肝部分切除后,剩余肝组织细胞代偿性增生过程或肝脏移植的再生肝中,大量处于休眠状态的早期基因被转录因子激活,导致 DNA 合成、细胞复制、细胞体积增大,肝细胞增殖刺激因子、增殖抑制因子及各种辅助因子对肝细胞的再生起重要调节作用,其中,肝细胞生长因子(hepatocyte growth factor,HGF)不仅可促进肝细胞 DNA 合成及肝细胞增殖,还可提高肝细胞抗肝毒剂的损伤能力,对肝细胞的损伤具有保护作用,能促进肝细胞的再生。在肝细胞受损时 HGF 溢出,血液中的 HGF 值升高,临床上可将 HGF 作为肝损伤指标之一,也可望作为抗肝硬化和治疗肝炎的药物开发。

第二节　胆汁酸代谢

一、胆汁酸的种类

1. 按胆汁酸(bile acid)的结构分类　胆汁酸根据其结构分为两大类:① 游离胆汁酸,主要有胆酸(cholic acid)、鹅脱氧胆酸(chenodeoxycholic acid)、脱氧胆酸(deoxycholic acid)和少量石胆酸(lithocholic acid)4类。② 结合胆汁酸,系游离胆汁酸在肝脏分别与甘氨酸或牛磺酸结合而成,主要有8种(表18-2)。

表18-2 胆汁酸的主要种类

来源分类	结构分类	
	游离胆汁酸	结合胆汁酸(在肝脏形成)
初级胆汁酸(肝脏生成)	胆酸 鹅脱氧胆酸	甘氨胆酸、牛磺胆酸 甘氨鹅脱氧胆酸、牛磺鹅脱氧胆酸
次级胆汁酸(肠菌作用后生成)	脱氧胆酸 石胆酸	甘氨脱氧胆酸、牛磺脱氧胆酸 甘氨石胆酸、牛磺石胆酸

2. 按胆汁酸的生成部位分类　胆汁酸也可根据其生成部位分为两大类:① 胆酸和鹅脱氧胆酸及其相应的结合型胆汁酸是在肝细胞内以胆固醇为原料直接合成的,称初级胆汁酸(primary bile acid)。② 脱氧胆酸和石胆酸及其相应的结合型胆汁酸是以初级胆汁酸为原料,在肠菌作用下转变生成的,称次级胆汁酸(secondary bile acid)。胆汁中所含的胆汁酸以结合型为主,并以钠盐或钾盐的形式存在,称胆汁酸盐,简称胆盐(bile salts)。

二、胆汁酸的代谢

1. 初级胆汁酸的生成　肝细胞以胆固醇为原料在一系列酶的作用下转变为初级胆汁酸,这是体内胆固醇代谢转化的主要方式。健康人每日合成的胆固醇,约4/5在肝细胞中进行,胆固醇首先受7α-羟化酶催化生成7α-羟胆固醇;然后再经过侧链断裂、氧化等反应,生成胆酸和鹅脱氧胆酸;胆酸和鹅脱氧胆酸再分别与甘氨酸或牛磺酸结合生成相应的结合型胆汁酸,统称初级胆汁酸。

$$胆固醇 \xrightarrow{7\alpha-羟化酶} 7\alpha-羟胆固醇 \xrightarrow{侧链断裂、氧化等} 胆酸或鹅脱氧胆酸$$

$$\xrightarrow{甘氨酸或牛磺酸} \begin{matrix}甘氨(或牛磺)胆酸\\ 甘氨(或牛磺)鹅脱氧胆酸\end{matrix} \xrightarrow{Na^+/K^+} 胆汁酸盐$$

7α-羟化酶是胆汁酸合成过程中的关键酶,受产物胆汁酸的反馈抑制,使胆固醇转变为胆汁酸受到调控。因此,若能使肠道胆汁酸含量降低,则有助于促进肝内胆固醇转化成胆汁酸而降低血液中胆固醇的含量。临床上应用口服阴离子交换树脂(考来烯胺),可与胆汁酸结合成不溶性络合物以减少其重吸收,促进胆汁酸的排泄,减弱其对7α-羟化酶的反馈抑制作用,从而促进肝内胆固醇转化为胆汁酸,起到降低血清胆固醇的治疗作用。此外,7α-羟化酶需要维生素C作为辅酶,故维生素C能促进胆固醇转化为胆汁酸。甲状腺素能促进7α-羟化酶活性而加速胆固醇转化为胆汁酸,故甲状腺功能亢进症患者由于胆汁酸合成增强,血清胆固醇浓度降低;甲状腺功能低下症患者则有血清胆固醇浓度升高的趋势。

2. 次级胆汁酸的生成　结合型初级胆汁酸随胆汁分泌进入肠道后,受肠菌作用逐步分解,先脱去甘氨酸和牛磺酸,再发生 7-位脱羟基反应而转变生成脱氧胆酸和石胆酸,此称游离型次级胆汁酸。

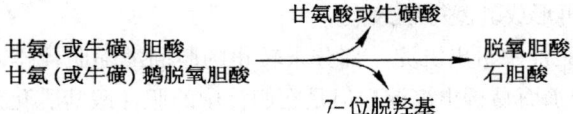

游离型次级胆汁酸经肠黏膜细胞重吸收,经门静脉入肝,再与甘氨酸或牛磺酸结合生成结合型次级胆汁酸。此外,肠菌还可使鹅脱氧胆酸分子的 7α-OH 转化为 7β-OH 而生成熊脱氧胆酸(ursodeoxycholic acid,UDCA),后者是一种亲水性、非细胞毒性的胆汁酸。UDCA 可进一步还原为石胆酸。在人胆汁中,尽管熊脱氧胆酸含量较低,对代谢没有重要意义,但具有利胆、抗凋亡、抗氧化和调节免疫等重要的药理作用。熊脱氧胆酸已用于各种肝病的治疗。

3. **胆汁酸的排泄与肠肝循环** 各种胆汁酸随胆汁分泌排入肠道后,只有一小部分受肠菌作用后排出体外,绝大部分(>95%)胆汁酸又重吸收经门静脉回到肝脏,再随胆汁分泌排入肠道,从而构成胆汁酸的肠肝循环(bile acid enterohepatic circulation)(图 18-1)。

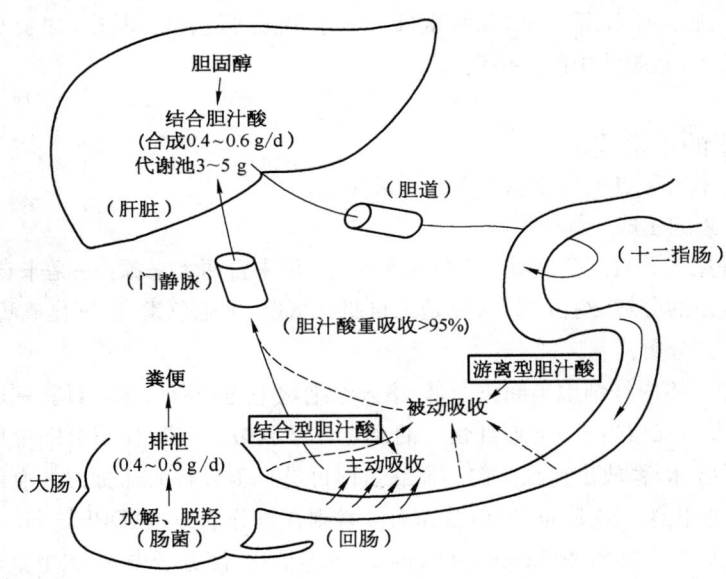

图 18-1 胆汁酸的肠肝循环

健康成人每日合成胆固醇 1~1.5 g,约有 4/5 在肝内转变成胆汁酸,随胆汁分泌排入肠道。在肝胆内胆汁酸总量为 3~5 g,不能满足生理需要。通过胆汁酸的肠肝循环,每日循环 6~12 次,可使有限的胆汁酸被反复应用,以最大限度发挥胆汁酸的作用。这样可以弥补胆汁酸的不足,有利于脂类消化吸收,还可维持胆汁中胆固醇的溶解状态。

三、胆汁酸的功能

1. **促进脂类消化与吸收** 胆汁酸分子表面既含有亲水的羟基和羧基或磺酸基,又含有疏水的甲基和烃核。所以,胆汁酸的立体构象具有亲水和疏水两个侧面,使胆汁酸呈现较强的表面活性剂作用,能够降低油/水两相之间的表面张力,促进脂类物质在水溶液中乳化成 3~

10 μm 的微团,增加脂类与脂肪酶的接触面,并激活脂肪酶等活性,加速脂类的消化。胆汁酸盐还能与甘油一酯、脂肪酸等脂类消化产物组成混合微团,有利于脂类物质透过肠黏膜细胞表面水层,促进脂类吸收,再形成乳糜微粒入血。

2. 抑制胆固醇在胆汁中析出沉淀　部分未转化的胆固醇随胆汁排入胆囊,胆汁在胆囊浓缩后,胆固醇因难溶于水而易析出沉淀。但是在胆汁中的胆汁酸盐乳化作用下,可使胆固醇分散成可溶性微团,使之不易形成结晶沉淀,因此,胆汁酸有抑制胆固醇从胆汁中析出沉淀的作用。当胆囊中的胆固醇过高(如高胆固醇血症)、胆汁中胆汁酸盐与胆固醇的比值下降(＜10∶1)、肝脏合成胆汁酸能力下降、胆汁酸的肠肝循环量减少或胆汁酸在消化道丢失过多时,均可使胆固醇从胆汁中析出沉淀而形成结石。

第三节　胆色素代谢

胆色素(bile pigment)是铁卟啉化合物在体内的分解代谢产物,包括胆红素(bilirubin)、胆绿素(biliverdin)、胆素原(bilinogen)和胆素(bilin)等,统称胆色素。其中,主要成分是胆红素,呈橙黄色或金黄色,是胆汁中的主要色素。

一、胆红素的正常代谢

下面以胆红素为重点来讨论胆色素的正常代谢。

(一) 胆红素的生成

1. 来源　健康人每日产生 250～350 mg 胆红素,可来自两大来源:一是来自衰老红细胞破坏释放出血红蛋白的分解,约占 80%;二是来自肌红蛋白、细胞色素、过氧化氢酶及过氧化物酶等其他色素蛋白的分解。

2. 生成过程　体内红细胞不断更新,健康人红细胞平均寿命约 120 日。一个体重约 60 kg 的成年人,每日大约有相当于 7 g 血红蛋白的衰老红细胞被肝、脾、骨髓组织中单核-吞噬细胞系统识别并吞噬破坏,释放出血红蛋白。血红蛋白再进一步分解为珠蛋白和血红素,其中珠蛋白可分解为氨基酸供组织细胞重新利用;而血红素则在氧分子和 NADPH+H^+ 的参与下,由吞噬细胞内微粒体血红素加氧酶(heme oxygenase,HO)催化,使分子中 α-次甲基桥断裂,释放出 CO 及 Fe^{3+} 而生成胆绿素。Fe^{3+} 可被细胞重新用于造血,CO 则可排出体外或发挥气体信息分子作用。胆绿素进一步在胞质溶胶的胆绿素还原酶(biliverdin reductase)催化下,从 NADPH+H^+ 获得 2 个氢原子,还原生成胆红素。

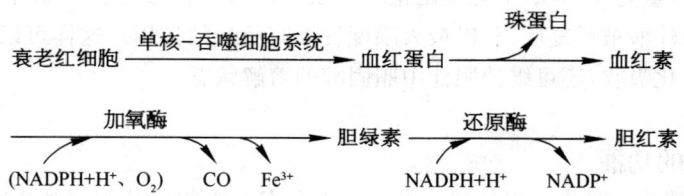

胆红素由 4 个吡咯环通过 3 个次甲基桥相连,吡咯环上有许多取代基(图 18-2)。环上的丙酸基、羟基和亚氨基等亲水基团相互间易形成分子内氢键,从而使胆红素在空间上发生扭曲

形成脊瓦状的折叠结构,成为难溶于水而亲脂性强的物质。脂溶性的胆红素容易自由透过生物膜对组织产生毒性。

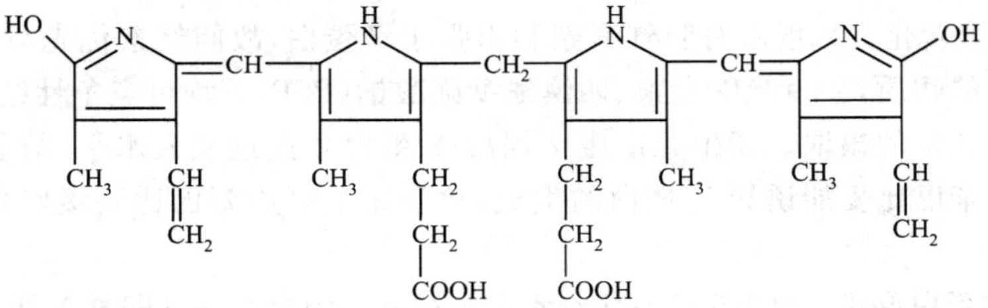

图18-2 胆红素的结构

胆红素过多对人体有害,但适宜水平的胆红素对人体还呈现有益的一面。胆红素是人体内强有力的内源性抗氧化剂,可有效地清除超氧化物和过氧化物自由基。氧化应激可诱导血红素加氧酶-1(HO-1)的表达,从而增加胆红素的生成以抵御氧化应激状态。胆红素的这种抗氧化作用通过胆绿素还原酶循环(biliverdin reductase cycle)实现:胆红素氧化成胆绿素,后者在胆绿素还原酶催化下,利用 NADH 或 NADPH 再还原成胆红素。由于胆绿素还原酶分布广、活性强,可使胆红素的作用增大 10 000 倍。

(二) 胆红素在血液中的运输

脂溶性的胆红素释放入血液后,主要与血浆白蛋白结合,以胆红素-白蛋白形式在血中运输。这种结合作用既增大了胆红素的溶解度而利于运输,又限制了胆红素透过细胞膜进入组织产生毒性。胆红素与白蛋白结合后分子量增大,不易透过肾小球滤过膜,尿中不出现这种胆红素,只能存在于血液中,称血胆红素;由于这种胆红素尚未进入肝脏进行结合处理,又称未结合胆红素(unconjugated bilirubin)或游离胆红素。

$$胆红素 + 白蛋白 \underset{\text{有机阴离子,pH}\downarrow}{\overset{\text{白蛋白}\uparrow}{\rightleftharpoons}} 胆红素-白蛋白$$

健康人血中胆红素含量为 1.7~17.1 μmol/L,而血浆白蛋白可结合 340~425 μmol/L 胆红素,故足以防止过多胆红素进入组织细胞而产生毒性作用。但当某些原因导致血中胆红素升高、白蛋白含量下降,或白蛋白被其他物质结合等,可促使胆红素从血浆向组织转移而产生毒性。如某些有机阴离子药物(磺胺类药物、水杨酸和抗生素等),或者脂肪酸、胆汁酸等物质,可与胆红素竞争结合白蛋白,使胆红素游离出来,增加其透过细胞的可能性。

过多的游离胆红素易进入脑组织与脑基底核的脂质结合,干扰脑的正常功能,导致核黄疸(kernicterus)或胆红素脑病(bilirubin encephalopathy)。因此,对有黄疸倾向的患者或新生儿高胆红素血症(neonatal hyperbilirubinemia)患者等,应避免使用有机阴离子药物,以免发生核黄疸而对大脑产生不可逆性损伤。另外,酸中毒时可促使胆红素进入细胞,故高胆红素血症患者要防止酸中毒。

(三) 胆红素在肝脏中的代谢

胆红素的进一步代谢转化主要在肝脏进行。肝细胞对胆红素的处理主要包括摄取、结合和排泄三个连续过程。

1. 摄取　胆红素在血浆中被白蛋白结合而运输。在肝血窦中胆红素先与白蛋白分离，后迅速被肝细胞摄取。在肝细胞内，胆红素立即被 Y 蛋白或 Z 蛋白结合固定，形成的胆红素-Y 蛋白或 Z 蛋白复合物，增加了其水溶性而不能重新返回血液，并且被进一步转运至滑面内质网进行结合转化。Y 蛋白对胆红素亲和力强于 Z 蛋白，故胆红素优先与 Y 蛋白结合。一些脂溶性强的物质，如甲状腺激素、四溴酚酞磺酸钠（BSP）等均可竞争性结合 Y 蛋白，影响肝细胞对胆红素的摄取。新生儿出生 7 周后 Y 蛋白才接近成人水平，故易产生新生儿生理性黄疸。苯巴比妥能诱导 Y 蛋白的生成，故临床上可用苯巴比妥缓解新生儿生理性黄疸。

胆红素-白蛋白形式在血中运输→胆红素单独被肝细胞摄取→立即被 Y 蛋白（主要）结合固定→以胆红素-Y 蛋白形式进一步被转运至滑面内质网。

当肝病致 Y 蛋白不足，或者胆红素生成量超过肝细胞固定胆红素的能力时，已进入肝细胞的胆红素可反流入血，也会使血胆红素含量增高。

2. 结合　肝细胞滑面内质网富含 UDP-葡萄糖醛酸基转移酶（UDP-glucuronyl transferase），在该酶催化下，胆红素两个丙酸基分别与 UDPGA 提供的葡萄糖醛酸基结合，生成胆红素葡萄糖醛酸酯。其中 70%～80% 是双葡萄糖醛酸酯，20%～30% 为单葡萄糖醛酸酯（少量胆红素也可与硫酸结合成硫酸酯）。在肝细胞内，与葡萄糖醛酸结合的胆红素称结合胆红素（conjugated bilirubin）或肝胆红素（图 18-3）。胆红素与葡萄糖醛酸结合过程如下。

$$\text{UDP-葡萄糖(UDPG)} \xrightarrow[2NAD^+ \quad 2NADH+H^+]{\text{UDPG 脱氢酶}} \text{UDP-葡萄糖醛酸(UDPGA)}$$

$$\text{胆红素} + \text{UDPGA} \xrightarrow{\text{UDP-葡萄糖醛酸基转移酶}} \text{单葡萄糖醛酸胆红素酯} + \text{UDP}$$

$$\text{单葡萄糖醛酸胆红素酯} + \text{UDPGA} \xrightarrow{\text{UDP-葡萄糖醛酸基转移酶}} \text{双葡萄糖醛酸胆红素酯} + \text{UDP}$$

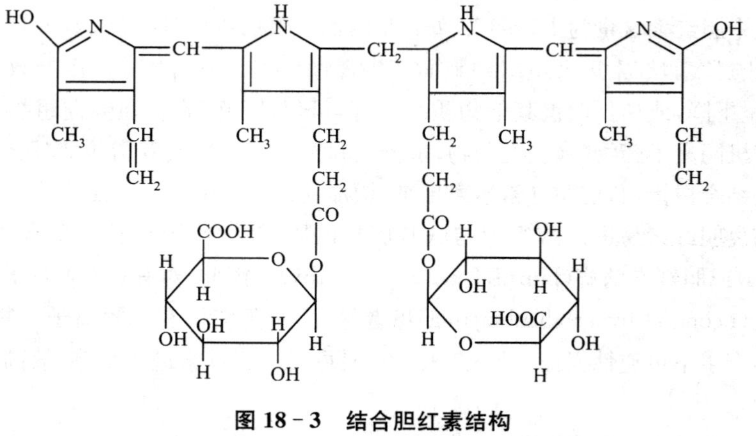

图 18-3　结合胆红素结构

胆红素与葡萄糖醛酸结合后，分子由脂溶性转变为水溶性，从而阻止了胆红素透过生物膜产生毒性作用。因此，结合胆红素无毒性。

3. 排泄　结合胆红素在肝细胞滑面内质网形成后,经高尔基体转运,几乎全部排入毛细胆管,再随胆汁分泌经胆管排入肠道。健康人每日排入肠道的胆红素为 250～350 mg,其中仅有不超过 2% 的结合胆红素反流入血循环,故健康人尿中极微量,一般检测不出。当肝胆阻塞时,可因结合胆红素排泄障碍而使之大量反流入血,使血清结合胆红素含量增高,随之尿中胆红素排出量也增加,此时尿胆红素定性试验呈阳性反应。

(四) 胆红素在肝脏外的代谢

1. 胆红素在肠道中的转变　结合胆红素随胆汁分泌排入肠道后,在肠菌 β-葡萄糖醛酸苷酶作用下,水解脱去葡萄糖醛酸、再加氢还原生成胆素原。其中极大部分胆素原(80%～90%)随粪便排出体外,与空气接触后被氧化为黄褐色的胆素,成为粪便的主要色素,这些随粪便排出的胆素原和胆素常称粪胆素原和粪胆素。健康成人每日随粪便排出的粪胆素(原)总量为 40～280 mg。当胆道完全阻塞时,因胆红素不能排入肠道转变为胆素原和胆素,粪便呈灰白色。新生儿因肠道中缺少细菌,肠道中含有未被细菌作用的胆红素,粪便呈橙黄色。

2. 胆素原的肠肝循环　肠道中生成的胆素原有 10%～20% 被重吸收,经门静脉入肝,重吸收的胆素原大部分(90%)再随胆汁分泌以原型排入肠道,构成胆素原的肠肝循环(bilinogen enterohepatic circulation)。在肠肝循环中,只有极少量(10%)的胆素原进入体循环,被运输到肾随尿排出体外,在空气中被氧化为黄褐色的胆素,成为尿液色素之一。这些随尿排出的胆素原与胆素常称尿胆素原与尿胆素(图 18-4),健康成人每日随尿排出 0.5～4.0 mg 尿胆素(原)。胆道阻塞时,结合胆红素排入肠道受阻,受肠菌作用生成的胆素原随之减少,经肠肝循环进入体循环及经肾随尿排出的尿胆素原可明显下降甚至完全消失,但此时往往有较多的结合胆红素随尿排出。而当溶血使胆红素释放增多时,经肝细胞处理后排入肠道的结合胆红素也增加,受肠菌作用生成的胆素原随之增多,尿胆素原排出量也增多。临床上将尿液中胆红素、胆素原、胆素称尿三胆,作为鉴别诊断不同类型黄疸的常用指标。

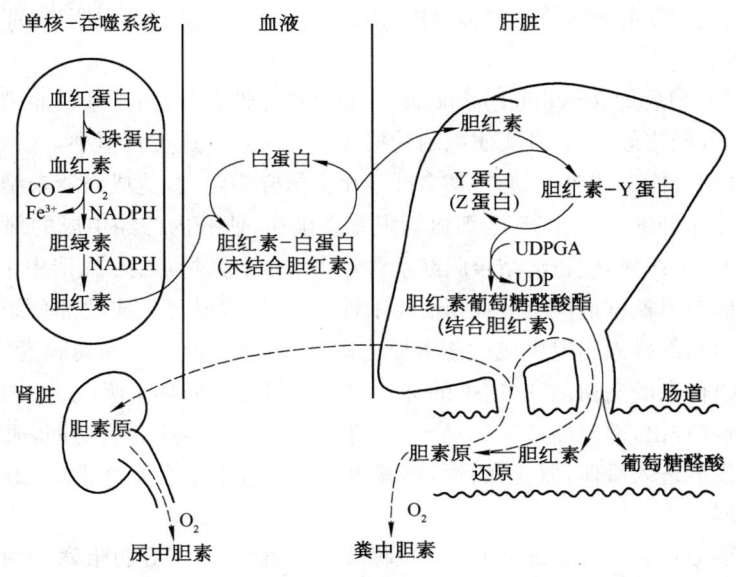

图 18-4　胆色素的正常代谢与胆素原的肠肝循环

二、胆红素的异常代谢

(一) 血清胆红素

健康人血清胆红素总量不超过 17.1 μmol/L，主要以两种形式存在。① 来自单核-吞噬细胞系统破坏衰老红细胞而释出的胆红素，这类胆红素还未进入肝细胞与葡萄糖醛酸结合而称未结合胆红素。未结合胆红素分子内有氢键，不易与重氮试剂反应，必须加入乙醇或尿素破坏氢键后才表现出明显的紫红色反应，故又称间接胆红素或间接反应胆红素。健康人血清未结合胆红素含量≤13.7 μmol/L，呈间接反应弱阳性。② 在肝细胞滑面内质网与葡萄糖醛酸结合的胆红素称结合胆红素。结合胆红素分子内无氢键，能直接与重氮试剂迅速反应呈现紫红色，故又称直接胆红素或直接反应胆红素。健康人血清结合胆红素含量≤3.4 μmol/L，直接反应阴性。

(二) 黄疸

生理条件下，胆红素的生成与转化排泄处于动态平衡，然而胆红素代谢过程复杂，其中某个环节发生障碍时，就会造成胆红素在血中过多滞留，导致高胆红素血症。胆红素为金黄色的物质，血清胆红素浓度过高，超过 34.2 μmol/L 时，则易扩散进入组织，使皮肤、巩膜和黏膜等组织黄染，此称黄疸(jaundice)。黄疸的程度与血清胆红素浓度有关。若血清胆红素浓度虽超过正常，但不超过 34.2 μmol/L，此时肉眼看不出巩膜或皮肤被明显黄染，称隐性黄疸(jaundice occult)。一般根据黄疸产生的原因，可分为以下三类。

1. **溶血性黄疸(hemolytic jaundice)** 也称肝前性黄疸，常由于某些原因如恶性疟疾、严重溶血(输血不当)、过敏、镰状细胞贫血、葡萄糖-6-磷酸脱氢酶缺乏(蚕豆病)等，引起红细胞大量破坏，使分解产生胆红素过多，超过肝细胞处理能力，从而导致未结合胆红素在血中蓄积所致。其特点有：血中未结合胆红素增多，与重氮试剂反应呈间接反应强阳性；由于血中未结合胆红素增加，肝细胞以最大限度处理胆红素，使排入肠道的结合胆红素增加，经肠菌作用生成的胆素原也增多，随粪便排出的粪胆素(原)增多，粪便颜色加深；肠道中生成的胆素原增多，经肠肝循环重吸收进入肝的胆素原也增多，进入体循环经肾随尿排出的尿胆素(原)也显著增加，但尿中无胆红素。

2. **肝细胞性黄疸(hepatocellular jaundice)** 也称肝原性黄疸，由于某些原因(如氯仿、四氯化碳、肝炎病毒、肝硬化等)导致肝实质细胞受损或坏死所致。这类黄疸中，肝细胞一方面对血胆红素的摄取和结合能力减弱，不能将其全部转化为结合胆红素，造成血清未结合胆红素含量增加；另一方面由于肝细胞的肿胀，毛细血管阻塞或破裂，使肝内已经生成的部分结合胆红素不能顺利排泄而反流入血，使血清结合胆红素含量也增加。其特点有：血清中未结合与结合两类胆红素均增加，与重氮试剂反应呈双相反应阳性；由于肝内已经生成的部分结合胆红素经坏死细胞区反流入血，故排入肠道生成的胆素原逐渐减少，随粪便排出的粪胆素(原)也在减少，粪便颜色可变浅；但在肝病初期，肠道中的部分胆素原经肠肝循环重吸收进入肝脏后，不能再有效地随胆汁分泌排出，而只能进入体循环，经肾随尿排出。因此肝病初期，尿胆素(原)一般增加；随着肝病发展进入后期，尿胆素(原)则减少。由于血中结合胆红素增加，可经肾随尿排出，故尿中出现胆红素。

3. **阻塞性黄疸(obstructive jaundice)** 也称肝后性黄疸，由于肝胆阻塞(如胆结石、肿瘤压迫胆管、胆道蛔虫直接阻塞胆管等)引起胆汁排泄受阻，使胆小管和毛细胆管内压不断增高，通透性增加甚至破裂,使肝内已经转化生成的结合胆红素随胆汁反流入血,造成血清结合胆红素增高所致。其特点有:血清结合胆红素增加,与重氮试剂反应呈直接反应强阳性;由于胆道阻塞,结合胆红素不能排出肠道(如阻塞不完全则可有小量排入肠道),致使肠内无或只有少量胆素原生成,随粪便排出的粪胆素(原)减少,粪便颜色变浅或灰白;由于肠道内生成的胆素原减少,经肠肝循环进入肝脏的胆素原减少,进入体循环经肾随尿排出的尿胆素(原)减少。因血中结合胆红素增加,水溶性大,随尿排出大量胆红素,尿液颜色变深。胆汁中的胆盐返溢入血,刺激感觉神经末梢,引起皮肤瘙痒,这是胆汁淤阻的特殊症状。

三类黄疸的血液、粪便和尿液中胆色素变化特征比较见表18-3。

表18-3 三类黄疸的胆色素变化特征比较

类 型	溶血性黄疸	肝细胞性黄疸	阻塞性黄疸
血未结合胆红素	显著增高	增高	改变不大
血结合胆红素	改变不大	增高	显著增高
与重氮试剂反应	间接反应强阳性	双相反应阳性	直接反应强阳性
尿胆红素	阴性	阳性	强阳性
尿胆素(原)	显著增多	初期一般增加	减少或消失
粪便颜色	加深	可变浅	变浅或灰白色(陶土色)

4. 新生儿高胆红素血症 新生儿在特殊原因下如果引起胆红素生成增加、排泄减少,使之在体内积聚,易致新生儿高胆红素血症,可作为第四类黄疸。新生儿高胆红素血症可引起皮肤黏膜和巩膜黄染,早期新生儿可出现生理性黄疸,如同时伴有任何高危因素,黄疸程度常可超过生理性黄疸的范围。

第四节 临床肝功能生化检查指标

肝脏是物质代谢的"中枢器官",这是由于肝内含有丰富的参与各类物质代谢的酶系。当肝脏病变时,由于酶活性的异常变化,一方面会累及多种物质代谢发生障碍,另一方面由于肝细胞受损,内含物释放入血,使血液中某些化学成分发生改变。据此,临床上往往通过测定血液等体液中某些化学成分的变化,以帮助诊断肝胆疾病和观察疗效等。迄今,临床上用于肝功能检查指标已有数百种,由于受特异性、灵敏度、技术的难易程度等方面的限制,常用的只有数十种。在临床运用时,还需要根据患者的体征、病程的长短、病变的转归等选择性进行某些指标的检测,避免诊断的片面性和盲目性,以提高诊断的准确性。现将临床上常用的肝功能检验指标简述如下。

一、蛋白质代谢功能试验

包括血清总蛋白、白蛋白(A)及其与球蛋白(G)比值(A/G)、血清蛋白电泳、血氨等测定。健康人血清总蛋白量约为 0.9~1.3 mmol/L，A/G 值为 1.5~2.5。肝功能严重受损时，肝细胞合成白蛋白的能力下降而肝外组织 γ 球蛋白合成增加，A/G 值变小，甚至倒置。此指标对慢性肝炎和肝硬化的判断意义较大。

二、血清(浆)酶活性检测

体内有些酶主要存在于肝细胞内，当肝细胞受损时，其细胞膜通透性增加，大量酶释放入血，造成血清某些酶活性升高，如血清丙氨酸氨基转移酶(ALT)、乳酸脱氢酶(LDH)、单胺氧化酶(MAO)等。而体内有些酶存在于胆汁中，当胆道阻塞时，胆汁淤积，酶随之反流入血，也造成某些酶活性升高，如碱性磷酸酶(ALP)、γ-谷氨酰转肽酶(γ-GT)等。体内有些酶由肝细胞合成，但必须分泌到血液中才发挥作用。肝病时，这类酶在血浆中活性下降，如磷脂酰胆碱-胆固醇酰基转移酶(PCCAT/LCAT)及多种凝血因子等。

三、胆色素代谢功能

如血清胆红素定量或定性试验、尿三胆(包括尿胆红素、胆素原和胆素)试验等，用于鉴别诊断各类黄疸。

四、排泄功能

肝脏具有一定的排泄功能，这是通过胆汁的分泌来实现的。一些脂溶性代谢产物如胆色素、胆固醇、胆汁酸盐等，以及一些体外进入体内的脂溶性的药物、毒物、食品添加剂及误食一些有害物(农药的残留物、Hg^{2+}、Ag^{+}等)等物质随胆汁分泌排入肠道，进而随粪便排出体外。当肝脏胆汁分泌受阻、排泄功能障碍时，可使某些药物或毒物在体内积蓄，导致机体中毒。临床上通常检测肝脏对某些内源性(胆红素、胆汁酸等)或外源性(染料、药物等)摄取物的排泄清除能力，以了解肝脏的排泄功能是否正常。

五、肝病的免疫学试验

1. 甲胎球蛋白的检查　AFP 是胎儿肝脏合成的一种特殊蛋白质。成人血清含量极微(<25 μg/L)，但对于原发性肝癌患者则可高出数十倍至数万倍，甚至可达 0.25~6 mg/L。因此该项试验对原发性肝癌的诊断具有较高的特异性和灵敏度，诊断率一般可达 70%~85%。

2. 乙型肝炎病毒标志物的检查　目前乙型肝炎的诊断主要依靠检测乙型肝炎病毒(HBV)的抗原及其相应抗体，检查的指标主要有表面抗原(HBsAg)、E 抗原(HbeAg)、表面抗体(HBsAb)、E 抗体(HBeAb)、核心抗体(HBcAb)五项，俗称两对半。

(1)"小三阳"的检查指标：HBsAg、HBeAb、HBcAb 三项阳性。出现"小三阳"，提示急性或慢性乙型肝炎，体内病毒复制，为乙型肝炎病毒复制状态。"小三阳"通常是由"大三阳"转变而来，是人体针对 E 抗原产生了一定程度的免疫力。

(2)"大三阳"的检查指标：HBsAg、HBeAg、HBcAb 三项阳性。"HBsAg"阳性，表示感染了乙肝病毒；"HBeAg"阳性，表示乙肝病毒正在复制；"HBcAb"阳性，也表示感染乙肝病毒以后，病毒正在人体内活跃地复制，有传染性。

总之,检测肝功能的指标很多。但除了甲胎蛋白试验对诊断原发性肝癌有较高的特异性外,大部分指标均无高度特异性,且没有一种指标可以反映肝功能的全貌。因此,在临床上不能单凭1～2项化验结果,就简单地加以肯定或否定肝脏的病变,而必须结合患者的症状和体征进行仔细分析,才能对肝脏的功能状况做出比较全面而确切的判断。

第十九章
水 盐 代 谢

学习目标

1. 掌握水、无机盐的生理功能，水、钠、钾代谢紊乱的特点与防治。
2. 熟悉体液平衡及其调节。
3. 了解水、无机盐的分布特点。

体液是指分布于细胞内外、含有多种无机盐和有机物（如糖、蛋白质等）的水溶液。物质代谢都是在体液中进行的，体液平衡是物质代谢正常进行的先决条件。如果体液的含量、分布和组成异常及水盐代谢紊乱，就会影响 pH 和渗透压的相对恒定，从而影响各组织器官的功能，严重时可危及生命。

第一节 水和无机盐在体内的生理功能

一、水的生理功能

1. 构成组织的重要成分　在维持组织器官的形状、硬度和弹性上有重要作用。体内的水除了一部分以自由状态存在外，大部分与蛋白质、糖胺聚糖等结合，以结合水形式存在。如心肌含水约 79%，血液含水约 83%，两者相差无几，但心肌主要含结合水，使心脏具有坚实的形态，保证心脏有力地推动血液循环。

2. 调节和维持体温恒定　水的比热大，故水能吸收较多的热量而不会使体温明显升高；水的蒸发热大，故蒸发少量的汗就能带走大量的热；水的流动性大，使物质代谢产生的热量迅速扩散至全身，不致使局部体温升高。

3. 利于物质代谢的进行　水是良好的溶剂，很多化合物都能溶解或分散于水中，从而确保体内物质代谢的正常进行。水还能直接参与体内的水合、水解等反应。水的流动性有利于营养物的消化、吸收、运输和代谢废物的排泄。

4. 具有良好的润滑作用　唾液有利于吞咽，泪液可防止眼球干燥，关节腔的滑液可减少关节活动时的摩擦，胸膜腔和腹膜腔的浆液、呼吸道和胃肠道的黏液都起着良好的润滑作用。

二、无机盐的生理功能

1. 参与构成组织与体液的成分　如体液中含有 Na^+、K^+、Cl^-、HPO_4^{2-}、HCO_3^- 等多种电解

质,骨骼和牙齿中含大量的钙和磷。

2. 参与维持体液酸碱平衡与渗透压平衡　体液中的电解质可以组成多种缓冲对,如血浆中的 HCO_3^- 与 H_2CO_3、HPO_4^{2-} 与 $H_2PO_4^-$ 等,都可参与维持体液酸碱度的相对恒定。体液中的各种无机离子又是维持细胞内外晶体渗透压的主要因素,如 K^+、HPO_4^{2-} 和 Na^+、Cl^- 分别是维持细胞内、外液晶体渗透压的主要离子,进而影响水的动向。

3. 参与维持神经、肌肉的应激性　见表 19-1。

表 19-1　神经、肌肉应激性和心肌细胞的应激性与无机盐的关系

应激性	图示	说明
神经、肌肉应激性	神经、肌肉应激性 $\propto$ $\dfrac{[K^+]+[Na^+]+[OH^-]}{[Ca^{2+}]+[Mg^{2+}]+[H^+]}$	血钙降低、血钾升高或碱中毒时,神经肌肉应激性增高,可引起搐搦; 反之,应激性下降,会出现肌肉软弱无力甚至麻痹
心肌细胞应激性	心肌细胞应激性 $\propto$ $\dfrac{[Na^+]+[Ca^{2+}]+[OH^-]}{[K^+]+[Mg^{2+}]+[H^+]}$	血钾过高、心肌兴奋性受抑,导致心动过缓、传导阻滞、收缩力减弱,严重时心跳停止在舒张期; 血钾过低、心脏自动节律性增高,易产生期前收缩、心律失常,严重时心跳停止于收缩期; 血钠和血钙的增高,可拮抗钾离子对心肌的抑制作用

4. 影响酶活性　有些无机离子可作为酶的激活剂或抑制剂等,如 K^+、Mg^{2+} 和 Cl^- 分别是糖原合酶、磷酸化酶和唾液淀粉酶的激活剂;Na^+ 和 Ca^{2+} 则分别是丙酮酸激酶和醛缩酶的抑制剂;Cu^{2+} 既是细胞色素氧化酶的激活剂,又是唾液淀粉酶的抑制剂,进而影响物质代谢。

5. 参与构成特殊功能的化合物　如铁参与血红蛋白和细胞色素的组成,碘作为合成甲状腺激素的原料,磷是磷脂和核苷酸等重要化合物的组成成分。

第二节　体液的含量和分布

一、人体水的含量与分布

健康成人体液总量约占体重的 60%,以细胞膜为界,体液分为细胞内液(约占体液体重的 40%)和细胞外液(约 20%)两部分。细胞外液又以毛细血管壁为界,分为血浆(约 5%)和细胞间液(约 15%),其中细胞间液还包括淋巴液等。

$$\text{体液(占体重60\%)} \begin{cases} \text{细胞内液(40\%)} \\ \text{细胞外液(20\%)} \begin{cases} \text{血浆(5\%)} \\ \text{细胞间液(15\%)} \end{cases} \end{cases}$$

体液含量可随着个体的性别、年龄、胖瘦与疾病的不同而不同。脂肪组织含水少,为 15%~30%;肌肉组织含水多,为 70%~80%。女性体内脂肪含量较多,故成年女性含水量低于同龄男性,为体重的 50%~55%。老年人含水量少,为体重的 50%。儿童含水量多,为体重

的70%～80%，这是由于儿童新陈代谢旺盛，导致需水量较多。但儿童体内调节水和电解质平衡的功能尚未完善，容易发生脱水及电解质平衡紊乱，故临床上对小儿及肥胖者脱水的情况应更加引起注意。

二、体液电解质的含量与分布特点

体液中电解质主要有 Na^+、K^+、Ca^{2+}、Mg^{2+}、Cl^-、HCO_3^- 和蛋白质等，在维持体液分布和动态平衡上起重要作用。体液电解质的含量与分布有以下特点。

1. 阴阳离子总量相等，溶液呈电中性　体液中电解质浓度，若以 mEq/L 计算，细胞内外液的阴、阳离子总量相等，呈电中性。

2. 细胞内外液电解质的分布差异大　细胞内液阳离子以 K^+ 为主，阴离子以 HPO_4^{2-} 为主。细胞外液阳离子以 Na^+ 为主，阴离子以 Cl^- 为主。细胞内外液之间电解质分布的显著差异由细胞膜特性决定，是完成基本生命活动不可缺少的条件。

3. 细胞内外液的渗透压相等　健康人细胞内外液的毫渗量较接近，平均为 300 mOsm/L。临床上，用5%葡萄糖、0.9%氯化钠溶液输液不会影响红细胞的形态。

4. 血浆蛋白浓度远高于细胞间液　在细胞外液中，血浆和细胞间液的蛋白质含量相差较大，其他电解质基本相同。这是因为各种电解质在血浆与细胞间液之间可以自由移动，但蛋白质不能自由透过毛细血管壁，以致血浆中含蛋白质较多，为 60～80 g/L，细胞间液中只含 0.5～3.5 g/L。

第三节　体液平衡及其调节

一、水代谢

（一）体内水的来源和去路

1. 体内水的来源　人体内的水主要来自饮水、食物水和内生水。

（1）饮水：一般成年人每日饮水量约为 1 200 mL，饮水量会因气候、劳动强度、生理状况和个人生活习惯不同而有所变化。

（2）食物水：每日从固体或半固体食物中摄入的水约为 1 000 mL。

（3）内生水：体内由糖、脂肪、蛋白质氧化分解脱下的氢经呼吸链传递给氧生成的水称内生水，每日约 300 mL。内生水的产量虽不多，但相当恒定。

2. 体内水的去路　人体内水的排出途径有四条，分别是肺的呼出、皮肤蒸发、消化道的排泄和肾的排出。

（1）肺的呼出：健康成人每日由呼吸丢失的水分有 350～400 mL。丢失的水量与呼吸的深浅、快慢及气候的干湿程度和基础代谢率的高低等有关。

（2）皮肤蒸发：经皮肤蒸发散失的水分有两种方式：一种是非显性汗，成人每日由皮肤蒸发的水约有 500 mL，排出的主要是纯水。另一种是显性汗，为汗腺所分泌的汗液，汗液排出量的多少与外界环境温度、湿度及劳动强度有关，变化较大。大量出汗时每小时丢失的液体可达 1 L 左右。与水分蒸发不同的是，汗液为低渗液，其 NaCl 的浓度约为 0.2%，是血浆中的 1/5～1/2，但尿素含量为血浆中的 4～5 倍。汗液中还含有少量 K^+、Ca^{2+}、Mg^{2+} 等。因此，出汗不但丢失水分,同时也丢失部分电解质。所以,大量出汗时,在补充水分的同时,还应注意补充电解质。

(3) 消化道的排泄:消化道每日从饮食中得到约2 200 mL水,分泌进入胃肠道的各种消化液每日可达8 200 mL,属于特殊的"等渗液",包括唾液、胃液、胆汁液、胰液和肠液。正常情况下,进入消化道的水分绝大多数被胃肠道重吸收,随粪便排出的水分每日仅有150 mL左右。

(4) 肾的排出:成人每日尿量为1 500～2 000 mL。尿液中除了水和无机盐外,还含有多种非蛋白质的含氮物质,统称非蛋白质氮(non-protein nitrogen,NPN),主要包括尿素、尿酸、肌酐和铵盐等含氮物。人体每日随尿排出的代谢废物约有35 g,其中尿素约占一半以上。成人每日至少需排尿500 mL,才能将上述固体代谢废物全部排出体外,否则会导致代谢废物在体内过度积聚,使血中NPN的含量升高,引起多个系统出现严重的中毒症状,称尿毒症。因此,临床上将每日排尿500 mL视为最低尿量,若每日尿量<500 mL称少尿,<100 mL称无尿。

总之,健康人每日摄入的水量和排出的水量基本相等,约为2 500 mL,称水平衡(图19-1)。

临床上,对不能进水的患者,每日应补给2 000～2 500 mL的水量,以满足机体需要。若患者有额外的水分丢失,则应酌情增加给水量。如果患者由于心、肾功能障碍或其他原因

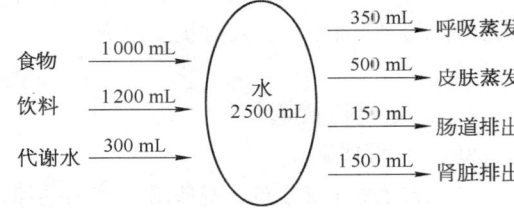

图19-1 体内每日水的来源和去路

使其不能耐受如此大量液体时,可适当减少补水量,但应保证每日给水量不得低于1 500 mL,此为最低需水量。

(二) 体液的交换

人体除了每日与外界环境交换水分外,在机体内环境中各部分体液之间也在交换,从而带动营养物的吸收、代谢物的交换以及代谢终产物的排出。若体液中水分和电解质发生数量的改变,均可产生脱水、水肿或电解质紊乱等病理症状。

1. 血浆与细胞间液之间的体液交换 血浆与细胞间液之间的交换主要在毛细血管部位进行。毛细血管壁是一种半透膜,血浆和细胞间液中的水分和小分子物质,如葡萄糖、氨基酸、尿素及无机盐等电解质可以自由通过,互相交换,而大分子的蛋白质则不能自由透过,以致血浆中的蛋白质浓度远高于细胞间液。所以,血浆有较高的胶体渗透压,比细胞间液约高2.93 kPa,此称血浆有效胶体渗透压,其作用是吸引水分由细胞间液进入血管内,而毛细血管内血压可将水分由血管内压向细胞间液。

水分在血管与细胞间液之间的交换是由毛细血管的血压和血浆有效胶体渗透压两者之差决定的。在毛细血管动脉端的血压约为4.53 kPa,静脉端约为1.60 kPa。血浆有效胶体渗透压基本恒定,约为2.93 kPa。因此,在毛细血管动脉端,血压比血浆有效胶体渗透压高(4.53-2.93=1.60 kPa),水分从血浆流向细胞间液。在毛细血管的静脉端,血浆有效胶体渗透压比血压高(2.93-1.60=1.33 kPa),水分则从细胞间液流回血浆。此外,还有少量水分随淋巴循环进入血液。

生理情况下,水分从毛细血管流出量和流回量基本相等。血浆与细胞间液的交换很迅速,并保持动态平衡。当心力衰竭而致毛细血管静脉端内压增高时,可使细胞间液回流障碍而发生水肿,此常称"心性水肿"。慢性肾炎患者随尿液丢失大量白蛋白或严重肝病患者血浆白蛋

白合成减少,均可使血浆胶体渗透压降低,也可导致细胞间液回流减少而发生水肿,即为"肾性水肿"或"肝性水肿"。

2. 细胞内、外之间体液的交换　细胞内、外液间以细胞膜相隔。细胞膜是一种功能极为复杂的半透膜,对物质的通透具有严格的选择性,不允许大分子蛋白质和 Na^+、K^+、Ca^{2+}、Mg^{2+} 等无机离子自由通透,而允许小分子物质如尿酸、水、肌酸、CO_2、Cl^-、HCO_3^- 等透过。例如,细胞膜上的 Na^+,K^+-ATP 酶(钠泵)可主动把细胞内的 Na^+ 泵出细胞外,同时将细胞外的 K^+ 泵入细胞内,故钠泵的存在影响着细胞内外 Na^+、K^+ 的分布。细胞内、外液由 K^+、Na^+ 等无机离子产生的晶体渗透压决定着水的流动方向,水总是由渗透压低的一侧流向渗透压高的一侧。当细胞外液渗透压升高时,水由细胞内移至细胞外;当细胞外液渗透压降低时,水由细胞外移入细胞内,起到调节体液渗透压平衡的作用。临床上常用高渗药物如 50% 葡萄糖或 20% 甘露醇注射液,快速静脉输入以造成细胞外液高渗,可将细胞内的水分引向细胞外,这对解除细胞水肿特别是脑细胞水肿具有重要意义。

二、无机盐代谢

(一) 钾代谢

1. **钾的含量与分布**　健康成人体内的钾含量为 2 g/kg,其中 98% 存在于细胞内液,2% 存在于细胞外液。如血浆中的 K^+ 浓度只有 3.5～5.5 mmol/L,而红细胞内的 K^+ 浓度约为血浆 K^+ 的 24 倍。所以,钾是细胞内的主要阳离子。

2. **钾的摄入与排泄**　健康成人每日钾的需要量为 2～4 g。植物性食物(如蔬菜、水果)中含钾较丰富,一般膳食即可满足机体对钾的需要。从食物中摄入的钾约 90% 可在短时间内经肠道吸收。正常时粪便排钾量不超过摄入量的 10%,但严重腹泻时可经粪便丢失较多的钾。

钾的排泄途径有肾、肠道和皮肤三条,其中肾最为重要。生理情况下,皮肤通过排汗、肠道通过排便排出少量的钾,80%～90% 的钾则是通过肾排出体外,其排出量和摄入量大致相等,即肾的排钾能力可随摄入量而增减,但控制排钾的能力不如对钠那么严格。因为肾远曲小管和集合管既不断地重吸收钾又不断地排出钾,故当摄入钾极少时,肾仍排出一定量的钾,甚至在不进食钾的情况下,每日还能从尿中排出,呈现"多吃多排,少吃少排,不吃也排"的排钾特点。所以,对长期不能进食而需要由静脉补充营养的患者,如果有尿,可能会引起缺钾。

3. **物质代谢对钾分布的影响**　细胞内的物质代谢常常需要有钾参加。在糖原和蛋白质合成时钾进入细胞内;反之,糖原和蛋白质分解时钾被释出到细胞外。研究表明,合成 1 g 糖原或蛋白质时分别约有 0.15 mmol 和 0.45 mmol 的钾进入细胞;而糖原和蛋白质分解时,有等量的钾释出细胞。因此,在组织生长旺盛和创伤愈合期,或静脉输注胰岛素和葡萄糖时,由于蛋白质或糖原合成加强,钾将进入细胞内,可造成血钾浓度降低。严重创伤(如烧伤或大手术后)、组织大量破坏、感染或缺氧时,体内蛋白质分解代谢增强,细胞内的钾释放到细胞外,会使血钾明显升高,特别在肾功能衰竭时尤为明显。酸中毒时,细胞外液 H^+ 浓度增高,部分 H^+ 进入细胞内与细胞内的 K^+ 进行交换,使细胞外液 K^+ 浓度升高。同时,肾小管上皮细胞分泌 H^+ 作用加强而分泌 K^+ 作用减弱,使尿液中排出的 K^+ 减少。所以,酸中毒易引起高血钾;反之,碱中毒时易引起低血钾。

(二) 钠与氯的代谢

1. **钠和氯的含量与分布**　在人体内,每千克体重约含钠 1 g,一个体重为 60 kg 的健康成年人体内钠含量约为 60 g,氯总量约为 100 g。两者主要分布于细胞外液,其中 50% 的钠存在于细胞外液,40% 存在于骨骼,仅有 10% 存在于细胞内液。血浆 Na^+ 的正常浓度为 135～145 mmol/L,血浆 Cl^- 的正常浓度为 98～106 mmol/L。氯以离子状态存在于体内,血液中的 Cl^- 能通过红细胞膜,故红细胞有大量 Cl^- 存在,此种现象与钾和钠明显不同。

2. 氯化钠的摄入与排泄　成人每日 NaCl 的最低需要量约为 5 g,一般通过膳食可获得 7～15 g 食盐,已远远超过生理需要量,因此提倡清淡饮食。

钠的排泄途径主要经肾随尿排出,少量随汗液(显性汗)和从消化道随粪便排出。健康人肾脏对 Na^+ 的排泄具有严格的控制能力。普通膳食时,成人尿中 NaCl 排出量每日 10～15 g;高盐膳食时,尿中 NaCl 可增至每日 20～30 g;长期给予无盐饮食,尿中 NaCl 可降至 1 g 以下,甚至每日仅几十毫克。所以,常用"多吃多排,少吃少排,不吃几乎不排"来表述肾脏对 Na^+ 的排泄特点。Cl^- 的排出常与 Na^+ 相伴而行,因此临床上可根据尿中氯化钠含量的变化来帮助判断患者是否有缺盐性(低渗性)脱水或缺水性(高渗性)脱水,并提示缺盐程度。

（三）钙和磷代谢

1. 钙和磷的含量与分布　钙、磷是体内含量最多的无机盐,成年人体内钙的总含量为 700～1 400 g,磷的总含量为 400～800 g。其中,约有 99.3% 的钙、85.7% 的磷以羟磷灰石的形式构成骨盐存在于骨骼和牙齿中,0.1% 的钙和 0.3% 的磷以游离的形式分布于体液及软组织中,它们有着重要的生理调节功能。

2. 钙和磷的生理功能　钙、磷是骨和牙齿的重要组成成分,骨中的无机盐称骨盐,其主要成分是磷酸钙盐,占骨盐成分的 84%,其中约有 60% 以结晶的羟磷灰石形式存在,40% 为无定型的 $CaHPO_4$。因此,钙和磷与骨的代谢密切相关。

(1) 钙的生理功能：游离钙量少,但有很重要的调节功能。它可降低神经、骨骼肌的兴奋性,并参与肌肉的收缩。当血浆 Ca^{2+} 浓度低于 1.75 mmol/L 时,神经、肌肉的应激性就会升高,引起肌肉自发性收缩,即临床上所谓的"搐搦"。Ca^{2+} 能增强心肌的收缩力,拮抗 K^+ 对心肌的抑制作用。Ca^{2+} 可降低毛细血管壁和细胞膜的通透性,在临床上可以用钙制剂治疗荨麻疹等过敏性疾病。Ca^{2+} 是血液凝固所必需的因子;也参与腺体分泌,调节多种激素和神经递质的释放;还是许多酶的激活剂或抑制剂。Ca^{2+} 的另一重要作用是作为第二信使,结合并激活钙调蛋白,参与细胞信息传递作用。

(2) 磷的生理功能：磷是体内许多重要物质(核苷酸、核酸、磷蛋白、磷脂等)的组成成分,参与体内能量的生成、储存及利用(如 ATP、ADP、磷酸肌酸等),磷酸还通过酶蛋白的磷酸化和脱磷酸化参与酶的化学修饰调节。磷酸盐参与构成血浆缓冲对,参与调节体液的酸碱平衡。

3. 钙和磷的吸收与排泄

(1) 钙的吸收与排泄：健康成人每日钙的需要量 >1 000 mg,处于生长发育期的儿童需钙量增多,孕妇及哺乳期妇女需钙量也相应增加。钙吸收的主要部位在小肠,主要通过肠黏膜细胞的主动转运来完成。在肠黏膜细胞膜上含有与 Ca^{2+} 亲和力较强的钙结合蛋白,转运 Ca^{2+},促进钙的吸收。

钙的吸收受多种因素影响,最重要的是 $1,25-(OH)_2-Vit\ D_3$,其主要功能是促进小肠黏膜细胞合成钙结合蛋白,从而促进钙和磷的吸收。肠道 pH 也影响钙的吸收,在酸性环境中钙盐易溶解,在碱性环境中钙盐易沉淀。因此,食物中凡能增加肠道酸性的物质如乳酸、柠檬酸、氨基酸等都有助于钙的吸收。正常的胃酸分泌对钙吸收有促进作用,胃酸缺乏时钙的吸收率下降。此外,食物成分也影响钙的吸收,食物中过多的碱性磷酸盐、草酸(如菠菜)、植物酸(如谷物外皮)等,可与钙结合成难溶性盐,从而影响钙的吸收。食物中含磷酸盐过高时,可在肠道内形成难溶性的磷酸钙,抑制钙磷吸收。食物中钙磷的比例对钙的吸收亦有一定影响,低磷膳食可增强钙的吸收。钙的吸收还随机体对钙的需要量而变化,如婴幼儿、孕妇和乳母对钙的需要量大,钙的吸收能力亦强。血液中钙磷浓度也影响钙磷吸收,当血液中钙磷浓度增高时,小肠对钙磷的吸收减弱。

健康成人每日进出体内的钙量大致相等,维持着动态平衡。人体每日排出的钙,约80%经肠道排出,20%经肾脏排出。肠道排出的钙包括未吸收的食物钙和消化液中未被重吸收的钙,其排出量随食物钙含量和钙吸收状况而波动。血浆钙每日约有10 g经肾小球滤过,其中95%以上被重吸收,随尿排出的钙只有150 mg左右。尿钙的排出受甲状旁腺素和维生素D调节,且与血钙水平密切相关。血钙升高,尿钙增多;反之,尿钙减少。当血钙浓度低于1.87 mmol/L时尿中无钙排出,以维持体内钙的平衡。体内钙的排泄特点是"多吃多排,少吃少排,不吃也排"。由于每日分泌的消化液中含有大量的钙,一旦肠道钙吸收障碍,消化液中的钙就会随粪便大量排出,以致超过食入的钙量而导致负钙平衡。

(2) 磷的吸收与排泄:健康成人每日磷的需要量为800~1 000 mg,处于生长发育期的儿童及孕妇、乳母需要量均相应增加。磷吸收的主要部位也是在小肠,以空肠部最强,吸收形式为酸性磷酸盐($H_2PO_4^-$)。食物中的有机磷酸酯经消化液中磷酸酶水解成为无机磷酸盐后才能被吸收。人体对食物中磷的吸收率较高,影响磷吸收的因素与钙大致相似。由于Ca^{2+}、Mg^{2+}、Fe^{3+}等金属离子易与磷酸结合成为不溶性盐,故当食物中含这些金属离子过多时会妨碍磷的吸收。70%磷主要由肾脏以可溶性磷酸盐的形式排出,不溶性磷酸盐则随粪便排出。当肾功能不全时可导致高血磷。

4. 血钙与血磷

(1) 血钙:血液中的钙几乎全部存在于血浆中,故血钙通常指血浆钙。在多种因素的调节和控制下,血钙浓度维持相对恒定。正常人血钙浓度为2.25~2.75 mmol/L,无年龄差异。血钙以离子钙和结合钙两种形式存在,各占50%左右。其中,结合钙大部分是与血浆白蛋白结合为蛋白质结合钙,小部分与柠檬酸等结合。因为血浆蛋白质结合钙不能透过毛细血管壁,故称非扩散钙。柠檬酸钙等钙化合物和离子钙均可透过毛细血管壁,则称可扩散钙。

血浆钙中只有离子钙才能起生理调节作用,结合钙没有直接的生理效应,但可与离子钙发生相互转变,以维持动态平衡。血浆钙受血液 pH 的影响,当血液 pH 降低时促进结合钙解离,Ca^{2+}增加;而 pH 增高时结合钙增多,Ca^{2+}减少。临床上碱中毒特别当血钙浓度低于1.75 mmol/L时,常伴有手足抽搐、痉挛,就是因为离子钙减少、神经肌肉应激性升高所致。

$$血钙(2.5\,mmol/L) \begin{cases} 离子钙 \\ 结合钙 \begin{cases} 柠檬酸钙等 \\ 蛋白质结合钙(非扩散钙) \end{cases} 可扩散钙 \end{cases}$$

$$血浆蛋白质结合钙 \underset{pH\uparrow}{\overset{pH\downarrow}{\rightleftharpoons}} 血浆蛋白质阴离子 + Ca^{2+}$$

(2) 血磷:血磷主要是指血中的无机磷,它以无机磷酸盐的形式存在,其中80%~85%是

HPO_4^{2-}，其余 15%～20% 是 $H_2PO_4^-$。健康成人血磷浓度为 0.97～1.61 mmol/L，儿童稍高。

(3) 血钙与血磷浓度积对骨代谢的影响：血浆中钙和磷的浓度(mmol/L)保持着一定的数量关系，它们的乘积为一个常数，称钙磷浓度积(K_{sp})。当 $K_{sp}>3.5$ 时，钙磷将以骨盐的形式沉积于骨组织中，有利于成骨作用；$K_{sp}<2.5$ 时，则会影响骨组织的钙化及成骨作用，甚至促使骨盐溶解而引起佝偻病或骨软化症。除此之外，还可以引起骨质疏松症。

5. 钙磷代谢的调节　体内钙磷代谢的调节主要涉及活性维生素 D[$1,25-(OH)_2-VitD_3$]、甲状旁腺素(parathyroid hormone，PTH)和降钙素(calcitonin，CT)三大因素，它们通过自身合成与分泌的变化影响着肠内钙磷的吸收、钙磷在骨组织和体液间的平衡以及肾脏对钙磷的排泄等作用，进而维持钙磷代谢的动态平衡。

(1) $1,25-(OH)_2-VitD_3$：① 促进小肠黏膜细胞对钙磷的吸收，提高血钙、血磷浓度。小肠黏膜细胞对 Ca^{2+} 的吸收是一种耗能的主动转运过程，除了需 ATP 供能外，还需要转运蛋白-钙结合蛋白的运输和 $Ca^{2+}-ATP$ 酶等的参与。$1,25-(OH)_2-VitD_3$ 可促进小肠黏膜细胞内无活性的钙结合蛋白转变为有活性的钙结合蛋白，并可诱导钙结合蛋白的合成，同时增强细胞纹状缘上 $Ca^{2+}-ATP$ 酶(钙泵)的活性而促进 Ca^{2+} 的吸收。② 促进骨的代谢。$1,25-(OH)_2-VitD_3$ 可增强破骨细胞的活性和数量，动员骨质中钙和磷释放入血。由于它能促进肠黏膜细胞对钙、磷吸收，使血中钙、磷浓度升高，从而促进新骨的钙化，维持骨质更新。$1,25-(OH)_2-VitD_3$ 通过促进成骨和溶骨两个对立过程，利于骨骼的生长和钙化，同时也维持了血中钙、磷浓度的稳定。③ 促进肾脏对钙磷的重吸收。$1,25-(OH)_2-VitD_3$ 可直接促进肾近曲小管对钙、磷的重吸收，提高血钙、血磷浓度，但此作用相对较弱。总之，活性维生素 D 的主要作用是促进小肠对钙磷的吸收，使血浆中钙磷浓度增加，为新骨钙化提供所需的钙磷，促进成骨作用。

(2) 甲状旁腺素：PTH 的分泌受血液钙离子浓度的调节，其分泌与血钙浓度呈负相关，主要调节作用如下。① 对骨的作用：增加破骨细胞的数量和活性，促进骨盐溶解，提高血 Ca^{2+} 含量。② 对肾的作用：促进肾小管对钙的重吸收，抑制肾近曲小管对磷的重吸收，使尿钙排出量减少，尿磷排出量增多。③ 对肠的作用：增强小肠对钙、磷的吸收。这是由于 PTH 可增加肾中 1α-羟化酶活性，使 $25-OH-VitD_3$ 转变为高活性的 $1,25-(OH)_2-VitD_3$，进而间接促进小肠对钙磷的吸收。总之，PTH 具有升高血钙、降低血磷的作用。

(3) 降钙素：CT 的分泌随血钙浓度升高而增加，其降钙作用与 PTH 相拮抗，主要调节作用如下。① 对骨的作用：降钙素抑制间叶细胞转化为破骨细胞，抑制破骨细胞的生成，阻止骨盐溶解及骨基质的分解。同时抑制钙盐的释放，促进破骨细胞转化为成骨细胞，并增强其活性，使钙和磷沉积于骨中，导致血钙、血磷降低。② 对肾的作用：抑制肾近曲小管对钙、磷的重吸收，使尿钙、尿磷排出增加。总之，CT 具有降低血钙和血磷的作用。

健康人体内，$1,25-(OH)_2-VitD_3$、PTH、CT 三者相互影响、相互制约、相互协调，共同维持血钙和血磷浓度的动态平衡，促进骨的代谢。

(4) 其他激素对钙磷代谢的影响：① 雌激素。临床观察表明，雌激素缺乏是引起妇女绝经后骨质疏松的重要原因之一。在成骨细胞和骨细胞中已证明有雌激素受体的存在，雌激素与受体结合后，促进成骨过程，抑制溶骨过程。雌激素能促进小肠对钙的吸收。实验表明，雌激素促进小肠钙吸收作用是通过调节小肠黏膜细胞内 $1,25-(OH)_2-VitD_3$ 受体数量，进而影响钙结合蛋白的生成而实现的。② 甲状腺激素。甲状腺激素可刺激骨化中心发育、软骨骨化和长骨生长。甲状腺功能低下的患儿，骨骺骨化中心出现的时间推迟，闭合也晚。甲状腺功能正常者服用大剂量的甲状腺激素时,尿中的钾、钠排出均有增加,以排钾为主,同时还可见到钙、磷排出亦增加,血液中钙、磷含量正常或稍高。③ 糖皮质激素。临床观察发现,长期给患者大剂量的糖皮质激素类药物,会导致骨质疏松。这是由于糖皮质激素能增强破骨细胞活性而抑制成骨细胞的活动。另外,糖皮质激素还能抑制小肠对钙的吸收和肾小管对钙的重吸收,故血钙水平常常降低。④ 生长素。生长素对钙磷代谢的影响主要通过两个途径。第一,生长素直接作用于肾脏,提高 1α-羟化酶的活性,使 $1,25-(OH)_2-VitD_3$ 生成增多。第二,生长素作用于肝脏,诱导胰岛素样生长因子,促进骨细胞分泌骨钙素,进而调节骨钙的沉积。⑤ 雄激素。雄激素有促进骨骼生长、成熟和骨骺融合的作用及促进钙磷沉积的作用,故当雄激素缺乏时也可导致骨质疏松。

三、体液平衡的调节

机体内水和盐的来源与去路在神经系统及抗利尿激素、醛固酮和心钠素的协同调节下维持动态平衡。

(一) 神经系统的调节

中枢神经系统通过对体液晶体渗透压的感受,直接影响水的摄入。当机体失水过多(1%~2%)或在高盐饮食、输入高渗液等情况下,细胞外液渗透压升高,刺激丘脑下部的渗透压感受器引起大脑皮层兴奋,产生口渴感觉。此时若饮水,则血浆等细胞外液的渗透压下降,水自细胞外向细胞内移动,从而达到调节体液渗透压平衡的作用。

(二) 抗利尿激素的调节

抗利尿激素(antidiuretic hormone,ADH)又称加压素,是下丘脑视上核神经细胞分泌的一种九肽激素。沿下丘脑-垂体束进入神经垂体储存,需要时由神经垂体释放入血液,作用于肾脏。

ADH 的主要生理功能是增强肾远曲小管和集合管对水的重吸收,降低排尿量,维持体液渗透压的相对恒定。其主要作用机制是通过 cAMP-蛋白激酶系统使远曲小管和集合管细胞膜蛋白磷酸化,增加对水的通透性,加快水的重吸收。

ADH 的分泌受三种感受器的调节,包括下丘脑的渗透压感受器、左心房的血容量感受器和颈动脉窦及主动脉弓的血压感受器。当血浆渗透压增高、血容量或血压明显下降时影响三种感受器,均能促使 ADH 分泌增加,促进肾小管对水的重吸收,从而使血浆渗透压降低、血容量恢复、血压回升,以维持体液平衡。

(三) 醛固酮的调节

醛固酮(aldosterone)是肾上腺皮质球状带分泌的一种类固醇激素,又称盐皮质激素。其主要作用为促进肾远曲小管 H^+-Na^+ 交换、K^+-Na^+ 交换过程,同时也增强水和 Cl^- 的被动重吸收,即排钾泌氢、保钠保水的作用。

醛固酮作用机制可能是通过促进 Na^+,K^+-ATP 酶的合成而加强肾小管上皮细胞基膜面的钠泵活性,利于排 H^+、排 K^+ 和保 Na^+;也可能是由于增强肾小管上皮细胞膜对离子的通透性所致。

影响醛固酮分泌的主要因素有肾素-血管紧张素系统、血$[Na^+]/[K^+]$值。

1. **肾素-血管紧张素系统** 血容量减少、血压下降、肾小球滤过率降低、交感神经兴奋等均可刺激肾小球旁器分泌肾素,使血浆中血管紧张素原转化为血管紧张素Ⅰ,后者在血清转化酶的催化下再转变为血管紧张素Ⅱ,作用于肾上腺皮质球状带,增加醛固酮分泌,促进肾小管重

吸收 Na^+ 和水,增加血容量。血管紧张素 Ⅱ 还能引起小动脉收缩,外周阻力增加而升高血压。血管紧张素发挥作用后,很快被血管紧张素酶水解灭活。

2. 血 K^+ 和血 Na^+ 浓度　当血 K^+ 升高或血 Na^+ 降低,使 $[Na^+]/[K^+]$ 值降低时,可使醛固酮分泌增加,随尿排钠减少。反之,当血 K^+ 降低或血 Na^+ 升高,使 $[Na^+]/[K^+]$ 值升高时,醛固酮分泌减少,随尿排钠增多。

(四) 心钠素的调节

心钠素(atrial natriuretic factor,ANF)是由心房细胞合成和分泌的肽类激素。ANF 的主要作用是抑制肾素、醛固酮和抗利尿激素的分泌,抑制肾远曲小管和集合管对水和钠的重吸收,增加肾小球滤过率,因而具有强大的利尿、利钠效应。此外,ANF 还具有强而持久的扩张血管和降低血压的作用。

第四节　水盐代谢紊乱

一、水、钠代谢紊乱

水钠代谢紊乱可分为水肿和脱水。水肿是指过多液体积聚在组织间隙,致使组织肿胀的现象。脱水是指由于机体内水、钠的缺失,导致细胞外液容量严重减少。根据水、钠缺失的比例不同,分为高渗性脱水、低渗性脱水和等渗性脱水三种类型。

(一) 高渗性脱水

高渗性脱水又称缺水性脱水,其特点是失水多于失钠,使细胞外液呈高渗状态,血浆 Na^+ 浓度高于 150 mmol/L。

1. 主要原因　为进水不足或失水过多。进水不足可因不能饮水、给水不足(如战时缺水、沙漠迷路、大地震等)或某些情况下的水源断绝(如昏迷、食管梗阻、极度虚弱等);失水过多见于高热大汗、使用大量利尿剂、垂体性或肾性尿崩症等。上述情况发生时,机体还不断地通过呼吸和皮肤蒸发丢失水分,使失水多于失钠,从而引发高渗性脱水。若断水 7~10 日,失水量达到体重的 15%,可导致死亡。

2. 功能变化及症状

(1) 失水后细胞外液呈高渗,水自细胞内向外转移,细胞内液减少,使细胞外液得到一定程度的恢复。因此在脱水初期,血容量减少不多,血压一般也不降低,但细胞内液容量减少。

(2) 由于细胞外液高渗,刺激渗透压感受器,反射性引起 ADH 分泌增加,促进肾小管对水的重吸收,导致尿少和尿比重增高;还可刺激丘脑下部口渴中枢,出现口渴感。由于水的丢失比钠的丢失多,钠的含量相对增高,使醛固酮分泌减少,肾小管对钠的重吸收下降,尿中有氯化钠出现,使尿比重进一步增加。

(3) 细胞内脱水导致代谢障碍,分解代谢增强但不完全,加上尿少,血中的非蛋白质氮不能有效地排出,可出现氮质血症。

(4) 严重缺水时,皮肤蒸发水分减少,体温调节受到影响,因而体温升高,称脱水热,多见于小儿。

(5) 细胞内液减少可致脑细胞内脱水,使脑细胞代谢障碍而引起昏睡、意识模糊、狂躁、惊厥,甚至昏迷等症状。

3. **治疗原则** 补给水或低渗溶液,待缺水基本纠正后再适当补充含钠液体,以防细胞外液转为低渗状态。

(二) 低渗性脱水

低渗性脱水又称缺钠性脱水,其特点是失钠多于失水,使细胞外液呈低渗状态,血 Na^+ 浓度低于 130 mmol/L。

1. **主要原因** 呕吐、腹泻、胃肠引流、大量出汗、肾功能不良、大面积烧伤、出血、糖尿病酸中毒、反复或大量排放胸、腹水等丢失大量等渗或低渗液时,若只注意补充水,而忽视钠的补充,则血浆渗透压降低,引起低渗性脱水。

2. **功能变化及症状**

(1) 失 Na^+ 后细胞外液的渗透压下降,虽然体内失水,但并无口渴感。由于低渗,ADH 分泌减少,肾对水的重吸收下降,因而早期反而排出大量低渗尿。血 Na^+ 的下降使醛固酮分泌增加,肾小管对 Na^+ 的重吸收增多,尿中氯化钠减少,使尿比重降低。

(2) 由于细胞外液呈低渗状态,水向细胞内转移,一方面引起细胞外液及血容量减少,另一方面引起细胞水肿。当脑细胞水肿及血压降低时,引起头痛、头晕、嗜睡、昏迷。

(3) 由于血容量降低,心输出量减少,导致循环衰竭,血压下降,出现心率加快、四肢厥冷等症状。

(4) 严重发展时,随着血压和血容量明显降低,肾血流量减少,使肾小球滤过率降低,以致 ADH 的分泌反而增加,出现少尿、无尿以及氮质血症。

(5) 由于血容量降低,血浆蛋白质浓度增高,导致血浆胶体渗透压明显升高,细胞间液水分进入血浆,使细胞间液明显减少,出现皮肤松弛、眼窝下陷的症状。

3. **治疗原则** 及时给予生理盐水补充血容量,并纠正低钠、低氯的低渗状态。

(三) 等渗性脱水

等渗性脱水又称混合性脱水,其特点是水、盐成比例丢失,体液容量减少,但渗透压变化不大,血 Na^+ 浓度仍在 130~150 mmol/L 正常范围内。

1. **主要原因** 常见于轻度腹泻、呕吐、出血或胃肠引流等丧失大量等渗液而未及时补充相应液体时。此外,低渗或高渗性脱水患者,在补液治疗中也可能转变为等渗性脱水。

2. **功能变化及症状**

(1) 虽然丢失的是接近等渗的体液,但从肺和皮肤还不断损失低渗体液,故水的丢失仍多于盐,出现口渴、尿少等高渗性脱水的症状。

(2) 由于细胞内外液渗透压差异不大,由细胞内液进入细胞外液的水分不多,不能补充细胞外液的丢失,导致血容量减少,严重时可出现与低渗性脱水相似的周围循环衰竭的症状。

由于等渗性脱水既有高渗性脱水的症状,又有低渗性脱水的症状,故又称混合性脱水。

3. **治疗原则** 既要补水,又要补盐,还应纠正血容量不足,改善外周循环。如有酸碱平衡失调,需同时加以纠正。

二、钾代谢紊乱

正常人血浆钾浓度为 3.5~5.5 mmol/L,钾代谢紊乱可表现为低血钾或高血钾。

(一) 低血钾

血浆中 K^+ 浓度低于 3.5 mmol/L,称低血钾(hypokalemia)。

1. 原因　引起低血钾的原因较多,归纳起来主要有下列四种情况。① 摄入不足:可见于摄食障碍(如胃肠道梗阻、昏迷患者、术后禁食患者等)而有尿者。由于 K^+ 的摄入量不足,且肾脏仍然不断排钾,因而导致体内缺钾。临床上凡禁食超过 3 日者,如果有尿,则应考虑补钾。② 丢失过多:常见于严重呕吐、腹泻、胃肠引流等,随消化液的流失而丢失大量的钾。严重呕吐时,在随胃液丢失 K^+ 的同时,还可导致代谢性碱中毒,从而引起低血钾。而严重的腹泻在直接丢失 K^+ 外,还丢失大量 Na^+,导致醛固酮分泌增加,肾脏保钠排钾增强,使血钾进一步降低。③ 分布异常:虽然体内钾未丢失,但在体内的分布发生异常,钾由细胞外液移向细胞内,也可导致血钾降低。如合成糖原时 K^+ 随葡萄糖和磷酸盐进入细胞内,尤其应用胰岛素时更易发生低血钾。④ 代谢性碱中毒:当细胞外液 pH 增高时,钾可进入细胞内,血钾降低。另外,肾小管 K^+-Na^+ 交换增强,肾排钾增多,也可导致低血钾。

2. 主要症状

(1) 神经肌肉应激性降低:表现为全身软弱无力,肌腱反射减弱或消失,甚至出现呼吸麻痹等症状。

(2) 心肌应激性和自律性增加:常出现以异位搏动为主的心律失常。

3. 治疗原则　积极治疗原发病,尽快去除发病因素。症状较轻者,可多吃蔬菜、水果或口服氯化钾。严重者则需静脉滴注。静脉补钾一定要掌握"四不宜"原则:即不宜过早,见尿补钾;不宜过量,每日不超过 4 g;不宜过浓,一般浓度为 0.3%;不宜过快,一日补钾量需在 6~8 小时以上滴完。因为钾主要分布于细胞内,平衡较慢,需 15 小时以上。为了避免在治疗低血钾时造成高血钾,禁止静脉推注。

(二) 高血钾

血浆中 K^+ 浓度高于 5.5 mmol/L,称高血钾(hyperkalemia)。

1. 主要原因　① 摄入过多:静脉输钾过多、过快,或输入大量陈旧血液,导致血钾浓度升高。② 排泄障碍:肾脏排钾能力降低,如肾功能不全时,保 Na^+ 排 K^+ 能力下降,导致高血钾;肾上腺皮质功能减退使醛固酮分泌下降,肾排 K^+ 下降,也是产生高血钾的原因之一。③ 分布异常:大面积烧伤或肌肉组织损伤使组织蛋白质大量分解,细胞内的钾移向细胞外,使血钾升高。溶血也可导致高血钾。④ 酸中毒:大量 H^+ 进入细胞,K^+ 被取代而移向细胞外;肾泌 H^+ 增加,K^+-Na^+ 交换减弱,排钾减少,造成血钾升高。

2. 主要症状

(1) 神经肌肉应激性增高:表现为手足感觉异常、极度疲乏、肌肉酸痛、面色苍白、肢体湿冷、嗜睡、神志模糊及骨骼肌麻痹等症状。

(2) 心肌的应激性和自律性降低:可出现心率缓慢,心律不齐,心音减弱,严重时心脏停搏于舒张状态。由于 Na^+、Ca^{2+} 可拮抗 K^+ 对心肌的抑制作用,故低 Na^+、低 Ca^{2+} 可加剧高血钾对心肌的危害。

3. 治疗原则　积极治疗原发病,严格限制钾的摄入。可注射胰岛素和葡萄糖促进糖原合成,使血钾进入细胞内。注射乳酸钠、葡萄糖酸钙,提高血 Na^+、Ca^{2+} 含量,拮抗 K^+ 对心肌的抑制作用,有利于心脏功能的恢复。

第二十章
酸 碱 平 衡

学习目标

1. 掌握体内酸碱物质的来源,血液缓冲系统的调节特点。
2. 熟悉肺脏、肾脏对酸碱平衡的调节作用,酸碱平衡失调的基本类型与特点。
3. 了解酸碱平衡失调的生化指标。

虽然机体在物质代谢过程中不断产生的酸性和碱性物质,或从消化道吸收的酸性或碱性物质,都有可能影响血液的酸碱度,但是血液 pH 仍稳定在一定范围内(7.35~7.45)。机体这种调节酸性、碱性物质的含量和比例,使体液 pH 维持在恒定范围内的过程称酸碱平衡(acid base balance)。维持体液的酸碱平衡稳定对机体正常的生命活动非常重要。

第一节 体内酸碱物质的来源

一、酸的来源

体内酸性物质主要由物质代谢产生,也可由食物少量摄入。按其性质不同可分为两类,一类是挥发性酸,另一类是非挥发性酸。

1. **挥发性酸——碳酸** 糖、脂肪和蛋白质在体内彻底氧化可产生 CO_2 和 H_2O,两者结合生成碳酸(H_2CO_3)。红细胞、肾小管细胞、肺泡上皮细胞及胃黏膜上皮细胞等细胞内含有活性很高的碳酸酐酶(carbonic anhydrase,CA),能够催化这一反应。

$$CO_2 + H_2O \xrightleftharpoons{CA} H_2CO_3 \xrightarrow{\text{肺}} CO_2 \uparrow (\text{呼出}) + H_2O$$

组织细胞在代谢过程中产生大量的 CO_2,健康成人每日平均产生 CO_2 300~400 L,如全部与 H_2O 结合则可生成碳酸 15~20 mol/L。由于碳酸随血液循环通过肺部时能分解成 CO_2 而被呼出,故称挥发性酸(volatile acid)。各种引起分解代谢增强的生理或病理因素,如饥饿、运动、发热、甲状腺功能亢进等,都能增加碳酸的生成。

2. **非挥发性酸——固定酸** 体内糖氧化分解产生的丙酮酸和乳酸,脂肪酸氧化分解产生的乙酰乙酸和 β-羟丁酸,磷脂和核酸分解代谢产生的磷酸,含硫氨基酸氧化分解产生的硫酸,嘌呤碱分解产生的尿酸等,均不能转变成碳酸,以 CO_2 形式从肺部呼出,故称非挥发性酸或固定酸(fixed acid)。健康成人每日平均产生 50~100 mmol/L 固定酸,绝大部分是在物质代谢过程中产生,小部分来自消化道摄入的酸性物质,如调味用的醋酸,饮料中的柠檬酸、酒石酸等。某些药物如阿司匹林、止咳糖浆中的 NH_4Cl 等也是酸性物质。由于食物中的糖、脂肪、蛋白质在体内经分解代谢后可产生大量的挥发性酸和固定酸,因此常称成酸食物。

二、碱的来源

体内碱性物质来自食物摄入和代谢生成,主要来源于前者。经消化道摄入的蔬菜和水果中含有较多有机酸盐,如柠檬酸、苹果酸及乳酸等形成的钾盐或钠盐。其中,Na^+ 或 K^+ 与体液中 HCO_3^- 结合生成碳酸氢盐,成为碱性物质——碳酸氢盐的主要来源,而其酸根则与 H^+ 结合,分别转化为柠檬酸、苹果酸、乳酸等进一步代谢。因此,蔬菜和水果是成碱食物。某些药物、饮料中的 $NaHCO_3$ 是摄入碱的另一个来源。物质代谢过程中也可产生少量的碱,如氨基酸分解代谢产生的 NH_3,肠道蛋白质腐败产物中被机体吸收的腐胺、尸胺等。

虽然体内不断地产生大量酸性物质和少量碱性物质,但由于体内具有很强的调节酸碱平衡的能力,可维持体液 pH 的相对恒定。

第二节 酸碱平衡的调节

正常情况下,虽然机体不断生成、摄取酸性和碱性物质,但血液的 pH 基本维持稳定,这是因为机体具有强大而有效的调节酸碱平衡的能力。酸碱平衡的调节主要是通过血液的缓冲、肺的呼吸及肾脏的排泄与重吸收等机制完成的。

一、血液缓冲系统的调节

（一）缓冲溶液的组成

血浆缓冲系统有：

$$\frac{NaHCO_3}{H_2CO_3}, \frac{Na_2HPO_4}{NaH_2PO_4}, \frac{NaPr}{HPr} \text{ (Pr:血浆蛋白)}$$

红细胞缓冲系统有：

$$\frac{KHCO_3}{H_2CO_3}, \frac{K_2HPO_4}{KH_2PO_4}, \frac{KHb}{HHb}, \frac{KHbO_2}{HHbO_2}$$

血浆中以碳酸氢盐缓冲对最为重要,主要缓冲固定酸和碱;红细胞中以血红蛋白和氧合血红蛋白缓冲对最为重要,主要缓冲挥发性酸。但各缓冲系统之间有密切的相互关系。

血液中各缓冲对的缓冲能力若以每 1 L 血浆的 pH 从 7.4 降至 7.0 时能中和 0.1 mol HCl 的毫升(mL)数表示,则分别为:碳酸氢盐缓冲系统 18.0 mL,血红蛋白缓冲系统 8.0 mL,血浆蛋白质缓冲系统 1.7 mL,血浆磷酸氢盐缓冲系统为 0.3 mL。

由于血浆中以碳酸氢盐缓冲系统为主,血浆 pH 主要决定于血浆中的 $NaHCO_3$ 和 H_2CO_3 浓度。生理情况下,血浆中 $NaHCO_3$ 的浓度为 24 mmol/L,H_2CO_3 的浓度为 1.2 mmol/L,两者的比值为 24/1.2＝20/1，这与人体代谢产生的酸远多于碱的生理情况相适应。已知 H_2CO_3 的 pK_a 在 38℃时为 6.1，血浆 pH 按 Henderson-Hasselbalch 方程式计算：

$$pH = pK_a + \lg\frac{[NaHCO_3]}{[H_2CO_3]} = 6.1 + \lg\frac{20}{1} = 6.1 + 1.3 = 7.4$$

由上式可以看出，只要 $NaHCO_3$ 与 H_2CO_3 的浓度之比为 20：1，血浆 pH 就可以维持在 7.4。如果 $NaHCO_3$ 或 H_2CO_3 一方的浓度发生变化，只要另一方的浓度也发生相应的变化，使两者比值维持在 20：1，则血浆的 pH 保持不变。因此，人体调节酸碱平衡的实质就在于调整血浆中 $NaHCO_3$ 和 H_2CO_3 的含量，使两者的比值保持在 20：1。

（二）缓冲系统调节

1. 对固定酸的缓冲作用　人体内物质代谢以产酸为主。当产生的固定酸进入血浆，主要由碳酸氢盐缓冲系统中的抗酸成分 $NaHCO_3$ 进行缓冲。如机体缺氧时，糖酵解加强，产生大量乳酸；又如糖尿病并发酮症酸中毒，糖的氧化供能发生障碍时，或饥饿状态下糖来源不足时，脂肪动员加强，肝中生成较多的酮体（其中乙酰乙酸和 β-羟丁酸是酸性物质）。这些固定酸进入血浆后，主要受 $NaHCO_3$ 缓冲生成相应的盐和 H_2CO_3。

$$CH_3COCH_2COOH + NaHCO_3 \longrightarrow CH_3COCH_2COONa + H_2CO_3$$
$$CH_3CHOHCOOH + NaHCO_3 \longrightarrow CH_3CHOHCOONa + H_2CO_3$$

通过碳酸氢盐缓冲系统的作用，酸性较强的固定酸（乙酰乙酸、乳酸等）转变成酸性较弱的 H_2CO_3，因而缓冲了固定酸对血液 pH 的影响，且生成的 H_2CO_3 可进一步分解成 CO_2 和 H_2O，通过肺呼吸排出体外。血浆中其他缓冲系统对固定酸虽也有缓冲作用，但含量低，缓冲能力有限，且生成物也不像 H_2CO_3 那样容易被肺呼吸调节。因此，$NaHCO_3$ 是缓冲固定酸的主要成分，它在一定程度上代表血浆对固定酸的缓冲能力。血浆中能够中和酸的缓冲物质称碱储备（alkaline reserve），即中和酸的储备量，主要指 $NaHCO_3$ 的含量。

2. 对挥发性酸的缓冲作用　主要由血红蛋白缓冲系统发挥作用。① 当血液流经组织时，组织中 PCO_2 较高，CO_2 从组织弥散到红细胞中，经碳酸酐酶催化与 H_2O 结合生成 H_2CO_3，使红细胞内 pH 有降低趋势。但组织中 PO_2 较低，$KHbO_2$ 易释放 O_2 转变为 KHb，失氧后的血红蛋白由于分子构象变化而碱性增加，摄取 H^+ 能力增强，故 KHb 与 H_2CO_3 作用生成酸性比 H_2CO_3 弱的 HHb，从而缓冲了 H_2CO_3 的酸性，而生成的 HCO_3^- 扩散到血浆中。与此同时，等量的 Cl^- 从血浆转移到红细胞内，以维持膜内外电中性。这里将 Cl^- 在红细胞和血浆之间的转移称氯转移。通过氯转移，增加了静脉血浆 $NaHCO_3$ 的含量，提高血浆缓冲固定酸的能力（图 20-1a）。② 当血液流经肺部时，肺泡中 PO_2 高，O_2 弥漫入血，进入红细胞与 HHb 氧合成酸性较强的 $HHbO_2$，$HHbO_2$ 与 $KHCO_3$ 作用生成 H_2CO_3；而肺泡中 PCO_2 较低，有利于 H_2CO_3 在碳酸酐酶作用下分解成 H_2O 和 CO_2，后者由肺呼出体外，因而缓冲了挥发性酸对血液 pH 的影响（图 20-1b）。随着血红蛋白在肺和组织之间运输 O_2 和 CO_2，通过氧合与释氧来缓冲挥发性酸——H_2CO_3。

3. 对碱的缓冲作用　碱性物质进入血液时，由缓冲系统的弱酸发挥作用。其中，H_2CO_3 是缓冲碱的主要成分，H_2CO_3 可由机体不断产生的 CO_2 来补充。

由此可见，碳酸氢盐缓冲系统在缓冲酸和碱中均起重要作用。它们能迅速有效地缓冲酸

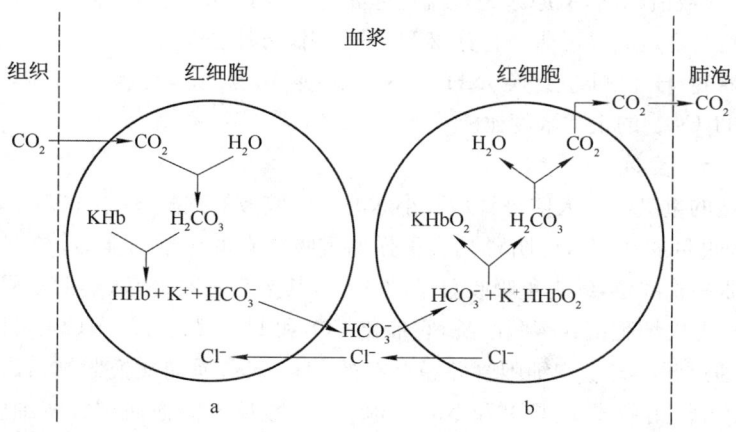

图 20-1 血红蛋白的缓冲作用
a. 血液流经组织；b. 血液流经肺部

碱物质的影响，但其作用仅限于把较强的酸或碱转变成较弱的酸或碱，而不能彻底排除酸碱物质。且在缓冲过程中仍然会引起血浆中[NaHCO$_3$]/[H$_2$CO$_3$]值有所改变。例如，由于对固定酸的缓冲，必然使血浆 NaHCO$_3$ 含量减少，H$_2$CO$_3$ 增加，[NaHCO$_3$]/[H$_2$CO$_3$]值有可能下降。相反，缓冲碱性物质时消耗了 H$_2$CO$_3$，增加了 NaHCO$_3$，使[NaHCO$_3$]/[H$_2$CO$_3$]值有可能上升。针对缓冲系统调节的局限性和不足，机体需要进一步依靠肺和肾脏配合调节，共同维持[NaHCO$_3$]/[H$_2$CO$_3$]的正常浓度比，从而使血液 pH 保持不变。

二、肺脏对酸碱平衡的调节作用

肺可以通过呼吸作用，控制 CO$_2$ 排出量来影响血浆中 H$_2$CO$_3$ 的浓度，参与酸碱平衡调节。位于延脑的呼吸中枢控制着呼吸运动的深度和频率，从而加速或减慢 CO$_2$ 的排出。呼吸中枢对 PCO$_2$（动脉血二氧化碳分压）及脑脊液 H$^+$ 含量的变化非常敏感。

当固定酸产生过多，NaHCO$_3$ 与其中和，生成较多的 H$_2$CO$_3$，使血浆 PCO$_2$ 增高，脂溶性的 CO$_2$ 分子透过血-脑屏障，从而引起脑脊液 pH 的下降，刺激呼吸中枢使之兴奋，引起呼吸加深加快，CO$_2$ 呼出增加，使血中 H$_2$CO$_3$ 浓度恢复正常；当体内碱性物质过多时，H$_2$CO$_3$ 与其中和，血浆 PCO$_2$ 降低，脑脊液 pH 升高，呼吸中枢兴奋性减弱，肺呼出 CO$_2$ 减少，保留血浆中 H$_2$CO$_3$ 的含量。

可见，肺是通过调控 CO$_2$ 的排出量来影响血浆中碳酸浓度，参与调节[NaHCO$_3$]/[H$_2$CO$_3$]值在 20∶1，使 pH 稳定在 7.35~7.45 范围内。所以，在临床观察患者是否出现酸碱平衡紊乱时，要注意呼吸的频率和深浅的改变。

三、肾脏对酸碱平衡的调节作用

肾脏的主要作用是排出固定酸，保留并维持血中碱储备，进而调节血液的 pH。

正常膳食条件下，由尿排出的固定酸量比碱多，尿液的 pH 一般在 6.0 左右。根据体内酸碱平衡的实际情况，尿液 pH 常在 4.4~8.2 范围内变动，可见肾有相当大的排酸或排碱能力，以维持血液 pH 在正常范围。在肾的组织结构中，远曲小管是参与调节酸碱平衡的主要部位。原尿 pH 与血浆 pH 数值相同,但原尿一旦流经远曲小管后其 pH 显著下降。这说明从原尿变成终尿的酸化过程主要是通过远曲小管分泌 H^+ 的作用,同时也伴有 Na^+ 的回收过程。肾参与酸碱平衡调节是通过 H^+-Na^+ 交换、$NH_4^+-Na^+$ 交换、K^+-Na^+ 交换等机制,来维持血浆中 $[NaHCO_3]$ 与 $[H_2CO_3]$ 的正常浓度比。

(一) H^+-Na^+ 交换

1. **碳酸氢盐的重吸收**　人体每日从肾小球滤入管腔液的碳酸氢钠约 300 g,但排出量通常仅为 0.3 g,占滤过量的 0.1%,说明肾具有很强的重吸收碳酸氢钠的能力。$NaHCO_3$ 重吸收主要发生在肾近曲小管部位,约占重吸收总量的 90%,其余部分在髓襻、远曲小管和集合管被重吸收。近曲小管上皮细胞富含碳酸酐酶,它催化 CO_2 和 H_2O 结合成 H_2CO_3,H_2CO_3 再解离成 HCO_3^- 与 H^+,通过肾小管上皮细胞管腔膜存在的 H^+-Na^+ 逆向交换载体,H^+ 被分泌到管腔液内,与 $NaHCO_3$ 作用形成 H_2CO_3 和 Na^+,同时 Na^+ 被反方向换回到管壁细胞内,此过程称 H^+-Na^+ 交换。进入上皮细胞内的 Na^+ 再经管周毛细血管基膜侧 $Na^+-HCO_3^-$ 同向转运载体转运,与 HCO_3^- 同向进入肾小管周围毛细血管,两者结合形成 $NaHCO_3$。同时,管腔液内 H_2CO_3 在管壁细胞刷状缘上的碳酸酐酶催化下,被分解成 CO_2 与 H_2O。解离出的 H_2O 随尿液排出,CO_2 可扩散进入肾小管上皮细胞内重新参与 H_2CO_3 的生成,进而形成 HCO_3^- 与 Na^+ 同向进入血液(图 20-2)。通过此 H^+-Na^+ 交换机制可将滤入管腔液的 $NaHCO_3$ 几乎全部重吸收入血。

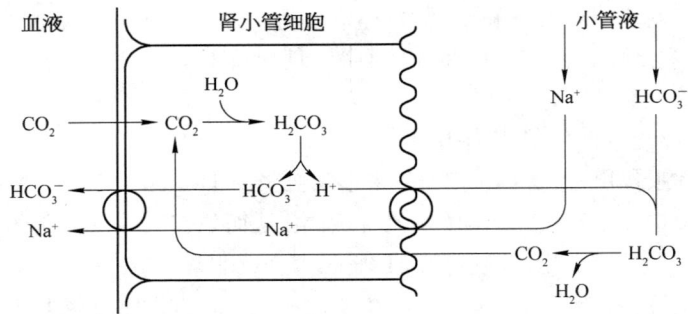

图 20-2　碳酸氢盐的重吸收

2. **磷酸氢盐的酸化**　管腔液中磷酸氢盐的酸化是细胞外液 $NaHCO_3$ 重新生成的途径之一,也是尿液酸化的重要途径。

正常人在近曲小管原尿中 $[Na_2HPO_4]/[NaH_2PO_4]$ 值与血浆相同,约为 4:1,原尿液 pH 为 7.4。当原尿流经远曲小管时,由于管壁细胞中 H^+ 被分泌到管腔液中,通过 H^+-Na^+ 交换方式换回 Na_2HPO_4 中的 Na^+ 进入管壁细胞内,进而与 HCO_3^- 一起转运到血液。同时,管腔液中的 H^+ 与 $NaHPO_4^-$ 结合转变成酸性的 NaH_2PO_4,使尿液的 pH 下降至 4.8 左右,此时终尿中 $[Na_2HPO_4]/[NaH_2PO_4]$ 值也由原来的 4:1 变为 1:99,说明 Na_2HPO_4 几乎全部转变成酸性的 NaH_2PO_4,使磷酸盐得到酸化(图 20-3)。

除了磷酸盐外,机体代谢产生的固定酸盐如乙酰乙酸、β-羟丁酸及乳酸的钠盐等也可以 H^+-Na^+ 交换方式将 Na^+ 换回管壁细胞内,以重新生成 $NaHCO_3$ 回到血液,而乙酰乙酸、β-羟丁酸及乳酸等则以固定酸形式随尿排出体外。

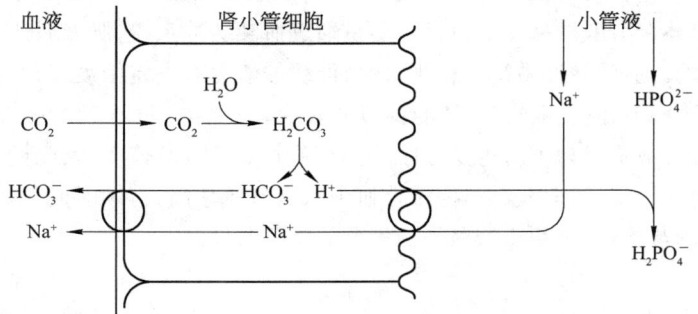

图 20-3 磷酸氢盐的酸化

通过 H^+-Na^+ 交换,使磷酸氢盐酸化,在血液中重新生成 $NaHCO_3$,并且排出固定酸,使尿液得到酸化。

（二）$NH_4^+-Na^+$ 交换

通常肾小管经过 H^+-Na^+ 交换机制,只能换回管腔液中弱酸盐中的 Na^+,而对强酸盐($NaCl$、Na_2SO_4 等)中的 Na^+ 必须经过 $NH_4^+-Na^+$ 交换机制换回。

肾小管上皮细胞内有活性很高的谷氨酰胺酶,能催化谷氨酰胺分解生成 NH_3,管壁细胞内氨基酸脱氨基作用也产生一定量的 NH_3。NH_3 从远曲小管上皮细胞分泌,与原尿中的 H^+ 结合成 NH_4^+,后者经 $NH_4^+-Na^+$ 交换机制换回强酸盐中的 Na^+,NH_4^+ 则与强酸根生成铵盐随尿排出。而 Na^+ 重吸收进入细胞,与 HCO_3^- 一同回到血液,重新生成 $NaHCO_3$（图 20-4）。$NH_4^+-Na^+$ 交换可将强酸盐的钠换回,重新生成 $NaHCO_3$,以补充血中碱储备,并使强酸根以铵盐形式排出体外,使尿液进一步酸化,又避免形成强酸损害组织。

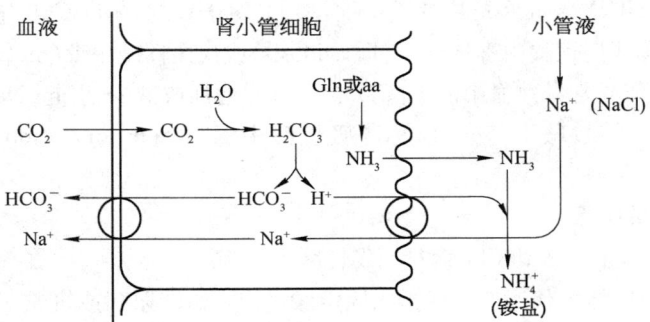

图 20-4 $NH_4^+-Na^+$ 交换

氨的分泌随原尿的 pH 变化,原尿的酸性越强,泌氨作用越旺盛。故酸中毒时,尿中铵盐增多,如尿呈碱性则泌氨作用停止。所以,肝性脑病患者禁用碱性利尿药,以避免血氨进一步升高。

（三）K^+-Na^+ 交换

肾远曲小管上皮细胞除了分泌 H^+ 外,还可分泌 K^+,而 H^+ 和 K^+ 的分泌都伴有 Na^+ 进入肾小管上皮细胞,故 H^+-Na^+ 交换和 K^+-Na^+ 交换两者有相互竞争作用。在高血钾时,K^+ 分泌增加,K^+-Na^+ 交换占优势,则抑制 H^+-Na^+ 交换,结果尿中排出 K^+ 增多,H^+ 排出减少,这是高血钾易引起酸中毒的原因之一。相反,低血钾时,K^+ 分泌减少,H^+-Na^+ 交换占优势,则

抑制 K^+-Na^+ 交换,结果尿中排 K^+ 减少,排 H^+ 增加,这是低血钾易引起碱中毒原因之一。

综上所述,机体调节酸碱平衡的过程主要是通过血液缓冲系统、肺及肾脏的三大调节作用相互配合来实现的。血液缓冲系统的作用最快,但缓冲能力有一定限度,仅靠血液缓冲有可能使[$NaHCO_3$]/[H_2CO_3]值发生改变;肺的调节亦较快,通常在 pH 改变 15~30 分钟后开始起调节作用,但只能调节 H_2CO_3 的浓度,同时影响呼吸中枢的因素较多,因此调节效能受到一定限制;肾脏的调节作用虽发挥得较迟,但维持血中碱储备效率高、持续时间长,是作用最强的调节系统。故良好的肾功能,是纠正酸碱平衡失调的重要条件。

第三节 酸碱平衡紊乱

体液 pH 通过上述血液缓冲系统、肺及肾脏三者互相联系、相互协调的调节作用,使[$NaHCO_3$]/[H_2CO_3]值维持在 20:1,血液的 pH 可以维持稳定。但若酸性或碱性物质的来源过多或过少,或由于肺或肾的调节功能出现障碍时,就会导致酸碱平衡失调,表现为血液 $NaHCO_3$ 与 H_2CO_3 浓度异常。在酸碱平衡失调的初期,由于各种代偿机制,尽管 $NaHCO_3$ 与 H_2CO_3 的绝对浓度已有变化,但若两者的浓度比值仍能维持 20:1,血浆的 pH 尚能在正常范围,此时称代偿性酸中毒(compensated acidosis)或代偿性碱中毒(compensated alkalosis)。若肺、肾的代偿能力已不能维持血浆 pH 在正常范围,则称失代偿性酸中毒(uncompensated acidosis)或失代偿性碱中毒(uncompensated alkalosis)。

一、酸碱平衡紊乱的基本类型

临床上对酸碱平衡紊乱,按起因不同可分为四种基本类型:血浆中 $NaHCO_3$ 浓度主要受肾脏调节,由于 $NaHCO_3$ 含量首先减少或增加,引起[$NaHCO_3$]/[H_2CO_3]值下降或增高所致的酸碱平衡紊乱,称代谢性酸中毒(metabolic acidosis)或代谢性碱中毒(metabolic alkalosis);如果由于肺的呼吸功能异常导致血中的 H_2CO_3 含量首先增加或减少,引起[$NaHCO_3$]/[H_2CO_3]值下降或增加,所致的酸碱平衡紊乱,称呼吸性酸中毒(respiratory acidosis)或呼吸性碱中毒(respiratory alkalosis)。

(一) 代谢性酸中毒

1. 基本特征 血浆中 $NaHCO_3$ 含量原发性减少。

2. 基本原因 ① 体内代谢产生或摄入固定酸过多:如糖尿病或饥饿引起的酮症酸中毒,休克或心力衰竭等情况下无氧酵解增强引起的乳酸酸中毒,服用过多的酸性药物等。② 固定酸排出障碍:如肾功能衰竭时,由于肾小管分泌 H^+ 和 NH_3 能力下降,固定酸排出减少,引起酸性代谢产物在体内过多积聚。③ 体内碳酸氢盐丢失过多:如严重腹泻、肠瘘或肠引流等丢失大量含 HCO_3^- 的碱性肠液;肾功能障碍时 $NaHCO_3$ 重吸收减少。④ 高血钾等。

3. 代偿机制 以糖尿病引起的酮症酸中毒为例,血中酮体物质异常增高,乙酰乙酸经 $NaHCO_3$ 缓冲生成乙酰乙酸钠盐和 H_2CO_3,引起血浆 $NaHCO_3$ 浓度减少而 H_2CO_3 浓度升高,增高的 $PaCO_2$ 刺激呼吸中枢,引起呼吸加深加快,使 CO_2 排出增多,血浆 H_2CO_3 浓度呈代偿性减少。同时,肾小管细胞的 H^+、NH_3 的分泌增加,排出固定酸,重吸收较多的 $NaHCO_3$,补充碱储备。通过上述代偿过程,虽然血浆中 $NaHCO_3$ 和 H_2CO_3 的实际浓度有所改变,但只要两者的比值仍接近于 20∶1,血浆 pH 尚能维持在正常范围之内(7.35~7.45),此称代偿性代谢性酸中毒。如果[$NaHCO_3$]/[H_2CO_3]值变小,而使血液 pH 下降至 7.35 以下,则称失代偿性代谢性酸中毒。

4. **治疗原则** 治疗原发病(如治疗腹泻、糖尿病;恢复循环血量,增加组织灌流量以纠正缺氧等)以消除引起代谢性酸中毒的病因,治疗过程中要注意保护肾功能,利于固定酸的排泄和 $NaHCO_3$ 的重吸收。给予碱性药物(如碳酸氢钠或乳酸钠)以补充体内碱储备不足。

(二) 代谢性碱中毒

1. **基本特征** 血浆中 $NaHCO_3$ 含量原发性增加。

2. **基本原因** ① 固定酸丢失过多:如剧烈呕吐或胃液引流引起富含 HCl 的胃液大量丢失,是代谢性碱中毒最常见的原因。② 口服或输入过多的碱性药物:如乳酸钠、醋酸盐、$NaHCO_3$ 等。③ 低血钾。④ 长期服用某些利尿剂,丢失大量的 Cl^-,引起低 Cl^- 性碱中毒。

3. **代偿机制** 由于血浆 $NaHCO_3$ 浓度的增加,血浆 pH 升高,抑制了呼吸中枢,使呼吸变浅变慢,保留较多的 CO_2,血浆 H_2CO_3 含量呈代偿性增多;同时,肾小管上皮细胞的 H^+ 和 NH_3 分泌减少,增加 $NaHCO_3$ 的排出。经过代偿,如果仍能使[$NaHCO_3$]/[H_2CO_3]值接近 20∶1,血液 pH 保持在正常范围之内,此称代偿性代谢性碱中毒。如果[$NaHCO_3$]/[H_2CO_3]值不能维持在正常范围之内,pH 升高到 7.45 以上,则称失代偿性代谢性碱中毒。

4. **治疗原则** 积极治疗原发病。对轻症患者补充适量生理盐水可得到纠正。对重症患者可给予一定量的酸性药物,常用 0.9% 的氯化铵溶液静脉滴注。

(三) 呼吸性酸中毒

1. **基本特征** 血浆中 H_2CO_3 浓度原发性增高。

2. **基本原因** 各种原因引起呼吸障碍使 CO_2 在体内潴留,如支气管哮喘、急性肺水肿、异物堵塞气管、有机磷中毒、溺水等。

3. **代偿机制** 由于主要病因是肺通气功能障碍使 CO_2 排出受阻,因此呼吸系统不能发挥代偿调节作用。肾小管上皮细胞加速泌 H^+ 和泌 NH_3,$NaHCO_3$ 重吸收增多,结果导致血浆 $NaHCO_3$ 含量呈代偿性升高。经代偿后,如[$NaHCO_3$]/[H_2CO_3]值能恢复接近于 20∶1,pH 仍维持在正常范围之内,此称代偿性呼吸性酸中毒。如果 H_2CO_3 浓度的增加超过了代偿能力,则[$NaHCO_3$]/[H_2CO_3]值变小,血液 pH 下降到 7.35 以下,则称失代偿性呼吸性酸中毒。

4. **治疗原则** 主要针对病因改善通气和换气功能,促使体内潴留的 CO_2 及时排出。若情况紧急,如血液 pH 低于 7.20,或出现严重并发症(如高血钾和室颤),危及生命且又缺乏改善通气的治疗条件时,可输入碱性溶液应急,以迅速升高血液 pH。

(四) 呼吸性碱中毒

1. **基本特征** 血浆中 H_2CO_3 浓度原发性降低。

2. **基本原因** 各种原因导致呼吸过快过深,换气过度引起 CO_2 排出过多。如低氧血症、癔症性换气过度、发热、甲状腺功能亢进、脑肿瘤、药物水杨酸中毒、某些中枢神经系统疾病,以及精神紧张等。

3. **代偿机制** 由于 CO_2 排出过多,血液 PCO_2 降低,pH 升高。肾小管细胞泌 H^+ 和泌 NH_3 量下降,$NaHCO_3$ 重吸收减少,使血浆 $NaHCO_3$ 含量呈代偿性降低。经过肾的代偿,如果[$NaHCO_3$]/[H_2CO_3]值能恢复接近 20∶1,pH 仍维持在正常范围之内,此称代偿性呼吸性碱中毒。如果换气严重过度,使血浆 H_2CO_3 浓度的降低超过了代偿能力,则[$NaHCO_3$]/

[H_2CO_3]值变大,血液 pH 升高到 7.45 以上,则称失代偿性呼吸性碱中毒。

4. 治疗原则 主要在于预防,应及时消除引起呼吸过度原因。癔症患者应给予耐心细致的思想疏导,并嘱其屏气,或用纸袋盖住其口鼻,使之重新吸入呼出的气体,以提高血液 PCO_2,必要时可给予镇静剂和钙剂。

在临床实践中,患者的情况可能是复杂的、动态的,可伴随病情变化和治疗措施的干预而不断变化,一个患者既有可能发生一种酸碱平衡紊乱,也可能有两种或两种以上的酸碱平衡失常,呈混合型。因此,必须正确识别和判断患者酸碱平衡失常的实际情况,根据具体情况对患者进行治疗。

二、酸碱平衡失调的生化指标

在临床上全面、正确地了解患者的酸碱平衡状况,对病情分析、诊断和治疗都有着非常重要的作用。临床常用的生化指标如下。

1. 血液 pH 健康人血液 pH 为 7.35～7.45。pH<7.35,呈失代偿性酸中毒;pH>7.45,呈失代偿性碱中毒;pH 在正常范围内,不一定都表示酸碱平衡正常,可以是代偿性酸中毒或碱中毒。检测 pH 只能表示有无失代偿性酸中毒或碱中毒,不能鉴别是代谢性或呼吸性酸碱中毒。

2. 动脉血二氧化碳分压(PCO_2) PCO_2 是反映呼吸性酸或碱中毒的重要指标,它是指物理溶解于血浆中的 CO_2 所产生的压力。由于 CO_2 的弥散力很强,动脉血与肺泡气的 CO_2 分压相等,因此 PCO_2 可反映肺泡中 CO_2 的情况,即反映肺泡通气功能。正常动脉血 PCO_2 值为 4.5～6.0 kPa(35～45 mmHg)。如果动脉血 PCO_2>6 kPa,提示肺功能不良、通气不足、CO_2 潴留,为呼吸性酸中毒;如果动脉血 PCO_2<4.5 kPa,提示肺通气过度、CO_2 排出过多,为呼吸性碱中毒。但在代谢性酸或碱中毒时,由于代偿作用也可以出现低于正常和高于正常。

因此,PCO_2 增高可见于呼吸性酸中毒(原发性的),或由代谢性碱中毒代偿引起(继发性的);PCO_2 降低可见于呼吸性碱中毒(原发性的),或由代谢性酸中毒代偿引起(继发性的)。

3. CO_2 结合力(CO_2 combining power,CO_2CP) 指血浆 HCO_3^- 中 CO_2 含量,即 100 mL 血浆在正常肺泡空气压力下(CO_2 分压约为 40 mmHg)所能结合的 CO_2 毫升数,以容积%表示,正常值为 50%～70%容积;或指在标准状态下,CO_2 分压为 40 mmHg 时,每升血浆中 HCO_3^- 所能释放的 CO_2 毫摩尔数,正常值为 23～31 mmol/L。由于 CO_2 在血浆中主要以 HCO_3^- 的形式存在,代表体内可中和固定酸的碱量,又称碱储。CO_2CP 表示来自 HCO_3^- 和 H_2CO_3 的 CO_2 总量,故其受到代谢性和呼吸性两方面因素的影响。当发生代谢性酸中毒或代偿性呼吸性碱中毒时,CO_2CP 均表现为下降;而当发生代谢性碱中毒或代偿性呼吸性酸中毒时,CO_2CP 则呈上升趋势。

4. 标准碳酸氢盐(standard bicarbonate,SB)和实际碳酸氢盐(actual bicarbonate,AB) SB 是指血液在标准状况下(温度 37℃、PCO_2 为 5.3 kPa、血红蛋白的氧饱和度为 100%)测得血浆 HCO_3^- 的含量。由于不受呼吸因素的影响,故被作为判断代谢性酸碱平衡紊乱的指标。正常值为 22～27 mmol/L,在代谢性酸中毒时降低,在代谢性碱中毒时增高。AB 是指在隔绝空气的条件下,测定血浆 HCO_3^- 的实际含量,AB 受呼吸和代谢两方面因素影响。健康人 SB=AB,若 SB 正常,AB>SB,表示有 CO_2 积蓄,为呼吸性酸中毒;相反,AB<SB,表示 CO_2 呼出过多,为呼吸性碱中毒。两者相等但均降低,为代谢性酸中毒;反之,两者相等但均升高,为代谢性碱中毒。

5. **缓冲碱**(buffer base,BB)　通常以氧饱和的全血测定,全血 BB 是指血液中全部具有缓冲作用的碱性物质的总和,包括血浆和红细胞中的 HCO_3^-、Hb^-、HbO_2^-、Pr^-、HPO_4^{2-} 等。正常值为 45~52 mmol/L。BB 比 HCO_3^- 更能全面地反映机体中和酸的能力,代谢性酸中毒时 BB 数值降低,代谢性碱中毒时 BB 数值升高。

6. **碱剩余**(base excess,BE)　指全血(或血浆)在标准状况下(PCO_2 为 5.3 kPa,温度为 37℃,Hb 的氧饱和度为 100%),用酸或碱滴定至 pH 为 7.4 时所消耗的酸或碱的数量。若用酸滴定使血液 pH 达到 7.4,则表示被测血液的 BB 含量增高,即有碱剩余,BE 用正值表示;如需用碱滴定则说明被测血液的 BB 含量降低,即碱不足,BE 用负值表示。全血 BE 的正常值范围为 -3.0~+3.0 mmol/L。BE 不受呼吸因素的影响,故是反映代谢性酸碱平衡失调的指标。

血液酸碱平衡指标用于诊断酸碱平衡失调,特别对复合型酸、碱中毒具有重要意义,但临床上仍要根据病史、症状、体检及测定多项酸碱平衡指标结果进行综合分析,才能做出正确的判断。

第二十一章
癌基因与抑癌基因

学习目标

1. 掌握癌基因、原癌基因、抑癌基因的概念。
2. 熟悉原癌基因、抑癌基因的功能及其表达产物。
3. 了解 Rb、TP53 基因在肿瘤发生发展中的作用。

肿瘤(tumor)是机体在各种致瘤因子作用下,细胞遗传物质发生改变、基因表达失常,细胞异常增殖而形成的非正常组织。根据肿瘤细胞正常生长调节功能、自主或相对自主生长能力、脱离致瘤环境后继续生长特征的存在与否,分为良性、恶性两大类。实体恶性肿瘤可分为癌(carcinoma)和肉瘤(sarcoma),还有白血病、淋巴瘤等,严重威胁人类的生命健康。

肿瘤发生的根本原因是细胞增殖与分化的失控。正常情况下,细胞的增殖、分化受到体内正、负两类生长信号的调控,这两类信号相互拮抗,精准调控细胞的生长、增殖和衰亡,维持机体内平衡。当这两类基因中任何一种或几种的结构或表达发生变化时,即有可能导致肿瘤的发生。

第一节 癌 基 因

正生长信号包括细胞合成和分泌的各类生长因子、癌基因(oncogenes)及其产物,促进细胞的生长和增殖,阻止细胞分化。

一、癌基因的发现

早在1911年,美国病毒学家 Rous 实验发现,含有鸡肉瘤病毒的无细胞滤液能诱发小鸡长肉瘤,这种病毒称 Rous 肉瘤病毒,此后证明这是一种 RNA 逆转录病毒(retrovirus)。Rous 肉瘤病毒的核酸中含有一个特殊基因 *src*,其表达产物的持续激活可导致细胞转化和肉瘤样表型。当时根据研究所得结果,将能引起细胞转化、生长肉瘤的一类基因,称癌基因。后来又发现多种病毒中含有癌基因,称病毒癌基因(viral oncogene, *v-onc*)。1976年,美国生物化学家 Bishop 和 Varmus 等学者实验发现,鸡的正常细胞中也有与 *v-onc* 同源的基因,称细胞癌基因(cellular oncogene, *c-onc*), *c-onc* 普遍存在于各种正常的动物细胞基因组中。生理条件下,

c-onc 往往处于不表达或低表达状态,以维持细胞正常生长和分化。这种在正常细胞中处于低表达或非表达状态的细胞癌基因又称原癌基因(proto-oncogene),对细胞无害。当 *c-onc* 受到某些致癌因素(如化学致癌物、病毒或辐射等)刺激后,可使其发生点突变、插入突变(插入启动子、插入增强子)、基因重排、基因扩增等变异,这些变化可使细胞癌基因被异常激活,进而致细胞生长失控而发生癌变。

癌基因的名称一般用三个斜体小写字母来表示,如 *src*、*myc*、*ras* 等。目前已发现有100多种细胞癌基因,占人类基因组0.1%~1.0%。各种细胞癌基因的生物学功能都是通过其表达产物——蛋白质来实现的。

二、原癌基因的功能及其表达产物

细胞癌基因表达产物种类多样,它们涉及细胞信息传递过程中的各个环节,分布也相当广泛,如可以分布在细胞膜、胞质溶胶、细胞核,甚至细胞外等。因此,它们在细胞生长和分化的信息传递过程中从细胞表面到细胞核的各个不同环节,发挥重要的调节作用。通常可按细胞癌基因表达产物的生物学功能及细胞定位分类(表21-1)。

表 21-1 细胞癌基因表达产物及其功能

类 别	癌基因	表达产物	生物学功能
生长因子类	*sis* *int-2* *hst*	PDGFβ 链 FGF 成员 FGF 成员	通过旁/自分泌作用与特异受体结合,参与调控细胞生长、增殖等
生长因子受体类	*erb-B* *fms* *trk* *kit*	EGFR 胞内区 CSF-1R NGFR SCFR	大多为横跨质膜的 RTPK,当被生长因子活化后,可进一步传递细胞生长、增殖信息
蛋白激酶类	*src* *mos* *raf*	Tyr 蛋白质激酶 Ser/Thr 蛋白质激酶 Ser/Thr 蛋白质激酶	催化下游效应蛋白肽链中 Tyr 残基磷酸化修饰 可催化下游效应蛋白肽链中 Ser/Thr 残基发生磷酸化修饰
G蛋白类	H/K/N-*ras*	Ras 蛋白	位于胞内侧,在 Ras-MAPK 途径中,介导多种生长因子的信息传递
核内转录因子类	*myc* *myb* *fos* *jun*	Myc 蛋白 Myb 蛋白 Fos 蛋白 Jun 蛋白	在核内发生磷酸化修饰后,作为转录因子参与调控基因转录 即刻早期基因表达蛋白,参与形成转录因子 AP-1
其他类	*erb-A* *crk*	甲状腺激素受体 磷脂酶 Cγ	在核内接受甲状腺激素信号,促进神经系统发育及生理生化多方面调节 被 RTPK 结合到质膜中,催化 PIP_2 水解,生成 IP_3 和 DAG 双信使物质

由表 21-1 可见,细胞癌基因表达产物大多是细胞信号转导蛋白,通过癌基因在细胞中的适度表达,参与细胞的生长与分化、基因表达调控、代谢调控等。可以这么认为,生物生存依赖于细胞癌基因的适度表达。

第二节 抑癌基因

负生长信号主要为抑癌基因(antioncogene)及其产物,抑制细胞增殖、促进分化、诱导凋亡。

一、抑癌基因的功能及其表达产物

抑癌基因是一类抑制细胞过度生长、增殖,从而遏制肿瘤形成的基因,又称肿瘤抑制基因(tumor suppressor gene)。细胞癌基因对细胞生长、增殖起着正调控作用,抑癌基因则起着负调控作用,两者相互制约、相互协调,共同维持细胞正常生长。当细胞癌基因被异常激活与过量表达时可促进肿瘤的形成,而抑癌基因的丢失或失活也会导致肿瘤的发生。

至今已被确定的抑癌基因有 10 多个,如 *Rb*、*TP*53、*P*16、*P*21、*NF*1、*NF*2、*DCC*、*PTEN*、*APC*、*VHL* 和 *WT*1 等。抑癌基因的表达产物及其生物学功能如表 21-2 所示。

表 21-2 抑癌基因表达产物及其功能

名称	表达产物	生物学功能
Rb	p105 蛋白	负性调节细胞周期
*TP*53	P53 蛋白	负性调节细胞周期,诱导损伤细胞发生凋亡
*P*16	P16 蛋白	负性调节细胞周期控制点
*P*21	P21 蛋白	抑制 cyclin/CDK 活性
*NF*1	GTP 酶激活蛋白(GAP)	负性调节 Ras 蛋白活性
*NF*2	连接膜与细胞骨架的蛋白质	参与细胞之间、细胞内外的信息传递
DCC	跨膜糖蛋白	参与细胞之间、细胞内外的信息传递
PTEN	磷脂酰肌醇-3-磷酸酶	抑制 PI_3K-Akt 信号通路
APC	APC 蛋白	与 β 连环蛋白结合,控制细胞生长速率
VHL	VHL 蛋白	与 β 连环蛋白结合,控制细胞生长速率
*WT*1	转录因子	负性调节细胞周期

由表 21-2 可见,抑癌基因表达产物大多是细胞周期负性调控因子或参与细胞生长信息的信号转导分子。因此,抑癌基因的突变、缺失、重排或失活,也是引发肿瘤的重要原因。下面

主要以 *Rb*、*TP*53 基因为例,简要介绍抑癌基因的作用机制。

二、*Rb* 基因在肿瘤发生发展中的作用

对于抑癌基因的早期认识来自对儿童视网膜母细胞瘤(retinoblastoma, Rb)的研究,通过将 Rb 患者的瘤细胞和健康人细胞染色体基因图谱进行对比,发现患者肿瘤细胞的第 13 号染色体 14 区带发生缺失,此缺失区段正是 *Rb* 基因。*Rb* 基因表达的 Rb 蛋白含 928 个氨基酸残基,分子量约为 105 kDa。

在细胞内 Rb 蛋白可以磷酸化和非/低磷酸化两种形式存在,磷酸化型 Rb 蛋白(Rb-P)无活性;非/低磷酸化型 Rb 蛋白有抑制活性,能抑制细胞增殖、促进细胞分化。非/低磷酸化型 Rb 蛋白通过与转录因子 E_2F 结合形成 $Rb-E_2F$ 复合物,抑制 E_2F 的转录因子活性,进而使细胞周期停止在 G_1/S 期控制点,细胞生长受抑制。Rb 蛋白的磷酸化受细胞周期蛋白(cyclin)/细胞周期蛋白依赖性激酶(cyclin dependent kinase, CDK)复合物(cyclin/CDK)的作用,Rb 蛋白在 cyclin/CDK 复合物作用下发生磷酸化,形成无活性的 Rb-P 而与 E_2F 分离,进而使 E_2F 游离出来,发挥转录因子活性。E_2F 转录因子可以促进细胞从 G_1 期进入 S 期及进行 DNA 复制所必需的酶与蛋白质的表达,包括胸腺嘧啶核苷激酶、DNA 聚合酶 α、二氢叶酸还原酶(DHFR)、p34、CyclinE、$CyclinD_1$、$CyclinD_2$ 和细胞增殖核抗原(PCNA)等,使细胞周期越过 G_1/S 期控制点,进而促进细胞生长、增殖。非/低磷酸化型 Rb 蛋白通过与 E_2F 结合($Rb-E_2F$),抑制 E_2F 转录因子活性;而在 cyclin/CDK 作用下形成 Rb-P 后,可使 E_2F 游离出来又发挥转录因子作用,如此控制细胞周期进程。

三、*TP*53 基因在肿瘤发生发展中的作用

早期,*TP*53 基因一直被视为癌基因,直到 1989 年美国分子生物学家 Lebine 和 Oren 两个实验室发现,正常的 *TP*53 基因对细胞转化有抑制作用,而 *TP*53 突变体能促进细胞转化,这才搞清楚突变型 *TP*53(mutation *TP*53, m-*TP*53)是癌基因,野生型 *TP*53(wild *TP*53, w-*TP*53)是抑癌基因。*TP*53 基因位于人染色体 17p13,其表达产物含 393 个氨基酸残基,分子量约为 53 kDa,故名 P53 蛋白(P53)。野生型 *TP*53 在维持细胞正常生长、抑制恶性增殖中起着重要作用。

当细胞受到紫外线、γ 射线或某些化学物质作用引起 DNA 损伤时,w-P53 蛋白一方面通过与基因调控序列 waf1(wild-type P53-activated fragment)片段结合,促进 *P*21 基因表达。P21 蛋白是 cyclin/CDK 复合物的抑制剂,通过 P21 蛋白与 cyclin/CDK 复合物结合而抑制 CDK 活性,使 Rb 蛋白不能被磷酸化而处于非/低磷酸化状态,非/低磷酸化型 Rb 蛋白与 E_2F 结合而使后者失去转录因子活性,进而使细胞周期停留在 G_1/S 期调控点之前,以便细胞有足够时间修复损伤 DNA。另一方面 P53 蛋白能抑制解链酶活性并与复制因子 A 结合,参与损伤 DNA 的修复。如果损伤 DNA 的修复失败,w-P53 又可以诱导表达凋亡蛋白 Bax,使损伤细胞发生凋亡、自尽,阻遏有癌变倾向的细胞存活,防止细胞癌变。故人们将 P53 誉称为"基因卫士",它时刻监视着基因的完整性。

正常情况下,细胞内 P53 蛋白含量低,半衰期短,只有 20~30 分钟,故很难检测出来。而在细胞生长、增殖时,P53 蛋白可升高数十倍,以维持细胞的正常生长,抑制恶性增殖。当 *TP*53 基因发生突变或缺失后,即失去 w-P53 的抑癌作用。迄今发现,人类肿瘤细胞中 *TP*53

基因突变率比其他基因都高，约 50% 以上的恶性肿瘤中都存在 m-TP53。如 70% 的结肠癌、50% 的肺癌和 30%～40% 的乳腺癌中均存在 TP53 基因的突变，肝癌和胃癌中亦存在 TP53 基因的突变。

综上所述，细胞癌基因和抑癌基因的突变都可以引发癌变。但实际上细胞癌基因、抑癌基因又都分属于一系列与调节细胞生长和分化有关的调控蛋白的编码基因，是维持细胞正常生长必不可少的。因此，细胞癌基因和抑癌基因在肿瘤学方面的研究，与生长因子及其受体、蛋白激酶、转录因子、基因表达调控和细胞信息传递等各领域的研究密不可分，两者相辅相成，相互促进，共同发展，成为当今生命科学与医药学研究领域中的热点课题。

第六部分

专题生物化学

第二十二章 药物代谢

> **学习目标**
> 1. 掌握生物转化、肝药酶的概念,生物转化的主要化学反应类型,微粒体氧化酶系的特点。
> 2. 熟悉影响药物生物转化的因素,药物代谢的意义。
> 3. 了解过氧化物酶体氧化酶类、超氧化物歧化酶的特点。

药物经一定的给药途径(口服、静脉注射、肌内注射、喷雾等)进入体内后,经血液循环,除了部分被运送到肝脏直接代谢转化外,大多数药物被运送到各靶组织发挥药效,然后进入肝脏代谢转化,再经肾脏随尿液排出,或随胆汁分泌进入肠道,再随粪便排出体外(图 22-1)。通常药物在体内发挥作用后,大多数需经化学转变,改变其结构或极性,促使其排出体外,此过程称药物的代谢转化或药物的生物转化(biotransformation)。

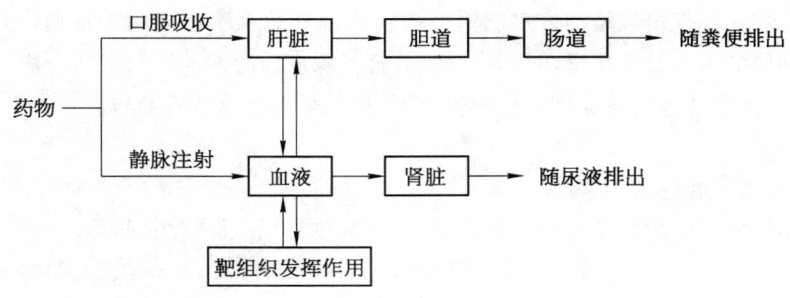

图 22-1 药物在体内的过程

在生命活动过程中,机体每时每刻都进行代谢,产生一些有毒的代谢废物,如 NH_3、胆红素、消化道中肠菌腐败产物等;也产生一些生物活性物质,如激素、神经递质等。此外,常有一些包括药物在内的外来异物进入体内,如食品添加剂(防腐剂、色素、保鲜剂)和环境污染物等,这些物质统称非营养物。其既不能参与构成组织,也不能氧化供能,当在体内积聚过多时易产生毒性作用。因此,为了保障机体能健康生存,必须通过生物转化,及时解除这些物质的毒性,或改变它们的极性,并促使其排出体外。能够进行生物转化的器官有肝、肺、肾、胃、肠等,其中肝是最重要的器官。

第一节　非线粒体氧化体系

除了线粒体外,细胞的微粒体和过氧化物酶体等亚细胞器也是物质氧化的场所。它们不同于线粒体内的生物氧化体系(见"药物的生物氧化"节),其特点是含有一些不同于呼吸链酶系的氧化酶类,如肝细胞微粒体加单氧酶系,过氧化物酶体中的过氧化氢酶、过氧化物酶、谷胱甘肽过氧化物酶,以及存在于胞质溶胶中的超氧化物歧化酶等,这些酶促氧化过程不伴有偶联磷酸化,不能生成 ATP。但可以直接参与清除氧自由基,同时与药物、毒物等的生物转化密切相关,从而保护生物体免遭氧化损伤作用而健康生存。

一、微粒体氧化酶系

微粒体内有一种重要的氧化酶系,它的功能不是产生能量,而是催化某些底物分子加上一个氧原子使其羟化(加氧氧化),故这个氧化酶体系又称加单氧酶(monooxygenase)或称羟化酶(hydroxylase)。与线粒体中进行的生物氧化不同,由加单氧酶系催化的氧化反应需要 NADPH 和分子氧参与。由于该酶能使 O_2 中一个氧原子加入底物,而另一个氧原子被电子传递链传来的 e 还原并与 $2H^+$ 结合成 H_2O,故又称混合功能氧化酶。其作用机制比较复杂,但总反应可以表示为:

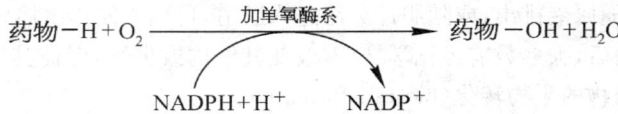

这种羟化作用不仅可以增加许多脂溶性药物或毒物的水溶性而利于排泄,而且与体内重要生物活性物质的生成及活化密切相关。例如,肾上腺皮质激素与性激素的合成、维生素 D 的活化,以及胆汁酸和儿茶酚胺类化合物的生成等,都必须由加单氧酶参与。

二、过氧化物酶体氧化酶类

过氧化物酶体氧化酶类主要有过氧化氢酶(又称触酶)和过氧化物酶等。

1. 过氧化氢酶(catalase)　体内含有较多的需氧脱氢酶,如 D-氨基酸氧化酶、胺氧化酶、黄嘌呤氧化酶等,它们都属黄素蛋白酶,能直接作用于底物而获得 2H,然后将 2H 交给氧生成 H_2O_2。

适量的 H_2O_2 对机体无害,并有一定的生理功能,如在粒细胞与吞噬细胞中,它可杀死入侵细菌;在甲状腺细胞中,它参与酪氨酸碘化反应,促进生成甲状腺激素等。而过量的 H_2O_2 是有毒的,具有强烈的氧化损伤作用,如它能氧化含巯基的酶和蛋白质,使其丧失活性。

过氧化氢酶广泛分布于血液、骨髓、黏膜、肾脏及肝脏等组织,其化学本质为血红素蛋白,每个酶含 4 个血红素,每分钟可以催化 $2.64×10^6$ 个 H_2O_2 分子分解生成 H_2O 和 O_2。因此,正常情况下体内不会发生 H_2O_2 的蓄积。

2. 过氧化物酶(peroxidase)　过氧化物酶分布在乳汁、白细胞、血小板等体液或细胞中,该酶的辅基亦为血红素,能催化 H_2O_2 直接氧化酚类或胺类化合物。

临床检验的粪便隐血试验,就是利用红细胞中含有过氧化物酶的活性,将联苯胺氧化成蓝色化合物,对消化系统出血性疾病的诊断有重要价值。

在某些组织细胞内还有一种含硒的谷胱甘肽过氧化物酶(glutathion peroxidase),该酶能利用还原型谷胱甘肽(GSH)使 H_2O_2 或其他过氧化物(ROOH)还原为 H_2O 或醇类(ROH),从而保护膜脂质及血红蛋白等免遭氧化损伤。

生成的氧化型谷胱甘肽(GSSG)又在谷胱甘肽还原酶作用下,由 NADPH 供氢重新还原成 GSH。

$$R + H_2O_2 \longrightarrow RO + H_2O \text{ 或 } RH_2 + H_2O_2 \longrightarrow R + 2H_2O$$

$$ROOH + 2GSH \longrightarrow GSSG + ROH + H_2O$$

$$H_2O_2 + 2GSH \longrightarrow GSSG + 2H_2O$$

三、超氧化物歧化酶

1968年,美国生物化学家 McCord 与 Fridovich 发现组织中广泛存在着能清除超氧阴离子($O_2\cdot^-$)的超氧化物歧化酶(superoxide dismutase,SOD),此后生物体内存在内源性自由基才得到大量的实验证实。

自由基是指能独立存在的、含有不配对电子的原子、离子或原子团,如 $O_2\cdot^-$、羟自由基($\cdot OH$)等。自由基性质活泼,氧化作用极为强烈,故对机体危害很大。它们可以破坏生物膜,引起蛋白质变性交联,使酶与激素失活,免疫功能下降,核酸结构破坏并可诱导多种疾病。目前已发现有20余种疾病与自由基有密切关系,如肿瘤、动脉粥样硬化等。

细胞内生成自由基的途径有多种,如呼吸链电子传递、黄嘌呤氧化和电离辐射等。通常呼吸链末端每1个 O_2 需接受4个电子才能完全还原成氧离子,进而生成水。如果还原过程中只加入1个电子,就形成 $O_2\cdot^-$(占呼吸链耗氧的1‰~4‰)。

$$O_2 + 4e \longrightarrow 2O^{2-} \xrightarrow{4H^+} 2H_2O \quad O_2 + e \longrightarrow O_2\cdot^-$$

$$2O_2\cdot^- + 2H^+ \xrightarrow{SOD} H_2O_2 + O_2$$

体内自由基在不断被产生的同时,也在不断被清除。如体内存在的 SOD 可催化1分子 $O_2\cdot^-$ 氧化生成 O_2,另一分子 $O_2\cdot^-$ 还原生成 H_2O_2,生成的 H_2O_2 可被活性极高的过氧化氢酶进一步分解。

已知 SOD 是金属酶,包括三种同工酶。在真核细胞胞质溶胶中,该酶以 Cu^{2+}、Zn^{2+} 为辅基,称 Cu-SOD、Zn-SOD;在真核细胞线粒体内及原核细胞中以 Mn^{2+} 为辅基,称 Mn-SOD。SOD 是防御内外环境中超氧阴离子损伤的重要抗氧化酶。

第二节 药物的生物转化

一、生物转化与肝药酶

药物作为非营养物,进入体内发挥药效后,绝大多数需改变其结构和性质后,才能排出体外,否则在体内积聚起来,易产生副作用甚至引起毒性反应。大多数药物经生物转化后,水溶性增大而易于排除,从而避免其毒性作用。因此,生物转化过去被认为具有解毒作用,可降低药物毒性或药效。但事实上有些药物经过生物转化,毒性反而增大。例如,苯并[a]芘经生物转化后可以生成致癌性的产物;也有些药物经生物转化后才出现药效,如环磷酰胺经生物转化后变为具有抗癌活性的醛磷酰胺。因此,生物转化不能简单等同于解毒作用。

药物、毒物以及其他非营养物的生物转化主要在肝脏进行,少量在肠黏膜、肺、肾脏进行。这是因为参与生物转化的酶主要在肝细胞内。如氧化酶、水解酶、还原酶和结合酶都存在于肝细胞内,这些酶催化专一性低,可对大多数药物发挥生物转化作用,故统称肝药酶。例如,依赖细胞色素P-450的加单氧酶系是存在于肝细胞微粒体中最重要的氧化酶。

肝细胞微粒体加单氧酶系至少由细胞色素P-450、NADPH-细胞色素P-450还原酶、NADH-细胞色素b_5还原酶等多种成分构成,其催化反应机制复杂。

作为底物的药物(RH)首先与氧化型细胞色素P-450($P-450-Fe^{3+}$)结合,形成氧化型细胞色素P-450-药物复合物($Fe^{3+}-P-450-RH$),又在NADPH-细胞色素P-450还原酶催化下,接受NADPH经黄素蛋白传递提供的电子,形成还原型细胞色素P-450-药物复合物($Fe^{2+}-P-450-RH$),后者进一步与分子氧结合形成含氧复合物($Fe^{2+}-P-450-RH·O_2$),并将电子转移给氧生成活性氧复合物($Fe^{3+}-P-450-RH·O_2^-$),继续在NADH-细胞色素b_5还原酶催化下接受由NADH提供的1个电子,使氧转化为氧离子(O^{2-})和生成氧化型细胞色素-含氧药物复合物($Fe^{3+}-P-450-ROH$)。然后,氧离子(O^{2-})与介质中的$2H^+$结合生成H_2O,复合物($Fe^{3+}-P-450-ROH$)释出氧化产物(ROH),至此完成了药物或毒物的羟化作用(图22-2)。大多数药物经羟化后,药效改变,水溶性增强,可促使其排出体外。

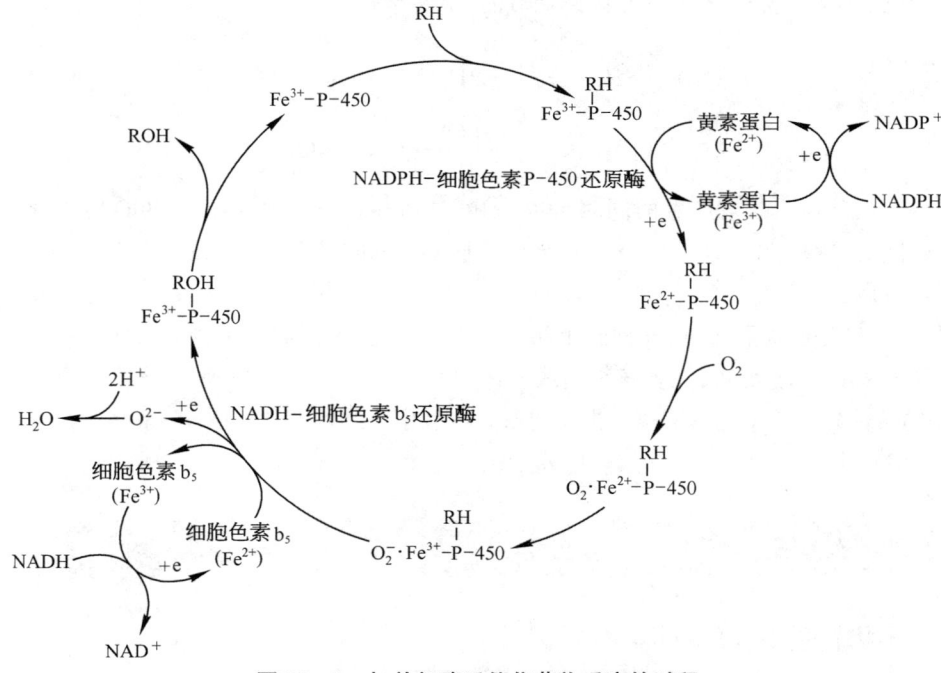

图22-2 加单氧酶系催化药物反应的过程

肝细胞微粒体加单氧酶系中的细胞色素 P-450(CYTOCHROME P-450,CYP)是一个超家族,由同源性基因编码的酶蛋白组成。CYP 超家族可分为家族、亚家族和单个酶三级,根据酶蛋白一级结构中氨基酸序列的同源程度区分,同源性≥40%者归入同一家族,用阿拉伯数字表示,如 CYP1、CYP2、CYP3 等;每一家族进一步被区分为亚家族,加一个英文字母来表示此一亚型,如 CYP1A、CYP2C、CYP3A 等;最后根据同一亚家族各个酶被鉴定的先后顺序再编序,如 CYP1A2、CYP2E1 等。在人体肝细胞中 CYP 以 CYP1、CYP2 和 CYP3 为主,这三种 CYP 占肝内 CYP 总量的 70%,并与大部分药物及毒物的代谢有关,CYP 的功能活性直接影响肝脏的代谢和解毒功能。遗传或环境因素均会造成不同个体 CYP 基因变异,形成 CYP 酶活性的个体差异,并导致不同个体对许多物质的代谢产生明显的差异。

二、生物转化的主要化学反应类型

生物转化的化学反应大致可分为氧化、还原、水解和结合四种类型,其中氧化、还原、水解仅仅是药物分子本身发生初步的化学反应,不需要与特殊的化合物结合,称第一相反应;结合反应需要与特殊的化合物(称结合剂)结合才能真正改变药物的极性,称第二相反应。各种药物在体内的生物转化过程各不相同,有的只经过第一相反应,即可排出体外;有的经第一相反应后,极性改变不大,还需要进行第二相反应,即与某些极性更强的物质如葡萄糖醛酸、氨基酸等结合,增加其溶解度,进而排出体外。只有少数药物不经过生物转化就直接排出体外。各类反应可以定位在细胞内不同部位,在药物或毒物分子的不同位点上发生。

(一) 第一相反应

1. 氧化反应 氧化反应是第一相反应中最常见的类型。

(1) 羟化反应:催化羟化反应的酶,即加单氧酶系,存在于肝微粒体。该类反应能使多种脂溶性物质羟化,在药物代谢过程中尤为常见。例如,苯胺可在苯环上羟化产生邻氨基苯酚或对氨基苯酚,使其毒性减弱;也可在非苯环上进行 N-羟化而产生 N-羟氨基苯。后一产物可导致高铁血红蛋白的产生,有很强的毒性作用。

苯胺 $\xrightarrow{[O]}$ 邻氨基苯酚 或 对氨基苯酚

苯胺 $\xrightarrow{[O]}$ N-羟氨基苯

(2) 烷基侧链氧化反应:烷基侧链可氧化为醇或酸。如中药大黄所含的泻下成分大黄酚,可在体内氧化为芦荟大黄醇,后者继续氧化为大黄酸。

大黄酚 $\xrightarrow{[O]}$ 芦荟大黄醇 $\xrightarrow{[O]}$ 大黄酸

(3) **环氧化反应**：芳香族化合物常氧化成环氧化物。多环芳香烃如苯并[a]芘可氧化形成多种环氧化物，再经环氧化物水化酶催化为二氢二醇衍生物。苯并[a]芘存在于汽车尾气、沥青及卷烟中，具有致癌作用，目前认为其致癌作用主要与苯并[a]芘-7,8-二氢二醇-9,10-环氧化物的形成有关。

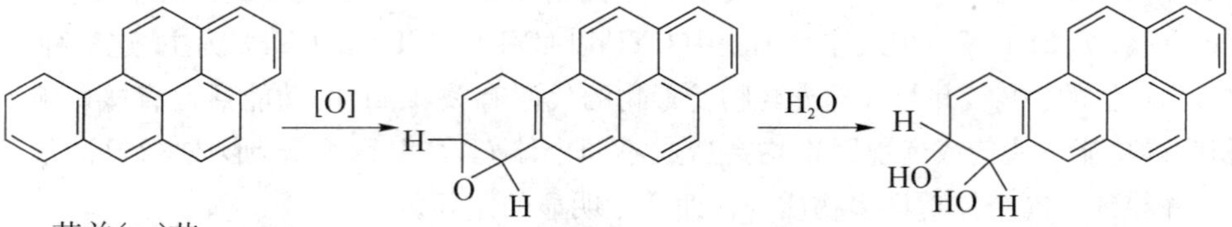

苯并(α)芘 →[O]→ 7,8-环氧化物 →H_2O→ 7,8-二氢二醇衍生物

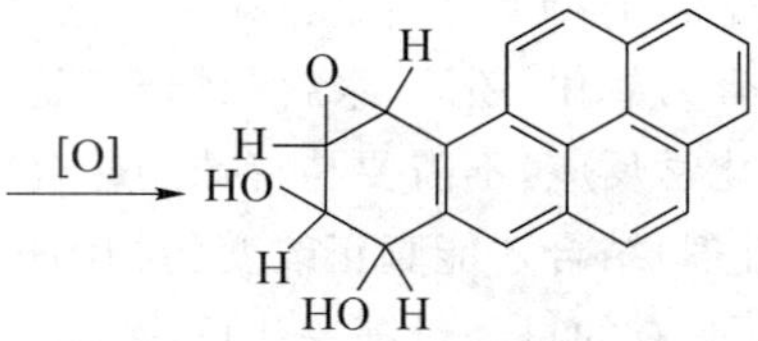

→[O]→ 苯并(α)芘-7,8-二氢二醇-9,10-环氧化物（强致癌物）

(4) O-、N-、S-**脱烷基氧化反应**：有些药物易发生脱甲基或乙基反应。如镇痛药非那西丁，在体内经 O-脱烷基氧化生成对乙酰氨基酚（扑热息痛）和乙醛。扑热息痛的镇痛作用强于非那西丁，且不良反应较小。

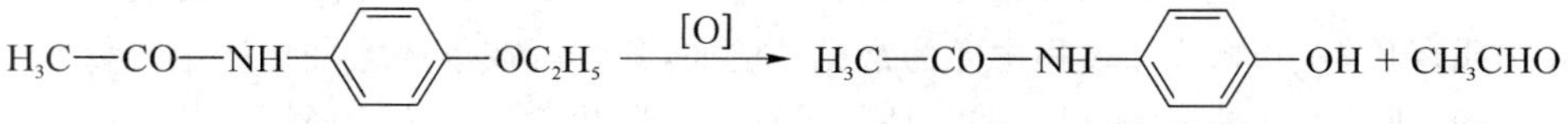

$H_3C—CO—NH—\langle\bigcirc\rangle—OC_2H_5$ →[O]→ $H_3C—CO—NH—\langle\bigcirc\rangle—OH + CH_3CHO$

非那西丁　　　　　　　　　扑热息痛

(5) **脱氨基氧化**：如苯丙胺经微粒体氧化酶作用，生成苯丙酮和氨。

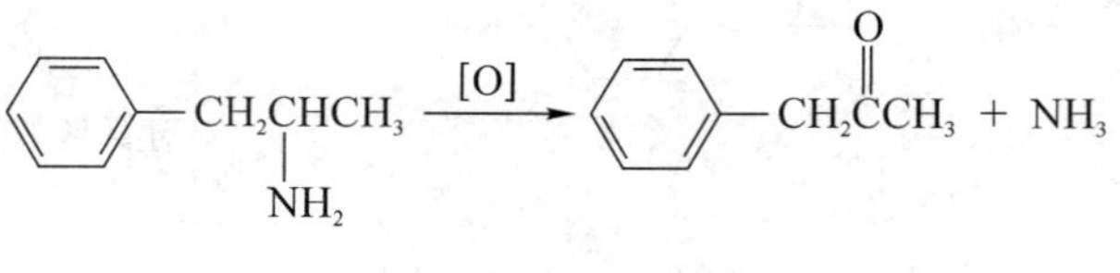

$\langle\bigcirc\rangle—CH_2CHCH_3$ →[O]→ $\langle\bigcirc\rangle—CH_2COCH_3 + NH_3$
　　　　$|$
　　　　NH_2

(6) **醇、醛的氧化**：乙醇在肝细胞中由醇脱氢酶氧化生成乙醛，再继续氧化成乙酸。值得注意的是，大量酗酒除了加重肝脏负担、对肝细胞造成直接损伤作用外，大量乙醇氧化分解可减少肝内脂肪酸的氧化分解，相反可促进脂肪的合成，容易导致脂肪肝。

$CH_3CH_2OH \xrightarrow{[O]} CH_3CHO \xrightarrow{[O]} CH_3COOH$

2. 还原反应

(1) **偶氮或硝基化合物的还原反应**：如含偶氮基的抗菌药物百浪多息，其本身并无药物活性，在体内经还原后才能产生有活性的对氨基苯磺酰胺。又如含硝基的氯霉素，可被硝基还原酶系转化为胺类物质而失效。

$$\underset{\text{百浪多息}}{\underset{NH_2}{H_2N-\bigcirc}-N=N-\bigcirc-SO_2NH_2} \xrightarrow{[H]} \underset{NH_2}{H_2N-\bigcirc}-NH_2 + H_2N-\bigcirc-SO_2NH_2$$

对氨基苯磺酰胺

$$\underset{\text{氯霉素}}{\underset{HOCH_2}{\overset{NO_2}{\bigcirc}}\underset{|}{\overset{|}{\underset{CH-NH-C-CHCl_2}{HO-CH}}}} \xrightarrow{[H]} \underset{HOCH_2}{\underset{|}{\overset{NH_2}{\bigcirc}}\underset{CH-NH-C-CHCl_2}{\overset{|}{HO-CH}}}$$

(2) 醛酮还原反应：由胞质溶胶还原酶催化，如水合三氯乙醛还原为三氯乙醇。

$$CCl_3CHO \cdot H_2O \xrightarrow{[H]} CCl_3CH_2OH + H_2O$$

3. 水解反应 酯、酰胺、酰肼类化合物可被水解酶水解。例如，局部麻醉剂普鲁卡因由肝或血液中酯酶水解而失效。

$$\underset{\text{普鲁卡因}}{\overset{NH_2}{\bigcirc}\underset{\overset{||}{O}}{\overset{|}{C-OCH_2CH_2N}\overset{C_2H_5}{\underset{C_2H_5}{}}}} \xrightarrow{H_2O} \overset{NH_2}{\bigcirc}\underset{\overset{||}{O}}{C-OH} + HO-CH_2CH_2N\overset{C_2H_5}{\underset{C_2H_5}{}}$$

（二）第二相反应（结合反应）

与药物起结合反应的结合剂很多，如葡萄糖醛酸、硫酸盐、乙酰辅酶 A、S-腺苷甲硫氨酸、谷胱甘肽、甘氨酸等。结合剂在相应的基团转移酶催化下，与药物或经第一相反应后极性改变不大的物质相结合，从而使大多数药物的极性增加而促使排出体外。

1. 葡萄糖醛酸结合反应 该反应定位于肝细胞微粒体，其结合剂为葡萄糖醛酸，但须以活性形式即 UDP-葡萄糖醛酸（UDPGA）提供。药物或毒物分子中的醇或酚羟基、羧基的氧、胺类的氮、含硫化合物的硫等均可与葡萄糖醛酸的 C-1 位结合成苷，胆红素与葡萄糖醛酸结合成酯，也可结合多种生理活性物质如甲状腺激素、类固醇激素等。由于葡萄糖醛酸带有许多羟基，水溶性极强，从而使药物或毒物极性增加，易于排出而解除毒性。

生物体内葡萄糖醛酸来源丰富（由葡萄糖转变而来），肝细胞含有丰富的葡萄糖醛酸转移酶,因此与葡萄糖醛酸结合是生物转化最重要、最普遍的结合反应。绝大多数药物或毒物与葡萄糖醛酸结合后排出体外,是真正的解毒反应。

2. **硫酸盐结合反应**　硫酸盐的活性形式是 PAPS(3′-磷酸腺苷-5′-磷酸硫酸),由硫酸盐与 ATP 反应生成。结合点为药物或毒物分子的醇、酚性羟基或芳香胺的氨基,它与葡萄糖醛酸有竞争结合作用。

$$ATP \xrightarrow[PPi]{SO_4^{2-}} 腺苷酸硫酸 \xrightarrow[]{ATP \quad ADP} 3'-磷酸腺苷-5'-磷酸硫酸 \xrightarrow[PAP]{ROH} ROSO_3H$$

　　　　　　　　　　APS　　　　　　　　　　　　　　PAPS

3. **乙酰化结合反应**　乙酰 CoA 是体内糖、脂肪、氨基酸等正常代谢中间物,也可由乙酸在 ATP 和辅酶 A 参与下直接活化生成。它主要作用于芳香胺、胺类、氨基酸的氨基,如磺胺类药物乙酰化后,抗菌作用消失,水溶性反而降低,易结晶沉淀而形成结石。

$$H_2N-C_6H_4-SO_2NH_2 + CH_3CO\sim SCoA \longrightarrow CH_3CO-NH-C_6H_4-SO_2NH_2 + HSCoA$$

4. **甲基化结合反应**　S-腺苷甲硫氨酸是活性甲基的供体,由甲硫氨酸与 ATP 反应生成。主要作用于许多酚、胺类药物或生理活性物质,在体内进行 N- 或 O- 甲基化。一般说,甲基化后药物溶解度反而降低。

（N-甲基化及O-甲基化反应示意图）

5. **氨基酸结合反应**　除了以上各种结合反应外,许多氨基酸也可作为结合剂,如甘氨酸可与苯甲酸的羧基结合生成马尿酸。

$$C_6H_5-COOH \xrightarrow[ATP]{HSCoA} C_6H_5-C(=O)\sim SCoA \xrightarrow[HSCoA]{H_2NCH_2COOH} C_6H_5-CONHCH_2COOH$$

三、生物转化的特点

1. **反应类型的多样性**　如上所述,同一种药物在体内可以进行多种不同反应。如乙酰水杨酸水解去除乙酰基后生成的水杨酸,既可直接与 UDPGA 或甘氨酸结合生成相应的结合产物,又可继续羟化成羟基水杨酸,再与 UDPGA 或甘氨酸结合生成多种结合产物,排出体外。

2. 反应的连续性　药物在体内的生物转化过程复杂，一般先进行第一相反应，再进行第二相反应。例如，乙酰水杨酸先进行水解，然后再进行结合反应，或者水解后发生氧化生成羟基水杨酸，再进行结合反应。

3. 解毒与致毒的两重性　药物在体内经生物转化后，许多可以解除毒性，但也有些药物其毒性可能稍微减弱，也可能增强（致毒）。例如，烟草中含有的苯并[a]芘，在体内与葡萄糖醛酸结合后可促进排出体外，但经羟化酶作用后生成的苯并[a]芘-7,8-二氢二醇-9,10-环氧化物却有极强的致癌作用。

第三节　影响药物生物转化的因素

药物的生物转化主要依靠肝细胞各类药物代谢酶，尤其微粒体酶系统。肝微粒体酶系统个体差异很大，除了先天差异外，生理因素如年龄、营养、应激等和疾病以及用药都能影响其活性。

一、药物诱导

有许多物质可促进有关药物代谢酶的生物合成，称药酶诱导剂。药酶诱导剂不仅促进其本身生物转化，也可促进其他药物生物转化速率，这是产生耐药性的重要原因。例如，苯巴妥类药物可诱导肝细胞微粒体药物代谢酶、葡萄糖醛酸转移酶和Y蛋白的合成而加速药物代谢，导致止痛片、安眠药等越服量越大。而有的药物经生物转化，毒副作用反而增加，如5-FU在微粒体中转化为5-FdUMP，从而杀伤肿瘤细胞。这在临床用药配伍时应特别注意。

二、药物抑制

另有一些物质可以抑制某些药物的生物转化，称药酶抑制剂。例如，氯霉素或异烟肼可抑制肝药酶。有的药物抑制剂本身并无药理作用，而是通过抑制其他药物生物转化而发挥其作用，如2-(二乙氨基)乙基-2,2-二苯基戊酸酯（商品名：SKF-525A）可抑制微粒体、胞质溶胶中多种药酶活性。通过其竞争性地与药酶结合，进而延长许多药物的半衰期，增强药效。

三、年龄

由于胎儿和新生儿肝功能发育还不完全，药酶作用较弱；老年人药酶功能处于退化状态。因此，他们对药物较为敏感，易发生不良反应，用药剂量应比健康成人要少。

四、性别

不同性别，药物代谢转化能力不尽相同，有不同的耐受性。如解热镇痛药氨基比林，女性转化能力强于男性，女性有较大耐受性。而麻醉药环己巴比妥，雄鼠转化能力强于雌鼠，同样剂量下，雌鼠睡眠时间是雄鼠的4倍。

五、种属

不同种属动物对药物代谢方式和速度不同，如鱼类不能对药物进行氧化和与葡萄糖醛酸结合；猫没有葡萄糖醛酸结合反应，而与硫酸盐结合反应很强；犬则相反。又如2-乙酰氨基芴 N-羟化物可致癌，豚鼠无此 N-羟化反应故不致癌，而鼠、犬则有 N-羟化反应能致癌。因此，动物实验结果应用于人体要慎重。

六、疾病

肝脏是药物代谢转化的主要器官，肝功能正常，药酶作用较强；肝功能受损，则药物作用延长或增强，甚至引起药物中毒。

七、给药途径

口服给药，首先经肝脏而后入体循环，由于药物在肝脏迅速被代谢，因此通过体循环到达靶细胞的原型药物就会减少，药效即较差。静脉注射先入体循环，血药浓度较高，药效较强。

八、其他

饥饿，低蛋白质膳食，维生素 C、维生素 A 和维生素 E 缺乏时，均可引起肝细胞微粒体药酶活性下降；维生素 B_2 缺乏引起药物还原酶活性下降；钙、铜、锌、锰等缺乏时，则引起细胞色素 P-450 含量降低。此外，个体由于遗传、发育、生长、环境等不同，药物代谢的速度也有很大差别。如双香豆素在人体的半衰期为 7～100 小时，不同个体有明显区别。

第四节 药物代谢的意义

一、清除外来异物

一切外来异物，包括药物、毒物在体内积聚都是有害的，必须通过代谢转化，改变其极性，促使其排出。

二、改变药物的活性和毒性

药物进入体内，既发挥治疗作用，又对正常细胞产生毒性。机体为了保护自身，总是消除或改变其活性和毒性，第一相反应未达到目的，再进行第二相结合反应，以彻底将其排出体外。

三、灭活和消除体内活性物质

药物生物转化除了对外来的药物、毒物等异物进行反应外，对体内一些生物活性物质如激素、递质在发挥调节作用后，也要及时灭活和消除，以保持动态平衡，维持组织细胞的正常生理功能。

第二十三章 现代生物化学与分子生物学技术

学习目标

1. 掌握常用现代生物化学与分子生物学技术的方法、原理及基本过程。
2. 熟悉常用现代生物化学与分子生物学技术的特点与适用范围。
3. 了解常用现代生物化学与分子生物学技术在临床和生命科学研究中的应用。

现代生物化学与分子生物学技术通常把免疫学技术、细胞生物学技术、微生物学技术、生物信息学、生物统计学等融合一起,这些技术手段可以帮助研究人员更全面、更深入地研究生物体内各种生物过程,从而更好地理解生物体的结构和功能,以及研究有关疾病的原因和有效的药物。

第一节 生物大分子的分离技术

蛋白质等生物大分子是各种生命活动的主要物质基础。生物大分子的复杂性不仅表现为自身结构的复杂,而且在细胞内常与其他大分子及一些小分子物质结合在一起,需要对其进行分离、纯化,是了解其结构与功能,并进行鉴定的前提。

一、离心技术

离心分离(centrifugal separation)是基于溶液中不同粒子的颗粒大小和密度不同,故它们在同一离心力作用下,以不同的沉降速度下沉,从而达到分离的技术。根据离心的转速不同,可分为普通离心(3~10 kr/min)、高速离心(10~25 kr/min)和超速离心(>25 kr/min)。分析性的超速离心可以测定蛋白质的分子量。沉降系数 S 值常用于表示蛋白质或核酸分子量的相对大小。常见离心方法有以下几种。

1. 差速离心(differential centrifugation) 不同粒子在相同离心条件下具有不同的沉降速度。通过逐步增加离心速度,可使得不同直径和密度的粒子发生分级沉降。差速离心主要用于细胞器等较大粒子的分离。

2. 区带离心(zonal centrifugation) 在离心管中加入密度梯度介质,从顶端到底端密度依次增大,介质的最高密度需低于粒子的最低密度。经过一定时间的区带离心后,粒子在梯度介质中形成分层的条带状分离。

3. 等密度离心(isopycnic centrifugation)　应用等密度离心时,梯度介质的底部最高密度超过样品粒子的最高密度,而顶端最低密度低于样品粒子的最低密度。悬浮液铺于梯度介质顶端,经过长时间离心,样品粒子按密度分离,形成等浮力密度的条带状分布。

二、透析技术

大分子颗粒不易透过半透膜。因此,要除去大分子样本中混杂的小分子杂质,可以将样本液装入半透膜制成的透析袋内,置于流动水或适宜的缓冲液中,这样小分子杂质可以从透析袋内透出,经过反复换液,袋内的大分子得以纯化,这种方法称透析(dialysis)。

透析除了应用于蛋白质、核酸等大分子样本的脱盐,也在临床上得到广泛应用,如血液透析(hemodialysis, HD)通过半透膜移除血液中的废物(如尿素、肌酸)并补充缺失的成分(如无机盐);腹膜透析(peritoneal dialysis, PD)利用腹膜作为自然的半透膜,通过灌注入腹腔的透析液与腹膜毛细血管中的血液进行溶质和水分的交换,以达到清除体内代谢废物和过多水分的目的。

三、层析技术

层析又称为色谱法(chromatography),主要是根据混合溶液中待分离粒子的大小、形状、极性、亲和力等理化性质的差异而加以分离的方法。层析通常是指待分离的液体,即流动相(mobile phase)经过一个固态物质,即固定相(solid phase)后所发生的各组分在两相中分布的变化,包括离子交换层析、凝胶过滤层析、亲和层析等。

1. 离子交换层析(ion exchange chromatography)　这是利用蛋白质等粒子所带电荷与固相基质(离子交换剂)之间相互作用进行分离纯化的方法。离子交换剂是不溶于水的具有网状结构的高分子聚合物骨架,如树脂、纤维素、葡聚糖凝胶、聚丙烯酰胺凝胶等。在这些网状骨架上共价结合了带电基团侧链,如带正电荷则能与带负电荷的离子结合,称阴离子交换剂;相反,则为阳离子交换剂。

2. 凝胶过滤层析(gel filtration chromatography)　又称分子筛层析,常用的分子筛由带有微孔的葡聚糖凝胶(sephadex)、聚丙烯酰胺凝胶(Bio-Gel)、琼脂糖凝胶(sepharose)等制成。首先将多孔的分子筛凝胶装填到层析柱中,加入待分离的样本后,用洗脱液进行洗脱。颗粒较大的分子由于不能进入凝胶颗粒的微孔而直接流出。颗粒较小的则可以进入微孔,流程延长,流出速度慢(图23-1)。

3. 亲和层析(affinity chromatography)　其工作原理是固相载体中的配体只能与某一种分子发生特异性可逆结合而与其他组分分离。这种分离具有高度的特异性,如抗原与抗体、激素与受体、酶与底物、维生素与其特异的结合蛋白、糖蛋白与其相应的植物凝集素的结合等。亲和层析的特异性强、简便高效。

四、电泳技术

电泳(electrophoresis)技术是带电颗粒在电场中向与自身所带电荷电性相反的电极移动,从而达到分离的方法。其基于待分离粒子的电荷密度、分子量和形状的差异,通过电泳加以分

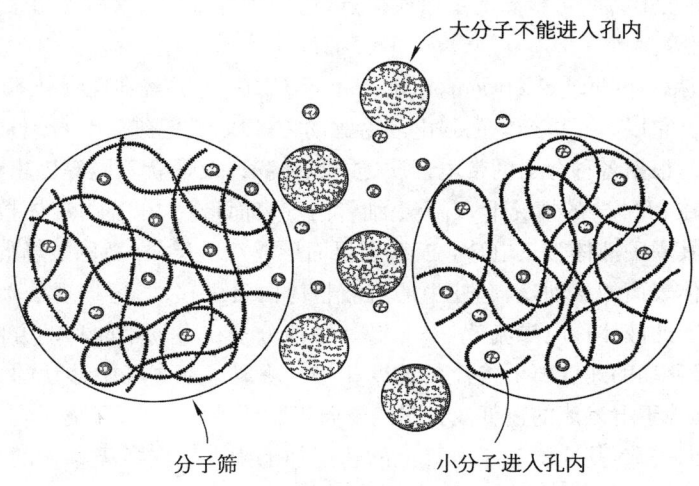

图 23-1 凝胶过滤层析

离。电泳技术包括聚丙烯酰胺凝胶电泳、十二烷基硫酸钠-聚丙烯酰胺凝胶电泳、琼脂糖凝胶电泳、等电聚焦电泳、双向电泳、毛细管电泳等。

1. 聚丙烯酰胺凝胶电泳(polyacrylamide gel electrophoresis,PAGE)　这是最常用的应用于蛋白质和小型核酸片段(5~500 bp)分离鉴定的电泳技术。该技术是用丙烯酰胺单体聚合成长链,并通过交联剂 N,N'-甲叉双丙烯酰胺交联,形成三维网状结构凝胶作为电泳的支持介质。由于结合了分子筛效应,故 PAGE 具有很高的分辨率。

2. 十二烷基硫酸钠(Sodium dodecyl sulfate,SDS)-聚丙烯酰胺凝胶电泳(SDS-PAGE)常用于蛋白质分子量的测定。SDS 是一种阴离子去污剂,作为变性剂能使蛋白质分子内和分子间的氢键断裂;强还原剂如 β-巯基乙醇(β-mercapto ethanol)和二硫苏糖醇(dithiothreitol)能使蛋白质分子中 2 个半胱氨酸残基之间的二硫键断裂。蛋白质解聚和去折叠后形成线性多肽链,其氨基酸残基侧链充分与 SDS 结合,形成蛋白质-SDS 胶束。因为 SDS 携带了大量负电荷,使蛋白质原来所带电荷可以被忽略,同时因为分子全部变为胶束状,故其电泳迁移率主要与该胶束的长短有关,即与线性多肽链的长短有关,由此可以计算出该多肽链的分子量。

3. 琼脂糖凝胶电泳(agarose gel electrophoresis,AGE)　这是依靠糖链之间的次级键如氢键来维持网状结构,常用于较大核酸片段(100~60 000 bp)的分离鉴定,临床上也用于血清同工酶的分析,操作简便。

4. 等电聚焦(isoelectric focusing,IEF)电泳　这是利用有 pH 梯度的介质分离等电点不同的蛋白质的电泳技术。其工作原理是利用两性电解质载体形成一个连续而稳定的线性 pH 梯度,使 pH 由正极至负极逐渐升高。蛋白质分子在迁移过程中,当到达其等电点区域时,由于其净电荷为零,蛋白质即停止迁移,因此蛋白质只能在等电点位置被聚焦成一条很窄且稳定的带,其分辨率可达 0.01pH 单位,适合于分离分子量相近而等电点不同的蛋白质组分。

5. 双向电泳(two-dimensional electrophoresis,2-DE)　这是将 IEF 与 SDS-PAGE 结合起来的电泳技术。具体方法是先通过第一向等电聚焦电泳,然后在它的直角方向(电泳胶旋转 90°)再进行一次电泳,样本经过电荷和质量两次分离后,可以了解蛋白质的等电点、分子量等信息。2-DE 使分辨率得到极大提高,在一块 16 cm×20 cm 大小的凝胶上可以分离出

3 000~4 000个甚至上万个可检测的蛋白质斑点,适合于分离组中复杂的蛋白质组分,包括核糖体蛋白、组蛋白等。

6. 毛细管电泳(capillary electrochromatography,CE) 这是经典电泳技术与现代微柱分离技术结合的产物。它以高压下产生的强电场为驱动力,以石英毛细管为分离通道,毛细管内装填缓冲液或凝胶。根据各种分子的带电性质、质量、体积以及形状不同等因素引起迁移速度不同而实现分离。在pH>3的情况下,石英毛细管内壁表面带负电,当与液体接触时,毛细管内壁因静电引力使其周围液体带正电荷,在液-固界面形成双电层,在高压电场的作用下,就会发生液体相对于固体表面的移动,引起柱中的溶液整体向负极移动,这种现象称电渗现象,电渗现象中整体移动着的液体称电渗流(图23-2)。中性分子在电场中的移动方向与电渗流的方向一致,且向负极移动的速度与电渗流的速度相等。阴离子在电场中移动的方向与电渗流的方向相反,其速度等于电渗流的速度减去阴离子向正极移动的速度;阳离子在电场中移动的方向与电渗流的方向一致,其速度等于电渗流的速度加上阳离子向负极移动的速度。这样可一次完成阳离子、中性粒子、阴离子的分离,为DNA片段、蛋白质等生物大分子的分离、回收提供了快速、有效的途径,使单细胞分析乃至单分子分析成为可能。

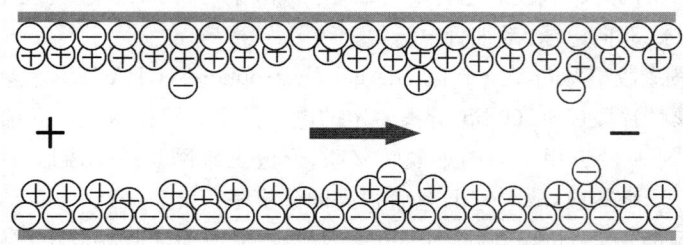

图23-2 毛细血管电泳中的电渗流

五、质谱技术

质谱(mass spectrometry,MS)技术是用电场和磁场将运动的离子(带电荷的原子、分子或分子碎片)按它们的质荷比分离后进行检测的方法。质谱法广泛用于物质成分和结构分析,其中包括蛋白质、核酸的分子量测定和纯度鉴定等。

第二节 印迹杂交技术

印迹杂交(blotting hybridization)技术是将经电泳分离的DNA或RNA、蛋白质等分子先转移到支持膜上,进行特异性杂交,检测特定基因序列、基因表达等,主要包括DNA印迹(Southern blot)、RNA印迹(Northern blot)和蛋白质印迹(western blot),并由此衍生出生物芯片、原位杂交等技术。

一、基本原理

待测样本首先根据其分子量或电荷密度差异经过凝胶电泳等技术进行分离,分离后的样品从凝胶转移到固相支持膜上,继而加入与目标分子特异性结合的核酸或蛋白质探针与膜上的样品进行杂交,杂交复合体通过探针上的标记物进行检测分析(图23-3)。

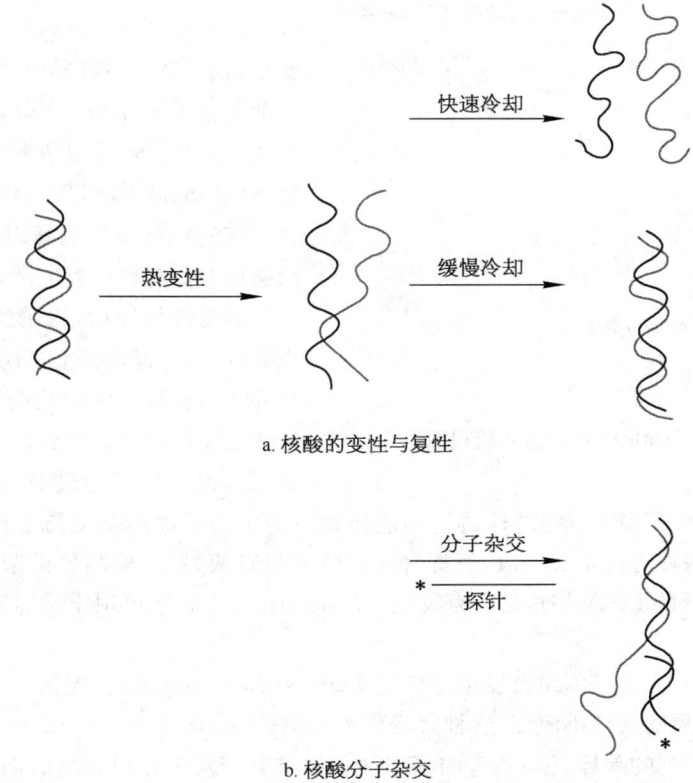

图 23-3 核酸的变性、复性和杂交

常用的固相支持膜主要包括硝酸纤维素膜、尼龙膜、聚偏二氟乙烯(polyvinylidene fluoride, PVDF)膜等,特点是灵敏度和分辨率高,结合力强。

常用的样品转移方法有三种。① 电转移法:利用电场将带电荷的样品从凝胶转移到膜上。② 毛细管转移法:利用毛细作用和缓冲液渗透作用将样品从凝胶转移到膜上。③ 真空转移法:利用真空作用使缓冲液及样品从凝胶转移到膜上。

探针(probe)是用于指示特定物质(如核酸、蛋白质、细胞结构等)的性质或物理状态的一类标记分子。根据探针的来源和性质,分为以下类型。① 基因组探针:含有目标基因全序列或部分序列的DNA片段。② cDNA探针:代表编码区序列,不包含内含子,具有高特异性。③ RNA探针:为单链结构,提供高效率和高特异性的杂交。④ 寡核苷酸探针:根据特定核酸序列设计,人工合成,适用于点突变分析。⑤ 蛋白质探针:是能与目的蛋白特异结合的抗体。另外,还有有机小分子探针和金属离子探针等。

探针至少应满足两个条件,一是应为单链(或通过变性形成单链),二是应带有可被示踪和检测的标记。探针标记物有放射性核素或非放射性核素(生物素、地高辛、荧光素等)两大类。有了合适的探针,就有可能检测出目的基因有无突变。用多色荧光素分别标记不同探针进行杂交分析,还可以同时分析多种靶序列。核酸分子杂交技术是最早应用的经典基因诊断技术。

二、常用的印迹杂交技术

常用技术包括膜上印迹杂交和组织或细胞原位杂交。

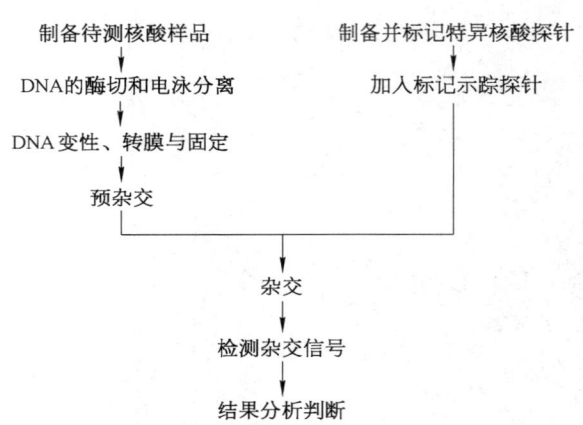

图 23-4 Southern 印迹技术流程图

1. DNA 印迹法　该法由英国生物学家 Edwin Southern 于 1975 年首创的用于检测基因组 DNA 中特异序列的方法,是电泳与杂交技术的结合,故命名为 Southern 印迹法。主要步骤可归纳为电泳→印迹→杂交→显色或显影(图 23-4)。

首先将制备好的基因组 DNA 经限制酶酶切和琼脂糖凝胶电泳,分离后的 DNA 区带经变性处理后,将硝酸纤维素膜覆盖于凝胶上,上面再覆盖多层滤纸,随着转移缓冲液被滤纸吸附而将凝胶中的 DNA 单链分子按原位置转移到硝酸纤维素膜(NC 膜)上,也可以用电转移或真空转移法将 DNA 单链原位转移到膜上,故称"印迹",印迹转膜是为了使下面的杂交易于操作进行。然后在该膜上与标记探针进行杂交反应,经探针标记物的显影或显色,检测分析杂交信号,可确定电泳胶中是否有目的 DNA 及其是否有突变。Southern 印迹法还可用于基因定位和基因拷贝数等分析。

在进化过程中,人类基因组会发生错义突变(missense mutation)。但错义突变若发生在非编码区,编码蛋白质的活性不改变,这种突变称中性突变(neutral mutation)。中性突变导致不同个体间核苷酸序列的差异,称 DNA 的多态性。如果突变发生在限制酶的识别位点上,用相关的限制酶切割基因组 DNA,就会产生长度改变的片断,称限制性片断长度多态性(restriction fragment length polymorphism,RFLP)。RFLP 分析的优点是不需从基因组中分离特异 DNA 就可以检测其变异情况。操作过程:用同一限制酶分别消化待测基因组 DNA 和对照组野生型基因组 DNA 后,进行 Southern 印迹杂交,通过对比两者显影出来的酶切片断长度、数量差异,能够准确判断待测 DNA 的变异情况。

2. RNA 印迹法　该法由美国学者 Alwine 于 1977 年建立,是相对于 Southern 印迹法而命名为 Northern 印迹法,主要用于组织细胞中特异 RNA 或 mRNA 的定性和定量分析。基本原理步骤与 Southern 印迹类似,只是检测的对象为 RNA。因 RNA 分子较小,故不需要限制酶酶切就可直接电泳。由于其专一性好,假阳性率低,是一种较可靠的特异 mRNA 含量分析法。

3. 蛋白质印迹法　把电泳分离的蛋白质组分转移到固定膜上的技术,称蛋白质印迹法(western blot)或免疫印迹法。具体操作步骤如下:将聚丙烯酰胺凝胶上的蛋白质转移到固定膜上经过固化;用非特异性、非反应活性分子(如白明胶、牛血清白蛋白、脱脂牛奶、动物血清等)封阻固定膜上未吸附蛋白质的区域,此过程称"封阻"(blocking),目的是减少探针的非特异性吸附;封阻后的固定膜先用专一性的第一抗体进行温育,漂洗未与蛋白质结合的第一抗体;加第二抗体进行温育,第二抗体是高度纯化的,与第一抗体发生特异性结合。第二抗体上连接标记物,通过放射自显影、底物化学发光、底物显色(如 DAB、4-CN、NBT)等即可检测到感兴趣的微量蛋白质。

4. 点杂交 由 Southern 印迹法衍生而来,根据点样点的形状不同也称狭缝杂交(slot blotting)(图 23-5),用于鉴别特异 DNA 或 RNA。与 Southern 印迹法比较,省去限制酶酶切和电泳分离两步,把待测 RNA 或 DNA 样品直接点在 NC 膜上,变性、与探针杂交、显影后可检测杂交信号的强度,换算出样品数量。优点是简便快速,样品用量少,尤其适用于核酸粗提品检测。如在一张 NC 膜上同时点多个样品,可同时检测一种基因在很多不同样品中的表达情况。缺点是特异性较低,有一定比例的假阳性。

图 23-5 点杂交和狭缝杂交

5. 生物芯片技术 生物芯片的原理实质就是反向点杂交,区别是探针多达成千上万、有序地点在硅片上制作成芯片,在芯片上而不是膜上与样本进行杂交,又称微阵列技术。生物芯片技术具有高通量、集成化和微量化的特点,能实现对大量样本的快速、同步分析。

主流的生物芯片包括:① 基因芯片(gene chip),又称 DNA 微阵列(DNA microarray),芯片上固定有数千乃至数万个的寡核苷酸、基因组 DNA 或 cDNA 探针,这些探针对特定的基因序列具有高度的特异性,基于核酸分子杂交原理,可对样品的基因表达谱进行快速定性和定量分析。② 蛋白质芯片,将特定的蛋白质或多肽作为探针固定在芯片上,高通量地研究蛋白质的功能、分析蛋白质-蛋白质相互作用、识别疾病标志物以及药物靶点筛选。

6. 等位基因特异寡核苷酸(allele-Specific oligonucleotide, ASO)杂交 ASC 杂交实际上是由上述点杂交衍生,不同的是探针设计。等位基因之间的变异一般为点突变或数个碱基的改变,这种极小差异可用 ASO 等方法检查,判断是否有突变及突变是纯合子还是杂合子。ASO 杂交法还有助于发现新的突变类型。

7. 分子灯标(molecular beacon)杂交法 也是由点杂交衍生,其巧妙地把探针设计为环茎结构的"灯标"(图 23-6),环部为待查基因的单链探针,茎部是一段 4~12 对碱基互补的发夹结构,5′端连接报告基团(reporter)如荧光素 EDANS,3′端连接淬灭基团(quencher)如 DABCYL,未杂交的分子灯标不发射荧光。当环部探针序列与待查靶基因的核苷酸序列能完全互补配对时,两者形成稳定的杂交二聚体,茎部发夹结构被破坏,报告基团与淬灭基团分开而发出荧光。故完全互补时发光,错配时不发光。即使靶基因只有一个核苷酸发生错配就不发荧光,因而能检测出一个碱基的突变。

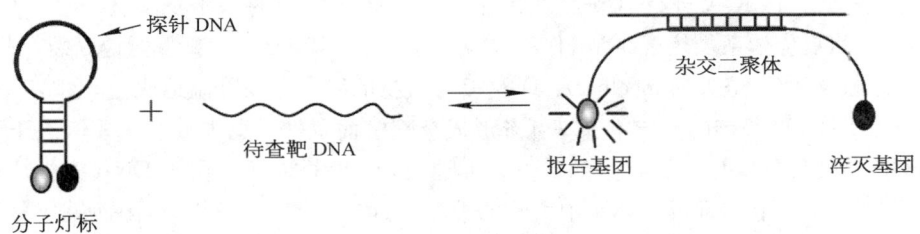

图 23-6 分子灯标反应示意图

8. 原位杂交(hybridization in situ) 包括菌落或噬菌斑原位杂交和组织细胞原位杂交。后者把组织切片或细胞涂片进行适当处理,以增加细胞膜的通透性,然后置于含有探针的杂交液中,使探针进入细胞内,与 DNA 或 RNA 杂交。该法可以保持组织和细胞的形态,不需要把核酸提取出来,多用于分析待测核酸的组织、细胞、亚细胞甚至染色体定位。

第三节 聚合酶链反应技术

聚合酶链反应(polymerase chain reaction, PCR)技术又称基因扩增技术,能在试管内将微量目的 DNA 的数量增加 100 万倍以上。具有需样本量极少、快速简便、灵敏度高、特异性强、重复性好、易自动化、廉价等突出优点,故被推崇为 20 世纪分子生物学研究领域的最重大发明,并迅速应用于分子生物学的各个领域,也是目前基因诊断的主要手段。主要的发明者美国学者 Mullis 因此荣获 1993 年度诺贝尔化学奖。

一、PCR 技术的基本原理

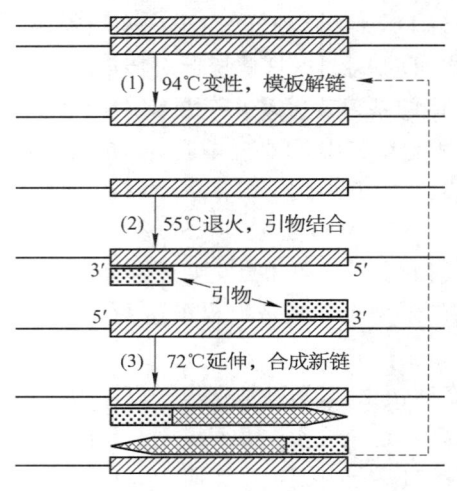

图 23-7 PCR 扩增示意图

PCR 实质是"试管中的 DNA 半保留复制",不同之处是使用耐热 Taq DNA 聚合酶取代 DNA 聚合酶,用合成的 DNA 引物替代 RNA 引物,用变性与退火(又称复性)代替解旋、解链酶类及引物酶。基本原理为:以目的基因为模板,根据目的基因两端已知碱基序列设计 1 对特异寡核苷酸引物,分别与目的基因 DNA 两条单链的 3′端相互补,在 Taq DNA 聚合酶作用下,以 dNTP 为原料,在引物 3′端按半保留复制机制沿着模板链延伸合成互补新链,此为一次循环过程。反复经过 DNA 模板链的变性、退火和延伸过程,可使目的基因 DNA 在短时间内呈指数扩增(图 23-7)。

PCR 反应体系的基本成分包括 DNA 模板、特异性 DNA 引物、Taq DNA 聚合酶、底物 dNTP 以及含有 Mg^{2+} 的缓冲液等。

二、PCR 的基本反应过程

在反应管中加入反应缓冲液、四种 dNTP、一对 DNA 引物、模板 DNA 和 Taq DNA 聚合酶,将反应管置于 PCR 仪进行自动循环操作。每一循环周期的基本反应为三步。① 变性(denature):将反应体系加热至 94℃,作用 30 秒左右,待扩增 DNA 双螺旋氢键断裂,解开为单链作为扩增模板。② 退火(annealing):即模板与引物的结合。在降温退火过程中,一对引物分别与模板 DNA 两股链的 3′末端碱基互补形成杂交链而复性。退火温度主要取决于引物的长度和 GC 含量及模板的 GC 含量,如 50~65℃ 退火,时间约 30 秒。由于 DNA 模板从长度到复杂程度都远超过引物,而反应体系中引物的数量远远超过 DNA 模板量,因而模板分子自身复性的概率较低。③ 延伸(extension):即引物的延伸。Taq DNA 聚合酶最适温度约 72℃,催化四种 dNTP 以引物为起点,按照 5′→3′方向合成新生互补 DNA 链,延伸时间取决于产物长度和聚合酶种类。

上述每一步均需要通过温度的改变来控制。每轮循环的 DNA 产物均作为下一循环的模板,故 PCR 产物呈指数扩增。理论上,PCR 的扩增倍数 $(T)=2^n$(n 为循环次数)。PCR 反应一般需 30 轮循环方可达到扩增目的,新生 DNA 产量理论上可达 2^{30} 拷贝,约为 10^9 分子,一次

PCR 扩增时间约为 2 小时。

三、PCR 的主要应用

PCR 技术自创立以来不断更新，用途广泛。① DNA 的微量/痕量分析：极少量标本理论上只要求一条双链 DNA 便可作为模板经 PCR 扩增，由于 PCR 高度灵敏，因而是目前最常应用的基因诊断技术尤其早期诊断，还可用于考古及法医学检查。② 用于目的基因克隆：为基因工程获得目的基因片段提供了简便、快速的方法，如从几个细胞就可以构建 cDNA 文库并从中进行目的基因筛选。③ DNA 测序：PCR 使 DNA 测序大大简化，促成了二代测序技术。

四、PCR 技术的衍生

1. 逆转录 PCR(reverse transcription PCR, RT-PCR) 是把 mRNA 作为原始模板经逆转录以后再与常规 PCR 联合运用的一种 PCR 技术。首先在逆转录酶的催化下，使 mRNA 逆转录生成 cDNA，再以 cDNA 为模板进入常规 PCR 体系来扩增目的基因。它是目前检测 RNA 敏感度最高的方法，可检测到单个细胞中不到 10 个拷贝的特异 RNA。并可构建 cDNA 文库，方便分离目的基因。RT-PCR 可分为三大阶段：① 提取 RNA；② RT；③ PCR。

2. 实时定量 PCR(real time PCR) 为一种实时检测 PCR 进程的方法。在 PCR 体系中加入一种特异性荧光探针，其 5′ 端标记了一个荧光报告基团如 6-FAM，3′ 端标记了一个荧光淬灭基团如 TAMRA，探针完整时，报告基团发射的荧光信号被淬灭基团吸收。PCR 扩增时，DNA 聚合酶的 5′→3′ 外切酶活性将探针降解，报告基团和淬灭基团分离就发荧光，每扩增一轮就释放一个报告基团，实现了荧光信号累积与 PCR 产物合成的完全同步，故可利用对荧光信号的实时检测来跟踪 PCR 进程，最后通过标准曲线定量分析起始模板水平，一般用于定量 cDNA，即特异 mRNA 水平。

3. RAPD(随机引物扩增多态性)技术 DNA 序列中有许多重复单位，如在 1 048 577($\sim 4^{10}$)nt 序列中至少存在两个重复的 10 nt 单位，其互补链上存在同样的重复单位，它们在两股链上呈反向重复排列，故平均距离约为 500 kb($4^{10}/2=524\ 288$ bp)。因此，设计一个与重复单位互补的单一引物，可把重复单位之间的全部 DNA 片段扩增出来，它们的长度反映了相邻重复单位的实际距离，重复单位也可以是某一限制酶的限制位点。通过聚丙烯酰胺凝胶电泳排列扩增产物，可以得到 DNA 指纹图谱，也称 AFLP(扩增片段长度多态性)分析。目前，RAPD/AFLP 法构建 DNA 指纹图谱已经成功地用于遗传多样性的检测、法医鉴定、亲子鉴定、品系鉴定，包括病原微生物和中药材的鉴定与研究。

第四节 DNA 测序技术

DNA 测序技术即 DNA 一级结构测定，是最确切的基因诊断技术。

一、第一代测序技术

20 世纪 70 年代英国生物化学家 Sanger 发明了双脱氧测序法，美国生物化学家 Maxamyu 和 Gilbert 发明了化学裂解法，这两种基本方法称第一代测序技术，奠定了今天核酸序列自动测序的基础。Sanger法的原理是在四个DNA合成体系中分别加入一定比例带有放射性同位素标记的四种ddNTP之一种，由于ddNTP在合成反应中不能形成磷酸二酯键，插入该种ddNTP的位置合成反应中断，通过聚丙烯酰胺凝胶电泳和放射自显影后，根据电泳带的位置就可确定DNA的序列。在Sanger法基础上结合荧光激光检测技术，于1987年推出DNA序列自动测定仪。

二、第二代测序技术

2006年起，由Roche、Illumina、ABI等公司建立了系列测序平台，如454焦磷酸测序原理的454 GS-FLX平台，可逆终止化学反应原理、实现最低测序成本的HiSeq/MiSeq平台，以四色荧光标记寡核苷酸链进行多次连接合成、拥有最高通量的SOLID平台等，称第二代测序技术，其突出特点是高通量、低成本、边合成边测序，能同时测序几十万到几百万条DNA分子，使得一个物种的基因组深度测序变得快速易行，且能快速完成每一条RNA测序，因而不仅用于分析基因组结构问题，也能像芯片技术一样能定量分析全转录组的水平，比杂交原理的芯片技术更快速和准确可靠，大大拓展了测序技术的应用范围。

三、第三代测序技术

第三代测序技术是一种单分子测序(single-molecule sequencing)，共同的特点是：直接对DNA单个分子测序，不需扩增模板，避免了PCR扩增导致的误差；不需逆转录就可对RNA直接测序，避免了逆转录的误差。目前第三代测序方法主要有真正单分子测序技术(true single-molecule sequencing, SMS)、单分子纳米孔测序技术(single-molecule nanopore sequencing, SMN)、单分子实时测序技术(single-molecule real-time sequencing, SMRT)。其中，SMRT具有相对较长的读长和较短时间等特点，使它成为第三代测序中最有代表性、应用比较广泛的核心技术。

近年来，DNA测序技术飞速发展，多种测序仪相继问世。第一代测序尽管通量较低，但读长较长、准确率较高，对于小量样本测序仍是最佳选择。第二代测序具有高通量、低成本优势，适用于大样本、重复测序。第三代测序尤其SMRT测序以其超长的读长、较短的测试时间、无GC偏好等优势，适用于暴发性传染病病原基因组及大型基因组等多领域的单分子测序等。三代测序技术在未来一段时间内将共同存在、优势互补，在不同研究领域发挥各自的作用。

第五节 组学技术

组学是研究机体内一整套不同类型的分子结构和功能或生物过程的学科领域。基因组学、转录物组学、蛋白质组学、代谢物组学等，从"DNA→RNA→蛋白质→生物学效应"的各个层次揭示遗传信息传递的整体性规律。组学研究融合了分子生物学技术和生物信息技术等研究方法，能在整体水平上提示特定环境或状态下生物表型与全基因组网络的联系。组学技术对研究生物功能状态、复杂疾病与各种分子变化之间的关系有着其他技术不可比拟的优势。

一、基因组学

基因组学(genomics)是对所有基因进行基因组作图、核苷酸序列分析、基因定位和基因功能分析的学科,主要包括以全基因组测序为目标的结构基因组学(structural genomics)和以基因功能鉴定为目标的功能基因组学(functional genomics)两方面的内容,其有助于探索全基因组在生命活动中的作用及其内在规律和内外环境影响的机制,阐明整个基因组的结构、结构与功能的关系以及不同基因之间的相互作用。

(一) 结构基因组学

结构基因组学是以基因组测序为目标,以基因组作图、序列测定、确定基因组成及定位为主要研究任务的学科,主要包括构建生物体基因组高分辨率的遗传图谱(genetic map)、物理图谱(physical map)、转录图谱(transcription map)和序列图谱(sequence map)。

1. 遗传图谱 又称连锁图谱(linkage map),是以 DNA 多态性标记为位标、以多态性标记的遗传学距离为图距的基因组图。连锁的 DNA 多态性标记之间的遗传图距是通过计算它们的重组频率来确定的。

2. 物理图谱 是以一段已知序列的 DNA 片段为位标、以 DNA 实际长度为图距的基因组图。物理图谱的位标间距小,便于 DNA 测序。

3. 转录图谱 从 cDNA 文库随机取样测序,并明确其在基因组中定位,作为表达基因的位标即表达序列标记(expressed sequence tag, EST)。转录图谱就是以 EST 作为位标的基因组图,有助于鉴定基因组中所有的功能基因以及它们在基因组中的位置。

4. 序列图谱 这是层次最高、最详尽的物理图谱,整合了遗传图谱、物理图谱、转录图谱等信息。2003 年 4 月 14 日,科学家们在华盛顿宣布,通过美、英、日、法、德和中国科学家的共同努力,基本完成人类基因组测序工作。在后续工作中,中国科学院连续报道了包括熊猫在内等多种动植物的序列图谱。2024 年,西瓜属超级泛基因组图谱成功构建,标志着我国在全球农业遗传学研究领域走在前列。

(二) 功能基因组学

功能基因组学是利用结构基因组学研究所得的各种信息在基因组水平上研究编码序列及非编码序列生物学功能(包括基因的表达及其调控模式)的学科,其在整体水平上全面系统地分析研究全部基因功能及基因之间相互作用的信息,掌握基因产物在生命活动中的作用,可以更好地认识基因与疾病的关系。

(三) 比较基因组学

比较基因组学(comparative genomics)是在基因组图谱和序列分析的基础上,对不同物种已知基因和基因结构进行比较,以了解基因的功能、表达调控机制和物种进化过程的学科。其利用模式生物基因组与人类基因组之间编码顺序上和结构上的同源性,克隆人类疾病基因,揭示基因功能和疾病分子机制,阐明物种进化关系及基因组的内在结构。

二、转录物组学

转录物组学(transcriptomics)是研究细胞或生物体在某一环境条件下、某一生命阶段、某一生理或病理状态下全部转录物的组成、结构、功能的学科,既是连接基因组结构和功能的纽带,又是基因调控研究的主要基础,可以了解哪些基因在何时、何种条件下表达或不表达的信息,揭示特定基因的作用机制,从而更深入地了解基因表达的调控机制。

三、蛋白质组学

蛋白质组(proteome)是一个基因组所表达的全部蛋白质的总和,或在一定条件下,存在于一个体系(包括细胞、亚细胞器、体液等)中的所有蛋白质。蛋白质组学(proteomics)是阐明机体在细胞中表达的全部蛋白质的组成、定位、结构、表达模式及功能模式的学科,包括鉴定蛋白质的表达、修饰形式或部位、结构、功能和相互作用等。其研究内容包括两个方面:一是蛋白质组表达模式的研究,即结构蛋白质组学;二是蛋白质组功能模式的研究,即功能蛋白质组学。蛋白质是生命现象的执行者和直接体现者,对蛋白质结构和功能的研究将直接阐明生命在生理或病理条件下的变化机制。我国科学家已经在一些重大疾病研究领域如肝癌、维甲酸诱导白血病细胞凋亡启动模型等比较蛋白质组研究方面获得了重要成就。而统一协调有关国内研究的中国人类蛋白质组组织(Chinese HUPO)等也在筹备中。

四、代谢物组学

代谢物组(metabolome)是指在一个复杂的机体系中多个代谢物组相互作用所产生的所有代谢物。代谢物组学(metabolomics)是系统研究特定细胞过程所产生的独特的化学指纹、生物样品(如细胞、组织、器官或机体)中所有小分子代谢物谱的学科,其研究对象大多是相对分子量1 000 Da以内的小分子物质。

2001年2月12日,*Since*和*Nature*杂志同时公布了人类基因组3×10^9 bp的最新图谱,这不仅为人类全部基因的定位建立了一个开放框架,而且为分离、鉴定人类疾病相关基因提供了参照模板。在基因水平上全面、系统分析基因的功能及其编码的蛋白质功能,则为更高层次的功能基因组学和蛋白质组学的研究,这属于后基因组学(post-genomics)研究范畴。此外,由功能基因组学与分子药理学相结合发展而成的药物基因组学(pharmacogenomics),是以药物效应及安全性为目标,研究各种基因变异与药效及安全性的关系,以分析不同个体或遗传群体对药物反应的差异,为个体化用药和新药的研发提供理论依据。

基因组学、转录物组学和蛋白质组学提示"什么可能会发生",而代谢物组学则告诉我们"什么确实发生了"。多组学研究通过整合不同层次的信息来研究生物过程中基因、蛋白质和代谢物的相互作用、系统机制,构建了系统生物学知识库,对生命体系进行定量和系统化研究,大大促进了系统生物学的发展,有助于整合医学与精准医学的推进,也为中医药学的创新研究提供了新方向。

第六节　基因重组技术

基因重组又称重组DNA技术(recombinant DNA technology)或基因工程(gene engineering),是分子生物学最基本的核心技术之一。它是通过分离、切割、重组、转化、克隆、表达等基因操作,在体外将不同来源的DNA分子进行"剪切"并重新"拼接"形成一个新的重组DNA分子,然后将它导入合适的宿主细胞内使之大量复制或获得表达产物。利用重组DNA技术可以生产人类所需要的基因产物,如生产基因工程药物、基因工程疫苗;或者有目的地去改造生物基因组,改变某些生物的生物学性状或功能,创造优良品种,如转基因动物、转基因农作物;也可用于重大疾病的基因诊断与治疗等。

重组DNA技术主要包括DNA重组和克隆两大环节。① DNA重组(DNA recombination)

是指用酶学方法将不同来源的 DNA 进行切割、连接,组成一个新的 DNA 分子的过程,又称基因重组。它包括生物体内 DNA 重组和体外人工 DNA 重组两大类。前者是在自然界不同物种或个体之间经常发生的 DNA 重组和基因转移现象,如同源重组(homologous reccmbination)、转座重组(transposition recombination)及位点特异性重组(site-specific recombinat.on)等,其构成了基因变异、物种演进和生物进化的基础;后者则是人类在进行基因重组、基因治疗等科学实验和实践中所进行的人工基因操作的过程。② 克隆(clone)原指一个亲本细胞经无性繁殖产生无数个相同细胞的子代群体的过程。DNA 克隆(DNA cloning)是指将重组 DNA 分子导入到合适的受体细胞中,使其扩增和繁殖,以获得大量的相同 DNA 分子的过程,又称基因克隆(gene cloning)。DNA 克隆技术的优越性在于能帮助人们从复杂的生物体中分离出单一基因,并把它纯化和大量扩增,该技术比分离大量目的蛋白要容易得多。

一、工具酶

重组 DNA 技术中的许多工作都要涉及对 DNA 进行切割和连接,或对 DNA 进行修饰或合成,这些工作都是通过酶的作用来完成的。因此,在进行切割、合成、连接、修饰等过程中,各种工具酶是必不可少的。例如,切割 DNA 分子内部磷酸二酯键的核酸内切酶、将两个 DNA 片段连接在一起的 DNA 连接酶,以 mRNA 为模板合成 cDNA 的逆转录酶等。

(一) 常用的工具酶及其主要用途

常用的工具酶包括限制性核酸内切酶、DNA 聚合酶、DNA 连接酶、修饰酶以及基因组编辑酶系统等。这些酶的主要用途见表 23-1。

表 23-1 常用工具酶的主要用途

名称	主要用途
限制性核酸内切酶	识别并特异切割 DNA 碱基序列
DNA 聚合酶	催化 DNA 的体外合成
DNA Pol I	催化切口平移,制备高比度 DNA 探针
Klenow 片段	合成 cDNA 第二条链,补齐或标记双链 DNA 3′端
Taq DNA 聚合酶	DNA 体外扩增(PCR)
逆转录酶	催化合成 cDNA
T_4 DNA 聚合酶	聚合补平 5′突出端或削平 3′突出端,或标记 DNA 探针等
DNA 连接酶	催化两条 DNA 链之间形成磷酸二酯键
大肠杆菌 DNA 连接酶	应用于黏端 DNA 或切口间连接
T_4 DNA 连接酶	应用于黏端或平末端 DNA 的连接
修饰酶	
末端脱氧核苷酸转移酶	给载体或 cDNA 加上互补的同聚尾、加标记物
碱性磷酸酶	防止载体自身连接,^{32}P 标记 5′末端
T_4 多核苷酸激酶	5′端磷酸化、5′端标记放射性核素
DNA 甲基化酶	特定碱基甲基化,保护目的 DNA

名　称	主　要　用　途
基因组编辑酶系统	
ZFN	通过锌指结构识别基因组序列,利用 Fok I 核酸内切酶对靶基因进行切割、修饰
TALEN	通过转录激活因子样蛋白识别基因组序列,利用 Fok I 核酸内切酶对靶基因进行切割、修饰
CRISPR-Cas9	利用 RNA 引导 Cas9 核酸酶在特定的基因组位点上进行切割、修饰

（二）限制性核酸内切酶

限制性核酸内切酶(restriction endonuclease,RE)是由细菌产生的一类能特异识别双链 DNA 中的特定碱基序列,并在识别位点或其附近切割磷酸二酯键的核酸内切酶(简称限制酶或内切酶),多在原核生物中存在。根据酶的结构、与 DNA 结合和切割的特异性将限制酶分为三型,Ⅰ型和Ⅲ型限制酶均为复合功能酶,同时具有限制酶和修饰酶两种功能,且这两种酶不在所识别的位点切割 DNA,应用价值不大。Ⅱ型限制酶是基因工程中剪切 DNA 分子的常用工具酶,被誉为分子生物学家的"手术刀"。它能在 DNA 分子内部的特异位点识别和切割双链 DNA,其切割位点的序列可知、固定。

限制酶的识别和切割位点通常是 4～8 个 bp 长度且具有回文序列(palindrome)的 DNA 片段,主要产生 5′突出、3′突出的黏端(sticky end)或平端(blunt end)。

1. 产生黏端　在识别序列的两个对称点切开 DNA 双链,产生带有 5′突出或 3′突出单链尾的黏端。如 EcoR I 切割后产生 5′黏端,Pst I 切割后产生 3′黏端。

```
5′-GAATTC-3'              5′-G          AATTC-3′
                 EcoR I            +
3′-CTTAAG-5'              3′-CTTAA      G-5′

5′-CTGCAG-3′              5′-CTGCA      G-3′
                 Pst I             +
3′-GACGTC-5′              3′-G          ACGTC-5′
```

2. 产生平端　切割点是识别序列的对称轴,产生平端,如 Sma I。

```
5′-CCCGGG-3′              5′-CCC        GGG-3′
                 Sma I             +
3′-GGGCCC-5′              5′-GGG        CCC-5′
```

基因组 DNA 经限制酶不完全酶解后,可产生许多长短不一的片段,用于构建基因文库。当一个样品 DNA 被一个特定的限制酶切割后,可以产生一批相同碱基序列的 DNA 片段,用于基因重组、克隆、核酸分子杂交与序列分析等。

（三）DNA 连接酶

催化形成磷酸二酯键的酶，有大肠杆菌 DNA 连接酶（应用于黏端 DNA 或切口间连接）和 T_4 DNA 连接酶（应用于黏端或平端 DNA 的连接），以后者多用。

二、目的基因与基因载体

（一）目的基因

为了高效表达特定的生物活性蛋白质，就要分离和克隆编码它的基因，该基因称目的基因，如胰岛素基因等。因目的基因片段需插入载体，导入宿主细胞内进行复制或表达，故又称外源基因或外源 DNA(foreign DNA)。

目的基因的用途很广，主要包括以下方面。① 研究该基因的全貌和内涵，如详细分析基因结构、功能及调控。② 用正常的目的基因与异常基因分析对比，寻找其异常点，进而探索疾病发生的分子生物学机制及治疗策略。③ 研究生物种系进化与相关同源性。④ 采用基因重组技术，使目的基因在宿主细胞内获得高效表达，生产所需要的生物活性蛋白质及多肽（如干扰素、胰岛素等药物）。⑤ 通过基因突变、缺失或拼接改造某种目的基因，以改良品种、生产新型的生物活性物质，从而促进经济发展。⑥ 建立基因治疗，如选用和克隆某种治疗基因，引入患者细胞内，以对某些遗传病、肿瘤等疑难疾病进行基因治疗。

（二）基因载体

大多数外源 DNA 片段很难直接进入受体细胞，且不具备自我复制的能力。因此，为了使外源 DNA 在受体细胞中进行扩增，必须将 DNA 片段连接到一种特定的、具有自我复制能力的 DNA 分子上。这种能够携带外源 DNA 进入受体细胞内进行复制或表达的 DNA 分子，称基因载体(gene vector)。载体的本质是 DNA，它应具备以下基本条件。① 具有复制起始点，能够自我复制。② 具备多克隆位点(multiple cloning site, MCS)，即多种限制酶的酶切位点。③ 具有遗传表型或筛选标志。④ 有足够的容量以容纳外源 DNA 片段。⑤ 容易导入受体细胞。经过人工构建的载体，不但能与外源基因相连接，导入受体细胞，还能利用本身的调控系统，使外源基因在受体细胞中复制并表达。

就载体本身性质和功能而言，基因载体可分为表达载体和克隆载体两类。表达载体在受体细胞内克隆数量一般为几个至十几个，而克隆载体的克隆数可达几十到几百个。前者用于基因表达，后者则用于 DNA 的克隆。常见载体有：① 原核载体，如质粒 DNA、噬菌体 DNA、黏粒和细菌人工染色体等。② 真核载体，如病毒 DNA 和酵母人工染色体等。

1. **质粒 DNA** 质粒(plasmid)是独立于细菌染色体之外，能自主复制和稳定遗传的环状双链 DNA。质粒含有复制起始点(ori)，此起始点与顺式作用调控元件构成一个复制子（复制区内），能借助宿主细菌染色体 DNA 复制所用的同一套酶系（如 DNA 聚合酶等），独立地进行自我复制及转录。质粒的大小不定，小的不到 1 kb，大的超过 800 kb。质粒最多可以占到细菌总 DNA 的 0.1%～3%，目前所用质粒都不是单一野生型质粒，而是集中了若干质粒优点于人工组建的新片段之中，如 pBR 322 质粒、pUC 质粒等。

pBR 322 质粒（图 23-8）是应用最早、最广泛的分子克隆载体之一。其含有约 4 363 bp，具有一个 *ori*、一个氨苄青霉素抗性基因(ampicillin resistance, amp^R)和一个四环素抗性基因(tetracycline resistance, tet^R)。amp^R 和 tet^R 基因内各有一些限制酶的酶切位点，当外源基因插入抗性基因内致其失活，宿主细菌失去抗药性，这样可方便地筛选出阳性克隆菌落。又如

pUC 质粒,在 pBR 322 质粒基础上改建而成,含有一个编码 β-半乳糖苷酶 N 端部分(α-肽)的 DNA 序列(*lac*Z),多克隆位点位于其中。只有当 *lac*Z 基因编码的 α-肽与宿主细菌染色体 DNA 编码的 β-半乳糖苷酶 C 端部分(ω-肽)结合才能形成有活性的 β-半乳糖苷酶,此现象称 α-互补。利用 α-互补原理可进行蓝白筛选。此外,植物表达载体 Ti 质粒可将外源基因通过根瘤农杆菌介导转入植物中,产生各种性状改变的转基因植株。

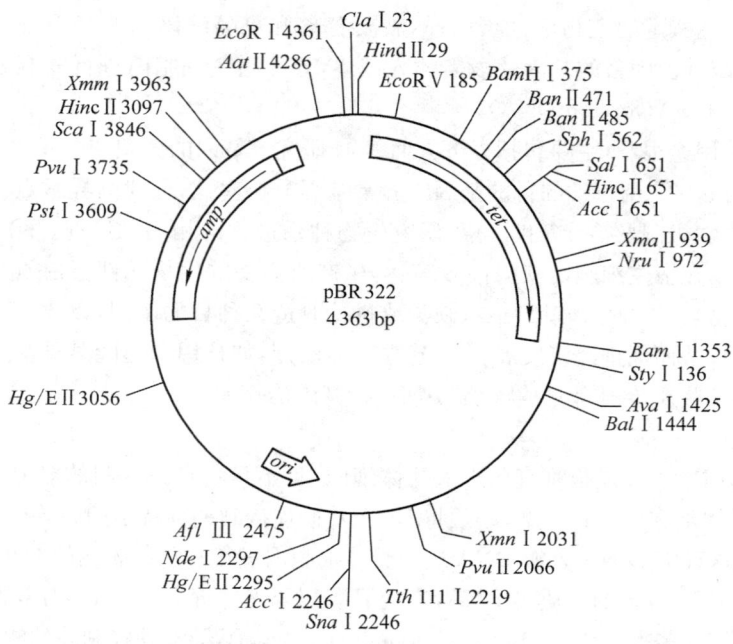

图 23-8 pBR322 质粒的 DNA 图谱

2. 噬菌体 DNA 噬菌体(bacteriophage)是感染细菌的病毒,它们的基因组可以是 RNA 或 DNA,大小可以从 2.5 kb 到 150 kb。在噬菌体 DNA 分子中,除了具有复制起点外,还有编码外壳蛋白质的基因。像质粒分子一样,噬菌体也可用于克隆和扩增特定的 DNA 片段。现在已从 λ 噬菌体 DNA(λDNA)着手构建了一系列有用的载体,如 EMBL、Chaorn、λgt 系列等。当外源 DNA 片段插入到该类载体上后,会使噬菌体的某种生物学功能丧失,即所谓的插入失活效应,这也为克隆基因的进一步筛选提供了表型特征。

3. 病毒 DNA 将病毒基因组加以改造,构建成病毒载体,是介导真核基因在真核细胞中表达的一项重要策略。目前实验室构建病毒载体常采用哺乳动物的病毒,包括猿猴空泡病毒 40(simian vacuolating virus 40,SV40)、反转录病毒(retrovirus,RV)、腺病毒(adenovirus,AdV)、腺相关病毒(adenoassociated virus,AAV)等。

三、基本原理与基本过程

重组 DNA 技术主要包括以下基本步骤(图 23-9)。

(一) 目的基因的获取

基因重组首先要得到纯化的目的基因。

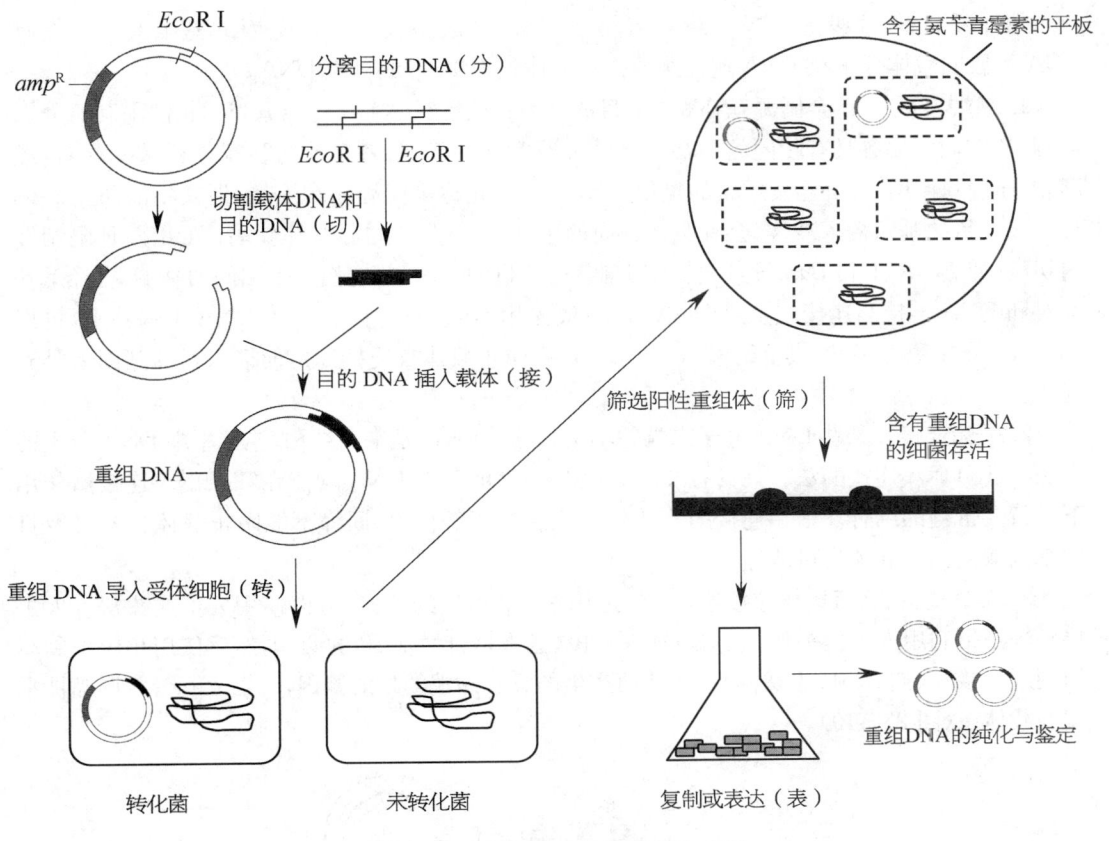

图 23-9 重组 DNA 技术的基本步骤

1. **制备基因组文库** 从组织细胞中提取基因组 DNA,并采用限制酶将其切成许多片段,将每一片段与一个载体分子拼接成重组 DNA 分子。将所有的重组 DNA 分子都导入宿主细胞进行扩增,得到分子克隆的混合体,这样一个混合体称基因组文库(genomic library)。基因组文库涵盖了基因组全部遗传信息,包括目的基因。

2. **构建 cDNA 文库** 人类基因组结构庞大,从中分离单拷贝目的基因相当困难。即使被分离出来,由于含有内含子,在原核细胞表达后,很难加工去除。且基因组 DNA 无组织特异性,要研究表达特异性的基因,往往先从高表达组织细胞中分离得到纯化的 mRNA,然后以 mRNA 为模板,利用逆转录酶合成其互补 DNA,再复制成双链 cDNA 片段,与适当载体连接后导入受体菌内,扩增、构建 cDNA 文库(cDNA library)。与上述基因组 DNA 文库类似,由总 mRNA 构建的 cDNA 文库包括细胞表达的各种 mRNA 信息以及来自目的基因编码的 cDNA。

3. **PCR 扩增目的基因** 以目的 DNA 为模板,应用特别设计合成的相关引物进行 PCR 反应,这是在已知序列的情况下获得目的 DNA 最常用的方法。

4. **人工合成 DNA 技术** 应用 DNA 测序技术测出基因的核苷酸序列,也可以通过氨基酸序列分析反推核苷酸序列,再利用 DNA 合成仪通过化学合成原理合成目的 DNA。通常先合成小片段,再拼接成大片段。

(二) 目的基因与载体的连接

使外源 DNA 片段正向插入载体启动子下游,是成功表达外源基因的基本要求。外源 DNA 片段同载体分子在 DNA 连接酶的作用下体外连接,形成重组 DNA。

1. **黏端连接** ① 全同源互补黏端:目的基因片段和载体 DNA,经适当的相同限制酶分别切割,使它们两端各具有相同的黏端。在适宜温度条件下,两者互补的黏端进行碱基配对,经 DNA 连接酶作用,共价连接成新的重组 DNA 分子,此称全同源黏端连接,但其不能防止载体自连接及目的基因插入载体,会有两种方向的可能性。② 非同源互补黏端:可用两种限制性内切酶(如 $EcoR\ I$ 和 $BamH\ I$)分别切割载体和目的基因,使它们产生相同的黏端,再经碱基配对和 DNA 连接酶连接成重组 DNA 分子;或先用 Klenow 片段将载体 DNA $3'$ 端补平,再用 T_4 DNA 连接酶连接,构成重组 DNA 分子。这在防止载体自连接和定向插入目的基因上具有优势。

2. **平端连接** 某些 DNA 分子末端并不是黏性结构,而是平头结构,连接平端 DNA 分子的方法有 T_4 DNA 连接酶法。凡具有 $3'-OH$ 和 $5'-P$ 的平端 DNA 均能在 T_4 DNA 连接酶作用下进行共价键的结合。平端连接的连接效率比黏端要低得多,同样不能防止载体自连接及目的基因双向插入载体的可能性。

3. **人工接头法(衔接物连接法)** 为了提高平端连接的效率,可以使用人工接头法。人工接头法是指利用人工接头加在平端 DNA 片段(通常是目的基因)的两端,然后使用相应限制酶切割人工接头(如 $EcoR\ I$ 切割)。由此而产生的具有黏端的目的基因,可插入到带相同黏性平端的载体中(图 23-10)。

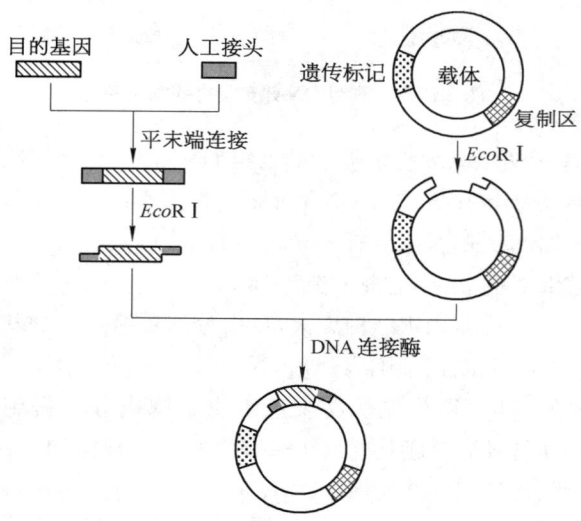

图 23-10 目的基因加人工接头后与载体 DNA 连接

4. **同源多聚尾连接法** 这是 cDNA 克隆常用的方法。小牛胸腺末端脱氧核苷酸转移酶能催化脱氧核苷酸,逐个添加到单、双链 DNA 分子的 $3'$ 端羟基上。利用这一性质,在线型载体分子的两端加上单一核苷酸如 dG 组成的多聚尾,在目的 DNA 分子的两端加上 dC 尾,两者混合退火,然后使用 DNA 聚合酶 I 或 Klenow 填补裂口处缺失的核苷酸,再通过 DNA 连接酶修复成环状的双链 DNA。

此外，为了减少载体自连接现象，一个比较好的方法是采用碱性磷酸酶处理载体，除去自连接所需的 5′-磷酸基团，但不影响目的基因的插入连接。

（三）重组 DNA 导入受体细胞

将重组 DNA 分子导入受体细胞中复制、扩增和表达是基因工程的目的，得到阳性重组体是基因工程成功的关键。被导入的受体细胞有原核和真核两类，前者包括大肠杆菌（$E.\ coli$）、枯草杆菌等，后者包括酵母、哺乳动物细胞、昆虫细胞等。用原核细胞作为受体，既可作为基因组文库（由克隆载体组建）的复制、扩增场所，也可作为外源基因（与表达载体克隆）的表达系统。而用真核细胞作为受体，一般仅为基因的表达系统之用。

将重组 DNA 或其他外源 DNA 导入原核细胞，常用的方法有以下两种。

1. 转化（transformation） 以质粒为载体构建的重组 DNA 导入处于感受态的宿主细胞，并使其获得新表型的过程称转化。转化常用的宿主细胞是大肠杆菌，将大肠杆菌悬浮在 0℃ 的 $CaCl_2$ 溶液中冰浴，钙离子使细胞膜的结构发生变化，通透性增加，从而具有摄取外源 DNA 的能力，这种细胞称感受态细胞（competent cell）。将已冰浴的感受态细胞悬液和质粒 DNA（重组的或非重组的）在 42℃ 下热休克 90 秒后，质粒 DNA 进入细胞内。在不含抗生素的培养基中培养 30～60 分钟，使质粒 DNA 得到复制，并使抗生素的抗性基因得以表达。随后将转化的细菌接种在含相关抗生素的琼脂平板上，从而得到转化的菌落。

2. 转导（transduction） 以 λ 噬菌体和真核细胞病毒为载体的重组 DNA 分子，只有在体外包装成具有感染能力的活病毒或噬菌体颗粒，才能感染（infection）适当的细胞，并在细胞内扩增。以噬菌体或真核细胞病毒为载体构建的重组 DNA 导入受体细胞并获得新的表型的过程，称转导。

将外源 DNA 导入真核细胞称转染（transfection），转染是指真核细胞主动摄取或被动导入外源 DNA 片段而获得新表型的过程。进入细胞的 DNA 可以被整合至宿主细胞的基因组中，也可以在染色体外存在和表达。利用这种方法，可以从基因组中筛选出具有某种功能的基因。例如，将癌细胞 DNA 转染 NIH3T3 细胞，得到转化灶，再从中克隆有关的癌基因。

（四）重组 DNA 的筛选与鉴定

通过对重组 DNA 的筛选与鉴定找出重组率为 100% 的克隆细胞。筛选阳性重组体的方法有平板筛选、电泳筛选、体内同源重组筛选和原位杂交法筛选、免疫法筛选和 PCR 筛选等。

1. 利用载体的遗传标志筛选 可采用平板筛选方法，其简单迅速，是筛选阳性重组体的第一步，也是重要的一步。平板筛选的依据是载体 DNA 分子上的筛选标志赋予受体细胞在平板上的表型。如抗药性的获得或失去，引起菌落在平板上生长或不生长；β-半乳糖苷酶的产生或失去，赋予菌落或空斑在平板上出现蓝白颜色变化等。

2. 限制酶酶切图谱鉴定 在转化大肠杆菌并获得了一系列菌落后，可用牙签挑出单个菌落接种于 2 mL 培养基中，37℃ 下生长过夜。第二日小量快速提取质粒 DNA，用一个或两个限制酶消化质粒 DNA。琼脂糖凝胶电泳后在紫外灯下观察有无插入片段，以及插入片段大小、插入方向等。限制酶的选用必须根据载体和插入片段上的酶切位点来确定。

3. PCR 扩增鉴定 PCR 技术对于鉴定阳性克隆十分有效，且无须制备 DNA。操作时，先用牙签将菌落挑出，放到 PCR 缓冲液和水中，95℃ 加热变性 2～3 分钟，冷却后，再加 dNTP、引物和 Taq DNA 聚合酶进行 PCR 扩增，凝胶电泳观察实验结果，整个过程仅数小时便可完成。

4. 原位杂交技术 将携带重组质粒或感染了重组噬菌体的细菌在琼脂平板上繁殖，再转移至硝酸纤维素滤膜上变性、杂交。然后,根据斑点在平板上的相应位置,找出阳性克隆。

5. 序列分析 直接对阳性菌落进行测序分析,这是鉴定目的基因最准确的方法,可以确定其DNA序列是否发生突变,但序列分析的费用较高。

(五)重组体在受体细胞中的表达

基因工程的主要目的之一,就是要制备大量有用的蛋白质和多肽。得到了克隆的基因或cDNA后,按照正确的方向插入表达型载体,连接在启动子的后面,导入相应的宿主细胞,就可进行表达。常用的表达系统有大肠杆菌表达系统、芽孢杆菌表达系统、链霉菌表达系统、酵母表达系统、昆虫表达系统和哺乳动物细胞表达系统等。重组DNA技术基本原理的简要归纳如下。

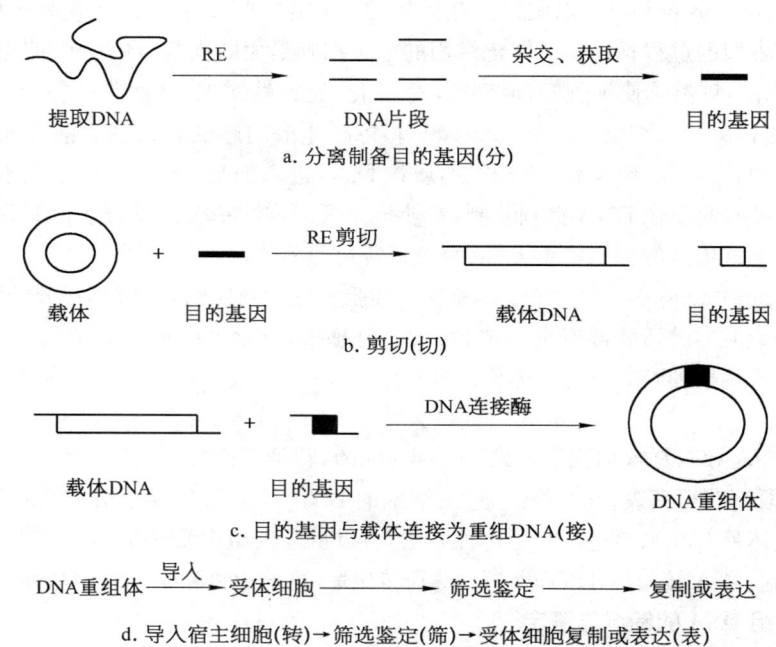

四、基因重组技术的意义

重组DNA技术在医学、农业、林业、国防等领域逐渐得到广泛的应用。

1. 疾病基因的分析 目前发现的人类遗传性疾病至少有3 000多种,推测可能是由于某些基因结构异常、基因缺陷或表达异常所致。在疾病相关基因的研究中,利用重组DNA技术,可以表达出致病基因与相应的正常基因克隆,做对照分析,将有助于阐明遗传病的分子机制,推动遗传病的基因治疗研究。

如已经发现两个典型的基因疾病例子为脆性X综合征(fragile X syndrome)和Kallmann综合征(Kallmann syndrome)。脆性X综合征患者基因组中有重复200次以上的"GGG"碱基序列,以致其邻近的基因 $fmr-1$ 不能转录,进而使患者呈现脆性X综合征。Kallmann综合征患者基因组中的 $kalig-1$ 发生缺失突变,以致神经细胞和轴突功能发生异常改变,导致性腺和嗅觉功能等减退,使患者呈现Kallmann综合征。

2. 生产蛋白质或多肽类药物 对天然活性蛋白质或多肽类物质的提取往往受含量极少、

来源困难、种属特异性、易受病原体污染等方面的限制。因此，利用基因工程的手段来生产重组蛋白质或多肽类药物则是一种既安全又经济的策略。另外，利用基因工程手段不仅可以得到天然的活性蛋白质，还可以通过基因编辑修饰技术（如 CRISPR - Cas9）有目的地改造基因的结构，进而获得性能更为优越的或全新的蛋白质或多肽类药物。成功的重组 DNA 医药产品有胰岛素、生长激素、干扰素、白介素（interleukin, IL）、生长因子和凝血因子Ⅷ等。

3. **制备基因工程疫苗** 基因工程疫苗在一定程度上克服了传统疫苗的不足，其研制基础是有已确定的保护性抗原及其保护性表位。利用重组 DNA 技术还可将病毒基因组中与毒力相关的基因删除，制备成稳定的减毒疫苗，或是将多种外源病毒抗原基因插入同一载体上表达，制备出能预防多种疾病的多价疫苗。

4. **改造物种特性** 通过基因转移可改造物种特性，如经过移植 *NR2B* 基因成功地培育出一批聪明的老鼠。"聪明鼠"的研究被科学界誉为遗传工程领域的重大突破，是继"多利羊成功克隆后的又一奇迹"，对阿尔茨海默病的治疗有望得到突破。

基因敲除（gene knockout）也是重组 DNA 技术的一项新应用，它指通过一定的途径使机体特定的基因失活或缺失，研究该基因的生物学功能来实现改变物种特性以及为疾病治疗和药物研发提供新的实验动物模型。

5. **动物克隆** 核移植可将供核细胞的细胞核直接移入无核细胞中，也可以不必将细胞核从供核细胞中取出，而直接将供核细胞与无核细胞接触，并用电脉冲使两者融合，从而完成核移植操作。后者的电脉冲刺激不仅能使两细胞融合，而且还能使融合后的细胞活化，使之开始细胞分裂和胚胎发育。

第七节 基因编辑技术

基因编辑（gene editing）技术是利用工程核酸酶对机体基因组中的特定 DNA 片段进行定点插入、删除、修改或置换等修饰操作，从而完成对靶细胞 DNA 目的基因片段的精确编辑技术。与早期随机将遗传物质插入宿主基因组的普通基因工程技术不同，基因编辑是在特定位置插入或修改基因。目前常用的方法包括基于锌指核酸酶（zinc finger nuclease, ZFNs）法、转录激活子样效应因子核酸酶（transcription activator like effector nuclease, TALEN）法、成簇规律间隔短回文重复（clustered regularly interspaced short palindromic repeat, CRISPR）等，可应用于基因治疗、转基因动物等领域。本节主要介绍 CRISPR - Cas9 系统。

早在 20 世纪中后期，科学家在大肠杆菌中首次发现一种天然的基因编辑机制，K12 碱性磷酸酶基因附近存在串联间隔重复序列，随后发现这种串联间隔重复序列广泛存在于细菌和古细菌中，命名为 CRISPR，推测其功能可能与细菌抵抗外源遗传物质入侵的免疫系统有关。研究者把它发展为基因编辑技术，用于敲除目的基因，并且可以结合基因重组技术在敲除点接入新的目的基因，实现目的基因插入、置换或修复。

一、CRISPR - Cas 系统的结构和分类

CRISPR - Cas 系统由 CRISPR 基因座与其串联的 Cas 基因（CRISPR - associated genes, Casgenes）组成，通过序列特异的 RNA 介导，切割降解外源性 DNA。

根据 CRISPR-Cas 系统中 Cas 蛋白的种类和同源性,目前多将 CRISPR-Cas 系统分成两类六型。第一类包括Ⅰ型、Ⅲ型和Ⅳ型,第二类包括Ⅱ型(Cas9)、Ⅴ型(Cas12a)和Ⅵ型(Cas13)。

二、CRISPR-Cas9 系统的组成

类型Ⅱ CRISPR-Cas 系统组成最为简单,除了含有标志基因 *cas*9 外,还含有另外三个基因(*cas*1,*cas*2 和 *csn*2 或 *cas*4)。因其简易性及可操作性,已经发展成为基因组编辑新技术。

CRISPR-Cas9 系统由三部分组成:反式激活 crRNA(trans-activating crRNA, tracrRNA)、Cas9 蛋白和 CRISPR 基因座(图 23-11)。

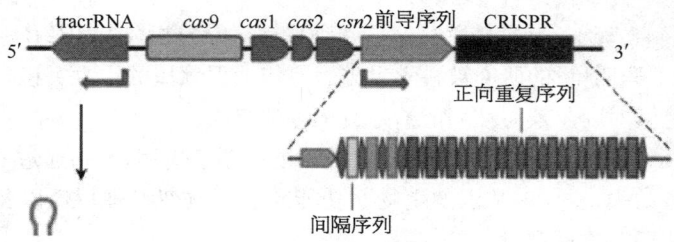

图 23-11 CRISPR-Cas9 系统组成

三、CRISPR-Cas9 系统的作用机制

CRISPR-Cas9 系统的作用过程分为三步(图 23-12)。

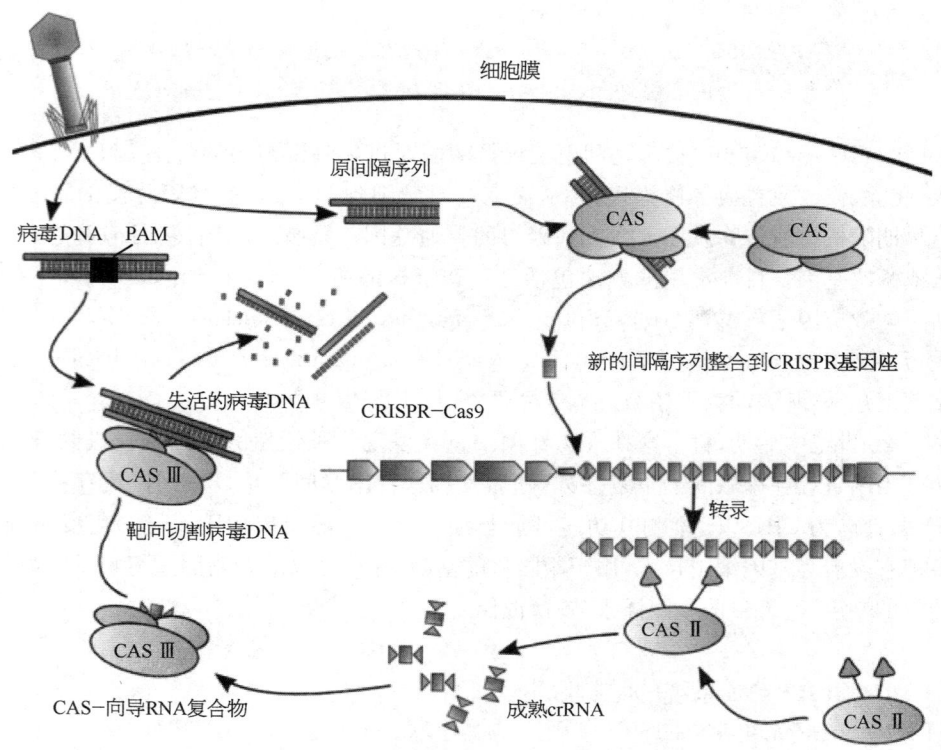

图 23-12 天然 CRISPR-Cas9 基因编辑基本过程

1. 间隔序列的获得　指外来的噬菌体或质粒 DNA 的一小段 DNA 序列被整合到宿主菌 CRISPR 基因座的 5′端的两个同向重复序列之间。

2. crRNA 的表达、加工和成熟　CRISPR 基因座首先被转录产生非编码的前体 CRISPR RNAs(pre-crRNAs)，与反式激活 CrRNA 结合形成 tracrRNA：pre-crRNA 双链复合物。该复合物在 Cas9 的存在下，双链 RNA 特异的核糖核酸内切酶Ⅲ(RNase Ⅲ)进一步切割，产生成熟的 crRNAS。

3. 免疫干扰　成熟的 crRNAs 与 tracrRNA 形成嵌合 RNA 分子，称向导 RNA(guide RNA，gRNA)，并与 Cas9 结合形成 crRNA：tracrRNA：Cas9 三元复合物。在 gRNA 介导下，三元复合物扫描入侵 DNA。Cas9 蛋白利用 HNH 与 RuvC 结构域核酸内切酶活性，对与 gRNA 互补的 DNA 链和非互补链进行切割，产生平端的 DNA 双链断裂(double strand broken，DSB)。进而通过同源重组(homologousrecombination，HR)或非同源性末端连接(non-homologous end joining，NHEJ)途径对断裂 DNA 进行修复，可进行一个或多个基因敲出和敲入，从而实现了对基因组的高效、精确编辑。

第八节　生物大分子相互作用分析技术

蛋白质和核酸之间通过相互作用，协同完成细胞对外界环境及内环境变化的反应等生命活动，也是信号转导网络控制基因表达的物质基础。

一、蛋白质相互作用分析技术

蛋白质通过蛋白质相互作用结构域(protein interaction domain)发生交联。研究蛋白质相互作用，有助于深入探析细胞内蛋白质的动力学特征、结合位点、蛋白质对底物的特异性等。

1. 酵母双杂交技术(yeast two-hybrid technique)　这是一种经典的研究蛋白质相互作用的方法，灵敏度高。

真核生物基因的转录起始需转录因子参与。进化保守的 Gal4 是真核细胞中普遍存在的转录激活因子，Gal4 分子中有两个功能上相互独立的结构域，一个位于 N 端 1～174 位氨基酸残基区段的 DNA 结合域(DNA-binding domain，BD)，能识别和结合 Gal4 效应基因(GAL4-responsive gene)的上游激活序列(upstream activating sequence，UAS)；另一个位于 C 端 768～881 位氨基酸残基区段的转录激活域(activation domain，AD)，可与 RNA 聚合酶或转录因子 TFⅡD 相互作用，提高 RNA 聚合酶的活性。当 BD 与 AD 在空间上较为接近时，会发生共价或非共价连接，才能恢复激活转录的活性，激活 UAS 下游启动子，使其下游基因得以转录。

酵母双杂交技术用于研究两种蛋白质之间是否可能存在相互作用。如果已知蛋白质 A 和待研究蛋白质 B 之间存在相互作用，BD 和 AD 在空间结构上重新连接为一个整体，与报告基因的 USA 结合，启动下游报告基因的表达。

随着研究水平的提高，又发展出了酵母单杂交(yeast one hybrid)、酵母三杂交(yeast three hybrid)、酵母反向双杂交(yeast reverse two hybrid)等衍生技术，在蛋白质的新功能发现、蛋白质与蛋白质/药物之间相互作用、蛋白质药物作用靶点筛选等方面发挥重要作用。

2. 免疫共沉淀(co-immunoprecipitation, co-IP)　这是应用抗体将相应特定蛋白质分子沉淀的同时,与特定蛋白质特异性结合着的其他蛋白质分子被共同沉淀分离出来的技术。结合质谱分析或蛋白质印迹法分析,可研究蛋白质相互作用、确定细胞在某种功能状态下的相关蛋白质复合物的存在。

实验步骤如下:在非变性温和条件下裂解细胞,保持细胞内蛋白质之间的相互作用状态。当用预先固化在 agarose beads 上的蛋白质 A 的抗体免疫沉淀蛋白质 A,如果蛋白质 B 与蛋白质 A 在该状态下结合,则蛋白质 B 也被沉淀。再通过蛋白质变性分离,检测蛋白质 B 的水平,以研究两者间的相互作用。该方法最大程度符合体内实际情况,常用于测定两种蛋白质是否在体内结合;也可用于确定一种特定蛋白质的新作用搭档。但灵敏度较差,可能无法检测低亲和力或瞬间的蛋白质-蛋白质相互作用,也无法检测两种蛋白质可能是由于第三种蛋白质产生的结合作用。

3. 表面等离激元共振(surface plasmon resonance, SPR)　这是利用入射光以临界角入射到两种不同折射率的介质界面,使金属与介质交界面处电子集体振荡并沿交界面方向进行传播的现象。如果电子的振荡频率与入射光的频率一致就会产生共振,在共振状态下电磁场的能量被转变为金属表面自由电子的集体振动能,形成一种特殊的电磁模式。

实验中,将待测量的蛋白质 A 固定在芯片表面,蛋白质 B 以流动的方式流经芯片表面。当分子发生结合或解离时,芯片表面质量变化,导致共振角发生变化。根据变化曲线,可拟合得出分子间相互作用的结合速率常数、解离速率常数和平衡解离常数/亲和力常数等参数,以检测结合/解离的快慢、结合的强弱程度。SPR 技术可以原位、实时和动态地反映蛋白质-蛋白质、蛋白质-核酸、新药分子-疾病靶蛋白质等生物分子间的相互作用信息,具有定量、高灵敏、免标记、无损伤、应用范围广等优点,是研究分子互作的金标准。

二、DNA-蛋白质相互作用分析技术

核酸与蛋白质发生密切的相互作用,保证了基因表达和调控的顺利进行。

1. 电泳迁移率变动分析(electrophoretic mobility shift assay, EMSA)　这是经典的体外研究 DNA 和蛋白质相互作用的凝胶电泳技术,现已扩展至研究 RNA 结合蛋白与特定 RNA 序列的相互作用。

实验步骤如下:将细胞裂解液或纯化的核酸特异结合蛋白和标记的 DNA 或 RNA 探针进行孵育。如果核酸和蛋白质发生相互作用,则形成复合物,在非变性聚丙烯酰胺凝胶电泳中复合物在电泳中的迁移率取决于蛋白质的分子大小、形状和电荷等因素,迁移速率慢于未结合核酸,出现"阻滞"现象,与游离的探针分离。

EMSA 技术用于研究特定的转录因子以及转录因子所结合的顺势作用元件;与蛋白质结合的核酸序列的特异性;评估突变对探针与结合蛋白质相互作用的影响。

2. 酵母单杂交(yeast one hybrid)技术　酵母单杂交系统主要包括:文库蛋白质的编码基因与 Gal4 转录激活域融合表达的 cDNA 文库质粒;目的基因与下游报告基因的报告质粒。

实验步骤如下:首先构建各种基因与 AD 的融合表达载体,在酵母中表达为融合蛋白。将 Gal4 的 DNA 结合结构域置换为文库蛋白质编码基因,只要其表达的蛋白质能与目的基因相互作用,可通过转录激活结构域激活 RNA 聚合酶,启动下游报告基因的转录。根据报告基因的表达情况,筛选出与靶元件有特异结合区域的蛋白质。

3. 染色质免疫沉淀(chromatin immune-precipitation,ChIP)技术　这是利用免疫沉淀的原理共沉淀蛋白质与染色质结合的复合物,用于研究蛋白质与DNA在体内相互作用的技术。

实验步骤如下：在活细胞状态下,利用甲醛或其他交联剂交联固定蛋白质-DNA复合物,应用超声破碎等方法将其随机切断为一定长度范围内的染色质小片段,利用特异性抗体沉淀目标蛋白质与染色质的复合物,富集在细胞内与目的蛋白质结合的DNA片段,解除偶联后,对目的DNA片段进行纯化,经序列分析确定该蛋白质分子所结合的DNA序列,或进行定量分析。该技术能再现染色质水平上的基因表达调控的瞬时事件,真实反映DNA与蛋白质的动态结合。

主要参考文献

[1] 金国琴,柳春.生物化学[M].3版.上海：上海科学技术出版社,2017.
[2] 张学礼,张晓薇.医用化学[M].2版.上海：上海科学技术出版社,2020.
[3] 杨怀霞,龚张斌.医用化学[M].4版.北京：人民卫生出版社,2024.
[4] 李刚,贺俊崎.生物化学[M].5版.北京：北京大学医学出版社,2024.
[5] 施红,贾连群.生物化学[M].3版.北京：中国中医药出版社,2023.
[6] Berg, Jeremy M. Biochemistry[M]. W. H. Freeman & Co Ltd, 2020.